U0225394

研究区域（东北地区）示意图

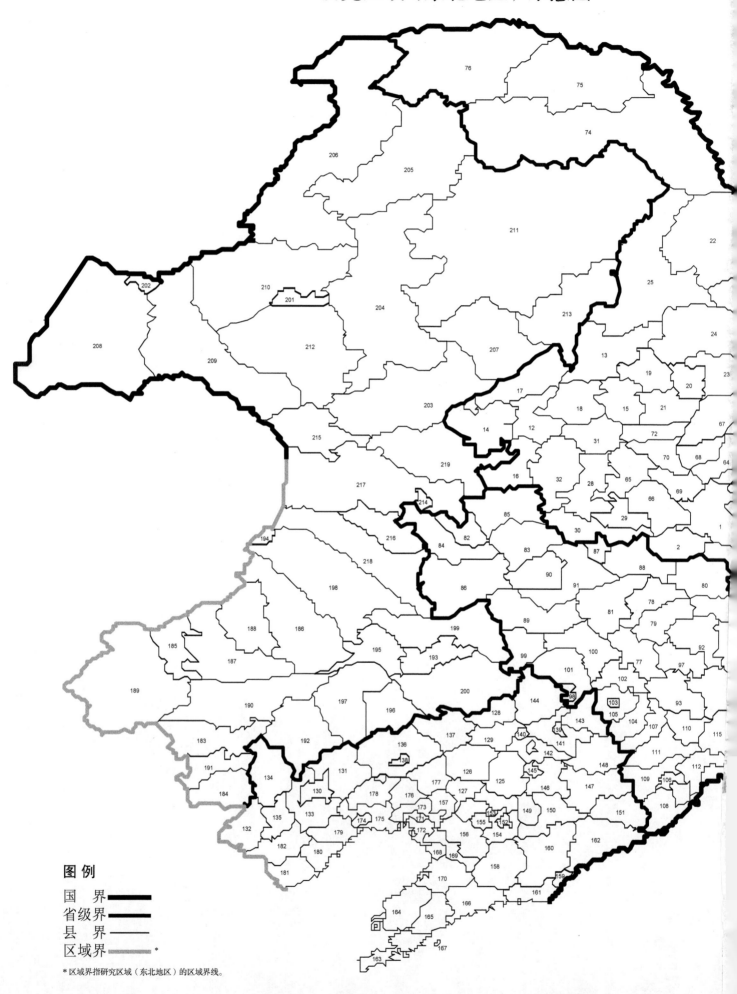

图例

国　界 ▬▬▬

省级界 ▬▬▬

县　界 ▬▬▬

区域界 ▬▬▬ *

*区域界指研究区域（东北地区）的区域界线。

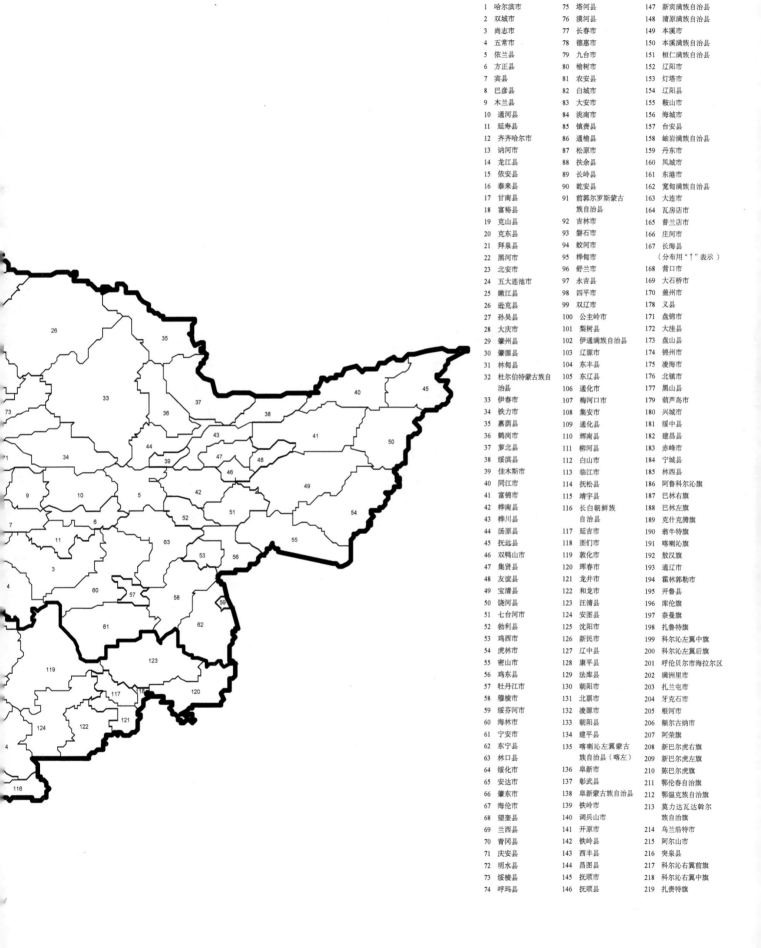

1 哈尔滨市	75 塔河县	147 新宾满族自治县
2 双城市	76 漠河县	148 清原满族自治县
3 尚志市	77 长春市	149 本溪市
4 五常市	78 德惠市	150 本溪满族自治县
5 依兰县	79 九台市	151 桓仁满族自治县
6 方正县	80 榆树市	152 辽阳市
7 宾县	81 农安县	153 灯塔市
8 巴彦县	82 白城市	154 辽阳县
9 木兰县	83 大安市	155 鞍山市
10 通河县	84 洮南市	156 海城市
11 延寿县	85 镇赉县	157 台安县
12 齐齐哈尔市	86 通榆县	158 岫岩满族自治县
13 讷河市	87 松原市	159 丹东市
14 龙江县	88 扶余县	160 凤城市
15 依安县	89 长岭县	161 东港市
16 泰来县	90 乾安县	162 宽甸满族自治县
17 甘南县	91 前郭尔罗斯蒙古	163 大连市
18 富裕县	族自治县	164 瓦房店市
19 克山县	92 吉林市	165 普兰店市
20 克东县	93 磐石市	166 庄河市
21 拜泉县	94 蛟河市	167 长海县
22 黑河市	95 桦甸市	（分布用"↑"表示）
23 北安市	96 舒兰市	
24 五大连池市	97 永吉县	168 营口市
25 嫩江县	98 四平市	169 大石桥市
26 逊克县	99 双辽市	170 盖州市
27 孙吴县	100 公主岭市	178 义县
28 大庆市	101 梨树县	171 盘锦市
29 肇州县	102 伊通满族自治县	172 大洼县
30 肇源县	103 辽源市	173 盘山县
31 林甸县	104 东丰县	174 锦州市
32 杜尔伯特蒙古族自	105 东辽县	175 凌海市
治县	106 通化市	176 北镇市
33 伊春市	107 梅河口市	177 黑山县
34 铁力市	108 集安市	179 葫芦岛市
35 嘉荫县	109 通化县	180 兴城市
36 鹤岗市	110 辉南县	181 绥中县
37 萝北县	111 柳河县	182 建昌县
38 绥滨县	112 白山市	183 赤峰市
39 佳木斯市	113 临江市	184 宁城县
40 同江市	114 抚松县	185 林西县
41 富锦市	115 靖宇县	186 阿鲁科尔沁旗
42 桦南县	116 长白朝鲜族	187 巴林右旗
43 桦川县	自治县	188 巴林左旗
44 汤原县	117 延吉市	189 克什克腾旗
45 抚远县	118 图们市	190 翁牛特旗
46 双鸭山市	119 敦化市	191 喀喇沁旗
47 集贤县	120 珲春市	192 敖汉旗
48 友谊县	121 龙井市	193 通辽市
49 宝清县	122 和龙市	194 霍林郭勒市
50 饶河县	123 汪清县	195 开鲁县
51 七台河市	124 安图县	196 库伦旗
52 勃利县	125 沈阳市	197 奈曼旗
53 鸡西市	126 新民市	198 扎鲁特旗
54 虎林市	127 辽中县	199 科尔沁左翼中旗
55 密山市	128 康平县	200 科尔沁左翼后旗
56 鸡东县	129 法库县	201 呼伦贝尔市海拉尔区
57 牡丹江市	130 朝阳市	202 满洲里市
58 穆棱市	131 北票市	203 扎兰屯市
59 绥芬河市	132 凌源市	204 牙克石市
60 海林市	133 朝阳县	205 根河市
61 宁安市	134 建平县	206 额尔古纳市
62 东宁县	135 喀喇沁左翼蒙古	207 阿荣旗
63 林口县	族自治县（喀左）	208 新巴尔虎右旗
64 绥化市	136 阜新市	209 新巴尔虎左旗
65 安达市	137 彰武县	210 陈巴尔虎旗
66 肇东市	138 阜新蒙古族自治县	211 鄂伦春自治旗
67 海伦市	139 铁岭市	212 鄂温克族自治旗
68 望奎县	140 调兵山市	213 莫力达瓦达斡尔
69 兰西县	141 开原市	族自治旗
70 青冈县	142 铁岭县	214 乌兰浩特市
71 庆安县	143 西丰县	215 阿尔山市
72 明水县	144 昌图县	216 突泉县
73 绥棱县	145 抚顺市	217 科尔沁右翼前旗
74 呼玛县	146 抚顺县	218 科尔沁右翼中旗
		219 扎赉特旗

| 东北森林植物与生境丛书 | 韩士杰　总主编 |

东北植物分布图集（上册）

主　编

曹　伟

著　者

曹　伟　李冀云　刘　巍　朱彩霞

于兴华　吴雨洋　郑美林　白肖杰

石洪山　张　悦　郭　佳

科学出版社

北　京

审图号：GS（2018）6994 号

内 容 简 介

本书以馆藏标本为基础，对东北地区植物的产地分布进行了系统整理、制图，力图反映目前掌握的东北植物的县域分布状况。本书收录东北野生维管束植物 153 科 788 属 2537 种 9 亚种 408 变种 147 变型，记载了植物名称、生境与分布，每种配以其在东北的产地分布图，全面地反映东北植物自然分布状态。本书蕨类植物按秦仁昌教授 1978 年的系统排列，裸子植物按郑万钧教授 1978 年的中国裸子植物的系统排列，被子植物则按照恩格勒 1964 年的系统排列。

本书可供国内外植物分类学、植物地理学、生物多样性研究者及有关科研、教学和生产部门参考。

图书在版编目（CIP）数据

东北植物分布图集：全 2 册 / 曹伟主编 . —北京：科学出版社，2019.2
（东北森林植物与生境丛书 / 韩士杰总主编）
ISBN 978-7-03-056200-5

Ⅰ. ①东… Ⅱ. ①曹… Ⅲ. ①植物图 - 东北地区 Ⅳ. ① Q948.523

中国版本图书馆 CIP 数据核字（2017）第 323117 号

责任编辑：马 俊 / 责任校对：宋玲玲
责任印制：吴兆东 / 封面设计：铭轩堂

科 学 出 版 社 出版
北京东黄城根北街16号
邮政编码：100717
http://www.sciencep.com

北京虎彩文化传播有限公司 印刷
科学出版社发行 各地新华书店经销

*

2019年2月第 一 版 开本：889×1094 1/16
2019年2月第一次印刷 印张：103 3/8
字数：3 423 000

定价：900.00元（上下册）
（如有印装质量问题，我社负责调换）

东北森林植物与生境丛书
编委会

顾　问　孙鸿烈

总主编　韩士杰

副主编　王力华　曹　伟　郭忠玲　于景华　王庆贵

编　委　（按姓氏笔画排序）

卜　军	于景华	马克平	王力华	王元兴
王文杰	王庆贵	王洪峰	毕连柱	杜凤国
李冀云	张　颖	张旭东	张军辉	范春楠
郑俊强	孟庆繁	项存悌	赵大昌	祖元刚
倪震东	殷秀琴	郭忠玲	黄祥童	曹　伟
崔国发	崔晓阳	梁文举	韩士杰	

总 序

　　我国东北林区是全球同纬度植物群落和物种极其丰富的区域之一，也是我国生态安全战略格局"两屏三带"中一个重要的地带。

　　长期以来，不合理的采伐和利用导致东北森林资源锐减、生境退化，制约了区域社会经济的持续发展。面对国家重大生态工程建设和自然资源资产管理、自然生态监管等重大需求，系统总结东北森林植物与生境的多年研究成果十分迫切。

　　国家"十一五"和"十二五"科技基础性工作专项中，列入了"东北森林植物种质资源专项调查"与"东北森林国家级保护区及毗邻区植物群落和土壤生物调查"项目。该项目由中国科学院沈阳应用生态研究所主持，东北林业大学、北华大学、中国科学院东北地理与农业生态研究所、黑龙江大学等多个单位共同承担。近百名科技人员和教师十余年历经艰苦，先后调查了大兴安岭、小兴安岭等九个山区和东北三十八个以森林生态系统为主的国家级自然保护区及其毗邻区。在此基础上最终完成"东北森林植物与生境丛书"。

　　该丛书包括《东北植物分布图集》《东北森林植物与生境调查方法》《东北森林植物群落结构与动态》《东北森林植被》《东北森林土壤》《东北森林土壤生物多样性》《东北森林植物原色图谱》《东北主要森林植物及其解剖图谱》，以及反映部分自然保护区森林植被与生境的著作。

　　"东北森林植物与生境丛书"是对东北森林树种与分布、群落结构与动态，以及土壤与土壤生物特征的长期调研资料系统分析和综合研究的成果。相信它将为东北森林资源的可持续利用和生态环境的保护提供重要的科学依据。

中国科学院院士
第三世界科学院院士
孙鸿烈
2017 年 10 月

前　言

位于欧亚大陆东缘的我国东北，地域辽阔，包括黑龙江、吉林、辽宁三省以及内蒙古自治区东部的呼伦贝尔市、兴安盟、通辽市和赤峰市。地理位置大体在北纬 38°40′ 至 53°30′，东经 115°05′ 至 135°02′ 之间。南北跨越近 15°，东西跨越近 20°，水热条件变化很大，造成了东北植物十分丰富、复杂，在全国占有十分重要的地位。

东北的植物，长期以来一直为世界所关注。自十八世纪初开始，一些外国人开始进入这一地区做了一些工作，大多是一般植物考察和标本采集。直到二十世纪五十年代，我国许多相关单位把东北作为重点考察地区，对植物资源进行了许多的局部地区调查研究。中国科学院沈阳应用生态研究所投入了巨大的力量，对东北进行了广泛深入的调查研究。并曾与前苏联和前民主德国联合开展综合调查。科研人员在艰苦的条件下足迹踏遍了东北的森林、草原与沼泽，采集标本数十万份，建立了中国科学院沈阳应用生态研究所东北生物标本馆。

东北生物标本馆多年积累的馆藏标本是一笔巨大的财富，是东北植物研究的基石。基于此我们陆续完成了《长白山植物自然分布》（2003）、《大兴安岭植物区系与分布》（2004）和《小兴安岭植物区系与分布》（2007），反映了东北植物资源重点地区的植物分布状况。

2012 年，我们即着手对野生维管束植物在整个东北地区的分布进行系统整理，开始编撰东北植物分布图集。撰写此书旨在提供一部迄今为止最翔实、最完整的东北植物分布的著作。并希望它能够为保护、发展、合理利用植物资源，为合理进行林业和农业区划提供科学依据，并为今后多学科深入研究东北植物奠定基础。本书是对中国科学院沈阳应用生态研究所六十多年来在东北采集调查和植物分布研究工作的小结，也是对东北植物多样性分布格局、物种的分化与分布规律等进行更深入研究的开始。

本书共收录东北野生维管束植物 153 科 788 属 2537 种 9 亚种 408 变种 147 变型。记载了每种植物的中文名与拉丁名、生境、县级产地和这些种在世界范围内的分布，并配以该种植物在东北的产地分布图（辽宁省长海县有分布用"↑"表示）。书中的中文名与拉丁名主要参考《东北植物检索表》（第 2 版）。蕨类植物按秦仁昌先生 1978 年的系统排列，裸子植物按郑万钧先生 1978 年的中国裸子植物系统排列，被子植物则按恩格勒 1964 年的系统排列。科名按上述系统顺序排列，科内的属名与种名均按拉丁文字母顺序排列。

虽然我们有东北植物区系的研究基础和馆藏标本数字化的基础，但工作起来还是发现工作量远远超出我们先前的想象。简单的分布数据来源于一张张标本。我们在依据目前掌握的标本产地信息确定县级产地时，需要考虑标本的同物异名甚至鉴定错误，分析不同历史时期的小地名，以及县级行政单位的历史沿革。确定东北所有维管束植物在区域内二百多个县级单位的有无确实不是一件简单的事。

编撰一本三百多万字的著作，凡是有从事学术著述体验的人都可以想见这个工作之艰辛，个中辛苦不必尽述。在这本凝聚了包括我在内的多名学者积五年之久的艰苦劳动之作即将付梓之际，我特别要感谢标本后面的那些人，感谢那些从山上从水里一镐一铲采集标本的人，感谢那些连夜压制整理标本的人，感谢那些揉着眼睛做记录的人，感谢那些一穿一粘装订标本的人，感谢那些坐在冷板凳上鉴定标本的人，感谢那些监控虫害消毒标本的人，感谢那些一个个标签抄写与录入的人。同时也感谢那些和我一起苦斗这本大书的伙伴。

本书是国家科技基础性工作专项重点项目资助下的研究成果。全书虽经详细查对，但仍难免于疏漏与不当之处，敬请广大读者批评指正，使其日臻完善。

曹　伟

目 录

下　册

石杉科 Huperziaceae

长白石杉

Huperzia lucidula (Michx.) Trev. var. **asiatica** Ching

　　生境：针叶林下，海拔 1700-1800 米。
　　产地：吉林省安图、抚松。
　　分布：中国（吉林）。

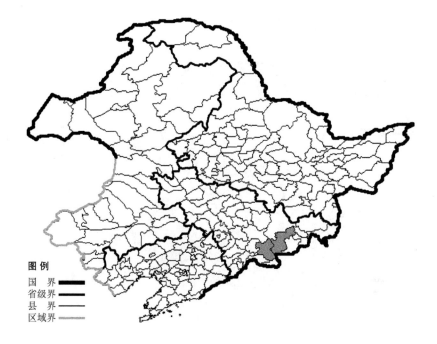

东北石杉

Huperzia miyoshiana (Makino) Ching

　　生境：针阔叶混交林下，山顶岩石上，海拔 1000-1200 米。
　　产地：黑龙江省宁安、伊春，吉林省临江、长白、抚松、靖宇、安图，辽宁省宽甸。
　　分布：中国（黑龙江、吉林、辽宁），朝鲜半岛，日本，俄罗斯（远东地区）。

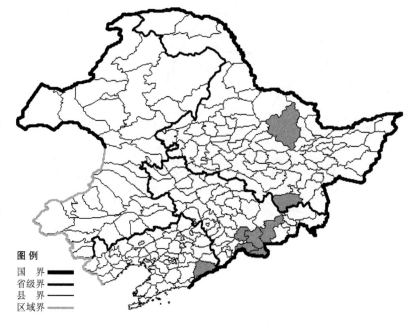

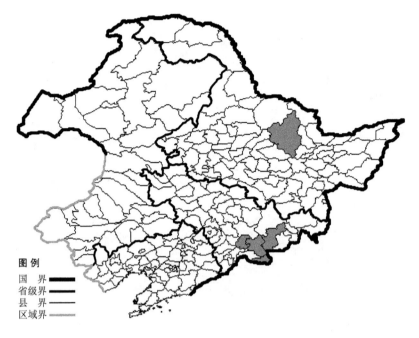

石杉

Huperzia selago (L.) Bernh. ex Schrank et Mart.

　生境：林下，高山冻原，海拔 1700-2300 米（长白山）。

　产地：黑龙江省伊春，吉林省长白、抚松、靖宇、安图。

　分布：中国（黑龙江、吉林、陕西、新疆、四川、云南、西藏），朝鲜半岛，日本，俄罗斯（欧洲部分、高加索、西伯利亚、远东地区），欧洲，北美洲。

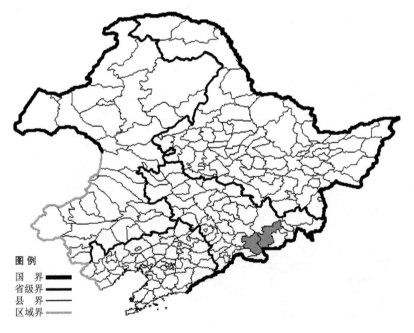

　伏贴石杉 Huperzia selago (L.) Bernh. ex Schrank et Mart. var. **appressa** (Desv.) Ching 生于高山冻原，海拔 2200-2500 米，产于吉林省安图、抚松，分布于中国（吉林）。

蛇足石杉

Huperzia serrata (Thunb.) Trev.

生境：林下，山顶岩石上，海拔1600 米以下。

产地：黑龙江省饶河、尚志、伊春、海林、塔河、东宁，吉林省集安、抚松、靖宇、安图、长白、敦化、临江，辽宁省本溪、宽甸、桓仁、凤城、清原。

分布：中国（黑龙江、吉林、辽宁、陕西、福建、湖北、湖南、江西、广东、广西、贵州、云南、台湾），朝鲜半岛，日本，俄罗斯，印度，尼泊尔，缅甸，斯里兰卡，泰国，越南，老挝，柬埔寨，菲律宾，印度尼西亚，马来西亚，大洋洲，北美洲。

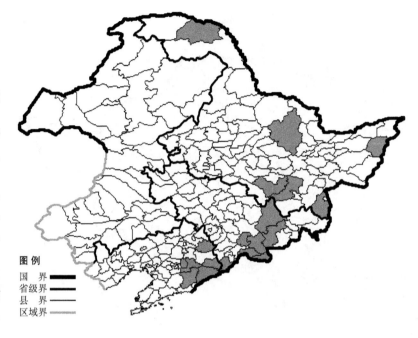

石松科 Lycopodiaceae

高山扁枝石松

Diphasiastrum alpinum (L.) Holub

生境：高山冻原，林下，灌丛，海拔 1700-2500 米（长白山）。

产地：黑龙江省呼玛，吉林省长白、抚松、安图。

分布：中国（黑龙江、吉林），朝鲜半岛，日本，蒙古，俄罗斯（北极带、欧洲部分、高加索、西伯利亚、远东地区），北美洲。

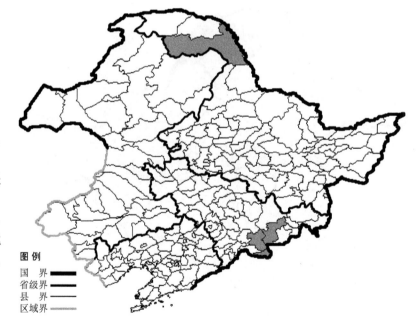

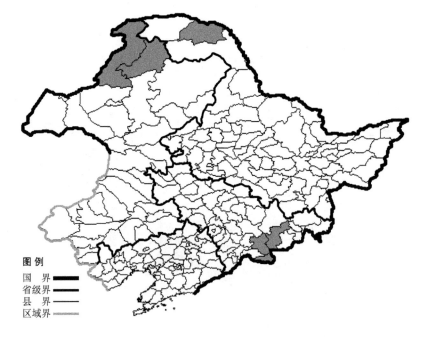

扁枝石松

Diphasiastrum complanatum (L.) Holub

　　生境：高山山坡，林下，海拔2000米以下。

　　产地：黑龙江省塔河，吉林省安图、抚松、长白，内蒙古额尔古纳、根河。

　　分布：中国（黑龙江、吉林、内蒙古、广东、广西、湖南、湖北、四川、贵州、云南、台湾），朝鲜半岛，日本，蒙古，俄罗斯（北极带、欧洲部分、远东地区），欧洲，北美洲。

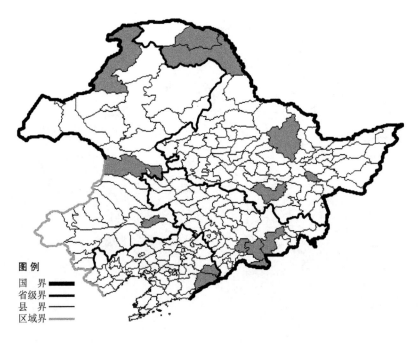

杉蔓石松

Lycopodium annotinum L.

　　生境：林下，林下岩石上，海拔800-1600米。

　　产地：黑龙江省呼玛、塔河、伊春、尚志、勃利，吉林省长白、抚松、靖宇、安图，辽宁省宽甸、桓仁，内蒙古额尔古纳、科尔沁右翼前旗、通辽。

　　分布：中国（黑龙江、吉林、辽宁、内蒙古、陕西、甘肃、新疆、河南、湖北、四川、云南、台湾），朝鲜半岛，日本，蒙古，俄罗斯（欧洲部分、高加索、西伯利亚、远东地区），欧洲，北美洲。

石松

Lycopodium clavatum L.

生境：林下，海拔2000米以下。

产地：黑龙江省塔河、伊春、虎林、尚志、宁安、海林，吉林省安图、抚松、和龙，内蒙古根河、额尔古纳。

分布：中国（黑龙江、吉林、内蒙古），朝鲜半岛，日本，蒙古，俄罗斯（北极带、欧洲部分、高加索、西伯利亚、远东地区），土耳其，欧洲，北美洲，南美洲。

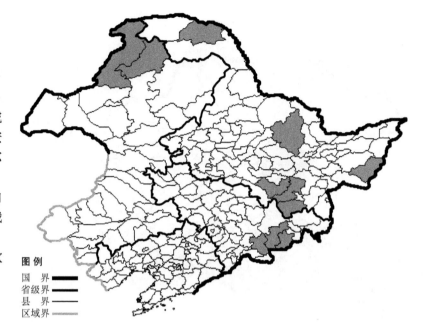

玉柏石松

Lycopodium obscurum L.

生境：针叶林及针阔混交林下，常与苔藓混生，海拔 800-1800 米。

产地：黑龙江省尚志、穆棱、绥芬河、宁安，吉林省长白、抚松、靖宇、通化、临江、安图，辽宁省北镇。

分布：中国（黑龙江、吉林、辽宁），朝鲜半岛，日本，俄罗斯（西伯利亚、远东地区），北美洲。

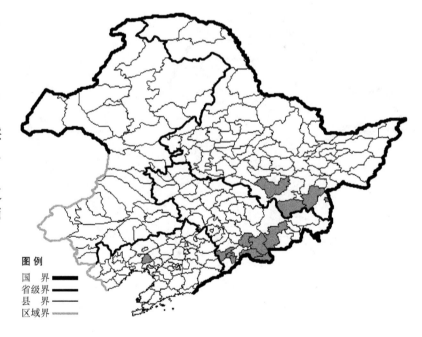

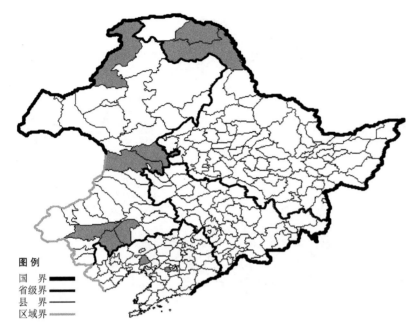

图例
国　界 ▬▬
省级界 ▬▬
县　界 ▬▬
区域界 ▬▬

卷柏科 Selaginellaceae

北方卷柏

Selaginella borealis (Kaulf.) Spring

　　生境：林下岩石上，海拔 1000 米以下。
　　产地：黑龙江省呼玛、塔河，辽宁省鞍山、北镇，内蒙古额尔古纳、奈曼旗、翁牛特旗、敖汉旗、科尔沁右翼前旗、扎赉特旗。
　　分布：中国（黑龙江、吉林、辽宁、内蒙古），俄罗斯（东部西伯利亚、远东地区）。

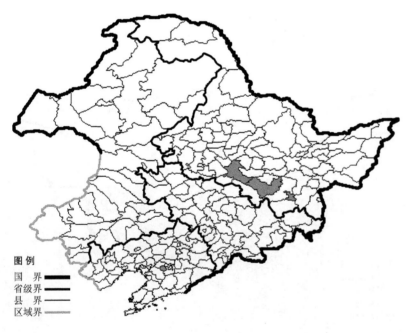

图例
国　界 ▬▬
省级界 ▬▬
县　界 ▬▬
区域界 ▬▬

蔓生卷柏

Selaginella davidii Franch.

　　生境：山坡阴湿处。
　　产地：黑龙江省哈尔滨、牡丹江、尚志，辽宁省鞍山。
　　分布：中国（黑龙江、辽宁、河北、山西、陕西、甘肃、宁夏、山东、江苏、安徽、浙江、福建、河南、湖北、江西、湖南）。

小卷柏

Selaginella helvetica (L.) Link

生境：林下，石塘上，海拔 1500
米以下（长白山）。

产地：黑龙江省漠河、塔河、呼
玛、密山、虎林、伊春、牡丹江，吉
林省长白，辽宁省北镇、凌源、义县、
本溪、鞍山、营口、大连，内蒙古额
尔古纳、鄂伦春旗、科尔沁右翼前旗。

分布：中国（黑龙江、吉林、辽
宁、内蒙古、陕西、甘肃、青海、山东、
安徽、四川、云南、西藏），朝鲜半岛，
日本，蒙古，俄罗斯（高加索、东部
西伯利亚、远东地区），土耳其，欧洲。

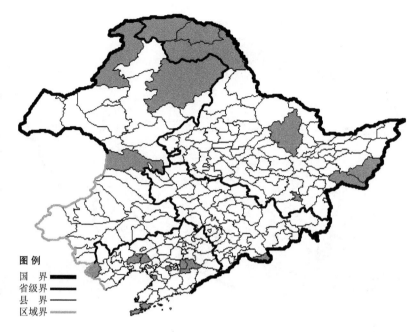

鹿角卷柏

Selaginella rossii (Baker) Warbr.

生境：山坡林下，岩石上。

产地：黑龙江省牡丹江、哈尔滨、
尚志、伊春，吉林省集安，辽宁省鞍
山、海城、盖州、大连、庄河、岫岩、
丹东、凤城、宽甸。

分布：中国（黑龙江、吉林、辽
宁、山东），朝鲜半岛，俄罗斯（远
东地区）。

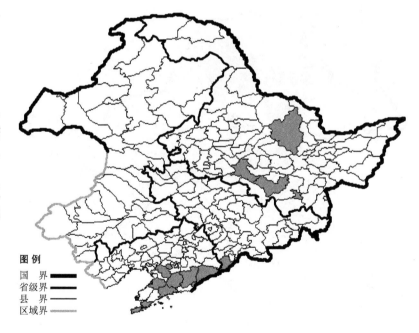

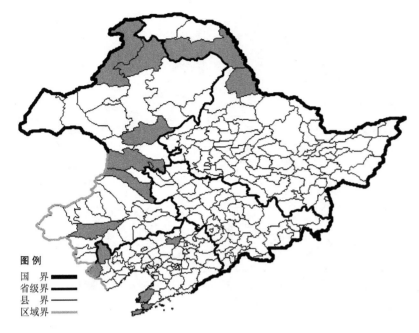

圆枝卷柏

Selaginella sanguinolenta (L.) Spring

  生境：山阳坡岩石上，海拔约400米（大兴安岭）。

  产地：黑龙江省呼玛、黑河，辽宁省瓦房店、大连、建平、凌源、法库，内蒙古科尔沁右翼前旗、科尔沁右翼中旗、根河、翁牛特旗、乌兰浩特、额尔古纳、扎兰屯。

  分布：中国（黑龙江、辽宁、内蒙古、河北、山西、陕西、宁夏、甘肃、河南、湖南、四川、贵州、云南、西藏），蒙古，俄罗斯（东部西伯利亚、远东地区）。

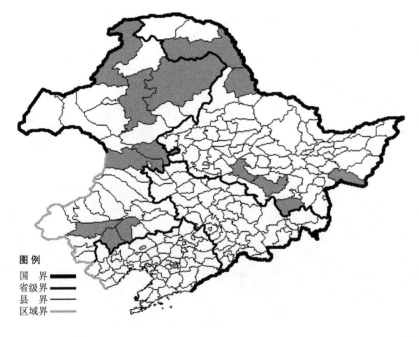

西伯利亚卷柏

Selaginella sibirica (Milde) Hieron.

  生境：山坡岩石上，海拔1000米以下。

  产地：黑龙江省黑河、呼玛、尚志、密山、哈尔滨、宁安，内蒙古牙克石、额尔古纳、鄂伦春旗、科尔沁右翼前旗、扎赉特旗、奈曼旗、翁牛特旗、敖汉旗。

  分布：中国（黑龙江、内蒙古），朝鲜半岛，日本，蒙古，俄罗斯（东部西伯利亚、远东地区），阿拉斯加，加拿大。

中华卷柏

Selaginella sinensis (Desv.) Spring

生境：干山坡，岩石缝间，灌丛，海拔 800 米以下。

产地：黑龙江省牡丹江，辽宁省普兰店、营口、大连、长海、丹东、朝阳、建平、凌源、绥中、兴城、法库、北镇、葫芦岛，内蒙古牙克石、乌兰浩特、科尔沁右翼中旗、扎赉特旗、奈曼旗、扎鲁特旗、库伦旗、科尔沁左翼后旗、巴林左旗、巴林右旗、阿鲁科尔沁旗、喀喇沁旗、敖汉旗、翁牛特旗、宁城。

分布：中国（黑龙江、辽宁、内蒙古、河北、山西、陕西、宁夏、山东、江苏、安徽、河南、湖北）。

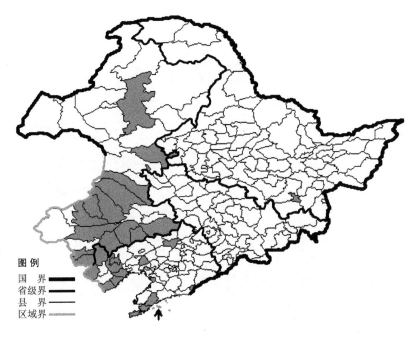

卷柏

Selaginella tamariscina (Beauv.) Spring

生境：向阳干燥岩石上，岩石缝间，多群生，海拔 1500 米以下。

产地：黑龙江省伊春、黑河、呼玛、饶河、密山、尚志、宁安、五常、哈尔滨、宾县、木兰，吉林省汪清、安图、临江、集安，辽宁省新民、西丰、抚顺、清原、新宾、本溪、桓仁、宽甸、岫岩、凤城、东港、丹东、鞍山、营口、盖州、瓦房店、普兰店、大连、庄河、长海、北镇、北票，内蒙古库伦旗、扎鲁特旗、科尔沁右翼前旗。

分布：中国（全国各地），朝鲜半岛，日本，俄罗斯（远东地区），菲律宾，越南，印度。

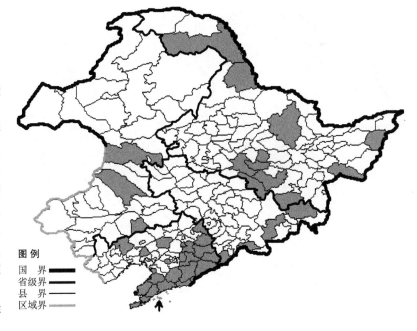

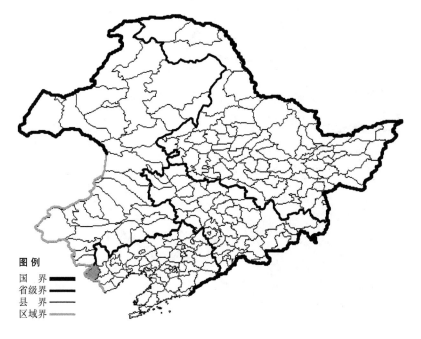

图 例
国　界 ▬▬
省级界 ━━
县　界 ──
区域界 ──

垫状卷柏 Selaginella tamariscina (Beauv.) Spring var. **pulvinata** (Hook. et Grev.) Alston 生于岩石上，产于辽宁省凌源，分布于中国（辽宁、河北、山西、陕西、甘肃、福建、河南、江西、四川、贵州、云南、西藏、台湾），朝鲜半岛，日本，蒙古，俄罗斯（西伯利亚），印度，越南，泰国。

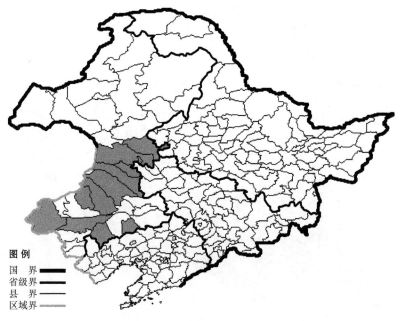

图 例
国　界 ▬▬
省级界 ━━
县　界 ──
区域界 ──

尖叶卷柏 Selaginella tamariscina (Beauv.) Spring var. **ulanchotensis** Ching et Wang-Wei 生于岩石上，产于内蒙古乌兰浩特、科尔沁右翼前旗、科尔沁右翼中旗、扎赉特旗、突泉、库伦旗、扎鲁特旗、克什克腾旗、巴林左旗、翁牛特旗、阿鲁科尔沁旗、敖汉旗，分布于中国（内蒙古）。

旱生卷柏

Selaginella staustoniana Spring

　　生境：干山坡，岩石缝间。
　　产地：吉林省集安、安图，辽宁省桓仁、丹东、凌源、绥中。
　　分布：中国（吉林、辽宁、河北、山西、陕西、宁夏、山东、河南、台湾），朝鲜半岛。

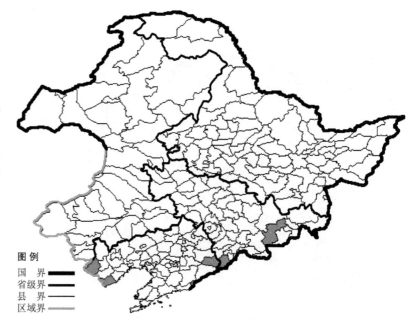

木贼科 Equisetaceae

草问荆

Equisetum pratense Ehrh.

　　生境：林下，林缘，路旁，灌丛，杂草地，海拔 1000 米以下。
　　产地：黑龙江省密山、虎林、伊春、萝北、黑河、哈尔滨、呼玛、嘉荫，吉林省抚松、靖宇、临江、长白，内蒙古根河、额尔古纳、科尔沁右翼前旗、克什克腾旗、阿鲁科尔沁旗、翁牛特旗、巴林右旗。
　　分布：中国（黑龙江、吉林、内蒙古、河北、山西、陕西、甘肃、新疆、山东、河南、湖北、湖南），蒙古，俄罗斯（北极带、欧洲部分、高加索、西伯利亚、远东地区），中亚，土耳其，欧洲，北美洲。

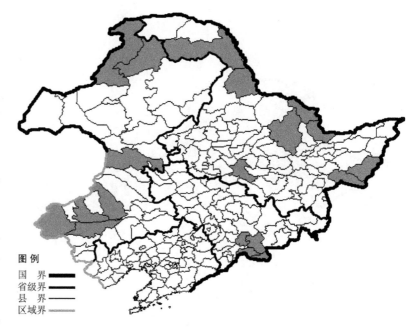

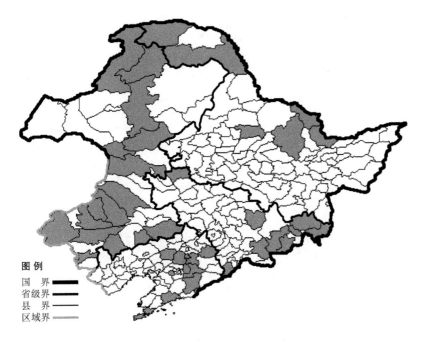

图例
国　界
省级界
县　界
区域界

问荆

Equisetum arvense L.

　　生境：河边，沟旁，田间，荒地，海拔 500 米以下（大兴安岭）。
　　产地：黑龙江省漠河、呼玛、伊春、嘉荫、北安、萝北，吉林省和龙、安图、汪清、镇赉、珲春、蛟河、抚松、集安、延吉，辽宁省抚顺、清原、沈阳、新民、本溪、凤城、鞍山、丹东、庄河、大连，内蒙古根河、额尔古纳、牙克石、扎兰屯、阿尔山、科尔沁右翼前旗、科尔沁左翼后旗、扎鲁特旗、库伦旗、翁牛特旗、敖汉旗、巴林左旗、巴林右旗、阿鲁科尔沁旗、克什克腾旗、喀喇沁旗。

　　分布：中国（黑龙江、吉林、辽宁、内蒙古、河北、山西、陕西、甘肃、宁夏、青海、新疆、山东、江苏、安徽、浙江、福建、河南、湖北、江西、四川、贵州、云南、西藏），朝鲜半岛，日本，俄罗斯，欧洲，北美洲。

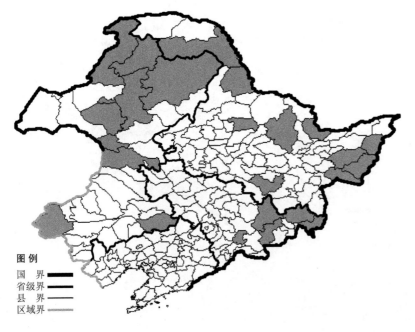

图例
国　界
省级界
县　界
区域界

水问荆

Equisetum fluviatile L.

　　生境：水湿地，沼泽旁，海拔 1300 米以下。
　　产地：黑龙江省呼玛、密山、饶河、宝清、黑河、虎林、伊春、尚志、萝北、北安，吉林省安图、汪清、敦化、靖宇、珲春，内蒙古额尔古纳、科尔沁右翼前旗、牙克石、海拉尔、根河、阿尔山、鄂伦春旗、鄂温克旗、科尔沁左翼后旗、克什克腾旗。
　　分布：中国（黑龙江、吉林、内蒙古、甘肃、新疆、四川、西藏），朝鲜半岛，日本，蒙古，俄罗斯（北极带、欧洲部分、高加索、西伯利亚、远东地区），中亚，欧洲，北美洲。

犬问荆

Equisetum palustre L.

生境：林下水湿地，沟旁，路旁，海拔 1300 米以下（长白山）。

产地：黑龙江省呼玛、伊春、哈尔滨、黑河、北安，吉林省安图、抚松、靖宇、临江、长白，辽宁省沈阳、凤城，内蒙古海拉尔、牙克石、根河、额尔古纳、鄂伦春旗、科尔沁右翼前旗、克什克腾旗。

分布：中国（黑龙江、吉林、辽宁、内蒙古、河北、山西、陕西、宁夏、甘肃、青海、新疆、河南、湖北、湖南、江西、四川、贵州、云南、西藏），朝鲜半岛，日本，蒙古，俄罗斯（北极带、欧洲部分、高加索、西伯利亚、远东地区），中亚，土耳其，尼泊尔，印度，欧洲，北美洲。

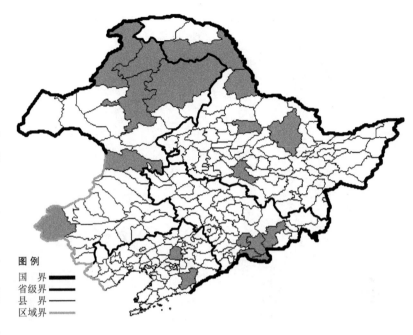

图例
国　界 ▬▬
省级界 ▬▬
县　界 ▬▬
区域界 ▬▬

林问荆

Equisetum sylvaticum L.

生境：山坡灌丛及草丛，林缘，林下，林间草地，路旁，海拔 1200 米以下（长白山）。

产地：黑龙江省虎林、密山、呼玛、萝北、伊春、宁安、嫩江、黑河、北安，吉林省安图、抚松、临江、和龙、汪清、桦甸、靖宇、长白，内蒙古额尔古纳、牙克石、根河、阿尔山、科尔沁右翼前旗。

分布：中国（黑龙江、吉林、内蒙古），朝鲜半岛，日本，蒙古，俄罗斯（北极带、欧洲部分、高加索、西伯利亚、远东地区），中亚，土耳其，欧洲，北美洲。

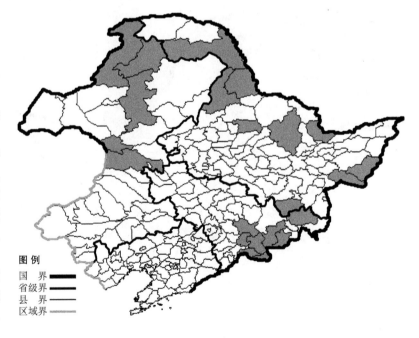

图例
国　界 ▬▬
省级界 ▬▬
县　界 ▬▬
区域界 ▬▬

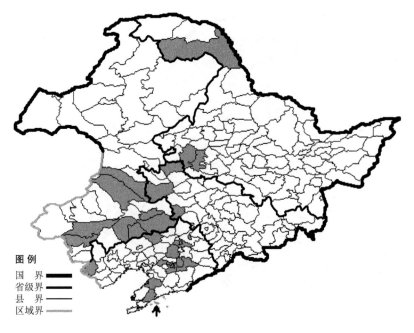

多枝木贼

**Hippochaete ramosissimum (Desf.)
Boern.**

　　生境： 路旁，沙地，荒地，低山砾石地，溪流旁。
　　产地： 黑龙江省呼玛、大庆、杜尔伯特，吉林省双辽、镇赉、通榆，辽宁省铁岭、凌源、彰武、普兰店、沈阳、长海、辽阳、本溪、盖州，内蒙古通辽、扎鲁特旗、赤峰、翁牛特旗、库伦旗、科尔沁右翼中旗、科尔沁左翼后旗、奈曼旗。
　　分布： 中国（黑龙江、吉林、辽宁、内蒙古、河北、山西、陕西、宁夏、甘肃、青海、新疆、山东、江苏、安徽、浙江、福建、河南、湖北、江西、湖南、广东、广西、海南、四川、贵州、云南、西藏、台湾），朝鲜半岛，日本，蒙古，俄罗斯（欧洲部分、高加索、西部西伯利亚），中亚，土耳其，伊朗，南亚，欧洲，非洲，北美洲。

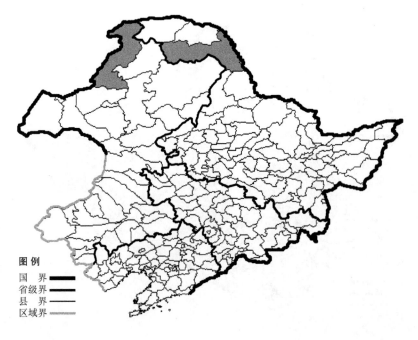

小木贼

Hippochaete scirpoides (Michx.) Farw.

　　生境： 林下苔藓层中，海拔约800米。
　　产地： 黑龙江省呼玛，内蒙古额尔古纳。
　　分布： 中国（黑龙江、内蒙古），蒙古，俄罗斯（北极带、欧洲部分、西伯利亚、远东地区），欧洲，北美洲。

木贼

Hippochaete hyemale (L.) Boern.

生境：林下，海拔 1800 米以下（长白山）。

产地：黑龙江省虎林、密山、伊春、尚志、穆棱，吉林省临江、汪清、安图、抚松、蛟河、长白、珲春、敦化、和龙、前郭尔罗斯、靖宇，辽宁省桓仁、本溪、宽甸、清原、彰武、凌源、岫岩，内蒙古科尔沁右翼前旗、科尔沁左翼后旗、克什克腾旗、宁城。

分布：中国（黑龙江、吉林、辽宁、内蒙古、河北、陕西、甘肃、新疆、河南、湖北、四川），朝鲜半岛，日本，俄罗斯（欧洲部分、高加索、西伯利亚、远东地区），中亚，欧洲，北美洲。

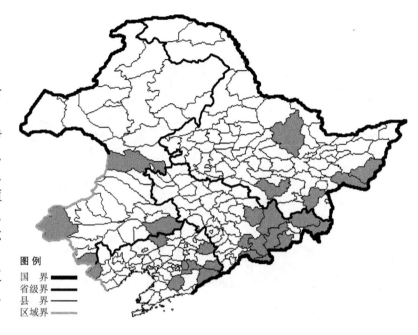

宿齿木贼 Hippochaete hyemale (L.) Boern. var. **affine** (Engelm.) Li et J. Zh. Wang 生于林下海拔 1800 米以下，产于黑龙江省齐齐哈尔、虎林，吉林省安图，辽宁省彰武、凌源，分布于中国（黑龙江、吉林、辽宁），俄罗斯（远东地区），北美洲。

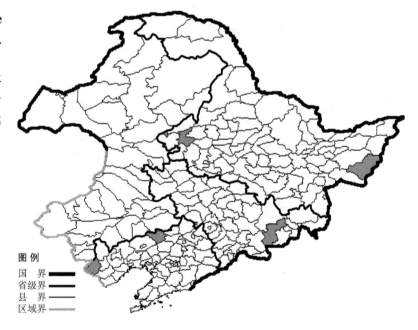

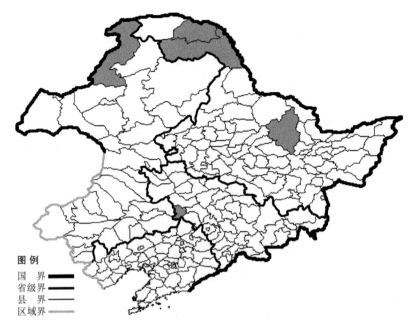

图例
国　界 ▬▬
省级界 ▬
县　界 ▬
区域界 ▬

兴安木贼

Hippochaete variegatum (Schleich. ex Web. et Mohr) Boern.

生境：苔藓针叶林下，海拔 600-800 米（大兴安岭）。

产地：黑龙江省呼玛、伊春、塔河，吉林省双辽，内蒙古额尔古纳。

分布：中国（黑龙江、吉林、内蒙古、新疆、四川），日本，蒙古，俄罗斯（北极带、欧洲部分、高加索、西伯利亚、远东地区），欧洲，北美洲。

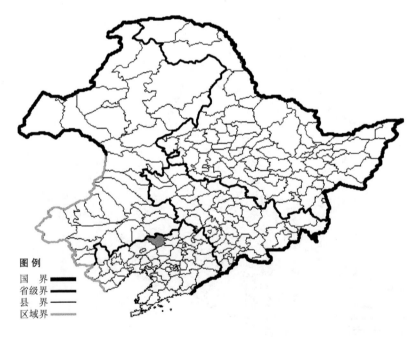

图例
国　界 ▬▬
省级界 ▬
县　界 ▬
区域界 ▬

阿拉斯加木贼 Hippochaete variegatum (Schleich. ex Web. et Mohr) Boern. var. **alaskanum** (A. A. Eaton) Li et J. Zh Wang 生于草地，产于辽宁省彰武，分布于中国（辽宁），北美洲。

阴地蕨科 Botrychiaceae

北方小阴地蕨

Botrychium boreale (Fries) Milde

　　生境：林下，海拔 1000-1700 米（长白山）。
　　产地：黑龙江省伊春，吉林省抚松、安图，内蒙古额尔古纳、根河。
　　分布：中国（黑龙江、吉林、内蒙古），俄罗斯（欧洲部分、西伯利亚、远东地区），欧洲，北美洲。

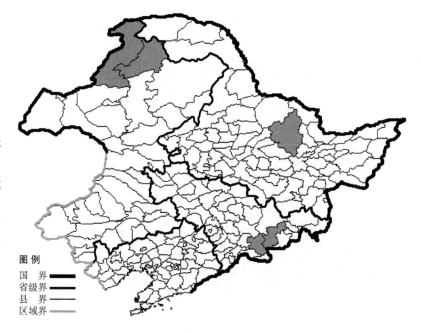

图例
国　界 ▬▬
省级界 ▬▬
县　界 ▬▬
区域界 ▬▬

条裂小阴地蕨

Botrychium lanceolatum (Gmel.) Angstrom

　　生境：岳桦林下。
　　产地：吉林省安图。
　　分布：中国（吉林），蒙古，俄罗斯（欧洲部分、西伯利亚、远东地区），欧洲，北美洲，北极。

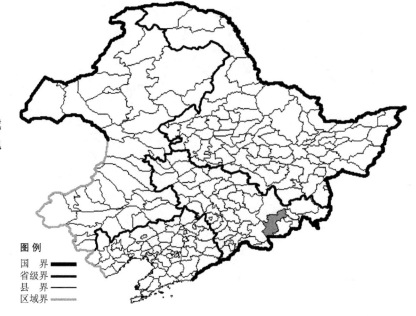

图例
国　界 ▬▬
省级界 ▬▬
县　界 ▬▬
区域界 ▬▬

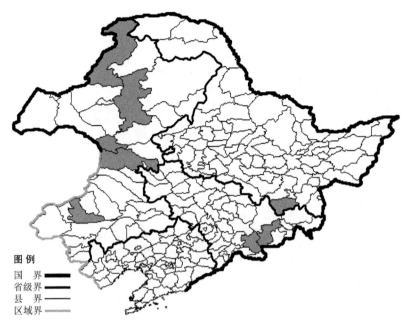

扇羽小阴地蕨

Botrychium lunaria (L.) Swartz

　　生境：林下，林缘，海拔 1700 米以下。
　　产地：黑龙江省宁安，吉林省抚松、安图，内蒙古科尔沁右翼前旗、阿尔山、额尔古纳、牙克石、巴林右旗。
　　分布：中国（黑龙江、吉林、内蒙古、河北、山西、陕西、河南、四川、云南、西藏、台湾），朝鲜半岛，日本，蒙古，俄罗斯（欧洲部分、高加索、西伯利亚、远东地区），中亚，土耳其，南亚，欧洲，大洋洲，北美洲，南美洲。

图例
国　界 ▬▬
省级界 ▬▬
县　界 ──
区域界 ──

劲直假阴地蕨

Botrypus strictus (Underw.) Holub

　　生境：林下，海拔 1000 米以下。
　　产地：黑龙江省尚志，吉林省安图、吉林，辽宁省桓仁、本溪、宽甸、西丰、铁岭、清原、抚顺、凤城、新宾，内蒙古科尔沁左翼后旗。
　　分布：中国（黑龙江、吉林、辽宁、内蒙古、陕西、甘肃、河南、湖北、四川），朝鲜半岛，日本。

图例
国　界 ▬▬
省级界 ▬▬
县　界 ──
区域界 ──

北美假阴地蕨

Botrypus virginianus (L.) Holub

　　生境：林间草地，灌丛。
　　产地：吉林省吉林。
　　分布：中国（吉林、山西、陕西、甘肃、浙江、河南、湖北、四川、云南），朝鲜半岛，日本，俄罗斯（西伯利亚、远东地区），南亚，欧洲，大洋洲，北美洲，南美洲。

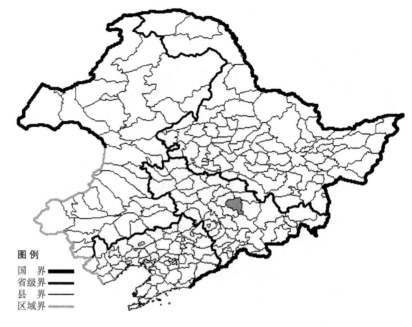

多裂阴地蕨

Sceptridium multifidum (Gmel.) Nishida et Tagawa

　　生境：疏林下，林缘，温泉岩石上，海拔 1000-2000 米。
　　产地：吉林省安图，辽宁省桓仁、宽甸、本溪。
　　分布：中国（吉林、辽宁），日本，俄罗斯（欧洲部分、西部西伯利亚），欧洲，北美洲。

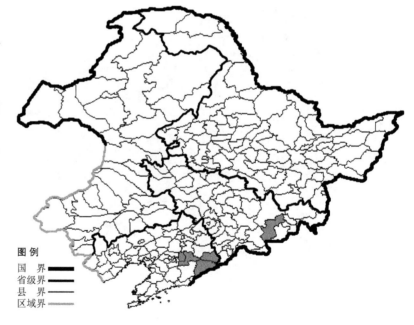

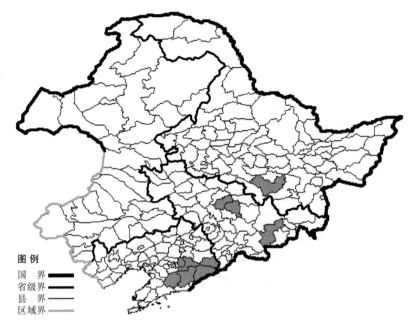

粗壮阴地蕨

Sceptridium robustum (Rupr.) Lyon

　　生境：林下，林缘，海拔1500米以下（长白山）。
　　产地：黑龙江省尚志，吉林省安图、九台、吉林，辽宁省本溪、凤城、宽甸、桓仁、岫岩。
　　分布：中国（黑龙江、吉林、辽宁、四川、云南），朝鲜半岛，日本，俄罗斯（东部西伯利亚、远东地区）。

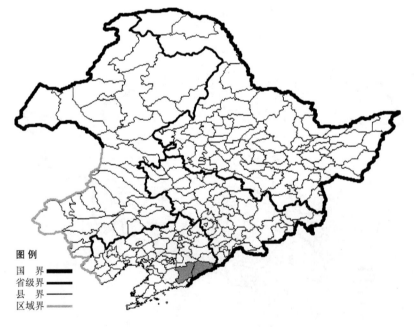

阴地蕨

Sceptridium ternatum (Thunb.) Lyon

　　生境：林缘，林下。
　　产地：辽宁省宽甸、凤城。
　　分布：中国（辽宁、陕西、江苏、安徽、浙江、福建、河南、湖北、江西、湖南、广西、四川、贵州、西藏、台湾），朝鲜半岛，日本，南亚，越南。

瓶尔小草科 Ophioglossaceae

温泉瓶尔小草

Ophioglossum thermale Kom.

生境：林下，温泉岩石上，溪流旁，海拔 1800-2500 米（长白山）。

产地：吉林省安图、抚松，辽宁省桓仁、宽甸，内蒙古库伦旗。

分布：中国（吉林、辽宁、内蒙古、河北、陕西、江苏、江西、四川、云南），朝鲜半岛，日本，俄罗斯（远东地区）。

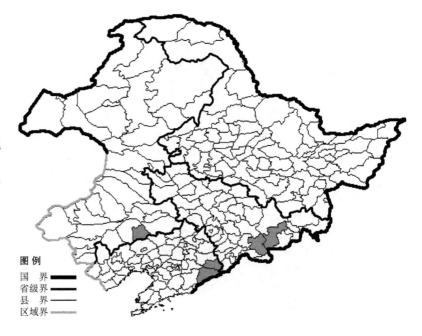

日本瓶尔小草 Ophioglossum thermale Kom. var. **nipponicum** (Miyabe et Kudo) Nishida ex Tagawa 生于林下，产于黑龙江省尚志、哈尔滨、穆棱，辽宁省桓仁，分布于中国（黑龙江、辽宁），朝鲜半岛，日本。

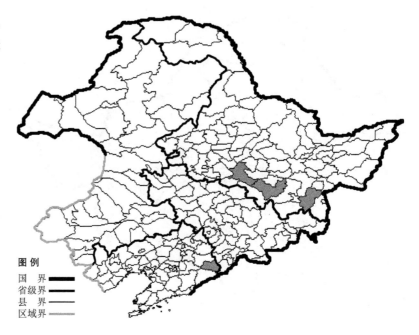

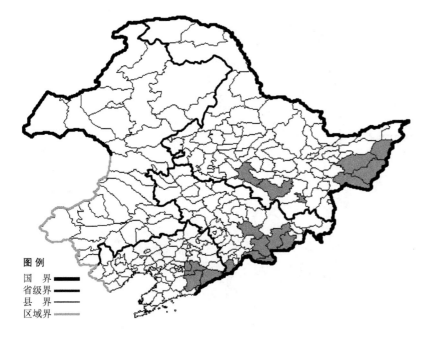

图例
国　界 ▬▬
省级界 ▬▬
县　界 ——
区域界 ——

紫萁蕨科 Osmundaceae

分株紫萁

Osmunda cinnamonea L. var. **asiatica** Fernald

　　生境：林下，林缘，灌丛，喜肥沃湿润的土壤，海拔 1000 米以下。
　　产地：黑龙江省尚志、密山、宝清、虎林、饶河、哈尔滨、牡丹江，吉林省安图、长白、桦甸、集安、临江、和龙、抚松，辽宁省宽甸、丹东、凤城、本溪。
　　分布：中国（黑龙江、吉林、辽宁、四川、云南），朝鲜半岛，日本，俄罗斯（远东地区），印度，越南。

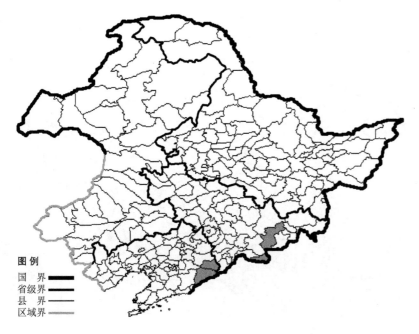

图例
国　界 ▬▬
省级界 ▬▬
县　界 ——
区域界 ——

绒紫萁

Osmunda claytoniana L.

　　生境：林缘，河边，海拔 1500 米以下（长白山）。
　　产地：吉林省安图、长白，辽宁省宽甸、桓仁。
　　分布：中国（吉林、辽宁、四川、贵州、云南、台湾），朝鲜半岛，日本，俄罗斯（远东地区），南亚，北美洲。

膜蕨科 Hymenophyllaceae

团扇蕨

Gonocormus minutus (Blume) v. d. Bosch

　　生境：山坡阴湿岩石上，伐根上，常与苔藓植物混生，海拔 800 米以下。
　　产地：黑龙江省海林、伊春、牡丹江、尚志，吉林省蛟河，辽宁省凤城、宽甸、鞍山。
　　分布：中国（黑龙江、吉林、辽宁、浙江、福建、安徽、江西、湖南、广东、海南、四川、贵州、云南、台湾），朝鲜半岛，日本，俄罗斯（远东地区），越南，柬埔寨，印度尼西亚，马来西亚，非洲。

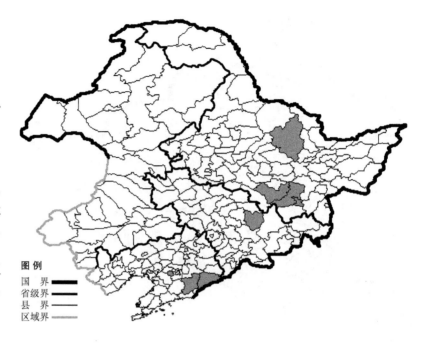

碗蕨科 Dennstaedtiaceae

细毛碗蕨

Dennstaedtia hirsuta (Swartz) Mett. ex Miq.

　　生境：石砾质湿草地，灌丛间石砬子上。
　　产地：黑龙江省密山、宁安、牡丹江，吉林省集安，辽宁省凤城、丹东、鞍山、庄河、长海、大连。
　　分布：中国（黑龙江、吉林、辽宁、河北、陕西、山东、安徽、浙江、福建、河南、江西、湖南、四川、贵州），朝鲜半岛，日本，俄罗斯（远东地区）。

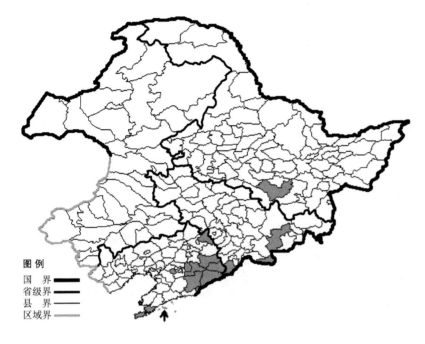

溪洞碗蕨

Dennstaedtia wilfordii (Moore) Christ

　　生境：山阴坡岩石缝间，水沟旁，林下，海拔 900 米以下。
　　产地：黑龙江省尚志，吉林省集安、安图、长白，辽宁省西丰、新宾、桓仁、本溪、宽甸、凤城、丹东、鞍山、长海、大连。
　　分布：中国（黑龙江、吉林、辽宁、河北、陕西、山东、江苏、安徽、浙江、福建、湖北、江西、湖南、四川），朝鲜半岛，俄罗斯（远东地区）。

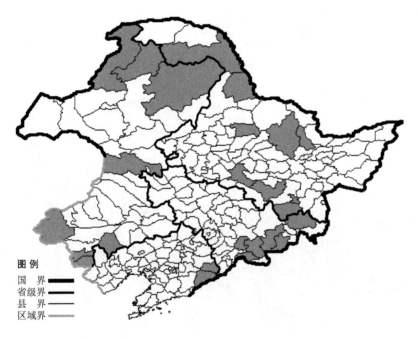

蕨科 Pteridiaceae

蕨

Pteridium aquilinum (L.) Kuhn. var.
latiusculum (Desv.) Underw. ex Heller

　　生境：阳坡疏林下，林缘，林间草地，海拔 1000 米以下。
　　产地：黑龙江省尚志、牡丹江、哈尔滨、呼玛、北安、宁安、黑河、伊春、鹤岗，吉林省安图、抚松、和龙、汪清、临江、靖宇，辽宁省桓仁、宽甸，内蒙古额尔古纳、根河、鄂伦春旗、科尔沁右翼前旗、克什克腾旗、敖汉旗、喀喇沁旗、宁城。
　　分布：中国（全国各地），遍布世界热带、亚热带、温带地区。

中国蕨科 Sinopteridaceae

银粉背蕨

Aleuritopteris argentea (Gmel.) Fee

　　生境：石灰质山坡，岩石缝间，海拔 1500 米以下（长白山）。
　　产地：黑龙江省呼玛、依兰、黑河、宁安、尚志、塔河、牡丹江、五大连池，吉林省安图、长白、靖宇、辉南、柳河、通化、敦化、和龙、汪清，辽宁省本溪、桓仁、鞍山、海城、长海、大连、建昌，内蒙古科尔沁右翼前旗、乌兰浩特、扎兰屯、额尔古纳、鄂伦春旗、克什克腾旗、巴林左旗、喀喇沁旗、宁城、扎赉特旗、科尔沁右翼中旗、科尔沁左翼后旗。
　　分布：中国（全国各地），朝鲜半岛，日本，蒙古，俄罗斯（西伯利亚、远东地区），印度，尼泊尔。

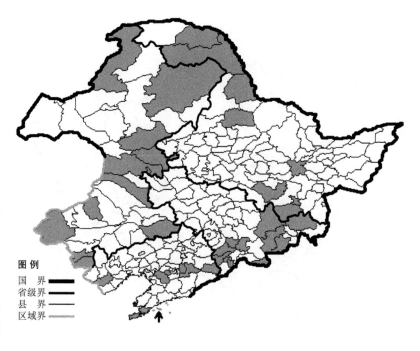

　　无银粉背蕨 Aleuritopteris argentea (Gmel.) Fee var. **obscura** (Christ) Ching 生于岩石缝间，产于辽宁省铁岭、北镇、鞍山、长海、大连，内蒙古科尔沁右翼前旗、扎兰屯、科尔沁右翼中旗、突泉、扎鲁特旗、巴林右旗、敖汉旗、喀喇沁旗、宁城，分布于中国（辽宁、内蒙古、西北、西南），朝鲜半岛，俄罗斯（西伯利亚、远东地区）。

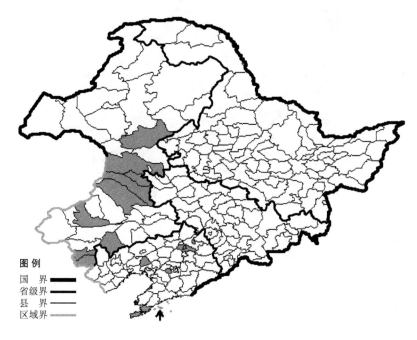

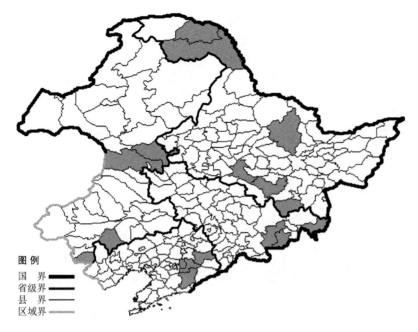

华北薄鳞蕨

Leptolepidium kuhnii (Milde) Hsing et S. K. Wu

　　生境：山沟岩石缝间，林缘岩石上，海拔 800 米以下。
　　产地：黑龙江省伊春、塔河、呼玛、宁安、尚志、哈尔滨，吉林省安图、和龙、珲春，辽宁省本溪、凤城、新宾，内蒙古科尔沁右翼前旗、扎赉特旗、宁城、敖汉旗。
　　分布：中国（黑龙江、吉林、辽宁、内蒙古、河北、陕西、甘肃、山东、河南、四川、云南），朝鲜半岛，俄罗斯（远东地区）。

铁线蕨科 Adiantaceae

普通铁线蕨

Adiantum edgewothii Hook.

　　生境：林下阴湿处岩石缝间。
　　产地：辽宁省瓦房店。
　　分布：中国（辽宁、河北、甘肃、山东、河南、四川、云南、西藏、台湾），朝鲜半岛，日本，印度，不丹，尼泊尔，越南，缅甸，菲律宾。

掌叶铁线蕨

Adiantum pedatum L.

生境：林下，林缘，灌丛，喜肥沃湿润的土壤，海拔 1500 米以下。

产地：黑龙江省虎林、密山、饶河、宁安、伊春、尚志、哈尔滨、嘉荫、宝清、铁力，吉林省安图、临江、抚松、长白、珲春、汪清、敦化、桦甸、蛟河，辽宁省西丰、清原、本溪、凤城、宽甸、桓仁、岫岩、丹东、庄河、鞍山、营口。

分布：中国（黑龙江、吉林、辽宁、河北、山西、陕西、甘肃、河南、四川、云南、西藏），朝鲜半岛，日本，俄罗斯（远东地区），尼泊尔，北美洲。

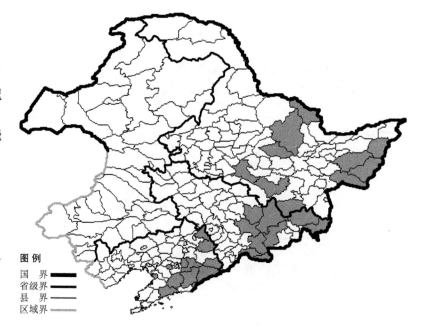

图例
国　界
省级界
县　界
区域界

裸子蕨科 Hemionitidaceae

尖齿凤丫蕨

Coniogramme affinis（Wall.）Hieron.

生境：阔叶林下，海拔 1000 米以下。

产地：黑龙江省尚志，吉林省抚松、临江，辽宁省本溪、宽甸、桓仁。

分布：中国（黑龙江、吉林、辽宁、陕西、甘肃、四川、云南、西藏），缅甸，印度，尼泊尔。

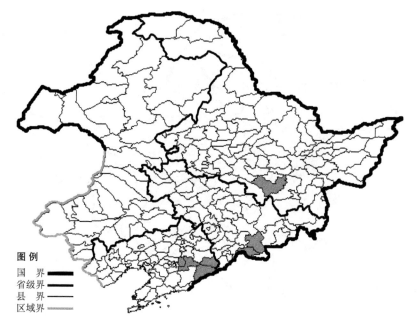

图例
国　界
省级界
县　界
区域界

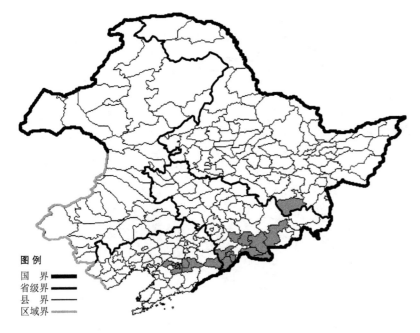

图例
国　界 ▬▬
省级界 ▬▬
县　界 ▬▬
区域界 ▬▬

无毛凤丫蕨

Coniogramme intermedia Hieron. var. **glabra** Ching

　　生境：林下，沟谷，海拔 1500 米以下。
　　产地：黑龙江省宁安，吉林省抚松、靖宇、通化、辉南、集安、长白、临江、安图，辽宁省辽阳、本溪、桓仁。
　　分布：中国（黑龙江、吉林、辽宁、河北、陕西、甘肃、浙江、河南、湖北、四川、贵州、云南、西藏、台湾），朝鲜半岛，日本，越南，俄罗斯（远东地区）。

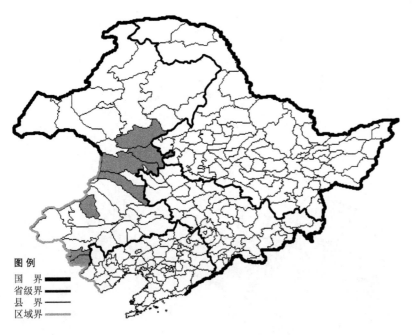

图例
国　界 ▬▬
省级界 ▬▬
县　界 ▬▬
区域界 ▬▬

华北金毛裸蕨

Gymnopteris borealisinensis Kitag.

　　生境：岩石缝间。
　　产地：内蒙古扎兰屯、科尔沁右翼前旗、扎赉特旗、科尔沁右翼中旗、巴林左旗、喀喇沁旗、宁城。
　　分布：中国（内蒙古、河北、山西、陕西、甘肃、山东、河南、湖北、四川、云南、西藏）。

蹄盖蕨科 Athyriaceae

黑鳞短肠蕨

Allantodia crenata (Sommerf.) Ching

　　生境：林下，海拔 2000 米以下。
　　产地：黑龙江省饶河、虎林、宝清、密山、宁安、伊春、呼玛，吉林省安图、抚松、汪清、长白，辽宁省凤城，内蒙古额尔古纳、牙克石、根河、扎兰屯、科尔沁右翼前旗、克什克腾旗、喀喇沁旗、宁城。
　　分布：中国（黑龙江、吉林、辽宁、内蒙古、河北、山西、陕西、河南），朝鲜半岛，日本，俄罗斯（欧洲部分、西伯利亚、远东地区），欧洲。

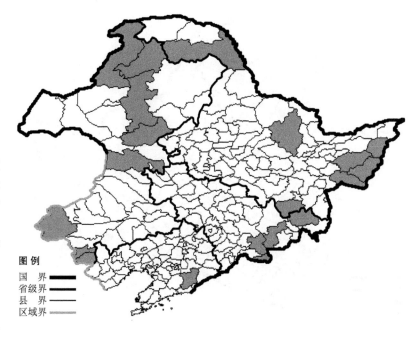

东北短肠蕨

Allantodia taquetii (C. Chr.) Ching

　　生境：沟谷，海拔约 500 米。
　　产地：辽宁省鞍山。
　　分布：中国（辽宁），朝鲜半岛。

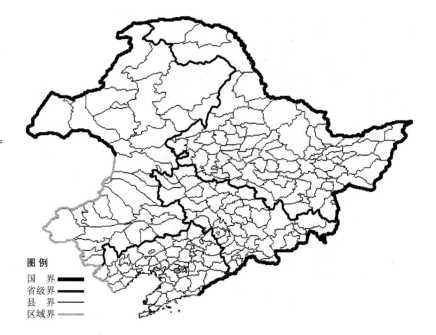

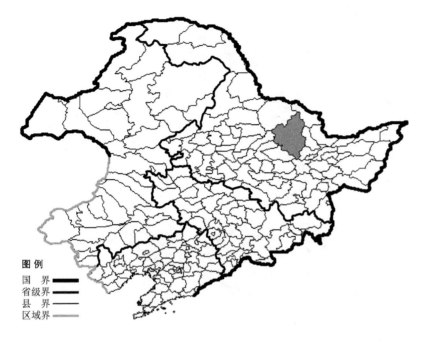

带岭蹄盖蕨

Athyrium dailingense Ching

生境：林下。
产地：黑龙江省伊春。
分布：中国（黑龙江）。

图例
国　界
省级界
县　界
区域界

麦秆蹄盖蕨

Athyrium fallaciosum Milde

生境：林下，潮湿岩石上，海拔
1300 米以下。
产地：吉林省安图，辽宁省庄河。
分布：中国（吉林、辽宁、河北、
山西、陕西、宁夏、甘肃、河南、湖北、
四川），朝鲜半岛。

图例
国　界
省级界
县　界
区域界

猴腿蹄盖蕨

Athyrium multidentatum (Doll) Ching

　　生境：林缘，疏林下，采伐迹地，海拔 2000 米以下。
　　产地：黑龙江省塔河、呼玛、哈尔滨、嫩江、牡丹江、桦川、尚志、密山、虎林、宁安、伊春、黑河、宝清、饶河、嘉荫，吉林省安图、抚松、临江、长白、和龙、蛟河、敦化、汪清、珲春、集安，辽宁省西丰、本溪、凤城、宽甸、桓仁、北镇、鞍山、庄河、大连，内蒙古科尔沁右翼前旗、额尔古纳、根河、牙克石、扎兰屯、扎鲁特旗、科尔沁左翼后旗、阿鲁科尔沁旗、巴林右旗、克什克腾旗、扎赉特旗、宁城。
　　分布：中国（黑龙江、吉林、辽宁、内蒙古、河北、山西、山东），朝鲜半岛，日本，俄罗斯（远东地区）。

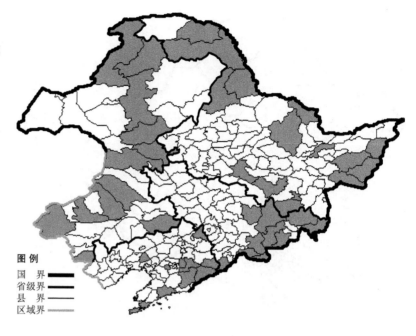

华东蹄盖蕨

Athyrium niponicum (Mett.) Hance

　　生境：低山丘陵区林下，林缘湿地，海拔 1300 米以下。
　　产地：吉林省集安，辽宁省沈阳、鞍山、凤城、宽甸、长海、大连。
　　分布：中国（吉林、辽宁、河北、山西、陕西、宁夏、甘肃、山东、江苏、安徽、浙江、河南、湖北、江西、湖南、广东、广西、四川、贵州、云南、台湾），朝鲜半岛，日本，越南，缅甸，尼泊尔。

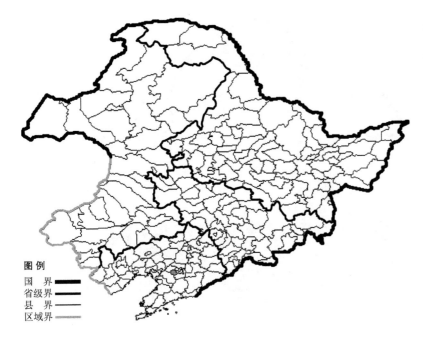

华北蹄盖蕨

Athyrium pachyphlebium C. Chr.

生境：林缘，林下。

产地：辽宁省鞍山。

分布：中国（辽宁、河北、山西、陕西、山东）。

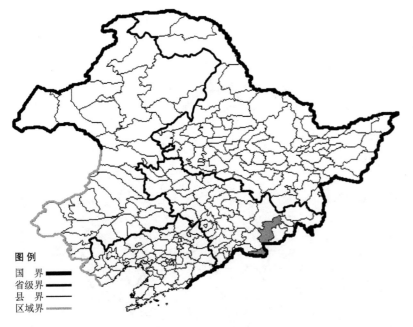

狭基蹄盖蕨

Athyrium rupestre Kodama

生境：林缘岩石上，海拔约 1800 米。

产地：吉林省安图、长白。

分布：中国（吉林），日本，俄罗斯（远东地区）。

中华蹄盖蕨

Athyrium sinense Rupr.

生境：林下，海拔约 1600 米以下（长白山）。

产地：黑龙江省塔河、呼玛、嫩江、虎林、尚志、宁安、黑河、北安，吉林省安图、珲春、长白、抚松、靖宇、柳河、集安、蛟河、敦化、汪清，辽宁省西丰、开原、本溪、凤城、宽甸、桓仁、鞍山、营口、北镇，内蒙古额尔古纳、根河、牙克石、扎兰屯、科尔沁右翼前旗、科尔沁右翼中旗。

分布：中国（黑龙江、吉林、辽宁、内蒙古、河北、陕西、宁夏、甘肃、山东、河南），朝鲜半岛，日本。

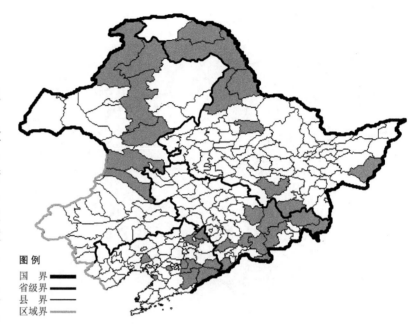

禾杆蹄盖蕨

Athyrium yokoscense (Franch. et Sav.) Christ

生境：林下，灌丛阴湿处，林下岩石缝间，林缘石壁，海拔 1000 米以下。

产地：黑龙江省尚志、伊春、哈尔滨，吉林省蛟河、集安，辽宁省沈阳、盖州、凤城、宽甸、桓仁、东港、普兰店、大连、庄河、丹东。

分布：中国（黑龙江、吉林、辽宁、山东、江苏、安徽、浙江、河南、江西、湖南、四川、贵州），朝鲜半岛，日本，俄罗斯（远东地区）。

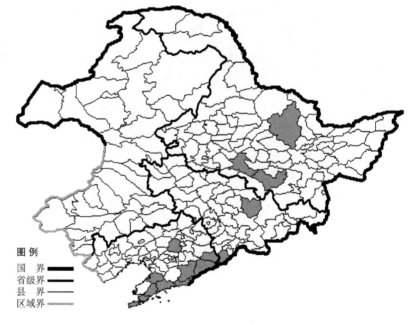

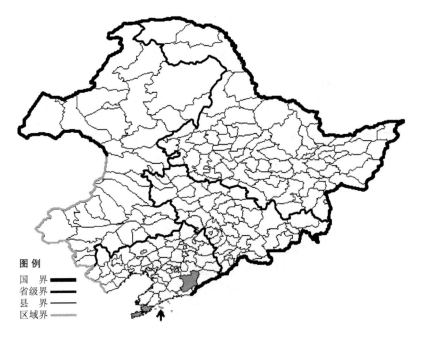

图例
国　界 ▬▬▬▬
省级界 ▬▬▬▬
县　界 ▬▬▬▬
区域界 ▬▬▬▬

宽鳞蹄盖蕨 Athyrium yokoscense (Franch. et Sav.) Christ var. **kirismaense** (Tagawa) Li et J. Z. Wang 生于林下，产于辽宁省凤城、长海、大连，分布于中国（辽宁）。

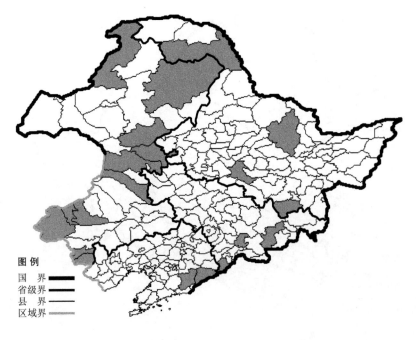

图例
国　界 ▬▬▬▬
省级界 ▬▬▬▬
县　界 ▬▬▬▬
区域界 ▬▬▬▬

冷蕨

Cystopteris fragilis (L.) Bernh.

生境：林下岩石上，石砬子上，溪流旁石缝中，海拔 1800 米以下。

产地：黑龙江省伊春、宁安、哈尔滨、呼玛，吉林省安图、集安、靖宇，辽宁省宽甸、凤城、内蒙古额尔古纳、鄂伦春旗、扎兰屯、扎赉特旗、科尔沁右翼前旗、科尔沁右翼中旗、宁城、林西、克什克腾旗、喀喇沁旗、巴林右旗。

分布：中国（黑龙江、吉林、辽宁、内蒙古、河北、山西、陕西、宁夏、甘肃、青海、新疆、山东、安徽、河南、四川、云南、西藏、台湾），朝鲜半岛，日本，蒙古，俄罗斯（欧洲部分、高加索、西伯利亚、远东地区），中亚，土耳其，阿富汗，巴基斯坦，印度，尼泊尔，欧洲，非洲，北美洲，南美洲。

山冷蕨

Cystopteris sudetica A. Br. et Milde

生境：林下，海拔800-1500米（长白山）。

产地：黑龙江省伊春、饶河、虎林、宁安、尚志，吉林省安图、汪清、和龙、长白。

分布：中国（黑龙江、吉林、河北、山西、云南、西藏），朝鲜半岛，日本，俄罗斯（欧洲部分、高加索、西伯利亚、远东地区），欧洲。

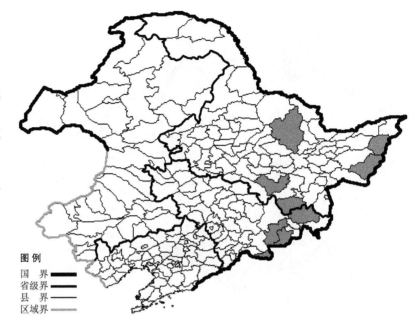

图例
国　界 ▅▅▅
省级界 ▅▅▅
县　界 ▅▅▅
区域界 ▅▅▅

翅轴介蕨

Dryoathyrium pterorachis (Christ) Ching

生境：林下，海拔800-1900米（长白山）。

产地：黑龙江省海林，吉林省长白。

分布：中国（黑龙江、吉林），朝鲜半岛，日本，俄罗斯（远东地区）。

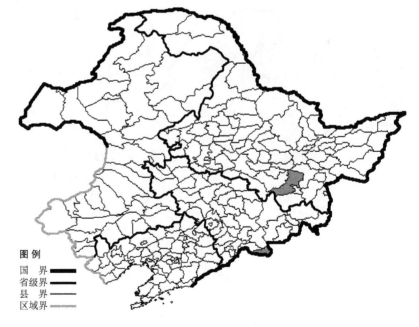

图例
国　界 ▅▅▅
省级界 ▅▅▅
县　界 ▅▅▅
区域界 ▅▅▅

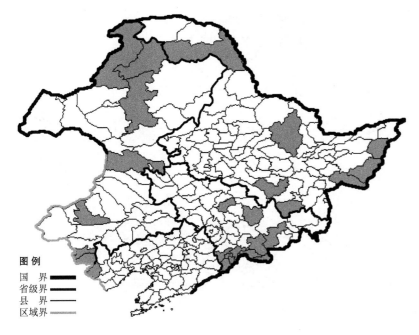

图例
国　界 ▬▬▬
省级界 ▬▬
县　界 ▬
区域界 ▬▬

鳞毛羽节蕨

Gymnocarpium dryopteris (L.) Newm.

生境：林下，海拔 1800 米以下（长白山）。

产地：黑龙江省伊春、虎林、饶河、密山、尚志、呼玛、宁安，吉林省抚松、安图、临江、通化、白山、集安、蛟河、九台、长白，辽宁省凌源，内蒙古额尔古纳、根河、牙克石、宁城、科尔沁右翼前旗、喀喇沁旗、巴林右旗。

分布：中国（黑龙江、吉林、辽宁、内蒙古、山西、陕西、新疆），日本，俄罗斯（欧洲部分、高加索、西伯利亚、远东地区），中亚，南亚，欧洲，北美洲。

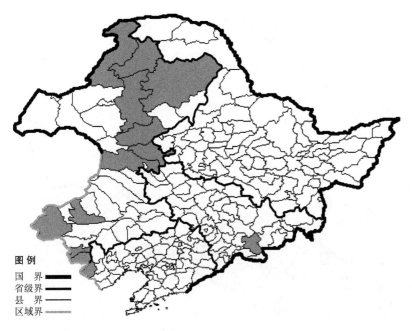

图例
国　界 ▬▬▬
省级界 ▬▬
县　界 ▬
区域界 ▬▬

大羽节蕨 Gymnocarpium dryopteris (L.) Newm. var. **disjunctum** (Rupr.) Ching 生于林下，山阴坡岩石缝间，产于吉林省抚松，辽宁省凌源，内蒙古牙克石、根河、额尔古纳、鄂伦春旗、扎兰屯、科尔沁右翼前旗、扎赉特旗、巴林右旗、克什克腾旗、喀喇沁旗、宁城，分布于中国（吉林、辽宁、内蒙古、河北、山西、陕西、甘肃、青海、新疆、四川、云南、西藏），朝鲜半岛，日本，俄罗斯（高加索、西伯利亚、远东地区），中亚，土耳其，印度，欧洲，北美洲。

羽节蕨

Gymnocarpium jessoense (Koidz.) Koidz.

　　生境：林下，岩石上，海拔约1600米以下（长白山）。
　　产地：黑龙江省宝清、尚志、伊春、呼玛、黑河、牡丹江、嫩江、宁安，吉林省通化、安图、长白、集安、汪清、珲春，辽宁省建昌、鞍山、大连，内蒙古额尔古纳、根河、牙克石、科尔沁右翼前旗。
　　分布：中国（黑龙江、吉林、辽宁、内蒙古、河北、山西、陕西、甘肃、宁夏、青海、新疆、河南、四川、云南、西藏），朝鲜半岛，日本，俄罗斯（远东地区），阿富汗，巴基斯坦，印度，尼泊尔，北美洲。

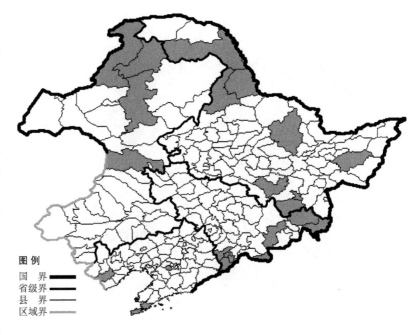

朝鲜蛾眉蕨

Lunathyrium coreanum (Christ) Ching

　　生境：山坡草地，沟旁，疏林下，海拔700-1000米（长白山）。
　　产地：黑龙江省宁安、伊春、尚志，吉林省抚松、安图、蛟河、集安，辽宁省凤城、本溪、鞍山、西丰、桓仁。
　　分布：中国（黑龙江、吉林、辽宁、河北、陕西、甘肃、河南），朝鲜半岛，日本，俄罗斯（远东地区）。

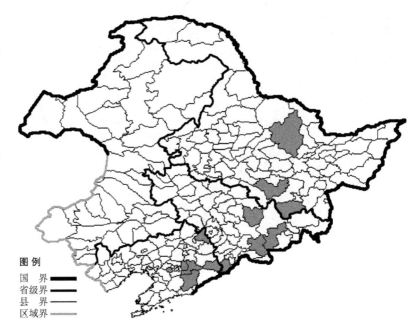

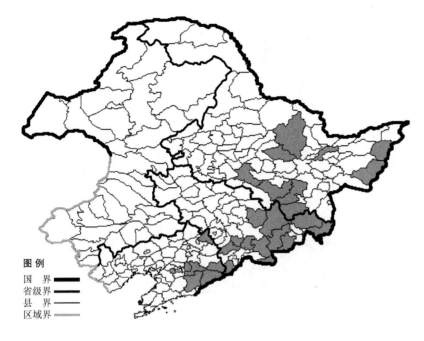

图例
国　界
省级界
县　界
区域界

东北蛾眉蕨

Lunathyrium pycnosorum (Christ) Koidz.

　　生境：林下，林缘，沟谷，海拔 700-1400 米（长白山）。

　　产地：黑龙江省伊春、尚志、饶河、虎林、哈尔滨、宁安、海林、铁力、桦川，吉林省蛟河、珲春、汪清、安图、抚松、集安、长白、靖宇、辉南、柳河、敦化、和龙，辽宁省西丰、鞍山、本溪、凤城、宽甸、桓仁。

　　分布：中国（黑龙江、吉林、辽宁、河北、山东），朝鲜半岛，日本，俄罗斯（远东地区）。

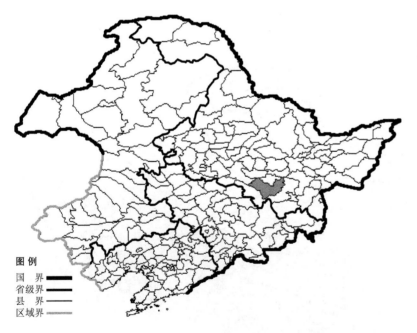

图例
国　界
省级界
县　界
区域界

　　长齿蛾眉蕨 Lunathyrium pycnosorum (Christ) Koidz. var. **longidens** Z. R. Wang 生于林下，产于黑龙江省尚志，分布于中国（黑龙江）。

新蹄盖蕨

Neoathyrium crenulato-serrulatum
(Makino) Ching et Z. R. Wang

    生境：林下，海拔约 800 米。
    产地：黑龙江省尚志、虎林、牡丹江，吉林省安图、临江、通化、抚松，辽宁省凤城、本溪、桓仁、丹东。
    分布：中国（黑龙江、吉林、辽宁、河南、陕西），朝鲜半岛，日本，俄罗斯（远东地区）。

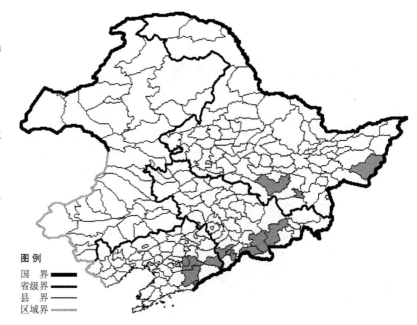

金星蕨科 Thelypteridaceae

假冷蕨

Pseudocystopteris spinulosa (Maxim.)
Ching

    生境：林下，海拔 1800 米以下（长白山）。
    产地：黑龙江省伊春、饶河、宝清、勃利、宁安，吉林省抚松、安图、汪清、和龙、长白，辽宁省桓仁、宽甸。
    分布：中国（黑龙江、吉林、辽宁、陕西、河南、四川），朝鲜半岛，日本，俄罗斯（远东地区）。

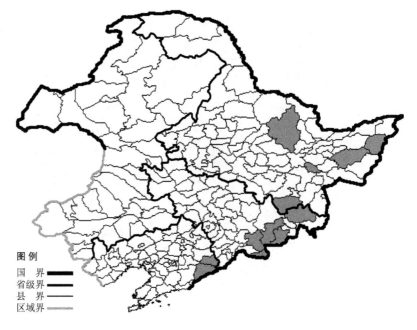

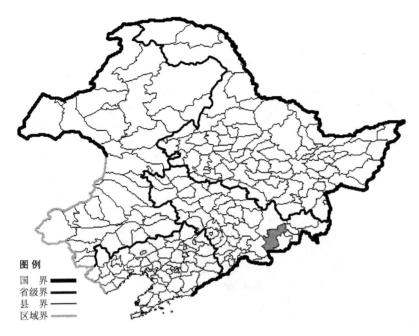

东北假鳞毛蕨

Oreopteris quelpartensis (Christ) Holub

　生境：林下，海拔 1800 米以下。
　产地：吉林省安图。
　分布：中国（吉林），朝鲜半岛，日本，俄罗斯（远东地区）。

长白山金星蕨

Parathelypteris changbaishanensis Ching

　生境：草甸，海拔1400米以下。
　产地：吉林省靖宇、抚松。
　分布：中国（吉林）。

中日金星蕨

Parathelypteris nipponica (Franch. et Sav.) Ching

　　生境：林下，海拔 1400 米以下。
　　产地：吉林省安图、抚松、靖宇、长白、敦化。
　　分布：中国（吉林、陕西、甘肃、山东、江苏、安徽、浙江、福建、河南、湖北、江西、湖南、广西、四川、贵州、云南），朝鲜半岛，日本，尼泊尔。

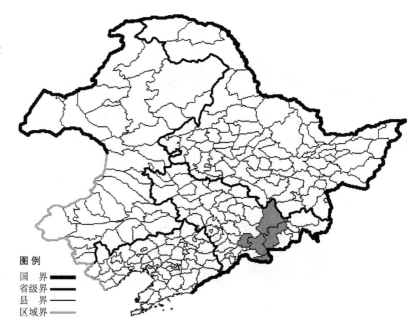

卵果蕨

Phegopteris polypodioides Fee

　　生境：林下，海拔 700-1700 米（长白山）。
　　产地：黑龙江省尚志、饶河、伊春，吉林省安图、抚松、长白，辽宁省本溪、宽甸、凤城、桓仁。
　　分布：中国（黑龙江、吉林、辽宁、陕西、河南、四川、贵州、云南），朝鲜半岛，日本，俄罗斯（欧洲部分、高加索、西伯利亚、远东地区），中亚，土耳其，南亚，欧洲，北美洲。

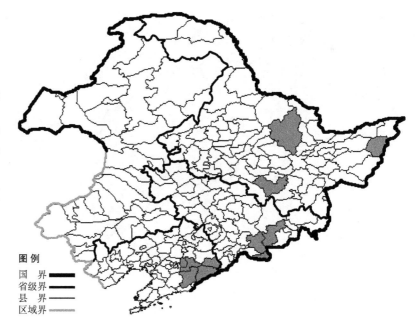

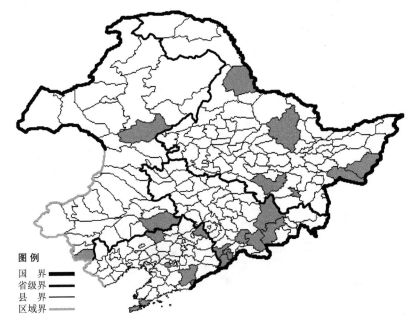

毛叶沼泽蕨

Thelypteris palustris (Salisb.) Schott. **var. pubescens** (Lawson) Fernald

生境：沼泽，踏头甸子，沟谷湿地灌丛。

产地：黑龙江省密山、虎林、伊春、尚志、牡丹江、黑河，吉林省靖宇、敦化、安图、通化、集安、抚松，辽宁省彰武、西丰、丹东、凤城、鞍山、大连，内蒙古扎兰屯、科尔沁左翼后旗、宁城。

分布：中国（黑龙江、吉林、辽宁、内蒙古、山东、江苏），朝鲜半岛，日本，俄罗斯（远东地区），北美洲。

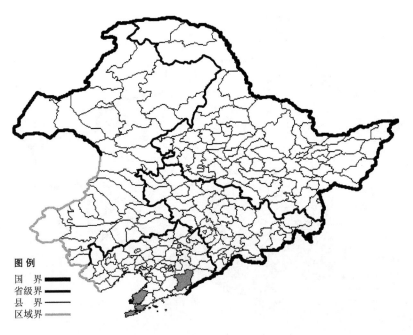

铁角蕨科 Aspleniaceae

栗绿铁角蕨

Asplenium castaneo-viride Baker

生境：海边岩石上。
产地：辽宁省大连、瓦房店、凤城。
分布：中国（辽宁、山东、江苏），日本。

虎尾铁角蕨

Asplenium incisum Thunb.

　　生境：林下岩石上，海边岩石缝间，海拔 2000 米以下。
　　产地：黑龙江省伊春，吉林省安图，辽宁省大连、丹东。
　　分布：中国（黑龙江、吉林、辽宁、河北、陕西、甘肃、山东、江苏、安徽、浙江、福建、河南、湖南、四川、贵州、台湾），朝鲜半岛，日本，俄罗斯（远东地区）。

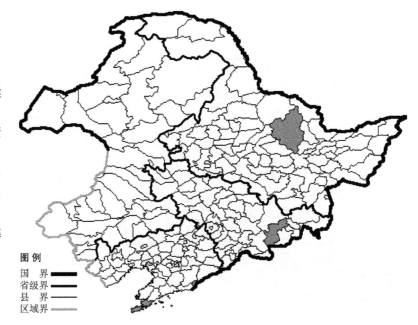

西北铁角蕨

Asplenium nesii Christ

　　生境：林下，林下岩石上，海拔 800 米以下。
　　产地：黑龙江省伊春、尚志，吉林省蛟河。
　　分布：中国（黑龙江、吉林、山西、陕西、宁夏、甘肃、青海、新疆、四川、西藏），阿富汗，巴基斯坦，印度。

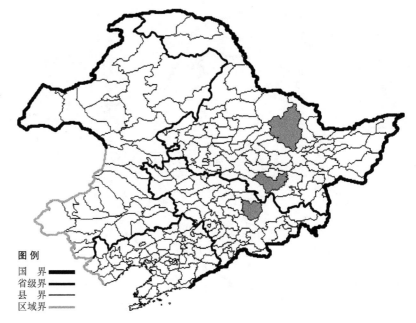

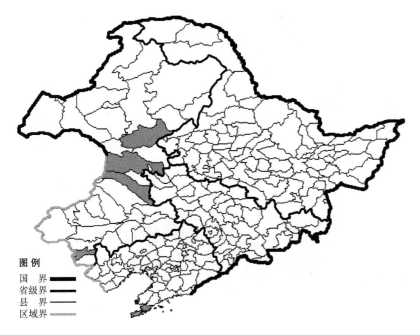

图例
国　界 ▬▬▬
省级界 ▬▬
县　界 ───
区域界 ───

北京铁角蕨

Asplenium pekinense Hance

生境：岩石缝间。

产地：辽宁省大连，内蒙古扎兰屯、科尔沁右翼前旗、科尔沁右翼中旗、喀喇沁旗。

分布：中国（辽宁、内蒙古、河北、山西、陕西、宁夏、甘肃、山东、江苏、浙江、福建、河南、湖北、湖南、广东、广西、四川、贵州、云南、台湾），朝鲜半岛，日本。

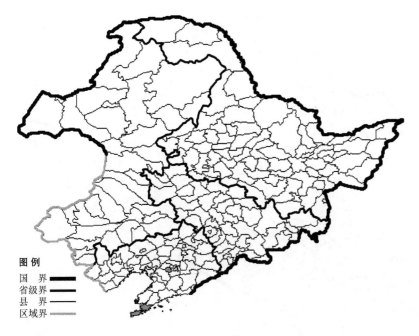

图例
国　界 ▬▬▬
省级界 ▬▬
县　界 ───
区域界 ───

华中铁角蕨

Asplenium sarelii Hook.

生境：溪流旁，林下潮湿的岩石上。

产地：辽宁省鞍山、大连。

分布：中国（辽宁、河北、陕西、江苏、安徽、浙江、福建、湖北、江西、湖南、四川、贵州、云南），朝鲜半岛，日本。

钝尖铁角蕨

Asplenium subvarians Ching ex C. Chr.

生境：林下岩石上，海拔 1300 米以下。

产地：黑龙江省伊春，吉林省安图、蛟河，辽宁省鞍山、凤城、建昌，内蒙古扎赉特旗。

分布：中国（黑龙江、吉林、辽宁、内蒙古、河北、山西、陕西、甘肃、青海、浙江、河南、江西、湖南、四川），朝鲜半岛，日本。

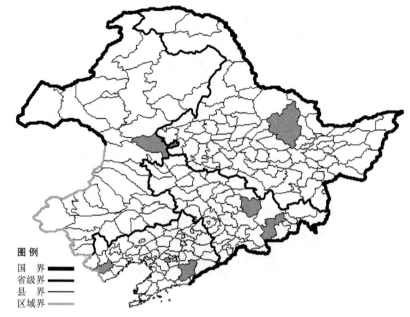

过山蕨

Camptosorus sibiricus Rupr.

生境：林下，溪流旁阴湿岩石上，海拔 1700 米以下。

产地：黑龙江省伊春、尚志、呼玛、萝北、宁安、五大连池，吉林省安图、长白、临江、集安、磐石、靖宇，辽宁省铁岭、本溪、凤城、宽甸、桓仁、丹东、岫岩、鞍山、大连、绥中、凌源，内蒙古额尔古纳、牙克石、扎兰屯、科尔沁右翼前旗、科尔沁左翼后旗、宁城、喀喇沁旗、敖汉旗。

分布：中国（黑龙江、吉林、辽宁、内蒙古、河北、山西、陕西、山东、江苏、河南、江西），朝鲜半岛，日本，俄罗斯（东部西伯利亚、远东地区）。

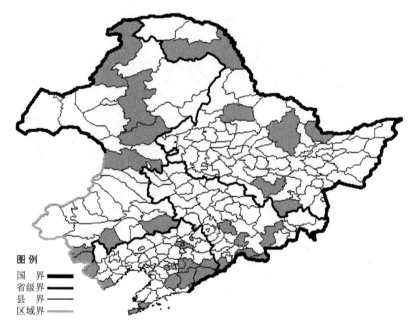

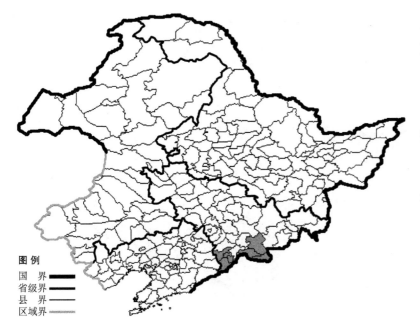

对开蕨

Phyllitis scolopendrium (L.) Newm

　　生境：林下，海拔 1100 米以下。
　　产地：吉林省集安、长白、临江、抚松、通化。
　　分布：中国 (吉林)，朝鲜半岛，日本，俄罗斯 (欧洲部分、高加索、远东地区)，欧洲，北美洲。

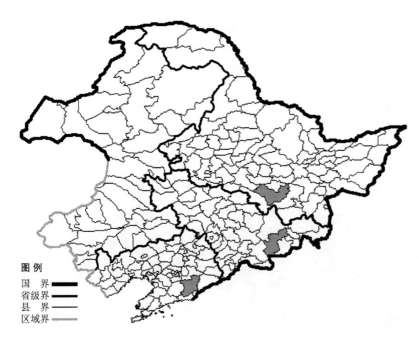

睫毛蕨科 Pleurosoriopsidaceae

睫毛蕨

Pleurosoriopsis makinoi (Maxim.) Fo-min

　　生境：树干上，苔藓层中。
　　产地：黑龙江省尚志，吉林省安图，辽宁省凤城。
　　分布：中国（黑龙江、吉林、辽宁、陕西、甘肃、四川、云南），朝鲜半岛，日本，俄罗斯（远东地区）。

球子蕨科 Onocleaceae

东方荚果蕨

Matteuccia orientalis (Hook.) Trev.

生境：林缘，灌丛阴湿处，海拔 500-1300 米。

产地：吉林省集安。

分布：中国（吉林、河北、陕西、甘肃、安徽、浙江、福建、河南、湖北、江西、湖南、广东、广西、四川、贵州、云南、西藏、台湾），朝鲜半岛，日本，俄罗斯（远东地区），尼泊尔，缅甸，印度。

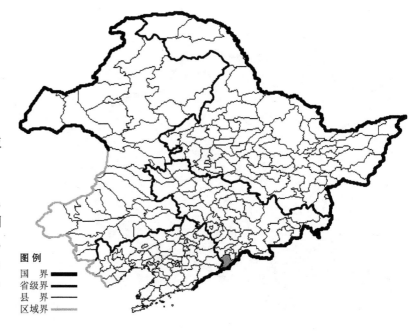

图例
国　界
省级界
县　界
区域界

荚果蕨

Matteuccia struthiopteris (L.) Todaro

生境：林下，灌丛，林间草地，林缘，海拔 1500 米以下。

产地：黑龙江省虎林、饶河、宝清、密山、尚志、哈尔滨、伊春、穆棱、宁安，吉林省安图、抚松、临江、汪清、通化、集安、珲春、桦甸，辽宁省西丰、宽甸、桓仁、大连、庄河、本溪、丹东、鞍山，内蒙古根河、鄂伦春旗、科尔沁右翼前旗、科尔沁左翼后旗、克什克腾旗、喀喇沁旗、宁城。

分布：中国（黑龙江、吉林、辽宁、内蒙古、河北、山西、陕西、甘肃、新疆、河南、湖北、四川、云南、西藏），朝鲜半岛，日本，俄罗斯（欧洲部分、高加索、西伯利亚、远东地区），欧洲，北美洲。

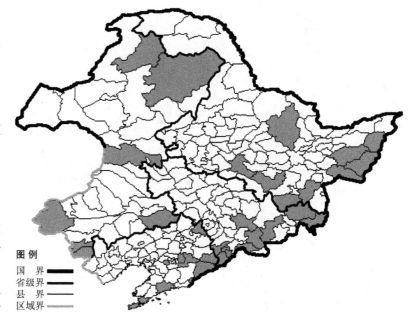

图例
国　界
省级界
县　界
区域界

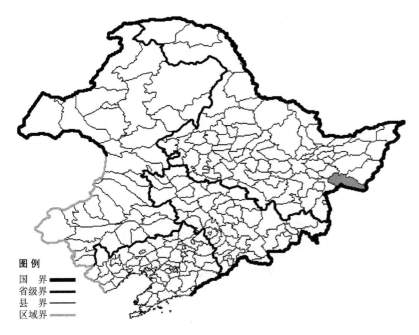

图例
国　界
省级界
县　界
区域界

尖裂荚果蕨 Matteuccia struthiopt-eris (L.) Todaro var. **acutiloba** Ching 生于林下，灌丛，林间草地，林缘，海拔 1500 米以下，产于黑龙江省密山，分布于中国（黑龙江、山西、陕西、河南、湖北、四川），日本。

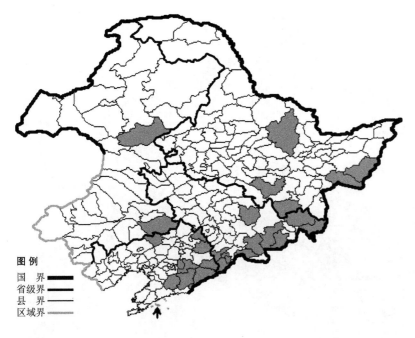

图例
国　界
省级界
县　界
区域界

球子蕨

Onoclea sensibilis L. var. **interrupta** Maxim.

生境：湿草甸，森林地区河谷湿地，海拔 900 米以下。

产地：黑龙江省虎林、密山、伊春、尚志、宁安，吉林省安图、临江、通化、集安、蛟河、和龙、抚松、汪清、珲春，辽宁省宽甸、岫岩、桓仁、凤城、丹东、本溪、西丰、清原、长海、彰武，内蒙古科尔沁左翼后旗、扎兰屯。

分布：中国（黑龙江、吉林、辽宁、内蒙古、河北、河南），朝鲜半岛，日本，蒙古，俄罗斯（远东地区）。

岩蕨科 Woodsiaceae

膀胱蕨

Protowoodsia manchuriensis (Hook.) Ching

　　生境：较阴湿的岩石缝间，海拔 1500 米以下。

　　产地：黑龙江省饶河、尚志、萝北，吉林省抚松、蛟河、汪清、临江，辽宁省凤城、本溪、宽甸、桓仁、鞍山、大连、瓦房店、庄河，内蒙古扎兰屯、扎赉特旗、科尔沁右翼前旗。

　　分布：中国（黑龙江、吉林、辽宁、内蒙古、河北、山东、安徽、浙江、河南、江西、四川、贵州），朝鲜半岛，日本，俄罗斯（远东地区）。

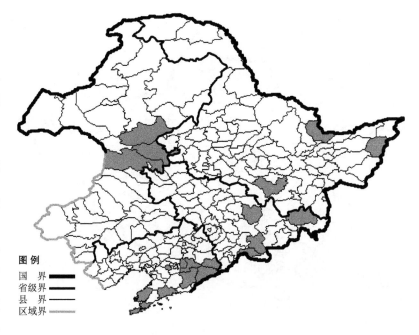

光岩蕨

Woodsia glabella R. Br.

　　生境：林下岩石缝间，海拔 1800 米以下。

　　产地：吉林省安图。

　　分布：中国（吉林、河北、甘肃、青海、新疆），朝鲜半岛，日本，俄罗斯（欧洲部分、西伯利亚、远东地区），欧洲，北美洲。

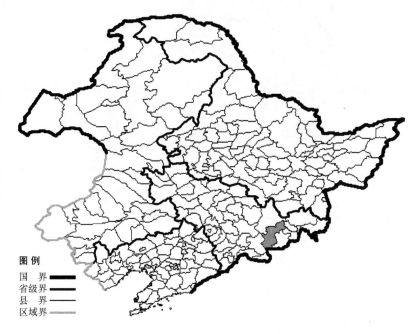

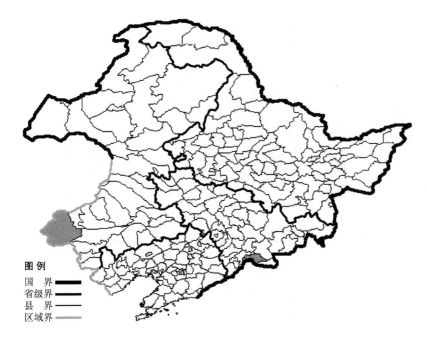

图例
国　界 ▬▬
省级界 ▬▬
县　界 ▬▬
区域界 ▬▬

旱岩蕨

Woodsia hancockii Baker

　　生境：岩石上。
　　产地：吉林省临江，内蒙古克什克腾旗。
　　分布：中国（吉林、内蒙古、河北、山西、陕西），朝鲜半岛，日本，俄罗斯（远东地区）。

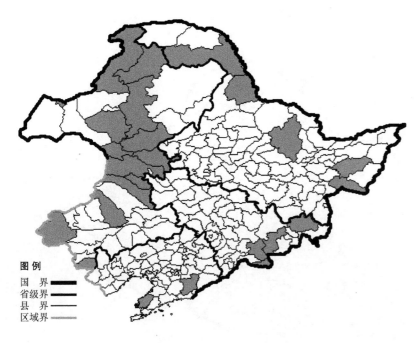

图例
国　界 ▬▬
省级界 ▬▬
县　界 ▬▬
区域界 ▬▬

岩蕨

Woodsia ilvensis R. Br.

　　生境：林下岩石上，海拔 700-2500 米。
　　产地：黑龙江省密山、呼玛、伊春、宝清、黑河，吉林省安图、长白、汪清、抚松，辽宁省凤城、瓦房店，内蒙古鄂温克旗、阿尔山、扎兰屯、科尔沁右翼前旗、科尔沁右翼中旗、额尔古纳、牙克石、满洲里、根河、扎赉特旗、突泉、阿鲁科尔沁旗、克什克腾旗、宁城。
　　分布：中国（黑龙江、吉林、辽宁、内蒙古、河北、新疆），朝鲜半岛，日本，蒙古，俄罗斯（北极带、欧洲部分、高加索、西伯利亚、远东地区），中亚，土耳其，欧洲，北美洲。

中岩蕨

Woodsia intermedia Tagawa

生境：山坡岩石缝间。

产地：黑龙江省密山、伊春、哈尔滨，吉林省珲春、桦甸，辽宁省建昌、大连、鞍山、北镇、凤城、盖州，内蒙古牙克石、扎兰屯、扎赉特旗、科尔沁右翼前旗、科尔沁右翼中旗、克什克腾旗、宁城。

分布：中国（黑龙江、吉林、辽宁、内蒙古、河北、山西、山东、河南），朝鲜半岛，日本，俄罗斯（远东地区）。

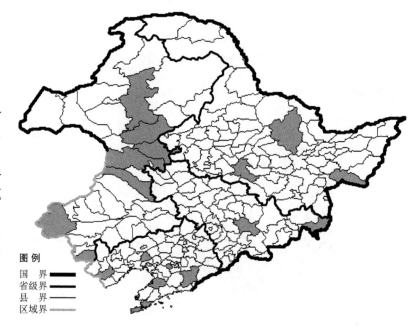

大囊岩蕨

Woodsia macrochlaena Meet. ex Kuhn

生境：山坡岩石上，海拔 1000 米以下。

产地：黑龙江省宁安，吉林省珲春、安图，辽宁省大连、庄河、瓦房店、东港。

分布：中国（黑龙江、吉林、辽宁、河北、山东），朝鲜半岛，日本，俄罗斯（远东地区）。

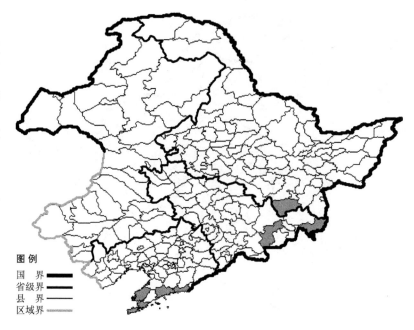

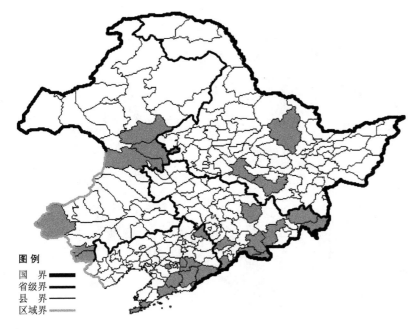

图例
国 界 ▬▬▬
省级界 ▬▬
县 界 ▬▬
区域界 ▬▬▬

耳羽岩蕨

Woodsia polystichoides Eaton

　　生境：林下岩石上，海拔 1500 米以下。
　　产地：黑龙江省伊春、尚志、哈尔滨，吉林省临江、安图、长白、汪清、蛟河、集安、抚松、柳河、珲春，辽宁省凤城、丹东、宽甸、本溪、西丰、岫岩、庄河、大连、鞍山，内蒙古科尔沁右翼前旗、扎兰屯、扎赉特旗、克什克腾旗、喀喇沁旗、宁城。
　　分布：中国（全国各地），朝鲜半岛，日本，俄罗斯（远东地区）。

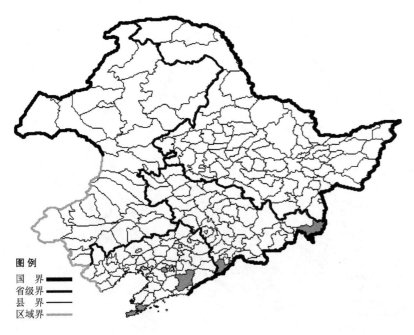

图例
国 界 ▬▬▬
省级界 ▬▬
县 界 ▬▬
区域界 ▬▬▬

　　深波岩蕨 Woodsia polystichoides Eaton var. sinuata Hook. 生于林下石砬子上，产于吉林省珲春、集安，辽宁省大连、鞍山、凤城，分布于中国（吉林、辽宁、河北、山西），朝鲜半岛，日本，俄罗斯（远东地区）。

密毛岩蕨

Woodsia rosthorniana Diels

生境：林下岩石上。

产地：辽宁省大连、瓦房店，内蒙古宁城。

分布：中国（辽宁、内蒙古、河北、陕西、甘肃、四川、云南、西藏）。

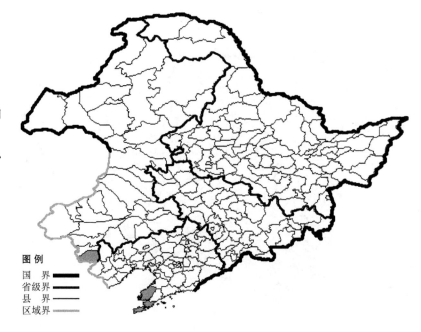

心岩蕨

Woodsia subcordata Turcz.

生境：林下，山坡岩石缝间，海拔 1300 米以下。

产地：黑龙江省萝北、伊春、逊克、哈尔滨、依兰、宁安、呼玛、集贤，吉林省蛟河、桦甸，辽宁省北镇、鞍山、盖州、凤城、桓仁、丹东，内蒙古科尔沁右翼前旗、扎赉特旗、克什克腾旗、喀喇沁旗、宁城。

分布：中国（黑龙江、吉林、辽宁、内蒙古、河北、山西），朝鲜半岛，日本，蒙古，俄罗斯（远东地区）。

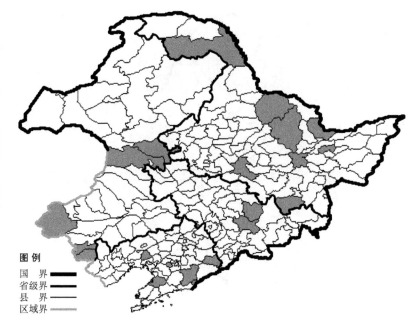

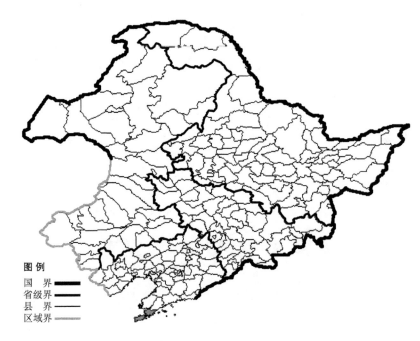

鳞毛蕨科 Dryopteridaceae

全缘贯众

Cyrtomium falcatum (L. f.) Presl

　　生境：海边岩石上。
　　产地：辽宁省大连。
　　分布：中国（辽宁、河北、山东、江苏、浙江、福建、广东、台湾），日本。

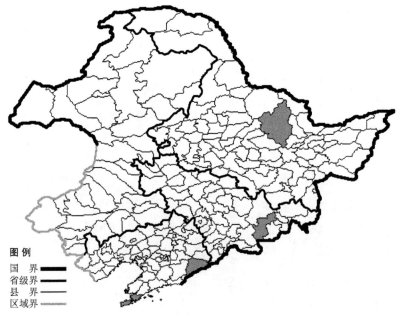

黑水鳞毛蕨

Dryopteris amurensis (Milde) Christ

　　生境：林下，海拔 1500 米以下。
　　产地：黑龙江省伊春，吉林省安图，辽宁省大连、宽甸。
　　分布：中国（黑龙江、吉林、辽宁），朝鲜半岛，日本，俄罗斯（远东地区）。

中华鳞毛蕨

Dryopteris chinensis (Baker) Koidz.

生境：灌丛，林下。

产地：吉林省集安，辽宁省凤城、丹东、庄河、鞍山、大连。

分布：中国（吉林、辽宁、山东、江苏、安徽、浙江、河南、江西），朝鲜半岛，日本。

粗茎鳞毛蕨

Dryopteris crassirhizoma Nakai

生境：林下、林缘、灌丛等湿润处，海拔500-2000米。

产地：黑龙江省虎林、饶河、宝清、伊春、尚志、宁安、哈尔滨、桦川、五常、穆棱，吉林省安图、抚松、长白、蛟河、临江、汪清、集安、珲春、敦化，辽宁省凤城、本溪、岫岩、西丰、桓仁、宽甸、清原、鞍山。

分布：中国（黑龙江、吉林、辽宁、河北），朝鲜半岛，日本，俄罗斯（远东地区）。

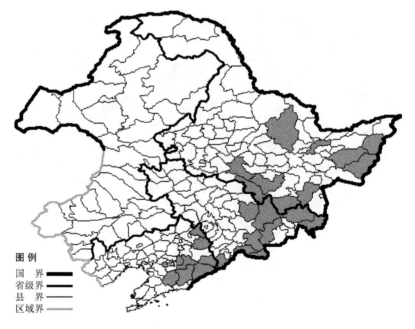

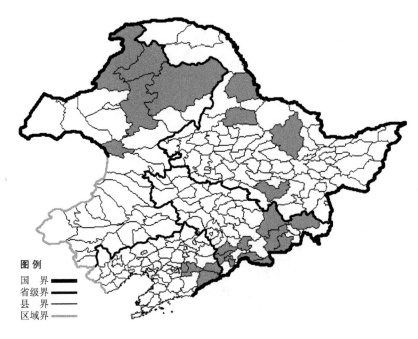

广布鳞毛蕨

Dryopteris expansa (Presl) Fraser-Jenkins et Jermy

　　生境：林下，林缘阴湿处，海拔1800米以下。

　　产地：黑龙江省伊春、尚志、黑河、五大连池，吉林省长白、靖宇、通化、柳河、敦化、安图、汪清、临江、和龙，辽宁省本溪、宽甸、桓仁，内蒙古额尔古纳、根河、牙克石、鄂伦春旗、阿尔山。

　　分布：中国（黑龙江、吉林、辽宁、内蒙古、河北），朝鲜半岛，日本，俄罗斯（欧洲部分、高加索、西伯利亚、远东地区），欧洲，北美洲。

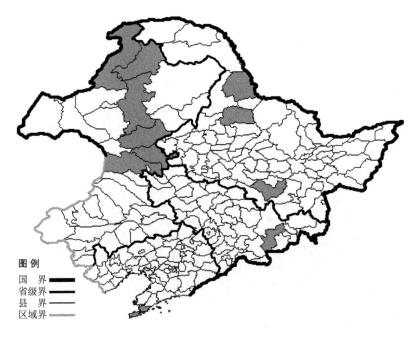

香鳞毛蕨

Dryopteris fragrans (L.) Schott

　　生境：林下碎石坡，石砬子上，海拔1700米以下。

　　产地：黑龙江省黑河、尚志、五大连池，吉林省安图，辽宁省大连，内蒙古牙克石、额尔古纳、根河、扎兰屯、科尔沁右翼前旗、扎赉特旗。

　　分布：中国（黑龙江、吉林、辽宁、内蒙古、河北、新疆），朝鲜半岛，日本，俄罗斯（北极带、西伯利亚、远东地区），欧洲，北美洲。

疏羽香鳞毛蕨 Dryopteris fragrans (L.) Schott var. **remotiuscula** (Kom.) Kom. 生于山坡阴处或岩石缝，产于吉林省长白，辽宁省桓仁、庄河，分布于中国（吉林、辽宁），俄罗斯（远东地区）。

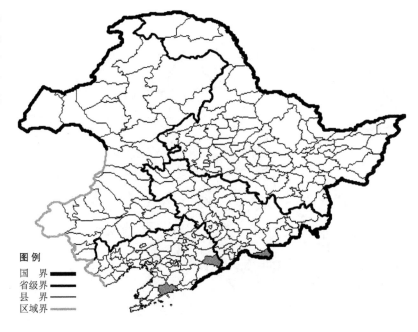

华北鳞毛蕨

Dryopteris goeringiana (Kuntze) Koidz.

生境：林下，灌丛。

产地：黑龙江省宁安、尚志、哈尔滨、伊春，吉林省安图、集安，辽宁省西丰、开原、清原、义县、北镇、建昌、凌源、沈阳、鞍山、长海、大连，内蒙古鄂伦春旗、扎赉特旗、宁城。

分布：中国（黑龙江、吉林、辽宁、内蒙古、河北、山西、陕西、甘肃、河南），朝鲜半岛，日本，俄罗斯（远东地区）。

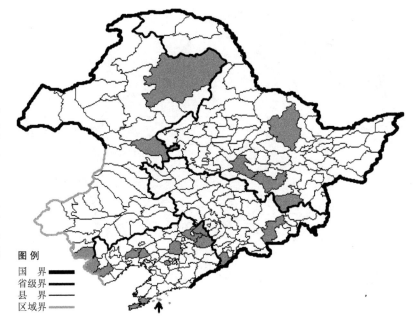

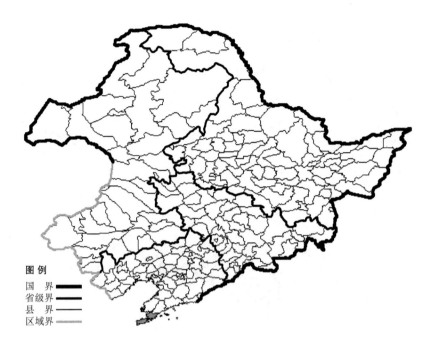

裸叶鳞毛蕨

Dryopteris gymnophylla (Baker) C. Chr.

生境：林下。

产地：辽宁省大连。

分布：中国（辽宁、江苏、安徽、浙江、河南、湖北、江西、贵州），朝鲜半岛，日本。

狭顶鳞毛蕨

Dryopteris lacera (Thunb.) O. Kuntze

生境：山坡疏林下。

产地：辽宁省丹东、大连、长海。

分布：中国（辽宁、浙江、江西、湖北、四川），朝鲜半岛，日本。

山地鳞毛蕨

Dryopteris monticola (Makino) C. Chr.

　　生境：林下。
　　产地：辽宁省凤城、宽甸、岫岩、桓仁、丹东、本溪、鞍山。
　　分布：中国（辽宁），朝鲜半岛，日本，俄罗斯（远东地区）。

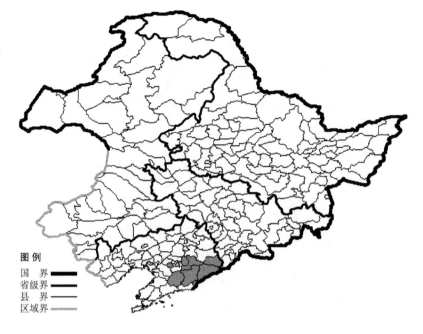

半岛鳞毛蕨

Dryopteris peninsulae Kitag.

　　生境：阴湿地，杂草丛中。
　　产地：辽宁省庄河、长海、大连。
　　分布：中国（辽宁、陕西、甘肃、山东、河南、湖北、江西、四川、贵州、云南）。

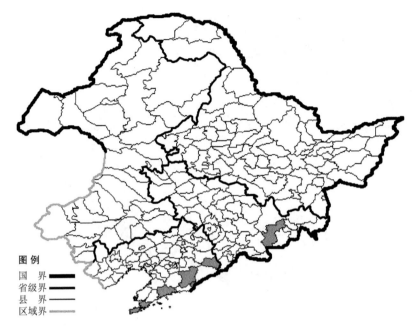

虎耳鳞毛蕨

Dryopteris saxifraga (Hayata) H. Ito

生境：林下岩石上，海拔 1000 米以下。

产地：吉林省安图，辽宁省桓仁、凤城、丹东、庄河、大连。

分布：中国（吉林、辽宁），朝鲜半岛，日本。

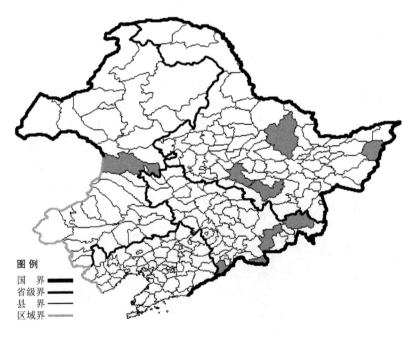

东北亚鳞毛蕨

Dryopteris sichotensis Kom.

生境：林下。

产地：黑龙江省伊春、尚志、饶河、哈尔滨，吉林省安图、长白、汪清、集安，内蒙古科尔沁右翼前旗。

分布：中国（黑龙江、吉林、内蒙古），朝鲜半岛，日本，俄罗斯（远东地区）。

细叶鳞毛蕨

Dryopteris woodsiisora Hayata

生境：悬崖湿润处，林下岩石旁，海拔 1000 米以下。

产地：辽宁省大连、庄河。

分布：中国（辽宁、山东、江西、广东、四川、贵州、云南、西藏、台湾），朝鲜半岛，印度，尼泊尔，不丹，泰国。

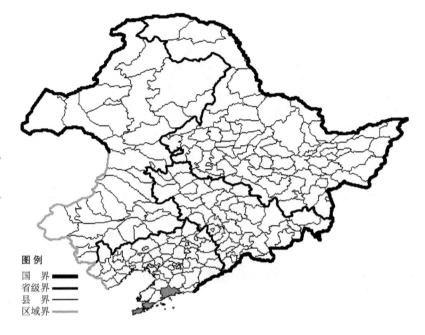

布朗耳蕨

Polystichum braunii (Spenn.) Fee

生境：林下，海拔 1100 米以下。

产地：黑龙江省尚志、伊春、宁安、海林，吉林省安图、临江，辽宁省凤城、桓仁、宽甸、丹东、本溪、清原、鞍山、海城、庄河、新宾。

分布：中国（黑龙江、吉林、辽宁、河北、山西、陕西、甘肃、新疆、河南、安徽、湖北、四川、西藏），朝鲜半岛，日本，俄罗斯（欧洲部分、高加索、西伯利亚、远东地区），欧洲，北美洲。

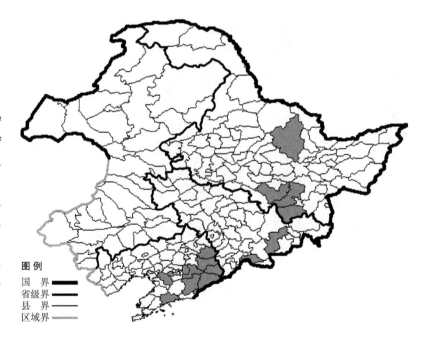

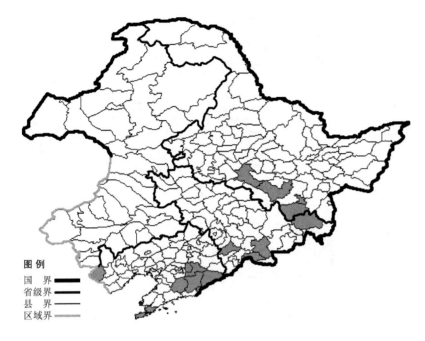

图例
国　界 ▬▬
省级界 ▬▬
县　界 ▬▬
区域界 ▬▬

华北耳蕨

Polystichum craspedosorum (Maxim.) Diels

生境：较阴湿的钙质岩石上，可作为钙质土指示植物，海拔 2000 米以下。

产地：黑龙江省宁安、哈尔滨、尚志、牡丹江，吉林省临江、汪清、抚松、柳河，辽宁省本溪、岫岩、凤城、宽甸、丹东、大连、凌源。

分布：中国（黑龙江、吉林、辽宁、河北、山西、陕西、甘肃、宁夏、山东、浙江、河南、湖北、湖南、四川、贵州），朝鲜半岛，日本，俄罗斯（远东地区）。

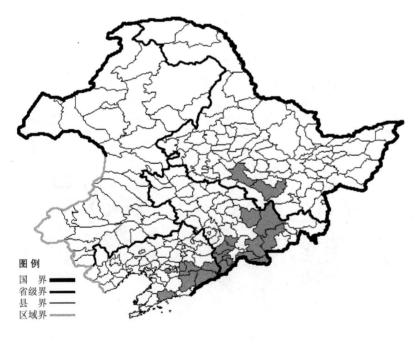

图例
国　界 ▬▬
省级界 ▬▬
县　界 ▬▬
区域界 ▬▬

三叉耳蕨

Polystichum tripteron (Kuntze) Presl

生境：林下，林缘，灌丛中阴湿处，岩石缝间，海拔 1300 米以下。

产地：黑龙江省尚志、哈尔滨，吉林省蛟河、抚松、集安、临江、敦化、长白、辉南、柳河、通化、安图，辽宁省宽甸、桓仁、凤城、本溪、鞍山、庄河。

分布：中国（黑龙江、吉林、辽宁、河北、陕西、甘肃、山东、江苏、浙江、福建、安徽、河南、湖北、江西、湖南、广东、广西、四川、贵州），朝鲜半岛，日本，俄罗斯（远东地区）。

骨碎补科 Davalliaceae

骨碎补

Davallia mariesii Moore ex Baker

生境：岩石上，树干上。

产地：辽宁省大连。

分布：中国（辽宁、河北、山东、江苏、台湾），朝鲜半岛，日本。

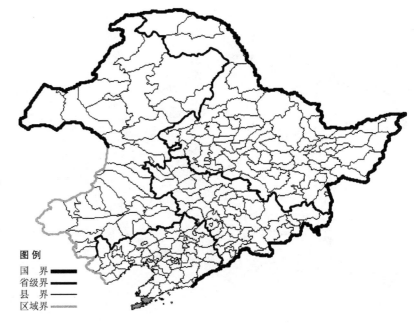

水龙骨科 Polypodiaceae

乌苏里瓦韦

Lepisorus ussuriensis (Regel et Maack) Ching

生境：岩石上，岩石缝间，朽木上，树干上，海拔 700-1500 米（长白山）。

产地：黑龙江省饶河、伊春、尚志、宁安，吉林省安图、临江、珲春、集安、长白、敦化、抚松、蛟河、靖宇、辉南、梅河口、桦甸，辽宁省清原、新宾、桓仁、宽甸、凤城、本溪、丹东、鞍山、盖州、庄河、大连，内蒙古通辽、科尔沁左翼后旗。

分布：中国（黑龙江、吉林、辽宁、内蒙古、河北、山东、安徽、河南），朝鲜半岛，日本，俄罗斯（远东地区）。

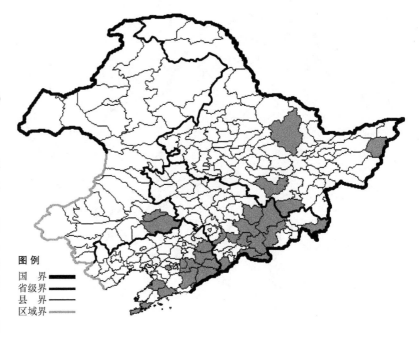

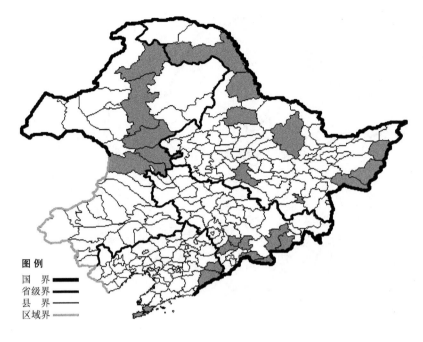

图例
国　界 ━━━
省级界 ━━━
县　界 ──
区域界 ━━━

东北多足蕨

Polypodium virginianum L.

　　生境：林下腐殖层，朽木上，岩石缝间，海拔 1400 米以下。
　　产地：黑龙江省虎林、饶河、密山、哈尔滨、伊春、牡丹江、黑河、呼玛、五大连池，吉林省安图、临江、长白、靖宇、辉南、柳河、和龙，辽宁省桓仁、宽甸、大连，内蒙古根河、牙克石、扎兰屯、扎赉特旗、科尔沁右翼前旗。
　　分布：中国（黑龙江、吉林、辽宁、内蒙古、河北），朝鲜半岛，日本，蒙古，俄罗斯（东部西伯利亚、远东地区），北美洲。

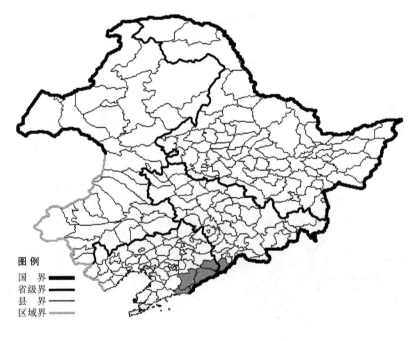

图例
国　界 ━━━
省级界 ━━━
县　界 ──
区域界 ━━━

线叶石韦

Pyrrosia lineafrifolia (Hook.) Ching

　　生境：林下岩石上。
　　产地：吉林省集安，辽宁省凤城、桓仁、宽甸、丹东、东港。
　　分布：中国（吉林、辽宁、云南、台湾），朝鲜半岛，日本。

北京石韦

Pyrrosia pekinensis (C. Chr.) Ching

生境：岩石上，岩石缝间。

产地：黑龙江省宁安，辽宁省凌源、宽甸、丹东，内蒙古翁牛特旗、克什克腾旗、巴林左旗、阿鲁科尔沁旗、喀喇沁旗、宁城。

分布：中国（黑龙江、辽宁、内蒙古、河北、山西、陕西、甘肃、山东、河南、湖北、湖南）。

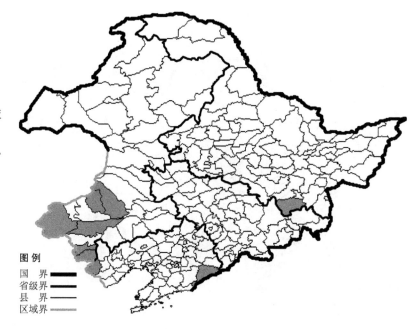

有柄石韦

Pyrrosia petiolosa (Christ) Ching

生境：干燥的岩石上，海拔 1800 米以下。

产地：黑龙江省密山、伊春、尚志、哈尔滨、宁安、依兰、宾县，吉林省集安、九台、抚松、临江、靖宇、长白、通化、柳河、辉南、梅河口，辽宁省西丰、法库、本溪、凤城、宽甸、丹东、北镇、凌源、鞍山、盖州、大连、普兰店，内蒙古扎鲁特旗、扎兰屯、扎赉特旗、科尔沁右翼中旗、库伦旗、敖汉旗、宁城、喀喇沁旗。

分布：中国（黑龙江、吉林、辽宁、内蒙古、河北、陕西、山东、浙江、安徽、河南、湖北、江西、西南），朝鲜半岛，俄罗斯（远东地区）。

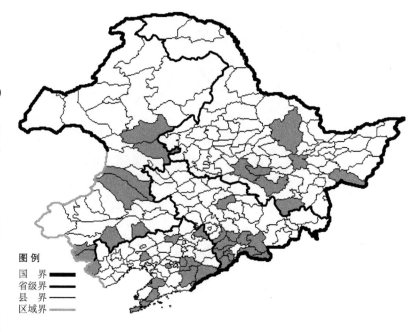

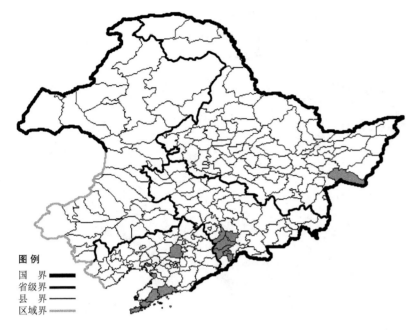

苹科 Marsileaceae

苹

Marsilea quadrifolia L.

　　生境：水田，溪流旁，池塘中，海拔 700 米以下。
　　产地：黑龙江省密山，吉林省梅河口、柳河、辉南、通化，辽宁省庄河、大连、普兰店、盘锦、沈阳、营口。
　　分布：中国（全国各地），亚洲，欧洲，非洲，北美洲。

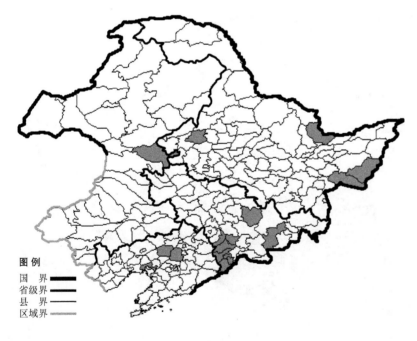

槐叶苹科 Salviniaceae

槐叶苹

Salvinia natans (L.) All.

　　生境：水田，池沼，海拔 700 米以下。
　　产地：黑龙江省虎林、密山、萝北、富裕，吉林省蛟河、通化、梅河口、柳河、辉南、集安、安图，辽宁省沈阳、新民、盘山，内蒙古扎赉特旗。
　　分布：中国（全国各地），朝鲜半岛，日本，俄罗斯（欧洲部分、高加索、西伯利亚、远东地区），中亚，土耳其，伊朗，印度，越南，欧洲，非洲，北美洲。

松科 Pinaceae

杉松冷杉

Abies holophylla Maxim.

　　生境：针阔混交林或针叶林中。
　　产地：黑龙江省宁安、东宁、伊春、尚志、五常，吉林省临江、通化、柳河、梅河口、辉南、集安、抚松、靖宇、长白、安图、敦化、汪清、和龙、珲春，辽宁省本溪、宽甸、凤城、桓仁、清原、丹东、盖州。
　　分布：中国（黑龙江、吉林、辽宁），朝鲜半岛，俄罗斯（远东地区）。

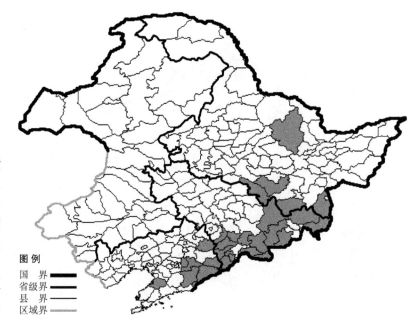

臭冷杉

Abies nephrolepis Maxim.

　　生境：针阔混交林或针叶林中，湿润平缓低湿地，海拔 1800 米以下。
　　产地：黑龙江省汤原、伊春、饶河、虎林、密山、鸡西、鸡东、穆棱、绥芬河、东宁、牡丹江、海林、宁安、尚志，吉林省柳河、通化、辉南、集安、临江、抚松、靖宇、长白、敦化、安图、珲春、和龙，辽宁省宽甸、桓仁、本溪、盖州。
　　分布：中国（黑龙江、吉林、辽宁、河北、山西），朝鲜半岛，俄罗斯（远东地区）。

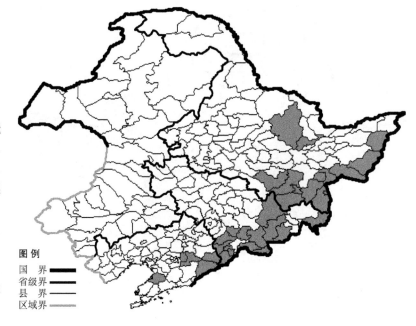

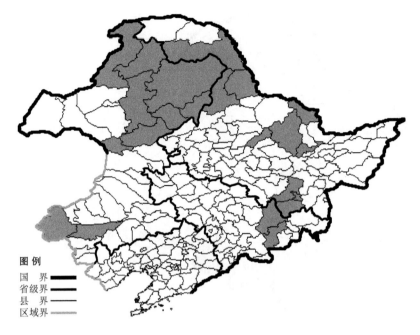

图例
国　界
省级界
县　界
区域界

兴安落叶松

Larix gmelini (Rupr.) Rupr.

　　生境：喜光性强，生土层厚、肥润、排水良好的北向山中下部缓坡及丘陵地。
　　产地：黑龙江省呼玛、嫩江、黑河、牡丹江、宁安、海林、嘉荫、汤原、伊春、绥棱，吉林省安图、敦化，内蒙古额尔古纳、根河、牙克石、鄂伦春旗、莫力达瓦达斡尔旗、阿荣旗、扎兰屯、阿尔山、翁牛特旗、克什克腾旗。
　　分布：中国（黑龙江、吉林、内蒙古），俄罗斯（东部西伯利亚、远东地区）。

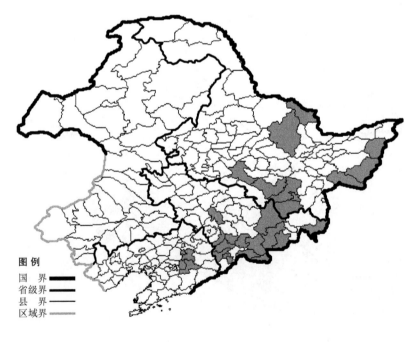

图例
国　界
省级界
县　界
区域界

黄花落叶松

Larix olgensis A. Henry

　　生境：湿润山坡、沼泽，在气候湿寒、土壤湿润的灰棕色森林土地带分布普遍，于沼泽地形成大片纯林"黄花松甸子"，在潮湿低山坡组成针阔混交林，海拔 1900 米以下。
　　产地：黑龙江省尚志、海林、牡丹江、宁安、饶河、虎林、伊春、嘉荫、哈尔滨、密山，吉林省安图、和龙、临江、通化、柳河、梅河口、辉南、抚松、靖宇、长白、珲春、敦化、长春，辽宁省抚顺、本溪。
　　分布：中国（黑龙江、吉林、辽宁），朝鲜半岛，俄罗斯（远东地区）。

鱼鳞云杉

Picea jezoensis Carr. var. **microsperma** (Lindl.) Cheng et L. K. Fu

生境：湿润平地，山坡，海拔1900 米以下。

产地：黑龙江省铁力、伊春、尚志、汤原、勃利、塔河、呼玛、黑河、海林、饶河，吉林省抚松、靖宇、临江、集安、长白、安图、和龙，内蒙古克什克腾旗。

分布：中国（黑龙江、吉林、内蒙古），朝鲜半岛，日本，俄罗斯（远东地区）。

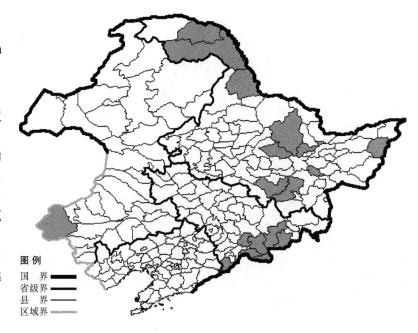

卵果鱼鳞云杉 **Picea jezoensis** (Sieb. et Zucc.) Carr. var. **ajanensis** (Fisch.) Cheng et L. K. Fu 生于山坡中部以上，排水良好的山坡，产于黑龙江省呼玛，分布于中国（黑龙江），俄罗斯（远东地区）。

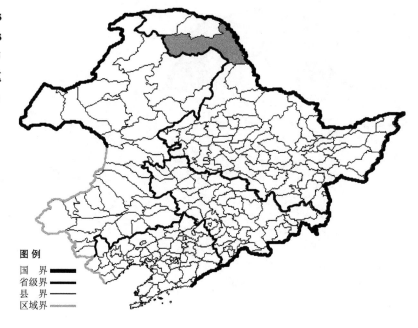

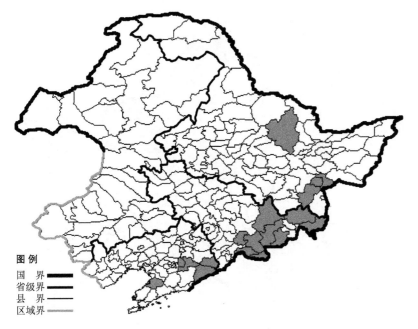

长白鱼鳞云杉 Picea jezoensis (Sieb. et Zucc.) Carr. var. **komarovii** (V. Vassil.) Cheng et L. K. Fu 生于针阔混交林和针叶林中，喜生于气候温寒、凉湿的山地灰化土或棕色森林土地带，海拔 1900 米以下，产于黑龙江省伊春、鸡西、鸡东、穆棱，吉林省临江、抚松、靖宇、长白、安图、珲春、汪清、和龙、敦化，辽宁省宽甸、桓仁、本溪、盖州，分布于中国（黑龙江、吉林、辽宁），朝鲜半岛，俄罗斯（远东地区）。

图例
国　界 ▬▬▬
省级界 ▬▬
县　界 ▬▬
区域界 ▬▬

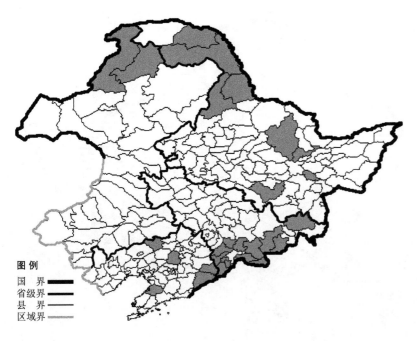

红皮云杉

Picea koraiensis Nakai

生境：喜湿润土壤，多见于沟谷，河边，溪流旁，海拔 1600 米以下。

产地：黑龙江省塔河、呼玛、尚志、伊春、勃利、汤原、嫩江、黑河，吉林省柳河、通化、集安、靖宇、抚松、辉南、长白、临江、安图、和龙、汪清，辽宁省宽甸、桓仁、沈阳、盖州、彰武，内蒙古根河、额尔古纳。

分布：中国（黑龙江、吉林、辽宁、内蒙古），朝鲜半岛，俄罗斯（远东地区）。

图例
国　界 ▬▬▬
省级界 ▬▬
县　界 ▬▬
区域界 ▬▬

白扦云杉

Picea meyeri Rehd.

生境：山阴坡，半阴坡，沙地。

产地：内蒙古克什克腾旗、巴林右旗、喀喇沁旗。

分布：中国（内蒙古、山西）。

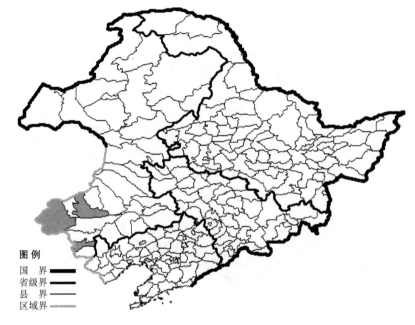

青扦云杉

Picea wilsonii Mast.

生境：山阴坡，半阴坡。

产地：内蒙古宁城。

分布：中国（内蒙古、河北、山西、陕西、甘肃、青海、湖北、四川）。

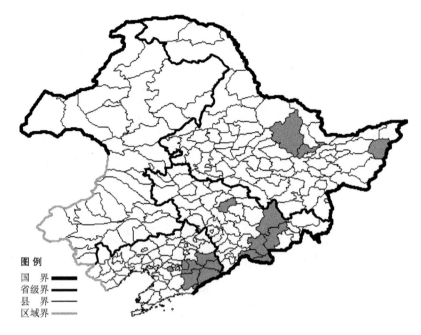

红松

Pinus koraiensis Sieb. et Zucc.

生境：喜光性强，在温寒多雨，相对湿度较高的气候条件下及深厚肥沃、排水良好的酸性棕色森林土上生长良好，海拔 1400 米以下。

产地：黑龙江省伊春、饶河、汤原，吉林省临江、抚松、长白、安图、敦化、九台，辽宁省宽甸、凤城、丹东、桓仁、本溪、新宾、鞍山。

分布：中国（黑龙江、吉林、辽宁），朝鲜半岛，日本，俄罗斯（远东地区）。

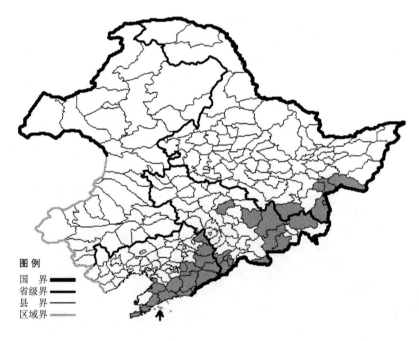

赤松

Pinus densiflora Sieb. et Zucc.

生境：石砾质山坡，山脊，海拔 800 米以下。

产地：黑龙江省宁安、东宁、鸡西、鸡东、绥芬河、密山，吉林省安图、集安、蛟河、汪清、通化、长白、和龙、九台、敦化，辽宁省丹东、宽甸、凤城、岫岩、东港、桓仁、本溪、庄河、长海、大连、普兰店、西丰、清原、盖州、营口、新宾。

分布：中国（黑龙江、吉林、辽宁、山东、江苏），朝鲜半岛，日本，俄罗斯（远东地区）。

兴凯赤松 **Pinus densiflora** Sieb. et Zucc. var. **ussuriensis** Liou et Wang 生于沙地、石砾质山顶上，海拔 200 米以下，产于黑龙江省密山、鸡东、穆棱、鸡西，分布于中国（黑龙江）。

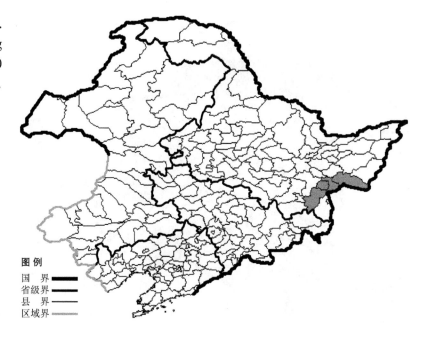

黑皮赤松 **Pinus densiflora** Sieb. et Zucc. f. **nigricorticalis** Q. L. Wang 生于石砾质山坡，海拔 600 米以下，产于辽宁省庄河、宽甸，分布于中国（辽宁）。

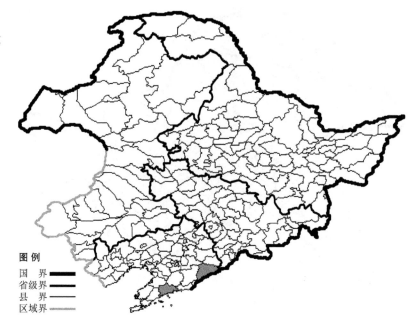

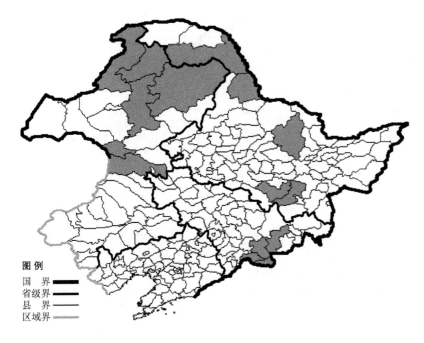

偃松

Pinus pumila (Pall.) Regel

生境：阳性树种，但稍耐庇阴，耐寒，抗风，生低海拔者灌木状、生高海拔山顶者则伏卧地面匍匐生长，海拔 1000-2000 米。

产地：黑龙江省呼玛、尚志、海林、伊春、黑河，吉林省抚松、长白、临江、安图，内蒙古额尔古纳、根河、牙克石、鄂伦春旗、阿尔山、科尔沁右翼前旗。

分布：中国（黑龙江、吉林、内蒙古），朝鲜半岛，日本，俄罗斯（北极带、东部西伯利亚、远东地区）。

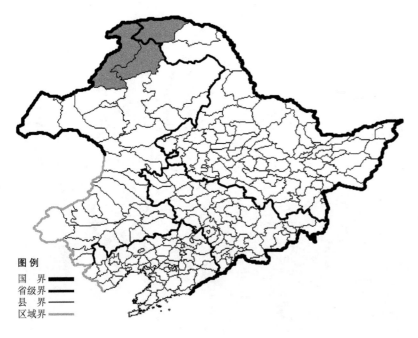

西伯利亚红松

Pinus sibirica (Loud.) Mayr.

生境：耐寒，喜湿润，对土壤要求不苛，以土层厚，湿润而排水良好的沙壤土生长最好，海拔约 900 米。

产地：黑龙江省漠河，内蒙古额尔古纳、根河。

分布：中国（黑龙江、内蒙古、新疆），蒙古，俄罗斯（西伯利亚）。

长白松

Pinus sylvestriformis (Taken.) T. Wang et Cheng

　　生境：林中，海拔约 700 米。
　　产地：吉林省安图。
　　分布：中国（吉林）。

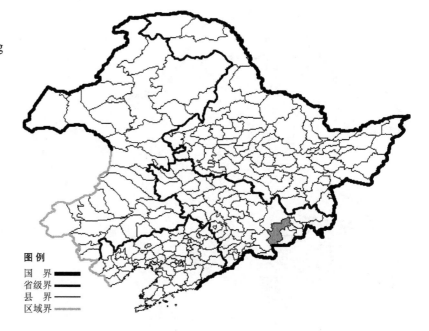

樟子松

Pinus sylvestris L. var. **mongolica** Litv.

　　生境：山脊，向阳山坡，较干旱的沙地及石砾沙土地，海拔 1000 米以下。
　　产地：黑龙江省呼玛、黑河、伊春、嘉荫、漠河、宁安、密山，内蒙古根河、额尔古纳、海拉尔、鄂温克旗、阿尔山、牙克石、鄂伦春旗、新巴尔虎左旗。
　　分布：中国（黑龙江、内蒙古），蒙古。

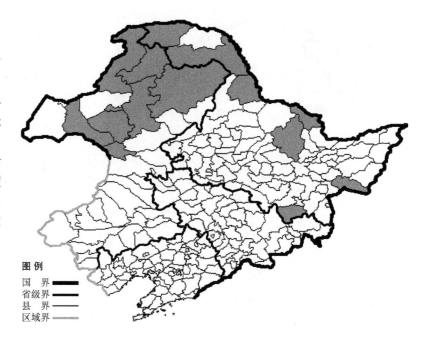

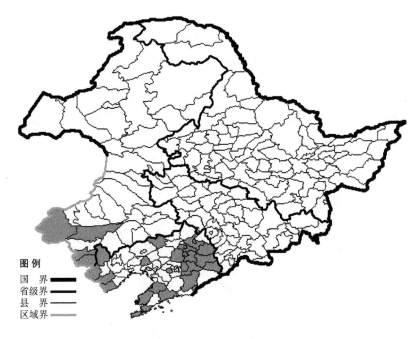

图例
国　界 ━━━
省级界 ═══
县　界 ───
区域界 ───

油松

Pinus tabulaeformis Carr.

　　生境：林中，喜光，生于土层厚、排水良好的酸性、中性或钙质黄土中，海拔 1000 米以下。

　　产地：辽宁省大连、瓦房店、庄河、盖州、鞍山、本溪、新宾、清原、抚顺、开原、铁岭、沈阳、彰武、桓仁、凤城、丹东、建平、建昌、凌源、北镇、绥中，内蒙古克什克腾旗、宁城、翁牛特旗、喀喇沁旗。

　　分布：中国（辽宁、内蒙古、河北、山西、陕西、甘肃、青海、山东、河南、四川）。

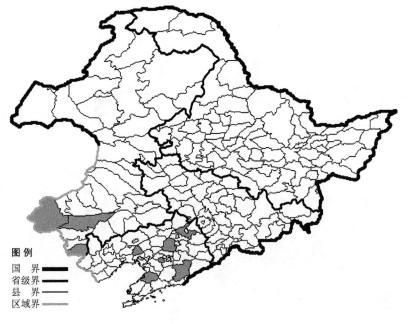

图例
国　界 ━━━
省级界 ═══
县　界 ───
区域界 ───

　　黑皮油松 Pinus tabulaeformis Carr. var. mukdensis Uyeki 生于山坡，产于辽宁省沈阳、鞍山、北镇、盖州、开原、凤城，内蒙古宁城、克什克腾旗、翁牛特旗，分布于中国（辽宁、内蒙古、河北）。

扫帚油松 **Pinus tabulaeformis** Carr. var. **mukdensis** Uyeki f. **umbraculifera** (Liou et Wang) Q. L. Wang 生于山坡,产于辽宁省鞍山,分布于中国（辽宁）。

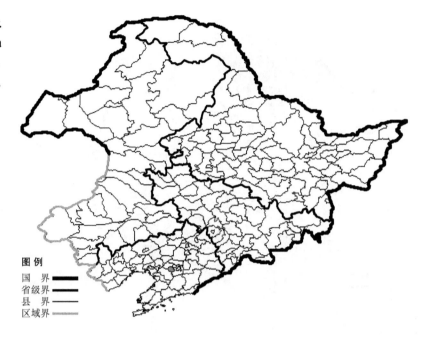

柏科 Cupressaceae

杜松

Juniperus rigida Sieb. et Zucc.

生境：向阳山坡，沙质地，干燥沙砾地，岩石间，山顶，海拔约 300 米。

产地：黑龙江省宁安、绥芬河、呼玛,吉林省抚松、靖宇、临江、集安、九台、安图、敦化、和龙,辽宁省开原、抚顺、本溪、宽甸、桓仁、新宾、岫岩、营口、丹东、普兰店,内蒙古巴林右旗、克什克腾旗、喀喇沁旗。

分布：中国（黑龙江、吉林、辽宁、内蒙古、河北、山西、陕西、甘肃、宁夏），朝鲜半岛，日本，俄罗斯（远东地区）。

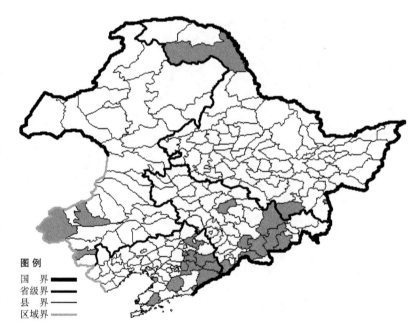

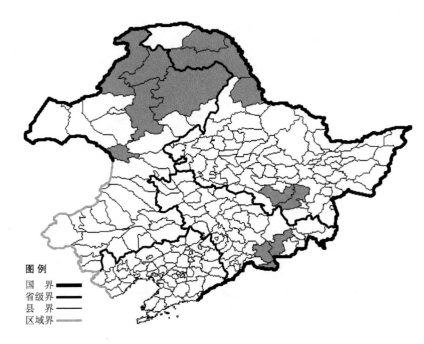

图例
国　界 ▬▬▬
省级界 ▬▬▬
县　界 ▬▬▬
区域界 ▬▬▬

西伯利亚刺柏

Juniperus sibirica Burgsd.

　　生境：亚高山矮曲林下，耐寒，耐干燥瘠薄，山顶岩石间，海拔1000-2200米（长白山）。
　　产地：黑龙江省尚志、海林、塔河、呼玛、黑河，吉林省抚松、长白、安图，内蒙古根河、额尔古纳、牙克石、阿尔山、鄂伦春旗。
　　分布：中国（黑龙江、吉林、内蒙古、新疆、西藏），朝鲜半岛，日本，蒙古，俄罗斯（北极带、欧洲部分、高加索、西伯利亚、远东地区），中亚，阿富汗，欧洲。

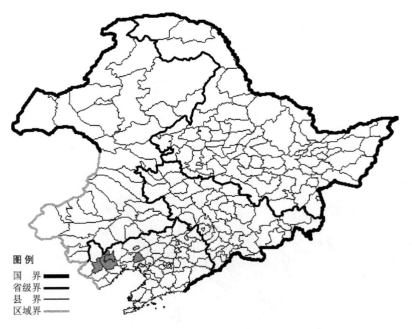

图例
国　界 ▬▬▬
省级界 ▬▬▬
县　界 ▬▬▬
区域界 ▬▬▬

侧柏

Platycladus orientalis (L.) Franco

　　生境：向阳山坡。
　　产地：辽宁省北镇、朝阳、喀左。
　　分布：中国（辽宁、河北、山西、陕西、甘肃、山东、江苏、浙江、福建、河南、湖北、湖南、四川、贵州、云南）。

偃柏

Sabina chinensis (L.) Ant. var. **sargen-tii** (Henry) Cheng et L. K. Fu

　　生境：山顶岩石地。
　　产地：辽宁省宽甸、本溪、丹东。
　　分布：中国（辽宁），日本，俄罗斯（远东地区）。

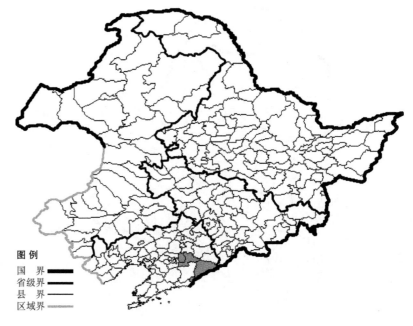

兴安圆柏

Sabina davurica (Pall.) Ant.

　　生境：亚高山带矮曲林下，向阳石质山坡，海拔约 2000 米（长白山）。
　　产地：黑龙江省塔河、呼玛、孙吴、五大连池、伊春、密山，吉林省集安、通化、长白、安图、汪清、龙井，内蒙古额尔古纳、根河、鄂伦春旗、牙克石、科尔沁右翼前旗、克什克腾旗。
　　分布：中国（黑龙江、吉林、内蒙古），朝鲜半岛，蒙古，俄罗斯（远东地区）。

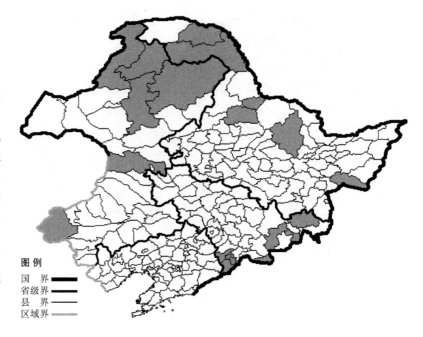

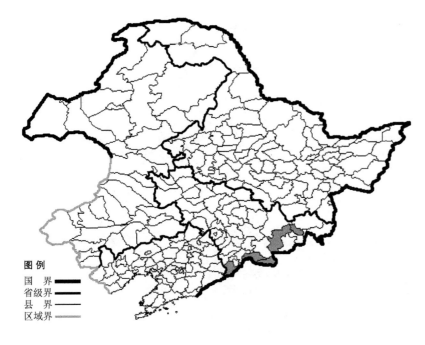

朝鲜崖柏

Thuja koraiensis Nakai

 生境：空气湿润富腐殖质土壤的山谷，海拔 2000 米以下。

 产地：吉林省延吉、长白、集安、临江、安图。

 分布：中国（吉林），朝鲜半岛。

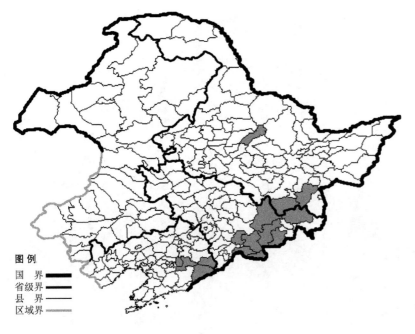

红豆杉科 Taxaceae

东北红豆杉

Taxus cuspidata Sieb. et Zucc.

 生境：林中，海拔 900 米以下。

 产地：黑龙江省绥棱、宁安、穆棱，吉林省安图、汪清、和龙、临江、抚松、靖宇、长白、敦化，辽宁省宽甸、桓仁、本溪。

 分布：中国（黑龙江、吉林、辽宁），朝鲜半岛，日本，俄罗斯（远东地区）。

伏生东北红豆杉 Taxus cuspidata
Sieb. et Zucc. var. **caespitosa** (Nakai) Q.
L. Wang 生于水沟边，海拔 450 米，
产于黑龙江伊春、辽宁宽甸，分布于
中国（黑龙江、辽宁），朝鲜半岛。

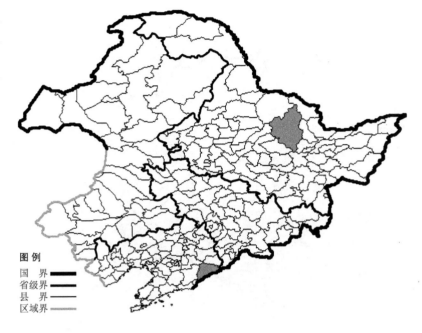

麻黄科 Ephedraceae

木贼麻黄

Ephedra equisetina Bunge

　　生境：干旱、半干旱地区的山顶，
山谷，沙地，石砬子上。
　　产地：内蒙古喀喇沁旗。
　　分布：中国（内蒙古、河北、山西、
陕西、甘肃、新疆），蒙古，俄罗斯（高
加索、西部西伯利亚），中亚。

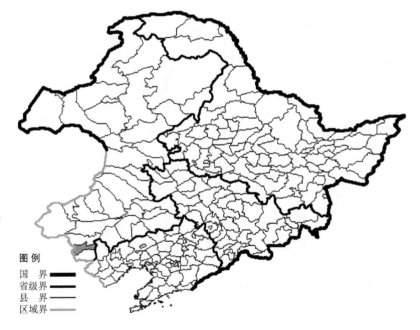

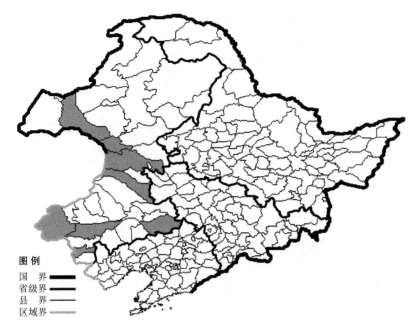

图例
国　界 ▬▬▬
省级界 ▬▬
县　界 ▬▬
区域界 ▬▬▬

中麻黄

Ephedra intermedia Schrenk. ex Mey.

生境：干旱、半干旱地区沙地、山坡草地。

产地：内蒙古新巴尔虎左旗、科尔沁右翼中旗、科尔沁右翼前旗、阿尔山、科尔沁左翼后旗、翁牛特旗、喀喇沁旗、克什克腾旗。

分布：中国（内蒙古、河北、山东、山西、陕西、甘肃、青海、新疆、西藏），蒙古，俄罗斯（西部西伯利亚），中亚。

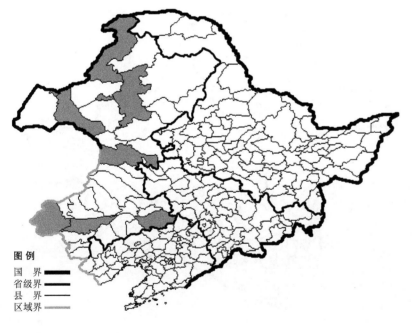

图例
国　界 ▬▬▬
省级界 ▬▬
县　界 ▬▬
区域界 ▬▬▬

单子麻黄

Ephedra monosperma Gmel. ex Mey.

生境：山坡岩石缝间，干旱地区疏林下，海拔约 700 米。

产地：内蒙古额尔古纳、牙克石、新巴尔虎左旗、海拉尔、满洲里、科尔沁左翼后旗、翁牛特旗、科尔沁右翼前旗、克什克腾旗。

分布：中国（内蒙古、河北、山西、甘肃、宁夏、新疆、四川、西藏），俄罗斯（西伯利亚、远东地区）。

草麻黄

Ephedra sinica Stapf

生境：山坡，干燥荒地，草原，沙丘，海边沙地，海拔 800 米以下。

产地：吉林省通榆、双辽，辽宁省彰武、建平、瓦房店、盖州，内蒙古满洲里、新巴尔虎右旗、科尔沁右翼前旗、扎鲁特旗、翁牛特旗、赤峰。

分布：中国（吉林、辽宁、内蒙古、河北、山西、陕西、河南），蒙古。

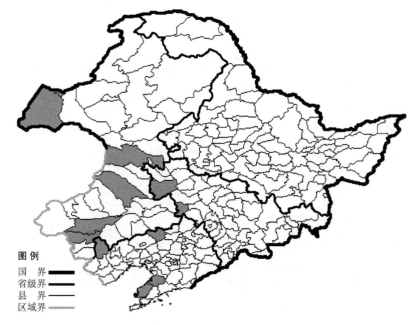

胡桃科 Juglandaceae

胡桃楸

Juglans mandshurica Maxim.

生境：阔叶林中，沟谷，河边，海拔 600 米以下。

产地：黑龙江省哈尔滨、宁安，吉林省安图、抚松、桦甸，辽宁省西丰、抚顺、本溪、辽阳、新宾、清原、开原、铁岭、鞍山、凤城、宽甸、桓仁、丹东、庄河、岫岩、北镇、绥中、建昌、凌源、大连，内蒙古科尔沁左翼后旗、喀喇沁旗、宁城。

分布：中国（黑龙江、吉林、辽宁、内蒙古、河北、山西、山东、河南），朝鲜半岛，俄罗斯（远东地区）。

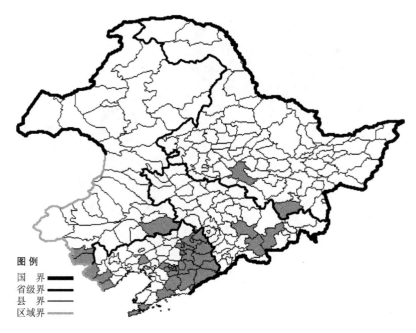

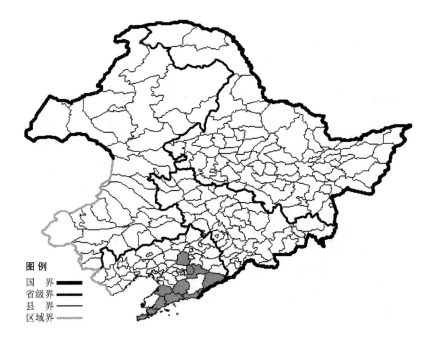

图例
国　界
省级界
县　界
区域界

枫杨

Pterocarya stenoptera DC.

生境：河边。

产地：辽宁省大连、庄河、普兰店、丹东、东港、岫岩、宽甸、本溪、沈阳、盖州。

分布：中国（辽宁、河北、山西、陕西、山东、江苏、安徽、浙江、福建、河南、湖北、江西、湖南、广东、广西、四川、贵州、云南、台湾），朝鲜半岛。

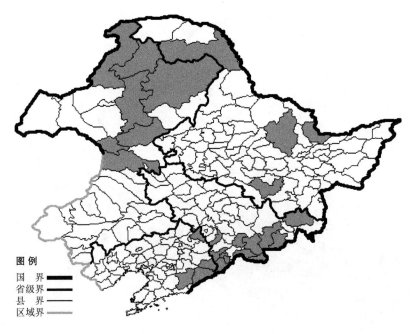

图例
国　界
省级界
县　界
区域界

杨柳科 Salicaceae

钻天柳

Chosenia arbutifolia (Pall.) Skv.

生境：河边，沙石滩，海拔 1000 米以下。

产地：黑龙江省呼玛、伊春、尚志、萝北，吉林省和龙、通化、临江、梅河口、靖宇、抚松、长白、汪清、集安、安图，辽宁省西丰、桓仁、宽甸、凤城，内蒙古额尔古纳、根河、科尔沁右翼前旗、鄂伦春旗、扎兰屯、牙克石、阿尔山。

分布：中国（黑龙江、吉林、辽宁、内蒙古），朝鲜半岛，日本，俄罗斯（北极带、东部西伯利亚、远东地区）。

山杨

Populus davidiana Dode

生境：杨桦林中，海拔 1400 米以下。

产地：黑龙江省呼玛、五大连池、哈尔滨、尚志、伊春、饶河、萝北、黑河，吉林省蛟河、桦甸、安图、长春、抚松、和龙、临江，辽宁省西丰、庄河、凤城、盖州、鞍山、清原、桓仁、沈阳，内蒙古牙克石、海拉尔、根河、科尔沁右翼前旗、扎兰屯、扎鲁特旗、额尔古纳。

分布：中国（黑龙江、吉林、辽宁、内蒙古、河北、北京、山西、陕西、甘肃、宁夏、青海、新疆、山东、江苏、河南、安徽、湖北、湖南、四川、贵州、云南、西藏），朝鲜半岛，日本，俄罗斯（远东地区）。

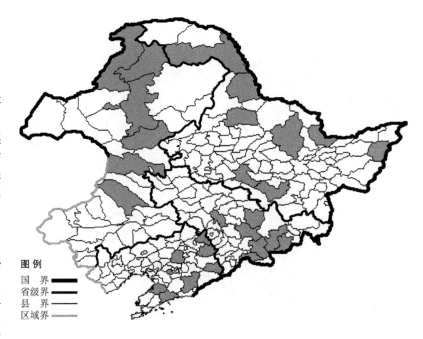

楔叶山杨 Populus davidiana Dode **f. laticuneata** Nakai 生于山坡林中，产于黑龙江省哈尔滨、汤原、黑河，辽宁省清原，分布于中国（黑龙江、辽宁、河北、陕西、甘肃、青海），朝鲜半岛。

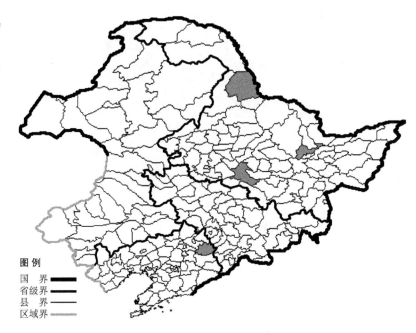

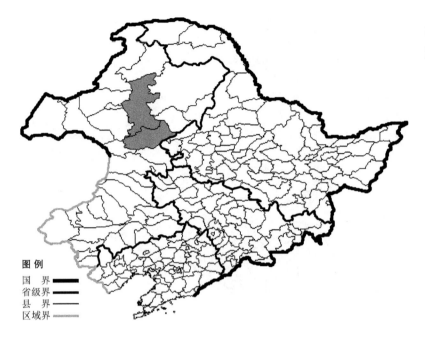

兴安杨

Populus hsinganica C. Wang et Skv.

生境：河边，路旁湿地。
产地：内蒙古扎兰屯、牙克石。
分布：中国（内蒙古、河北）。

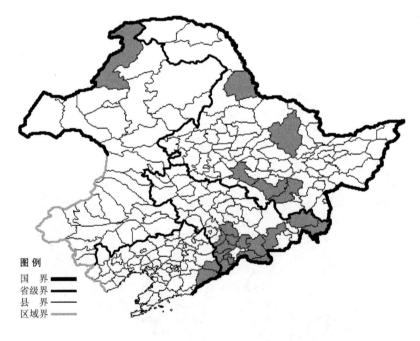

香杨

Populus koreana Rehd.

生境：山坡林中，溪流旁，海拔1800米以下。
产地：黑龙江省哈尔滨、尚志、伊春、黑河、海林，吉林省柳河、梅河口、辉南、集安、靖宇、长白、安图、磐石、抚松、临江、通化、珲春、汪清，辽宁省桓仁、宽甸，内蒙古额尔古纳。
分布：中国（黑龙江、吉林、辽宁、内蒙古、河北），朝鲜半岛，日本，俄罗斯（远东地区）。

辽杨

Populus maximowiczii A. Henry

生境： 山坡林中，溪流旁，海拔
1000 米以下。

产地： 黑龙江省海林、饶河、哈
尔滨、尚志，吉林省集安、安图、抚
松、临江，辽宁省本溪、大连、盖州、
桓仁，内蒙古扎兰屯、巴林右旗。

分布： 中国（黑龙江、吉林、辽
宁、内蒙古、河北、甘肃），朝鲜半岛，
日本，俄罗斯（远东地区）。

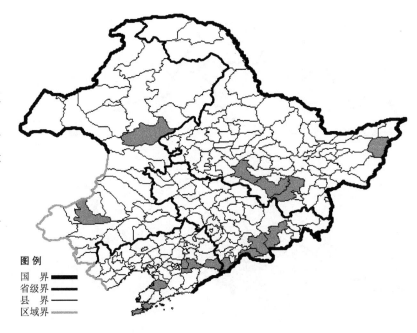

小青杨

Populus pseudosimonii Kitag.

生境： 山坡林中，沟谷，河边，
海拔 400 米以下。

产地： 黑龙江省哈尔滨、密山、
肇东、富裕、虎林，吉林省通化、梅
河口、柳河、长白、桦甸、磐石、汪清、
前郭尔罗斯、长春、吉林、白城，辽
宁省铁岭、彰武、盖州、绥中、大连、
沈阳、台安，内蒙古科尔沁右翼前旗、
赤峰、翁牛特旗、扎兰屯。

分布： 中国（黑龙江、吉林、辽
宁、内蒙古、河北、山西、陕西、宁夏、
甘肃、青海、河南、四川）。

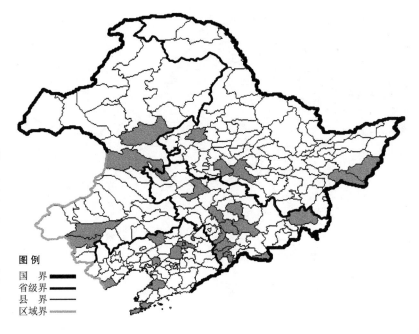

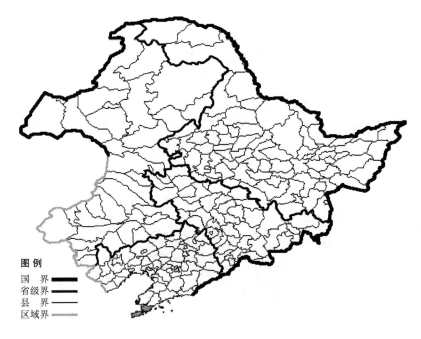

图例
国　界 ▬▬▬
省级界 ▬▬
县　界 ▬▬
区域界 ▬▬

辽东小叶杨

Populus simonii Carr. var. **liaotungensis**
(C. Wang et Skv.) C. Wang et Tung

　　生境：河滩沙质地，海拔 200 米
以下。
　　产地：辽宁省大连。
　　分布：中国（辽宁、河北）。

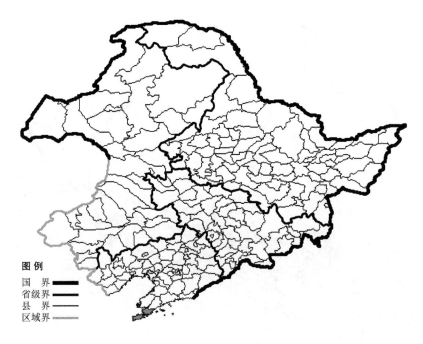

图例
国　界 ▬▬▬
省级界 ▬▬
县　界 ▬▬
区域界 ▬▬

　　菱叶小叶杨 Populus simonii Carr.
f. **rhombifolia** (Kitag.) C. Wang et Tung
生于山坡、河滩，产于辽宁省大连，
分布于中国（辽宁、陕西、甘肃）。

甜杨

Populus suaveolens Fisch.

生境：河边，海拔 600 米以下。

产地：黑龙江省呼玛，内蒙古牙克石、扎兰屯、海拉尔、根河、宁城、科尔沁右翼前旗、科尔沁右翼中旗、鄂伦春旗、额尔古纳。

分布：中国（黑龙江、内蒙古），蒙古，俄罗斯（北极带、东部西伯利亚、远东地区），土耳其。

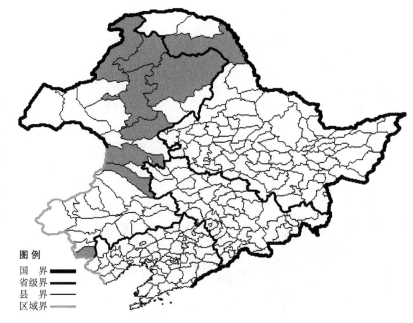

大青杨

Populus ussuriensis Kom.

生境：林中，沟谷溪流旁，海拔 1000 米以下。

产地：黑龙江省哈尔滨、尚志、伊春、饶河、黑河、五大连池，吉林省安图、临江、抚松、汪清、和龙、集安，辽宁省本溪、凤城、桓仁、盖州，内蒙古牙克石、扎兰屯。

分布：中国（黑龙江、吉林、辽宁、内蒙古），朝鲜半岛，俄罗斯（远东地区）。

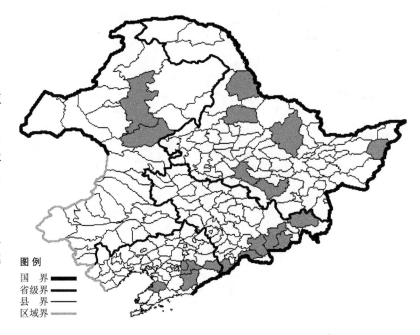

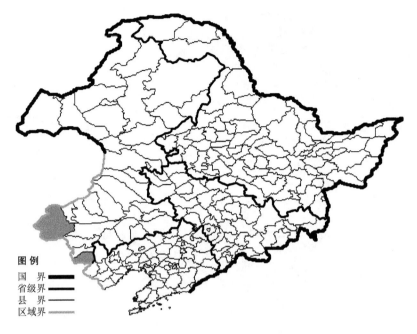

图例
国　界 ▬▬
省级界 ▬▬
县　界 ▬▬
区域界 ▬▬

密齿柳

Salix characta Schneid.

　　生境：山坡，沟边。
　　产地：内蒙古宁城、克什克腾旗。
　　分布：中国（内蒙古、河北、山西、陕西、甘肃、青海）。

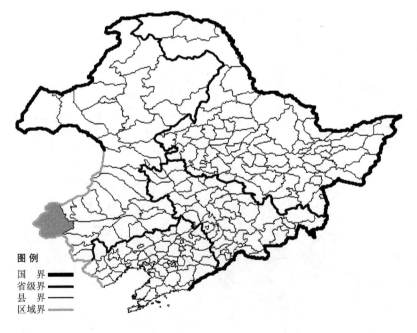

图例
国　界 ▬▬
省级界 ▬▬
县　界 ▬▬
区域界 ▬▬

乌柳

Salix cheilophila Schneid.

　　生境：河边，溪流旁，沙丘间低湿地。
　　产地：内蒙古克什克腾旗。
　　分布：中国（内蒙古、河北、山西、陕西、甘肃、宁夏、青海、河南、四川、云南、西藏）。

毛枝柳

Salix dasyclados Wimm.

生境：水湿地，河边湿草地，海拔 900 米以下。

产地：黑龙江省尚志、伊春，吉林省安图、临江，辽宁省凤城、桓仁、丹东，内蒙古额尔古纳。

分布：中国（黑龙江、吉林、辽宁、内蒙古、陕西、新疆、山东），日本，蒙古，俄罗斯（北极带、欧洲部分、西伯利亚、远东地区），欧洲。

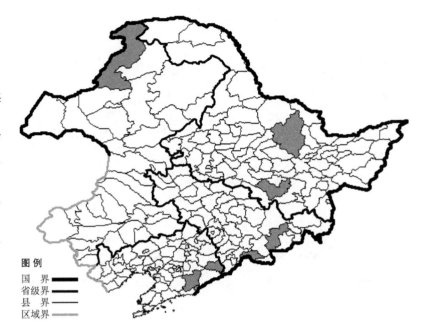

图例
国　界
省级界
县　界
区域界

长圆叶柳

Salix divaricata Pall. var. **meta-formosa** (Nakai) Kitag.

生境：高山冻原，林下，林缘湿地，海拔 1700-2500 米（长白山）。

产地：黑龙江省呼玛，吉林省安图、抚松、长白，内蒙古牙克石。

分布：中国（黑龙江、吉林、内蒙古），朝鲜半岛。

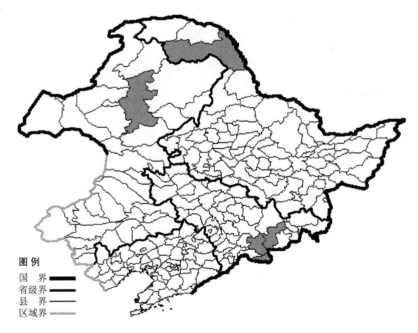

图例
国　界
省级界
县　界
区域界

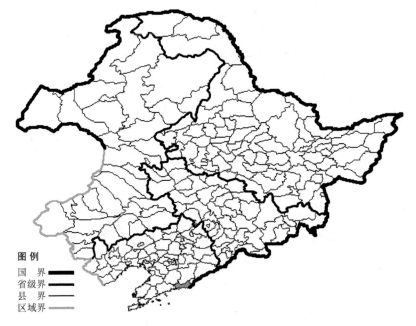

图例
国　界 ▬▬
省级界 ▬▬
县　界 ▬
区域界 ▬

东沟柳

Salix donggouxiannica C. F. Fang

生境：河滩沙地。
产地：辽宁省东港。
分布：中国（辽宁）。

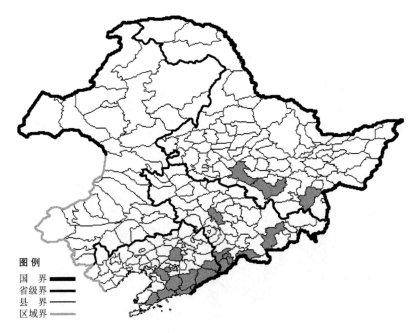

图例
国　界 ▬▬
省级界 ▬▬
县　界 ▬
区域界 ▬

长柱柳

Salix eriocarpa Franch. et Sav.

生境：河边，海拔 700 米以下。
产地：黑龙江省哈尔滨、穆棱、尚志，吉林省长春、安图、临江、通化、集安，辽宁省普兰店、庄河、岫岩、海城、凤城、鞍山、桓仁、宽甸、丹东、东港、沈阳。
分布：中国（黑龙江、吉林、辽宁），朝鲜半岛，日本，俄罗斯（远东地区）。

崖柳

Salix floderusii Nakai

　　生境：山坡，路旁，海拔 1800
米以下。
　　产地：黑龙江省哈尔滨、尚志、
伊春、饶河、密山、萝北、嘉荫、呼玛、
塔河、黑河、宁安、虎林，吉林省九台、
吉林、桦甸、安图、敦化、抚松、和龙、
临江、通化、集安，辽宁省西丰、清原、
北镇、北票、抚顺、海城、岫岩、盖州、
凌源、庄河、凤城、本溪、鞍山、桓仁、
沈阳，内蒙古扎兰屯、牙克石、根河、
额尔古纳、科尔沁右翼前旗、克什克
腾旗。
　　分布：中国（黑龙江、吉林、辽宁、
内蒙古、河北、山西），朝鲜半岛，蒙古，
俄罗斯（北极带、欧洲部分、西伯利亚、
远东地区），中亚，欧洲。

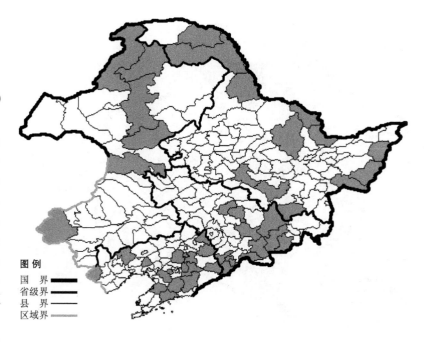

黄柳

Salix gordejevii Y. L. Chang et Skv.

　　生境：沙丘，海拔 700 米以下。
　　产地：吉林省扶余，辽宁省彰武、
盖州、丹东、新民、台安，内蒙古海
拉尔、新巴尔虎右旗、新巴尔虎左旗、
克什克腾旗、科尔沁左翼后旗、牙克
石、巴林右旗、翁牛特旗。
　　分布：中国（吉林、辽宁、内蒙古、
陕西、青海、宁夏），蒙古。

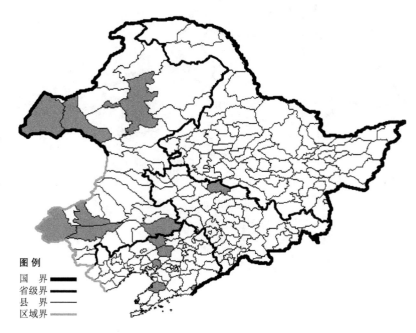

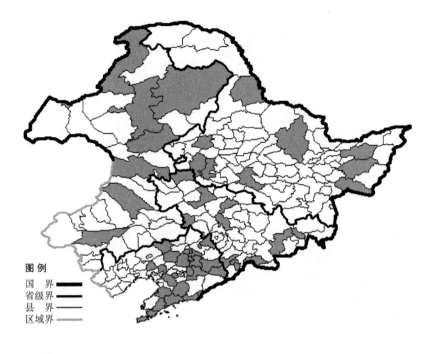

细枝柳

Salix gracilior (Siuz.) Nakai

　　生境：水湿地，河边，海拔 700 米以下。
　　产地：黑龙江省哈尔滨、伊春、富锦、富裕、大庆、杜尔伯特、宝清、密山、黑河，吉林省双辽、前郭尔罗斯、安图、德惠、长春、临江、通化、镇赉、延吉，辽宁省彰武、北镇、西丰、新民、抚顺、海城、岫岩、盖州、丹东、东港、本溪、鞍山、桓仁、新宾、普兰店、大连、铁岭、台安、沈阳、庄河，内蒙古扎兰屯、海拉尔、额尔古纳、满洲里、牙克石、新巴尔虎右旗、鄂伦春旗、科尔沁右翼前旗、扎鲁特旗、翁牛特旗。

　　分布：中国（黑龙江、吉林、辽宁、内蒙古、河北、山西、陕西、宁夏、青海、山东），俄罗斯（远东地区）。

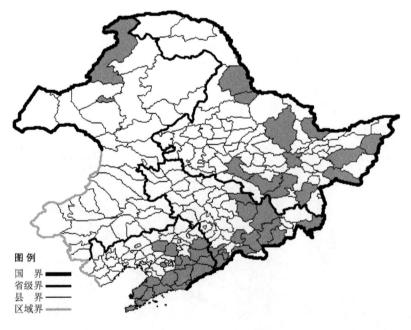

细柱柳

Salix gracilistyla Miq.

　　生境：河滩，溪流旁，海拔 1000 米以下。
　　产地：黑龙江省尚志、饶河、萝北、宝清、伊春、海林、哈尔滨、穆棱、密山、黑河、孙吴、依兰，吉林省珲春、安图、和龙、敦化、临江、舒兰、抚松、靖宇、蛟河、通化、集安，辽宁省宽甸、桓仁、新宾、清原、丹东、凤城、本溪、东港、沈阳、新民、鞍山、盖州、庄河、瓦房店、普兰店、大连、岫岩，内蒙古海拉尔、额尔古纳。

　　分布：中国（黑龙江、吉林、辽宁、内蒙古），朝鲜半岛，日本，俄罗斯（远东地区）。

兴安柳

Salix hsinganica Y. L. Chang et Skv.

　　生境：林间，山坡，海拔900米以下。

　　产地：黑龙江省呼玛、漠河、伊春、密山、黑河，内蒙古突泉、科尔沁右翼前旗、海拉尔、额尔古纳、根河、牙克石、扎兰屯、克什克腾旗。

　　分布：中国（黑龙江、内蒙古）。

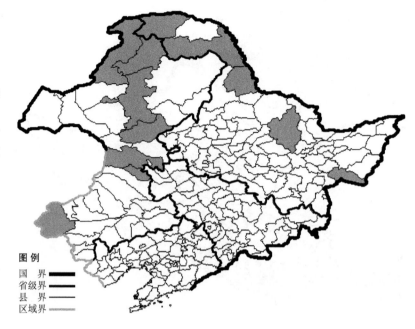

呼玛柳

Salix humaensis Y. L. Chou et R. C. Chou

　　生境：河边、溪流旁，海拔约500米。

　　产地：黑龙江省漠河、塔河、呼玛。

　　分布：中国（黑龙江）。

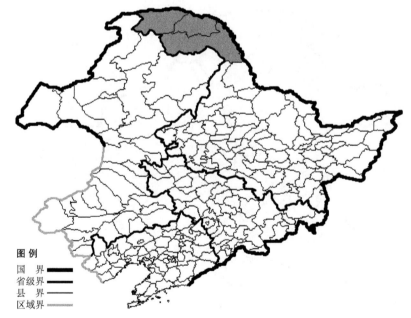

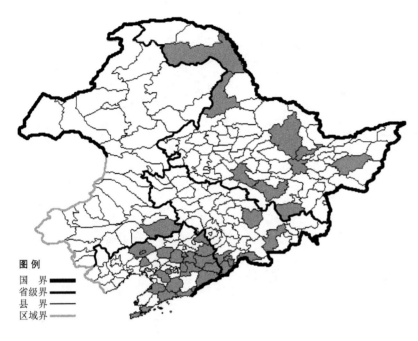

杞柳

Salix integra Thunb.

　　生境：河边，水湿地，海拔 1300 米以下。
　　产地：黑龙江省哈尔滨、嫩江、宝清、宁安、尚志、依兰、汤原、伊春、呼玛，吉林省蛟河、安图、临江、通化、集安，辽宁省西丰、新宾、宽甸、北镇、阜新、东港、新民、抚顺、清原、鞍山、海城、岫岩、盖州、丹东、庄河、本溪、桓仁、沈阳、大连，内蒙古科尔沁左翼后旗。
　　分布：中国（黑龙江、吉林、辽宁、内蒙古、河北），朝鲜半岛，日本，俄罗斯（远东地区）。

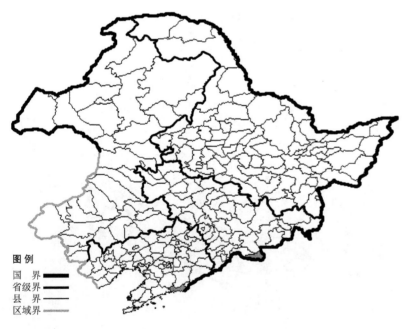

江界柳

Salix kangensis Nakai

　　生境：河边，海拔约 500 米。
　　产地：吉林省长白，辽宁省东港。
　　分布：中国（吉林、辽宁），朝鲜半岛。

光果江界柳 **Salix kangensis** Nakai var. **leiocarpa** Kitag. 生于河边，海拔约 400 米，产于辽宁省凤城，分布于中国（辽宁）。

砂杞柳

Salix kochiana Trantv.

生境：沙丘低湿地，海拔约 600 米。

产地：内蒙古海拉尔、克什克腾旗、巴林右旗、牙克石。

分布：中国（内蒙古），蒙古，俄罗斯（西伯利亚、远东地区）。

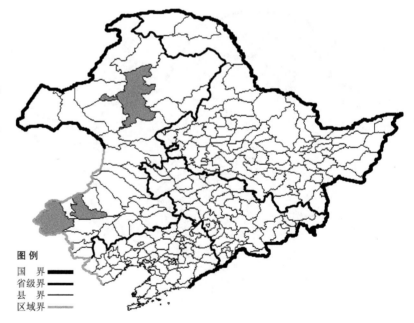

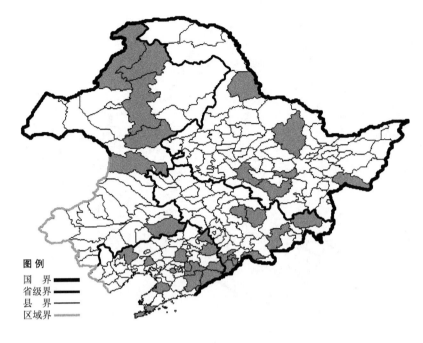

朝鲜柳

Salix koreensis Anderss.

生境：河边，山坡，海拔1200米以下。

产地：黑龙江省哈尔滨、尚志、伊春、密山、方正、黑河，吉林省蛟河、安图、吉林、临江、通化、汪清、集安、辽宁省西丰、北票、北镇、大连、盖州、清原、丹东、凤城、鞍山、本溪、桓仁、沈阳、宽甸，内蒙古科尔沁左翼后旗、扎兰屯、额尔古纳、科尔沁右翼前旗、根河、牙克石。

分布：中国（黑龙江、吉林、辽宁、内蒙古、河北、陕西、甘肃、山东、江苏），朝鲜半岛，日本。

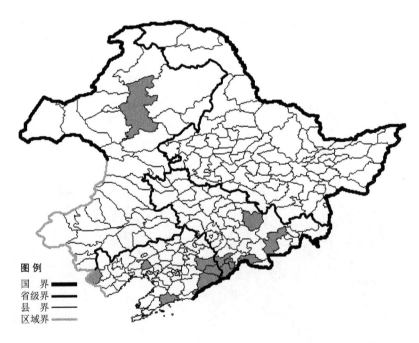

尖叶紫柳

Salix koriyanagi Kimura

生境：山坡湿地，河边，海拔900米以下。

产地：吉林省临江、安图、蛟河、通化、集安，辽宁省新宾、凌源、北镇、庄河、桓仁、宽甸、丹东，内蒙古牙克石。

分布：中国（吉林、辽宁、内蒙古），朝鲜半岛，日本。

筐柳

Salix linearistipularis (Franch.) Hao

  生境：平原低湿地，河边。

  产地：吉林省吉林、延吉，辽宁省北票、大连、新宾、新民、盖州、东港，内蒙古扎兰屯、科尔沁右翼前旗、科尔沁右翼中旗、科尔沁左翼后旗、巴林右旗、翁牛特旗。

  分布：中国（吉林、辽宁、内蒙古、河北、山西、陕西、河南、甘肃）。

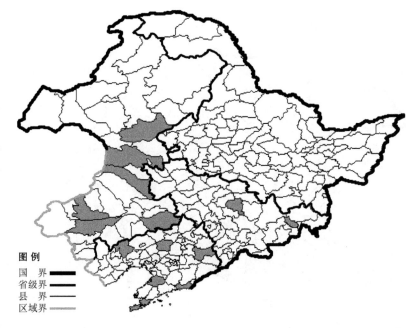

图 例
国 界
省级界
县 界
区域界

旱柳

Salix matsudana Koidz.

  生境：水边，沟旁，河滩，路旁，海拔 700 米以下。

  产地：黑龙江省哈尔滨、尚志、杜尔伯特、泰来、萝北、孙吴、嘉荫，吉林省双辽、桦甸、汪清、敦化，辽宁省抚顺、大连、丹东、沈阳、盖州、鞍山、西丰、清原、宽甸、桓仁、凤城、本溪，内蒙古扎兰屯。

  分布：中国（黑龙江、吉林、辽宁、内蒙古、河北、山西、陕西、甘肃、宁夏、青海、新疆、山东、江苏、安徽、浙江、河南、湖北、江西、广东、广西、四川、云南），朝鲜半岛，日本。

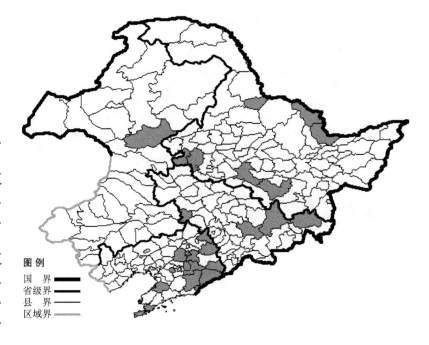

图 例
国 界
省级界
县 界
区域界

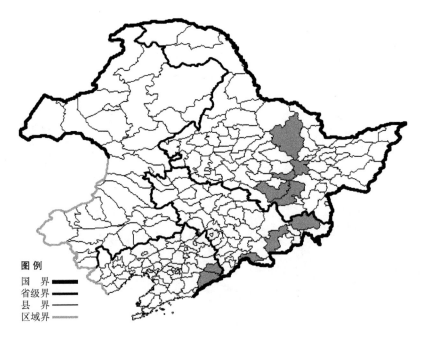

大白柳

Salix maximowiczii Kom.

生境：河边，海拔 800 米以下。

产地：黑龙江省伊春、方正、依兰、尚志、海林，吉林省临江、汪清、安图，辽宁省桓仁、宽甸。

分布：中国（黑龙江、吉林、辽宁），朝鲜半岛，俄罗斯（远东地区）。

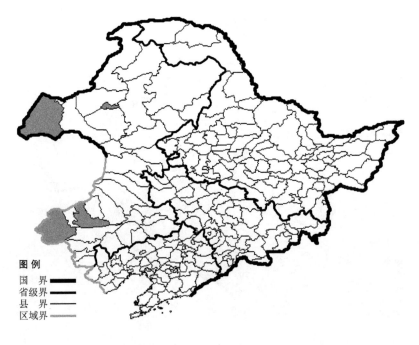

小穗柳

Salix microstachya Turcz.

生境：沙丘间低湿地，沙区河边，海拔 700 米以下。

产地：内蒙古海拉尔、新巴尔虎右旗、巴林右旗、克什克腾旗。

分布：中国（内蒙古），蒙古，俄罗斯（东部西伯利亚）。

小红柳 **Salix microstachya** Turcz. var. **bordensis** (Nakai) C. F. Fang 生于沙丘间低湿地，沙区河边，海拔600米以下，产于吉林省扶余、通榆，辽宁省彰武，内蒙古海拉尔、奈曼旗、科尔沁右翼中旗、翁牛特旗、巴林右旗、科尔沁左翼后旗、克什克腾旗、通辽、新巴尔虎左旗、阿鲁科尔沁旗，分布于中国（吉林、辽宁、内蒙古、河北）。

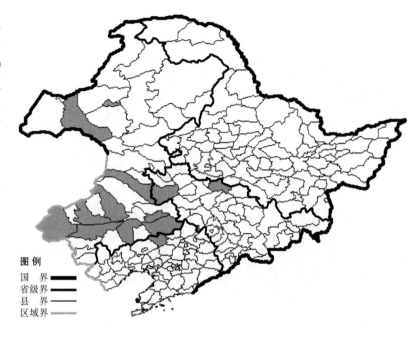

越桔柳

Salix myrtilloides L.

生境：沼泽化草甸，海拔1300米以下。

产地：黑龙江省尚志、伊春、汤原、密山、萝北、黑河、呼玛、虎林，吉林省靖宇、临江、抚松、安图、敦化、和龙，内蒙古额尔古纳、根河、牙克石、科尔沁右翼前旗、鄂伦春旗、扎兰屯、阿尔山。

分布：中国（黑龙江、吉林、内蒙古），朝鲜半岛，蒙古，俄罗斯（北极带、欧洲部分、西伯利亚、远东地区），欧洲。

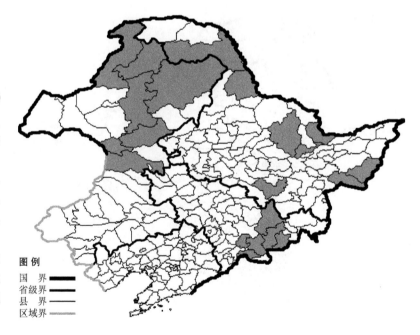

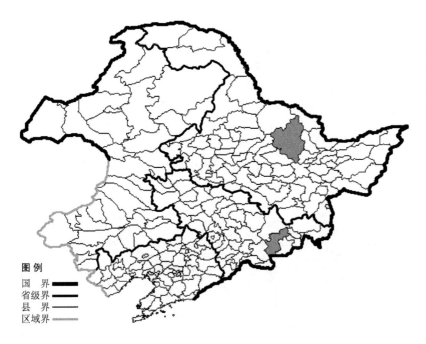

图例
国　界 ▬▬
省级界 ▬▬
县　界 ▬▬
区域界 ▬▬

东北越桔柳 Salix myrtilloides L. **var. mandshurica** Nakai 生于踏头甸子，海拔 500 米以下，产于黑龙江省伊春，吉林省安图，分布于中国（黑龙江、吉林），朝鲜半岛。

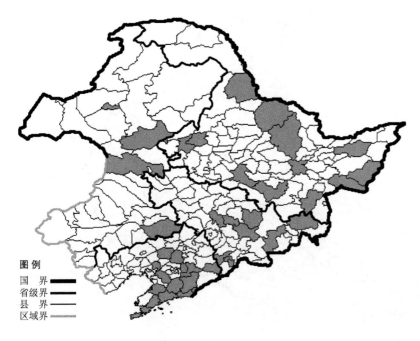

图例
国　界 ▬▬
省级界 ▬▬
县　界 ▬▬
区域界 ▬▬

三蕊柳

Salix nipponica Franch. et Sav

　　生境：溪流旁，沟谷，海拔 900 米以下。

　　产地：黑龙江省黑河、密山、虎林、穆棱、富锦、依兰、伊春、尚志、哈尔滨、富裕、齐齐哈尔、逊克，吉林省安图、通化、永吉、蛟河、桦甸、汪清、长春，辽宁省桓仁、本溪、沈阳、新民、凤城、东港、丹东、海城、台安、盖州、庄河、普兰店、大连、岫岩，内蒙古扎兰屯、海拉尔、科尔沁右翼前旗、科尔沁左翼后旗。

　　分布：中国（黑龙江、吉林、辽宁、内蒙古、河北、山东、江苏、浙江、湖南、西藏），朝鲜半岛，日本，俄罗斯（东部西伯利亚、远东地区）。

多腺柳

Salix nummularia Anderss.

生境：高山冻原，高山草甸，海拔 1700-2600 米。

产地：吉林省抚松、安图。

分布：中国（吉林），蒙古，俄罗斯（北极带、西伯利亚、远东地区）。

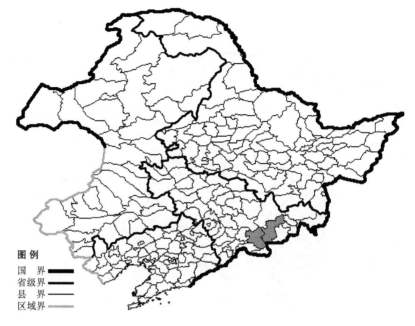

五蕊柳

Salix pentandra L.

生境：溪流旁，山涧边，海拔 1600 米以下。

产地：黑龙江省黑河、呼玛、伊春、萝北、嘉荫、集贤、汤原、饶河、绥芬河，吉林省安图、和龙、长白，内蒙古牙克石、海拉尔、根河、科尔沁右翼前旗、克什克腾旗、巴林右旗、喀喇沁旗、额尔古纳、鄂伦春旗、阿尔山。

分布：中国（黑龙江、吉林、内蒙古、河北、新疆），朝鲜半岛，蒙古，俄罗斯，欧洲。

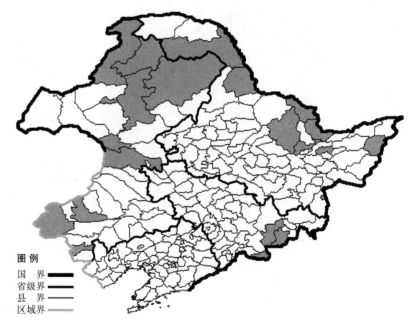

白背五蕊柳 **Salix pentandra** L. var. **intermedia** Nakai 生于草甸、沼泽，海拔 1000 米以下，产于吉林省安图、敦化、和龙，分布于中国（吉林），朝鲜半岛。

图例
国　界
省级界
县　界
区域界

卵苞五蕊柳 **Salix pentandra** L. var. **obovalis** C. Y. Yu 生于沟谷、山脊，产于内蒙古翁牛特旗，分布于中国（内蒙古）。

图例
国　界
省级界
县　界
区域界

白皮柳

Salix pierotii Miq.

生境：河边，海拔 500 米以下。

产地：吉林省柳河、集安、抚松、临江，辽宁省本溪。

分布：中国（吉林、辽宁），日本，俄罗斯（远东地区）。

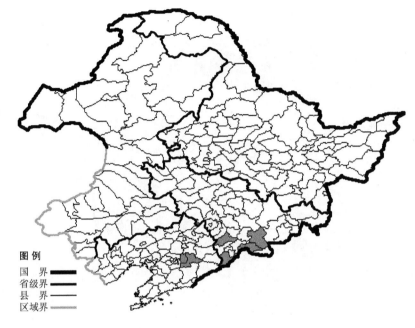

鹿蹄柳

Salix pyrolaefolia Ledeb.

生境：林间，海拔 800 米以下。

产地：黑龙江省呼玛，内蒙古额尔古纳、根河、牙克石、巴林右旗。

分布：中国（黑龙江、内蒙古、新疆），蒙古，俄罗斯（北极带、西伯利亚、远东地区），中亚，欧洲。

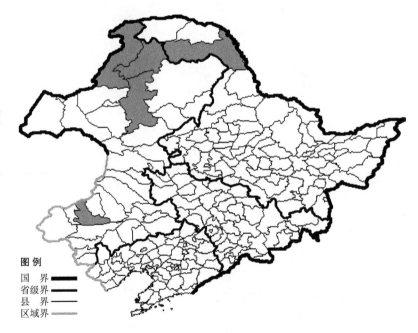

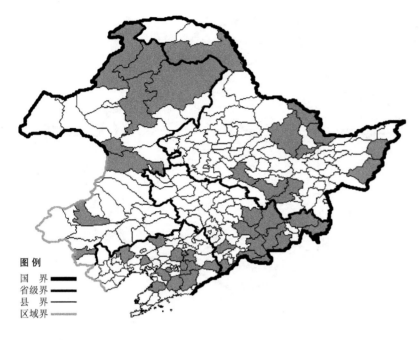

图例
国　界 ▬▬▬
省级界 ▬▬▬
县　界 ▬▬▬
区域界 ▬▬▬

大黄柳

Salix raddeana Laksch.

生境：山坡，林中，海拔 1900 米以下。

产地：黑龙江省哈尔滨、汤原、饶河、尚志、虎林、伊春、萝北、海林、呼玛、嘉荫，吉林省敦化、临江、抚松、安图、蛟河、桦甸、汪清、珲春、和龙、长白、柳河、集安，辽宁省盖州、本溪、凤城、鞍山、岫岩、北镇、桓仁、彰武、抚顺、沈阳、海城、北票，内蒙古额尔古纳、牙克石、科尔沁右翼前旗、鄂伦春旗、喀喇沁旗、根河、阿尔山、巴林右旗。

分布：中国（黑龙江、吉林、辽宁、内蒙古），朝鲜半岛，俄罗斯（东部西伯利亚、远东地区）。

稀毛大黄柳 Salix raddeana Laksch. var. **subglabra** Y. L. Chang et Skv. 生于山坡，海拔 600 米以下，产于吉林省安图，辽宁省鞍山、抚顺，分布于中国（吉林、辽宁）。

图例
国　界 ▬▬▬
省级界 ▬▬▬
县　界 ▬▬▬
区域界 ▬▬▬

粉枝柳

Salix rorida Laksch.

生境：河边，沟谷，海拔 1400 米以下。

产地：黑龙江省尚志、哈尔滨、汤原、饶河、伊春、穆棱、嫩江、黑河、宝清、宁安、呼玛，吉林省靖宇、安图、临江、抚松、蛟河、汪清、珲春、集安、长白，辽宁省西丰、凤城、本溪、沈阳、盖州、大连、桓仁、清原，内蒙古牙克石、科尔沁右翼前旗、额尔古纳、根河、阿尔山、巴林右旗、鄂伦春旗。

分布：中国（黑龙江、吉林、辽宁、内蒙古、河北），朝鲜半岛，日本，蒙古，俄罗斯（西伯利亚、远东地区）。

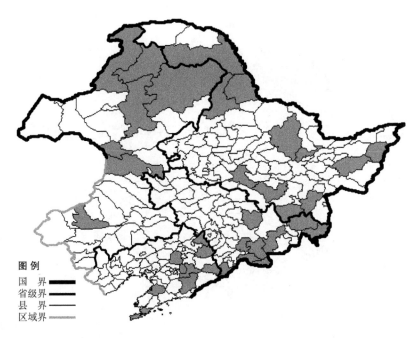

伪粉枝柳 Salix rorida Laksch. var. **roridaeformis** (Nakai) Ohwi 生于山坡灌丛，海拔 600 米以下，产于吉林省安图、临江、集安，辽宁省凤城，分布于中国（吉林、辽宁），朝鲜半岛，日本。

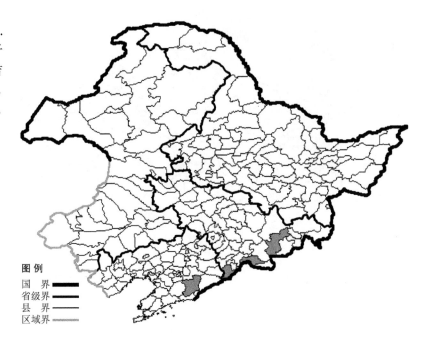

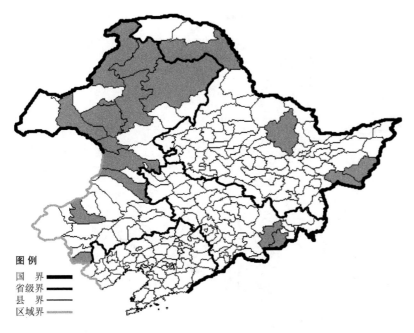

图例
国　界 ▬▬▬
省级界 ▬▬
县　界 ▬
区域界 ▬▬▬

细叶沼柳

Salix rosmarinifolia L.

生境：沼泽，海拔 1300 米以下。

产地：黑龙江省密山、虎林、伊春、呼玛，吉林省和龙、安图，内蒙古牙克石、科尔沁右翼前旗、额尔古纳、根河、海拉尔、阿尔山、鄂温克旗、新巴尔虎左旗、科尔沁右翼中旗、巴林右旗、鄂伦春旗、宁城。

分布：中国（黑龙江、吉林、内蒙古、新疆），蒙古，俄罗斯（欧洲部分、西伯利亚），中亚，欧洲。

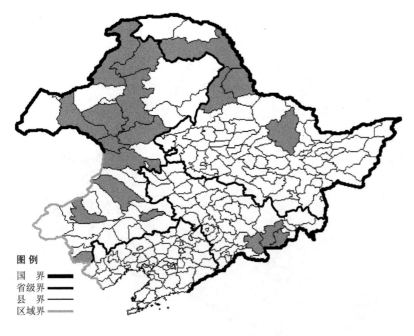

图例
国　界 ▬▬▬
省级界 ▬▬
县　界 ▬
区域界 ▬▬▬

沼 柳 Salix rosmarinifolia L. var. **brachypoda** (Trautv. et C. A. Mey.) Y. L. Chou 生于沼泽，水湿地，踏头甸子，海拔 1000 米以下，产于黑龙江省伊春、黑河、呼玛、嫩江，吉林省和龙、安图、抚松，内蒙古通辽、扎鲁特旗、牙克石、额尔古纳、根河、科尔沁右翼前旗、阿尔山、扎兰屯、鄂温克旗、新巴尔虎左旗、巴林右旗、宁城，分布于中国（黑龙江、吉林、内蒙古、甘肃），朝鲜半岛，俄罗斯（东部西伯利亚、远东地区）。

东北细叶沼柳 Salix rosmarinifolia
L. var. **tungbeiana** Y. L. Chou et Skv.
生于沼泽，产于黑龙江省伊春，分布
于中国（黑龙江）。

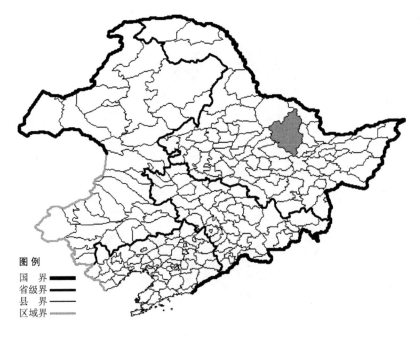

图 例
国　界 ▅▅▅
省级界 ▅▅▅
县　界 ▅▅▅
区域界 ▅▅▅

圆叶柳

Salix rotundifolia Trautv.

　　生境：高山冻原，海拔 2200-
2600 米。
　　产地：吉林省抚松、安图、长白。
　　分布：中国（吉林），朝鲜半岛，
俄罗斯（北极带、远东地区）。

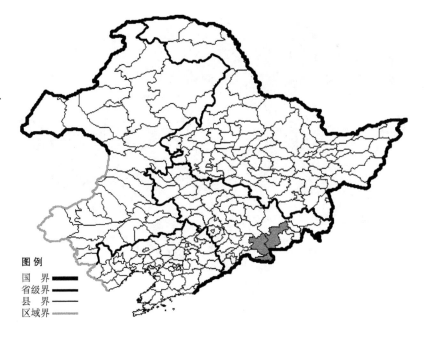

图 例
国　界 ▅▅▅
省级界 ▅▅▅
县　界 ▅▅▅
区域界 ▅▅▅

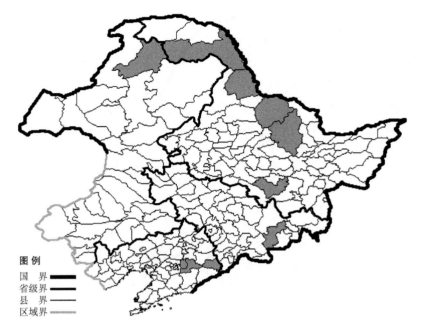

图例
国　界 ▬▬
省级界 ▬▬
县　界 ▬▬
区域界 ▬▬

龙江柳

Salix sachalinensis Fr. Schmidt

生境：河边，山涧边，海拔700米以下。

产地：黑龙江省呼玛、黑河、逊克、伊春、尚志，吉林省安图，辽宁省桓仁、本溪，内蒙古根河。

分布：中国（黑龙江、吉林、辽宁、内蒙古），日本，俄罗斯（北极带、东部西伯利亚、远东地区）。

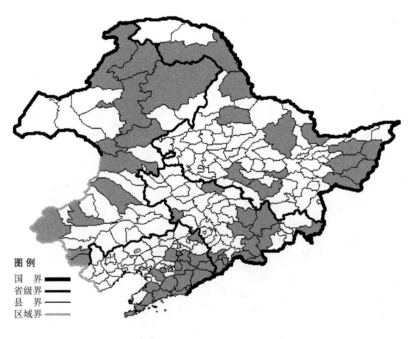

图例
国　界 ▬▬
省级界 ▬▬
县　界 ▬▬
区域界 ▬▬

蒿柳

Salix schwerinii E. L. Wolf

生境：溪流旁，山坡灌丛，海拔1400米以下。

产地：黑龙江省哈尔滨、富锦、五大连池、方正、虎林、饶河、尚志、伊春、黑河、密山、萝北、宝清、呼玛，吉林省安图、抚松、长白、蛟河、双辽、扶余、珲春、通化、集安、敦化、临江、桦甸，辽宁省西丰、桓仁、新宾、沈阳、抚顺、鞍山、海城、盖州、普兰店、大连、本溪、宽甸、凤城、丹东、东港、岫岩、庄河，内蒙古根河、额尔古纳、扎鲁特旗、扎兰屯、海拉尔、牙克石、克什克腾旗、喀喇沁旗、

阿尔山、巴林右旗、宁城、科尔沁右翼前旗、鄂伦春旗。

　分布：中国（黑龙江、吉林、辽宁、内蒙古、河北），朝鲜半岛，日本，蒙古，俄罗斯（东部西伯利亚、远东地区）。

卷边柳

Salix siuzevii Seemen

生境：河边，山坡湿地，海拔2000米以下。

产地：黑龙江省尚志、饶河、哈尔滨、黑河、密山、萝北、宝清、伊春、呼玛、绥芬河，吉林省安图、抚松、蛟河、和龙、长白、通化、集安、临江、汪清、敦化，辽宁省沈阳、本溪、海城、盖州、庄河、凤城、桓仁，内蒙古扎兰屯、科尔沁右翼前旗、鄂伦春旗、根河、额尔古纳、牙克石、海拉尔、宁城、克什克腾旗、阿尔山、扎鲁特旗、通辽。

分布：中国（黑龙江、吉林、辽宁、内蒙古），朝鲜半岛，日本，俄罗斯（东部西伯利亚、远东地区）。

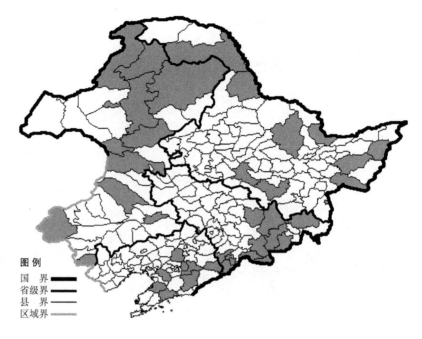

司氏柳

Salix skvortzovii Y. L. Chang et Y. L. Chou

生境：溪流旁，山涧边，海拔800米以下。

产地：黑龙江省尚志、虎林、哈尔滨、方正，吉林省安图、和龙、临江、集安，辽宁省本溪、桓仁，内蒙古牙克石。

分布：中国（黑龙江、吉林、辽宁、内蒙古）。

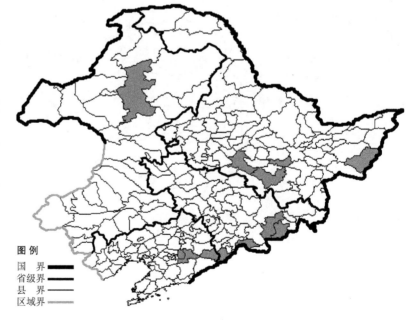

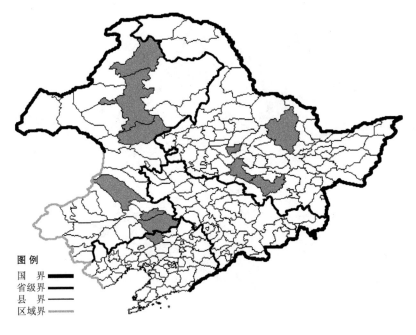

图例
国　界 ▬▬
省级界 ▬▬
县　界 ──
区域界 ▬▬

松江柳

Salix sungkianica Y. L. Chou et Skv.

生境：河边，山涧边，沙丘间湿地，海拔 700 米以下。

产地：黑龙江省哈尔滨、尚志、望奎、伊春，辽宁省彰武，内蒙古扎兰屯、牙克石、根河、通辽、科尔沁左翼后旗、海拉尔、扎鲁特旗。

分布：中国（黑龙江、辽宁、内蒙古）。

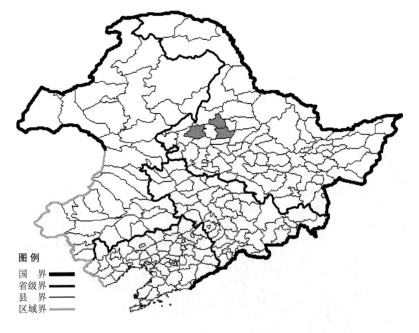

图例
国　界 ▬▬
省级界 ▬▬
县　界 ──
区域界 ▬▬

短序松江柳 Salix sungkianica Y. L. Chou et Skv. f. **brevistachys** Y. L. Chou et Tung 生于草甸，沼泽草甸，产于黑龙江省拜泉、富裕、克山，分布于中国（黑龙江）。

谷柳

Salix taraikensis Kimura

生境：山坡，路旁，海拔1700米以下。

产地：黑龙江省哈尔滨、尚志、伊春、穆棱、萝北、塔河、黑河、宝清、宁安、呼玛、嫩江，吉林省临江、抚松、敦化、安图、蛟河、桦甸、汪清、和龙、靖宇，辽宁省清原、宽甸、凤城、东港、丹东、本溪、抚顺、沈阳、铁岭、北镇、北票、凌源、鞍山、盖州、西丰、桓仁，内蒙古额尔古纳、根河、牙克石、海拉尔、霍林郭勒、扎鲁特旗、通辽、科尔沁右翼前旗、扎兰屯、克什克腾旗、宁城、阿尔山。

分布：中国（黑龙江、吉林、辽宁、内蒙古、新疆），朝鲜半岛，日本，俄罗斯（远东地区）。

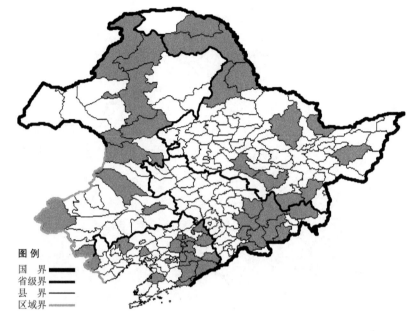

倒披针叶谷柳 Salix taraikensis Kimura var. **oblanceolata** C. Wang et C. F. Fang 生于林中，海拔100米以下，产于辽宁省沈阳，分布于中国（辽宁）。

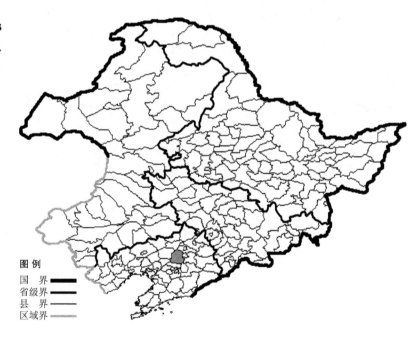

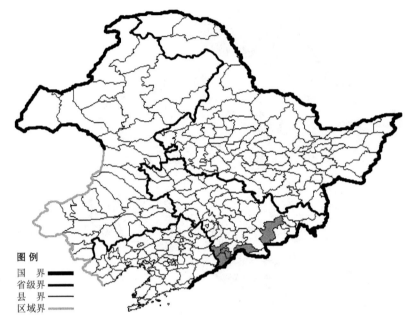

图例
国　界 ▬▬
省级界 ▬▬
县　界 ▬
区域界 ▬

白河柳

Salix yanbianica C. F. Fang et Ch. Y. Yang

　　生境：河边，海拔 1300 米以下。
　　产地：吉林省临江、安图、通化、集安。
　　分布：中国（吉林）。

图例
国　界 ▬▬
省级界 ▬▬
县　界 ▬
区域界 ▬

桦木科 Betulaceae

日本赤杨

Alnus japonica (Thunb.) Steud.

　　生境：河边、溪流旁。
　　产地：吉林省珲春，辽宁省岫岩、丹东、瓦房店、大连、营口、庄河、普兰店、盖州。
　　分布：中国（吉林、辽宁、河北、山东、安徽、江苏），朝鲜半岛，日本，俄罗斯（远东地区）。

东北赤杨

Alnus mandshurica (Call.) Hand.-Mazz.

　　生境：河边，溪流旁，杂木林中，海拔海拔 1200-2100 米（长白山）。

　　产地：黑龙江省尚志、呼玛，吉林省安图、抚松、长白，辽宁省宽甸、桓仁、凤城，内蒙古根河、鄂伦春旗、额尔古纳、牙克石。

　　分布：中国（黑龙江、吉林、辽宁、内蒙古），朝鲜半岛，俄罗斯（远东地区）。

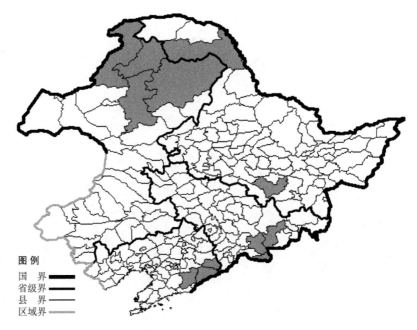

水冬瓜赤杨

Alnus sibirica Fisch. ex Turcz.

　　生境：河边，林中湿地，海拔 1400 米以下。

　　产地：黑龙江省勃利、宁安、饶河、呼玛、尚志、伊春，吉林省安图、抚松、长春、和龙、九台，辽宁省普兰店、庄河，内蒙古额尔古纳、根河、鄂伦春旗、鄂温克旗、牙克石。

　　分布：中国（黑龙江、吉林、辽宁、内蒙古、山东），朝鲜半岛，日本，俄罗斯（西伯利亚、远东地区）。

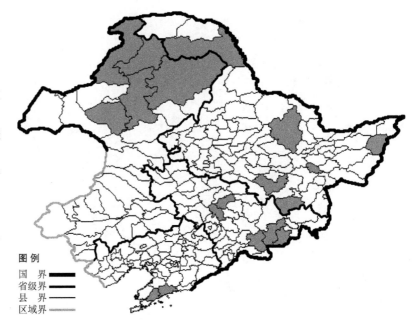

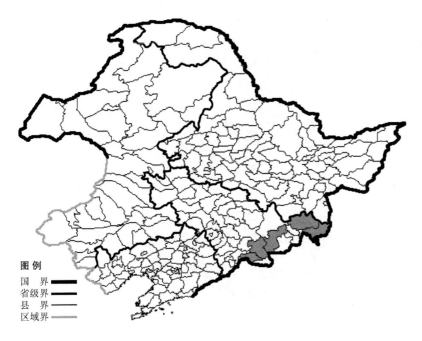

图例
国　界 ▬▬
省级界 ▬▬
县　界 ▬▬
区域界 ▬▬

毛 赤 杨 **Alnus sibirica** Fisch. ex Turcz. var. **hirsuta** (Turcz.) Koidz. 生于溪流旁、林中湿地，产于吉林省安图、汪清、珲春、临江、抚松，分布于中国（吉林），朝鲜半岛，日本，俄罗斯（西伯利亚、远东地区）。

图例
国　界 ▬▬
省级界 ▬▬
县　界 ▬▬
区域界 ▬▬

色赤杨

Alnus tinctoria Sarg.

生境：山坡林中。
产地：吉林省九台、长春。
分布：中国（吉林），朝鲜半岛，日本，俄罗斯（远东地区）。

红桦

Betula albo-sinensis Burk.

生境：山坡林中。

产地：内蒙古宁城。

分布：中国（内蒙古、河北、山西、陕西、甘肃、青海、河南、湖北、四川、云南）。

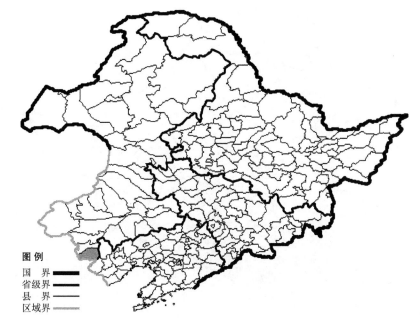

角翅桦

Betula ceratoptera G. H. Liu et Ma

生境：山坡林中。

产地：内蒙古宁城。

分布：中国（内蒙古）。

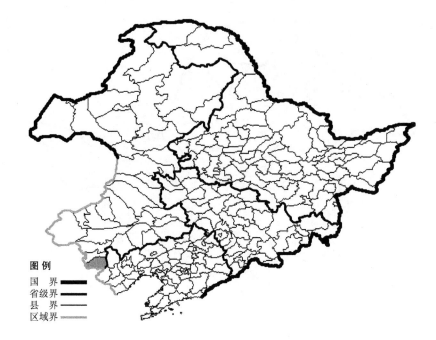

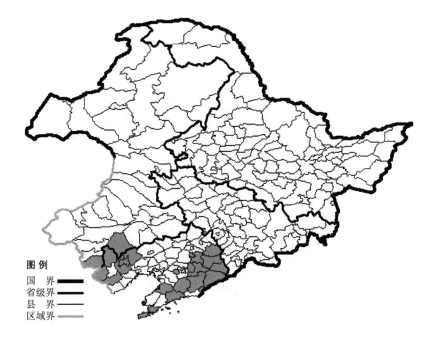

图例
国　界 ▬▬▬
省级界 ━━━
县　界 ——
区域界 ══════

坚桦

Betula chinensis Maxim.

　　生境： 山脊，干山坡，海拔 800 米以下。
　　产地： 辽宁省清原、抚顺、新宾、本溪、桓仁、宽甸、鞍山、大连、盖州、凤城、岫岩、庄河、北票、朝阳、建平、凌源、建昌、丹东，内蒙古宁城、敖汉旗。
　　分布： 中国（辽宁、内蒙古、河北、山西、陕西、甘肃、山东、河南），朝鲜半岛。

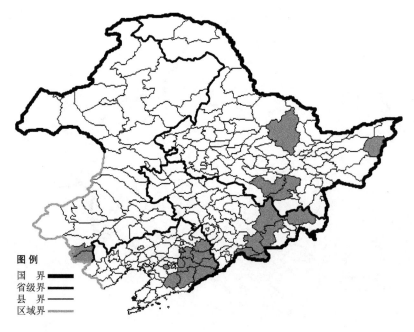

图例
国　界 ▬▬▬
省级界 ━━━
县　界 ——
区域界 ══════

风桦

Betula costata Trautv.

　　生境： 山坡杂木林中，海拔 1400 米以下。
　　产地： 黑龙江省伊春、饶河、海林、尚志，吉林省敦化、汪清、安图、抚松、临江、长白，辽宁省清原、新宾、抚顺、本溪、鞍山、桓仁、宽甸、凤城、岫岩，内蒙古宁城、喀喇沁旗。
　　分布： 中国（黑龙江、吉林、辽宁、内蒙古、河北），朝鲜半岛，俄罗斯（远东地区）。

黑桦

Betula davurica Pall.

生境：向阳山坡，杂木林中，海拔 800 米以下。

产地：黑龙江省漠河、呼玛、五大连池、嫩江、伊春、饶河、密山、嘉荫、汤原、鸡西、绥芬河、宁安，吉林省安图、临江、汪清、九台、吉林，辽宁省清原、抚顺、新宾、本溪、桓仁、宽甸、凤城、岫岩、开原、北镇、义县、盖州，内蒙古鄂伦春旗、根河、额尔古纳、牙克石、扎兰屯、科尔沁右翼前旗，扎鲁特旗、翁牛特旗、巴林左旗、巴林右旗、林西、克什克腾旗、喀喇沁旗、宁城、阿尔山、阿荣旗、阿鲁科尔沁旗。

分布：中国（黑龙江、吉林、辽宁、内蒙古、河北、山西），朝鲜半岛，日本，蒙古，俄罗斯（东部西伯利亚、远东地区）。

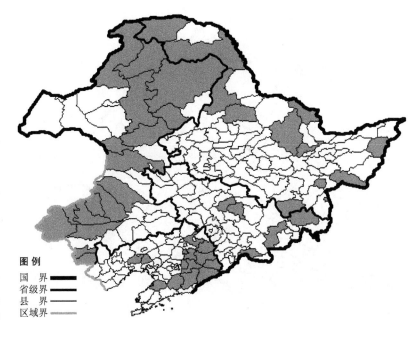

岳桦

Betula ermanii Cham.

生境：林中，亚高山矮曲林带，海拔 1100-2100 米。

产地：黑龙江呼玛、伊春、海林、尚志，吉林省安图、长白、抚松、敦化、汪清，辽宁省新宾、本溪、桓仁、宽甸，内蒙古额尔古纳、根河、阿尔山、巴林右旗、牙克石、科尔沁右翼前旗。

分布：中国（黑龙江、吉林、辽宁、内蒙古），朝鲜半岛，日本，俄罗斯（东部西伯利亚、远东地区）。

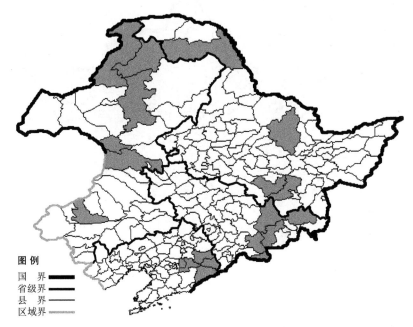

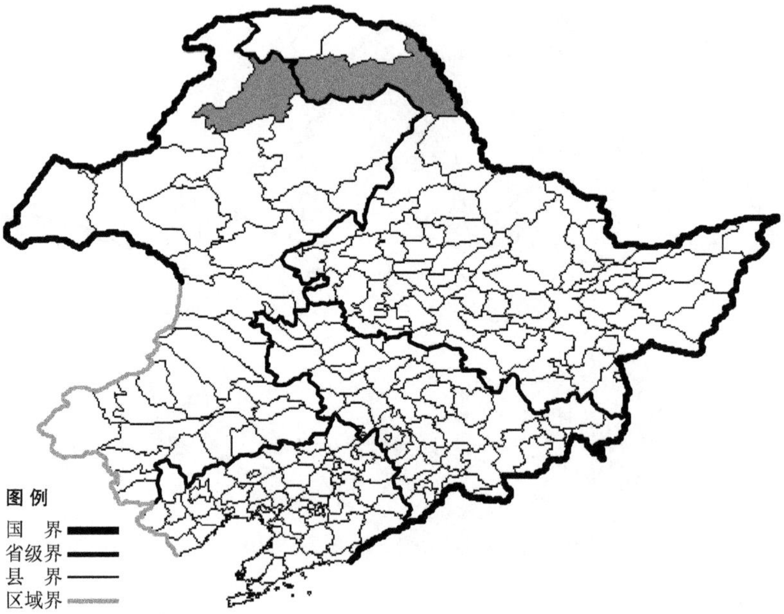
图例
国　界
省级界
县　界
区域界

英吉里岳桦 Betula ermanii Cham. var. **yingkiliensis** Liou et Wang 生于亚高山矮曲林带，海拔 1100-1300 米，产于黑龙江省呼玛，内蒙古根河，分布于中国（黑龙江、内蒙古）。

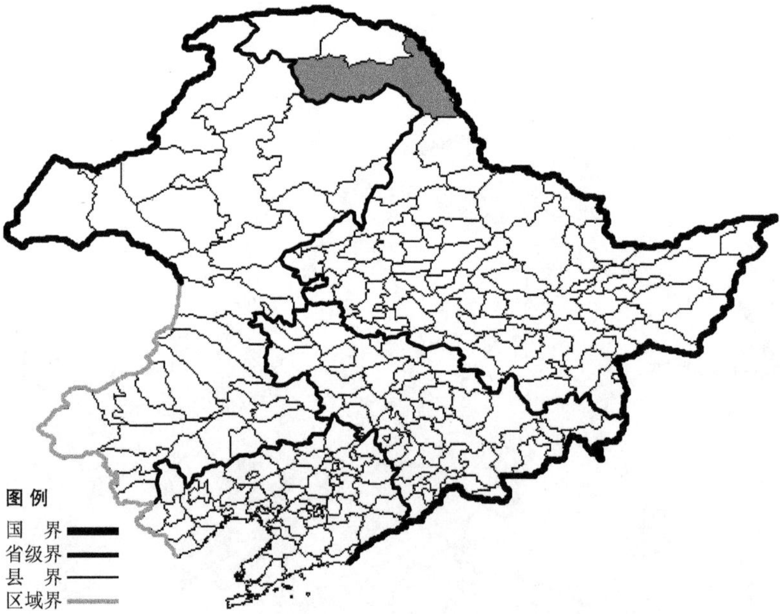
图例
国　界
省级界
县　界
区域界

瘦桦

Betula exilis Suk.

生境：山顶，海拔约 1300 米。

产地：黑龙江呼玛。

分布：中国（黑龙江），蒙古，俄罗斯（北极带、东部西伯利亚、远东地区）。

柴桦

Betula fruticosa Pall.

生境：沼泽，海拔 1100 米以下。

产地：黑龙江呼玛、黑河、伊春、五大连池、虎林、饶河、穆棱、萝北、鹤岗，吉林省安图、敦化，辽宁省本溪，内蒙古额尔古纳、根河、牙克石、扎兰屯、鄂伦春旗、科尔沁右翼前旗、阿尔山、克什克腾旗。

分布：中国（黑龙江、吉林、辽宁、内蒙古），朝鲜半岛，俄罗斯（东部西伯利亚、远东地区）。

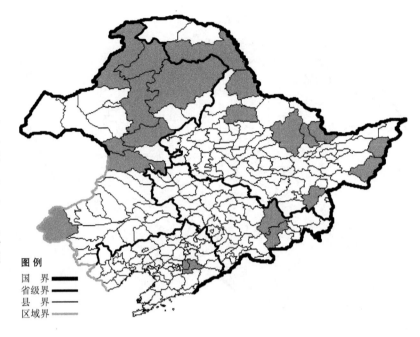

油桦 Betula fruticosa Pall. var. **ruprechtiana** Trautv. 生于苔藓类湿地，河边湿地，海拔 500-1100 米，产于黑龙江省伊春，吉林省安图、抚松、靖宇、和龙、敦化，内蒙古额尔古纳、根河、牙克石、扎兰屯、鄂伦春旗、阿尔山，分布于中国（黑龙江、吉林、内蒙古），朝鲜半岛，俄罗斯（远东地区）。

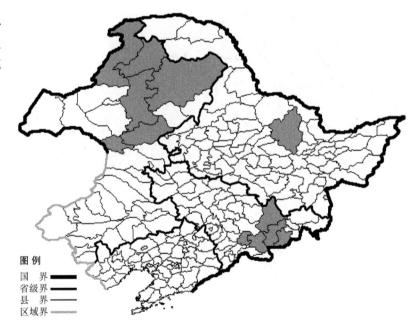

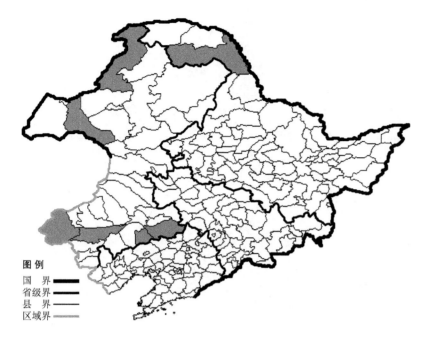

图例
国　界 ▬▬
省级界 ▬▬
县　界 ——
区域界 ▬▬

砂生桦

Betula gmelinii Bunge

生境：沙地，海拔较高的石质沙地，海拔约 700 米。

产地：黑龙江省呼玛，内蒙古新巴尔虎左旗、额尔古纳、翁牛特旗、克什克腾旗、库伦旗、科尔沁左翼后旗。

分布：中国（黑龙江、内蒙古），朝鲜半岛，蒙古，俄罗斯（东部西伯利亚）。

图例
国　界 ▬▬
省级界 ▬▬
县　界 ——
区域界 ▬▬

枣叶桦 Betula gmelinii Bunge var. **zyzyphifolia** (C. Wang et Tung) G. H. Liu et Ma 生于沙丘间、沙地，产于内蒙古翁牛特旗，分布于中国（内蒙古）。

甸生桦

Betula humilis Schrank

　　生境：林区沼泽，湿草地，落叶
松林或白桦林缘。
　　产地：黑龙江省伊春。
　　分布：中国（黑龙江、新疆），
蒙古，俄罗斯（欧洲部分、西伯利亚、
远东地区），欧洲。

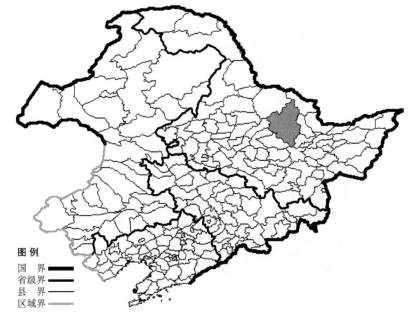

扇叶桦

Betula middendorffii Trautv. et C. A.
Mey.

　　生境：石质山坡，海拔 1500 米
以下。
　　产地：黑龙江省呼玛、塔河，内
蒙古额尔古纳、根河、牙克石。
　　分布：中国（黑龙江、内蒙古），
俄罗斯（北极带、东部西伯利亚、远
东地区）。

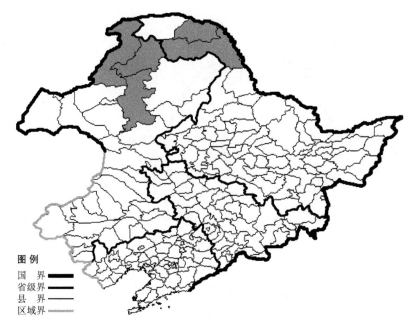

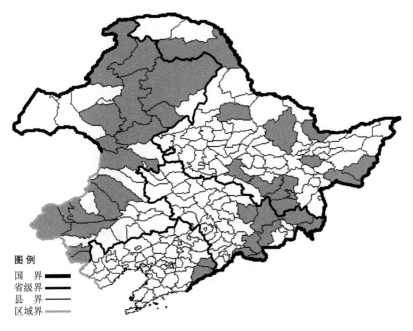

图 例
国　　界 ▬▬▬
省级界 ▬▬
县　　界 ▬▬
区域界 ▬▬

白桦

Betula platyphylla Suk.

　　生境：杂木林中，海拔 1000 米以下。

　　产地：黑龙江省密山、呼玛、哈尔滨、伊春、海林、桦南、牡丹江、五大连池、虎林、萝北、宁安、尚志，吉林省临江、抚松、安图、蛟河、敦化、汪清、珲春、长白，辽宁省桓仁、宽甸，内蒙古牙克石、科尔沁右翼前旗、翁牛特旗、根河、额尔古纳、喀喇沁旗、林西、扎鲁特旗、阿荣旗、阿尔山、鄂伦春旗、鄂温克旗、阿鲁科尔沁旗、扎兰屯、克什克腾旗、巴林右旗、宁城。

　　分布：中国（黑龙江、吉林、辽宁、内蒙古、河北、山西、陕西、宁夏、甘肃、青海、河南、四川、云南、西藏），朝鲜半岛，日本，蒙古，俄罗斯（东部西伯利亚、远东地区）。

图 例
国　　界 ▬▬▬
省级界 ▬▬
县　　界 ▬▬
区域界 ▬▬

栓皮白桦 Betula platyphylla Sukacz. **var. phellodendroides** Tung 生于杂木林中，海拔 700 米以下，产于黑龙江省塔河，分布于中国（黑龙江）。

赛黑桦

Betula schmidtii Regel

　　生境：向阳山坡多岩石处，海拔 900 米以下。

　　产地：吉林省临江、集安，辽宁省本溪、凤城、宽甸。

　　分布：中国（吉林、辽宁），朝鲜半岛，日本，俄罗斯（远东地区）。

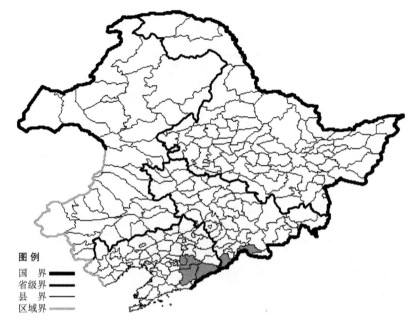

糙皮桦

Betula utilis D. Don

　　生境：山坡林中。

　　产地：内蒙古宁城。

　　分布：中国（内蒙古、河北、山西、陕西、甘肃、青海、河南、四川、云南、西藏），印度，尼泊尔，阿富汗。

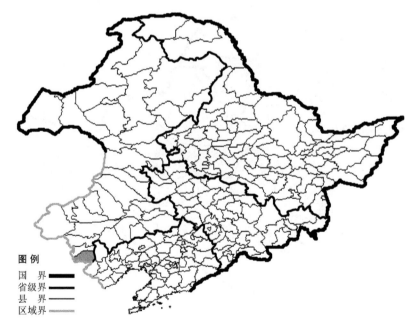

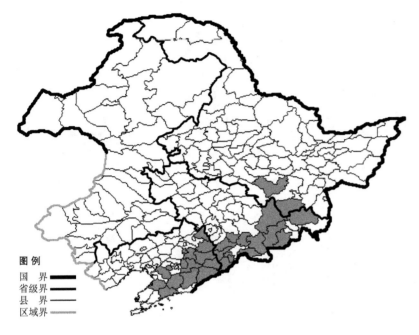

千金鹅耳枥

Carpinus cordata Blume

　　生境：山阴坡，山谷低地，海拔900米以下。

　　产地：黑龙江省宁安、尚志，吉林省和龙、安图、通化、抚松、临江、靖宇、柳河、集安、辉南、敦化、汪清，辽宁省抚顺、新宾、本溪、桓仁、凤城、宽甸、岫岩、庄河、海城、盖州、西丰、清原、鞍山。

　　分布：中国（黑龙江、吉林、辽宁、河北、山西、陕西、甘肃、山东），朝鲜半岛，日本，俄罗斯（远东地区）。

鹅耳枥

Carpinus turczaninovii Hance

　　生境：山阴坡，山谷低地，海拔300米以下。

　　产地：辽宁省朝阳、绥中、建平、喀左、凌源、建昌、丹东、东港、长海、大连。

　　分布：中国（辽宁、河北、山西、陕西、甘肃、山东、河南），朝鲜半岛，日本。

榛

Corylus heterophylla Fisch. ex Bess.

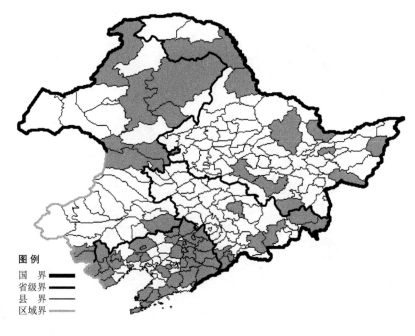

生境：向阳山坡，林缘，海拔1000 米以下。

产地：黑龙江省哈尔滨、呼玛、尚志、饶河、宁安、黑河、萝北、密山、伊春、集贤，吉林省安图、珲春、吉林、集安、抚松、汪清、通化，辽宁省康平、昌图、法库、开原、铁岭、沈阳、抚顺、新宾、本溪、桓仁、海城、宽甸、凤城、西丰、清原、岫岩、丹东、瓦房店、庄河、普兰店、大连、北镇、朝阳、义县、锦州、建平、喀左、凌源、建昌、绥中、鞍山、阜新，内蒙古额尔古纳、科尔沁左翼后旗、喀喇沁旗、阿荣旗、阿尔山、鄂伦春旗、牙克石、宁城、扎赉特旗、科尔沁右翼前旗。

分布：中国（黑龙江、吉林、辽宁、内蒙古、河北、山西、陕西），朝鲜半岛，日本，蒙古，俄罗斯（东部西伯利亚、远东地区）。

长苞榛 Corylus heterophylla Fisch. ex Trautv. var **shenyangensis** L. Zhao et D. Chen 散生于低山地的林内、灌丛，海拔 200 米以下，产于辽宁省沈阳，分布于中国（辽宁）。

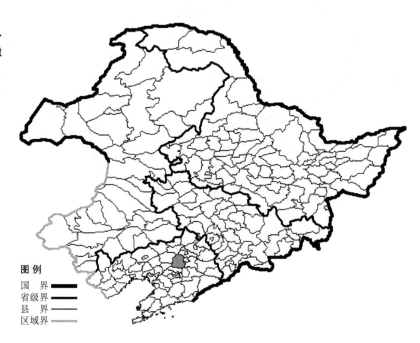

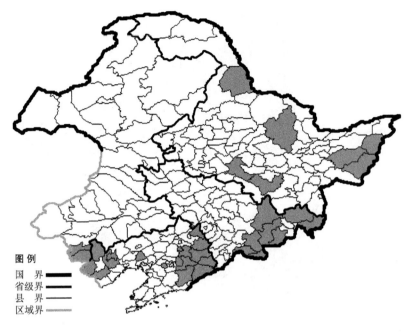

图例
国　界 ━━━
省级界 ━━━
县　界 ───
区域界 ───

毛榛

Corylus mandshurica Maxim. et Rupr.

生境：林中，灌丛，海拔 1500 米以下。

产地：黑龙江省伊春、黑河、虎林、宝清、哈尔滨、尚志、饶河，吉林省敦化、珲春、临江、长白、和龙、安图、抚松、汪清，辽宁省抚顺、新宾、本溪、桓仁、宽甸、凤城、北镇、朝阳、建平、西丰、清原、鞍山、凌源、建昌，内蒙古喀喇沁旗、宁城。

分布：中国（黑龙江、吉林、辽宁、内蒙古、河北、山西、陕西、甘肃、山东、四川），朝鲜半岛，日本，俄罗斯（远东地区）。

图例
国　界 ━━━
省级界 ━━━
县　界 ───
区域界 ───

短苞毛榛 Corylus mandshurica Maxim. et Rupr. f. **brevituba** Nakai 生于林中、灌丛，产于黑龙江省尚志，吉林省安图、珲春、敦化，辽宁省桓仁，内蒙古宁城，分布于中国（黑龙江、吉林、辽宁、内蒙古、河北），俄罗斯（远东地区）。

虎榛子

Ostryopsis davidiana Decne.

生境：干山坡。

产地：辽宁省朝阳、建平、凌源、喀左、建昌、彰武，内蒙古扎鲁特旗、科尔沁右翼前旗、扎赉特旗、通辽、巴林右旗、巴林左旗、阿鲁科尔沁旗、林西、克什克腾旗、翁牛特旗。

分布：中国（辽宁、内蒙古、河北、山西、陕西、甘肃、四川）。

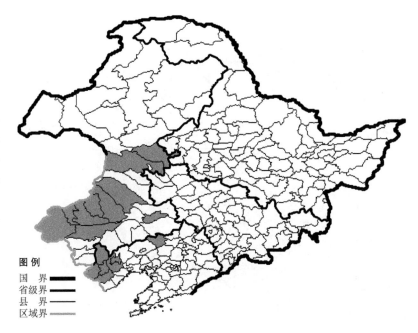

壳斗科 Fagaceae

麻栎

Quercus acutissima Carr.

生境：低山缓坡，土层深厚肥沃处，海拔 500 米以下。

产地：吉林省集安，辽宁省海城、盖州、庄河、大连、丹东、长海。

分布：中国（吉林、辽宁、河北、山西、陕西、甘肃、山东、江苏、福建、安徽、浙江、河南、湖北、江西、湖南、广东、广西、海南、四川、贵州、云南），朝鲜半岛，日本，印度，越南。

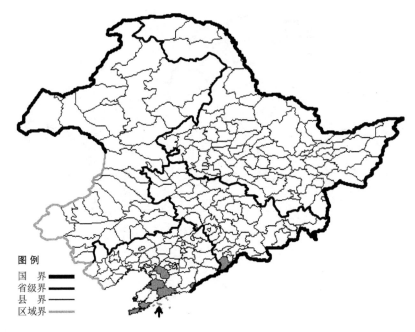

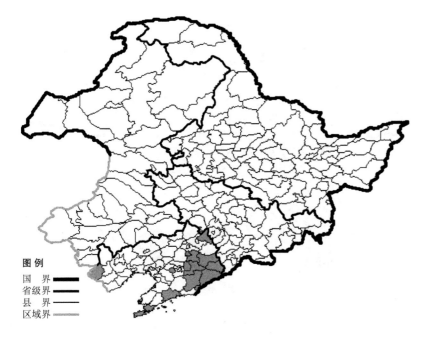

槲栎

Quercus aliena Blume

生境：杂木林中，海拔 800 米以下。

产地：辽宁省抚顺、新宾、本溪、桓仁、鞍山、宽甸、凤城、丹东、凌源、庄河、大连、西丰。

分布：中国（辽宁、陕西、山东、江苏、安徽、浙江、河南、湖北、江西、广东、广西、四川、贵州、云南），朝鲜半岛，日本。

图例
国　界 ▬▬
省级界 ▬▬
县　界 ▬▬
区域界 ▬▬

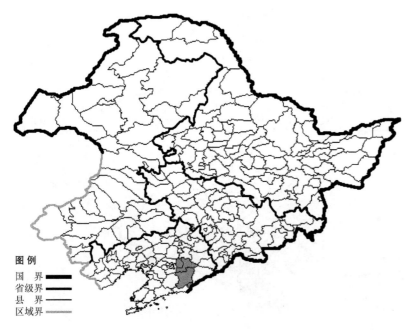

尖齿槲栎 Quercus aliena Blume var. **acutiserrata** Maxim. 生于杂木林中，海拔 500-600 米，产于辽宁省本溪、凤城、丹东，分布于中国（辽宁、河北、山西、陕西、甘肃、山东、江苏、安徽、浙江、河南、湖北、江西、湖南、四川、贵州、云南、台湾）。

图例
国　界 ▬▬
省级界 ▬▬
县　界 ▬▬
区域界 ▬▬

槲树

Quercus dentata Thunb.

生境：向阳山坡，杂木林中，海拔 600 米以下。

产地：黑龙江省宁安，吉林省磐石、珲春、通化、长白，辽宁省铁岭、清原、抚顺、新宾、本溪、桓仁、宽甸、凤城、岫岩、鞍山、西丰、普兰店、长海、绥中、丹东、瓦房店、庄河、大连、沈阳、北镇、北票、义县、朝阳、建平、凌源、喀左、建昌。

分布：中国（黑龙江、吉林、辽宁、河北、山西、陕西、甘肃、山东、江苏、安徽、浙江、河南、湖北、湖南、四川、贵州、云南、台湾），朝鲜半岛，日本，俄罗斯（远东地区）。

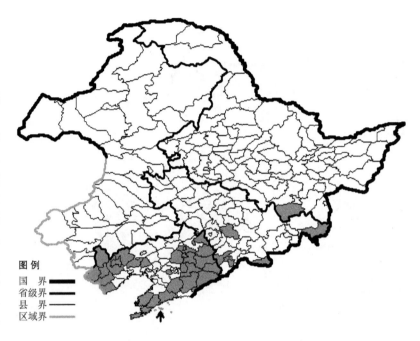

辽东栎

Quercus liaotungensis Koidz.

生境：向阳山坡，杂木林中，海拔 800 米以下。

产地：黑龙江省穆棱、宁安、东宁，吉林省长春、东丰、吉林，辽宁省铁岭、清原、沈阳、抚顺、新宾、本溪、桓仁、宽甸、凤城、岫岩、丹东、西丰、法库、北镇、凌源、建平、建昌、鞍山、大连、阜新，内蒙古额尔古纳、科尔沁右翼前旗、扎鲁特旗、翁牛特旗、宁城、科尔沁左翼后旗、克什克腾旗。

分布：中国（黑龙江、吉林、辽宁、内蒙古、河北、山西、陕西、山东、青海、甘肃、宁夏、四川），朝鲜半岛。

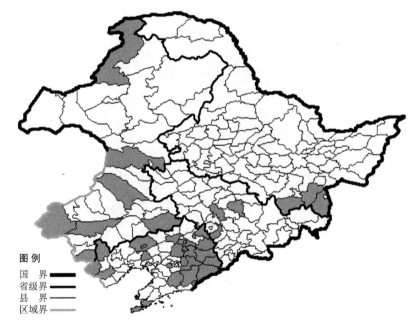

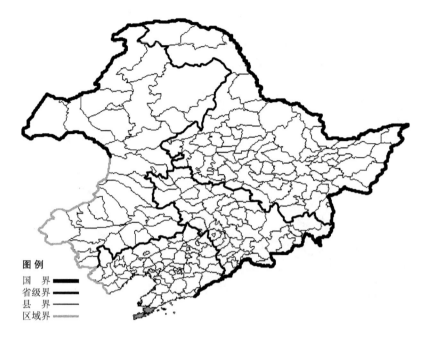

金州栎

Quercus mccormickii Carr.

生境：山坡杂木林中，海拔 300 米以下。

产地：辽宁省大连。

分布：中国（辽宁），朝鲜半岛。

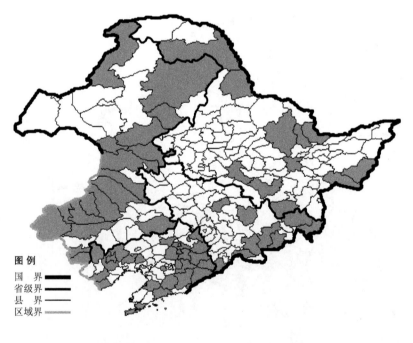

蒙古栎

Quercus mongolica Fisch. ex Turcz.

生境：向阳山坡，林中，海拔 1000 米以下。

产地：黑龙江省鹤岗、虎林、哈尔滨、依兰、萝北、宁安、呼玛、黑河、密山、伊春、尚志，吉林省安图、抚松、临江、和龙、九台、汪清、珲春、蛟河、集安，辽宁省铁岭、清原、沈阳、抚顺、新宾、本溪、桓仁、宽甸、凤城、岫岩、丹东、庄河、大连、义县、鞍山、法库、绥中、西丰、盖州、北镇、北票、朝阳、建平、建昌，内蒙古科尔沁左翼后旗、鄂伦春旗、阿荣旗、扎兰屯、额尔古纳、科尔沁右翼前旗、科尔沁右翼中

旗、阿尔山、阿鲁科尔沁旗、巴林左旗、巴林右旗、林西、喀喇沁旗、扎赉特旗、扎鲁特旗、克什克腾旗、翁牛特旗、宁城。

分布：中国（黑龙江、吉林、辽宁、内蒙古、河北、山东、河南），朝鲜半岛，日本，蒙古，俄罗斯（远东地区）。

柞槲栎

Quercus mongolico-dentata Nakai

生境：向阳山坡，海拔 300 米以下。

产地：辽宁省大连、鞍山、丹东。

分布：中国（辽宁），朝鲜半岛。

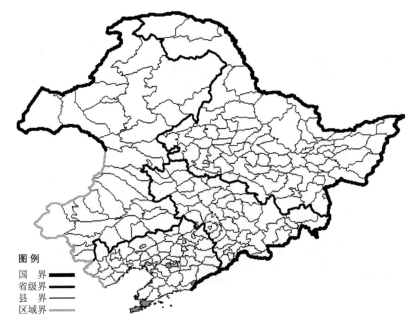

枹栎

Quercus serrata Thunb.

生境：阔叶林中，海拔 500 米以下。

产地：辽宁省本溪、大连、凤城、宽甸、桓仁。

分布：中国（辽宁、山西、陕西、甘肃、山东、江苏、安徽、浙江、福建、河南、湖北、江西、湖南、广东、广西、四川、贵州、云南、台湾），朝鲜半岛，日本。

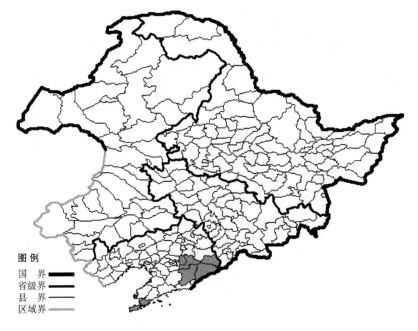

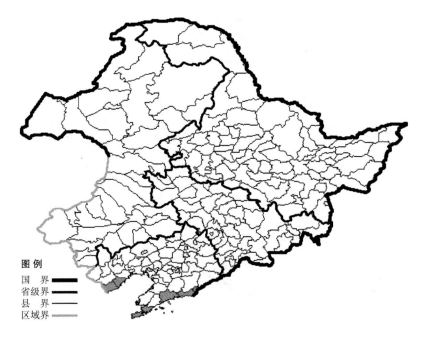

栓皮栎

Quercus variabilis Blume

生境：向阳山坡，杂木林中。

产地：辽宁省丹东、东港、庄河、大连、兴城、绥中。

分布：中国（辽宁、河北、山西、陕西、甘肃、山东、江苏、安徽、浙江、福建、河南、湖北、江西、湖南、广东、广西、四川、贵州、云南、台湾），朝鲜半岛，日本。

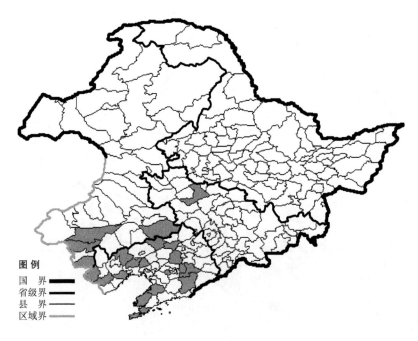

榆科 Ulmaceae

小叶朴

Celtis bungeana Blume

生境：路旁，山坡，灌丛，林缘，海拔 700 米以下。

产地：吉林省前郭尔罗斯，辽宁省本溪、盖州、瓦房店、大连、凌源、彰武、建昌、北镇、义县、沈阳、法库、鞍山、凤城、葫芦岛、北票，内蒙古宁城、翁牛特旗、赤峰、乌兰浩特、库伦旗、科尔沁左翼后旗。

分布：中国（吉林、辽宁、内蒙古、河北、山西、陕西、宁夏、甘肃、青海、山东、江苏、安徽、浙江、河南、湖北、江西、湖南、贵州、云南、西藏），朝鲜半岛。

大叶朴

Celtis koraiensis Nakai

生境：山坡或沟谷杂木林中，海拔 400 米以下。

产地：辽宁省沈阳、鞍山、义县、北镇、大连、本溪。

分布：中国（辽宁、河北、山西、陕西、甘肃、山东、江苏、安徽、河南），朝鲜半岛。

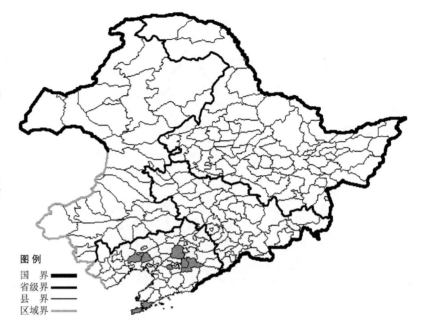

刺榆

Hemiptelea davidii (Hance) Planch.

生境：人家附近，山坡次生林中，海拔 400 米以下。

产地：吉林省长白、靖宇、集安、辉南、通化、磐石，辽宁省彰武、葫芦岛、沈阳、鞍山、法库、普兰店、盖州、瓦房店、大连、丹东、凤城、庄河、本溪，内蒙古科尔沁左翼后旗。

分布：中国（吉林、辽宁、内蒙古、河北、山西、陕西、甘肃、山东、江苏、安徽、浙江、河南、湖北、江西、湖南、广西），朝鲜半岛。

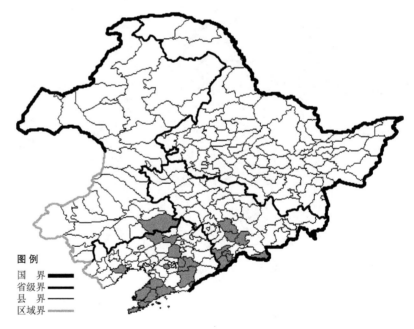

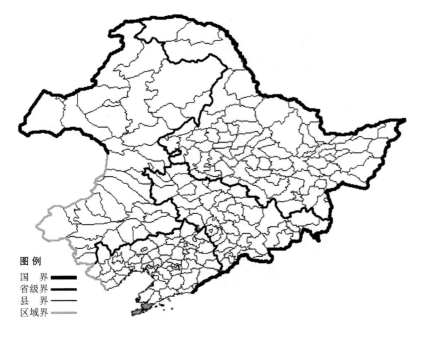

青檀

Pteroceltis tatarinowii Maxim.

生境：海岛山坡林中。

产地：辽宁省大连。

分布：中国（辽宁、河北、山西、陕西、甘肃、青海、山东、江苏、安徽、浙江、福建、河南、湖北、湖南、广西、广东、四川、贵州）。

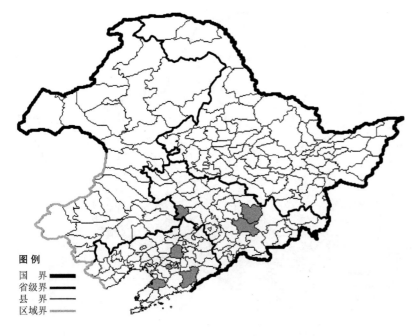

黑榆

Ulmus davidiana Planch.

生境：山坡，沟谷，路旁，海拔500米以下。

产地：吉林省桦甸、双辽、蛟河，辽宁省鞍山、盖州、凤城、沈阳。

分布：中国（吉林、辽宁、河北、山西、陕西、河南），朝鲜半岛。

旱榆

Ulmus glaucescens Franch.

生境：干山坡。
产地：辽宁省朝阳。
分布：中国（辽宁、河北、山西、陕西、宁夏、甘肃、青海、山东、河南）。

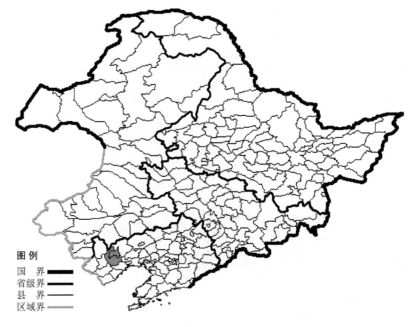

春榆

Ulmus japonica (Rehd.) Sarg.

生境：河谷，河边，海拔 800 米以下。
产地：黑龙江省呼玛、哈尔滨、嘉荫，吉林省抚松、靖宇、临江、长白、蛟河、桦甸、安图，辽宁省盖州、清原、鞍山、本溪、凤城、沈阳，内蒙古宁城、喀喇沁旗、根河、翁牛特旗、额尔古纳、巴林右旗、克什克腾旗、牙克石、扎兰屯、科尔沁左翼后旗。
分布：中国（黑龙江、吉林、辽宁、内蒙古、河北、山西、陕西、甘肃、青海、山东、安徽、浙江、河南、湖北），朝鲜半岛，日本，俄罗斯（东部西伯利亚、远东地区）。

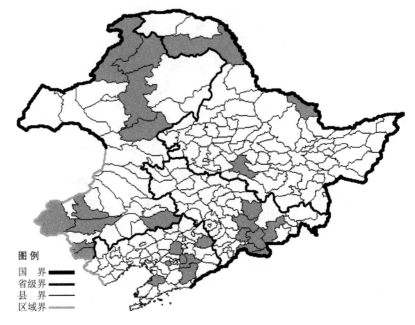

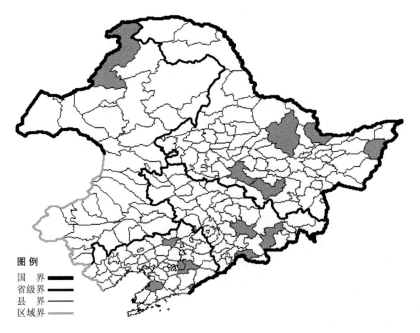

光叶春榆 Ulmus japonica (Rehd.) Sarg. var. **laevigata** Schneid. 生于河谷、河边，海拔 800 米以下，产于黑龙江省萝北、哈尔滨、尚志、伊春、饶河，吉林省桦甸、临江、安图，辽宁省丹东、本溪、法库、盖州，内蒙古额尔古纳，分布于中国（黑龙江、吉林、辽宁、内蒙古），朝鲜半岛，日本，俄罗斯（远东地区）。

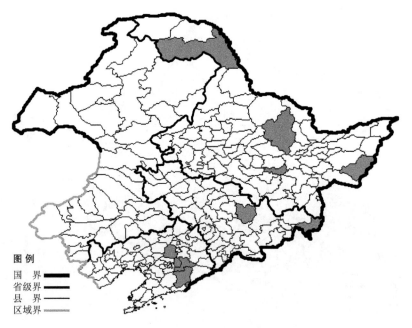

栓枝春榆 Ulmus japonica (Rehd.) Sarg. var. **suberosa** (Turcz.) S. D. Zhao 生于向阳山坡，海拔 300 米以下，产于黑龙江省呼玛、方正、虎林、伊春，吉林省珲春、蛟河，辽宁省沈阳、丹东、凤城、本溪，分布于中国（黑龙江、吉林、辽宁、华北、西北），朝鲜半岛，日本，蒙古，俄罗斯（东部西伯利亚、远东地区）。

裂叶榆

Ulmus laciniata (Trautv.) Mayr.

生境：杂木林中，溪流旁，海拔
1000 米以下。

产地：黑龙江省饶河、哈尔滨、
尚志、伊春、嘉荫，吉林省靖宇、辉
南、集安、柳河、长白、抚松、通化、
安图、和龙，辽宁省沈阳、鞍山、本溪、
桓仁、宽甸、凤城，内蒙古巴林右旗、
喀喇沁旗。

分布：中国（黑龙江，吉林，辽宁、
内蒙古、河北、山西、陕西、河南），
朝鲜半岛，日本，俄罗斯（远东地区）。

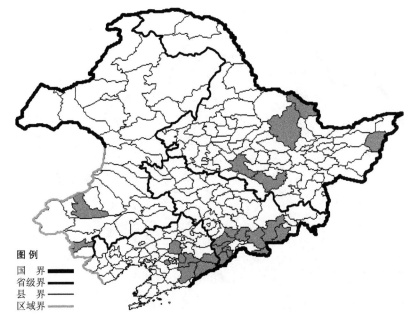

黄榆

Ulmus macrocarpa Hance

生境：山坡，固定沙丘，海拔
1000 米以下。

产地：黑龙省哈尔滨、嘉荫、饶
河、尚志，吉林省安图、抚松、辉南、
靖宇、长白、梅河口、临江、扶余、
前郭尔罗斯、通榆，辽宁省本溪、阜新、
鞍山、北镇、长海、大连、彰武、盖
州、开原、沈阳、瓦房店、西丰、本
溪，内蒙古额尔古纳、牙克石、满洲
里、科尔沁右翼前旗、科尔沁右翼中
旗、通辽、扎鲁特旗、科尔沁左翼后旗。

分布：中国（黑龙江、吉林、辽
宁、内蒙古、河北、山西、陕西、甘
肃、青海、山东、江苏、安徽、河南），
朝鲜半岛，蒙古，俄罗斯（东部西伯
利亚、远东地区）。

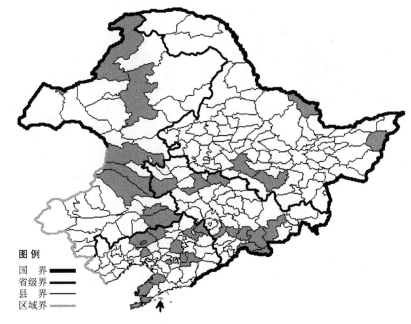

图 例
国　界 ▬▬▬
省级界 ▬▬▬
县　界 ▬▬▬
区域界 ▬▬▬

蒙古黄榆 Ulmus macrocarpa Hance var. **mongolica** Liou et Li 生于山沟、石崖下，产于内蒙古满洲里，分布于中国（内蒙古）。

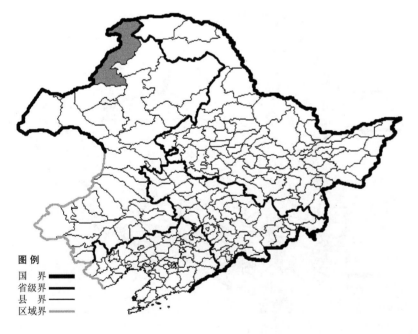

图 例
国　界 ▬▬▬
省级界 ▬▬▬
县　界 ▬▬▬
区域界 ▬▬▬

矮形黄榆 Ulmus macrocarpa Hance var. **nana** Liou et Li 生于山沟、干山坡，产于内蒙古额尔古纳，分布于中国（内蒙古）。

榆树

Ulmus pumila L.

生境：沙地，河边，路旁，人家附近，常有栽培，海拔 1000 米以下。

产地：黑龙江省哈尔滨、伊春，吉林省安图、通化、通榆，辽宁省鞍山、北镇、清原、沈阳、黑山、建昌、彰武、庄河，内蒙古海拉尔、科尔沁右翼前旗，通辽。

分布：中国（黑龙江、吉林、辽宁、内蒙古、河北、山西、西北、西南），朝鲜半岛，蒙古，俄罗斯（东部西伯利亚、远东地区）。

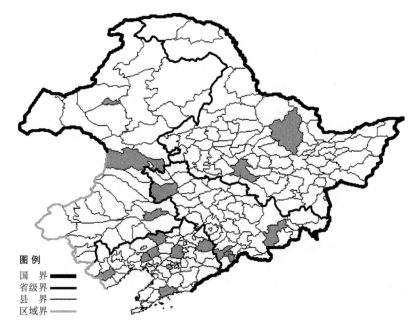

图例
国　界
省级界
县　界
区域界

桑科 Moraceae

构树

Broussonetia papilifera Vent.

生境：山坡草地，山谷，平原。

产地：辽宁省大连、长海。

分布：中国（全国各地），朝鲜半岛，日本，印度，缅甸，泰国，越南，马来西亚。

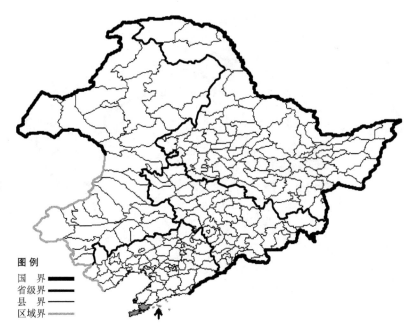

图例
国　界
省级界
县　界
区域界

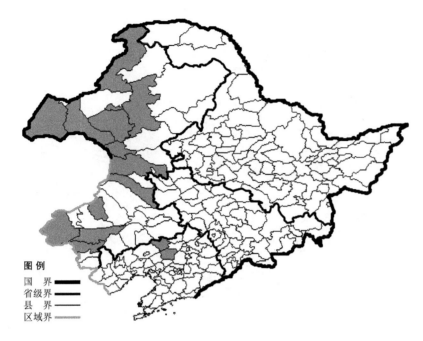

野大麻

Cannabis sativa L. var. **ruderalis** (Janisck.) S. Z. Liou

　　生境：沙丘，干山坡。
　　产地：辽宁省新民、彰武，内蒙古赤峰、克什克腾旗、额尔古纳、鄂温克旗、新巴尔虎左旗、新巴尔虎右旗、科尔沁右翼中旗、巴林左旗、翁牛特旗、海拉尔、牙克石、科尔沁右翼前旗、阿尔山。
　　分布：中国（辽宁、内蒙古），蒙古，俄罗斯（欧洲部分、西部西伯利亚），中亚。

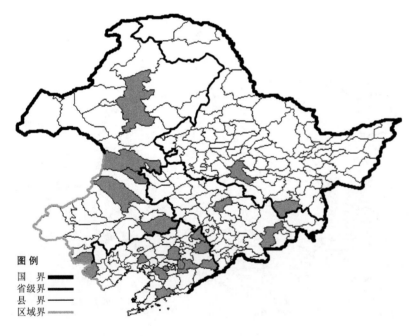

葎草

Humulus scandens (Lour.) Merr.

　　生境：沟旁，路旁，荒地，人家附近，海拔 500 米以下。
　　产地：黑龙江省哈尔滨、宁安，吉林省安图、九台，辽宁省鞍山、北镇、本溪、海城、桓仁、凌源、清原、沈阳、西丰、庄河，内蒙古牙克石、突泉、科尔沁右翼前旗、扎鲁特旗、科尔沁左翼后旗、宁城。
　　分布：中国（黑龙江、吉林、辽宁、内蒙古），朝鲜半岛，日本，俄罗斯（远东地区）。

桑

Morus alba L.

生境：山坡疏林中，海拔 500 米以下。

产地：黑龙江省哈尔滨，吉林省大安、东丰、双辽、和龙、珲春，辽宁省凌源、黑山、彰武、法库、沈阳、辽阳、瓦房店、鞍山、本溪、凤城、宽甸、庄河、大连、长海、桓仁，内蒙古科尔沁左翼后旗、乌兰浩特、科尔沁右翼中旗。

分布：中国（黑龙江、吉林、辽宁、内蒙古），朝鲜半岛，日本，蒙古，俄罗斯（欧洲部分、高加索、远东地区），中亚，土耳其，欧洲。

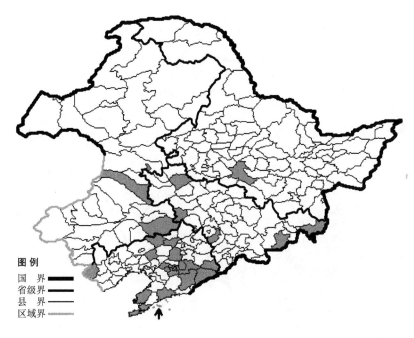

鸡桑

Morus australis Poir.

生境：向阳山坡。

产地：辽宁省本溪、凤城、桓仁、大连、宽甸。

分布：中国（辽宁、河北、陕西、甘肃、山东、安徽、浙江、福建、河南、湖北、江西、湖南、广东、广西、四川、贵州、云南、西藏、台湾），朝鲜半岛，日本，印度，中南半岛，印度尼西亚，不丹，尼泊尔，斯里兰卡。

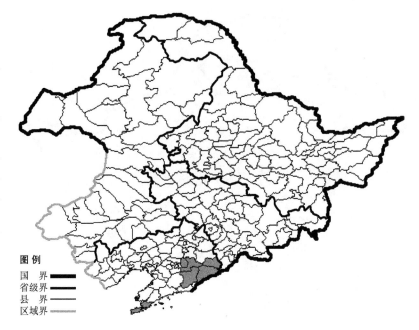

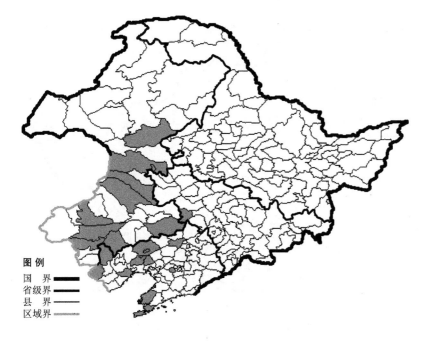

图例
国　界
省级界
县　界
区域界

蒙桑

Morus mongolica (Bureau) Schneid.

生境：向阳山坡，平原，低地。

产地：吉林省双辽，辽宁省凌源、建平、葫芦岛、瓦房店、义县、北镇、鞍山、大连、法库、阜新，内蒙古赤峰、巴林右旗、敖汉旗、翁牛特旗、乌兰浩特、扎鲁特旗、科尔沁左翼后旗、扎兰屯、科尔沁右翼前旗，科尔沁右翼中旗。

分布：中国（吉林、辽宁、内蒙古、河北、山西、陕西、青海、新疆、山东、江苏、河南、湖北、湖南、四川、贵州、云南），朝鲜半岛。

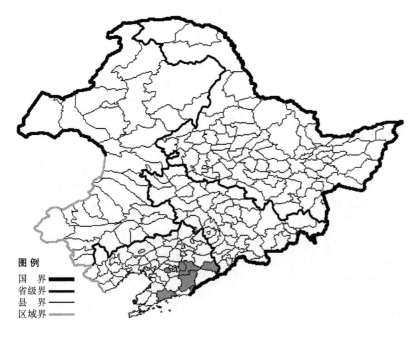

图例
国　界
省级界
县　界
区域界

荨麻科 Urticaceae

细穗苎麻

Boehmeria gracilis C. H. Wright

生境：山坡草地。

产地：辽宁省丹东、庄河、鞍山、本溪、桓仁、凤城。

分布：中国（辽宁、河北、山西、陕西、甘肃、山东、江苏、安徽、浙江、福建、湖北、江西、四川、贵州），朝鲜半岛，日本。

三裂苎麻

Boehmeria silvestris (Pamp.) W. T. Wang

　　生境：路旁，沟旁，林下，海拔
500 米以下。
　　产地：黑龙江省宁安、东宁，吉
林省辉南、和龙，辽宁省新宾、宽甸、
桓仁。
　　分布：中国（黑龙江、吉林、辽
宁、河北、陕西、甘肃、安徽、湖北、
江西、四川），朝鲜半岛，日本。

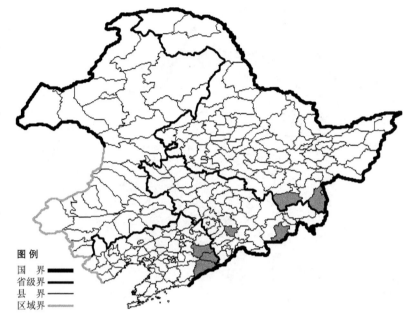

蝎子草

Girardinia cuspidata Wedd.

　　生境：山坡阔叶林下岩石间，石
砬子上，海拔约 450 米。
　　产地：吉林省集安、通化、辉南、
和龙，辽宁省清原、鞍山、凤城、宽甸、
岫岩、朝阳，内蒙古科尔沁右翼前旗、
扎兰屯、科尔沁右翼中旗、扎赉特旗。
　　分布：中国（吉林、辽宁、内蒙
古、河北、陕西、河南），朝鲜半岛，
俄罗斯（远东地区）。

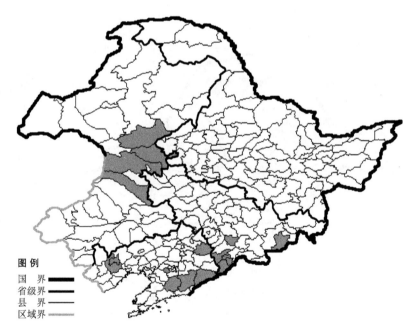

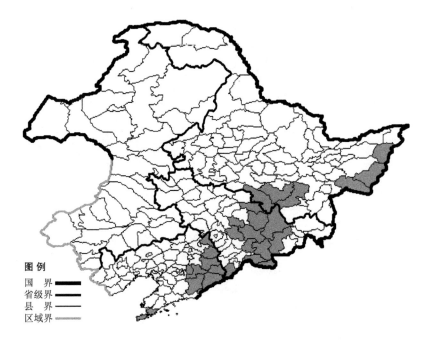

图例
国　界 ▅▅▅
省级界 ▅▅▅
县　界 ▅▅▅
区域界 ▅▅▅

珠芽艾麻

Laportea bulbifera (Sieb. et Zucc.) Wedd.

生境：林下或林缘稍湿地，海拔350-1100米。

产地：黑龙江省尚志、五常、海林、密山、虎林、饶河，吉林省抚松、蛟河、集安、靖宇、敦化、长白、安图、临江、桦甸、磐石、永吉、舒兰，辽宁省凤城、本溪、清原、桓仁、宽甸、新宾、西丰、丹东、大连。

分布：中国（黑龙江、吉林、辽宁、河北、山西、陕西、甘肃、安徽、浙江、福建、河南、湖北、江西、湖南、广东、广西、四川、贵州、云南、西藏），朝鲜半岛，日本，俄罗斯（远东地区），印度，斯里兰卡，印度尼西亚。

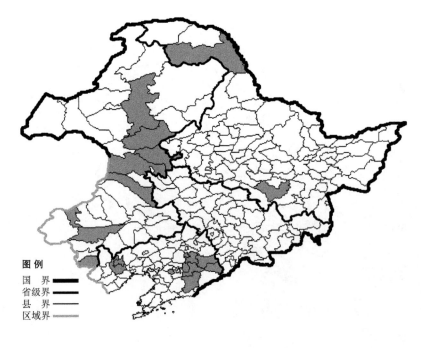

图例
国　界 ▅▅▅
省级界 ▅▅▅
县　界 ▅▅▅
区域界 ▅▅▅

墙草

Parietaria micrantha Ledeb.

生境：石砬子上，岩石下阴湿处，海拔500-1000米。

产地：黑龙江省呼玛、尚志，辽宁省桓仁、朝阳、鞍山、抚顺、本溪、凤城、新宾，内蒙古科尔沁右翼前旗、扎兰屯、牙克石、科尔沁右翼中旗、扎赉特旗、翁牛特旗、宁城、林西。

分布：中国（黑龙江、辽宁、内蒙古、河北、山西、陕西、甘肃、青海、新疆、安徽、湖北、湖南、四川、贵州、云南、台湾），朝鲜半岛，日本，蒙古，俄罗斯（欧洲部分、高加索、西伯利亚），中亚，不丹，尼泊尔，印度，巴基斯坦，欧洲，非洲，大洋洲，南美洲。

荫地冷水花

Pilea hamaoi Makino

　　生境：林下阴湿处石砬子上，海拔 500-800 米。
　　产地：黑龙江省宁安、伊春，吉林省蛟河、安图、珲春，辽宁省宽甸、桓仁、新宾、清原，内蒙古科尔沁左翼后旗。
　　分布：中国（黑龙江、吉林、辽宁、内蒙古、河北），朝鲜半岛，日本。

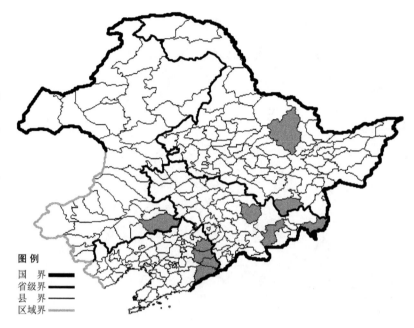

图 例
国　界
省级界
县　界
区域界

山冷水花

Pilea japonica (Maxim.) Hand.-Mazz.

　　生境：山顶石砬子上，多阴山地阔叶林下的苔藓地上。
　　产地：辽宁省本溪、桓仁、新宾、凤城。
　　分布：中国（辽宁、河北），朝鲜半岛，日本，俄罗斯（远东地区）。

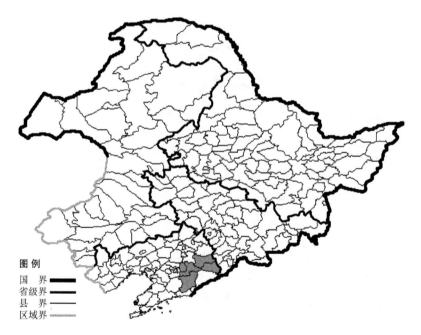

图 例
国　界
省级界
县　界
区域界

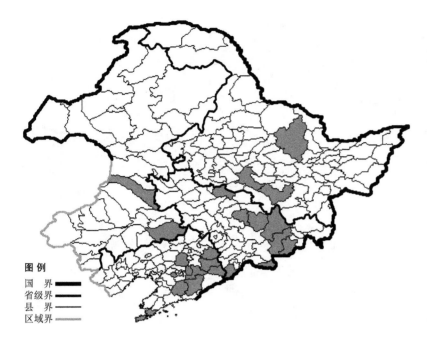

图例
国　界
省级界
县　界
区域界

透茎冷水花

Pilea mongolica Wedd.

生境：林下阴湿处，林缘，林间小路旁，石砬子上，海拔 370-600 米。

产地：黑龙江省尚志、哈尔滨、伊春，吉林省吉林、蛟河、安图、扶余、长白、集安、敦化、和龙，辽宁省沈阳、鞍山、本溪、桓仁、大连、岫岩、新宾、清原、凤城，内蒙古科尔沁左翼后旗、科尔沁右翼中旗。

分布：中国（黑龙江、吉林、辽宁、内蒙古、河北、山西、陕西、甘肃、江苏、安徽、浙江、福建、河南、江西、湖北、湖南、广东、广西），朝鲜半岛，日本，俄罗斯（东部西伯利亚、远东地区）。

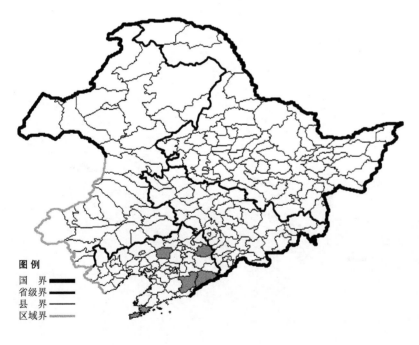

图例
国　界
省级界
县　界
区域界

矮冷水花

Pilea peploides (Gaudich.) Hook. et Arn.

生境：山坡阴湿地，阴湿处岩缝间，苔藓间，河谷湿草甸子踏头上。

产地：辽宁省新民、凤城、宽甸、清原、大连。

分布：中国（辽宁、浙江、福建、江西、湖南、广东、广西、贵州、台湾），朝鲜半岛，日本，俄罗斯（远东地区），印度，印度尼西亚，大洋洲，南美洲。

狭叶荨麻

Urtica angustifolia Fisch. ex Hornem.

生境：灌丛，林下及林缘湿草地，海拔 1000 米以下。

产地：黑龙江省呼玛、塔河、宝清、宁安、哈尔滨、尚志、密山、饶河、伊春、黑河，吉林省抚松、临江、磐石、桦甸、九台、和龙、安图、汪清、珲春，辽宁省沈阳、鞍山、宽甸、桓仁、大连、西丰、凌源、瓦房店、本溪、清原、凤城，内蒙古海拉尔、根河、鄂温克旗、扎兰屯、鄂伦春旗、额尔古纳、巴林右旗、扎鲁特旗、牙克石、扎赉特旗、科尔沁右翼中旗、科尔沁左翼后旗、克什克腾旗、宁城、科尔沁右翼前旗。

分布：中国（黑龙江、吉林、辽宁、内蒙古、河北、山西、青海、山东），朝鲜半岛，日本，蒙古，俄罗斯（东部西伯利亚、远东地区）。

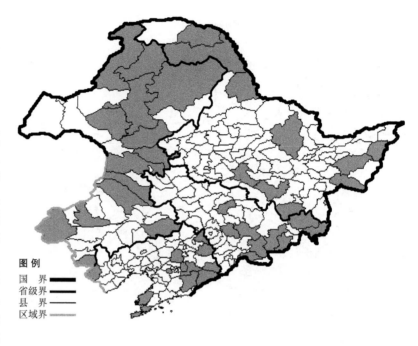

麻叶荨麻

Urtica cannabina L.

生境：干山坡，路旁，海拔约 700 米。

产地：黑龙江省肇东，辽宁省沈阳、北镇，内蒙古海拉尔、牙克石、新巴尔虎右旗、新巴尔虎左旗、额尔古纳、赤峰、鄂伦春旗、扎兰屯、科尔沁右翼中旗、科尔沁右翼前旗、扎赉特旗、科尔沁左翼后旗、扎鲁特旗、通辽、克什克腾旗、宁城、巴林右旗、阿鲁科尔沁旗、翁牛特旗。

分布：中国（黑龙江、辽宁、内蒙古、河北、山西、陕西、甘肃、新疆、四川），蒙古，俄罗斯（欧洲部分、西伯利亚、远东地区），中亚，伊朗，欧洲。

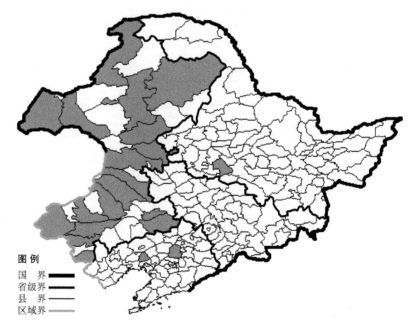

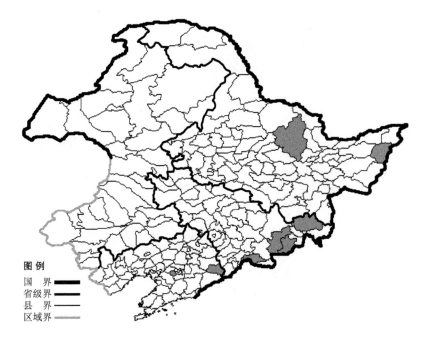

图例
国　界 ▬▬▬
省级界 ▬▬▬
县　界 ▬▬▬
区域界 ▬▬▬

乌苏里荨麻

Urtica cyanescens Kom.

生境：红松阔叶林下，林缘，溪流旁，海拔约 800 米

产地：黑龙江省伊春、饶河，吉林省临江、和龙、安图、汪清，辽宁省鞍山、桓仁。

分布：中国（黑龙江、吉林、辽宁），俄罗斯（远东地区）。

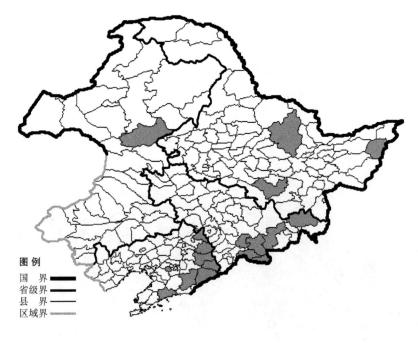

图例
国　界 ▬▬▬
省级界 ▬▬▬
县　界 ▬▬▬
区域界 ▬▬▬

宽叶荨麻

Urtica laetevirens Maxim.

生境：林下阴湿处，石砬子上，林缘，溪流旁，沟谷，海拔 900 米以下。

产地：黑龙江省尚志、饶河、伊春，吉林省临江、安图、汪清、靖宇、长白、抚松，辽宁省清原、西丰、鞍山、新宾、凤城、宽甸、桓仁、庄河，内蒙古扎兰屯。

分布：中国（黑龙江、吉林、辽宁、内蒙古、河北、山西、陕西、甘肃、青海、山东、安徽、河南、湖北、湖南、四川、云南、西藏），朝鲜半岛，日本，俄罗斯（远东地区）。

欧荨麻

Urtica urens L.

　　生境：人家附近，杂草地，路旁。
　　产地：辽宁省清原、桓仁、鞍山。
　　分布：中国（辽宁、青海、新疆、西藏），俄罗斯（欧洲部分、高加索、西伯利亚、远东地区），土耳其，欧洲，非洲。

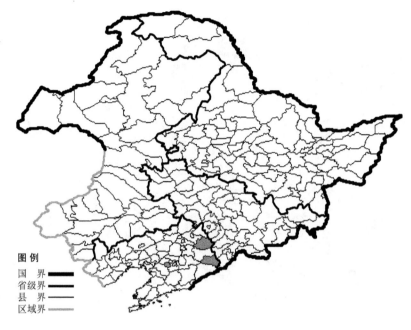

檀香科 Santalaceae

短苞百蕊草

Thesium brevibracteatum Tam.

　　生境：沙丘阳坡，干旱草原，向阳山坡。
　　产地：内蒙古新巴尔虎左旗、科尔沁右翼前旗。
　　分布：中国（内蒙古）。

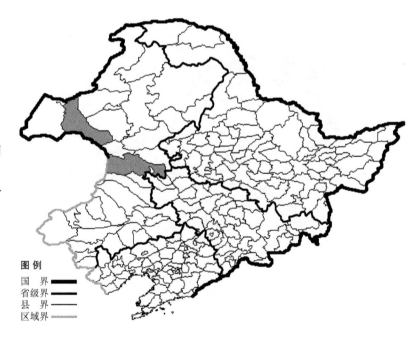

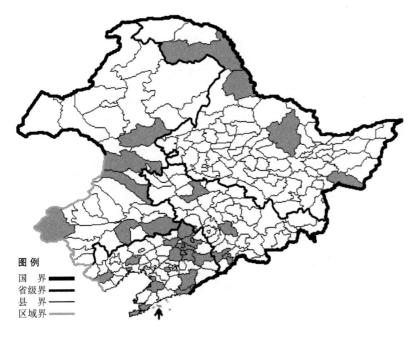

图例
国　界 ▬▬▬
省级界 ▬▬▬
县　界 ▬▬▬
区域界 ▬▬▬

百蕊草

Thesium chinense Turcz.

　　生境：干草地，林缘，山坡灌丛，石砾质地，海拔 500 米以下。

　　产地：黑龙江省伊春、密山、呼玛、黑河，吉林省前郭尔罗斯、通化、磐石，辽宁省沈阳、抚顺、鞍山、法库、营口、凤城、丹东、东港、大连、盖州、长海、昌图、建昌、锦州、义县、开原、新宾、铁岭，内蒙古克什克腾旗、科尔沁左翼后旗、科尔沁右翼前旗、扎兰屯、科尔沁右翼中旗、奈曼旗。

　　分布：中国（黑龙江、吉林、辽宁、内蒙古、河北、山西、陕西、甘肃、江苏、河南、江西、湖北、广东、广西、云南），朝鲜半岛，日本，俄罗斯（东部西伯利亚、远东地区）。

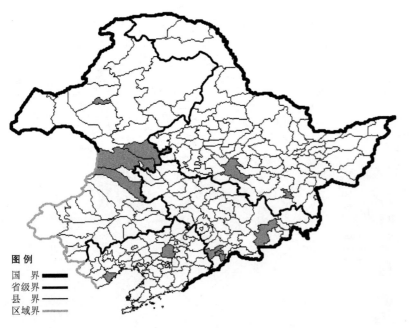

图例
国　界 ▬▬▬
省级界 ▬▬▬
县　界 ▬▬▬
区域界 ▬▬▬

　　长梗百蕊草 Thesium chinense Turcz. f. **longipedunculatum** (Chu) Kitag. 生于干山坡，产于黑龙江省哈尔滨、牡丹江，吉林省安图、通化，辽宁省沈阳、兴城，内蒙古海拉尔、扎赉特旗、科尔沁右翼前旗、科尔沁右翼中旗，分布于中国（黑龙江、吉林、辽宁、内蒙古、山西、广东、四川）。

长叶百蕊草

Thesium longifolium Turcz.

生境：干山坡，沙质草原，草甸，海拔约 600 米。

产地：黑龙江省呼玛、黑河，辽宁省凤城、宽甸，内蒙古根河、额尔古纳、海拉尔、扎兰屯、牙克石、科尔沁左翼后旗、赤峰、敖汉旗、新巴尔虎右旗、巴林右旗、翁牛特旗、科尔沁右翼前旗、扎赉特旗、科尔沁右翼中旗。

分布：中国（黑龙江、辽宁、内蒙古、河北、甘肃、宁夏、江苏、河南、云南），蒙古，俄罗斯（东部西伯利亚）。

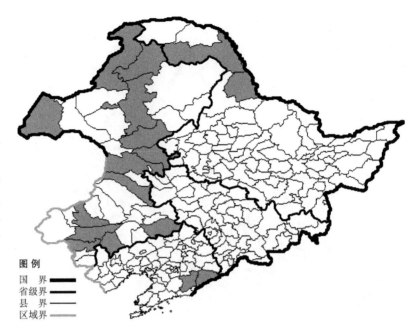

急折百蕊草

Thesium refractum C. A. Mey.

生境：山坡草地，林缘，草甸，海拔 800 米以下。

产地：黑龙江省呼玛、密山，吉林省汪清，辽宁省彰武、建平，内蒙古根河、扎兰屯、克什克腾旗、鄂温克旗、陈巴尔虎旗、新巴尔虎右旗、科尔沁右翼前旗、科尔沁右翼中旗、额尔古纳、扎赉特旗、通辽、扎鲁特旗、科尔沁左翼后旗、喀喇沁旗、克什克腾旗、巴林右旗。

分布：中国（黑龙江、吉林、辽宁、内蒙古、河北、西北、西南），日本，蒙古，俄罗斯（西伯利亚、远东地区）。

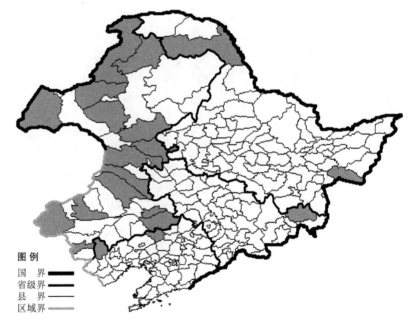

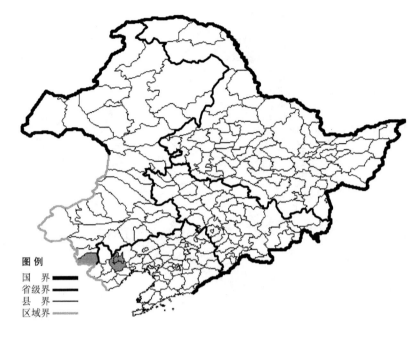

图例
国　界 ▬▬
省级界 ▬▬
县　界 ▬
区域界 ▬▬

桑寄生科 Loranthaceae

北桑寄生

Loranthus tanakae Franch. et Sav.

　　生境：寄生于栎树、桦树、榆树、苹果树等的树枝上。
　　产地：辽宁省朝阳，内蒙古宁城。
　　分布：中国（辽宁、内蒙古、河北、山西、陕西、甘肃、山东、四川），朝鲜半岛，日本。

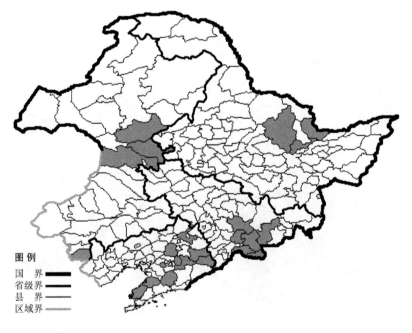

图例
国　界 ▬▬
省级界 ▬▬
县　界 ▬
区域界 ▬▬

槲寄生

Viscum coloratum (Kom.) Nakai

　　生境：寄生于杨树、柳树、梨树、榆树等树枝上，海拔 900 米以下。
　　产地：黑龙江省萝北、伊春、汤原，吉林省桦甸、临江、抚松、靖宇、长白、安图，辽宁省沈阳、鞍山、本溪、岫岩、盖州、开原、新宾、瓦房店、桓仁，内蒙古科尔沁右翼前旗、扎赉特旗、扎兰屯、宁城。
　　分布：中国（黑龙江、吉林、辽宁、内蒙古、陕西、甘肃、青海、江苏、湖北、湖南、四川、云南、台湾），朝鲜半岛，日本，俄罗斯（远东地区）。

蓼科 Polygonaceae

兴安木蓼

Atraphaxis frutesens (L.) C. Koch

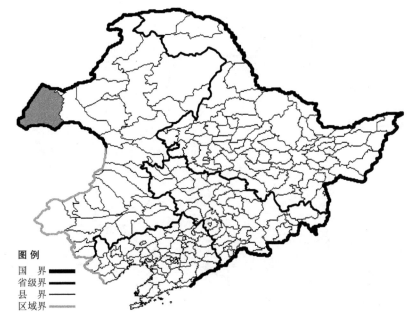

生境：沙丘。

产地：内蒙古新巴尔虎右旗。

分布：中国（内蒙古、甘肃、青海、宁夏、新疆），蒙古，俄罗斯（欧洲部分、高加索、西伯利亚），中亚。

木蓼

Atraphaxis manshurica Kitag.

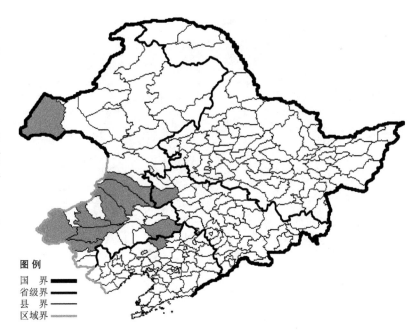

生境：干旱地区山坡，沙丘。

产地：吉林省通榆，辽宁省彰武，内蒙古新巴尔虎右旗、科尔沁右翼中旗、扎鲁特旗、科尔沁左翼后旗、阿鲁科尔沁旗、赤峰、巴林右旗、克什克腾旗、翁牛特旗。

分布：中国（吉林、辽宁、内蒙古、河北、陕西、宁夏）。

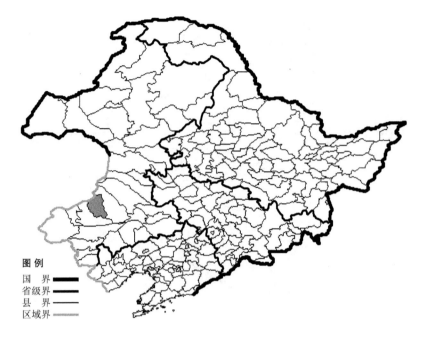

锐枝木蓼

Atraphaxis pungens (Bieb.) Jaub. et Spach.

生境：干旱地区石砾质山坡，河谷沙滩。

产地：内蒙古巴林左旗。

分布：中国（内蒙古、甘肃、宁夏、青海、新疆），蒙古，俄罗斯（西伯利亚）。

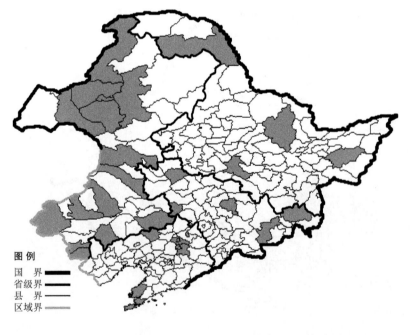

卷茎蓼

Fallopia convolvulus (L.) A. Love

生境：沟旁，湿草地，耕地旁，海拔 700 米以下。

产地：黑龙江省伊春、哈尔滨、呼玛、宝清，吉林省安图、吉林、双辽、大安、汪清，辽宁省彰武、铁岭、抚顺、瓦房店、大连，内蒙古额尔古纳、牙克石、海拉尔、陈巴尔虎旗、鄂温克旗、喀喇沁旗、宁城、敖汉旗、新巴尔虎左旗、巴林右旗、克什克腾旗、阿鲁科尔沁旗、科尔沁左翼后旗、科尔沁右翼前旗、科尔沁右翼中旗。

分布：中国（黑龙江、吉林、辽宁、内蒙古、河北、新疆、山东、江苏、安徽、湖北、四川、贵州、云南、西藏、台湾），朝鲜半岛，日本，蒙古，俄罗斯（欧洲部分、高加索、西伯利亚、远东地区），中亚，伊朗，阿富汗，巴基斯坦，印度，菲律宾，欧洲，非洲，北美洲。

齿翅蓼

Fallopia dentato-alata (Fr. Schmidt) Holub

生境：河边，荒地，耕地旁，海拔 500 米以下。

产地：黑龙江省尚志、哈尔滨、黑河、饶河、宁安，吉林省前郭尔罗斯、珲春、和龙、安图、长白、集安，辽宁省凌源、西丰、沈阳、清原、抚顺、本溪、桓仁、凤城、岫岩、庄河、鞍山、海城、营口、大连，内蒙古宁城、敖汉旗。

分布：中国（黑龙江、吉林、辽宁、内蒙古、河北、陕西、甘肃、青海、江苏、安徽、河南、湖北、四川、贵州、云南），朝鲜半岛，日本，俄罗斯（远东地区），南亚。

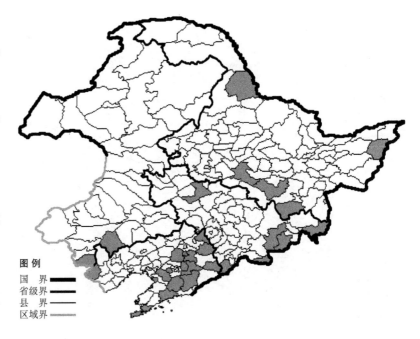

篱蓼

Fallopia dumetosa (L.) Holub

生境：田间，河边沙地，灌丛，海拔 700 米以下。

产地：黑龙江省饶河、伊春、密山，吉林省敦化、吉林、长白，辽宁省凌源、本溪、大连。

分布：中国（黑龙江、吉林、辽宁、河北、新疆、山东、江苏），朝鲜半岛，日本，蒙古，俄罗斯（欧洲部分、高加索、西伯利亚、远东地区），哈萨克斯坦，土耳其，伊朗，欧洲。

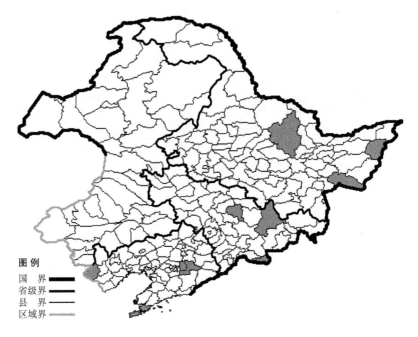

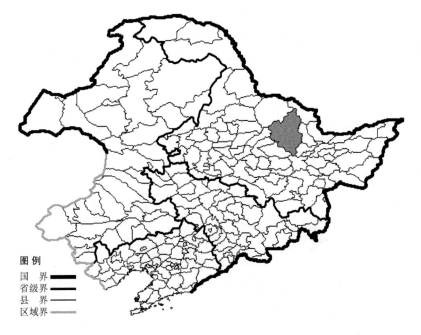

疏花蓼

Fallopia pauciflorum (Maxim.) Kitag.

生境：路旁，河边，海拔约 400 米。

产地：黑龙江省伊春。

分布：中国（黑龙江），朝鲜半岛，俄罗斯（远东地区）。

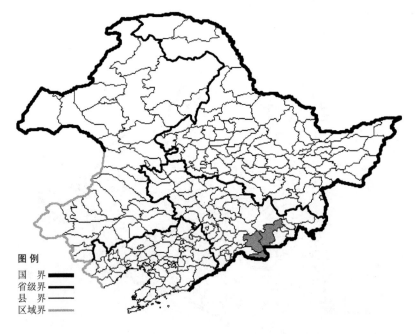

肾叶高山蓼

Oxyria digyna (L.) Hill

生境：高山冻原，海拔 1700-2600 米。

产地：吉林省长白、抚松、安图。

分布：中国（吉林、陕西、青海、新疆、四川、云南、西藏），朝鲜半岛，日本，蒙古，俄罗斯（北极带、西伯利亚、远东地区），欧洲，北美洲。

兴安蓼

Polygonum ajanense (Nakai) Grig.

生境：山顶部岩石上，海拔 2100-2400 米（长白山）。

产地：黑龙江省呼玛，吉林省安图、长白，内蒙古牙克石、额尔古纳、根河。

分布：中国（黑龙江、吉林、内蒙古），朝鲜半岛，日本，俄罗斯（东部西伯利亚、远东地区）。

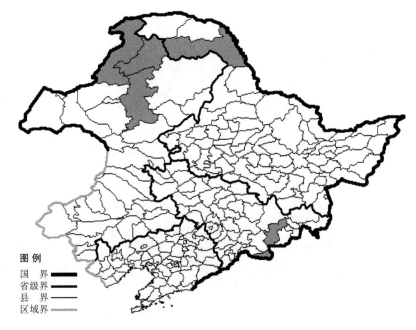

狐尾蓼

Polygonum alopecuroides Turcz. ex Bess.

生境：山坡草地，湿草地，踏头甸子，海拔 1800 米以下。

产地：黑龙江省北安、黑河、鹤岗、呼玛、集贤、哈尔滨，吉林省安图，辽宁省法库、阜新，内蒙古额尔古纳、扎鲁特旗、牙克石、阿鲁科尔沁旗、巴林右旗、克什克腾旗、敖汉旗、赤峰、宁城、鄂温克旗、科尔沁右翼前旗、阿荣旗、扎兰屯、陈巴尔虎旗。

分布：中国（黑龙江、吉林、辽宁、内蒙古），朝鲜半岛，俄罗斯（西伯利亚、远东地区）。

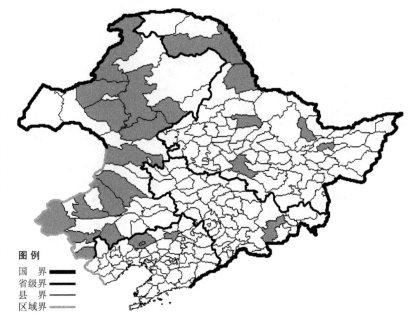

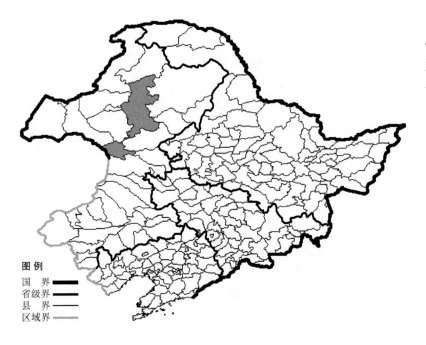

毛狐尾蓼 Polygonum alopecuroides
Turcz. ex Bess. f. **pilosum** C. F. Fang 生于草甸，产于内蒙古牙克石、阿尔山，分布于中国（内蒙古）。

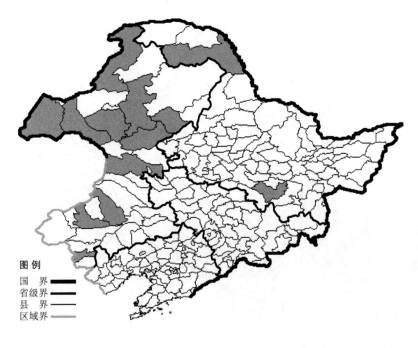

高山蓼

Polygonum alpinum All.

生境：草甸，草原，灌丛。

产地：黑龙江省呼玛、尚志，内蒙古科尔沁右翼前旗、新巴尔虎左旗、新巴尔虎右旗、额尔古纳、牙克石、扎兰屯、鄂温克旗、巴林右旗、阿荣旗、阿鲁科尔沁旗、喀喇沁旗。

分布：中国（黑龙江、内蒙古），蒙古，俄罗斯（欧洲部分、西伯利亚、远东地区），中亚，欧洲。

两栖蓼

Polygonum amphibium L.

　　生境：河边，湖边，池沼边湿地，低湿地，田间，海拔 700 米以下。

　　产地：黑龙江省萝北、宁安、密山、哈尔滨、杜尔伯特，吉林省安图、洮南、镇赉、双辽、长白、抚松、敦化、和龙，辽宁省沈阳、凌源、彰武、北镇，内蒙古新巴尔虎右旗、新巴尔虎左旗、海拉尔、扎赉特旗。

　　分布：中国（黑龙江、吉林、辽宁、内蒙古、河北、山西、陕西、山东、湖北、云南），朝鲜半岛，日本，蒙古，俄罗斯（欧洲部分、高加索、西伯利亚、远东地区），中亚，土耳其，伊朗，印度，欧洲，北美洲。

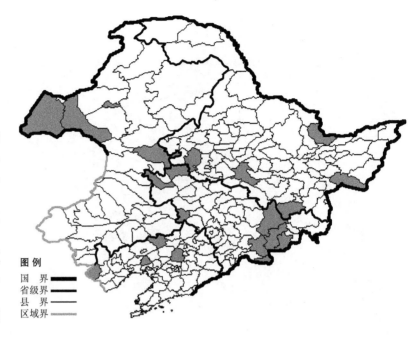

细叶蓼

Polygonum angustifolium Pall.

　　生境：草原或森林附近的干山坡，海拔 500-800 米。

　　产地：内蒙古海拉尔、满洲里、牙克石、额尔古纳、科尔沁右翼前旗、乌兰浩特、阿鲁科尔沁旗、巴林右旗、克什克腾旗、翁牛特旗、赤峰。

　　分布：中国（内蒙古），蒙古，俄罗斯（东部西伯利亚、远东地区）。

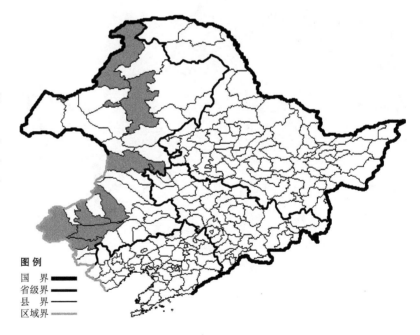

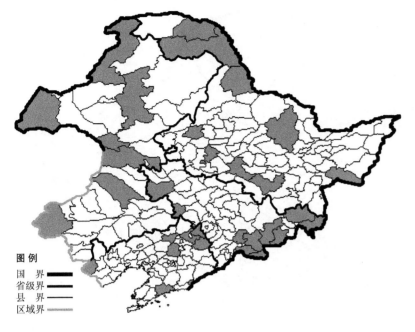

图例
国　界 ━━━
省级界 ━━━
县　界 ───
区域界 ﹍﹍

扁蓄蓼

Polygonum aviculare L.

生境：荒地，路旁，河边沙地，海拔 600 米以下。

产地：黑龙江省塔河、黑河、富裕、尚志、呼玛、伊春、哈尔滨、密山、安达，吉林省双辽、通榆、安图、和龙、汪清、珲春、抚松、靖宇、临江、长白，辽宁省庄河、清原、沈阳、西丰、开原、法库、丹东、凌源，内蒙古额尔古纳、牙克石、科尔沁右翼前旗、阿尔山、新巴尔虎右旗、扎鲁特旗、克什克腾旗。

分布：中国（全国各地），遍布北半球温带地区。

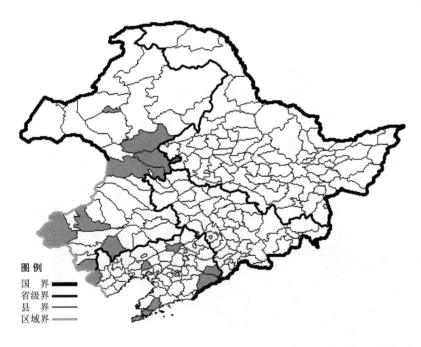

图例
国　界 ━━━
省级界 ━━━
县　界 ───
区域界 ﹍﹍

拳参

Polygonum bistorta L.

生境：山坡草地，海拔 800 米以下。

产地：辽宁省凌源、北镇、法库、普兰店、大连、桓仁、宽甸，内蒙古扎兰屯、海拉尔、科尔沁右翼前旗、扎赉特旗、巴林右旗、宁城、克什克腾旗、敖汉旗。

分布：中国（辽宁、内蒙古、陕西、宁夏、甘肃、山东、江苏、安徽、浙江、湖北、河南、江西、湖南），蒙古，朝鲜半岛，日本，哈萨克斯坦，俄罗斯（欧洲部分、西伯利亚、远东地区），欧洲。

本氏蓼

Polygonum bungeanum Turcz.

生境：沙地，路旁湿草地，水边湿草地，海拔 200 米以下。

产地：黑龙江省集贤、萝北、哈尔滨、尚志、伊春、安达、泰来，吉林省洮南、汪清，辽宁省彰武、葫芦岛、北镇、新民、沈阳、抚顺、西丰、大连、桓仁、长海、辽阳、盖州、盘山，内蒙古通辽、科尔沁左翼后旗、扎兰屯、海拉尔、鄂温克旗、扎赉特旗、喀喇沁旗。

分布：中国（黑龙江、吉林、辽宁、内蒙古、河北、山西、甘肃、山东、江苏），朝鲜半岛，俄罗斯（远东地区）。

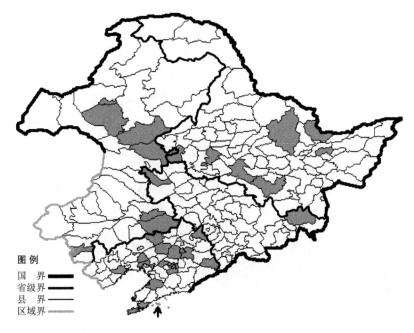

伏地蓼

Polygonum calcatum Lindm.

生境：河边沙地，草原沙丘，林区路旁。

产地：黑龙江省哈尔滨、尚志，吉林省长春，辽宁省沈阳。

分布：中国（黑龙江、吉林、辽宁），日本，俄罗斯（欧洲部分、西伯利亚、远东地区），欧洲。

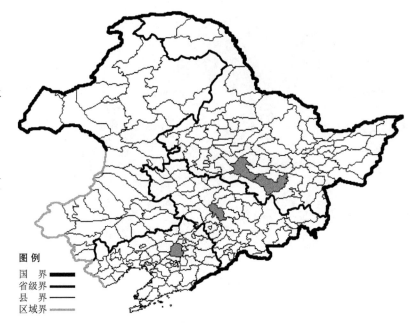

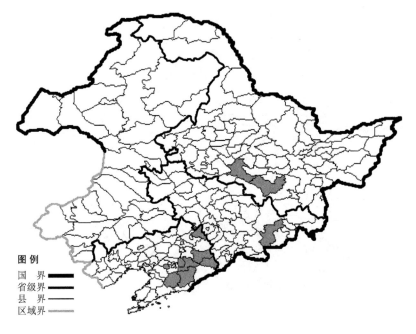

图例
国　界 ▬▬
省级界 ▬▬
县　界 ▬▬
区域界 ▬▬

稀花蓼

Polygonum dissitiflorum Hemsl.

　　生境：河边，林下阴湿地，海拔600 米以下。
　　产地：黑龙江省尚志、哈尔滨，吉林省安图，辽宁省西丰、桓仁、本溪、岫岩、新宾、凤城、鞍山。
　　分布：中国（黑龙江、吉林、辽宁、河北、山西、陕西、甘肃、浙江、河南、湖北、湖南、四川、贵州），朝鲜半岛，俄罗斯（远东地区）。

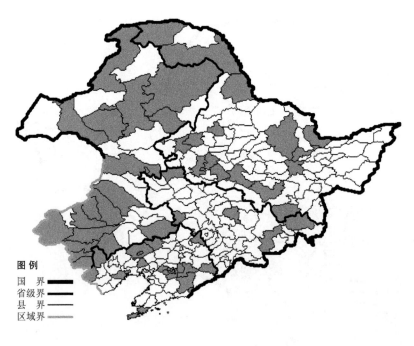

图例
国　界 ▬▬
省级界 ▬▬
县　界 ▬▬
区域界 ▬▬

分叉蓼

Polygonum divaricatum L.

　　生境：山坡草地 海拔 1200 米以下。
　　产地：黑龙江省大庆、肇东、黑河、克山、伊春、萝北、哈尔滨、安达、漠河、宁安、尚志、齐齐哈尔、依兰、汤原、富裕、呼玛，吉林省镇赉、双辽、吉林、汪清、安图，辽宁省凌源、建平、葫芦岛、锦州、彰武、阜新、丹东、凤城、北镇、西丰、辽阳、鞍山、大连、桓仁、本溪，内蒙古鄂温克旗、牙克石、海拉尔、满洲里、额尔古纳、鄂伦春旗、科尔沁右翼前旗、赤峰、敖汉旗、喀喇沁旗、宁城、翁牛特旗、乌兰浩特、克什克腾旗、巴林右旗、巴林左旗、阿鲁科尔沁旗、阿荣旗、新巴尔虎左旗、扎鲁特旗、科尔沁左翼后旗。
　　分布：中国（黑龙江、吉林、辽宁、内蒙古、河北、山西、山东），朝鲜半岛，蒙古，俄罗斯（东部西伯利亚、远东地区）。

多叶蓼

Polygonum foliosum H. Lindberg

生境：浅滩，河边，湖边，海拔
300 米以下。

产地：黑龙江省萝北。

分布：中国（黑龙江），朝鲜半岛，
俄罗斯（欧洲部分、西部西伯利亚、
远东地区），欧洲。

宽基多叶蓼 Polygonum foliosum
H. Lindberg var. **paludicola** (Makino)
Kitam. 生于沟边、水边、湿地，产于
黑龙江省萝北、桦川，吉林省安图、
蛟河，分布于中国（黑龙江、吉林、
江苏、安徽），日本。

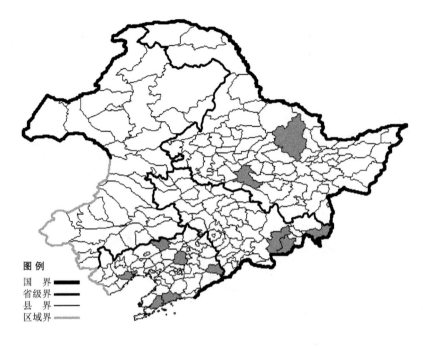

褐鞘蓼

Polygonum fusco-ochreatum Kom.

生境：山坡草地，路旁。

产地：黑龙江省伊春、哈尔滨，吉林省安图、和龙、珲春，辽宁省沈阳、彰武、葫芦岛、锦州、桓仁、普兰店、庄河。

分布：中国（黑龙江、吉林、辽宁），朝鲜半岛，俄罗斯（远东地区）。

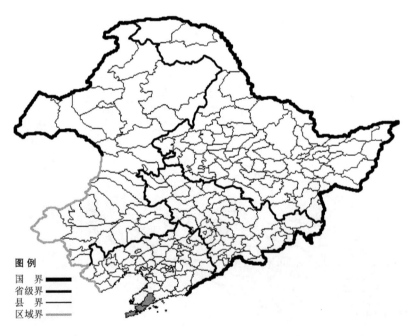

　　直立褐鞘蓼 Polygonum fusco-ochreatum Kom. f. **stans** (Kitag.) C. F. Fang 生于海边，产于辽宁省普兰店、大连，分布于中国（辽宁），朝鲜半岛。

碱蓼

Polygonum gracilius (Ledeb.) Klok.

生境：碱性草原，海拔 200 米以下。

产地：黑龙江省哈尔滨、肇东、杜尔伯特。

分布：中国（黑龙江、新疆），蒙古，俄罗斯（欧洲部分、西伯利亚），哈萨克斯坦。

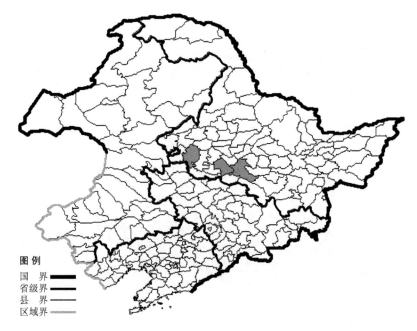

普通蓼

Polygonum humifusum Pall. ex Ledeb.

生境：荒地，路旁，沟边湿草地，海拔 500 米以下。

产地：黑龙江省杜尔伯特、哈尔滨、鸡东、伊春，吉林省吉林、镇赉、双辽、安图、和龙、抚松，辽宁省西丰、沈阳、盖州、桓仁、法库、建平、建昌、葫芦岛、彰武、抚顺、新宾、营口、丹东、庄河、大连，内蒙古海拉尔、新巴尔虎左旗、新巴尔虎右旗、科尔沁右翼前旗、宁城。

分布：中国（黑龙江、吉林、辽宁、内蒙古、河北），朝鲜半岛，俄罗斯（东部西伯利亚、远东地区）。

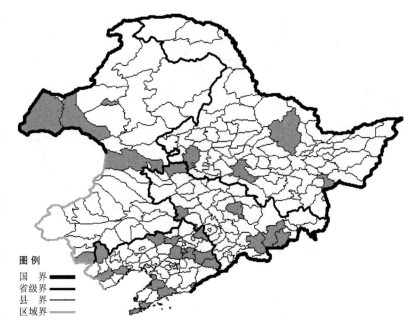

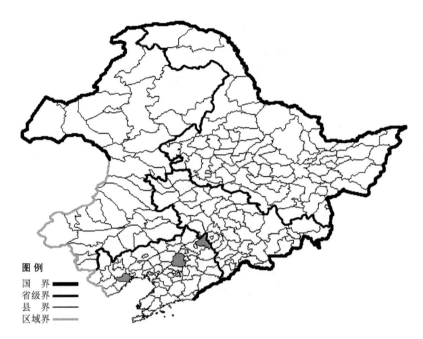

小被普通蓼 Polygonum humifusum
Pall. ex DC. f. **yamatutae** (Kitag.) C. F.
Fang 生于田间、耕地旁、路旁，产
于辽宁省西丰、沈阳、葫芦岛，分布
于中国（辽宁）。

图例
国　界 ▬▬▬
省级界 ▬▬▬
县　界 ───
区域界 ━━━

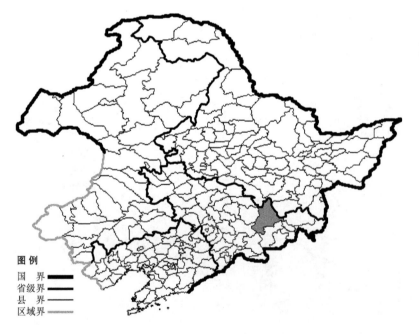

矮蓼

Polygonum kirinense Chang et Li

生境：湿草甸。
产地：吉林省敦化。
分布：中国（吉林）。

图例
国　界 ▬▬▬
省级界 ▬▬▬
县　界 ───
区域界 ━━━

水蓼

Polygonum hydropiper L.

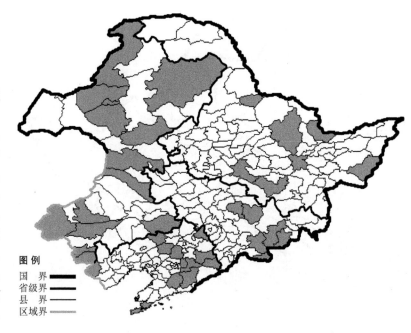

生境：水边，路旁湿草地，海拔
1100 米以下。

产地：黑龙江省哈尔滨、尚志、
虎林、萝北、孙吴、伊春、依兰，吉
林省安图、蛟河、吉林、和龙、抚松、
长白，辽宁省凌源、彰武、西丰、新民、
沈阳、新宾、本溪、岫岩、凤城、桓仁、
大连，内蒙古额尔古纳、宁城、科尔
沁左翼后旗、陈巴尔虎旗、鄂温克旗、
海拉尔、科尔沁右翼中旗、扎兰屯、
鄂伦春旗、翁牛特旗、科尔沁右翼前
旗、巴林右旗、克什克腾旗、喀喇沁旗。

分布：中国（黑龙江、吉林、辽宁、
内蒙古、河北、山西、陕西、甘肃、江苏、浙江、福建、河南、湖北、广东、广西、云南、西藏），朝鲜半岛，
日本，俄罗斯（欧洲部分、高加索、西伯利亚、远东地区），中亚，土耳其，伊朗，印度，印度尼西亚，欧洲，
北美洲。

狭叶水蓼 Polygonum hydropiper
L. var. **angustifolium** A. Br. 生于山坡
草地，产于吉林省蛟河、安图、和龙，
分布于中国（吉林）。

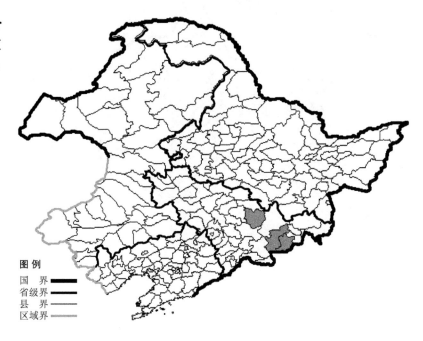

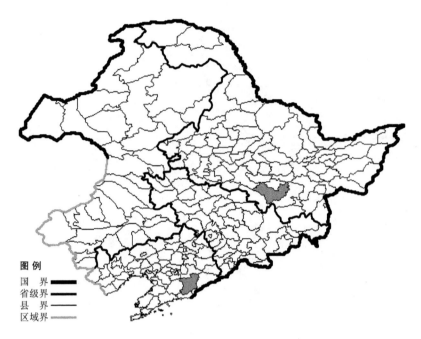

长穗水蓼 Polygonum hydropiper
L. var. longistachyum Chang et Li 生于草地，产于黑龙江省尚志，辽宁省凤城，分布于中国（黑龙江、辽宁）。

图例
国　界 ▬▬▬
省级界 ▬▬
县　界 ▬
区域界 ▬

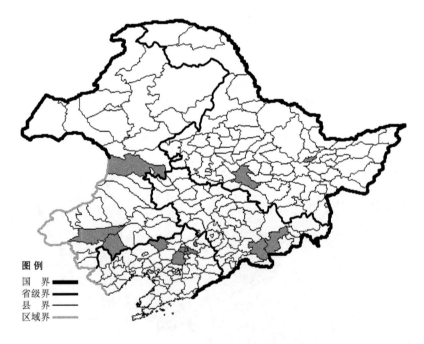

朝鲜蓼

Polygonum koreense Nakai

生境：水边湿草地，海拔 500 米以下。

产地：黑龙江省哈尔滨、佳木斯，吉林省安图、抚松，辽宁省铁岭、彰武、沈阳，内蒙古科尔沁右翼前旗、翁牛特旗、敖汉旗。

分布：中国（黑龙江、吉林、辽宁、内蒙古、河北、山西），朝鲜半岛。

图例
国　界 ▬▬▬
省级界 ▬▬
县　界 ▬
区域界 ▬

绿花被朝鲜蓼 Polygonum koreense
Nakai f. **viridiflorum** Li et Chang 生于
湿草地，海拔 100 米以下，产于辽宁
省沈阳，分布于中国（辽宁）。

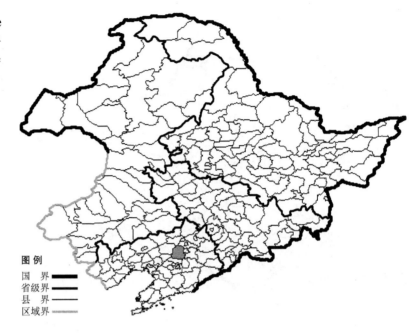

乌苏里蓼

Polygonum korshinskianum Nakai

　　生境：水边湿草地。
　　产地：黑龙江省伊春、密山，吉
林省蛟河，辽宁省彰武、盖州。
　　分布：中国（黑龙江、吉林、辽
宁），朝鲜半岛，俄罗斯（远东地区）。

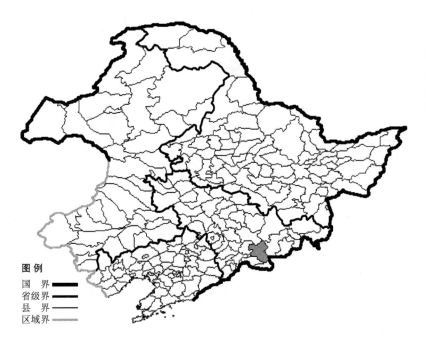

图例
国　界 ▬▬
省级界 ══
县　界 ──
区域界 ──

细叶乌苏里蓼 **Polygonum korshinskianum** Nakai var. **baischanense** (Chang et Li) C. F. Fang 生于水湿地，海拔约 900 米，产于吉林省抚松，分布于中国（吉林）。

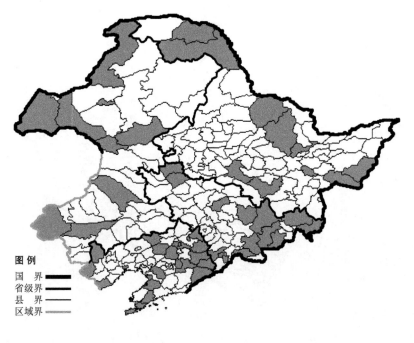

图例
国　界 ▬▬
省级界 ══
县　界 ──
区域界 ──

酸模叶蓼

Polygonum lapathifolium L.

生境：荒地，沟旁，湿草地，海拔 800 米以下。

产地：黑龙江省汤原、伊春、尚志、塔河、呼玛、勃利、虎林、密山、哈尔滨、逊克，吉林省安图、珲春、和龙、镇赉、九台、大安、敦化、蛟河、临江、抚松、通化、汪清，辽宁省西丰、铁岭、新宾、海城、营口、大连、普兰店、凌源、建平、沈阳、本溪、宽甸、桓仁、清原、绥中、彰武、锦州、盖州、新民，内蒙古额尔古纳、新巴尔虎右旗、新巴尔虎左旗、扎兰屯、阿尔山、扎鲁特旗、克什克腾旗、海拉尔、翁牛特旗。

分布：中国（黑龙江、吉林、辽宁、内蒙古、河北、山西、山东、安徽、湖北、广东、西藏），朝鲜半岛，日本，蒙古，俄罗斯（欧洲部分、高加索、西伯利亚、远东地区），土耳其，伊朗，南亚，欧洲，北美洲。

白山蓼

Polygonum laxmanni Lepech.

生境：高山冻原，山坡草地，海拔约 1700 米（长白山）。

产地：吉林省安图，内蒙古克什克腾旗、额尔古纳、海拉尔。

分布：中国（吉林、内蒙古），朝鲜半岛，俄罗斯（北极带、西伯利亚、远东地区）。

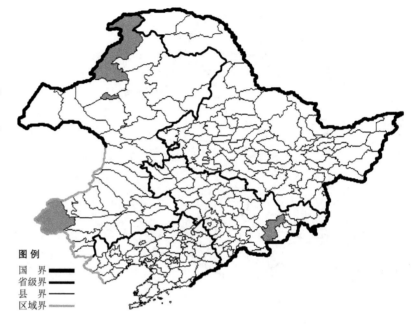

辽东蓼

Polygonum liaotungense Kitag.

生境：海边沙地。

产地：辽宁省丹东。

分布：中国（辽宁），朝鲜半岛，俄罗斯（远东地区）。

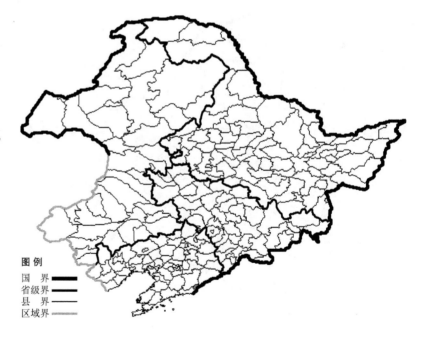

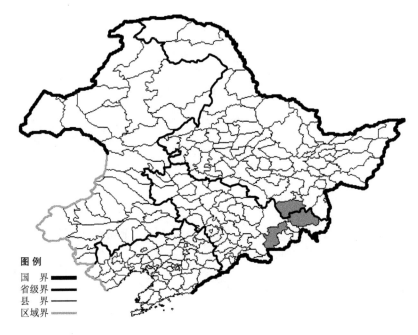

谷地蓼

Polygonum limosum Kom.

生境：河边，河谷，海拔 400 米以下。

产地：黑龙江省宁安，吉林省汪清、安图。

分布：中国（黑龙江、吉林），朝鲜半岛，俄罗斯（远东地区）。

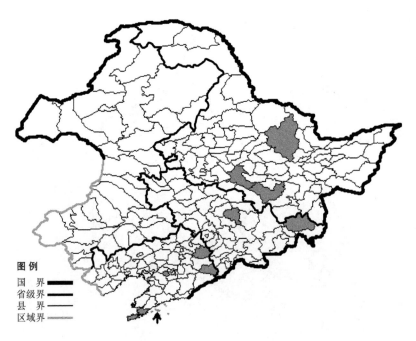

假长尾叶蓼

Polygonum longisetum De Bruyn

生境：山坡草地。

产地：黑龙江省尚志、哈尔滨、伊春，吉林省汪清、吉林，辽宁省清原、桓仁、鞍山、大连、长海。

分布：中国（黑龙江、吉林、辽宁、河北、山西、陕西、甘肃、江苏、浙江、福建、河南、湖北、湖南、广东、四川、贵州、云南），朝鲜半岛，日本，菲律宾，马来西亚，印度尼西亚，缅甸，印度。

马氏蓼

Polygonum maackianum Regel

　　生境：水边湿草地，海拔 300 米以下。

　　产地：黑龙江省萝北、哈尔滨，吉林省梨树、蛟河、敦化、珲春，辽宁省彰武、沈阳、庄河、鞍山、盖州，内蒙古科尔沁右翼前旗、扎赉特旗。

　　分布：中国（黑龙江、吉林、辽宁、内蒙古、河北、山东、江苏、安徽、浙江、四川、贵州、云南、台湾），朝鲜半岛，日本，俄罗斯（远东地区）。

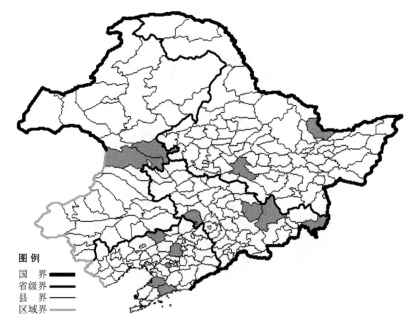

中轴蓼

Polygonum makinoi Nakai

　　生境：沟边，湿地，河边灌丛。

　　产地：辽宁省丹东。

　　分布：中国（辽宁、河北、江苏、安徽、湖北、江西、四川、贵州），朝鲜半岛，日本，俄罗斯（远东地区）。

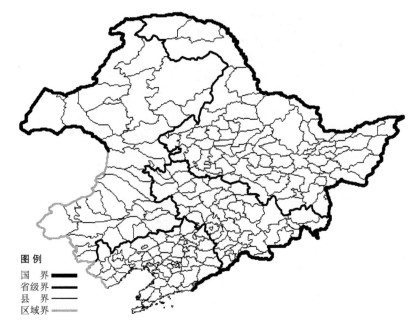

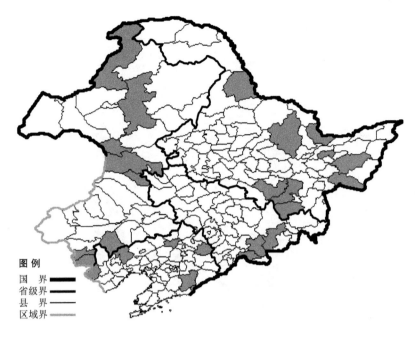

图例
国　界 ▬▬▬
省级界 ▬▬▬
县　界 ▬▬▬
区域界 ▬▬▬

耳叶蓼

Polygonum manshuriense V. Petr. ex Kom.

生境：山坡草地，沟边，湿草地，海拔 500-1500 米。

产地：黑龙江省伊春、尚志、密山、集贤、海林、萝北、宁安、宝清、黑河，吉林省临江、抚松、安图，辽宁省凤城、丹东、凌源、法库、北票、清原，内蒙古牙克石、额尔古纳、宁城、科尔沁右翼前旗、阿尔山、突泉、喀喇沁旗、敖汉旗。

分布：中国（黑龙江、吉林、辽宁、内蒙古），朝鲜半岛，俄罗斯（远东地区）。

`

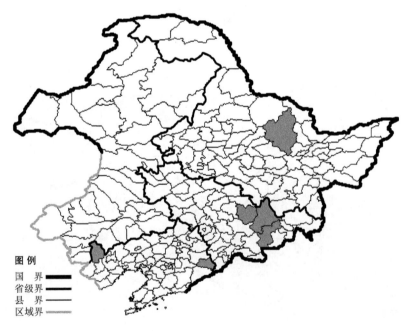

图例
国　界 ▬▬▬
省级界 ▬▬▬
县　界 ▬▬▬
区域界 ▬▬▬

小蓼

Polygonum minus Huds.

生境：河边，湖边，江边，水中浅滩，海拔 800 米以下。

产地：黑龙江省伊春，吉林省敦化、蛟河、安图，辽宁省建平、桓仁。

分布：中国（黑龙江、吉林、辽宁、河北、山西、新疆、台湾），朝鲜半岛，日本，俄罗斯（欧洲部分、高加索、西伯利亚、远东地区），中亚，土耳其，欧洲。

异叶蓼

Polygonum monspetiense Thieb. ex Pers.

生境：路旁，海拔 600 米以下。

产地：黑龙江省塔河、呼玛、哈尔滨，吉林省吉林，辽宁省法库、西丰、长海，内蒙古新巴尔虎右旗、克什克腾旗、牙克石、额尔古纳、海拉尔、鄂温克旗、科尔沁右翼前旗。

分布：中国（黑龙江、吉林、辽宁、内蒙古、西藏），朝鲜半岛，俄罗斯（欧洲部分、高加索、西伯利亚、远东地区），中亚。

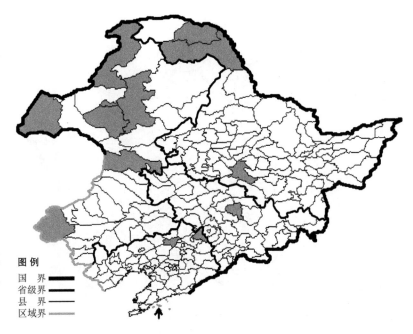

头状蓼

Polygonum nepalense Meisn.

生境：水边湿草地，海拔 1100 米以下。

产地：黑龙江省尚志，吉林省抚松、蛟河、安图、长白，辽宁省宽甸、桓仁、本溪、凤城、庄河、岫岩、大连、普兰店、清原，内蒙古突泉、巴林右旗、宁城。

分布：中国（黑龙江、吉林、辽宁、内蒙古、河北、山西、陕西、甘肃、江苏、安徽、浙江、福建、广东、四川、云南），朝鲜半岛，日本，俄罗斯（远东地区），中亚，伊朗，南亚，非洲。

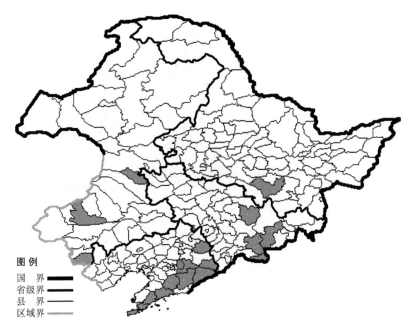

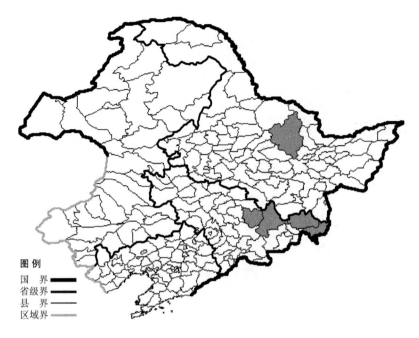

水湿蓼

Polygonum nipponense Makino

　　生境：水边湿草地。
　　产地：黑龙江省伊春，吉林省蛟河、敦化、汪清、珲春。
　　分布：中国（黑龙江、吉林），朝鲜半岛，日本，俄罗斯（远东地区）。

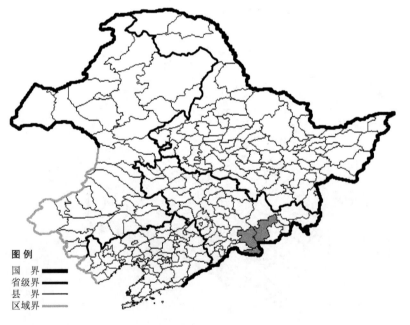

倒根蓼

Polygonum ochotense V. Petr. ex Kom.

　　生境：高山冻原，海拔 2300-2600 米。
　　产地：吉林省长白、抚松、安图。
　　分布：中国（吉林），朝鲜半岛，俄罗斯（远东地区）。

东方蓼

Polygonum orientale L.

　生境：荒地，沟边，常成片生长，海拔 500 米以下。

　产地：黑龙江省呼玛、尚志、牡丹江、密山、齐齐哈尔、哈尔滨、虎林，吉林省安图、和龙、珲春、通榆、抚松、靖宇、长白、临江、吉林，辽宁省西丰、铁岭、北镇、新民、沈阳、新宾、凤城、丹东、盖州、桓仁、普兰店、营口、大连、抚顺、辽阳，内蒙古科尔沁左翼后旗、科尔沁右翼前旗、敖汉旗。

　分布：中国（黑龙江、吉林、辽宁、内蒙古、河北、陕西、新疆、江苏、广东、云南），朝鲜半岛，日本，俄罗斯（欧洲部分、高加索、远东地区），中亚，菲律宾，印度，欧洲，大洋洲。

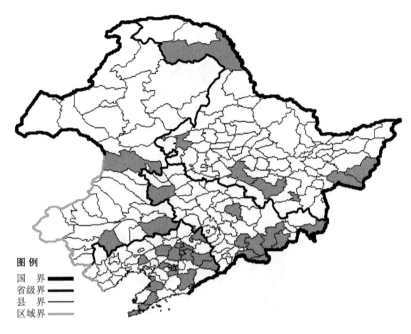

太平洋蓼

Polygonum pacificum V. Petr. ex Kom.

　生境：山沟林缘湿草地，山坡，海拔 600 米以下。

　产地：黑龙江省尚志、伊春、穆棱、宁安，吉林汪清、敦化，辽宁省喀左、本溪、桓仁、宽甸，内蒙古宁城、翁牛特旗。

　分布：中国（黑龙江、吉林、辽宁、内蒙古、河北），朝鲜半岛，俄罗斯（远东地区）。

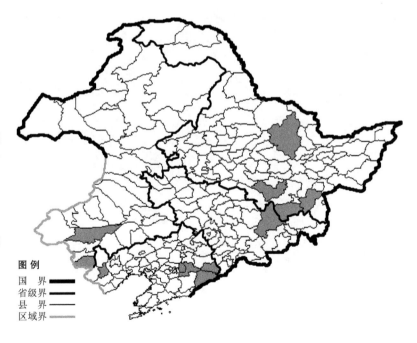

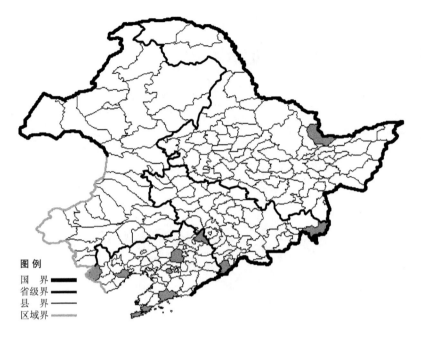

图 例
国　界
省级界
县　界
区域界

沼地蓼

Polygonum paludosum Kom.

　　生境：河边，沼泽。
　　产地：黑龙江省萝北，吉林省集安、珲春，辽宁省凌源、葫芦岛、沈阳、西丰、鞍山、庄河、大连。
　　分布：中国（黑龙江、吉林、辽宁），朝鲜半岛，俄罗斯（远东地区）。

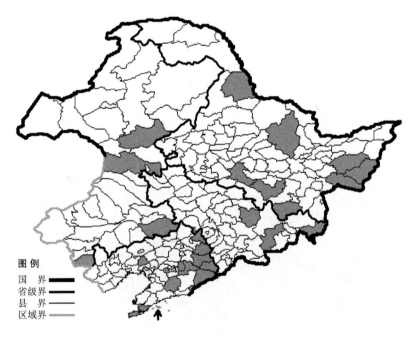

图 例
国　界
省级界
县　界
区域界

穿叶蓼

Polygonum perfoliatum L.

　　生境：湿草地，河边，路旁。
　　产地：黑龙江省密山、虎林、伊春、宁安、尚志、哈尔滨、黑河、宝清，吉林省蛟河、安图、珲春，辽宁省西丰、北镇、本溪、桓仁、丹东、岫岩、新宾、宽甸、清原、鞍山、大连、长海，内蒙古科尔沁左翼后旗、扎兰屯、科尔沁右翼前旗、宁城。
　　分布：中国（黑龙江、吉林、辽宁、内蒙古、河北、陕西、甘肃、山东、江苏、浙江、福建、河南、安徽、江西、湖北、湖南、广东、广西、海南、四川、贵州、云南、西藏、台湾），朝鲜半岛，日本，俄罗斯（远东地区），土耳其，伊朗，南亚，北美洲。

桃叶蓼

Polygonum persicaria L.

生境：水湿地，海拔 1700 米以下。

产地：黑龙江省伊春、依兰、呼玛，吉林省安图、通化、珲春、镇赉、抚松、临江、长白、和龙，辽宁省庄河、普兰店、西丰、北镇、宽甸、本溪，内蒙古科尔沁左翼后旗、鄂温克旗、牙克石、科尔沁右翼前旗、科尔沁右翼中旗、扎赉特旗、新巴尔虎左旗、满洲里、克什克腾旗、宁城。

分布：中国（黑龙江、吉林、辽宁、内蒙古、广西、四川、贵州、华北、西北、华中），朝鲜半岛，日本，俄罗斯（欧洲部分、高加索、西伯利亚、远东地区），中亚，欧洲，非洲，北美洲。

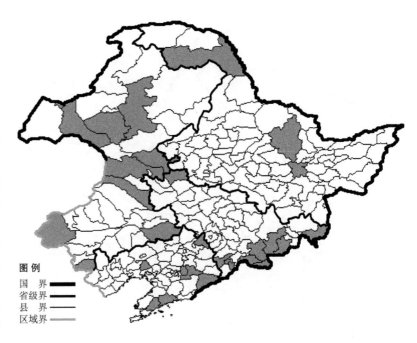

宽叶桃叶蓼 Polygonum persicaria L. f. **latifolium** Li et Chang 生于湿草地，海拔 300 米以下，产于辽宁省北镇、西丰，分布于中国（辽宁）。

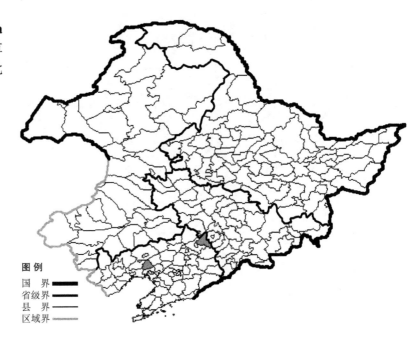

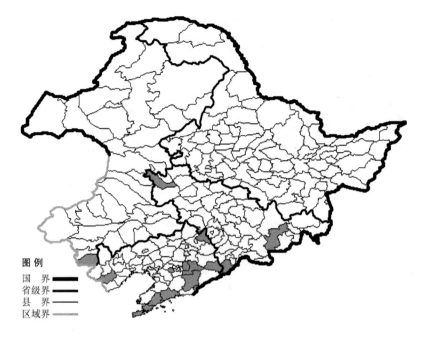

宽叶蓼

Polygonum platyphyllum Li et Chang

生境：山坡草地，海拔 600 米以下。

产地：吉林省洮南、集安、安图，辽宁省建昌、西丰、桓仁、鞍山、本溪、凤城、丹东、庄河、普兰店、大连，内蒙古宁城。

分布：中国（吉林、辽宁、内蒙古）。

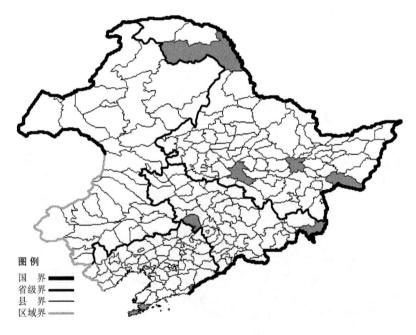

小果蓼

Polygonum plebejum R. Br.

生境：湿草地。

产地：黑龙江省呼玛、密山、依兰、哈尔滨，吉林省梨树、珲春，辽宁省丹东、大连。

分布：中国（黑龙江、吉林、辽宁、江苏、河南、湖北、江西、广东、四川、云南），日本，俄罗斯（远东地区），南亚，非洲，大洋洲。

长尾叶蓼

Polygonum posumbu Buch.-Hamilt.

生境：山坡灌丛，海拔 1100 米
以下。

产地：黑龙江省哈尔滨，吉林省
珲春、安图、抚松，辽宁省宽甸、桓仁、
大连、本溪、凤城、丹东。

分布：中国（黑龙江、吉林、辽宁、
陕西、甘肃、江苏、河南、湖北、江西、
湖南、广东、四川、云南），朝鲜半
岛，日本，俄罗斯（远东地区），南亚，
马来西亚。

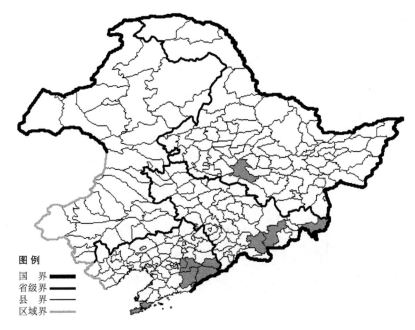

匍枝蓼

Polygonum pronum C. F. Fang

生境：河边湿草地。
产地：辽宁省本溪、宽甸。
分布：中国（辽宁）。

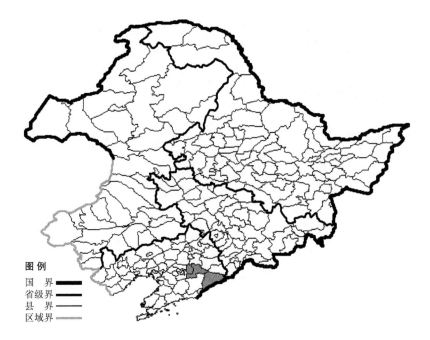

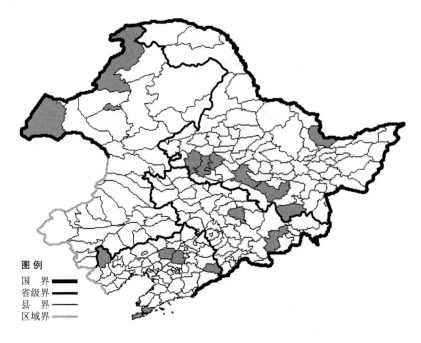

图例
国　界 ▬▬
省级界 ▬▬
县　界 ▬▬
区域界 ▬▬

紧穗蓼

Polygonum rigidum Skv.

　　生境：路旁，海拔 600 米以下。
　　产地：黑龙江省杜尔伯特、哈尔滨、安达、大庆、萝北、尚志、宁安，吉林省吉林、安图，辽宁省桓仁、沈阳、建平、新民、大连，内蒙古额尔古纳、新巴尔虎右旗、海拉尔。
　　分布：中国（黑龙江、吉林、辽宁、内蒙古、河北、山西、陕西、甘肃）。

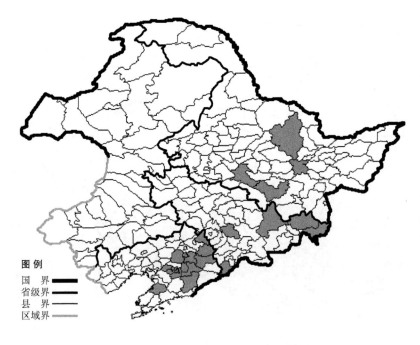

图例
国　界 ▬▬
省级界 ▬▬
县　界 ▬▬
区域界 ▬▬

两色蓼

Polygonum roseoviride (Kitag.) Li et Chang

　　生境：林下湿草地，海拔 700 米以下。
　　产地：黑龙江省尚志、伊春、哈尔滨、依兰，吉林省汪清、敦化、珲春、集安、磐石，辽宁省西丰、新宾、沈阳、凤城、清原、本溪、辽阳、抚顺、鞍山、盖州。
　　分布：中国（黑龙江、吉林、辽宁），俄罗斯（远东地区）。

东 北 蓼 Polygonum roseoviride
(Kitag.) Li et Chang var. **manshuricola**
(Kitag.) C. F. Fang 生于湿草地，产于
黑龙江省哈尔滨，吉林省长春、吉林、
和龙、集安，辽宁省西丰、鞍山、桓仁、
沈阳、建平、绥中，内蒙古翁牛特旗，
分布于中国（黑龙江、吉林、辽宁、
内蒙古、河北）。

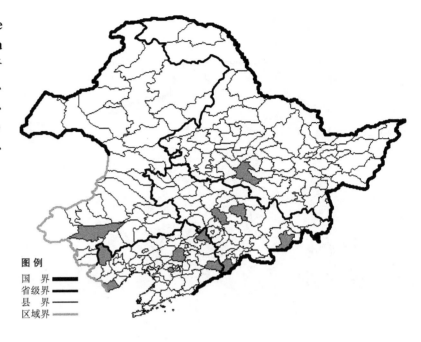

刺蓼

Polygonum senticosum Franch. et Sav.

生境：沟谷，林下，海拔 500 米
以下。

产地：吉林省镇赉、和龙、吉林、
汪清、珲春、集安、安图、通化，辽
宁省西丰、宽甸、新宾、凤城、葫芦
岛、凌源、绥中、桓仁、本溪、鞍山、
庄河、大连、铁岭。

分布：中国（吉林、辽宁、河北、
山东、江苏、安徽、浙江、福建、河南、
湖北、湖南、广东、广西、贵州、云南、
台湾），朝鲜半岛，日本，俄罗斯（远
东地区）。

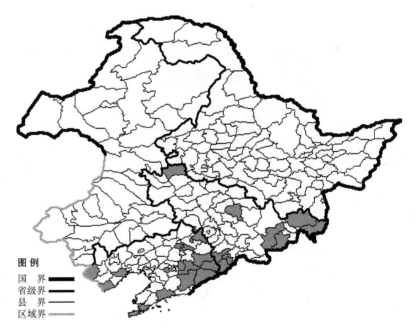

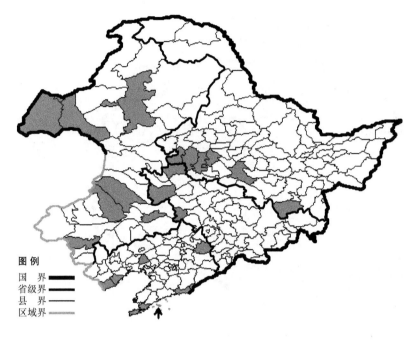

图例
国　界 ▬▬
省级界 ▬▬
县　界 ───
区域界 ───

西伯利亚蓼

Polygonum sibiricum Laxm.

生境：盐碱地区的碱斑上，海滩附近，海拔 800 米以下。

产地：黑龙江省泰来、哈尔滨、宁安、安达、大庆、杜尔伯特，吉林省双辽、通榆、镇赉，辽宁省丹东、清原、兴城、绥中、北镇、东港、大连、长海，内蒙古满洲里、海拉尔、阿鲁科尔沁旗、新巴尔虎右旗、新巴尔虎左旗、牙克石、通辽、赤峰、扎鲁特旗。

分布：中国（黑龙江、吉林、辽宁、内蒙古、河北、山东、甘肃、四川、云南、西藏），蒙古，俄罗斯（西伯利亚），哈萨克斯坦。

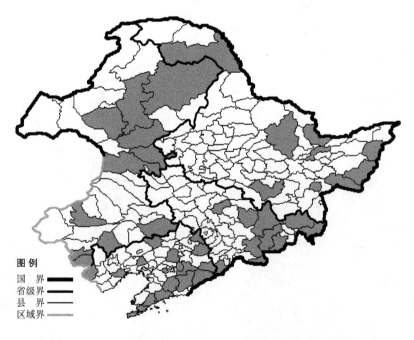

图例
国　界 ▬▬
省级界 ▬▬
县　界 ───
区域界 ───

箭叶蓼

Polygonum sieboldi Meisn.

生境：路旁，水边，海拔 1000 米以下。

产地：黑龙江省饶河、密山、虎林、桦川、鸡西、尚志、伊春、萝北、呼玛，吉林省九台、敦化、安图、抚松、集安、和龙、汪清、珲春、蛟河、长白，辽宁省凌源、沈阳、鞍山、本溪、宽甸、桓仁、彰武、葫芦岛、西丰、北镇、清原、凤城、岫岩、庄河、普兰店、大连，内蒙古科尔沁左翼后旗、牙克石、扎兰屯、鄂温克旗、鄂伦春旗、科尔沁右翼前旗、扎赉特旗、巴林右旗、喀喇沁旗、宁城、敖汉旗。

分布：中国（黑龙江、吉林、辽宁、内蒙古、河北、陕西、甘肃、山东、江苏、浙江、河南、湖北、四川、贵州、云南、台湾），朝鲜半岛，日本，俄罗斯（远东地区）。

草甸箭叶蓼 **Polygonum sieboldi** Meisn. var. **pratense** Chang et Li 生于湿草地，产于黑龙江省黑河，吉林省安图，辽宁省彰武、凤城、大连，分布于中国（黑龙江、吉林、辽宁）。

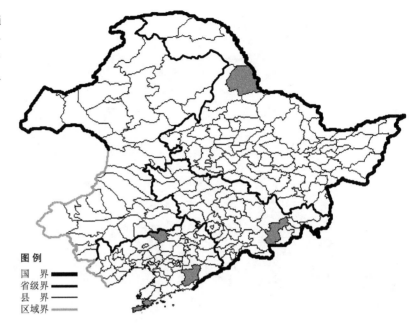

松江蓼

Polygonum sungareense Kitag.

生境：河边，湿草地。

产地：黑龙江省哈尔滨、宝清、伊春、嘉荫，吉林省汪清、安图。

分布：中国（黑龙江、吉林）。

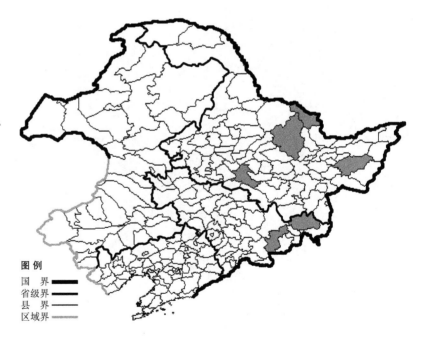

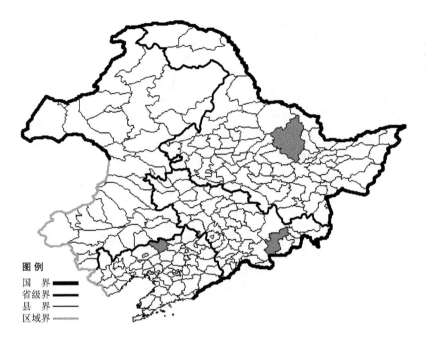

红花松江蓼 Polygonum sungareense Kitag. f. **rubriflorum** Li et Chang 生于湿草地，产于黑龙江省伊春，吉林省安图，辽宁省彰武，分布于中国（黑龙江、吉林、辽宁）。

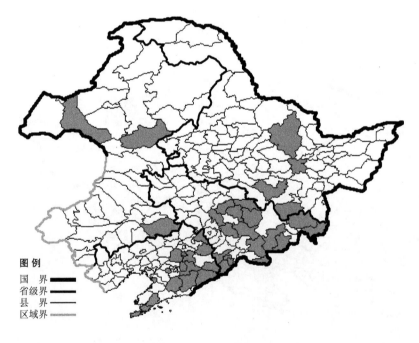

戟叶蓼

Polygonum thunbergii Sieb. et Zucc.

生境：水边湿草地，海拔 1400 米以下。

产地：黑龙江省依兰、尚志、宁安、伊春，吉林省集安、桦甸、磐石、舒兰、安图、抚松、蛟河、通化、吉林、九台、长春、长白、和龙、汪清、珲春，辽宁省西丰、沈阳、鞍山、营口、桓仁、本溪、清原、抚顺、宽甸、岫岩、普兰店、大连、凤城，内蒙古科尔沁左翼后旗、扎兰屯、新巴尔虎左旗。

分布：中国（黑龙江、吉林、辽宁、内蒙古、河北、陕西、甘肃、山东、江苏、湖北、四川、贵州、云南、西藏、台湾、华南），朝鲜半岛，日本，俄罗斯（高加索、远东地区）。

香蓼

Polygonum viscosum Buch.-Hamilt.

生境：荒地，水边湿草地，海拔约 200 米。

产地：黑龙江省尚志，吉林省敦化、蛟河、吉林、安图、通化、集安，辽宁省新宾、桓仁、本溪、凤城、大连、庄河、清原、沈阳、辽阳、鞍山。

分布：中国（黑龙江、吉林、辽宁、河北、江苏、浙江、福建、河南、湖北、江西、广东、贵州、云南、台湾），朝鲜半岛，日本，俄罗斯（远东地区），印度。

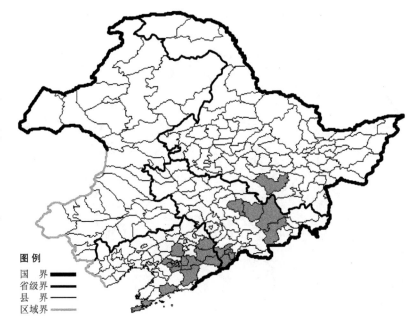

图例
国　界
省级界
县　界
区域界

珠芽蓼

Polygonum viviparum L.

生境：林下草地，高山冻原，海拔 1400-2600 米（长白山）。

产地：黑龙江省海林，吉林省抚松、安图、长白，内蒙古额尔古纳、根河、扎兰屯、阿尔山、克什克腾旗、巴林右旗、宁城、牙克石、科尔沁右翼前旗。

分布：中国（黑龙江、吉林、内蒙古、河北、山西、陕西、甘肃、青海、新疆、河南、湖北、四川、西藏），朝鲜半岛，日本，蒙古，俄罗斯（北极带、欧洲部分、高加索、西伯利亚、远东地区），哈萨克斯坦，印度，欧洲，北美洲。

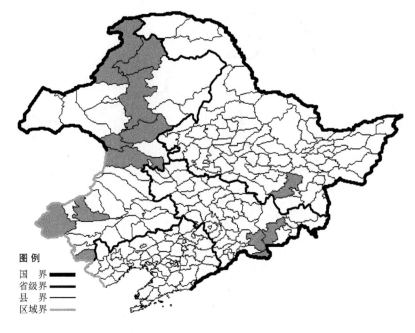

图例
国　界
省级界
县　界
区域界

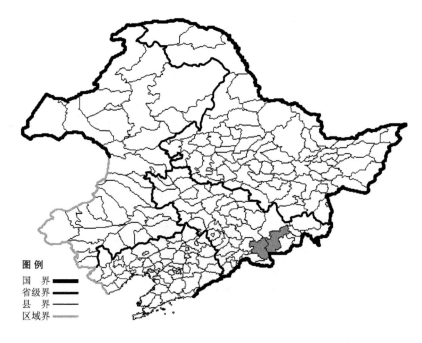

毛叶耳蓼

Polygonum vladimiri Czer.

　　生境：林下草地，海拔约 500-1900 米。
　　产地：吉林省抚松、安图。
　　分布：中国（吉林），俄罗斯（东部西伯利亚、远东地区）。

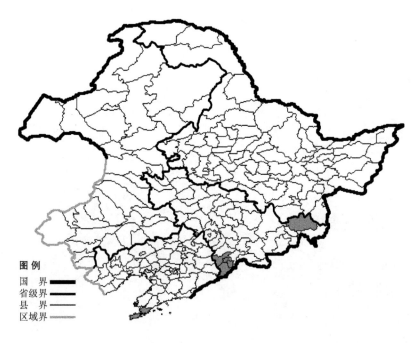

毛脉蓼

Reynoutria ciliinerve (Nakai) C. F. Fang

　　生境：河边灌丛，山坡。
　　产地：吉林省通化、汪清、集安，辽宁省大连。
　　分布：中国（吉林、辽宁、陕西、甘肃、青海、河南、湖北、四川、贵州、云南），朝鲜半岛。

华北大黄

Rheum franzenbachii Munt

生境：石砾质山坡，石砾地，海拔约 800 米。

产地：内蒙古科尔沁右翼前旗、满洲里、牙克石、额尔古纳、陈巴尔虎旗、鄂温克旗、新巴尔虎左旗、海拉尔、赤峰、克什克腾旗、敖汉旗、喀喇沁旗。

分布：中国（内蒙古、河北、山西、河南）。

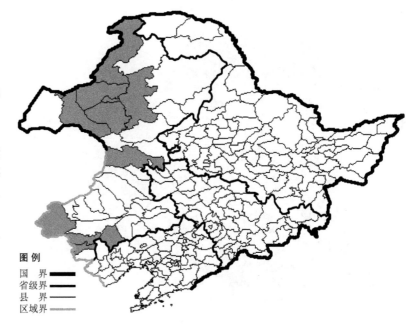

波叶大黄

Rheum undulatum L.

生境：石砾质山坡，石砾地。

产地：内蒙古满洲里、牙克石、科尔沁右翼前旗。

分布：中国（内蒙古），蒙古，俄罗斯（西伯利亚）。

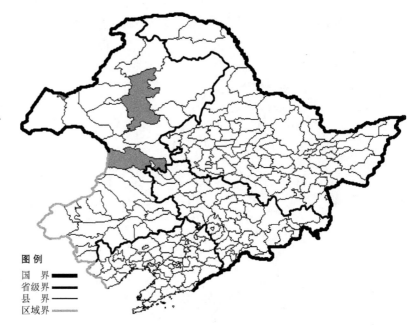

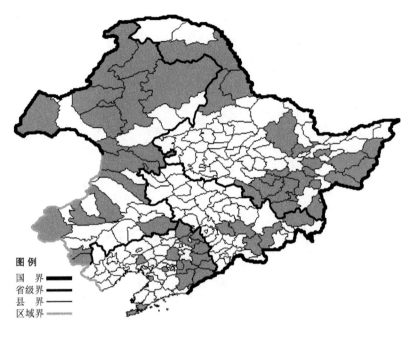

酸模

Rumex acetosa L.

　　生境：林缘，路旁，山坡草地，湿草地，海拔 2100 米以下。
　　产地：黑龙江省五常、延寿、方正、海林、宁安、牡丹江、东宁、林口、密山、鸡西、集贤、宝清、桦南、勃利、虎林、饶河、汤原、伊春、嫩江、黑河、呼玛、尚志，吉林省安图、磐石、抚松、桦甸、汪清，辽宁省西丰、开原、昌图、沈阳、北镇、宽甸、本溪、丹东、营口、鞍山、大连、清原、凤城、桓仁、新宾，内蒙古额尔古纳、根河、阿尔山、海拉尔、牙克石、陈巴尔虎旗、鄂伦春旗、鄂温克旗、新巴尔虎右旗、

扎赉特旗、阿鲁科尔沁旗、克什克腾旗、喀喇沁旗、宁城、科尔沁右翼前旗、科尔沁右翼中旗、乌兰浩特、科尔沁左翼后旗、巴林右旗。
　　分布：中国（黑龙江、吉林、辽宁、内蒙古、河北、山西、陕西、新疆、江苏、浙江、湖北、四川、云南、台湾），朝鲜半岛，日本，俄罗斯（欧洲部分、高加索、西伯利亚、远东地区），哈萨克斯坦，欧洲，北美洲。

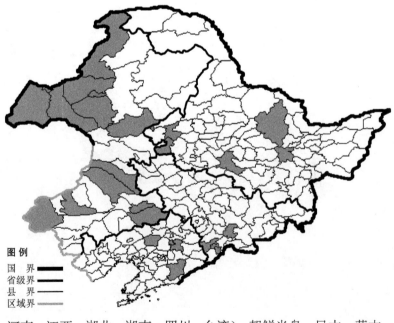

小酸模

Rumex acetosella L.

　　生境：沙地，石砾地，路旁，草甸草原，海拔 1000 米以下。
　　产地：黑龙江省齐齐哈尔、泰来、哈尔滨、依兰、伊春，吉林省靖宇、通化，辽宁省抚顺、新民、凤城，内蒙古海拉尔、扎鲁特旗、科尔沁左翼后旗、科尔沁右翼中旗、巴林右旗、通辽、克什克腾旗、满洲里、额尔古纳、扎兰屯、陈巴尔虎旗、鄂温克旗、新巴尔虎左旗、新巴尔虎右旗。
　　分布：中国（黑龙江、吉林、辽宁、内蒙古、河北、新疆、山东、福建、河南、江西、湖北、湖南、四川、台湾），朝鲜半岛，日本，蒙古，俄罗斯（欧洲部分、高加索、西伯利亚、远东地区），哈萨克斯坦，欧洲，非洲，北美洲。

黑水酸模

Rumex amurensis Fr. Schmidt ex Max-im.

生境：水湿地、河边，湖边，海拔 200 米以下。

产地：黑龙江省哈尔滨，辽宁省北镇、沈阳、铁岭。

分布：中国（黑龙江、辽宁、河北、山东、江苏、安徽、河南），俄罗斯（远东地区）。

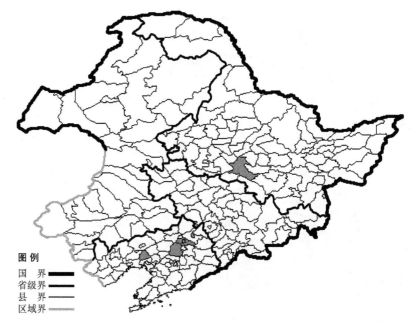

水生酸模

Rumex aquaticus L.

生境：河边，湖边，草甸，林下，沟谷。

产地：内蒙古根河。

分布：中国（内蒙古、陕西、新疆），朝鲜半岛，日本，蒙古，俄罗斯（欧洲部分、西伯利亚、远东地区），欧洲。

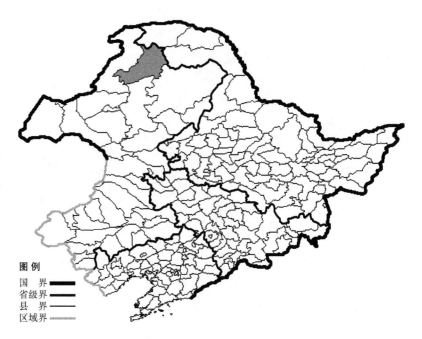

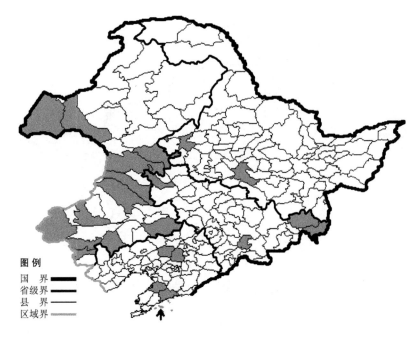

图例
国　界
省级界
县　界
区域界

皱叶酸模

Rumex crispus L.

　　生境：水湿地，河边，池沼，海拔 500 米以下。

　　产地：黑龙江省哈尔滨、齐齐哈尔，吉林省珲春、洮南、汪清、靖宇，辽宁省新民、沈阳、盖州、庄河、长海，内蒙古科尔沁左翼后旗、新巴尔虎左旗、新巴尔虎右旗、科尔沁右翼前旗、扎赉特旗、乌兰浩特、科尔沁右翼中旗、扎鲁特旗、喀喇沁旗、巴林右旗、克什克腾旗、敖汉旗、赤峰。

　　分布：中国（黑龙江、吉林、辽宁、内蒙古、河北、山东、河南、湖北、四川、贵州、云南），朝鲜半岛，日本，蒙古，俄罗斯（欧洲部分、高加索、远东地区），欧洲，北美洲。

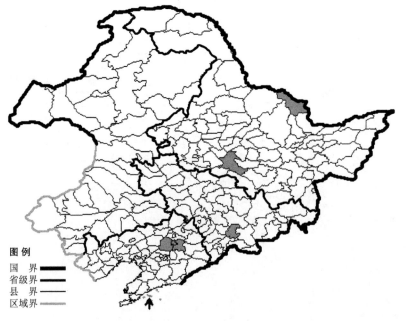

图例
国　界
省级界
县　界
区域界

　　单瘤皱叶酸模 Rumex crispus L. var. **unicallosus** Peterm. 生于路旁、水湿地、河边，产于黑龙江省哈尔滨、嘉荫，吉林省靖宇，辽宁省沈阳、抚顺、长海，分布于中国（黑龙江、吉林、辽宁）。

毛脉酸模

Rumex gmelini Turcz. ex Ledeb.

生境：灌丛，路旁，河边湿草地，海拔 700 米以下。

产地：黑龙江省伊春、呼玛、嫩江、桦川、萝北、黑河，吉林省和龙，辽宁省本溪，内蒙古牙克石、额尔古纳、扎鲁特旗、克什克腾旗、陈巴尔虎旗、鄂温克旗、新巴尔虎左旗、新巴尔虎右旗、巴林右旗、科尔沁右翼前旗、根河。

分布：中国（黑龙江、吉林、辽宁、内蒙古、河北、陕西、甘肃、青海、新疆），朝鲜半岛，日本，蒙古，俄罗斯（北极带、东部西伯利亚、远东地区）。

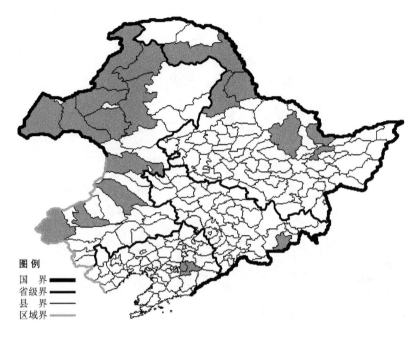

直穗酸模

Rumex longifolius DC.

生境：路旁，林中空旷地，林缘，海拔 500 米以下。

产地：黑龙江省哈尔滨、伊春，吉林省珲春、安图。

分布：中国（黑龙江、吉林、陕西、宁夏、甘肃、青海、山东、河南、湖北、四川），朝鲜半岛，日本，俄罗斯（北极带、欧洲部分、高加索、西伯利亚），欧洲，北美洲。

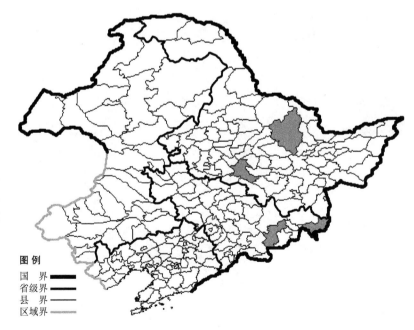

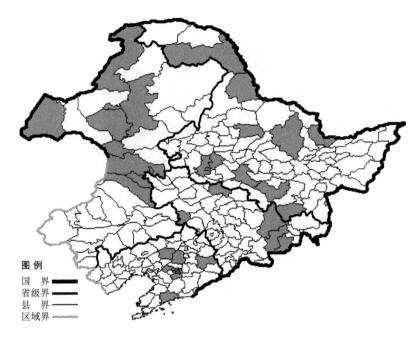

图例
国　界 ▬▬▬
省级界 ▬▬▬
县　界 ▬▬▬
区域界 ▬▬▬

长刺酸模
Rumex maritimus L.

　　生境：湿草地，河边，湖边，路旁，海拔 700 米以下。
　　产地：黑龙江省安达、大庆、北安、尚志、宁安、哈尔滨、伊春、呼玛、黑河、萝北，吉林省敦化、和龙、扶余、双辽、安图，辽宁省沈阳、辽阳、新宾、新民、庄河，内蒙古额尔古纳、牙克石、鄂温克旗、海拉尔、阿尔山、科尔沁右翼前旗、科尔沁右翼中旗、新巴尔虎右旗、突泉、乌兰浩特。
　　分布：中国（黑龙江、吉林、辽宁、内蒙古、河北、陕西、新疆），朝鲜半岛，日本，蒙古，俄罗斯（欧洲部分、西部西伯利亚、远东地区），哈萨克斯坦，欧洲，北美洲。

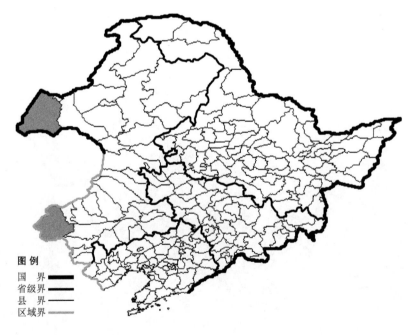

图例
国　界 ▬▬▬
省级界 ▬▬▬
县　界 ▬▬▬
区域界 ▬▬▬

马氏酸模
Rumex marschallianus Rchb.

　　生境：湖边，河边。
　　产地：内蒙古新巴尔虎右旗、克什克腾旗。
　　分布：中国（内蒙古、新疆），蒙古，俄罗斯（欧洲部分、西部西伯利亚），哈萨克斯坦，欧洲。

洋铁酸模

Rumex patientia L. var. **callosus** Fr. Schmidt ex Maxim.

生境：草甸，河边湿地，湖边湿地。

产地：黑龙江省嘉荫、哈尔滨，吉林省长春、安图，辽宁省沈阳、盖州、大连、桓仁、葫芦岛、瓦房店、新民、庄河、清原、本溪，内蒙古克什克腾旗。

分布：中国（黑龙江、吉林、辽宁、内蒙古、河北），朝鲜半岛，俄罗斯（远东地区）。

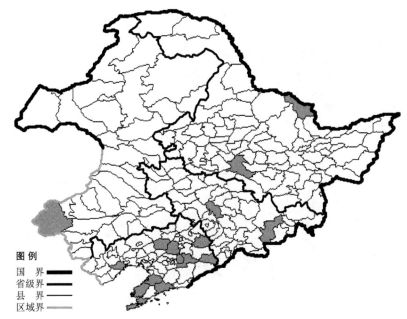

乌苏里酸模

Rumex stenophyllus Ledeb. var. **ussuriensis** (A. Los) Kitag.

生境：草甸，河边湿地。

产地：黑龙江省安达、黑河、密山、虎林、穆棱、桦川，吉林省长春、和龙、安图、汪清、珲春，内蒙古扎鲁特旗。

分布：中国（黑龙江、吉林、内蒙古），朝鲜半岛，俄罗斯（远东地区）。

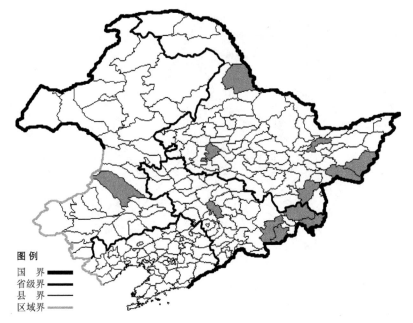

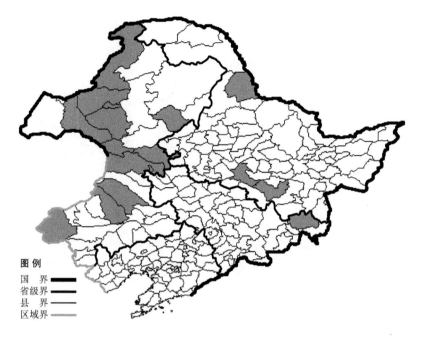

图例
国　界 ▬▬▬
省级界 ▬▬▬
县　界 ▬▬▬
区域界 ▬▬▬

东北酸模

Rumex thyrsiflorus Fingerh.var. **mand-shurica** Bar. et Skv.

　　生境：水湿地旁沙地，草原，山坡草地，海拔 500-800 米。
　　产地：黑龙江省黑河、尚志、哈尔滨，吉林省汪清，内蒙古海拉尔、额尔古纳、阿尔山、乌兰浩特、新巴尔虎左旗、扎鲁特旗、阿荣旗、陈巴尔虎旗、鄂温克旗、扎赉特旗、科尔沁右翼前旗、阿鲁科尔沁旗、克什克腾旗。
　　分布：中国（黑龙江、吉林、内蒙古）。

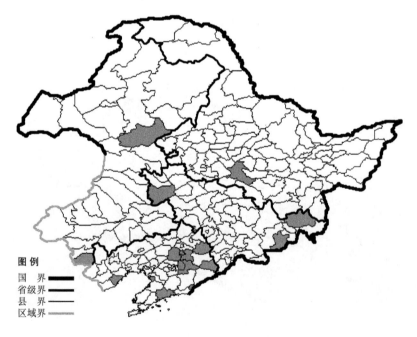

图例
国　界 ▬▬▬
省级界 ▬▬▬
县　界 ▬▬▬
区域界 ▬▬▬

马齿苋科 Portulacaceae

马齿苋

Portulaca oleracea L.

　　生境：荒地，田间，为常见的杂草。
　　产地：黑龙江省哈尔滨，吉林省汪清、通榆、和龙，辽宁省庄河、丹东、营口、兴城、清原、本溪、桓仁、沈阳、抚顺，内蒙古宁城、扎兰屯。
　　分布：中国（全国各地），遍布世界温带、热带地区。

石竹科 Caryophyllaceae

麦毒草

Agrostemma githago L.

　　生境：路旁，田间，海拔 800 米
以下。

　　产地：黑龙江省呼玛、黑河、逊
克、北安、嫩江、集贤，吉林省汪清、
珲春、抚松、长白，内蒙古鄂伦春旗、
新巴尔虎左旗、宁城、莫力达瓦达斡
尔旗。

　　分布：中国（黑龙江、吉林、内
蒙古、新疆），朝鲜半岛，俄罗斯（欧
洲部分、高加索、西伯利亚、远东地
区），中亚，伊朗，土耳其，欧洲，非洲，
北美洲。

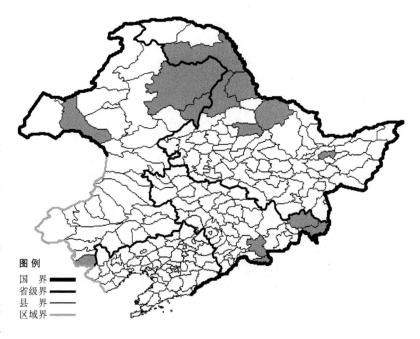

兴安鹅不食

Arenaria capillaris Poiret

　　生境：干山坡，山坡石砾地，石
砾质山顶，海拔 400-1000 米。

　　产地：内蒙古科尔沁右翼前旗、
科尔沁左翼后旗、满洲里、牙克石、
根河、额尔古纳、鄂温克旗、阿尔山、
通辽、巴林右旗、克什克腾旗、扎赉
特旗、扎鲁特旗、林西。

　　分布：中国（内蒙古），蒙古，
俄罗斯（北极带、东部西伯利亚、远
东地区）。

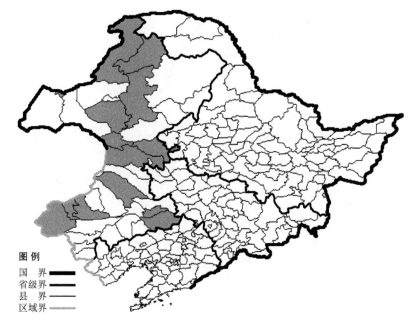

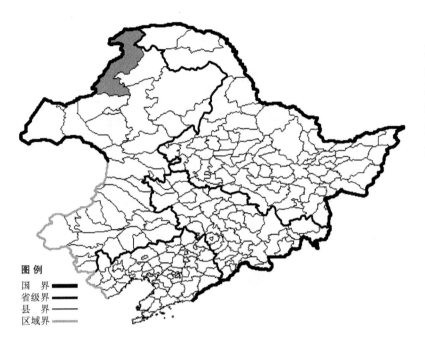

腺毛鹅不食 Arenaria capillaris
Poiret var. **glandulifera** (Ser.) Schischk.
生于干山坡、山坡石砾地、石砾质山
顶，海拔 400-1000 米，产于内蒙古
额尔古纳，分布于中国（内蒙古），
蒙古，俄罗斯（东部西伯利亚、远东
地区）。

图例
国　界
省级界
县　界
区域界

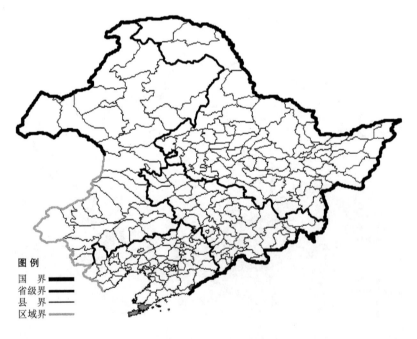

鹅不食草

Arenaria serpyllifolia L.

生境：石砾质山坡，路旁，荒地，
海拔 300 米以下。
产地：辽宁省大连、丹东。
分布：中国（全国各地），朝鲜
半岛，日本，俄罗斯（欧洲部分、高
加索、西部西伯利亚），中亚，土耳其，
欧洲。

图例
国　界
省级界
县　界
区域界

毛轴鹅不食

Arenaria juncea Bieb.

生境：干山坡，河边草地，草甸，海拔 1300 米以下。

产地：黑龙江省伊春、宁安、依兰、宝清、虎林、饶河、萝北、北安、富裕、嫩江、黑河、呼玛，辽宁省法库，内蒙古根河、额尔古纳、牙克石、陈巴尔虎旗、扎赉特旗、海拉尔、鄂温克旗、鄂伦春旗、阿尔山、通辽、科尔沁右翼前旗、翁牛特旗、巴林右旗、巴林左旗、喀喇沁旗、宁城、扎鲁特旗。

分布：中国（黑龙江、辽宁、内蒙古、河北、山西、陕西、甘肃、宁夏、新疆），朝鲜半岛，日本，蒙古，俄罗斯（东部西伯利亚、远东地区）。

光轴鹅不食 Arenaria juncea Bieb. var. *glabra* Regel 生于沙质草原及干山坡，海拔 400 米以下，产于黑龙江省伊春，吉林省前郭尔罗斯、乾安、双辽，辽宁省长海、瓦房店、彰武、康平、鞍山、建平，内蒙古扎赉特旗、扎鲁特旗、科尔沁左翼后旗、巴林右旗、赤峰、翁牛特旗，分布于中国（黑龙江、吉林、辽宁、内蒙古、河北），蒙古，俄罗斯（东部西伯利亚、远东地区）。

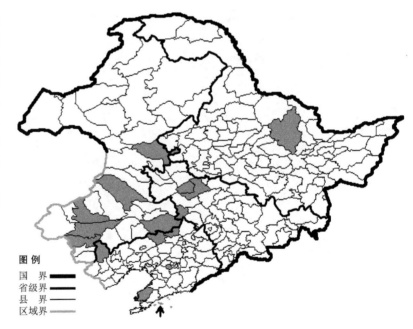

201

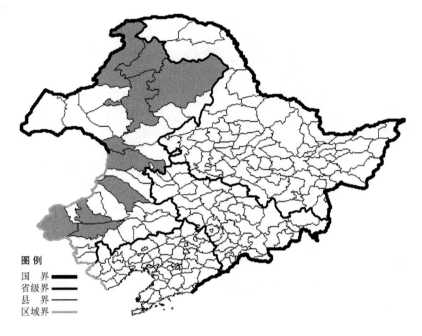

图例
国　界 ▬▬
省级界 ▬▬
县　界 ▬▬
区域界 ▬▬

细叶卷耳

Cerastium arvense L.

生境：草甸，海拔约 600 米。

产地：内蒙古海拉尔、根河、牙克石、额尔古纳、阿尔山、巴林右旗、科尔沁右翼前旗、鄂伦春旗、扎鲁特旗、克什克腾旗、翁牛特旗。

分布：中国（内蒙古、河北、山西、陕西、宁夏、甘肃、青海、新疆、四川），朝鲜半岛，日本，蒙古，俄罗斯（北极带、欧洲部分、西伯利亚、远东地区），哈萨克斯坦，欧洲，北美洲。

图例
国　界 ▬▬
省级界 ▬▬
县　界 ▬▬
区域界 ▬▬

无毛细叶卷耳 Cerastium arvense L. var. **glabellum** (Turcz.) Fenzl 生于樟子松林下及沙质草原，海拔 400-600 米，产于内蒙古海拉尔，分布于中国（内蒙古），蒙古，俄罗斯。

长白卷耳

Cerastium baischanense Y. C. Chu

生境：高山冻原，长白山天池附近较湿润的碎石坡，海拔 1700-2400 米。

产地：吉林省安图。

分布：中国（吉林）。

卷耳

Cerastium holosteoides Fries

生境：草甸，河滩沙质地，疏林下，林缘，沟谷，山坡多石质湿地，海拔 600 米以下。

产地：黑龙江省尚志、黑河，吉林省珲春、安图、抚松、桦甸、磐石、蛟河、九台、临江、吉林、汪清、舒兰，辽宁省西丰、本溪、铁岭、凤城、岫岩、普兰店、大连、东港、宽甸、新宾、桓仁、庄河、丹东、沈阳、鞍山，内蒙古科尔沁右翼前旗、科尔沁左翼后旗、鄂伦春旗、牙克石、克什克腾旗、巴林右旗、喀喇沁旗。

分布：中国（黑龙江、吉林、辽宁、内蒙古、河北、山西、陕西、宁夏、甘肃、青海、新疆、江苏、安徽、浙江、福建、河南、湖北、湖南、四川、云南），朝鲜半岛，日本，俄罗斯（欧洲部分、高加索、西伯利亚、远东地区），中亚，土耳其，伊朗，欧洲，非洲，大洋洲，北美洲，南美洲。

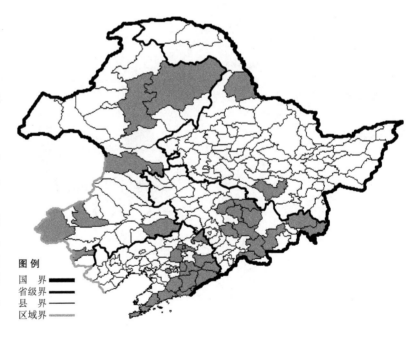

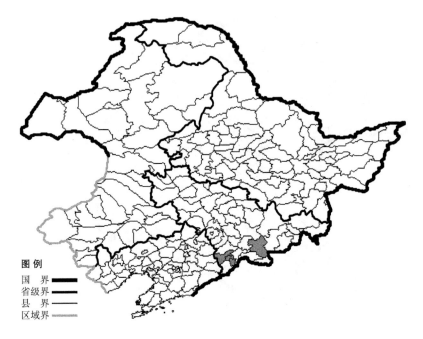

短萼卷耳 Cerastium holosteoides Fries var. **angustifolium** (Franch.) Mizushima 生于林下、林缘、河边湿草地，海拔 1000 米以下，产于吉林省通化、抚松，分布于中国（吉林），朝鲜半岛，日本。

图例
国　界 ━━━
省级界 ━━
县　界 ──
区域界 ──

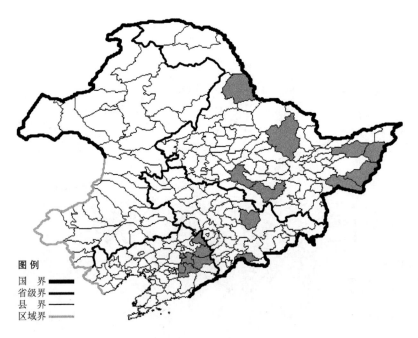

毛蕊卷耳

Cerastium pauciflorum Stev. ex Ser. var. **amurense** (Regel) Mizushima

　　生境：林下，林缘，河边湿草地，海拔 800 米以下。
　　产地：黑龙江省黑河、密山、虎林、饶河、富锦、哈尔滨、尚志、伊春，吉林省临江、蛟河，辽宁省抚顺、清原、新宾、西丰、本溪。
　　分布：中国（黑龙江、吉林、辽宁），朝鲜半岛，日本，俄罗斯（远东地区）。

图例
国　界 ━━━
省级界 ━━
县　界 ──
区域界 ──

高山卷耳

Cerastium rubescens Marrfeld var. **ovatum** (Miyabe) Mizushima

　　生境：林缘，草甸，海拔 1000-1500 米。
　　产地：吉林省安图、抚松。
　　分布：中国（吉林、山西、陕西、宁夏、甘肃、四川、云南、西藏），朝鲜半岛，蒙古，俄罗斯（东部西伯利亚、远东地区）。

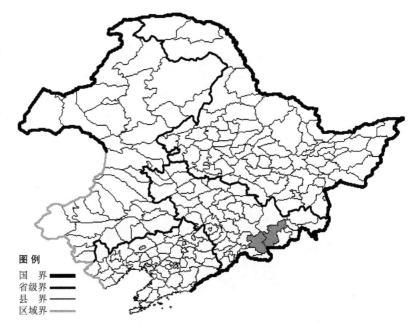

狗筋蔓

Cucubalus baccifer L.

　　生境：溪流旁，林缘，阔叶林下，海拔 1000 米以下。
　　产地：黑龙江省哈尔滨，吉林省九台、桦甸、珲春、汪清、安图、抚松、长白，辽宁省清原、丹东、庄河、瓦房店、绥中、开原、铁岭、抚顺、普兰店、宽甸、本溪、桓仁、凤城、鞍山、大连，内蒙古科尔沁左翼后旗。
　　分布：中国（黑龙江、吉林、辽宁、内蒙古、河北、山西、陕西、宁夏、甘肃、新疆、江苏、安徽、浙江、福建、河南、湖北、广西、四川、贵州、云南、西藏、台湾），朝鲜半岛，日本，俄罗斯（欧洲部分、高加索、西部西伯利亚、远东地区），哈萨克斯坦，伊朗，欧洲。

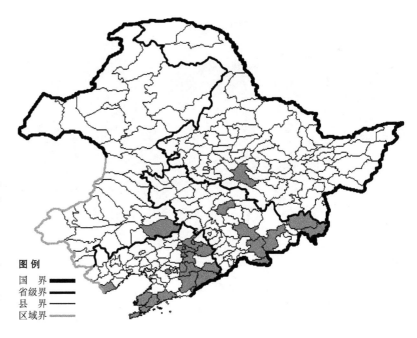

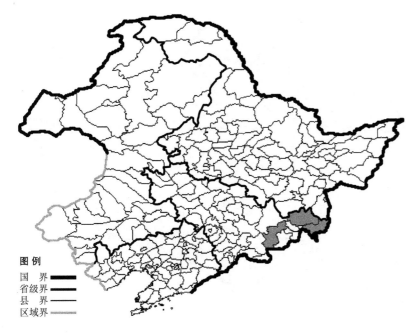

头石竹

Dianthus barbatus L. var. **asiaticus** Nakai

生境：阔叶林下，林缘，海拔 1000 米以下。

产地：吉林省汪清、珲春、安图。

分布：中国（吉林），朝鲜半岛，俄罗斯（远东地区）。

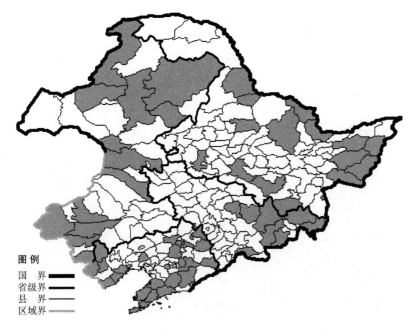

石竹

Dianthus chinensis L.

生境：草甸，干山坡，灌丛，火烧迹地，林缘，疏林下，海拔 1700 米以下。

产地：黑龙江省伊春、黑河、孙吴、宁安、北安、尚志、宝清、虎林、哈尔滨、饶河、富锦、密山、绥芬河、大庆、嘉荫、萝北，吉林省安图、和龙、敦化、吉林、珲春、汪清、蛟河、临江、辽宁省北镇、盖州、普兰店、瓦房店、绥中、岫岩、丹东、本溪、喀左、桓仁、庄河、西丰、沈阳、凤城、锦州、葫芦岛、建平、鞍山、凌源、兴城、大连、铁岭、清原、法库，内蒙古额尔古纳、鄂伦春旗、陈巴尔虎旗、牙克石、阿荣旗、科尔沁右翼前旗、科尔沁右翼中旗、阿尔山、宁城、克什克腾旗、翁牛特旗、巴林右旗、赤峰。

分布：中国（全国各地），朝鲜半岛。

长萼石竹 Dianthus chinensis L. var. **liaotungensis** Y. C. Chu 生于山坡、石砾地，海拔约 300 米，产于辽宁省大连、普兰店、瓦房店、盖州、葫芦岛、绥中、建昌，分布于中国（辽宁）。

高山石竹 Dianthus chinensis L. var. **morii** (Nakai) Y. C. Chu 生于高山溪流旁，海拔 1600-2200 米，产于吉林省安图，分布于中国（吉林），朝鲜半岛。

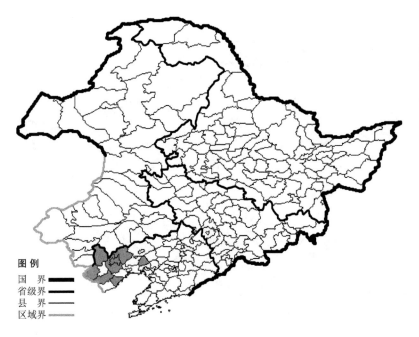

火红石竹 Dianthus chinensis L. f. ignescens (Nakai) Kitag. 生于向阳山坡，海边石砾质山坡，海拔 500 米以下，产于辽宁省兴城、朝阳、凌源、建平、建昌、北票、北镇，分布于中国（辽宁、河北）。

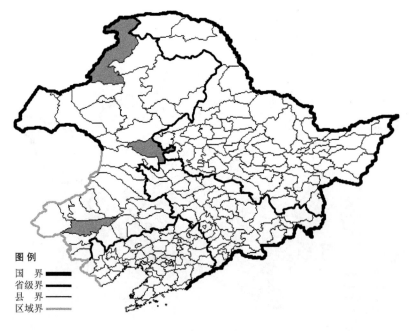

簇茎石竹

Dianthus repens Willd.

生境： 河边，山坡，海拔 400 米以下。

产地： 内蒙古额尔古纳、翁牛特旗、扎赉特旗。

分布： 中国（内蒙古），俄罗斯（北极带、欧洲部分、东部西伯利亚、远东地区），北美洲（北极带）。

毛簇茎石竹 **Dianthus repens** Willd. var. **scabripilosus** Y. Z. Zhao 生于林缘草甸、山地草原、草甸草原，产于内蒙古鄂伦春旗、陈巴尔虎旗、海拉尔、扎兰屯、鄂温克旗、科尔沁右翼前旗、突泉、巴林右旗、克什克腾旗、宁城、敖汉旗，分布于中国（内蒙古）。

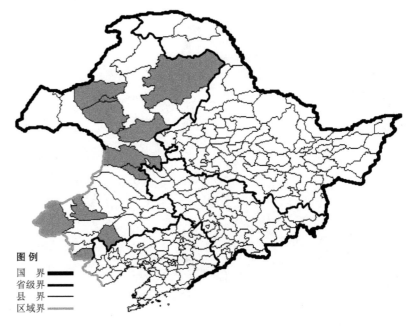

瞿麦

Dianthus superbus L.

生境：草甸，山坡草地，林下，海拔 1900 米以下。

产地：黑龙江省呼玛，吉林省抚松、安图，内蒙古陈巴尔虎旗、克什克腾旗、翁牛特旗、阿尔山、新巴尔虎左旗、鄂温克旗、扎兰屯、科尔沁右翼前旗、阿鲁科尔沁旗、巴林左旗、巴林右旗、扎鲁特旗、科尔沁左翼后旗、喀喇沁旗、宁城。

分布：中国（黑龙江、吉林、内蒙古、河北、青海、新疆、山东、江苏、浙江、河南、湖北、江西、四川、贵州），朝鲜半岛，日本，蒙古，俄罗斯（欧洲部分、西伯利亚、远东地区），哈萨克斯坦，欧洲。

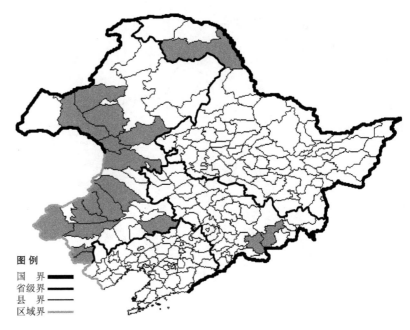

长筒瞿麦 Dianthus superbus L. **var. longicalycinus** (Makino) Will. 生于山坡林缘、杂木林下、固定沙丘，海拔 600 米以下，产于辽宁省丹东、本溪、彰武、大连、营口，内蒙古科尔沁左翼后旗、赤峰，分布于中国（辽宁、内蒙古、河北、山西、陕西、宁夏、甘肃、山东、浙江、湖北、江西、湖南、广东、海南、四川、贵州、台湾），朝鲜半岛，日本。

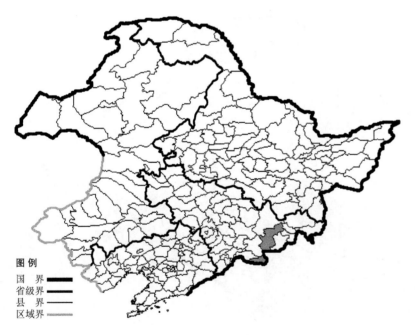

高山瞿麦 Dianthus superbus L. **var. speciosus** Rchb. 生于高山林缘、路旁、岳桦林间空地、河边，海拔 1600-2200 米，产于吉林省安图、长白，分布于中国（吉林），朝鲜半岛，日本。

兴安石竹

Dianthus versicolor Franch. et Sav.

生境：向阳山坡，岩石壁上，海拔1000米以下。

产地：黑龙江省呼玛、黑河、克山、大庆、北安、饶河，辽宁省建平、康平、彰武，内蒙古根河、额尔古纳、鄂伦春旗、阿尔山、通辽、乌兰浩特、扎赉特旗、翁牛特旗、巴林右旗、巴林左旗、宁城、克什克腾旗、阿鲁科尔沁旗、喀喇沁旗、敖汉旗、扎鲁特旗、阿荣旗、库伦旗、鄂温克旗、新巴尔虎左旗、新巴尔虎右旗、牙克石、扎兰屯、满洲里、海拉尔、科尔沁右翼前旗、赤峰、科尔沁左翼后旗。

分布：中国（黑龙江、辽宁、内蒙古、河北、新疆），蒙古，俄罗斯（欧洲部分、西伯利亚、远东地区），中亚。

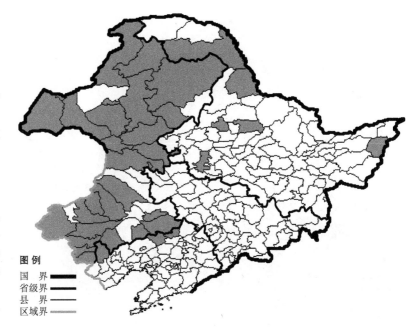

蒙古石竹 Dianthus versicolor Franch. et Sav. var. **subulifolius** (Kitag.) Y. C. Chu 生于固定沙丘、草原、干山坡，海拔1000米以下，产于黑龙江省齐齐哈尔、呼玛、黑河，辽宁省彰武、康平、普兰店，内蒙古满洲里、海拉尔、新巴尔虎右旗、新巴尔虎左旗、额尔古纳、根河、牙克石、鄂温克旗、扎鲁特旗、赤峰、翁牛特旗、扎兰屯、阿尔山、科尔沁左翼后旗、库伦旗、喀喇沁旗、克什克腾旗、阿鲁科尔沁旗，分布于中国（黑龙江、辽宁、内蒙古），蒙古。

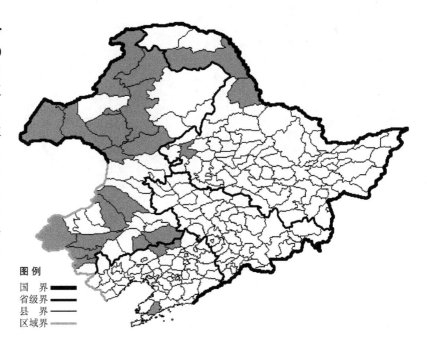

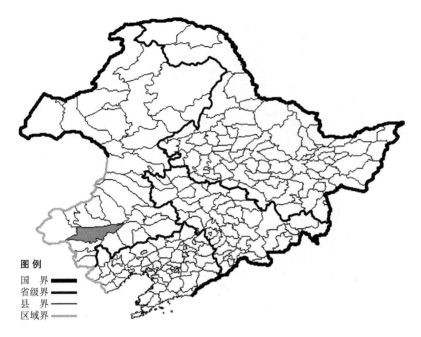

白花蒙古石竹 Dianthus versicolor
Franch. et Sav. var. **subulifolius** (Kitag.)
Y. C. Chu f. **leucopetalus** (Kitag.) Y. C.
Chu 生于固定沙丘、草原沙地，海拔
700 米以下，产于内蒙古翁牛特旗，
分布于中国（内蒙古）。

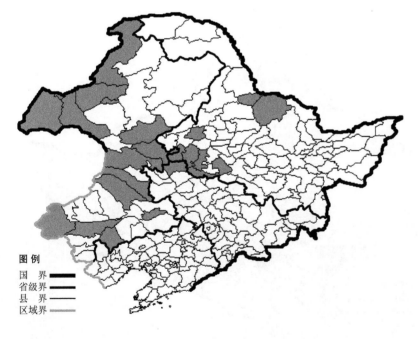

北丝石竹

Gypsophila davurica Turcz. ex Fenzl

生境：干山坡，海拔 500 米以下。
产地：黑龙江省逊克、孙吴、富
裕、泰来、肇东、大庆、肇源、杜尔
伯特，吉林省镇赉，内蒙古满洲里、
额尔古纳、陈巴尔虎旗、科尔沁右翼
前旗、科尔沁右翼中旗、扎鲁特旗、
新巴尔虎右旗、海拉尔、新巴尔虎左
旗、克什克腾旗、通辽、敖汉旗、扎
赉特旗、扎兰屯、翁牛特旗。
分布：中国（黑龙江、吉林、内
蒙古、河北、山西），蒙古，俄罗斯（东
部西伯利亚、远东地区）。

狭叶北丝石竹 Gypsophila davurica
Turcz. ex Fenzl var. **angustifolia** Fenzl
生于草原，石砾质干山坡，产于黑龙
江省安达，内蒙古满洲里、新巴尔虎
右旗，分布于中国（黑龙江、内蒙古），
蒙古，俄罗斯。

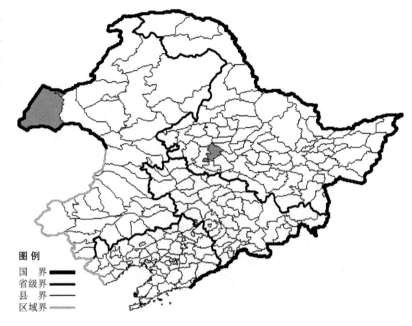

长蕊丝石竹

Gypsophila oldhamiana Miq.

　　生境：阳坡岩石地，山顶，沟谷，
海边荒山，海拔 1000 米以下。
　　产地：辽宁省沈阳、鞍山、丹东、
东港、岫岩、庄河、桓仁、抚顺、西
丰、开原、营口、大连、普兰店、海
城、义县、葫芦岛、北镇、兴城、凌源、
建平、建昌、本溪。
　　分布：中国（辽宁、河北、山西、
陕西、新疆、山东、江苏、河南），
朝鲜半岛。

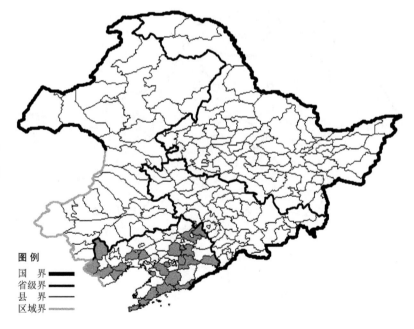

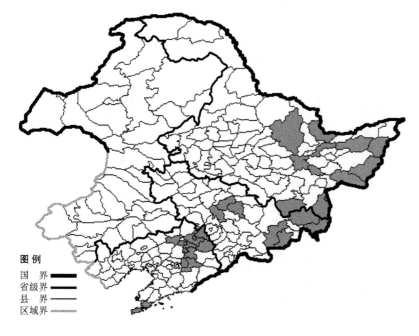

图例
国　界 ━━━
省级界 ━━
县　界 ──
区域界 ──

细梗丝石竹

Gypsophila pacifica Kom.

　　生境：向阳山坡，海拔 500 米以下。

　　产地：黑龙江省萝北、勃利、绥芬河、依兰、富锦、桦川、宁安、东宁、密山、虎林、饶河、伊春，吉林省汪清、珲春、和龙、安图、九台、吉林、长春，辽宁省本溪、西丰、开原、铁岭、清原、抚顺、法库、大连。

　　分布：中国（黑龙江、吉林、辽宁），朝鲜半岛，俄罗斯（远东地区）。

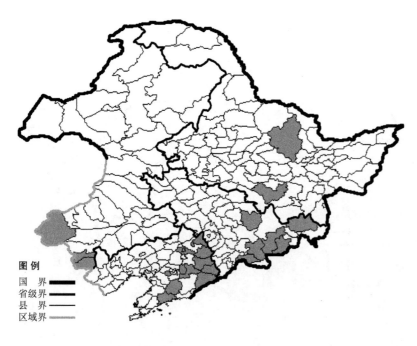

图例
国　界 ━━━
省级界 ━━
县　界 ──
区域界 ──

浅裂剪秋萝

Lychnis cognata Maxim.

　　生境：林下，灌丛，草甸，路旁，海拔 1000 米以下。

　　产地：黑龙江省伊春、尚志，吉林省和龙、汪清、安图、抚松、蛟河、临江，辽宁省西丰、清原、铁岭、庄河、宽甸、桓仁、新宾、本溪、岫岩、鞍山，内蒙古克什克腾旗、宁城、喀喇沁旗。

　　分布：中国（黑龙江、吉林、辽宁、内蒙古、河北、山西、山东），朝鲜半岛，俄罗斯（远东地区）。

大花剪秋萝

Lychnis fulgens Fisch.

生境：草甸，林下，林缘，灌丛，海拔 1600 米以下。

产地：黑龙江省呼玛、黑河、萝北、嫩江、虎林、密山、宁安、孙吴、饶河、富锦、集贤、哈尔滨、尚志、伊春、鹤岗，吉林省安图、抚松、汪清、敦化、舒兰、蛟河、珲春，辽宁省开原、清原、新宾、桓仁、本溪、宽甸、凤城、凌源，内蒙古扎兰屯、额尔古纳、鄂伦春旗、牙克石、莫力达瓦达斡尔旗。

分布：中国（黑龙江、吉林、辽宁、内蒙古、河北、山西、四川、云南），朝鲜半岛，日本，俄罗斯（西伯利亚、远东地区）。

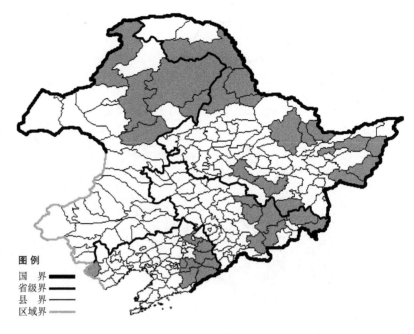

狭叶剪秋萝

Lychnis sibirica L.

生境：樟子松林下，沙质地，岩石壁上，海拔 500-800 米。

产地：内蒙古海拉尔、根河、额尔古纳、牙克石、鄂温克旗。

分布：中国（内蒙古），蒙古，俄罗斯（西伯利亚、远东地区）。

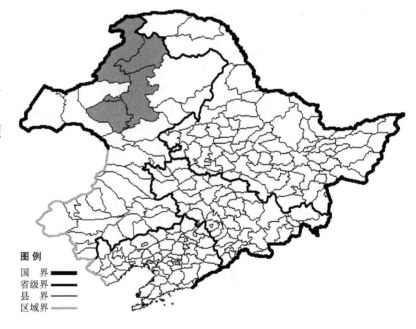

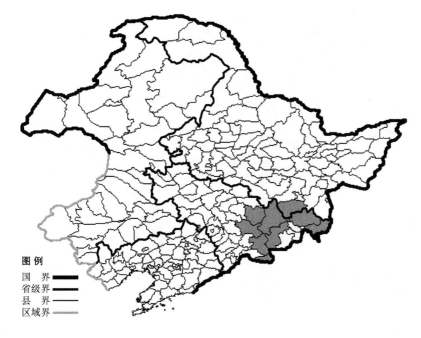

丝瓣剪秋萝

Lychnis wilfordii (Regel) Maxim.

　　生境：湿草地，河边湿草地，林缘，林下，海拔 1200 米以下。

　　产地：黑龙江省宁安，吉林省汪清、珲春、安图、抚松、敦化、蛟河、桦甸、长白。

　　分布：中国（黑龙江、吉林），朝鲜半岛，日本，俄罗斯（远东地区）。

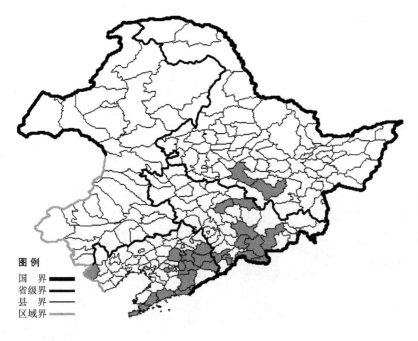

鹅肠菜

Malachium aquaticum (L.) Fries

　　生境：林缘，山坡湿草地，河边砂砾地，耕地旁，海拔 500 米以下。

　　产地：黑龙江省哈尔滨、尚志，吉林省临江、通化、舒兰、九台、桦甸、抚松、安图、靖宇、长白，辽宁省清原、凤城、本溪、桓仁、凌源、新宾、普兰店、庄河、东港、大连、丹东、抚顺、沈阳、鞍山。

　　分布：中国（全国各地），朝鲜半岛，日本，俄罗斯（欧洲部分、高加索、西伯利亚），中亚，非洲，欧洲。

异株女娄菜

Melandrium album (Mill.) Garcke

生境：铁路旁，田间，海拔 200
米以下。

产地：辽宁省沈阳，内蒙古额尔
古纳。

分布：原产欧洲，现我国辽宁、
内蒙古有分布。

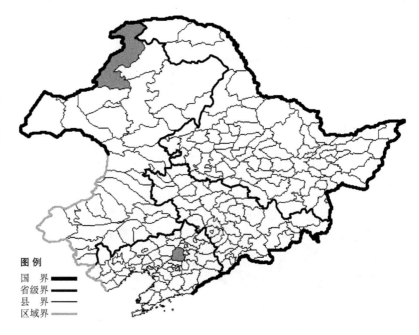

女娄菜

Melandrium apricum (Turcz. ex Fisch.
et C. A. Mey.) Rohrb.

生境：干山坡，林下，沙质地，
路旁，海拔 700 米以下。

产地：黑龙江省哈尔滨、伊春、
富锦、宁安、呼玛、尚志，吉林省磐
石、双辽、桦甸，辽宁省东港、凤城、
本溪、庄河、丹东、鞍山、大连、桓
仁、瓦房店、兴城、新宾、宽甸、法
库、清原、彰武、北镇、沈阳、铁岭、
内蒙古根河、牙克石、新巴尔虎右旗、
海拉尔、科尔沁右翼前旗、扎鲁特旗、
赤峰、乌兰浩特、通辽、宁城、扎赍
特旗、巴林右旗。

分布：中国（黑龙江、吉林、辽
宁、内蒙古、河北、山西、陕西、甘肃、
新疆、江苏、安徽、浙江、福建、河
南、湖北、江西、湖南、广东、贵州、
云南、西藏），朝鲜半岛，日本，蒙古，
俄罗斯（西伯利亚、远东地区）。

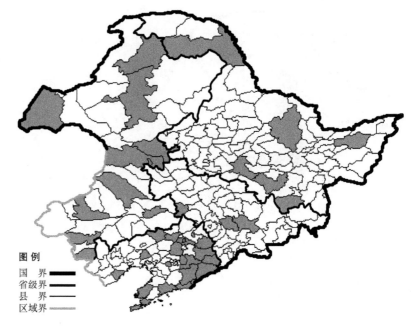

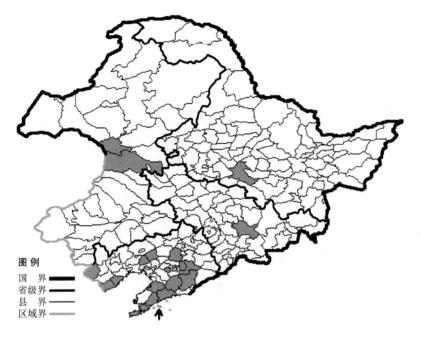

长冠女娄菜 Melandrium apricum (Turcz. ex Fisch. et C. A. Mey.) Rohrb. **var. oldhamianum** (Miq.) Y. C. Chu 生于干山坡、林下、沙质地、路旁，海拔 500 米以下，产于黑龙江省哈尔滨，吉林省桦甸，辽宁省沈阳、鞍山、本溪、凤城、盖州、普兰店、长海、黑山、绥中、凌源、大连、兴城、庄河、岫岩、北镇，内蒙古、阿尔山、科尔沁右翼前旗，分布于中国（黑龙江、吉林、辽宁、内蒙古、江苏、浙江），朝鲜半岛。

图例
国　界
省级界
县　界
区域界

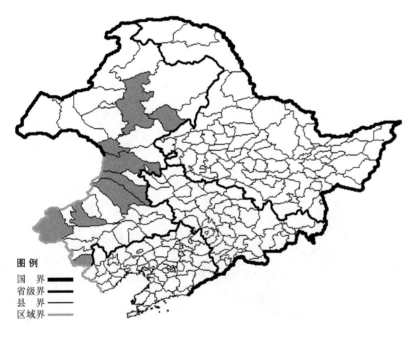

兴安女娄菜

Melandrium brachypetalum (Horn.) Fenzl

生境：向阳山坡草甸。

产地：内蒙古阿尔山、科尔沁右翼前旗、科尔沁右翼中旗、阿荣旗、巴林右旗、克什克腾旗、牙克石、扎鲁特旗、宁城。

分布：中国（内蒙古、陕西、宁夏、甘肃、青海、新疆），蒙古，俄罗斯（西伯利亚、远东地区），中亚。

图例
国　界
省级界
县　界
区域界

光萼女娄菜

Melandrium firmum (Sieb. et Zucc.) Rohrb.

生境：山坡草地，林下，林缘，河边，草甸，海拔 1000 米以下。

产地：黑龙江省宁安、萝北、黑河、哈尔滨、虎林、饶河、依兰、尚志、伊春，吉林省吉林、蛟河、珲春、和龙、汪清、安图、抚松、通化、集安、长白，辽宁省宽甸、本溪、凤城、庄河、瓦房店、凌源、丹东、桓仁、清原、西丰、铁岭、沈阳、鞍山、大连、长海、普兰店，内蒙古科尔沁左翼后旗、额尔古纳、鄂伦春旗、科尔沁右翼前旗、敖汉旗、喀喇沁旗、宁城。

分布：中国（黑龙江、吉林、辽宁、内蒙古、河北、山西、浙江、四川、西藏），朝鲜半岛，日本，俄罗斯（远东地区）。

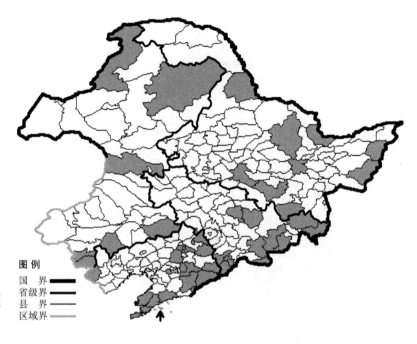

疏毛女娄菜 Melandrium firmum (Sieb. et Zucc.) Rohrb. f. **pubescens** Makino 生于山坡草地、林下、林缘、灌丛、河边、草甸，海拔 1300 米以下，产于黑龙江省黑河、萝北、虎林、饶河、伊春、哈尔滨，吉林省吉林、舒兰、蛟河、汪清、安图，辽宁省丹东、桓仁、岫岩、庄河，内蒙古莫力达瓦达斡尔旗，分布于中国（黑龙江、吉林、辽宁、内蒙古、河北、陕西、河南、江西、四川），朝鲜半岛，日本。

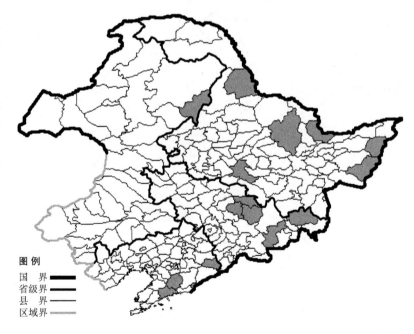

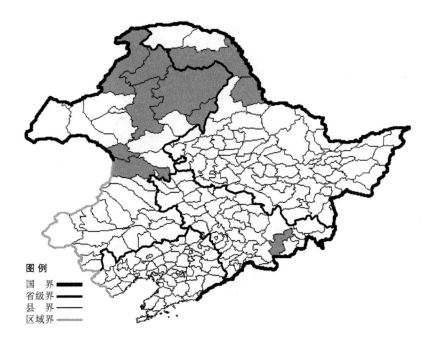

图例
国　界 ▬▬
省级界 ▬▬
县　界 ▬
区域界 ▬

石米努草

Minuartia laricina (L.) Mattf.

　　生境：林下岩石上，山顶，林缘，海拔约 800 米（大兴安岭）。
　　产地：黑龙江省呼玛、黑河，吉林省安图，内蒙古根河、额尔古纳、牙克石、鄂伦春旗、阿尔山、科尔沁右翼前旗、莫力达瓦达斡尔旗。
　　分布：中国（黑龙江、吉林、内蒙古、河北、山西），朝鲜半岛，俄罗斯（东部西伯利亚、远东地区）。

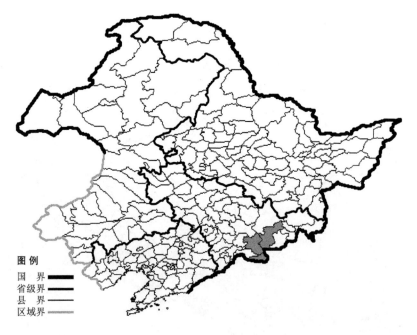

图例
国　界 ▬▬
省级界 ▬▬
县　界 ▬
区域界 ▬

长白米努草

Minuartia macrocarpa (Pursh) Ostenf. var. **koreana** (Nakai) Hara

　　生境：高山冻原，石砾质坡地，岩石上，海拔 1800-2500 米。
　　产地：吉林省安图、长白、抚松。
　　分布：中国（吉林），朝鲜半岛。

莫石竹

Moehringia lateriflora (L.) Fenzl

生境：林下，林缘，山坡灌丛，河边，湿草地，海拔约 900 米（大兴安岭）。

产地：黑龙江省呼玛、密山、黑河、富锦、虎林、饶河、哈尔滨、伊春、嘉荫，吉林省安图、临江、吉林、抚松、靖宇、蛟河、磐石、柳河，辽宁省凤城、本溪、新宾、凤城、桓仁、昌图，内蒙古鄂温克旗、扎兰屯、科尔沁右翼前旗、海拉尔、根河、额尔古纳、巴林右旗、巴林左旗、鄂伦春旗、阿尔山、牙克石、科尔沁左翼后旗、扎赉特旗、克什克腾旗。

分布：中国（黑龙江、吉林、辽宁、内蒙古、河北、山西、宁夏），朝鲜半岛，日本，蒙古，俄罗斯（北极带、欧洲部分、西伯利亚、远东地区），哈萨克斯坦，土耳其，欧洲。

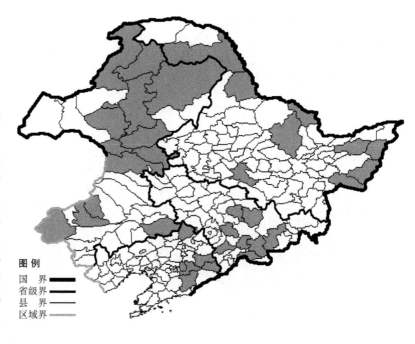

蔓假繁缕

Pseudostellaria davidii (Franch.) Pax

生境：林下湿草地，林缘，海拔 900 米以下。

产地：黑龙江省伊春、尚志、哈尔滨，吉林省临江、敦化、桦甸、安图、通化、柳河，辽宁省本溪、凤城、宽甸、庄河、普兰店、瓦房店、桓仁、新宾、西丰、鞍山、凌源、建昌、绥中、鞍山，内蒙古赤峰、巴林右旗、宁城。

分布：中国（黑龙江、吉林、辽宁、内蒙古、河北、山西、陕西、甘肃、青海、新疆、山东、浙江、河南、安徽、四川、云南、西藏），朝鲜半岛，蒙古，俄罗斯（远东地区）。

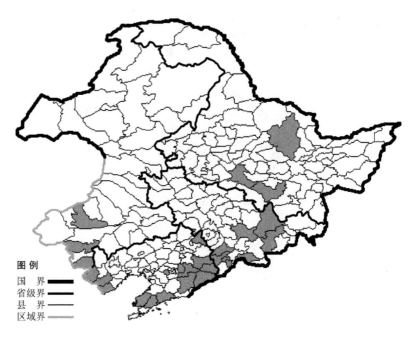

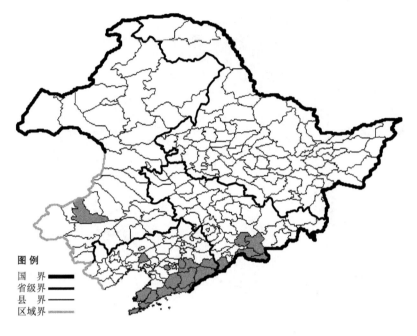

孩儿参

Pseudostellaria heterophylla (Miq.) Pax

　　生境：山坡杂木林或柞林下，灌丛，林下岩石旁，海拔 500 米以下。

　　产地：吉林省集安、长白、抚松、靖宇、临江，辽宁省丹东、东港、庄河、岫岩、凤城、本溪、宽甸、鞍山、大连、桓仁、瓦房店、北镇、普兰店，内蒙古巴林右旗。

　　分布：中国（吉林、辽宁、内蒙古、河北、陕西、山东、江苏、安徽、浙江、河南、湖北、湖南、四川），朝鲜半岛，日本。

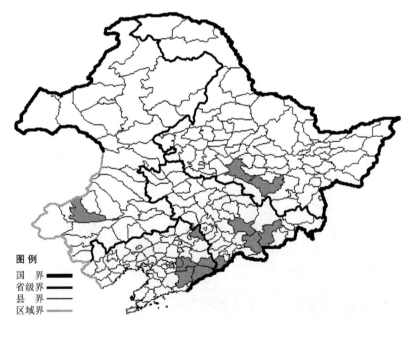

毛假繁缕

Pseudostellaria japonica (Korsh.) Pax

　　生境：林下，林缘湿草地，海拔 800 米以下。

　　产地：黑龙江省哈尔滨、尚志，吉林省桦甸、安图、抚松、集安，辽宁省本溪、宽甸、桓仁、西丰、凤城，内蒙古巴林右旗。

　　分布：中国（黑龙江、吉林、辽宁、内蒙古），日本，俄罗斯（远东地区）。

森林假繁缕

Pseudostellaria sylvatica (Maxim.) Pax

　　生境：林下，林缘草地，海拔
1800 米以下。
　　产地：黑龙江省饶河、伊春、尚
志，吉林省安图、抚松，辽宁省宽甸、
桓仁、凤城。
　　分布：中国（黑龙江、吉林、辽
宁、河北、陕西、甘肃、新疆、河南、
湖北、四川、云南、西藏），朝鲜半岛，
日本，俄罗斯（远东地区）。

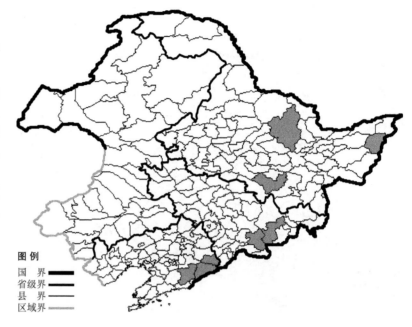

漆姑草

Sagina japonica (Swartz) Ohwi

　　生境：河边。
　　产地：黑龙江省佳木斯、宁安，
吉林省安图，辽宁省庄河、凤城、桓仁、
大连、丹东，内蒙古牙克石。
　　分布：中国（黑龙江、吉林、辽
宁、内蒙古、河北、陕西、甘肃、新疆、
山东、江苏、安徽、浙江、河南、湖
北、江西、湖南、广东、四川、贵州、
云南、西藏、台湾），朝鲜半岛，日本，
俄罗斯（北极带、远东地区），尼泊尔，
印度。

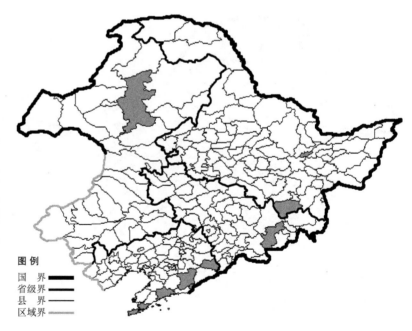

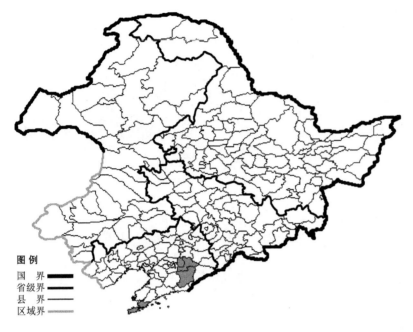

根叶漆姑草

Sagina maxima A. Gray

生境：荒地。
产地：辽宁省凤城、大连、本溪。
分布：中国（辽宁、新疆、江苏、安徽、湖北、四川、云南、台湾），朝鲜半岛，日本，俄罗斯（远东地区），北美洲。

图例
国　界
省级界
县　界
区域界

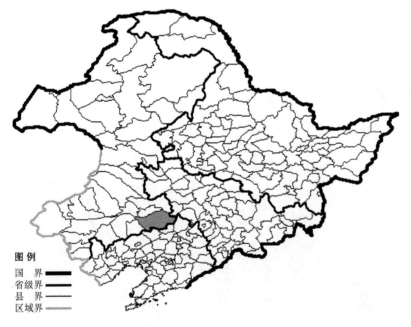

无毛漆姑草

Sagina saginoides (L.) Karsten

生境：粘泥质水湿地，海拔 500 米以下。
产地：内蒙古科尔沁左翼后旗。
分布：中国（内蒙古、新疆、西藏），日本，俄罗斯（北极带、高加索、西伯利亚、远东地区），哈萨克斯坦，土耳其，印度，欧洲，北美洲。

图例
国　界
省级界
县　界
区域界

肥皂草

Saponaria officinalis L.

　　生境：铁路旁，海边荒山，海拔
500 米以下。
　　产地：黑龙江省哈尔滨，辽宁省
大连、沈阳。
　　分布：原产欧洲，现我国黑龙江、
辽宁、山东有分布。

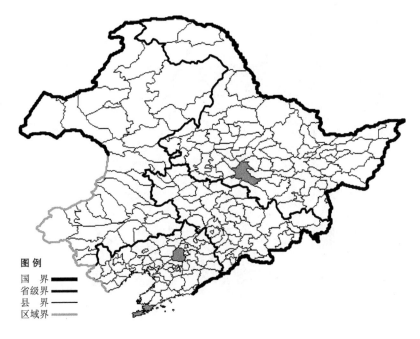

叶麦瓶草

Silene foliosa Maxim.

　　生境：山坡岩石壁上，林下，海
拔 1200 米以下。
　　产地：黑龙江省绥芬河、密山、
东宁、饶河，吉林省通榆，辽宁省本溪、
新宾、宽甸、庄河、丹东。
　　分布：中国（黑龙江、吉林、辽
宁），朝鲜半岛，日本，俄罗斯（远
东地区）。

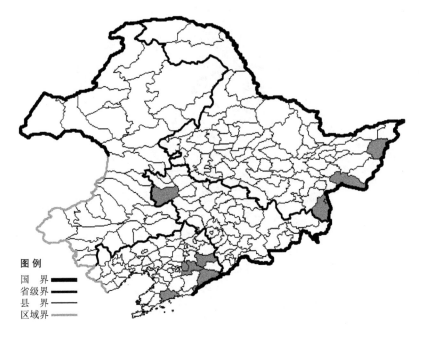

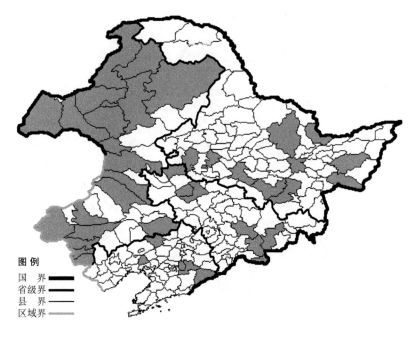

图例
国　界
省级界
县　界
区域界

旱麦瓶草

Silene jenisseensis Willd.

　　生境：石砾质山坡，岩石壁上，山顶岳桦林下，林缘，草原，固定沙丘，海拔 2100 米以下。

　　产地：黑龙江省海林、伊春、萝北、密山、宝清、依兰、尚志、安达、哈尔滨、杜尔伯特，吉林省安图、桦甸、乾安、前郭尔罗斯、镇赉、长白、抚松，辽宁省宽甸、本溪、北镇、彰武，内蒙古根河、牙克石、海拉尔、鄂温克旗、翁牛特旗、科尔沁左翼后旗、扎鲁特旗、克什克腾旗、喀喇沁旗、宁城、鄂伦春旗、陈巴尔虎旗、新巴尔虎左旗、新巴尔虎右旗、科尔沁右翼前旗、阿尔山、科尔沁右翼中旗、巴林右旗、额尔古纳、赤峰。

　　分布：中国（黑龙江、吉林、辽宁、内蒙古、河北、山西、新疆、山东），朝鲜半岛，蒙古，俄罗斯（西伯利亚、远东地区）。

图例
国　界
省级界
县　界
区域界

　　兴安旱麦瓶草 Silene jenisseensis Willd. var. graminifolila (Otth) Y. C. Chu 生于火山岩，兴安落叶松林下，产于内蒙古阿尔山，分布于中国（内蒙古、新疆），朝鲜半岛，蒙古，俄罗斯（东部西伯利亚），哈萨克斯坦。

长白旱麦瓶草 **Silene jenisseen-sis** Willd. var. **oliganthella** (Nakai ex Kitag) Y. C. Chu 生于高山岩石壁上、林下草地，海拔 1700-2400 米，产于黑龙江省尚志，吉林省安图，分布于中国（黑龙江、吉林），朝鲜半岛。

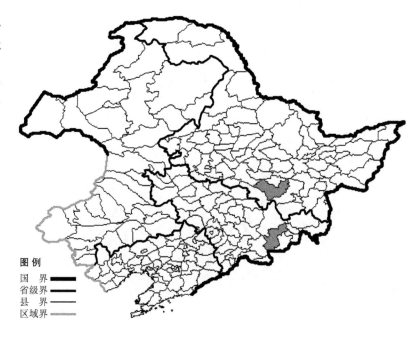

小花旱麦瓶草 **Silene jenisseensis** Willd. f. **parviflora** (Turcz.) Schischk. 生于干山坡、岩石壁上、草原、沙丘，产于黑龙江省安达、杜尔伯特，吉林省镇赉、前郭尔罗斯，辽宁省阜新，内蒙古鄂温克旗、海拉尔、科尔沁右翼前旗、赤峰、牙克石，分布于中国（黑龙江、吉林、辽宁、内蒙古），蒙古，俄罗斯（西伯利亚、远东地区）。

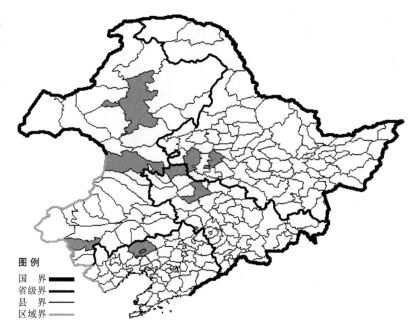

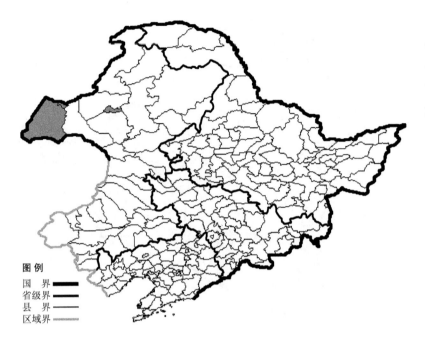

丝叶旱麦瓶草 Silene jenisseensis Willd. f. setifolia (Turcz.) Schischk. 生于山阳坡草甸、岩石壁上，产于内蒙古新巴尔虎右旗、满洲里、海拉尔，分布于中国（内蒙古），蒙古，俄罗斯。

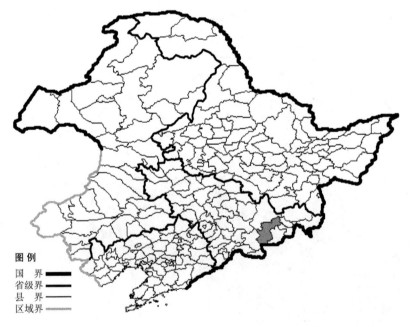

朝鲜麦瓶草

Silene koreana Kom.

生境：林缘，林下，海拔约 500 米。

产地：吉林省安图。

分布：中国（吉林），朝鲜半岛，日本，俄罗斯（远东地区）。

长柱麦瓶草

Silene macrostyla Maxim.

生境：干山坡，杂木林下，湿草地，海拔 800 米以下。

产地：黑龙江省伊春、嘉荫、萝北、虎林、饶河、哈尔滨，吉林省吉林、珲春、和龙、汪清、长白、安图，辽宁省西丰、铁岭、桓仁、大连、普兰店。

分布：中国（黑龙江、吉林、辽宁），朝鲜半岛，俄罗斯（远东地区）。

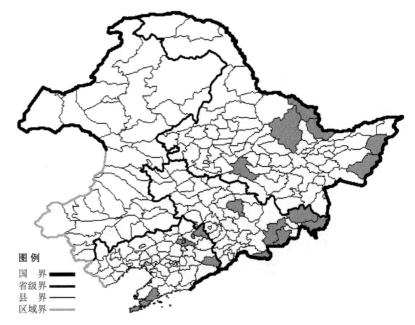

图例
国　界 ▬▬
省级界 ▬▬
县　界 ▬▬
区域界 ▬▬

毛萼麦瓶草

Silene repens Part.

生境：石砾质山坡，林下，山顶岩石壁上，海拔 2300 米以下。

产地：黑龙江省宁安、呼玛、黑河、孙吴、嘉荫、萝北、虎林、饶河、密山、富锦、勃利、集贤、鹤岗、伊春、哈尔滨、尚志，吉林省桦甸、珲春、汪清、安图、抚松、临江、长白，辽宁省丹东、法库、西丰、凌源、彰武，内蒙古新巴尔虎右旗、新巴尔虎左旗、满洲里、海拉尔、鄂温克旗、鄂伦春旗、根河、额尔古纳、牙克石、扎赉特旗、扎兰屯、科尔沁左翼后旗、科尔沁左翼中旗、科尔沁右翼前旗、科尔沁右翼中旗、乌兰浩特、阿尔山、奈曼旗、巴林左旗、巴林右旗、扎鲁特旗、翁牛特旗、宁城、克什克腾旗、喀喇沁旗。

分布：中国（黑龙江、吉林、辽宁、内蒙古、河北、山西、新疆、四川、西藏），朝鲜半岛，日本，蒙古，俄罗斯（欧洲部分、西伯利亚、远东地区），中亚，欧洲。

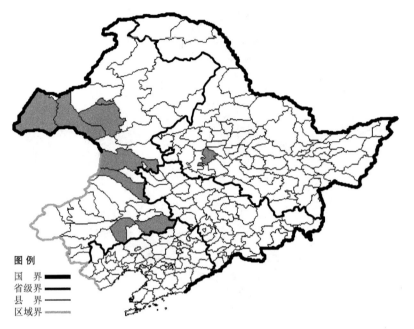

细叶毛萼麦瓶草 Silene repens Part. var. **angustifolia** Turcz. 生于高山岩石壁上，海拔 2000 米以下，产于黑龙江省安达，内蒙古新巴尔虎右旗、新巴尔虎左旗、海拉尔、科尔沁右翼前旗、科尔沁右翼中旗、科尔沁左翼后旗、奈曼旗、鄂温克旗，分布于中国（黑龙江、内蒙古），蒙古，俄罗斯（东部西伯利亚）。

图 例
国　界 ▬▬▬
省级界 ▬▬
县　界 ──
区域界 ▬▬

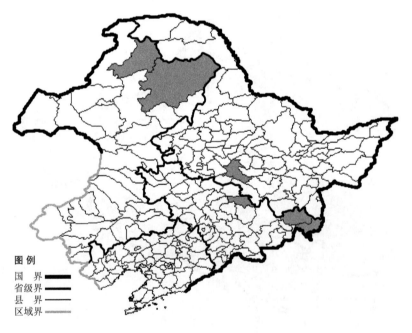

宽叶毛萼麦瓶草 Silene repens Part. var. **latifolia** Turcz. 生于林下、路旁、草甸、河边，海拔 1000 米以下，产于黑龙江省哈尔滨，吉林省汪清、珲春、舒兰，内蒙古根河、鄂伦春旗，分布于中国（黑龙江、吉林、内蒙古），日本，俄罗斯（西伯利亚）。

图 例
国　界 ▬▬▬
省级界 ▬▬
县　界 ──
区域界 ▬▬

石生麦瓶草

Silene tatarinowii Regel

生境：山坡疏林下，岩石缝间，海拔 500 米以下。

产地：辽宁省大连，内蒙古科尔沁左翼后旗、克什克腾旗、宁城。

分布：中国（辽宁、内蒙古、河北、山西、陕西、宁夏、甘肃、河南、湖北、湖南、四川、贵州）。

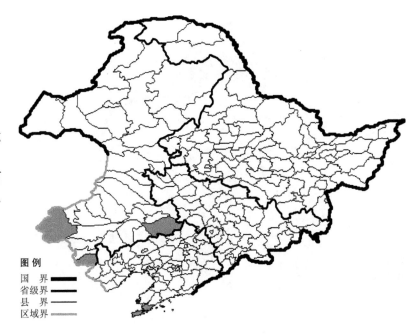

白花石生麦瓶草 Silene tatarinowii Regel f. **albiflora** (Franch.) Kitag. 生于山坡疏林下、岩石缝间，产于辽宁省凌源，分布于中国（辽宁、河北）。

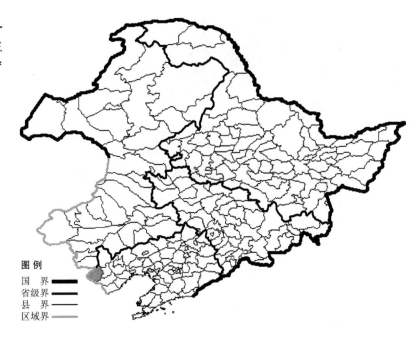

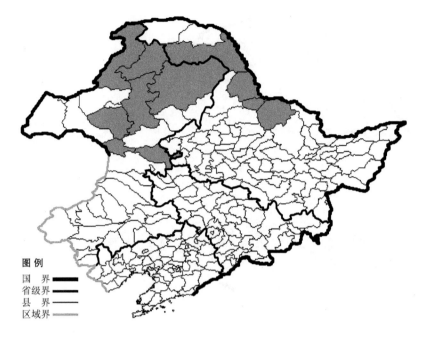

狗筋麦瓶草

Silene venosa (Gilib.) Aschers

　　生境：草甸，河边，山谷灌丛，荒地，田间，海拔 800 米以下。
　　产地：黑龙江省呼玛、黑河、孙吴、逊克，内蒙古牙克石、根河、额尔古纳、鄂伦春旗、鄂温克旗、阿尔山、扎赉特旗。
　　分布：中国（黑龙江、内蒙古），蒙古，俄罗斯（欧洲部分、高加索、西伯利亚、远东地区），哈萨克斯坦，土耳其，伊朗，尼泊尔，印度，欧洲，非洲。

大爪草

Spergula arvensis L.

　　生境：河边草地。
　　产地：黑龙江省呼玛。
　　分布：中国（黑龙江），日本，俄罗斯（欧洲部分、高加索、西伯利亚、远东地区），土耳其，印度，欧洲，非洲，北美洲。

拟漆姑

Spergularia salina J. et C. Presl

生境：海边沙地，盐碱地，河边、湖边、池沼边及水田边等水湿地，海拔 600 米以下。

产地：黑龙江省哈尔滨、富裕，吉林省双辽、辽源，辽宁省沈阳、铁岭、北镇、大连、普兰店、长海，内蒙古新巴尔虎左旗、新巴尔虎右旗、科尔沁左翼中旗、科尔沁左翼后旗。

分布：中国（黑龙江、吉林、辽宁、内蒙古、河北、陕西、宁夏、甘肃、青海、山东、江苏、河南、四川、云南），朝鲜半岛，日本，蒙古，俄罗斯（欧洲部分、高加索、西伯利亚、远东地区），中亚。

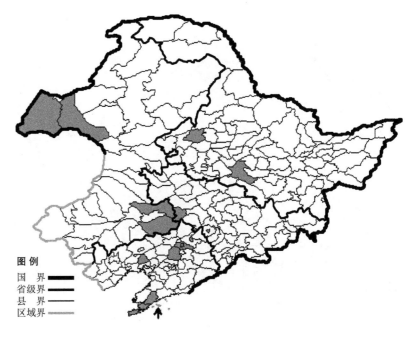

雀舌繁缕

Stellaria alsine Grimm. var. **undulata** (Thunb.) Ohwi

生境：河边湿草地，水田附近，海拔 500 米以下。

产地：吉林省九台、桦甸、蛟河、靖宇，辽宁省新民、丹东、长海、大连、瓦房店、凤城、清原、桓仁、宽甸，内蒙古乌兰浩特、海拉尔、科尔沁右翼前旗。

分布：中国（吉林、辽宁、内蒙古、河北、山西、陕西、甘肃、山东、江苏、安徽、浙江、福建、河南、湖北、江西、湖南、广东、广西、四川、贵州、云南、西藏、台湾），朝鲜半岛，日本，俄罗斯（北极带、欧洲部分、西伯利亚、远东地区），土耳其，欧洲，北美洲。

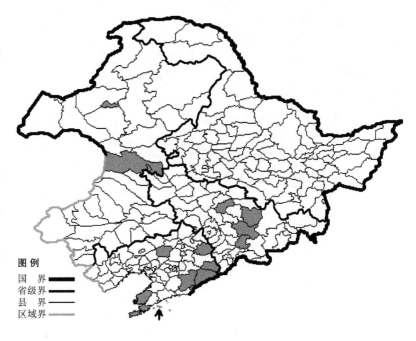

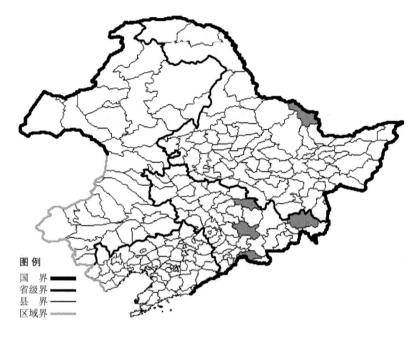

图例
国　界 ▬▬
省级界 ▬▬
县　界 ——
区域界 ——

林繁缕

Stellaria bungeana Fenzl var. **stubendorfii** (Regel) Y. C. Chu

　　生境：林下，林缘，灌丛，海拔约 400 米。
　　产地：黑龙江省嘉荫，吉林省临江、桦甸、舒兰、汪清。
　　分布：中国（黑龙江、吉林），朝鲜半岛。

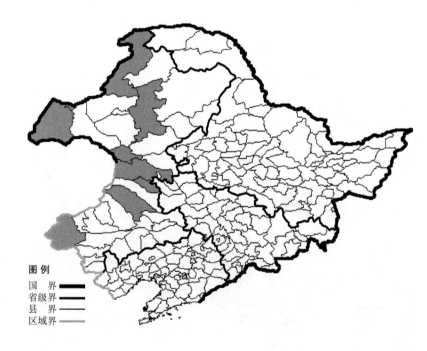

图例
国　界 ▬▬
省级界 ▬▬
县　界 ——
区域界 ——

兴安繁缕

Stellaria cherleriae (Fisch. ex Ser.) Will.

　　生境：向阳山坡，石砾质山坡，岩石壁上，疏林下，草甸，海拔 800 米以下。
　　产地：内蒙古满洲里、新巴尔虎右旗、牙克石、阿尔山、科尔沁右翼前旗、额尔古纳、突泉、克什克腾旗、扎鲁特旗。
　　分布：中国（内蒙古、河北、山西），蒙古，俄罗斯（东部西伯利亚）。

叶苞繁缕

Stellaria crassifolia Ehrh. var. **linearis** Fenzl

生境：河边湿草地，踏头甸子，海拔约 600 米。

产地：内蒙古宁城、海拉尔、额尔古纳、鄂温克旗。

分布：中国（内蒙古、新疆），日本，俄罗斯（西伯利亚），欧洲。

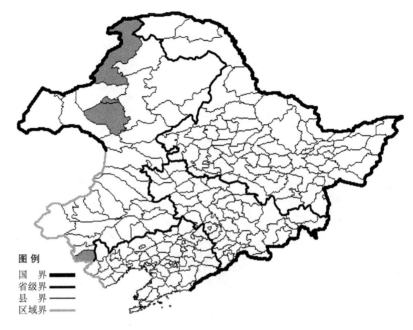

翻白繁缕

Stellaria discolor Turcz. ex Fenzl

生境：河边，山坡草地，湿草地，海拔 600 米以下。

产地：黑龙江省孙吴、伊春、富锦、哈尔滨，吉林省珲春、汪清、桦甸、通化、抚松，辽宁省沈阳、抚顺，内蒙古牙克石、额尔古纳、鄂伦春旗、阿尔山、科尔沁右翼前旗、科尔沁右翼中旗、科尔沁左翼后旗、扎赉特旗、通辽、扎鲁特旗、喀喇沁旗。

分布：中国（黑龙江、吉林、辽宁、内蒙古、河北、山西、陕西、新疆），蒙古，俄罗斯（东部西伯利亚、远东地区）。

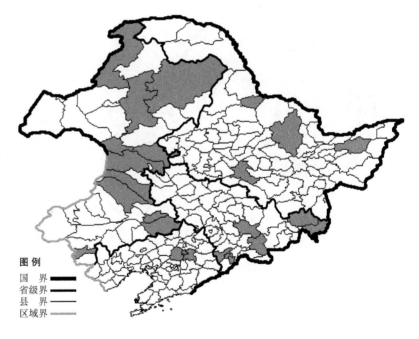

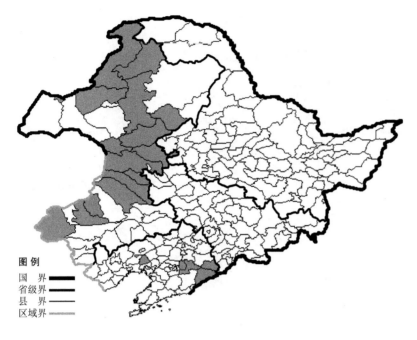

叉繁缕

Stellaria dichotoma L.

生境：石砾质山坡，海拔 1100 米以下。

产地：辽宁省北镇、本溪、宽甸、桓仁，内蒙古根河、满洲里、阿荣旗、突泉、扎鲁特旗、克什克腾旗、巴林左旗、巴林右旗、额尔古纳、牙克石、陈巴尔虎旗、扎兰屯、科尔沁右翼前旗、科尔沁右翼中旗、阿尔山、扎赉特旗。

分布：中国（辽宁、内蒙古、河北、山西、甘肃、青海、宁夏、新疆），蒙古，俄罗斯（西伯利亚、远东地区）。

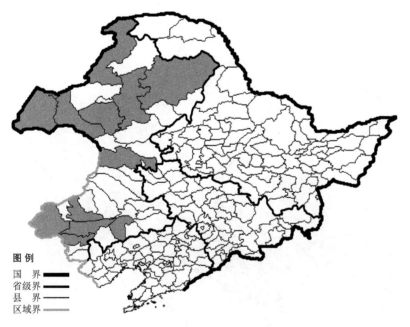

披针叶叉繁缕 Stellaria dichotoma L. var. **lanceolata** Bunge 生于向阳多石质山坡、山坡石缝间，海拔 600 米以下，产于内蒙古满洲里、新巴尔虎右旗、新巴尔虎左旗、鄂温克旗、牙克石、科尔沁右翼前旗、奈曼旗、赤峰、翁牛特旗、额尔古纳、鄂伦春旗、巴林右旗、克什克腾旗，分布于中国（内蒙古、河北、陕西、甘肃、宁夏、新疆），蒙古，俄罗斯。

线叶叉繁缕 Stellaria dichotoma
L. var. **linearis** Fenzl 生于草原沙质地，
海拔 700 米以下，产于内蒙古扎赉特
旗、新巴尔虎右旗，分布于中国（内
蒙古），蒙古，俄罗斯。

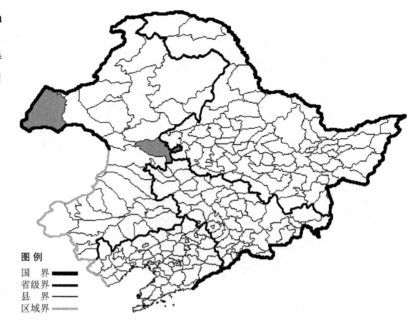

细叶繁缕

Stellaria filicaulis Makino

生境：湿草甸，踏头甸子，沼泽
旁湿地，河边湿地，溪流旁，海拔
800 米以下。

产地：黑龙江省呼玛、黑河、萝
北、尚志、伊春、宁安、佳木斯、哈
尔滨、嘉荫，吉林省敦化，辽宁省沈阳、
彰武、丹东、宽甸、本溪、凤城，内
蒙古海拉尔、根河、额尔古纳、科尔
沁右翼中旗、巴林右旗、阿尔山、科
尔沁右翼前旗、科尔沁左翼后旗、鄂
温克旗、扎赉特旗、扎鲁特旗、鄂伦
春旗、新巴尔虎左旗、扎兰屯、喀喇
沁旗。

分布：中国（黑龙江、吉林、辽
宁、内蒙古、河北、山西），朝鲜半岛，
日本，俄罗斯（远东地区）。

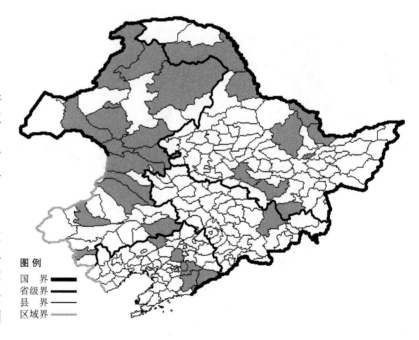

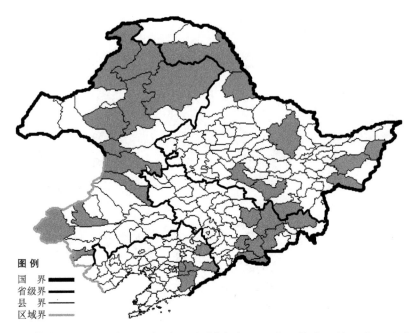

图例
国　界 ▬▬▬
省级界 ▬▬
县　界 ───
区域界 ───

伞繁缕

Stellaria longifolia Muehl.

生境：林下，林缘，河边，湿草地，沼泽，海拔 1000 米以下。

产地：黑龙江省呼玛、黑河、饶河、宝清、尚志、哈尔滨、密山、宁安、伊春，吉林省汪清、敦化、蛟河、安图、抚松、靖宇、长白、临江，辽宁省凤城、桓仁、本溪、清原，内蒙古根河、额尔古纳、鄂伦春旗、牙克石、鄂温克旗、科尔沁右翼前旗、科尔沁右翼中旗、巴林右旗、阿尔山、克什克腾旗、喀喇沁旗。

分布：中国（黑龙江、吉林、辽宁、内蒙古、河北、陕西、宁夏），朝鲜半岛，日本，蒙古，俄罗斯（北极带、欧洲部分、西伯利亚、远东地区），欧洲，北美洲。

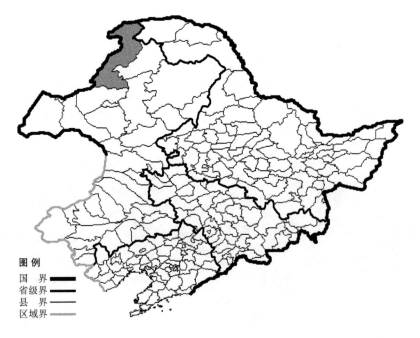

图例
国　界 ▬▬▬
省级界 ▬▬
县　界 ───
区域界 ───

睫伞繁缕 Stellaria longifolia Muehl. **f. ciliolata** (Kitag.) Y. C. Chu 生于向阳山坡林缘，产于内蒙古额尔古纳，分布于中国（内蒙古），俄罗斯（远东地区）。

繁缕

Stellaria media (L.) Cyr.

　　生境：山坡林缘，人家附近，荒地，海拔约 1100 米以下。

　　产地：黑龙江省呼玛、伊春，吉林省珲春，辽宁省宽甸、桓仁，内蒙古额尔古纳、鄂伦春旗、阿尔山、科尔沁右翼前旗。

　　分布：中国（全国各地），遍布世界各地。

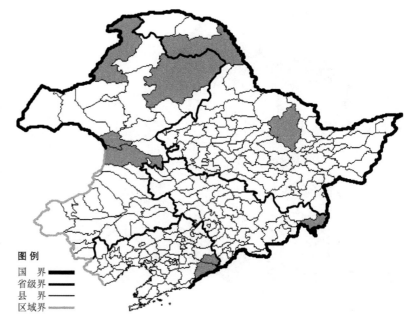

沼繁缕

Stellaria palustris Ehrh. ex Retz.

　　生境：河边草地，海拔 600 米以下。

　　产地：黑龙江省萝北，辽宁省凤城、新宾、西丰，内蒙古新巴尔虎左旗、海拉尔、新巴尔虎右旗、扎赉特旗、喀喇沁旗、克什克腾旗。

　　分布：中国（黑龙江、辽宁、内蒙古、河北、山西、陕西、甘肃、新疆、山东、河南、四川、云南），日本，蒙古，俄罗斯（欧洲部分、高加索、西伯利亚、远东地区），哈萨克斯坦，伊朗，土耳其，欧洲。

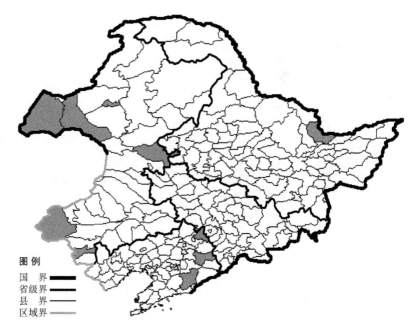

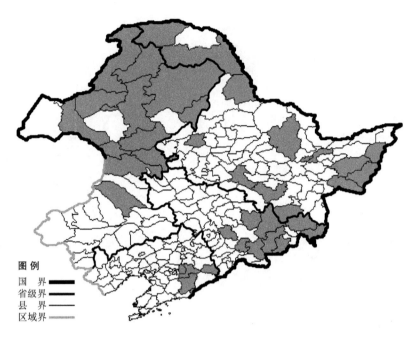

图例
国　界 ━━━
省级界 ═══
县　界 ───
区域界 ═══

垂梗繁缕

Stellaria radians L.

　　生境：沟边，灌丛，林下，林缘，湿草地，踏头甸子，河边，海拔1200米以下。

　　产地：黑龙江省漠河、呼玛、黑河、宁安、密山、富裕、虎林、饶河、宝清、桦川、尚志、哈尔滨、伊春、佳木斯，吉林省珲春、汪清、和龙、安图、抚松、靖宇、敦化、磐石、蛟河，辽宁省桓仁、丹东、凤城、本溪，内蒙古海拉尔、根河、额尔古纳、扎赉特旗、牙克石、科尔沁右翼前旗、鄂伦春旗、莫力达瓦达斡尔旗、陈巴尔虎旗、扎鲁特旗、阿尔山、新巴尔虎左旗、扎兰屯。

　　分布：中国（黑龙江、吉林、辽宁、内蒙古、河北），朝鲜半岛，日本，蒙古，俄罗斯（东部西伯利亚、远东地区）。

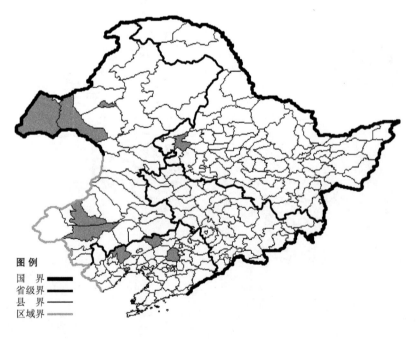

图例
国　界 ━━━
省级界 ═══
县　界 ───
区域界 ═══

藜科 Chenopodiaceae

沙蓬

Agriophyllum squarrosum (L.) Moq.

　　生境：流动及半流动沙丘，海拔700米以下。

　　产地：黑龙江省齐齐哈尔，辽宁省沈阳、北票、锦州、彰武，内蒙古新巴尔虎左旗、新巴尔虎右旗、巴林右旗、翁牛特旗、海拉尔。

　　分布：中国（黑龙江、辽宁、内蒙古、河北、河南、山西、陕西、宁夏、青海、新疆、西藏），蒙古，俄罗斯（西部西伯利亚、高加索），中亚。

中亚滨藜

Atriplex centralasiatica Iljin

生境：海边沙地，碱性草地。

产地：黑龙江省安达，吉林省双辽、通榆，辽宁省葫芦岛、营口、大连，内蒙古翁牛特旗。

分布：中国（黑龙江、吉林、辽宁、内蒙古、河北、陕西、山西、宁夏、甘肃、青海、西藏、新疆），蒙古，中亚。

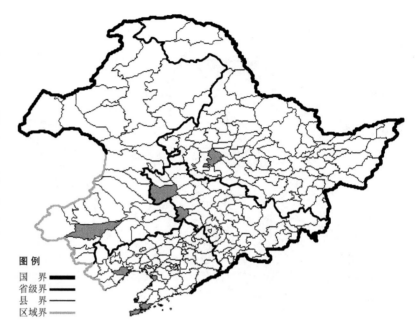

野滨藜

Atriplex fera (L.) Bunge

生境：碱性草地，路旁，海拔600米以下。

产地：黑龙江省杜尔伯特、肇东、大庆，吉林省通榆、洮南，辽宁省营口，内蒙古满洲里、海拉尔、新巴尔虎左旗、新巴尔虎右旗、巴林右旗、科尔沁右翼中旗、林西、克什克腾旗。

分布：中国（黑龙江、吉林、辽宁、内蒙古、河北、山西、陕西、甘肃、青海、新疆），蒙古，俄罗斯（东部西伯利亚）。

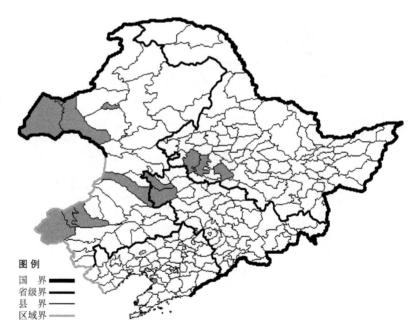

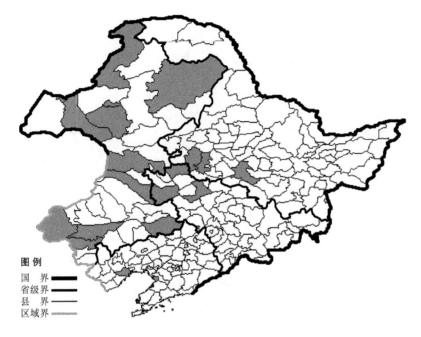

滨藜

Atriplex patens (Litv.) Iljin

生境：碱性草地，路旁，海拔
700 米以下。

产地：黑龙江省哈尔滨、大庆、
杜尔伯特，吉林省前郭尔罗斯、镇赉、
通榆，辽宁省营口、葫芦岛，内蒙古
海拉尔、科尔沁左翼后旗、鄂伦春旗、
满洲里、鄂温克旗、新巴尔虎左旗、
科尔沁右翼中旗、克什克腾旗、额尔
古纳、科尔沁右翼前旗、赤峰、翁牛
特旗。

分布：中国（黑龙江、辽宁、内
蒙古、河北、陕西、甘肃、宁夏、青
海、新疆），蒙古，俄罗斯（欧洲部分、
高加索、西伯利亚、远东地区），中亚。

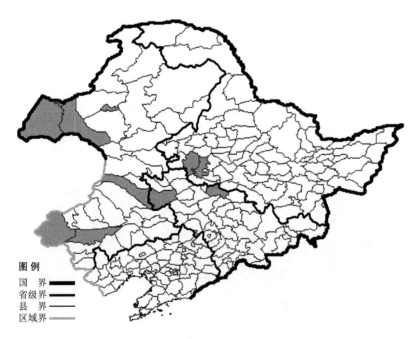

西伯利亚滨藜

Atriplex sibirica L.

生境：碱性草地，草甸，海拔
700 米以下。

产地：黑龙江省大庆、杜尔伯特，
吉林省通榆、扶余，内蒙古满洲里、
翁牛特旗、海拉尔、新巴尔虎左旗、
新巴尔虎右旗、科尔沁右翼中旗、克
什克腾旗。

分布：中国（黑龙江、吉林、内
蒙古、河北、陕西、宁夏、甘肃、青
海、新疆），蒙古，俄罗斯（西伯利亚），
哈萨克斯坦。

轴藜

Axyris amaranthoides L.

生境：湿草地，山坡草地，路旁，河边，海拔 900 米以下。

产地：黑龙江省绥芬河、饶河、密山、尚志、哈尔滨、呼玛、安达、伊春，吉林省安图、临江、和龙、汪清、吉林、蛟河，辽宁省建昌、西丰、新宾、宽甸、本溪、庄河、营口、鞍山、海城，内蒙古海拉尔、根河、科尔沁左翼后旗、鄂伦春旗、牙克石、扎兰屯、满洲里、敖汉旗、新巴尔虎左旗、科尔沁右翼中旗、巴林右旗、翁牛特旗、科尔沁右翼前旗、阿尔山、额尔古纳、扎鲁特旗、阿鲁科尔沁旗、克什克腾旗、喀喇沁旗。

分布：中国（黑龙江、吉林、辽宁、内蒙古、河北、山西、陕西、甘肃、青海、新疆），朝鲜半岛，日本，蒙古，俄罗斯（欧洲部分、西伯利亚、远东地区），中亚。

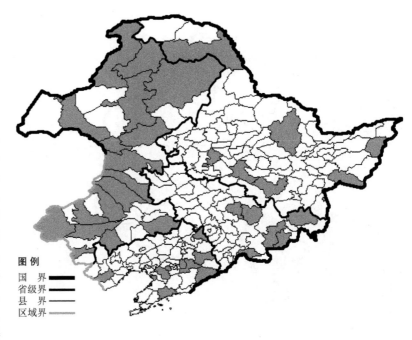

杂配轴藜

Axyris hybrida L.

生境：耕地旁，路旁，河滩，山坡草地，海拔 700 米以下。

产地：内蒙古海拉尔、陈巴尔虎旗、额尔古纳、鄂伦春旗、牙克石、新巴尔虎右旗、科尔沁右翼前旗、科尔沁右翼中旗、巴林右旗、克什克腾旗。

分布：中国（内蒙古、河北、山西、甘肃、青海、新疆、河南、云南、西藏），蒙古，俄罗斯（西伯利亚），中亚。

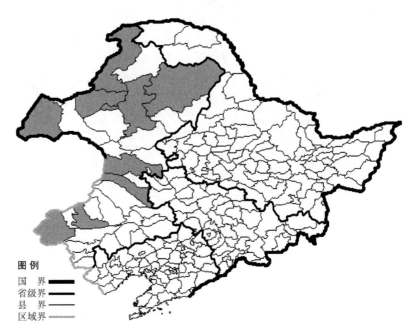

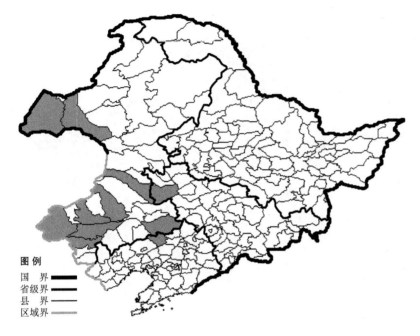

雾冰藜

Bassia dasyphylla (Fisch. et C. A. Mey.)
O. Kuntze

　　生境：盐碱地，沙丘，沙质草地，河滩，海拔约 300 米。

　　产地：吉林省通榆，辽宁省彰武，内蒙古新巴尔虎左旗、科尔沁左翼后旗、科尔沁右翼中旗、翁牛特旗、新巴尔虎右旗、阿鲁科尔沁旗、巴林右旗、克什克腾旗、赤峰。

　　分布：中国（吉林、辽宁、内蒙古、山东、河北、山西、陕西、甘肃、青海、新疆、西藏），蒙古，中亚。

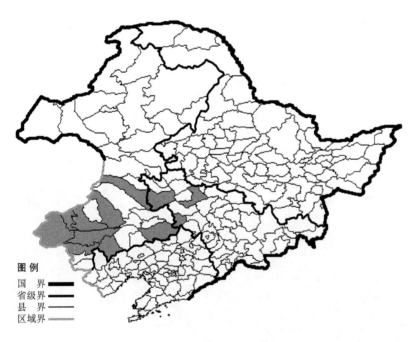

华北驼绒藜

Ceratoides arborescens (Losinsk.) Tsien
et C. G. Ma

　　生境：固定沙丘，荒地，山坡草地。

　　产地：吉林省双辽、前郭尔罗斯、通榆，内蒙古阿鲁科尔沁旗、赤峰、翁牛特旗、科尔沁右翼中旗、巴林右旗、林西、克什克腾旗、敖汉旗、科尔沁左翼后旗。

　　分布：中国（吉林、内蒙古、河北、山西、陕西、甘肃、四川）。

尖头叶藜

Chenopodium acuminatum Willd.

生境：河边低湿地，荒地，人家附近，海拔 900 米以下。

产地：黑龙江省杜尔伯特、哈尔滨、齐齐哈尔，吉林省镇赉、双辽、通榆、前郭尔罗斯、和龙、安图，辽宁省沈阳、本溪、抚顺、铁岭、彰武，内蒙古新巴尔虎左旗、新巴尔虎右旗、海拉尔、满洲里、巴林右旗、扎鲁特旗、翁牛特旗、赤峰、克什克腾旗、额尔古纳、鄂温克旗、扎赉特旗、科尔沁左翼后旗。

分布：中国（黑龙江、吉林、辽宁、内蒙古、河北、山西、陕西、甘肃、宁夏、青海、新疆、山东、浙江、河南），朝鲜半岛，日本，蒙古，俄罗斯（西伯利亚），中亚。

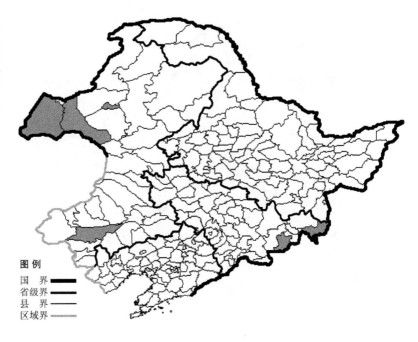

狭叶尖头叶藜 Chenopodium acuminatum Willd. subsp. **virgatum** (Thunb.) Kitam. 生于海边、湖边、荒地，产于吉林省珲春、和龙，内蒙古翁牛特旗、海拉尔、新巴尔虎左旗、新巴尔虎右旗，分布于中国（吉林、内蒙古、河北、江苏、浙江、福建、广西、广东、台湾），朝鲜半岛，日本，俄罗斯（远东地区）。

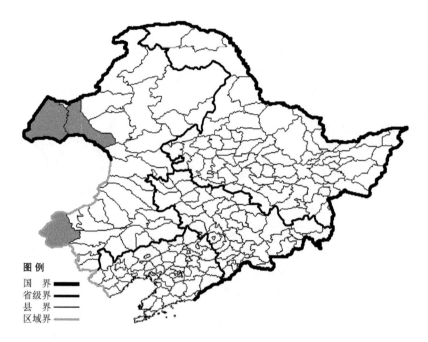

矮藜 Chenopodium acuminatum
Willd. var. **minimum** (Wang et Fuh) Zh.
Sh. Qin 生于山坡石砾地，产于内蒙古新巴尔虎右旗、新巴尔虎左旗、克什克腾旗，分布于中国（内蒙古）。

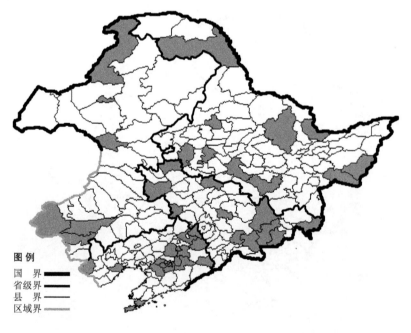

藜

Chenopodium album L.

　　生境：河边低湿地，路旁，耕地旁，荒地，人家附近，海拔 600 米以下。

　　产地：黑龙江省密山、安达、萝北、尚志、虎林、克山、杜尔伯特、呼玛、哈尔滨、伊春，吉林省镇赉、扶余、双辽、通榆、永吉、和龙、安图、敦化、珲春、抚松、靖宇，辽宁省抚顺、开原、沈阳、海城、大连、桓仁、本溪、凌源、清原、鞍山、葫芦岛、西丰、辽阳，内蒙古海拉尔、额尔古纳、阿尔山、赤峰、翁牛特旗、克什克腾旗。

　　分布：中国（全国各地），遍布世界热带及温带地区。

刺藜

Chenopodium aristatum L.

生境：路旁，耕地旁，荒地，海拔 1000 米以下。

产地：黑龙江省尚志、伊春、萝北、大庆、哈尔滨、密山、虎林、漠河，吉林省蛟河、安图、和龙、珲春、扶余、通榆、抚松、通化、集安，辽宁省桓仁、西丰、开原、宽甸、抚顺、建平、凌源、彰武、清原、凤城、新民，内蒙古满洲里、根河、新巴尔虎左旗、新巴尔虎右旗、额尔古纳、海拉尔、陈巴尔虎旗、赤峰、翁牛特旗、科尔沁右翼中旗、巴林右旗、科尔沁左翼后旗、鄂伦春旗、牙克石、科尔沁右翼前旗。

分布：中国（黑龙江、吉林、辽宁、内蒙古、河北、山西、陕西、甘肃、宁夏、青海、新疆、山东、河南、四川），朝鲜半岛，日本，蒙古，俄罗斯（西伯利亚、远东地区），中亚。

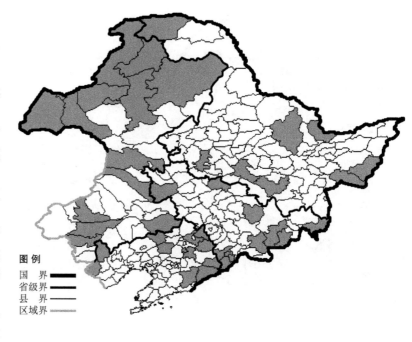

菱叶藜

Chenopodium bryoniaefolium Bunge

生境：山坡草地，路旁，水边，海拔 500 米以下。

产地：黑龙江省伊春，吉林省和龙、珲春，辽宁省沈阳、鞍山，内蒙古根河、额尔古纳、海拉尔、牙克石、科尔沁右翼前旗。

分布：中国（黑龙江、吉林、辽宁、内蒙古、河北），朝鲜半岛，日本，俄罗斯（东部西伯利亚、远东地区）。

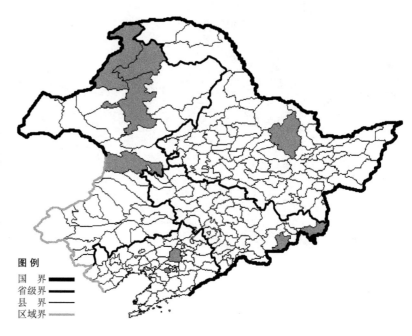

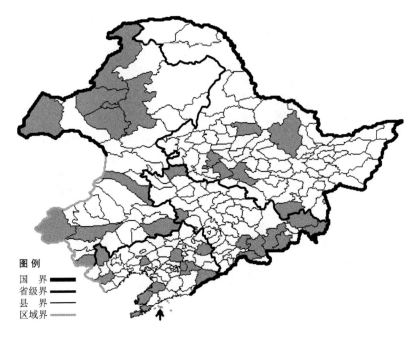

图例
国　界 ▬▬▬
省级界 ▬▬
县　界 ──
区域界 ───

灰绿藜

Chenopodium glaucum L.

生境：河边，荒地，耕地旁，人家附近，海拔 700 米以下。

产地：黑龙江省北安、宁安、哈尔滨、安达、肇东、伊春，吉林省双辽、镇赉、和龙、安图、汪清、珲春、抚松、靖宇、临江，辽宁省大连、建昌、盖州、沈阳、北镇、建平、清原、宽甸、本溪、长海、瓦房店，内蒙古牙克石、陈巴尔虎旗、鄂温克旗、海拉尔、额尔古纳、牙克石、翁牛特旗、科尔沁右翼中旗、新巴尔虎右旗、科尔沁左翼后旗、宁城、克什克腾旗。

分布：中国（全国各地），遍布南北半球温带地区。

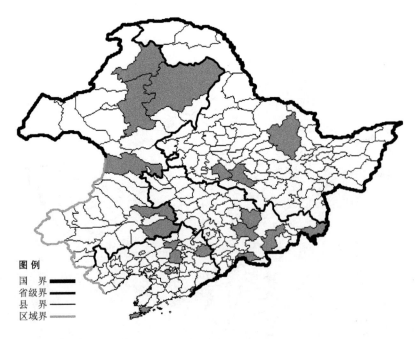

图例
国　界 ▬▬▬
省级界 ▬▬
县　界 ──
区域界 ───

大叶藜

Chenopodium hybridum L.

生境：路旁，荒地，水边，林缘，山坡灌丛及草丛，人家附近。

产地：黑龙江省伊春、肇东、哈尔滨，吉林省临江、蛟河、桦甸、安图、珲春，辽宁省沈阳、法库、丹东、清原、鞍山、大连，内蒙古科尔沁左翼后旗、根河、科尔沁左翼中旗、牙克石、鄂伦春旗、科尔沁右翼前旗。

分布：原产欧洲和西亚，现我国各地广泛分布。

菊叶香藜

Chenopodium schraderanum Schult.

生境：荒地，海拔 600 米以下。

产地：内蒙古赤峰、翁牛特旗、阿鲁科尔沁旗、克什克腾旗、喀喇沁旗。

分布：中国（内蒙古、河北、山西、陕西、甘肃、青海、四川、云南、西藏），朝鲜半岛，日本，俄罗斯（欧洲部分、高加索），欧洲，非洲。

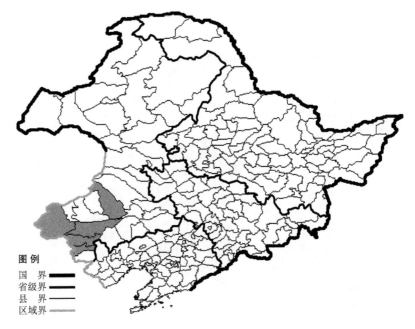

小藜

Chenopodium serotinum L.

生境：荒地、河边、沟谷、湖边湿地。

产地：黑龙江省哈尔滨、大庆、伊春，辽宁省沈阳、桓仁、本溪、营口、大连、北镇，内蒙古海拉尔。

分布：中国（全国各地），俄罗斯（欧洲部分、西伯利亚、远东地区），中亚，伊朗，土耳其，日本，欧洲。

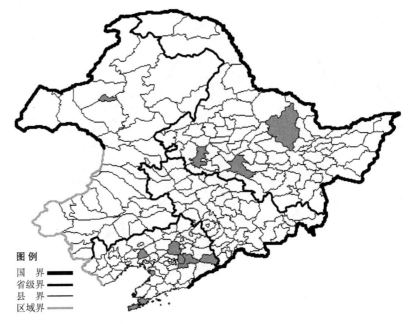

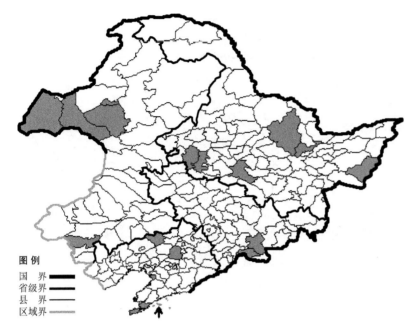

图例
国　界 ▬▬▬
省级界 ▬▬
县　界 ——
区域界 ——

细叶藜

Chenopodium stenophyllum Koidz.

生境：荒地，路旁，海拔 900 米以下。

产地：黑龙江省哈尔滨、汤原、伊春、虎林、大庆、杜尔伯特，吉林省抚松、临江，辽宁省沈阳、营口、大连、长海、彰武，内蒙古海拉尔、新巴尔虎左旗，新巴尔虎右旗、赤峰、鄂温克旗。

分布：中国（黑龙江、吉林、辽宁、内蒙古），日本，俄罗斯（远东地区）。

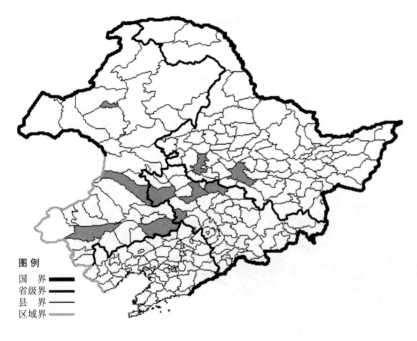

图例
国　界 ▬▬▬
省级界 ▬▬
县　界 ——
区域界 ——

东亚市藜

Chenopodium urbicum L. subsp. **sinicum** Kung et G. L. Chu

生境：盐碱地，碱湖边，海拔 700 米以下。

产地：黑龙江省哈尔滨、大庆，吉林省双辽、扶余、通榆、前郭尔罗斯，内蒙古海拉尔、科尔沁右翼中旗、翁牛特旗、科尔沁左翼后旗。

分布：中国（黑龙江、吉林、内蒙古、山西、河北、陕西、新疆、山东、江苏）。

烛台虫实

Corispermum candelabrum Iljin

生境：沙地，河边沙滩，海拔600米以下。

产地：黑龙江省哈尔滨，辽宁省凌源，内蒙古翁牛特旗、赤峰、科尔沁右翼中旗、新巴尔虎左旗。

分布：中国（黑龙江、辽宁、内蒙古、河北）。

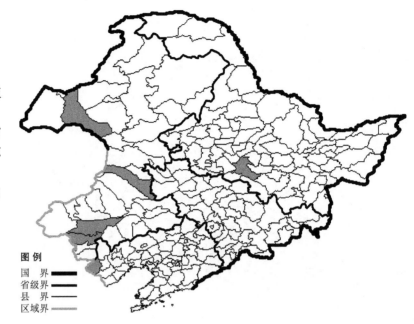

图 例
国　界
省级界
县　界
区域界

兴安虫实

Corispermum chinganicum Iljin

生境：沙地，草原。

产地：内蒙古陈巴尔虎旗、海拉尔、科尔沁右翼中旗、巴林右旗、克什克腾旗、翁牛特旗、赤峰。

分布：中国（内蒙古、河北、宁夏、甘肃、新疆），蒙古，中亚。

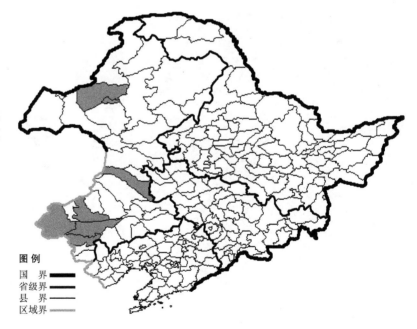

图 例
国　界
省级界
县　界
区域界

图例
国　界 ▬▬▬
省级界 ▬▬▬
县　界 ──
区域界 ▬▬▬

毛果兴安虫实 **Corispermum chinganicum** var. **stellipile** Tsien et C. G. Ma 生于沙地、草原，产于内蒙古敖汉旗，分布于中国（内蒙古、陕西）。

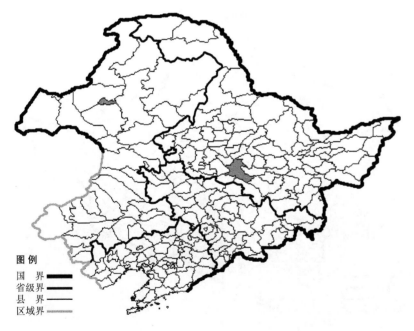

图例
国　界 ▬▬▬
省级界 ▬▬▬
县　界 ──
区域界 ▬▬▬

密穗虫实

Corispermum confertum Bunge

生境：沙地，固定沙丘。
产地：黑龙江省哈尔滨，内蒙古海拉尔。
分布：中国（黑龙江、内蒙古），俄罗斯（远东地区）。

绳虫实

Corispermum declinatum Steph. ex Stev.

生境：沙质草原，山坡草地，耕地旁，路旁，河滩。

产地：辽宁省朝阳，内蒙古翁牛特旗。

分布：中国（辽宁、内蒙古、河北、山西、陕西、甘肃、新疆、河南），蒙古，俄罗斯（西伯利亚）。

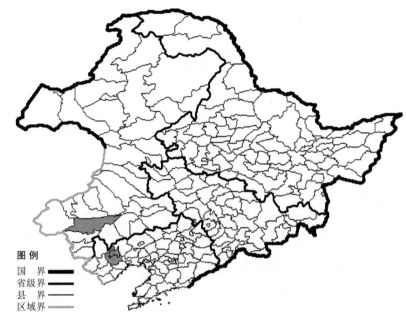

毛果绳虫实 Corispermum declinatum Steph. ex Stev. var. **tylocarpum** (Hance) Tsien et Ma 生于沙质草原、山坡草地、耕地旁、路旁、河滩，海拔 900 米以下，产于内蒙古科尔沁右翼中旗、翁牛特旗、赤峰、巴林左旗、敖汉旗，分布于中国（内蒙古、河北、山西、陕西、甘肃、青海、新疆、江苏、河南），蒙古。

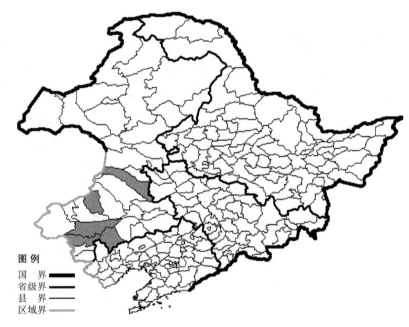

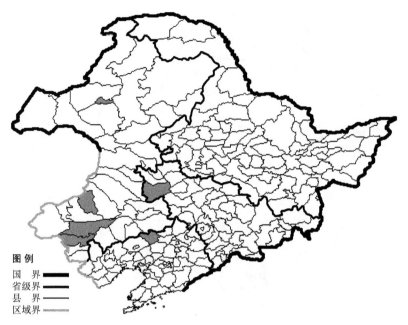

图例
国　界
省级界
县　界
区域界

辽西虫实

Corispermum dilutum (Kitag.) Tsien et C. G. Ma

　　生境：流动沙丘，河滩沙质地，海拔 700 米以下。
　　产地：吉林省通榆，辽宁省彰武，内蒙古赤峰、海拉尔、巴林左旗、翁牛特旗。
　　分布：中国（吉林、辽宁、内蒙古）。

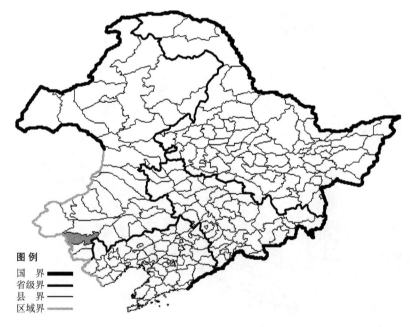

图例
国　界
省级界
县　界
区域界

　　毛果辽西虫实 Corispermum dilutum (Kitag.)Tsien et C. G. Ma var. **hebecarpum** Tsien et C. G. Ma 生于流动沙丘、河滩沙质地，海拔 600 米以下，产于内蒙古赤峰，分布于中国（内蒙古）。

长穗虫实

Corispermum elongatum Bunge

生境：海边沙地，碱性草地，固定沙丘，草原，海拔 700 米以下。

产地：黑龙江省杜尔伯特、齐齐哈尔、伊春、密山，吉林省扶余、集安，辽宁省沈阳、锦州、海城、丹东、大连，内蒙古海拉尔、新巴尔虎左旗、新巴尔虎右旗、赤峰、翁牛特旗、巴林右旗。

分布：中国（黑龙江、吉林、辽宁、内蒙古、宁夏），俄罗斯（远东地区），蒙古。

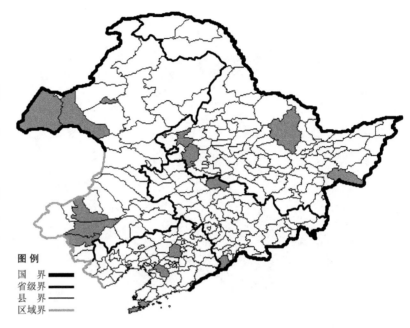

毛果长穗虫实 Corispermum elongatum Bunge var. **stellatopilosum** Wangwei et Fuh 生于海边沙地、碱性草地、固定沙丘、草原，海拔 600 米以下，产于黑龙江省哈尔滨，吉林省扶余，辽宁省彰武，内蒙古赤峰、新巴尔虎右旗，分布于中国（黑龙江、吉林、辽宁、内蒙古）。

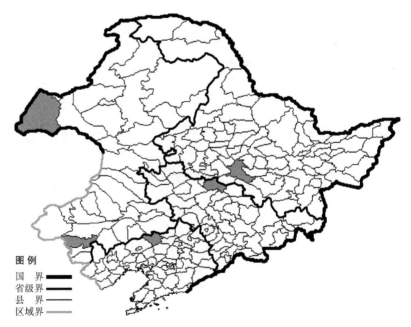

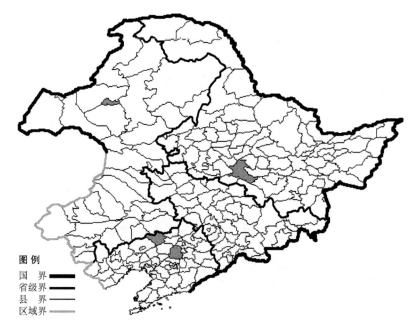

图例
国　界 ▬▬
省级界 ▬▬
县　界 ▬▬
区域界 ▬▬

屈枝虫实

Corispermum flexuosum Wang-wei et Fuh

　　生境：固定沙丘，河边沙地，海拔 700 米以下。
　　产地：黑龙江省哈尔滨，辽宁省沈阳、彰武，内蒙古海拉尔。
　　分布：中国（黑龙江、辽宁、内蒙古）。

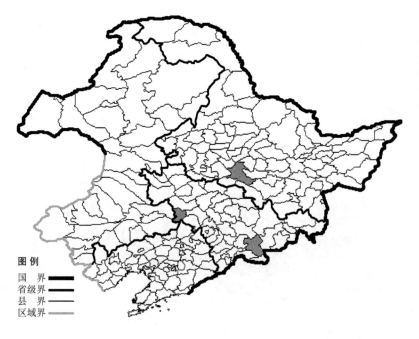

图例
国　界 ▬▬
省级界 ▬▬
县　界 ▬▬
区域界 ▬▬

　　光果屈枝虫实 Corispermum flexuosum Wang-wei et Fuh var. **leiocarpum** Wang-wei et Fuh 生于河边沙地或沙丘，产于黑龙江省哈尔滨，吉林省双辽、抚松，分布于中国（黑龙江、吉林）。

大果虫实

Corispermum marocarpum Bunge

生境：沙丘，海拔 700 米以下。

产地：黑龙江省哈尔滨，吉林省大安，辽宁省彰武、北票，内蒙古海拉尔。

分布：中国（黑龙江、吉林、辽宁、内蒙古），俄罗斯（远东地区）。

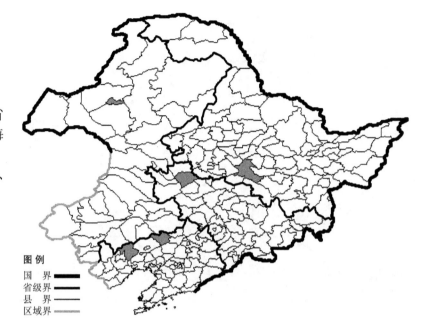

红虫实 Corispermum marocarpum Bunge var. **rubrum** Fuh et Wangwei 生于沙丘，产于黑龙江省哈尔滨、齐齐哈尔，辽宁省彰武，内蒙古赤峰，分布于中国（黑龙江、辽宁、内蒙古）。

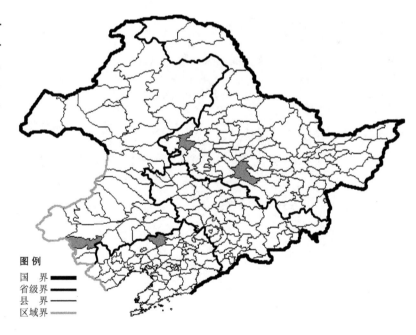

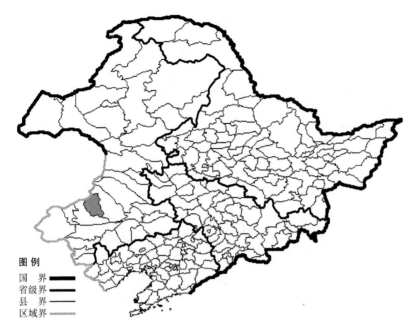

蒙古虫实

Corispermum mongolicum Iljin

　　生境：沙质草原，固定沙丘。
　　产地：内蒙古巴林左旗。
　　分布：中国（内蒙古、宁夏、甘肃、新疆），蒙古，俄罗斯（西部西伯利亚）。

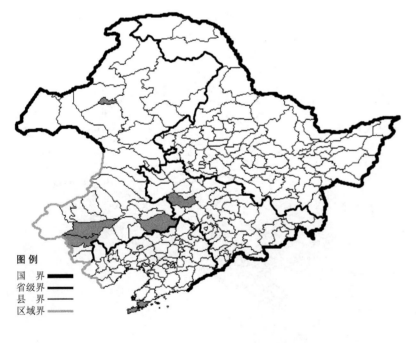

宽翅虫实

Corispermum platypterum Kitag.

　　生境：固定沙丘，湿质耕地，海边沙滩，海拔 700 米以下。
　　产地：吉林省长岭，辽宁省大连，内蒙古海拉尔、赤峰、翁牛特旗、科尔沁左翼后旗。
　　分布：中国（吉林、辽宁、内蒙古、河北）。

软毛虫实

Corispermum puberulum Iljin

生境：沙地，海边沙滩。

产地：黑龙江省哈尔滨，辽宁省大连，内蒙古科尔沁右翼中旗、翁牛特旗、巴林右旗、赤峰。

分布：中国（黑龙江、辽宁、内蒙古、山东）。

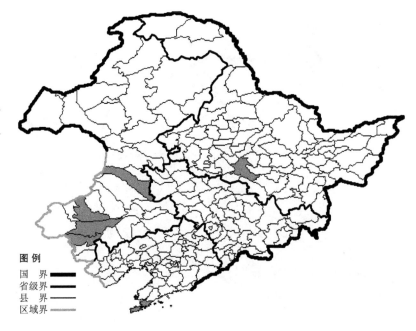

光果软毛虫实 Corispermum puberulum Iljin var. **ellipsocarpum** Tsien et C. G. Ma 生于沙地、固定沙丘，产于黑龙江省哈尔滨，内蒙古翁牛特旗，分布于中国（黑龙江、内蒙古、河北）。

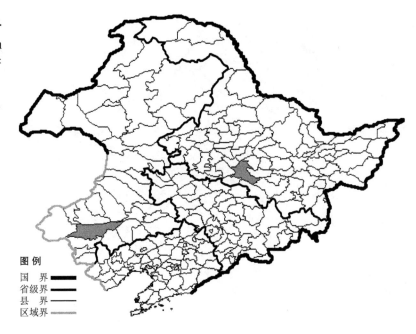

扭果虫实

Corispermum retortum Wang-wei et Fuh

　　生境：沙质草原，海拔600米以下。
　　产地：黑龙江省大庆、杜尔伯特、哈尔滨，内蒙古赤峰。
　　分布：中国（黑龙江、内蒙古）。

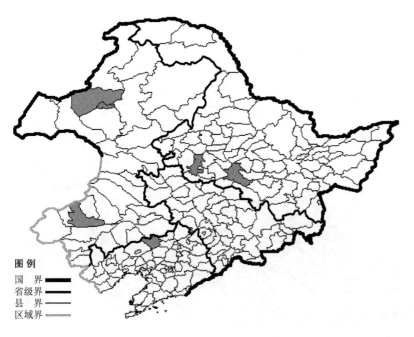

西伯利亚虫实

Corispermum sibiricum Iljin

　　生境：沙丘。
　　产地：黑龙江省大庆、哈尔滨，辽宁省彰武，内蒙古海拉尔、陈巴尔虎旗、巴林右旗。
　　分布：中国（黑龙江、辽宁、内蒙古），俄罗斯（西伯利亚）。

华虫实

Corispermum stauntonii Moq.

生境：沙质地，海拔 600 米以下。

产地：黑龙江省哈尔滨，吉林省通榆，辽宁省彰武，内蒙古翁牛特旗、赤峰、新巴尔虎右旗、新巴尔虎左旗、科尔沁右翼中旗、巴林右旗、根河。

分布：中国（黑龙江、吉林、辽宁、内蒙古、河北）。

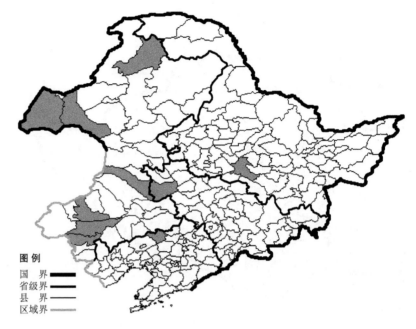

细苞虫实

Corispermum stenolepis Kitag.

生境：河滩，固定沙丘。

产地：吉林省通榆，辽宁省朝阳，内蒙古翁牛特旗、赤峰、巴林右旗。

分布：中国（吉林、辽宁、内蒙古）。

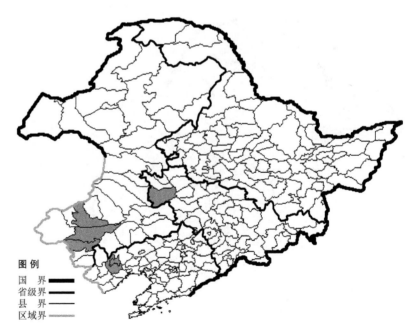

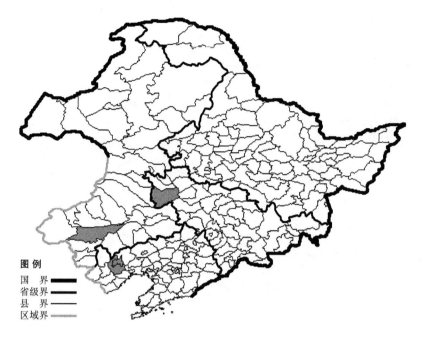

光果细苞虫实 Corispermum steno-lepis Kitag. var. **psilocarpum** Kitag. 生于河滩及固定沙丘，海拔 700 米以下，产于吉林省通榆，辽宁省朝阳，内蒙古翁牛特旗，分布于中国（吉林、辽宁、内蒙古）。

图例
国　界 ▬▬
省级界 ▬▬
县　界 ▬▬
区域界 ▬▬

尖叶盐爪爪

Kalidium cuspidatum (Ung.-Sternb.) Grub.

生境：盐碱地。
产地：内蒙古新巴尔虎左旗。
分布：中国（内蒙古、河北、宁夏、陕西、甘肃、新疆），蒙古。

图例
国　界 ▬▬
省级界 ▬▬
县　界 ▬▬
区域界 ▬▬

盐爪爪

Kalidium foliatum (Pall.) Moq.

　　生境：盐碱地，沙质地，湖边，海拔 600 米以下。
　　产地：内蒙古新巴尔虎右旗、新巴尔虎左旗。
　　分布：中国（内蒙古、河北、甘肃、宁夏、青海、新疆），蒙古，俄罗斯（欧洲部分、高加索、西伯利亚），中亚。

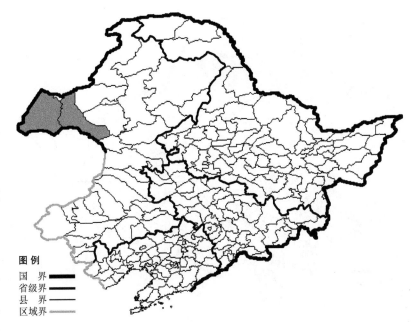

图例
国　界 ▅▅▅
省级界 ▅▅▅
县　界 ▬▬▬
区域界 ▬▬▬

细枝盐爪爪

Kalidium gracile Fenzl

　　生境：河谷碱性草地。
　　产地：内蒙古新巴尔虎右旗。
　　分布：中国（内蒙古、陕西、甘肃、青海、宁夏、新疆），蒙古。

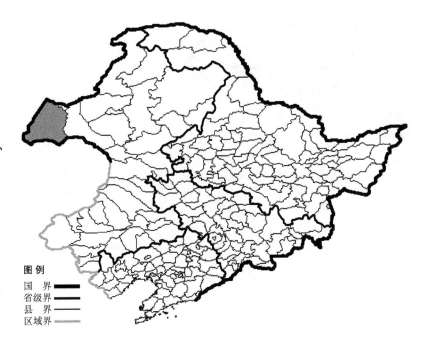

图例
国　界 ▅▅▅
省级界 ▅▅▅
县　界 ▬▬▬
区域界 ▬▬▬

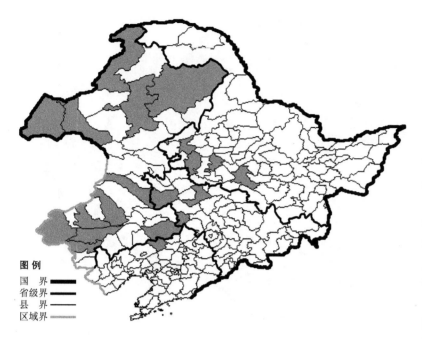

木地肤

Kochia prostrata (L.) Schrad.

生境：沙地，山坡草地，草原，沟谷，海拔 700 米以下。

产地：黑龙江省杜尔伯特、哈尔滨、安达、齐齐哈尔，吉林省双辽、通榆、前郭尔罗斯，辽宁省彰武，内蒙古海拉尔、满洲里、牙克石、科尔沁左翼后旗、鄂伦春旗、额尔古纳、科尔沁右翼中旗、巴林右旗、新巴尔虎左旗、新巴尔虎右旗、赤峰、翁牛特旗、阿鲁科尔沁旗、克什克腾旗。

分布：中国（黑龙江、辽宁、内蒙古、河北、山西、陕西、宁夏、甘肃、新疆、西藏），蒙古，俄罗斯（欧洲部分、高加索、西伯利亚），中亚，欧洲。

地肤

Kochia scoparia (L.) Schrad.

生境：荒地，路旁，耕地旁，人家附近，海拔 1000 米以下。

产地：黑龙江省哈尔滨、泰来、齐齐哈尔、萝北，吉林省镇赉、安图、抚松、靖宇、临江、长白、和龙，辽宁省抚顺、铁岭、大连、葫芦岛、锦州、彰武、丹东、新民、普兰店、沈阳、西丰、新宾，内蒙古新巴尔虎右旗、乌兰浩特。

分布：中国（全国各地），朝鲜半岛，日本，蒙古，俄罗斯（欧洲部分、西伯利亚、远东地区），中亚，土耳其，伊朗，欧洲。

碱地肤

Kochia sieversiana (Pall.) C. A. Mey.

生境：盐碱地，碱性池沼边，沙地，河边沙地，碎石山坡，垃圾堆附近，海拔 700 米以下。

产地：黑龙江省哈尔滨、肇东、泰来、富裕、大庆、安达、齐齐哈尔，吉林省双辽、通榆、镇赉、前郭尔罗斯，辽宁省抚顺、大连、海城、营口，内蒙古海拉尔、新巴尔虎左旗、新巴尔虎右旗、扎鲁特旗、克什克腾旗、阿鲁科尔沁旗、赤峰、翁牛特旗、科尔沁左翼后旗。

分布：中国（黑龙江、吉林、辽宁、内蒙古、河北、山西、陕西、宁夏、甘肃、青海、新疆），朝鲜半岛，蒙古，俄罗斯（东部西伯利亚）。

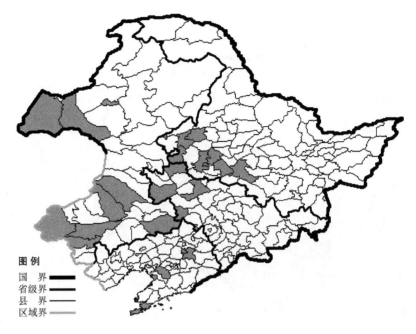

盐角草

Salicornia europaea L.

生境：盐碱地，海边，河边湿草地。

产地：辽宁省大连、营口、葫芦岛，内蒙古新巴尔虎左旗、新巴尔虎右旗、海拉尔。

分布：中国（辽宁、内蒙古、河北、陕西、山西、宁夏、甘肃、青海、新疆、山东、江苏），朝鲜半岛，日本，俄罗斯（北极带、欧洲部分、高加索、西伯利亚、远东地区），中亚，土耳其，伊朗，印度，欧洲，非洲，北美洲。

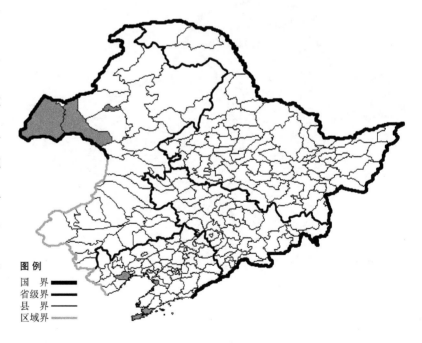

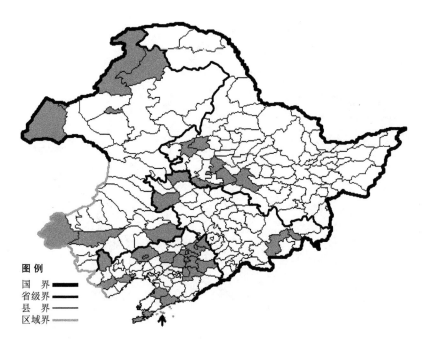

图例
国　界 ▬▬▬▬
省级界 ▬▬▬▬
县　界 ▬▬▬▬
区域界 ▬▬▬▬

猪毛菜

Salsola collina Pall.

生境：路旁，荒地，田间，海拔800 米以下。

产地：黑龙江省齐齐哈尔、肇源、肇东、安达、富裕、哈尔滨，吉林省通榆、镇赉、安图、延吉，辽宁省西丰、开原、阜新、建平、锦州、沈阳、抚顺、大连、建昌、葫芦岛、盖州、庄河、长海、新宾、新民、本溪、铁岭，内蒙古科尔沁左翼后旗、克什克腾旗、根河、额尔古纳、满洲里、海拉尔、新巴尔虎右旗、翁牛特旗。

分布：中国（黑龙江、吉林、辽宁、内蒙古、河北、山西、陕西、宁夏、甘肃、青海、新疆、山东、江苏、河南、四川、云南、西藏），朝鲜半岛，蒙古，俄罗斯（西伯利亚、远东地区）。

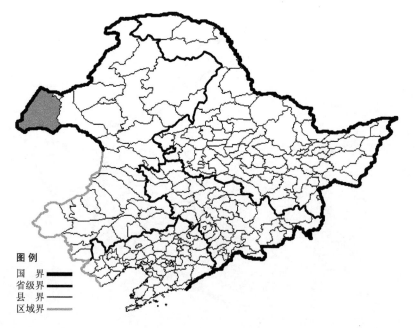

图例
国　界 ▬▬▬▬
省级界 ▬▬▬▬
县　界 ▬▬▬▬
区域界 ▬▬▬▬

浆果猪毛菜

Salsola foliosa Schrad.

生境：盐碱地。
产地：内蒙古新巴尔虎右旗。
分布：中国（内蒙古、新疆），蒙古，俄罗斯（欧洲部分、高加索、西部西伯利亚），中亚。

无翅猪毛菜

Salsola komarovii Iljin

生境：海边及河边沙地，海拔600 米以下。

产地：黑龙江省哈尔滨，辽宁省大连、康平，内蒙古海拉尔、赤峰。

分布：中国（黑龙江、辽宁、内蒙古、河北、山东、江苏、浙江），朝鲜半岛，日本，俄罗斯（远东地区）。

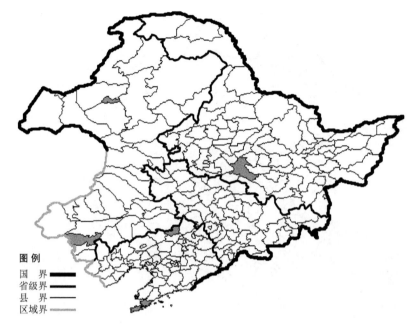

刺沙蓬

Salsola ruthenica Iljin

生境：石砾质山坡，沙质草原，海拔 800 米以下。

产地：黑龙江省哈尔滨、安达、肇东、齐齐哈尔，吉林省通榆，辽宁省长海、丹东、建平、葫芦岛、凌源、兴城、彰武、沈阳、新民、辽阳，内蒙古新巴尔虎右旗、新巴尔虎左旗、海拉尔、根河、科尔沁右翼中旗、赤峰、巴林右旗、翁牛特旗、科尔沁左翼后旗。

分布：中国（黑龙江、吉林、辽宁、内蒙古、河北、山西、陕西、甘肃、青海、新疆、山东、江苏、西藏），朝鲜半岛，蒙古，俄罗斯（欧洲部分、高加索、西伯利亚），中亚，土耳其，欧洲。

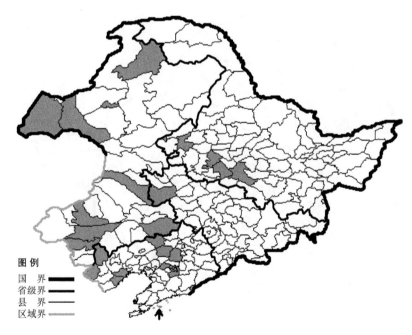

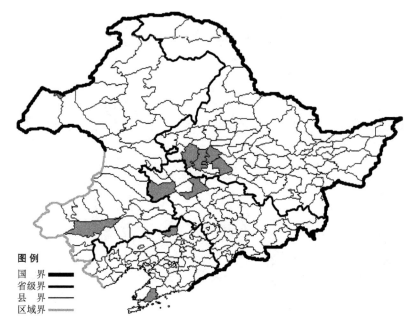

图例
国　界 ▬▬
省级界 ▬
县　界 ──
区域界 ──

角果碱蓬

Suaeda corniculata (C. A. Mey.) Bunge

　　生境：碱性草原，碱斑地，碱湖边，海拔 700 米以下。

　　产地：黑龙江省大庆、肇东、安达、杜尔伯特，吉林省通榆、前郭尔罗斯，辽宁省康平、普兰店，内蒙古翁牛特旗、满洲里。

　　分布：中国（黑龙江、吉林、辽宁、内蒙古、河北、宁夏、甘肃、青海、新疆、西藏），蒙古，俄罗斯（欧洲部分、西伯利亚），中亚。

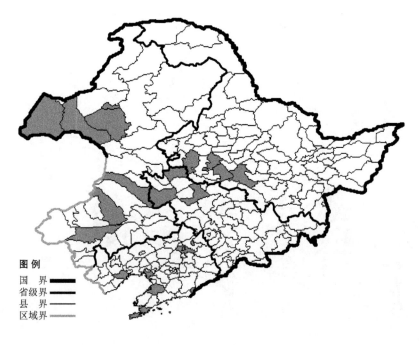

图例
国　界 ▬▬
省级界 ▬
县　界 ──
区域界 ──

碱蓬

Suaeda glauca Bunge

　　生境：海边,河边,草甸,耕地旁,盐碱地。

　　产地：黑龙江省安达、杜尔伯特、哈尔滨、肇东，吉林省镇赉、通榆、前郭尔罗斯，辽宁省葫芦岛、丹东、大连、盖州、大洼、铁岭，内蒙古海拉尔、鄂温克旗、新巴尔虎左旗、新巴尔虎右旗、翁牛特旗、科尔沁右翼中旗、阿鲁科尔沁旗。

　　分布：中国（黑龙江、吉林、辽宁、内蒙古、河北、山西、陕西、宁夏、甘肃、青海、新疆、山东、江苏、浙江、河南），蒙古，朝鲜半岛，日本，俄罗斯（东部西伯利亚、远东地区）。

辽宁碱蓬

Suaeda liaotungensis Kitag.

生境：碱性草地。

产地：黑龙江安达、大庆，辽宁省大连、营口、葫芦岛。

分布：中国（黑龙江、辽宁）。

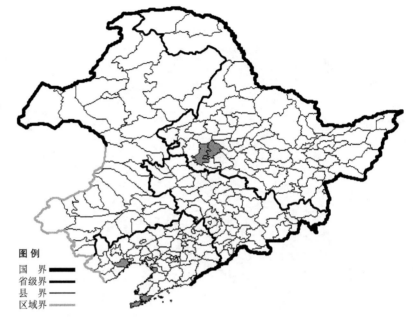

盐地碱蓬

Suaeda salsa (L.) Pall.

生境：碱湖边，碱斑地，碱性草原，湿草地，海拔 700 米以下。

产地：黑龙江省哈尔滨、杜尔伯特、大庆、肇东、肇源、安达，吉林省乾安、通榆、镇赉、前郭尔罗斯、集安，辽宁省兴城、葫芦岛、抚顺、盘山、岫岩、普兰店、彰武、营口、盖州、长海、大连，内蒙古海拉尔、赤峰、新巴尔虎右旗、翁牛特旗、新巴尔虎左旗、阿鲁科尔沁旗、巴林右旗、科尔沁左翼后旗、鄂温克旗。

分布：中国（黑龙江、吉林、辽宁、内蒙古、河北、陕西、山西、甘肃、青海、新疆、山东、江苏、浙江），俄罗斯（欧洲部分、高加索），中亚，欧洲。

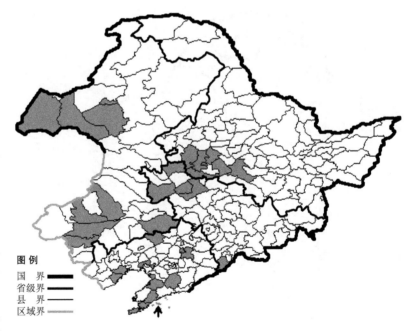

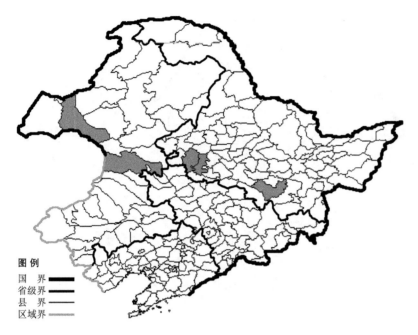

图例
国　界 ━━━
省级界 ━━━
县　界 ──
区域界 ──

苋科 Amaranthaceae

白苋

Amaranthus albus L.

　　生境：人家附近，路旁，杂草地。
　　产地：黑龙江省尚志、大庆、杜尔伯特，内蒙古新巴尔虎左旗、科尔沁右翼前旗。
　　分布：原产北美洲，现我国黑龙江、内蒙古、河北、新疆有分布。

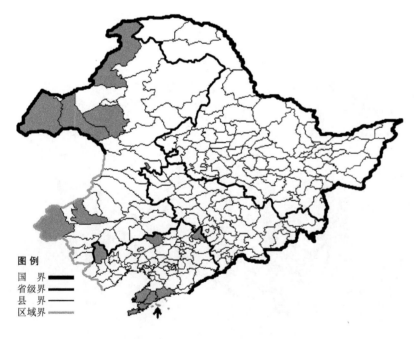

图例
国　界 ━━━
省级界 ━━━
县　界 ──
区域界 ──

北美苋

Amaranthus blitoides S. Watson

　　生境：人家附近，路旁杂草地。
　　产地：辽宁省建平、西丰、彰武、大连、瓦房店、普兰店、庄河、长海，内蒙古额尔古纳、鄂温克旗、新巴尔虎左旗、新巴尔虎右旗、巴林右旗、乌兰浩特、克什克腾旗。
　　分布：原产北美洲，现我国辽宁、内蒙古有分布。

凹头苋

Amaranthus lividus L.

生境：荒地，路旁，人家附近，海拔 300 米以下。

产地：黑龙江省哈尔滨、萝北、大庆、安达、黑河，吉林省吉林、汪清，辽宁省丹东、沈阳。

分布：原产南美洲，现我国黑龙江、吉林、辽宁有分布。

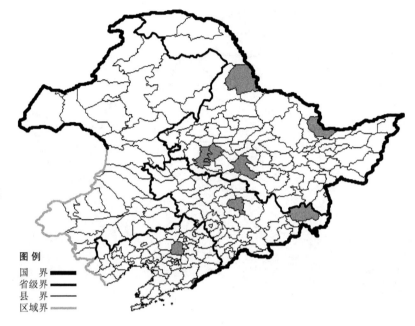

反枝苋

Amaranthus retroflexus L.

生境：耕地旁，人家附近，杂草地，海拔 600 米以下。

产地：黑龙江省哈尔滨、萝北、齐齐哈尔，吉林省安图、和龙、通榆、镇赉，辽宁省大连、沈阳、鞍山、北镇、建平、凌源、开原、盘锦、桓仁、西丰、彰武，内蒙古额尔古纳、海拉尔、科尔沁右翼前旗、科尔沁右翼中旗、扎鲁特旗。

分布：原产南美洲，现我国黑龙江、吉林、辽宁、内蒙古、河北、山西、陕西、宁夏、甘肃、新疆、山东、河南有分布。

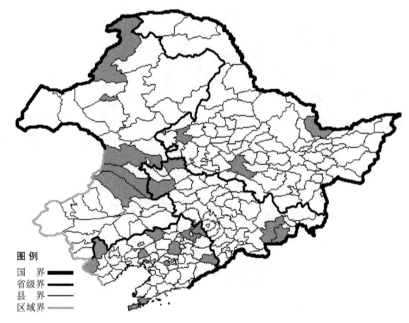

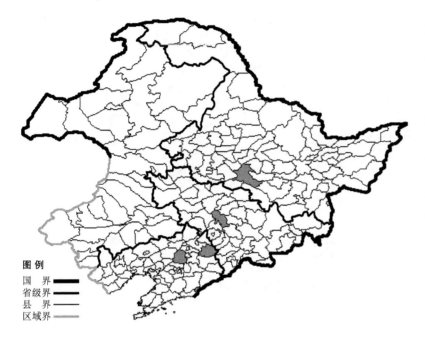

绿苋

Amaranthus viridis L.

生境：人家附近，荒地，海拔300 米以下。

产地：黑龙江省哈尔滨，吉林省长春，辽宁省沈阳、清原、丹东。

分布：原产非洲，现我国黑龙江、吉林、辽宁、华北、西北、华东、西南有分布。

木兰科 Magnoliaceae

天女木兰

Magnolia sieboldii K. Koch

生境：半阴坡杂木林中，海拔1000 米以下。

产地：吉林省集安、临江、通化，辽宁省本溪、宽甸、桓仁、岫岩、凤城、海城、普兰店、丹东、大连、庄河。

分布：中国（吉林、辽宁、河北、安徽、江西、湖南、福建、广西），朝鲜半岛，日本。

五味子科 Schisandraceae

五味子

Schisandra chinensis (Turcz.) Bailey

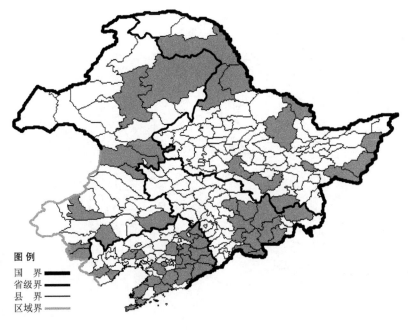

生境：阔叶林或针阔混交林，沟谷溪流旁，海拔 1200 米以下。

产地：黑龙江省尚志、宁安、伊春、密山、勃利、嫩江、黑河、嘉荫、饶河、虎林、哈尔滨、呼玛，吉林省汪清、桦甸、蛟河、敦化、吉林、临江、抚松、安图、长白、靖宇、和龙，辽宁省本溪、凤城、宽甸、桓仁、新宾、清原、建昌、兴城、北镇、鞍山、沈阳、瓦房店、义县、开原、岫岩、丹东、西丰、海城、盖州、大连、抚顺、庄河，内蒙古科尔沁左翼后旗、巴林右旗、宁城、敖汉旗、牙克石、鄂伦春旗、科尔沁右翼前旗、扎赉特旗、突泉、喀喇沁旗。

分布：中国（黑龙江、吉林、辽宁、内蒙古、河北、山西、宁夏、甘肃、山东、湖北、江西、湖南、四川），朝鲜半岛，日本，俄罗斯（远东地区）。

樟科 Lauraceae

三桠乌药

Lindera obtusiloba Blume

生境：沟谷及山坡阔叶林中，海拔 500 米以下。

产地：辽宁省庄河、大连、普兰店、丹东、长海、东港、岫岩。

分布：中国（辽宁、陕西、甘肃、山东、江苏、安徽、浙江、福建、河南、湖北、江西、湖南、四川、西藏），朝鲜半岛，日本。

长毛三桠乌药 Lindera obtusilo-ba Blume f. **villosa** (Blume) Kitag. 生于山坡阔叶林中，产于辽宁省大连、丹东，分布于中国（辽宁），朝鲜半岛。

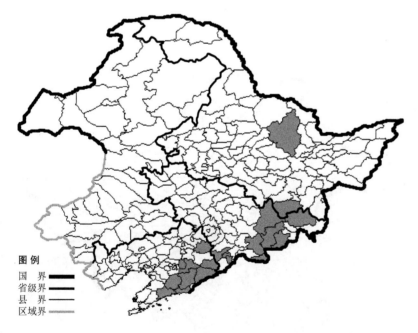

毛茛科 Ranunculaceae

两色乌头

Aconitum albo-violaceum Kom.

生境：阔叶林下，林缘灌丛，海拔 1500 米以下。

产地：黑龙江省伊春、宁安，吉林省抚松、安图、汪清、和龙、敦化、长白、通化，辽宁省清原、本溪、宽甸、桓仁、岫岩、凤城、东港、庄河。

分布：中国（黑龙江，吉林，辽宁，河北），朝鲜半岛，俄罗斯（远东地区）。

白花乌头 Aconitum albo-violace-
um Kom. f. **albiflorum** S. H. Li et Y. H.
Huang 生于阔叶林下、溪流旁，产于
吉林省安图,辽宁省丹东、桓仁、庄河、
岫岩，分布于中国（吉林、辽宁）。

紫花乌头 Aconitum albo-viola-
ceum Kom. f. **purpurascens** (Nakai)
Kitag. 生于林下，产于吉林省通化,
辽宁省本溪、桓仁、北镇，分布于中
国（吉林、辽宁），朝鲜半岛。

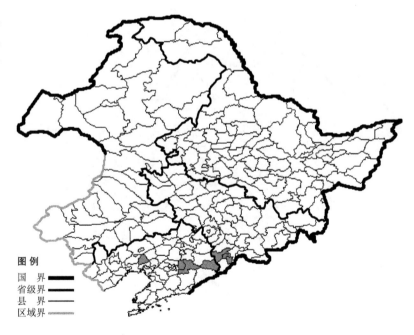

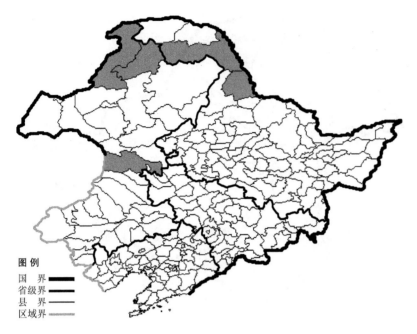

图例
国　界 ━━━
省级界 ━━━
县　界 ───
区域界 ┄┄┄

兴安乌头

Aconitum ambiguum Rchb.

　　生境：林下，林缘，海拔 1000 米以下。

　　产地：黑龙江省呼玛、黑河，内蒙古额尔古纳、根河、科尔沁右翼前旗。

　　分布：中国（黑龙江、内蒙古），蒙古，俄罗斯（东部西伯利亚）。

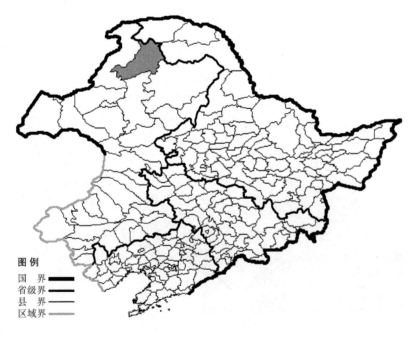

图例
国　界 ━━━
省级界 ━━━
县　界 ───
区域界 ───

　　多裂乌头 Aconitum ambiguum Rchb. f. **multisectum** S. H. Li et Y. H. Huang　生于河边、沟边、林下，海拔约 800 米，产于内蒙古根河，分布于中国（内蒙古）。

弯枝乌头

Aconitum arcuatum Maxim.

　　生境：阔叶林下，林缘草地，海拔 500 米以下。
　　产地：黑龙江省饶河、伊春、桦川、呼玛、漠河，内蒙古根河。
　　分布：中国（黑龙江、内蒙古），朝鲜半岛，俄罗斯（远东地区）。

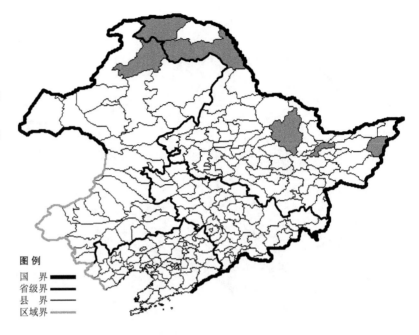

　　毛果弯枝乌头 Aconitum arcuatum Maxim. f. **pilocarpum** S. H. Li et Y. H. Huang 生于林下、林缘，产于黑龙江省宁安，吉林省和龙、珲春、安图，分布于中国（黑龙江、吉林）。

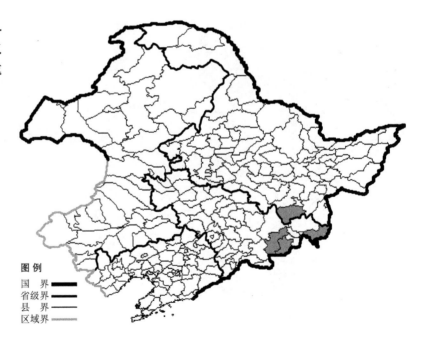

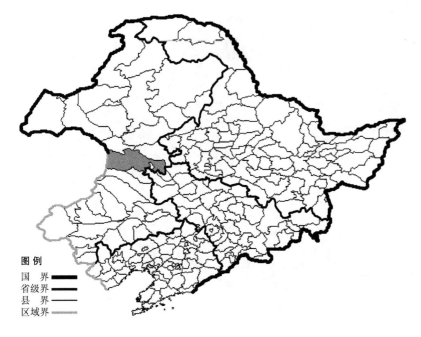

白狼乌头

Aconitum bailangense Y. Z. Zhao

生境：草甸。
产地：内蒙古科尔沁右翼前旗。
分布：中国（内蒙古）。

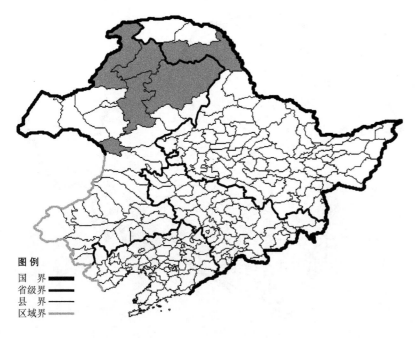

细叶黄乌头

Aconitum barbatum Pers.

生境：林下，林缘，海拔 900 米以下。
产地：黑龙江省呼玛，内蒙古额尔古纳、根河、阿尔山、鄂伦春旗、牙克石。
分布：中国（黑龙江、内蒙古），蒙古，俄罗斯（西伯利亚、远东地区）。

西伯利亚乌头 **Aconitum barbatum** Pers. var. **hispidum** (DC.) DC. 生于林下，林缘，产于黑龙江省宁安、密山，吉林省长白，辽宁省桓仁，内蒙古宁城、喀喇沁旗，分布于中国（黑龙江、吉林、辽宁、内蒙古、河北、山西、陕西、甘肃、宁夏、新疆、河南），俄罗斯（西伯利亚、远东地区）。

牛扁乌头 **Aconitum barbatum** Pers. var. **puberulum** Ledeb. 生于山坡草地、林下，产于辽宁省朝阳，分布于中国（辽宁、河北、山西、新疆），俄罗斯（西伯利亚）。

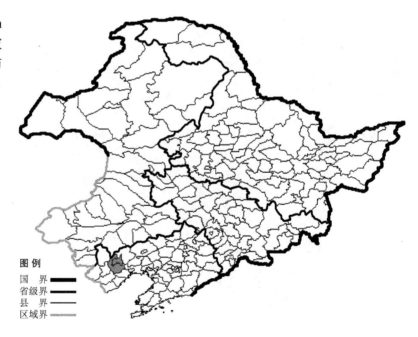

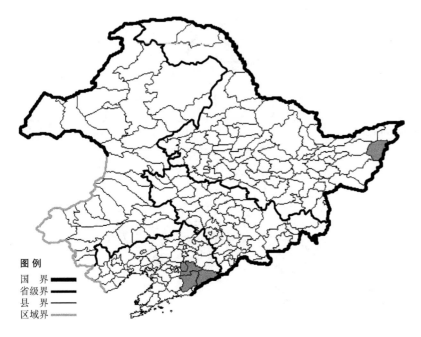

卷毛蔓乌头

Aconitum cillare DC.

　　生境：林缘。
　　产地：黑龙江省饶河，辽宁省本溪、凤城、宽甸。
　　分布：中国（黑龙江、辽宁），朝鲜半岛。

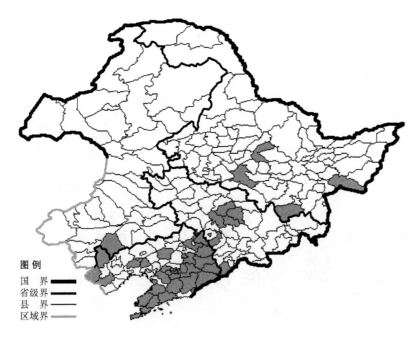

黄花乌头

Aconitum coreanum (Levl.) Rap.

　　生境：山坡草地，灌丛，疏林下，海拔 800 米以下。
　　产地：黑龙江省哈尔滨、宁安、密山、庆安，吉林省九台、长春、辽源、四平、吉林、永吉、东丰、集安，辽宁省抚顺、本溪、新民、新宾、清原、西丰、开原、辽阳、鞍山、海城、盖州、营口、瓦房店、普兰店、大连、庄河、岫岩、桓仁、宽甸、本溪、凤城、丹东、北镇、义县、建平、建昌、凌源，内蒙古敖汉旗。
　　分布：中国（黑龙江、吉林、辽宁、内蒙古、河北），朝鲜半岛，俄罗斯（远东地区）。

敦化乌头

Aconitum dunhuaense S. H. Li

　　生境：林缘，草地。
　　产地：黑龙江省海林，吉林省敦化。
　　分布：中国（黑龙江、吉林）。

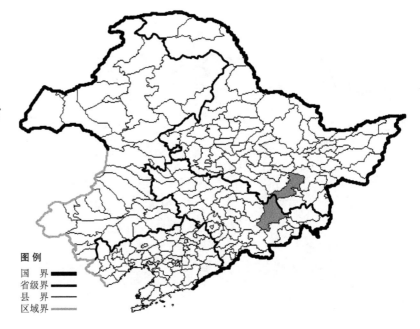

紫花高乌头

Aconitum excelsum Rchb.

　　生境：林缘，高山草地，海拔1000 米以下。
　　产地：内蒙古克什克腾旗、宁城、阿尔山、科尔沁右翼前旗。
　　分布：中国（内蒙古），蒙古，俄罗斯（北极带、欧洲部分、西伯利亚）。

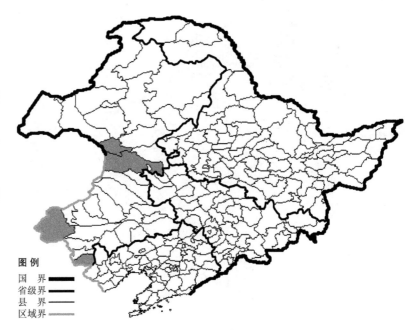

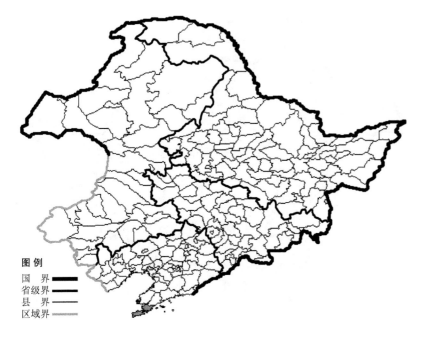

蛇岛乌头

Aconitum fauriei Levl. et Vant.

生境：灌丛，草地。

产地：辽宁省大连。

分布：中国（辽宁）。

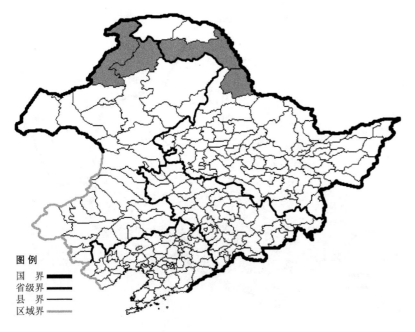

薄叶乌头

Aconitum fischeri Rchb.

生境：阔叶林下，海拔 800 米以下。

产地：黑龙江省呼玛、黑河，内蒙古根河、额尔古纳。

分布：中国（黑龙江、内蒙古），俄罗斯（远东地区）。

抚松乌头

Aconitum fusungense S. H. Li et Y. H. Huang

　　生境：林间草地，海拔约 900 米。
　　产地：吉林省抚松。
　　分布：中国（吉林）。

图 例
国　界 ▬▬
省级界 ▬▬
县　界 ▬
区域界 ▬▬

鸭绿乌头

Aconitum jaluense Kom.

　　生境：林下，溪流旁灌丛，海拔 1000 米以下。
　　产地：黑龙江省尚志、宁安，吉林省临江、敦化，辽宁省本溪、桓仁、清原、新宾、庄河、凤城、宽甸、丹东。
　　分布：中国（黑龙江、吉林、辽宁），朝鲜半岛，俄罗斯（远东地区）。

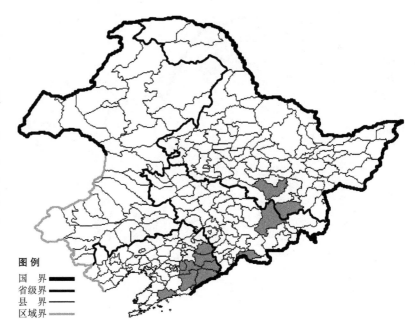

图 例
国　界 ▬▬
省级界 ▬▬
县　界 ▬
区域界 ▬▬

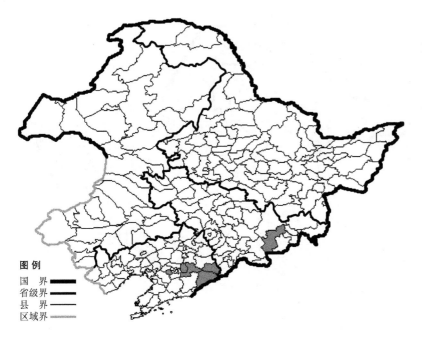

光梗鸭绿乌头 Aconitum jaluense Kom. var. glabrescens Nakai 生于林下、林缘、山坡草地，产于吉林省安图，辽宁省鞍山、本溪、宽甸、桓仁，分布于中国（吉林、辽宁）。

圆锥鸭绿乌头 Aconitum jaluense Kom. var. paniculigerum (Nakai) S. H. Li 生于山坡草地、杂木林下，产于吉林省安图、和龙、敦化，分布于中国（吉林），朝鲜半岛。

截基鸭绿乌头 **Aconitum jaluense** Kom. var. **truncatum** S. H. Li et Y. H. Huang 生于山坡灌丛，海拔约 800 米，产于吉林省临江，分布于中国（吉林）。

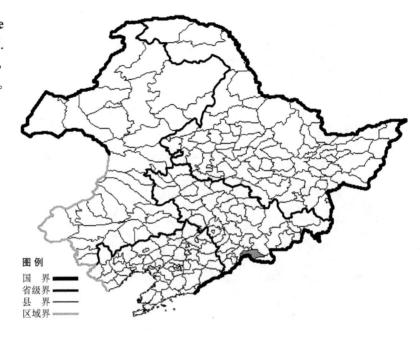

华北乌头

Aconitum jeholense Nakai et Kitag.

生境：高山草地，海拔 1000 米以下。

产地：内蒙古巴林右旗、喀喇沁旗。

分布：中国（内蒙古、河北、山西）。

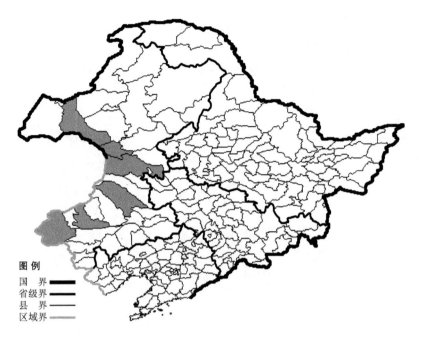

图例
国　界 ▬▬
省级界 ══
县　界 ──
区域界 ▬▬

大华北乌头 Aconitum jeholense Nakai et Kitag. var. **angustius** (W. T. Wang) Y. Z. Zhao 生于林下、林缘、草甸，产于内蒙古新巴尔虎左旗、扎鲁特旗、科尔沁右翼前旗、阿尔山、巴林右旗、克什克腾旗，分布于中国（内蒙古、河北、山东），蒙古，俄罗斯（东部西伯利亚）。

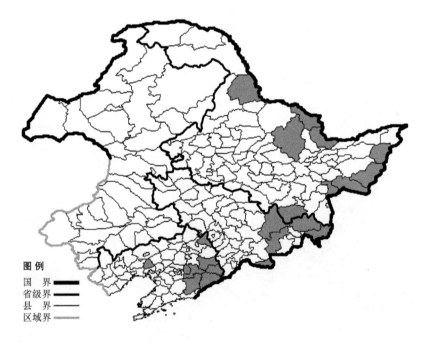

图例
国　界 ▬▬
省级界 ══
县　界 ──
区域界 ▬▬

吉林乌头

Aconitum kirinense Nakai

生境：山坡草地，林下，海拔1600米以下。

产地：黑龙江省宁安、密山、鸡东、伊春、黑河、虎林、饶河、萝北、嘉荫，吉林省汪清、珲春、敦化、安图、长白，辽宁省西丰、新宾、本溪、凤城、宽甸、桓仁、北镇。

分布：中国（黑龙江、吉林、辽宁），俄罗斯（远东地区）。

北乌头

Aconitum kusnezoffii Rchb.

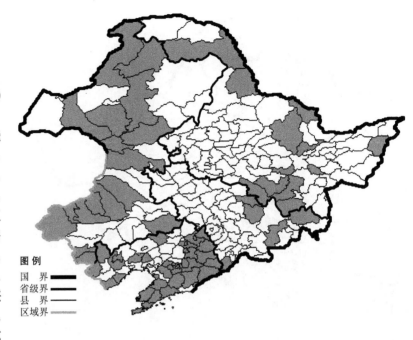

生境：林下，林缘，海拔 1300 米以下。

产地：黑龙江省嘉荫、呼玛、饶河、伊春、五常、尚志、宁安、海林、方正、勃利、黑河、汤原，吉林省安图、汪清、蛟河、舒兰、集安，辽宁省铁岭、开原、西丰、抚顺、新宾、清原、辽阳、鞍山、海城、营口、盖州、瓦房店、普兰店、大连、本溪、凤城、宽甸、桓仁、岫岩、丹东、庄河、北镇、彰武、义县、建平、朝阳、凌源、兴城、绥中，内蒙古鄂温克旗、扎兰屯、牙克石、根河、额尔古纳、扎鲁特旗、新巴尔虎左旗、科尔沁右翼前旗、阿尔山、科尔沁左翼后旗、喀喇沁旗、阿鲁科尔沁旗、巴林右旗、巴林左旗、林西、克什克腾旗、宁城。

分布：中国（黑龙江、吉林、辽宁、内蒙古、河北、山西），朝鲜半岛，俄罗斯（东部西伯利亚、远东地区）。

带岭乌头 Aconitum kusnezoffii Rchb. var. **birobidshanicum** (Worosch.) S. H. Li 生于林缘，产于黑龙江省伊春，分布于中国（黑龙江），俄罗斯（远东地区）。

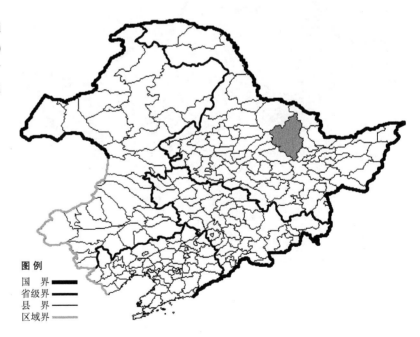

图例
国　界
省级界
县　界
区域界

伏毛北乌头 **Aconitum kusnezoffii** Rchb. var. **crispulum** W. T. Wang 生于山坡，产于黑龙江省密山，内蒙古科尔沁左翼后旗，分布于中国（黑龙江、内蒙古、河北）。

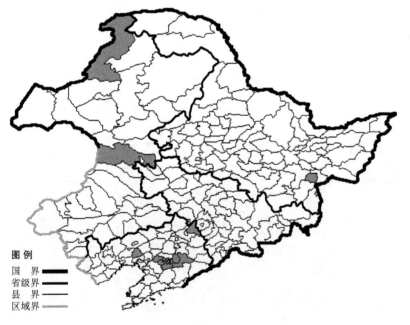

图例
国　界
省级界
县　界
区域界

宽裂北乌头 **Aconitum kusnezoffii** Rchb. var. **gibbiferum** (Rchb.) Regel 生于山坡草地，林缘，海拔 800 米以下，产于黑龙江省鸡西，辽宁省西丰、辽阳、鞍山、北镇、本溪，内蒙古额尔古纳、科尔沁右翼前旗，分布于中国（黑龙江、辽宁、内蒙古）。

河北白喉乌头

Aconitum leucostomum Worsch. var.
hopeiense W. T. Wang

　　生境：林缘，沟谷。
　　产地：内蒙古宁城、喀喇沁旗、
克什克腾旗。
　　分布：中国（内蒙古、河北）。

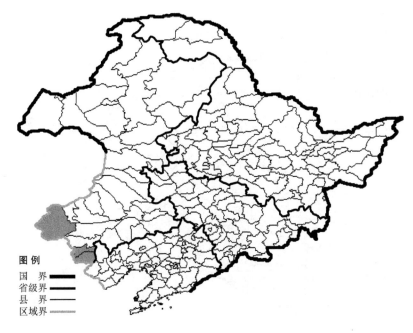

辽东乌头

Aconitum liaotungense Nakai

　　生境：湿草地，山坡岩石间。
　　产地：辽宁省大连、瓦房店、绥
中、庄河、普兰店、朝阳、凌源、建昌、
建平。
　　分布：中国（辽宁）。

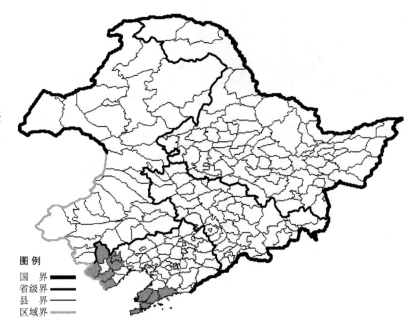

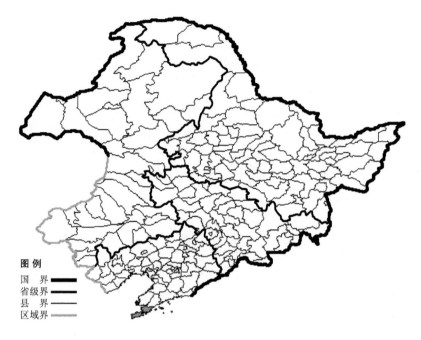

高帽乌头

Aconitum longe-cassidatum Nakai

生境：山坡。

产地：辽宁省大连。

分布：中国（辽宁、山东），朝鲜半岛。

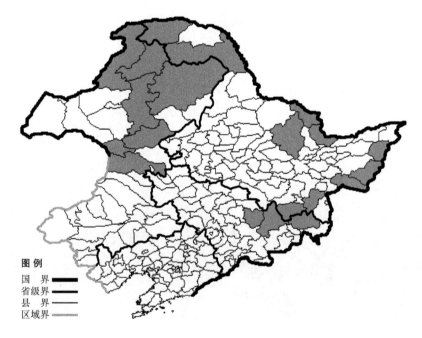

细叶乌头

Aconitum macrorhynchum Turcz.

生境：沟边，林下，沼泽，山地草甸，海拔 1200 米以下。

产地：黑龙江省饶河、虎林、穆棱、密山、嘉荫、萝北、宁安、漠河、伊春、呼玛，吉林省蛟河、敦化、汪清，内蒙古额尔古纳、扎兰屯、根河、鄂伦春旗、牙克石、科尔沁右翼前旗、阿尔山。

分布：中国（黑龙江、吉林、内蒙古），俄罗斯（东部西伯利亚、远东地区）。

匐枝乌头 **Aconitum macrorhynchum** Turcz. f. **tenuissimum** (Nakai et Kitag.) S. H. Li et Y. H. Huang 生于草地，海拔 500 米以下，产于黑龙江省漠河、宁安，吉林省蛟河，内蒙古额尔古纳，分布于中国（黑龙江、吉林、内蒙古）。

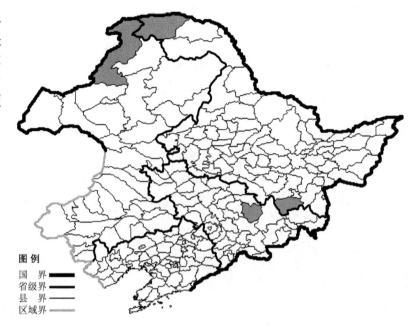

高山乌头

Aconitum monanthum Nakai

生境：高山冻原，火山灰陡坡上，岳桦林及针叶林下，林缘，海拔 1400-2500 米（长白山）。

产地：吉林省安图、长白，辽宁省桓仁。

分布：中国（吉林、辽宁），朝鲜半岛。

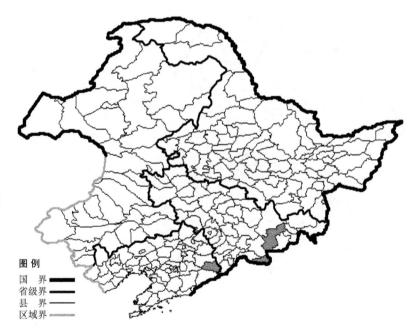

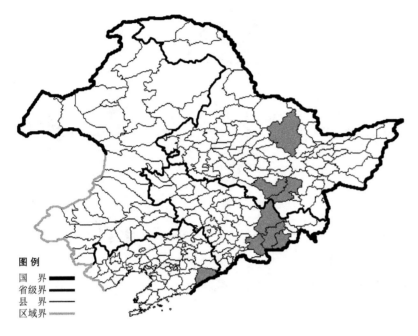

白山乌头

Aconitum paishanense Kitag.

　生境：林下，林缘，海拔约 1400 米（长白山）。
　产地：黑龙江省伊春、海林、尚志，吉林省敦化、抚松、安图、和龙，辽宁省宽甸。
　分布：中国（黑龙江、吉林、辽宁、河北），朝鲜半岛，俄罗斯（远东地区）。

图例
国　界 ▬▬
省级界 ▬▬
县　界 ▬▬
区域界 ▬▬

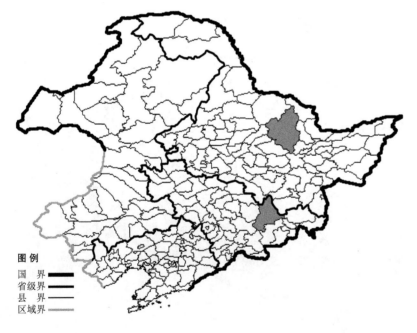

大苞乌头

Aconitum raddeanum Regel

　生境：针叶林或针阔混交林下，海拔约 300 米。
　产地：黑龙江省伊春，吉林省敦化。
　分布：中国（黑龙江、吉林），朝鲜半岛，俄罗斯（远东地区）。

图例
国　界 ▬▬
省级界 ▬▬
县　界 ▬▬
区域界 ▬▬

毛茛叶乌头

Aconitum ranunculoides Turcz.

生境：落叶松林下。

产地：内蒙古根河。

分布：中国（内蒙古），俄罗斯（东部西伯利亚、远东地区）。

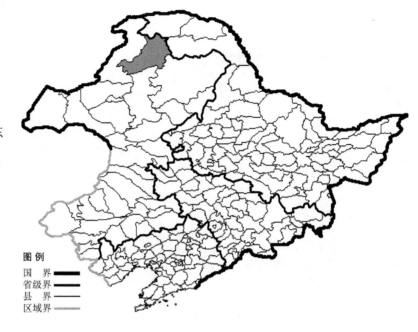

白毛乌头

Aconitum villosum Rchb.

生境：林缘。

产地：黑龙江省呼玛，吉林省和龙、安图。

分布：中国（黑龙江、吉林），蒙古，俄罗斯（西部西部利亚）。

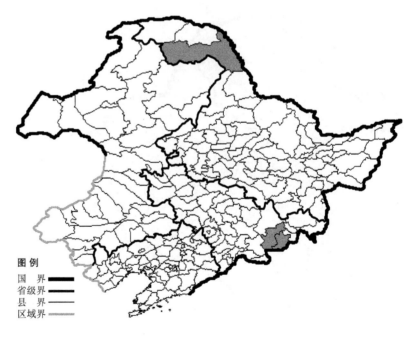

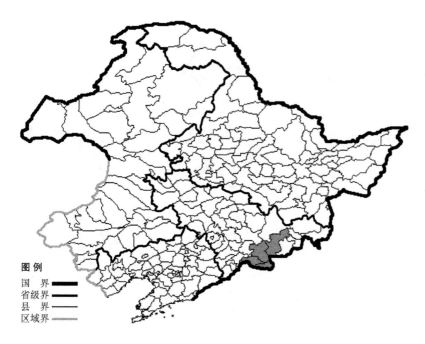

长白乌头 Aconitum villosum Rchb. subsp. **tschangbaischanense** (S. H. Li et Y. H. Huang) S. H. Li 生于林缘、高山冻原，产于吉林省安图、临江、抚松、长白，分布于中国（吉林），朝鲜半岛。

图例
国 界 ▬▬▬
省级界 ▬▬▬
县 界 ▬▬▬
区域界 ▬▬▬

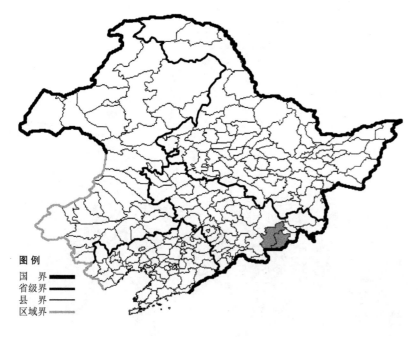

缠绕白毛乌头 Aconitum villosum Rchb. var. **amurense** (Nakai) S. H. Li et Y. H. Huang 生于落叶松林缘、草甸，海拔约 500 米，产于吉林省和龙、安图，分布于中国（吉林），朝鲜半岛。

图例
国 界 ▬▬▬
省级界 ▬▬▬
县 界 ▬▬▬
区域界 ▬▬▬

大兴安岭乌头 **Aconitum villosum** Rchb. var. **daxinganlinense** (Y. Z. Zhao) S. H. Li 生于林下、林缘沼泽，产于黑龙江省塔河，分布于中国（黑龙江）。

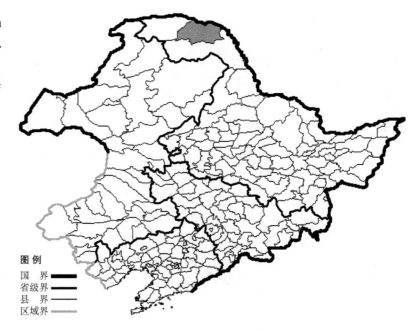

光果乌头 **Aconitum villosum** Rchb. f. **psilocarpum** (Kitag.) Kitag. 生于林缘，产于黑龙江省呼玛，吉林省安图，分布于中国（黑龙江、吉林）。

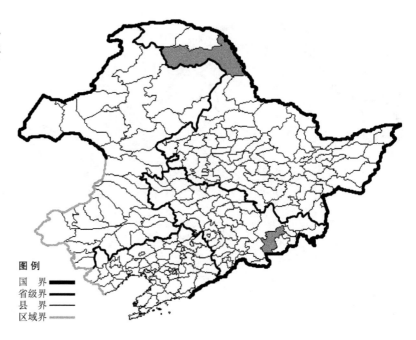

图例
国　界 ▬▬
省级界 ▬▬
县　界 ▬▬
区域界 ▬▬

蔓乌头

Aconitum volubile Pall. ex Koelle

生境：阔叶林下，林缘。

产地：黑龙江省呼玛、海林、尚志、五常，吉林省长白、蛟河，辽宁省桓仁。

分布：中国（黑龙江、吉林、辽宁），朝鲜半岛，蒙古，俄罗斯（东部西伯利亚、远东地区）。

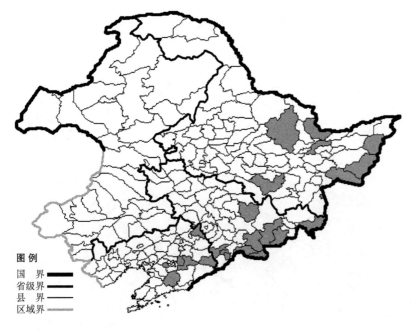

图例
国　界 ▬▬
省级界 ▬▬
县　界 ▬▬
区域界 ▬▬

宽叶蔓乌头 Aconitum volubile Pall. ex Koelle var. **latisectum** Regel 生于林下，林缘，缠绕于其他植物上，产于黑龙江省桦川、伊春、尚志、虎林、密山、萝北、饶河、绥芬河，吉林省安图、蛟河、抚松、通化、和龙、珲春、长白、临江，辽宁省桓仁、西丰、鞍山、岫岩、本溪，分布于中国（黑龙江、吉林、辽宁），朝鲜半岛，俄罗斯（远东地区）。

旺业甸乌头

Aconitum wangyedianense Y. Z. Zhao

生境：林下，林缘。
产地：内蒙古喀喇沁旗。
分布：中国（内蒙古）。

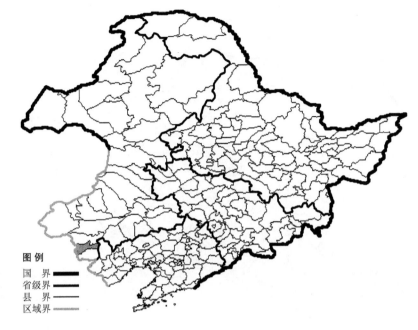

五叉沟乌头

Aconitum wuchagouense Y. Z. Zhao

生境：林缘草甸。
产地：内蒙古科尔沁右翼前旗。
分布：中国（内蒙古）。

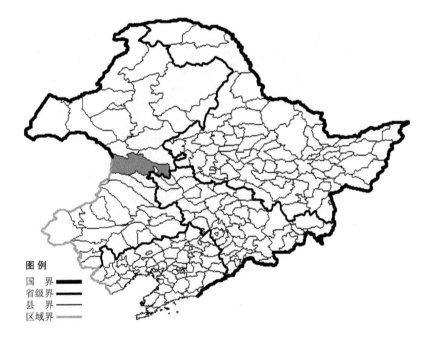

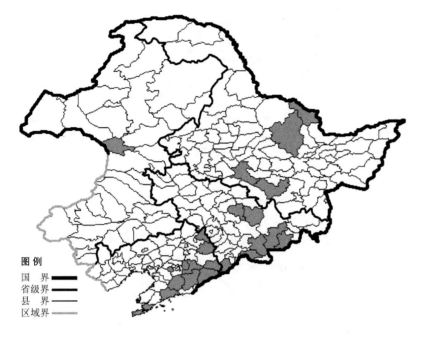

图 例
国　界 ▬▬▬
省级界 ▬▬
县　界 ▬▬
区域界 ▬▬

类叶升麻

Actaea asiatica Hara

　　生境：林下，林缘，海拔1800米以下。
　　产地：黑龙江省伊春、尚志、哈尔滨、嘉荫，吉林省吉林、安图、和龙、蛟河、临江、抚松、集安，辽宁省本溪、西丰、清原、凤城、岫岩、大连、宽甸、桓仁、鞍山、庄河，内蒙古阿尔山。
　　分布：中国（黑龙江、吉林、辽宁、内蒙古、河北、山西、陕西、甘肃、青海、湖北、四川、云南、西藏），朝鲜半岛，日本，俄罗斯（远东地区）。

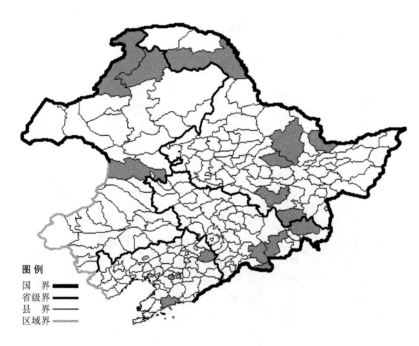

图 例
国　界 ▬▬▬
省级界 ▬▬
县　界 ▬▬
区域界 ▬▬

红果类叶升麻

Actaea erythrocarpa Fisch.

　　生境：林下，林缘，山坡草地，海拔1500米以下。
　　产地：黑龙江省伊春、宁安、尚志、铁力、萝北、呼玛，吉林省抚松、汪清、长白、安图，辽宁省鞍山、清原、庄河，内蒙古根河、额尔古纳、科尔沁右翼前旗。
　　分布：中国（黑龙江、吉林、内蒙古、河北、山西），朝鲜半岛，日本，蒙古，俄罗斯（欧洲部分、西伯利亚、远东地区），欧洲。

侧金盏花

Adonis amurensis Regel et Radde

生境：林下，林缘，腐殖质多的湿润土壤上，海拔 900 米以下。

产地：黑龙江省哈尔滨、呼玛、汤原、海林、伊春、尚志、宁安、铁力、东宁、通河，吉林省安图，辽宁省西丰、新宾、鞍山、本溪、凤城、宽甸、桓仁、丹东、开原。

分布：中国（黑龙江、吉林、辽宁、河北），朝鲜半岛，日本，俄罗斯（远东地区）。

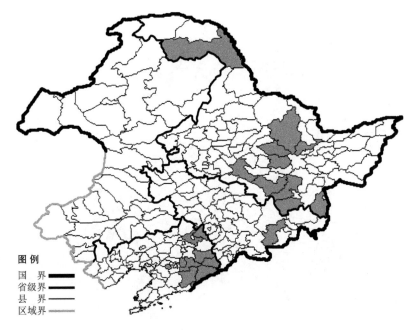

辽吉侧金盏花

Adonis ramosa Franch.

生境：山坡。

产地：吉林省辉南，辽宁省凤城、桓仁、丹东。

分布：中国（吉林、辽宁），朝鲜半岛，日本，俄罗斯（远东地区）。

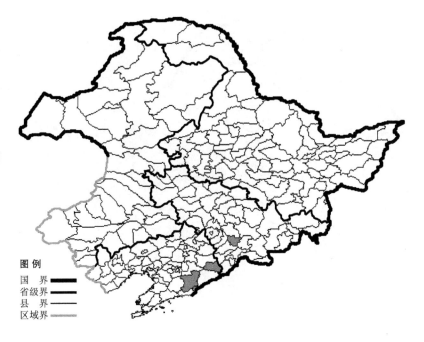

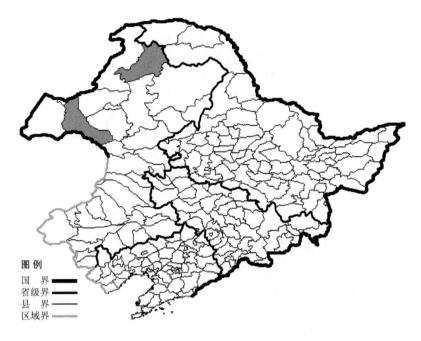

北侧金盏花

Adonis sibiricus Patr. et Ledeb.

　　生境：林缘，草甸。
　　产地：内蒙古根河、新巴尔虎左旗。
　　分布：中国（内蒙古、新疆），蒙古，俄罗斯（欧洲部分、西伯利亚）。

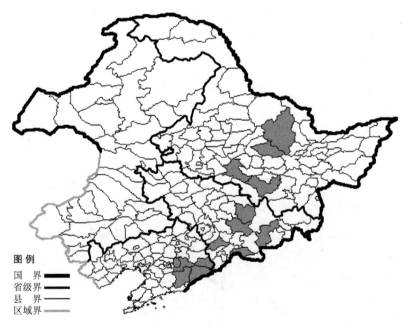

黑水银莲花

Anemone amurensis (Korsh.) Kom.

　　生境：林下，海拔 900 米以下。
　　产地：黑龙江省伊春、尚志、哈尔滨、铁力，吉林省临江、蛟河、桦甸、安图、柳河，辽宁省本溪、桓仁、宽甸、凤城。
　　分布：中国（黑龙江、吉林、辽宁），朝鲜半岛，俄罗斯（远东地区）。

毛果银莲花

Anemone baicalensis Turcz.

生境：林下，海拔 1000 米以下。

产地：黑龙江省尚志、伊春，吉林省安图、敦化、柳河、临江、抚松、汪清、通化、蛟河，辽宁省本溪、凤城、宽甸、桓仁。

分布：中国（黑龙江、吉林、辽宁、陕西、甘肃、四川），俄罗斯（东部西伯利亚）。

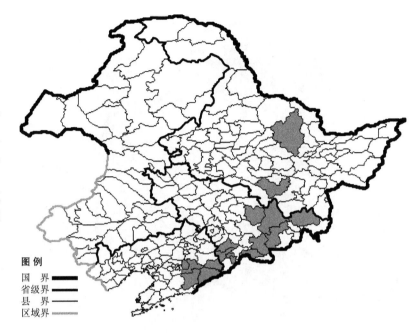

光果银莲花 Anemone baicalensis Turcz. var. **glabrata** Maxim. 生于林下，产于黑龙江省伊春、嘉荫，吉林省珲春，分布于中国（黑龙江、吉林），朝鲜半岛，俄罗斯（远东地区）。

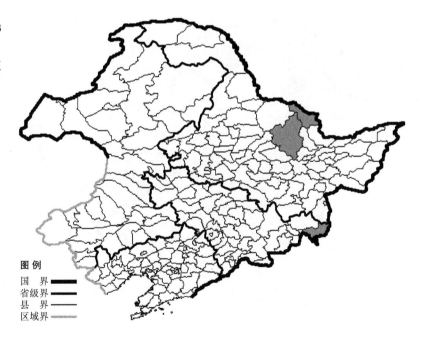

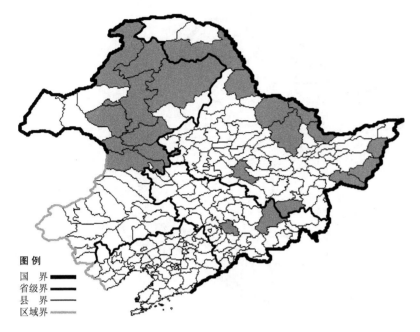

图例
国　界 ▬▬▬
省级界 ▬▬
县　界 ▬
区域界 ▬▬

二歧银莲花

Anemone dichotoma L.

　　生境：林间草地，山坡湿草地，海拔 900 米以下。
　　产地：黑龙江省哈尔滨、伊春、逊克、呼玛、密山、宁安、黑河、虎林、饶河、嘉荫、萝北，吉林省磐石、敦化，内蒙古海拉尔、根河、额尔古纳、牙克石、扎兰屯、鄂伦春旗、阿尔山、科尔沁右翼前旗、扎赉特旗、鄂温克旗。
　　分布：中国（黑龙江、吉林、内蒙古），朝鲜半岛，蒙古，俄罗斯（欧洲部分、西伯利亚、远东地区）。

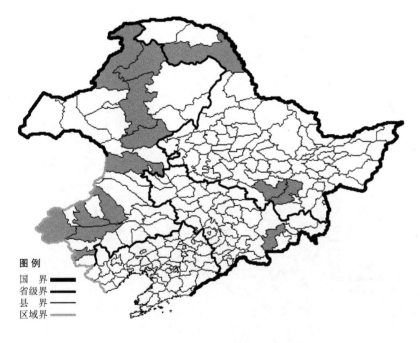

图例
国　界 ▬▬▬
省级界 ▬▬
县　界 ▬
区域界 ▬▬

长毛银莲花

Anemone narcissiflora L. var. **crinita** (Juz.) Tamura

　　生境：山坡，草甸，林缘，山顶岩石壁上，海拔 800 米以下。
　　产地：黑龙江省尚志、海林、呼玛，吉林省安图，内蒙古扎兰屯、牙克石、额尔古纳、根河、科尔沁右翼前旗、克什克腾旗、阿鲁科尔沁旗、巴林右旗、翁牛特旗、喀喇沁旗。
　　分布：中国（黑龙江、吉林、内蒙古、河北），蒙古，俄罗斯（西伯利亚）。

多被银莲花

Anemone raddeana Regel

　　生境：阔叶林下，海拔 900 米以下。

　　产地：黑龙江省尚志、哈尔滨、伊春，吉林省临江、桦甸、安图，辽宁省西丰、本溪、鞍山、绥中、瓦房店、丹东、桓仁、凤城、宽甸、庄河。

　　分布：中国（黑龙江、吉林、辽宁、山东），朝鲜半岛，俄罗斯（远东地区）。

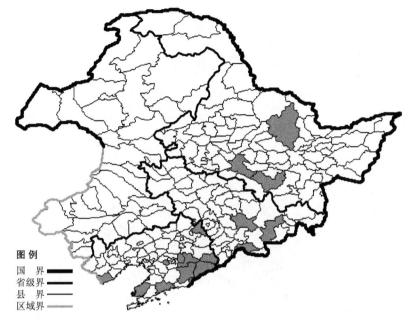

反萼银莲花

Anemone reflexa Steph.

　　生境：林下，海拔 900 米以下。
　　产地：吉林省安图，辽宁省桓仁。
　　分布：中国（吉林、辽宁、陕西），朝鲜半岛，蒙古，俄罗斯（西伯利亚、远东地区）。

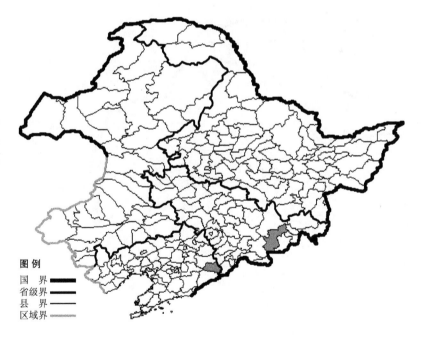

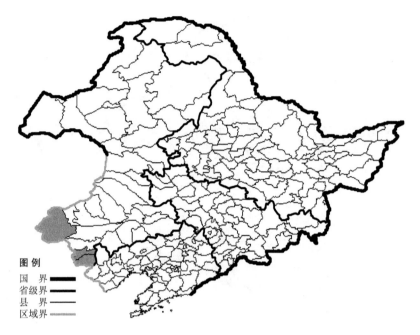

图例
国　界 ▬▬▬
省级界 ▬▬▬
县　界 ▬▬
区域界 ▬▬▬

小花草玉梅

Anemone rivularis Hanmilt. ex DC. **var. floreminore** Maxim.

生境：林缘，山坡草地。

产地：内蒙古宁城、克什克腾旗、喀喇沁旗。

分布：中国（内蒙古、河北、山西、陕西、宁夏、甘肃、青海、新疆、四川）。

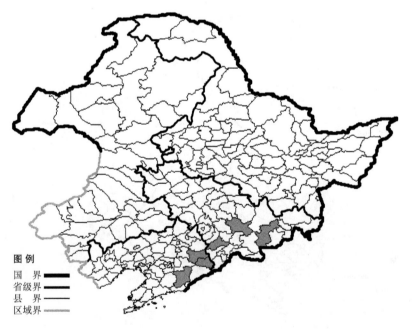

图例
国　界 ▬▬▬
省级界 ▬▬▬
县　界 ▬▬
区域界 ▬▬▬

小银莲花

Anemone rossii Moore

生境：阔叶林下，海拔 900 米以下。

产地：吉林省桦甸、安图、柳河，辽宁省新宾、桓仁、凤城。

分布：中国（吉林、辽宁），朝鲜半岛。

大花银莲花

Anemone silvestris L.

　　生境：林下，湿地，海拔约 800
米以下。
　　产地：黑龙江省黑河，内蒙古海
拉尔、牙克石、额尔古纳、阿尔山、
陈巴尔虎旗、科尔沁右翼前旗、克什
克腾旗、巴林右旗、鄂温克旗、宁城、
喀喇沁旗。
　　分布：中国（黑龙江、吉林、内
蒙古、河北、新疆），蒙古，俄罗斯（欧
洲部分、高加索、西伯利亚、远东地
区），欧洲。

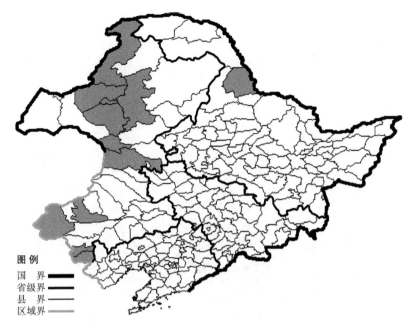

匍枝银莲花

Anemone stolonifera Maxim.

　　生境：阔叶林下。
　　产地：黑龙江省黑河、尚志。
　　分布：中国（黑龙江），朝鲜半岛，
日本。

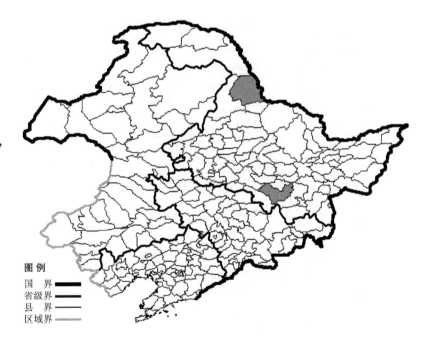

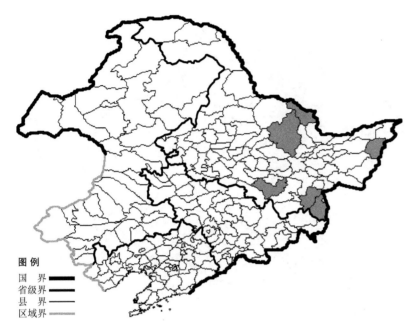

图例
国　界 ▬▬▬
省级界 ▬▬▬
县　界 ──
区域界 ──

大叶银莲花

Anemone udensis Trautv. et C. A. Mey.

　　生境：针阔混交林下，林缘草地，灌丛。

　　产地：黑龙江省伊春、尚志、饶河、穆棱、东宁、嘉荫。

　　分布：中国（黑龙江），俄罗斯（远东地区）。

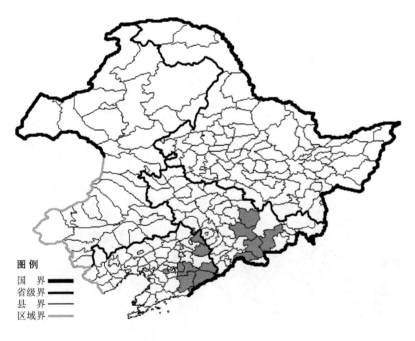

图例
国　界 ▬▬▬
省级界 ▬▬▬
县　界 ──
区域界 ──

阴地银莲花

Anemone umbrosa C. A. Mey.

　　生境：林下，河谷湿地，灌丛，海拔约 600 米。

　　产地：吉林省桦甸、蛟河、安图、临江、抚松，辽宁省西丰、清原、凤城、本溪、桓仁、宽甸、丹东、鞍山。

　　分布：中国（吉林、辽宁），朝鲜半岛，俄罗斯（西部西伯利亚、远东地区）。

黑水耧斗菜

Aquilegia amurensis Kom.

生境：高山岩石上，海拔约1500 米。

产地：黑龙江省呼玛、海林，内蒙古根河。

分布：中国（黑龙江、内蒙古），俄罗斯（东部西伯利亚、远东地区）。

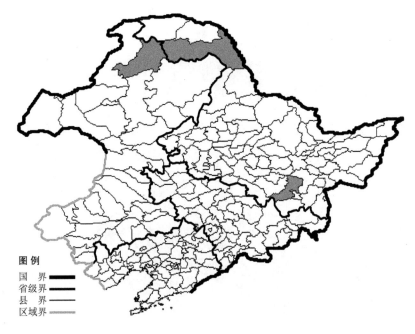

图 例
国　界
省级界
县　界
区域界

长白耧斗菜

Aquilegia flabellata Sieb. et Zucc. var. **pumila** Kudo

生境：高山冻原，岳桦林缘，山坡，海拔 1400-2500 米。

产地：吉林省安图、抚松。

分布：中国（吉林），朝鲜半岛，日本。

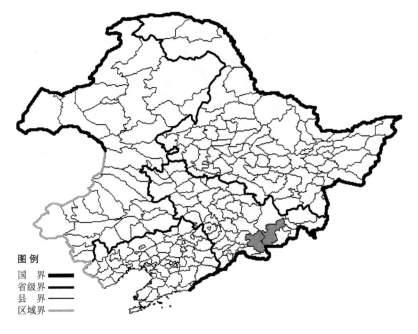

图 例
国　界
省级界
县　界
区域界

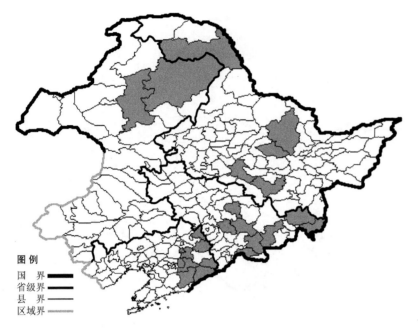

图例
国　界 ▬▬▬
省级界 ▬▬
县　界 ───
区域界 ───

尖萼耧斗菜

Aquilegia oxysepala Trautv. et C. A. Mey.

生境：林下，林缘，山坡草地，海拔 1500 米以下。

产地：黑龙江省尚志、哈尔滨、伊春、呼玛、铁力，吉林省吉林、临江、磐石、抚松、珲春、安图、桦甸、汪清，辽宁省本溪、抚顺、凤城、宽甸、桓仁、西丰、清原，内蒙古鄂伦春旗、牙克石。

分布：中国（黑龙江、吉林、辽宁、内蒙古），朝鲜半岛，俄罗斯（远东地区）。

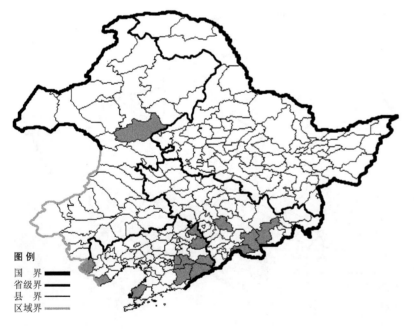

图例
国　界 ▬▬▬
省级界 ▬▬
县　界 ───
区域界 ───

黄花尖萼耧斗菜 Aquilegia ox-ysepala Trautv. et C. A. Mey. f. **pallidiflora** (Nakai) Kitag. 生于林下、林缘、高山冻原，海拔 2400 米以下，产于吉林省临江、抚松、磐石、安图，辽宁省本溪、凤城、桓仁、宽甸、西丰、凌源、清原、瓦房店、绥中，内蒙古扎兰屯，分布于中国（吉林、辽宁、内蒙古），朝鲜半岛。

小花耧斗菜

Aquilegia parviflora Ledeb.

生境：林下，海拔约 1400 米。

产地：黑龙江省漠河、呼玛、嘉荫，内蒙古根河、扎兰屯、额尔古纳、鄂伦春旗、牙克石、陈巴尔虎旗。

分布：中国（黑龙江、内蒙古），日本，蒙古，俄罗斯（东部西伯利亚、远东地区）。

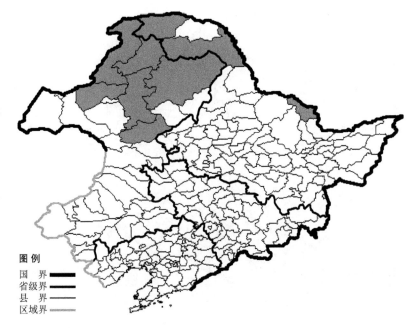

耧斗菜

Aquilegia viridiflora Pall.

生境：山坡草地，湿草地，疏林下，海拔 900 米以下。

产地：黑龙江省哈尔滨、伊春、尚志、呼玛、黑河，吉林省临江、安图，辽宁省铁岭、大连、长海，内蒙古海拉尔、满洲里、额尔古纳、阿尔山、根河、科尔沁右翼前旗、牙克石、扎赉特旗、巴林左旗、巴林右旗、翁牛特旗、宁城、克什克腾旗、赤峰。

分布：中国（黑龙江、吉林、辽宁、内蒙古、河北、山西、陕西、甘肃、宁夏、青海、山东），蒙古，俄罗斯（东部西伯利亚、远东地区）。

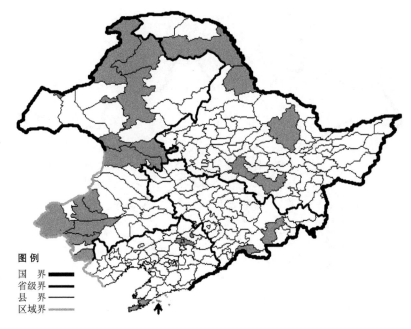

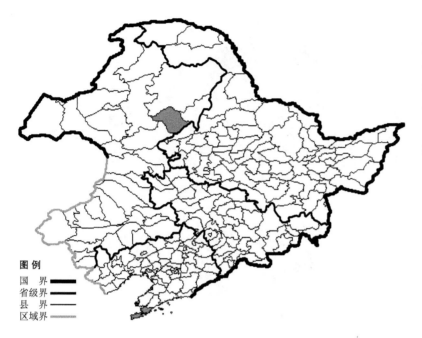

铁山耧斗菜 Aquilegia viridiflora Pall. f. atropurpurea (Willd.) Kitag. 生于石质丘陵山地岩石缝间，产于辽宁省大连，内蒙古阿荣旗，分布于中国（辽宁、内蒙古、河北、山西、青海、山东），蒙古，俄罗斯（东部西伯利亚、远东地区）。

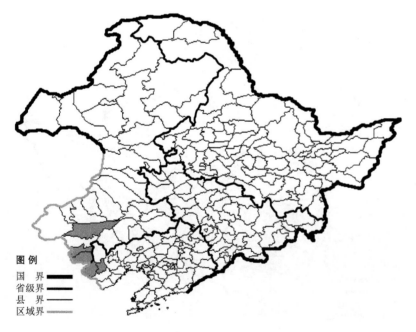

华北耧斗菜

Aquilegia yabeana Kitag.

　　生境：山坡，林缘，沟谷岩石缝间。

　　产地：辽宁省凌源、喀左，内蒙古宁城、喀喇沁旗、翁牛特旗。

　　分布：中国（辽宁、内蒙古、河北、山西、陕西、四川）。

黄花华北耧斗菜 **Aquilegia yabeana** Kitag. f. **luteola** S. H. Li et Y. H. Huang 生于山坡阔叶林下，产于辽宁省绥中，分布于中国（辽宁）。

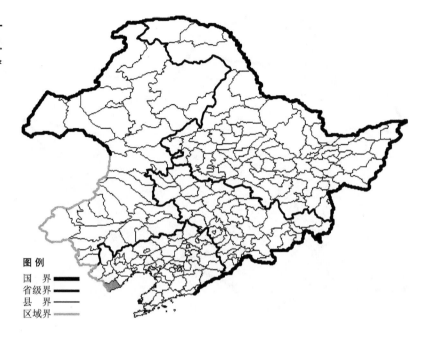

薄叶驴蹄草

Caltha membranacea (Turcz.) Schip-cz.

生境：阔叶林下，湿草地，溪流旁，海拔 1000 米以下。

产地：黑龙江省尚志、黑河、呼玛、伊春、海林、汤原、密山、勃利，吉林省安图、临江、通化、汪清、蛟河、抚松，辽宁省本溪、丹东、凤城、桓仁、宽甸，内蒙古根河、牙克石、阿尔山、额尔古纳、科尔沁右翼前旗。

分布：中国（黑龙江、吉林、辽宁、内蒙古），朝鲜半岛，日本，俄罗斯（东部西伯利亚、远东地区）。

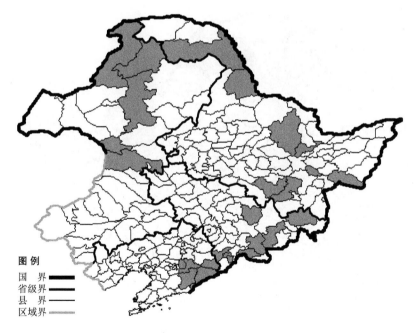

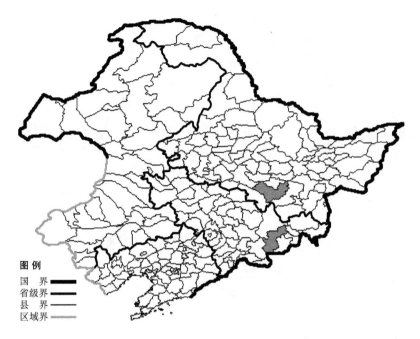

大花驴蹄草 Caltha membranacea (Turcz.) Schipcz. var. **grandiflora** S. H. Li et Y. H. Huang 生于林下，产于黑龙江省尚志，吉林省安图，分布于中国（黑龙江、吉林）。

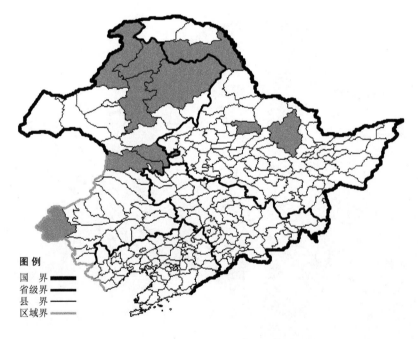

白花驴蹄草

Caltha natans Pall.

生境：湿草甸，河边湿草地，浅水中，海拔 600-1300 米。

产地：黑龙江省伊春、北安、呼玛，内蒙古根河、额尔古纳、牙克石、鄂伦春旗、科尔沁右翼前旗、扎赉特旗、克什克腾旗。

分布：中国（黑龙江、内蒙古），朝鲜半岛，蒙古，俄罗斯（西伯利亚、远东地区）。

驴蹄草

Caltha palustris L. var. **sibirica** Regel

生境：湿草甸，河边湿草地，山谷溪流旁，浅水中，海拔 900 米以下。

产地：黑龙江省哈尔滨、呼玛、伊春、尚志，吉林省安图、临江、蛟河、桦甸、靖宇、敦化、柳河，辽宁省本溪、凤城，内蒙古海拉尔、科尔沁左翼后旗、科尔沁右翼前旗、科尔沁右翼中旗、鄂温克旗、额尔古纳、根河、通辽、阿尔山、牙克石、扎赉特旗、克什克腾旗、翁牛特旗、喀喇沁旗。

分布：中国（黑龙江、吉林、辽宁、内蒙古、山东），朝鲜半岛，蒙古，俄罗斯（远东地区）。

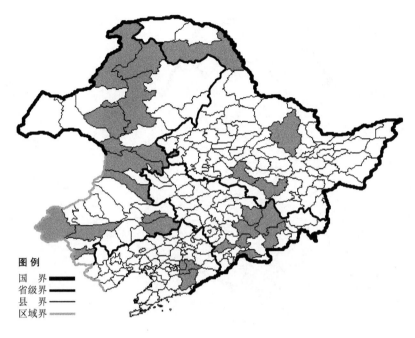

兴安升麻

Cimicifuga dahurica (Turcz.) Maxim.

生境：林下，林缘，海拔 900 米以下。

产地：黑龙江省呼玛、宁安、饶河、逊克、尚志、伊春、黑河，吉林省安图、通化、抚松、汪清、蛟河、临江，辽宁省抚顺、清原、本溪、桓仁、鞍山、凌源、建昌，内蒙古根河、牙克石、额尔古纳、扎鲁特旗、扎赉特旗、鄂伦春旗、科尔沁右翼前旗、科尔沁右翼中旗、阿鲁科尔沁旗、巴林左旗、巴林右旗、克什克腾旗、喀喇沁旗、敖汉旗、宁城。

分布：中国（黑龙江、吉林、辽宁、内蒙古、河北、山西），朝鲜半岛，蒙古，俄罗斯（东部西伯利亚、远东地区）。

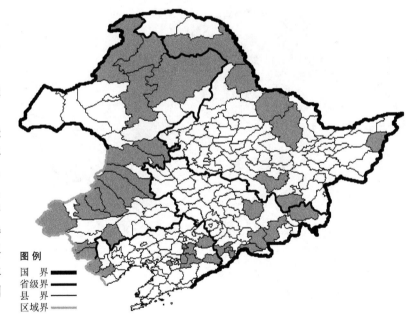

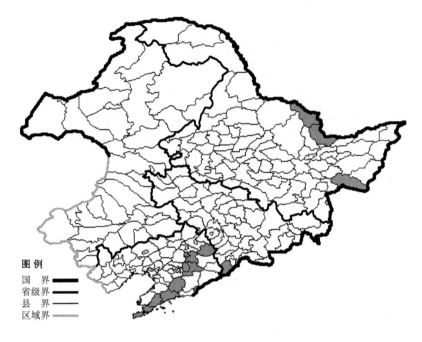

大三叶升麻

Cimicifuga heracleifolia Kom.

生境：林下，山坡草地，灌丛，海拔约 300 米。

产地：黑龙江省密山、萝北、嘉荫，吉林省集安，辽宁省抚顺、本溪、清原、丹东、岫岩、庄河、大连、普兰店。

分布：中国（黑龙江、吉林、辽宁），朝鲜半岛，俄罗斯（远东地区）。

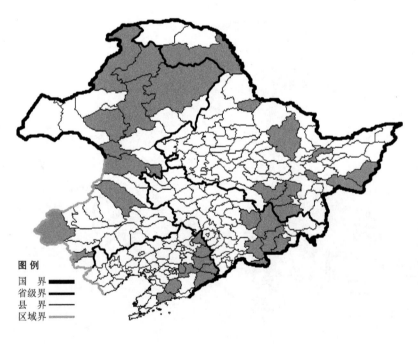

单穗升麻

Cimicifuga simplex Wormsk.

生境：草甸，河边草地，林下，林缘，海拔 1900 米以下。

产地：黑龙江省伊春、密山、虎林、宁安、尚志、桦川、呼玛、海林、孙吴、宁安、勃利，吉林省蛟河、抚松、和龙、安图、敦化、长白，辽宁省本溪、桓仁、宽甸、清原、岫岩、庄河、西丰、新宾，内蒙古根河、扎鲁特旗、阿尔山、鄂温克旗、牙克石、科尔沁右翼前旗、克什克腾旗、喀喇沁旗、额尔古纳、鄂伦春旗。

分布：中国（黑龙江、吉林、辽宁、内蒙古、河北、陕西、甘肃、四川），朝鲜半岛，日本，蒙古，俄罗斯（东部西伯利亚、远东地区）。

芹叶铁线莲

Clematis aethusifolia Turcz.

生境：石砾质山坡，沙地柳丛，河谷草甸。

产地：内蒙古科尔沁右翼前旗、阿鲁科尔沁旗、克什克腾旗。

分布：中国（内蒙古、陕西、甘肃、宁夏、青海、山西、河北），蒙古，俄罗斯（东部西伯利亚、远东地区）。

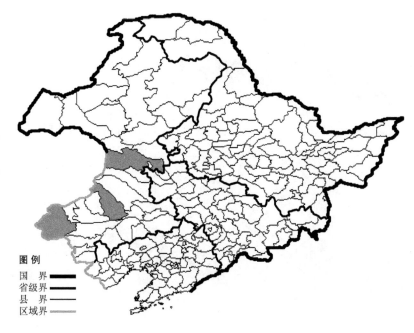

宽芹叶铁线莲 Clematis aethusifolia Turcz. var. **latisecta** Maxim. 生于山坡灌丛，产于黑龙江省呼玛、黑河，内蒙古根河、莫力达瓦达斡尔旗、克什克腾旗、扎赉特旗，分布于中国（黑龙江、内蒙古、河北、山西），蒙古，俄罗斯（东部西伯利亚、远东地区）。

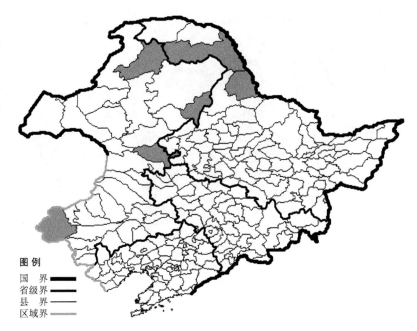

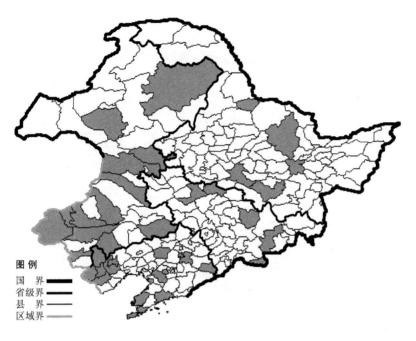

林地铁线莲

Clematis brevicaudata DC.

生境：山坡灌丛，林缘，林下。

产地：黑龙江省尚志、依兰、孙吴、哈尔滨、伊春，吉林省蛟河、扶余、前郭尔罗斯、长白、安图，辽宁省抚顺、桓仁、鞍山、建平、喀左、新民、海城、营口、瓦房店、大连、庄河、朝阳、凌源、建昌，内蒙古鄂伦春旗、鄂温克旗、科尔沁右翼中旗、科尔沁右翼前旗、扎赉特旗、敖汉旗、科尔沁左翼后旗、喀喇沁旗、林西、巴林右旗、翁牛特旗、阿鲁科尔沁旗、克什克腾旗。

分布：中国（黑龙江、吉林、辽宁、内蒙古、河北、山西、陕西、甘肃、宁夏、青海、江苏、浙江、河南、湖南、四川、云南、西藏），朝鲜半岛，日本，蒙古，俄罗斯（远东地区）。

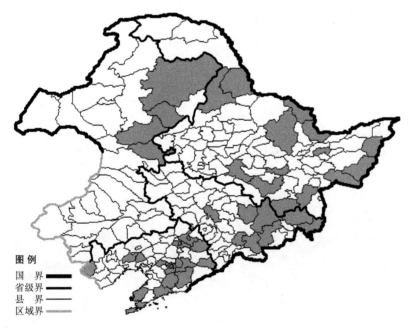

褐毛铁线莲

Clematis fusca Turcz.

生境：山坡草地，灌丛，林缘，海拔 1700 米以下。

产地：黑龙江省伊春、哈尔滨、方正、穆棱、宁安、萝北、集贤、密山、虎林、饶河、尚志、黑河、嫩江、嘉荫，吉林省长春、蛟河、抚松、靖宇、汪清、安图、珲春、敦化，辽宁省本溪、开原、桓仁、辽阳、铁岭、瓦房店、大连、庄河、岫岩、凤城、清原、义县、北镇、凌源，内蒙古鄂伦春旗、扎兰屯、阿荣旗、扎赉特旗。

分布：中国（黑龙江、吉林、辽宁、内蒙古），朝鲜半岛，日本，俄罗斯（远东地区）。

紫花铁线莲 Clematis fusca Turcz. var. **violacea** Maxim. 生于山坡草地，灌丛，产于黑龙江省尚志、嫩江、黑河，吉林省靖宇，辽宁省本溪、宽甸、桓仁、瓦房店、庄河，内蒙古鄂伦春旗，分布于中国（黑龙江、吉林、辽宁、内蒙古），朝鲜半岛，俄罗斯（远东地区）。

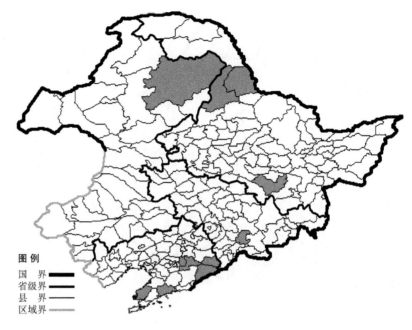

大叶铁线莲

Clematis heracleifolia DC.

生境：山坡，灌丛，阔叶林下，沟谷，海拔 600 米以下。

产地：辽宁省铁岭、沈阳、长海、庄河、岫岩、本溪、凤城、宽甸、丹东、朝阳、喀左、法库、大连，内蒙古敖汉旗。

分布：中国（辽宁、内蒙古、河北、山西、陕西、山东、江苏、安徽、浙江、河南、湖北、湖南），朝鲜半岛，日本。

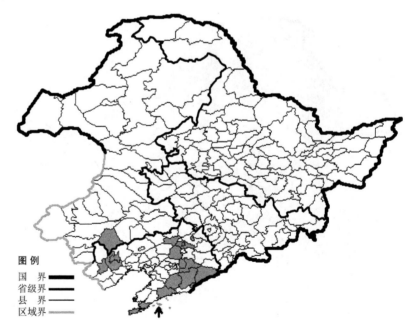

图例
国　界
省级界
县　界
区域界

卷萼铁线莲 Clematis heraclei-folia DC. var. **davidiana** (Decne. ex Verlot) O. Kuntze 生于干山坡，灌丛，林下，海拔 1100 米以下，产于辽宁省鞍山、海城、丹东、凤城、锦州、绥中、朝阳、建平、建昌，分布于中国（辽宁、华北、西北、华东、华中），朝鲜半岛。

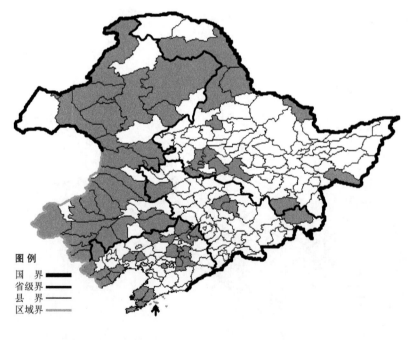

图例
国　界
省级界
县　界
区域界

棉团铁线莲

Clematis hexapetala Pall.

生境：山坡草地，林缘，海拔 800 米以下。

产地：黑龙江省宁安、呼玛、密山、肇东、肇源、安达、大庆、哈尔滨、嫩江、克山、嘉荫、黑河，吉林省汪清、通榆、吉林、九台，辽宁省抚顺、开原、沈阳、昌图、西丰、法库、本溪、鞍山、大连、普兰店、瓦房店、长海、北镇、义县、彰武、葫芦岛、兴城、绥中、建平、建昌、凌源，内蒙古额尔古纳、鄂伦春旗、阿荣旗、海拉尔、满洲里、科尔沁右翼中旗、鄂温克旗、牙克石、陈巴尔虎旗、新巴尔虎左旗、科尔沁右翼前旗、阿尔山、科尔沁左翼后旗、奈曼旗、扎赉特旗、扎鲁特旗、通辽、翁牛特旗、克什克腾旗、赤峰、乌兰浩特、阿鲁科尔沁旗、巴林左旗、巴林右旗、喀喇沁旗、宁城、敖汉旗。

分布：中国（黑龙江、吉林、辽宁、内蒙古、河北、山西、陕西、甘肃），朝鲜半岛，蒙古，俄罗斯（东部西伯利亚、远东地区）。

小叶棉团铁线莲 Clematis hexa-petala Pall. f. **breviloba** (Fregn) Nakai
生于干山坡、固定沙丘，产于黑龙江省安达，吉林省双辽、镇赉，辽宁省彰武，内蒙古科尔沁左翼后旗、科尔沁右翼前旗、满洲里，分布于中国（黑龙江、吉林、辽宁、内蒙古），蒙古。

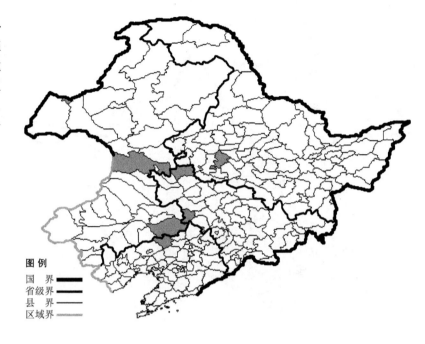

黄花铁线莲

Clematis intricata Bunge

生境：路旁，山坡。

产地：辽宁省本溪、宽甸、桓仁、凌源。

分布：中国（辽宁、河北、山西、陕西、甘肃、青海）。

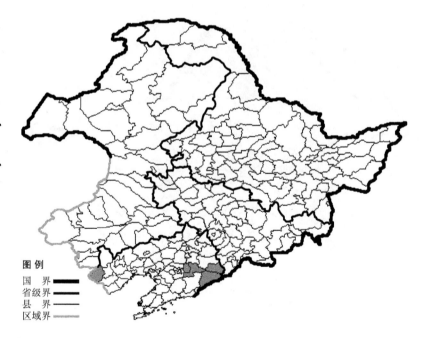

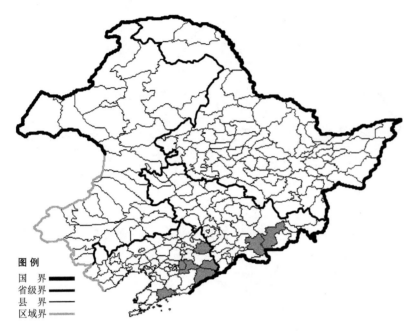

图例
国　界 ▬▬▬
省级界 ▬▬▬
县　界 ▬▬▬
区域界 ▬▬▬

朝鲜铁线莲

Clematis koreana Kom.

　　生境：针阔混交林下，海拔 800 米以下。
　　产地：吉林省抚松、安图，辽宁省本溪、宽甸、桓仁、庄河、清原。
　　分布：中国（吉林、辽宁），朝鲜半岛。

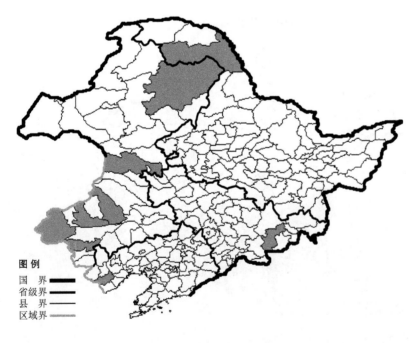

图例
国　界 ▬▬▬
省级界 ▬▬▬
县　界 ▬▬▬
区域界 ▬▬▬

长瓣铁线莲

Clematis macropetala Ledeb.

　　生境：岩石缝间，林下。
　　产地：黑龙江省呼玛，吉林省安图，辽宁省建昌，内蒙古赤峰、巴林右旗、阿鲁科尔沁旗、克什克腾旗、鄂伦春旗、科尔沁右翼前旗。
　　分布：中国（黑龙江、吉林、辽宁、内蒙古、河北、山西、陕西、宁夏、甘肃、青海），蒙古，俄罗斯（东部西伯利亚、远东地区）。

辣蓼铁线莲

Clematis mandshurica Rupr.

　　生境：山坡草地，灌丛，林缘，林下，海拔 800 米以下。

　　产地：黑龙江省哈尔滨、绥芬河、集贤、嫩江、鸡西、密山、虎林、穆棱、黑河、富锦、宁安、萝北、伊春、逊克、嘉荫、鹤岗，吉林省安图、靖宇、和龙、汪清、珲春、桦甸、通化、长春、吉林，辽宁省铁岭、本溪、沈阳、抚顺、西丰、清原、昌图、鞍山、凤城、宽甸、桓仁、丹东、庄河、长海、大连、北镇、锦州、瓦房店、铁岭、开原、法库，内蒙古莫力达瓦达斡尔旗、乌兰浩特。

　　分布：中国（黑龙江、吉林、辽宁、内蒙古），朝鲜半岛，俄罗斯（远东地区）。

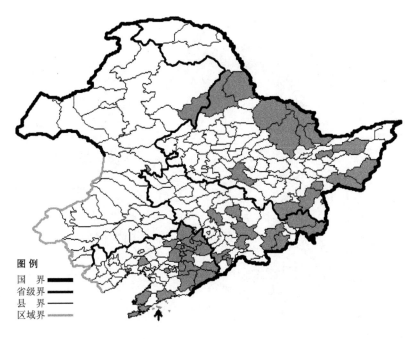

高山铁线莲

Clematis nobilis Nakai

　　生境：高山山坡，海拔 1700-2100 米。

　　产地：吉林省安图。

　　分布：中国（吉林），朝鲜半岛。

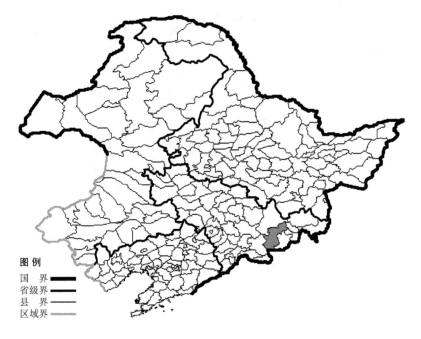

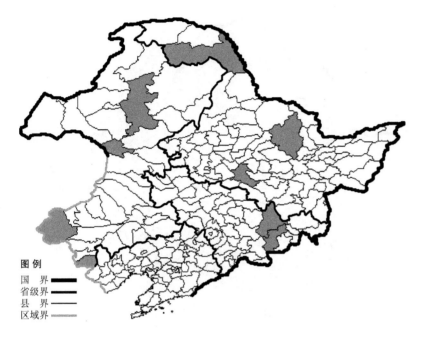

半钟铁线莲

Clematis ochotensis (Pall.) Poiret

　　生境：灌丛，林缘，海拔1100-1800米（长白山）。
　　产地：黑龙江省哈尔滨、伊春、呼玛，吉林省安图、敦化、内蒙古牙克石、阿尔山、宁城、克什克腾旗。
　　分布：中国（黑龙江、吉林、内蒙古、河北、山西），朝鲜半岛，日本，俄罗斯（东部西伯利亚、远东地区）。

大花铁线莲

Clematis patens Morr.

　　生境：山坡草地，路旁，岩石附近，灌丛，海拔500米以下。
　　产地：辽宁省丹东、东港、凤城、宽甸、本溪、普兰店、大连、庄河。
　　分布：中国（辽宁、山东），朝鲜半岛，日本。

齿叶铁线莲
Clematis serratifolia Rehd.

生境：林下干燥处，林缘，路旁，河套卵石地，海拔 1400 米以下。

产地：黑龙江省东宁、尚志，吉林省抚松、汪清、珲春、和龙、安图、敦化、长白、临江、集安，辽宁省抚顺、本溪、丹东、岫岩、桓仁、凤城、凌源、新宾、清原、西丰、宽甸、庄河。

分布：中国（黑龙江、吉林、辽宁），朝鲜半岛，俄罗斯（远东地区）。

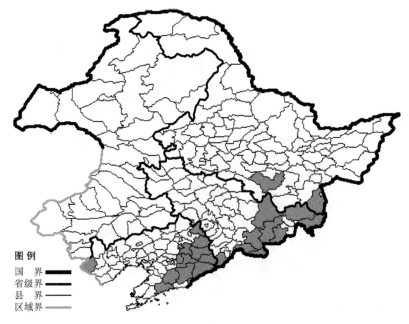

图例
国　界
省级界
县　界
区域界

西伯利亚铁线莲
Clematis sibirica (L.) Mill.

生境：林缘，路旁，云杉林下，海拔约 800 米（大兴安岭）。

产地：黑龙江省伊春、尚志、海林、呼玛、嘉荫，吉林省安图，内蒙古额尔古纳、根河、科尔沁右翼前旗、阿尔山、鄂伦春旗、牙克石。

分布：中国（黑龙江、吉林、内蒙古），蒙古，俄罗斯（西伯利亚）。

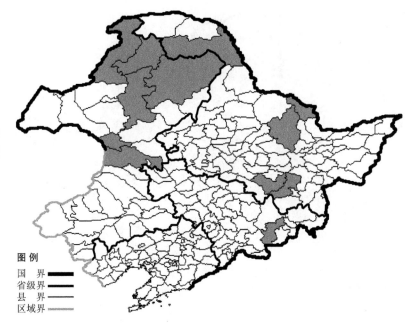

图例
国　界
省级界
县　界
区域界

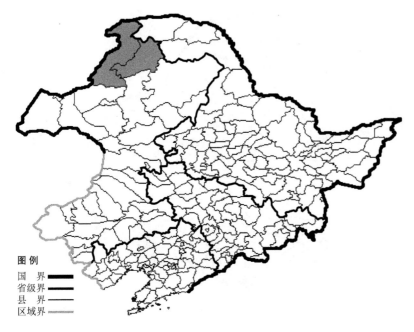

图例
国　界 ▅▅
省级界 ▅▅
县　界 ▅▅
区域界 ▅▅

唇花翠雀

Delphinium cheilanthum Fisch. ex DC.

生境：林缘，林下，海拔约 800 米。

产地：内蒙古额尔古纳、根河。

分布：中国（内蒙古），蒙古，俄罗斯（北极带、东部西伯利亚、远东地区、中亚）。

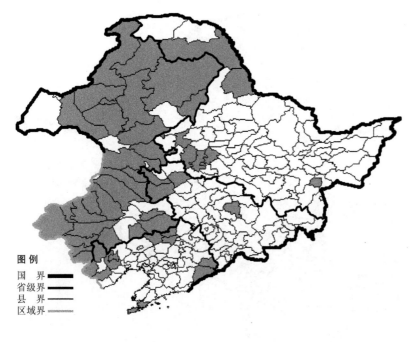

图例
国　界 ▅▅
省级界 ▅▅
县　界 ▅▅
区域界 ▅▅

翠雀

Delphinium grandiflorum L.

生境：山坡草地，湿草甸，海拔 800 米以下。

产地：黑龙江省呼玛、鸡西、大庆、黑河、杜尔伯特、齐齐哈尔、安达，吉林省通榆、洮南、大安、吉林，辽宁省宽甸、桓仁、法库、康平、彰武、朝阳、建平、建昌、凌源、大连，内蒙古根河、额尔古纳、鄂伦春旗、海拉尔、陈巴尔虎旗、新巴尔虎左旗、克什克腾旗、科尔沁右翼前旗、科尔沁右翼中旗、扎赉特旗、突泉、鄂温克旗、科尔沁左翼后旗、扎鲁特旗、通辽、阿鲁科尔沁旗、翁牛特旗、巴林左旗、巴林右旗、喀喇沁旗、宁城、克什克腾旗、敖汉旗、库伦旗、林西、扎兰屯、牙克石、莫力达瓦达斡尔旗、赤峰。

分布：中国（黑龙江、吉林、辽宁、内蒙古、河北、山西、四川、云南），蒙古，俄罗斯（西伯利亚、远东地区）。

粉花翠雀 Delphinium grandiflorum
L. f. **roseolum** Y. Z. Zhao 生于草甸草
原，产于内蒙古克什克腾旗，分布于
中国（内蒙古）。

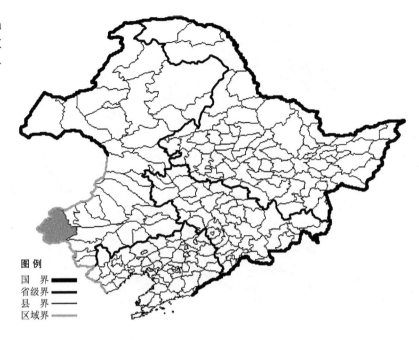

疏毛翠雀 Delphinium grandif-
lorum L. var. **pilosum** Y. Z. Zhao 生于
沙地，海拔约 1500 米，产于内蒙古
克什克腾旗，分布于中国（内蒙古）。

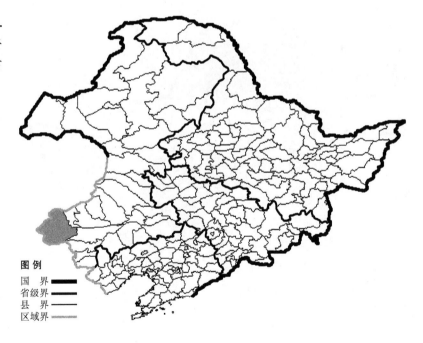

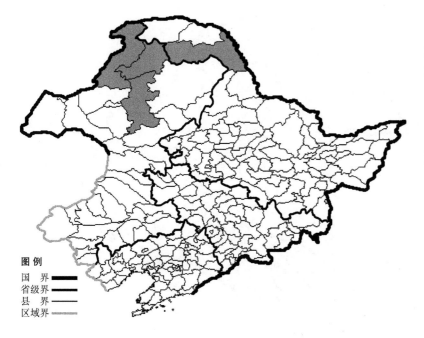

图 例
国　界 ▬▬
省级界 ▬▬
县　界 ▬▬
区域界 ▬▬

兴安翠雀

Delphinium hsinganense S. H. Li et Z. F. Fang

生境：河边，林缘。
产地：黑龙江省呼玛，内蒙古牙克石、根河、额尔古纳。
分布：中国（黑龙江、内蒙古）。

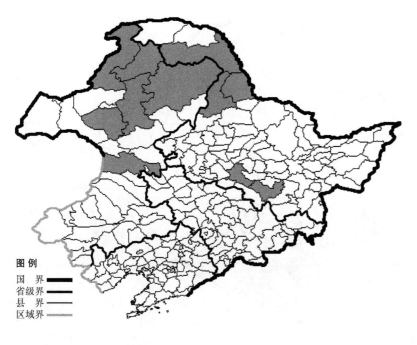

图 例
国　界 ▬▬
省级界 ▬▬
县　界 ▬▬
区域界 ▬▬

东北高翠雀

Delphinium korshinskyanum Nevski

生境：林间草地，灌丛，海拔800 米以下。
产地：黑龙江省黑河、嫩江、呼玛、哈尔滨、尚志，内蒙古额尔古纳、根河、牙克石、鄂温克旗、科尔沁右翼前旗、鄂伦春旗。
分布：中国（黑龙江、内蒙古），俄罗斯（远东地区）。

宽苞翠雀

Delphinium maackianum Regel

生境：林缘，林下，灌丛，海拔约 600 米。

产地：黑龙江省密山、伊春、宁安、萝北、虎林、穆棱，吉林省安图、汪清、珲春，辽宁省新宾、桓仁。

分布：中国（黑龙江、吉林、辽宁），朝鲜半岛，俄罗斯（远东地区）。

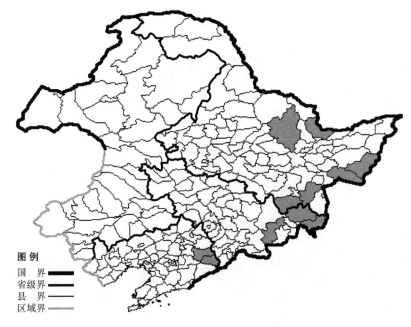

白花翠雀 Delphinium maackianum Regel f. **albiflorum** S. H. Li et Z. F. Fang 生于林缘，海拔约 600 米，产于吉林省安图，分布于中国（吉林）。

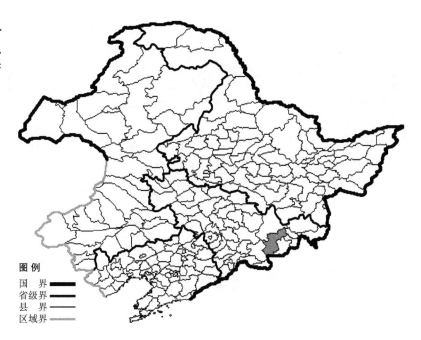

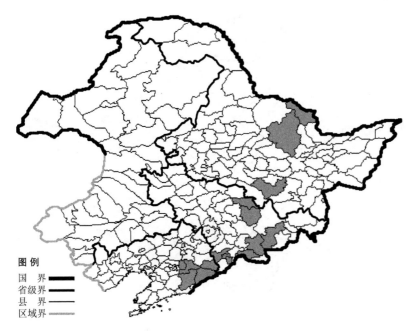

图例
国　界 ▬▬
省级界 ▬▬
县　界 ——
区域界 ——

拟扁果草

Enemion raddeanum Regel

　　生境：杂木林下，海拔 300-900 米。

　　产地：黑龙江省伊春、尚志、嘉荫，吉林省蛟河、临江、抚松、安图、舒兰、通化，辽宁省凤城、宽甸、本溪、桓仁。

　　分布：中国（黑龙江、吉林、辽宁），朝鲜半岛，日本，俄罗斯（远东地区）。

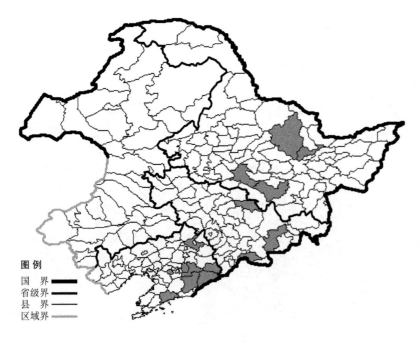

图例
国　界 ▬▬
省级界 ▬▬
县　界 ——
区域界 ——

菟葵

Eranthis stellata Maxim.

　　生境：杂木林下，林缘，红松林采伐迹地，海拔 900 米以下。

　　产地：黑龙江省伊春、尚志、哈尔滨、汤原，吉林省安图、临江、舒兰，辽宁省鞍山、庄河、桓仁、宽甸、凤城、开原、本溪。

　　分布：中国（黑龙江、吉林、辽宁），朝鲜半岛，俄罗斯（远东地区）。

獐耳细辛

Hepatica asiatica Nakai

生境：石砾质山坡，杂木林下，海拔约 700 米。

产地：辽宁省本溪、凤城、宽甸、桓仁、东港。

分布：中国（辽宁、河南、浙江、安徽），朝鲜半岛，俄罗斯（远东地区）。

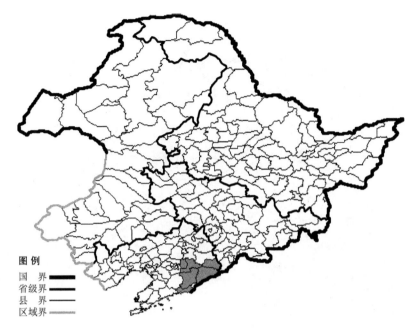

图 例
国　界
省级界
县　界
区域界

东北扁果草

Isopyrum manshuricum Kom.

生境：阔叶林及针阔混交林下湿草地，林间草地，海拔 400-900 米。

产地：黑龙江省尚志、哈尔滨，吉林省安图，辽宁省本溪、桓仁、宽甸。

分布：中国（黑龙江、吉林、辽宁），俄罗斯（远东地区）。

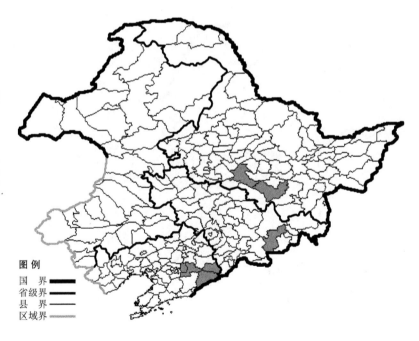

图 例
国　界
省级界
县　界
区域界

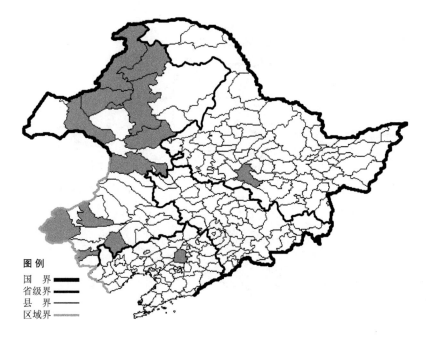

蓝堇草

Leptopyrum fumarioides (L.) Rchb.

    生境：耕地旁，路旁，海拔 600 米以下。

    产地：黑龙江省哈尔滨，辽宁省沈阳，内蒙古海拉尔、牙克石、额尔古纳、陈巴尔虎旗、巴林右旗、根河、新巴尔虎左旗、扎兰屯、科尔沁右翼前旗、克什克腾旗、敖汉旗、喀喇沁旗。

    分布：中国（黑龙江、辽宁、内蒙古、河北、山西、陕西、甘肃、青海、新疆），朝鲜半岛，蒙古，俄罗斯（西伯利亚、远东地区）。

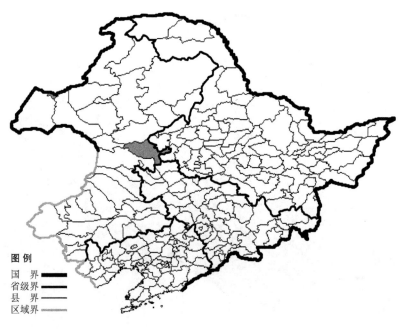

北白头翁

Pulsatilla ambigua Turcz. ex Pritz.

    生境：干山坡，沙地。

    产地：内蒙古满洲里、扎赉特旗。

    分布：中国（内蒙古、甘肃、青海、新疆），蒙古，俄罗斯（西部西伯利亚、东部西伯利亚）。

朝鲜白头翁

Pulsatilla cernua (Thunb.) Bercht. et Opiz

生境：山坡草地，灌丛，路旁，海拔 700 米以下。

产地：黑龙江省虎林、饶河、萝北、伊春，吉林省蛟河、安图、抚松、长春，辽宁省沈阳、西丰、本溪、桓仁、宽甸、凤城、丹东、普兰店、瓦房店、大连、东港，内蒙古科尔沁右翼前旗、扎赉特旗、赤峰、喀喇沁旗。

分布：中国（黑龙江、吉林、辽宁、内蒙古），朝鲜半岛，日本，蒙古，俄罗斯（远东地区）。

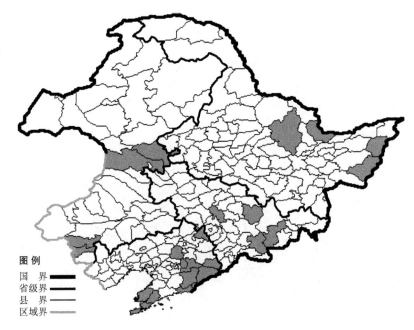

白头翁

Pulsatilla chinensis (Bunge) Regel

生境：山坡草地，林缘，海拔 800 米以下。

产地：黑龙江省哈尔滨、大庆、安达，吉林省通榆、辽宁省昌图、沈阳、抚顺、新宾、清原、庄河、宽甸、彰武、锦州、葫芦岛、建平、绥中、鞍山、丹东、大连、北镇、本溪，内蒙古阿荣旗、奈曼旗、科尔沁右翼前旗、科尔沁右翼中旗、巴林左旗、喀喇沁旗、敖汉旗、宁城。

分布：中国（黑龙江、吉林、辽宁、内蒙古、河北、山西、陕西、甘肃、青海、山东、江苏、河南、安徽、湖北、四川），朝鲜半岛，俄罗斯（远东地区）。

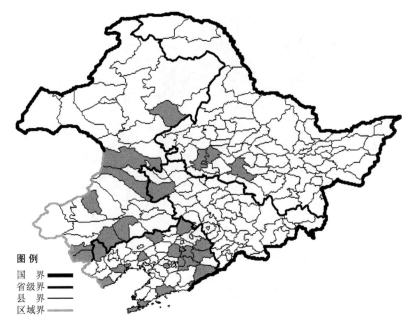

图例
国　界
省级界
县　界
区域界

大连白头翁 **Pulsatilla chinensis** (Bunge) Regel var. **kissii** (Mand1l) S. H. Li et Y. H. Huang 生于干山坡，山沟溪流旁，海拔 400 米以下，产于辽宁省瓦房店、大连、庄河，分布于中国（辽宁）。

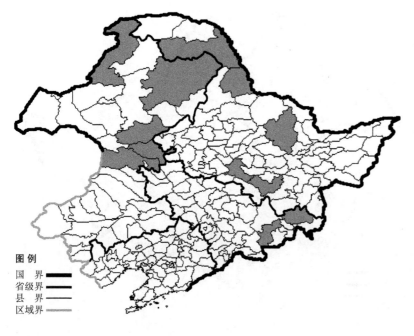

图例
国　界
省级界
县　界
区域界

兴安白头翁

Pulsatilla dahurica (Fisch. ex DC.) Spreng

生境：灌丛，林间草地，石砾地，海拔 700 米以下。

产地：黑龙江省伊春、哈尔滨、尚志、黑河、呼玛，吉林省安图、汪清，内蒙古额尔古纳、扎兰屯、鄂伦春旗、科尔沁右翼前旗、扎赉特旗。

分布：中国（黑龙江、吉林），朝鲜半岛，俄罗斯（东部西伯利亚、远东地区）。

掌叶白头翁

Pulsatilla patens (L.) Mill. var. **multifida** (Pritz.) S. H. Li et Y. H. Huang

　　生境：山坡林下，沼泽，海拔 1000 米以下。

　　产地：黑龙江省黑河、呼玛、尚志、哈尔滨、北安，内蒙古额尔古纳、根河、牙克石、鄂伦春旗、科尔沁右翼前旗、阿尔山、鄂温克旗、扎赉特旗。

　　分布：中国（黑龙江、内蒙古、新疆），蒙古，俄罗斯（北极带、西伯利亚、远东地区）。

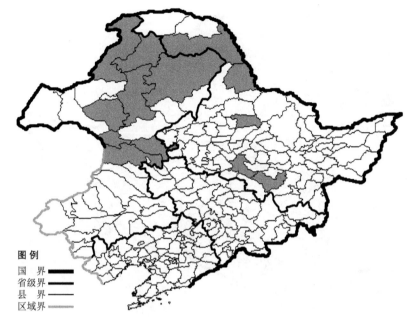

黄花白头翁

Pulsatilla sukaczewii Juz.

　　生境：石砾质干山坡，海拔约 700 米。

　　产地：内蒙古满洲里、新巴尔虎右旗、巴林右旗。

　　分布：中国（内蒙古），蒙古，俄罗斯（东部西伯利亚）。

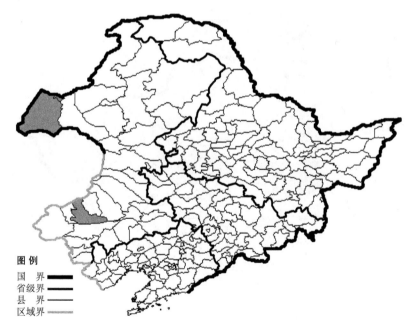

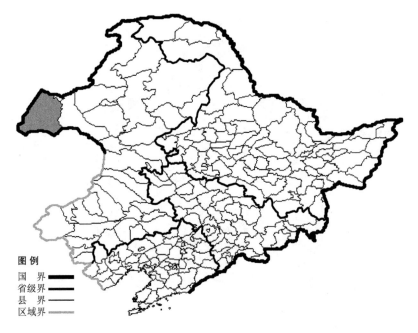

图例
国　界 ▬▬
省级界 ▬▬
县　界 ▬▬
区域界 ▬▬

细裂白头翁

Pulsatilla tenuiloba (Hayek) Juz.

生境：山坡草地，草原。
产地：内蒙古新巴尔虎右旗。
分布：中国（内蒙古），蒙古，俄罗斯（东部西伯利亚）。

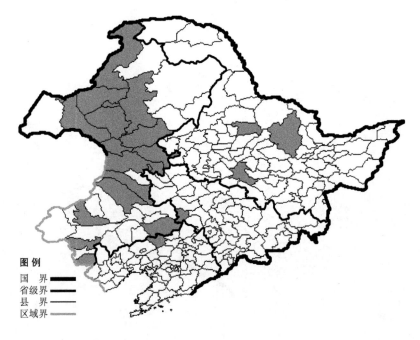

图例
国　界 ▬▬
省级界 ▬▬
县　界 ▬▬
区域界 ▬▬

细叶白头翁

Pulsatilla turczaninovii Kryl. et Serg.

生境：沙质地，海拔 800 米以下。
产地：黑龙江省哈尔滨、北安、伊春，吉林省双辽，辽宁省彰武，内蒙古牙克石、海拉尔、满洲里、额尔古纳、陈巴尔虎旗、鄂温克旗、扎兰屯、科尔沁右翼前旗、科尔沁右翼中旗、巴林右旗、新巴尔虎左旗、科尔沁左翼后旗、扎赉特旗、扎鲁特旗、宁城、赤峰、阿尔山、乌兰浩特。
分布：中国（黑龙江、吉林、辽宁、内蒙古、河北、宁夏），蒙古，俄罗斯（西伯利亚、远东地区）。

披针毛茛

Ranunculus amurensis Kom.

生境：沼泽化草甸，湿草地，海拔约 500 米。

产地：黑龙江省富锦、密山、鸡西、集贤、北安、虎林、鸡东，内蒙古鄂伦春旗、扎赉特旗。

分布：中国（黑龙江、内蒙古），俄罗斯（远东地区）。

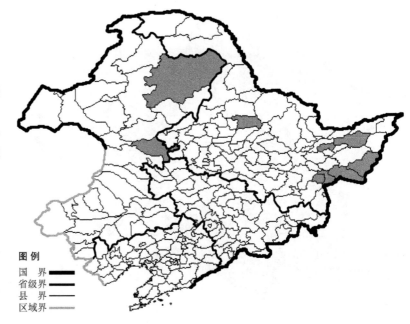

扇叶水毛茛

Ranunculus bungei Steud.

生境：山谷溪流水中，池沼。

产地：辽宁省凌源、建昌。

分布：中国（辽宁、河北、山西、甘肃、青海、江苏、江西、四川、云南、西藏）。

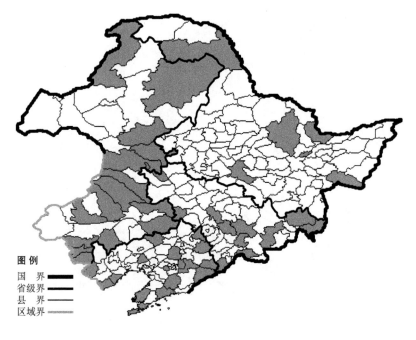

回回蒜毛茛
Ranunculus chinensis Bunge

生境：路旁湿草地，沟谷，溪流旁，河滩草甸，沼泽草甸，海拔 900 米以下。

产地：黑龙江省呼玛、密山、佳木斯、萝北、伊春、哈尔滨，吉林省安图、桦甸、珲春、汪清、集安、磐石、靖宇、双辽、临江、长春、白城，辽宁省本溪、沈阳、西丰、彰武、北镇、凌源、鞍山、大连、庄河、岫岩、桓仁、宽甸、清原、瓦房店、兴城、绥中，内蒙古扎鲁特旗、科尔沁右翼中旗、科尔沁左翼后旗、科尔沁左翼中旗、乌兰浩特、扎赉特旗、阿鲁科尔沁旗、额尔古纳、鄂伦春旗、扎兰屯、科尔沁右翼前旗、赤峰、巴林右旗、喀喇沁旗、宁城、敖汉旗。

分布：中国（黑龙江、吉林、辽宁、内蒙古、河北、山西、陕西、甘肃、青海、新疆、山东、江苏、安徽、浙江、河南、湖北、江西、湖南、广东、广西、四川、贵州、云南、西藏），朝鲜半岛，日本，蒙古，俄罗斯（东部西伯利亚、远东地区），中亚，印度。

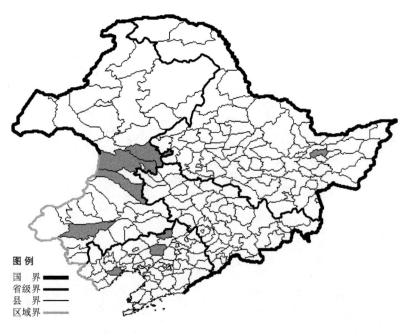

楔叶毛茛
Ranunculus cuneifolius Maxim.

生境：湿草甸，水边湿草地。

产地：黑龙江省集贤，辽宁省新民、康平、葫芦岛，内蒙古科尔沁右翼前旗、科尔沁右翼中旗、扎赉特旗、翁牛特旗。

分布：中国（黑龙江、辽宁、内蒙古）。

宽楔叶毛茛 Ranunculus cuneifolius Maxim. var. **latisectus** S. H. Li. et Y. H. Huang 生于水沟边湿地，产于辽宁葫芦岛，分布于中国（辽宁）。

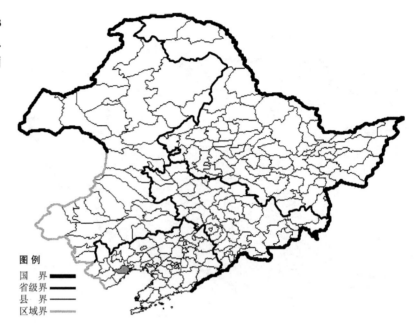

圆叶碱毛茛

Ranunculus cymbalaria Pursh

生境：盐碱性湿草地，河边碱地，海拔 800 米以下。

产地：黑龙江省哈尔滨、尚志、克山、富裕、佳木斯，吉林省白城、双辽、通榆，辽宁省铁岭、法库、康平、沈阳、盘山、盘锦、阜新、黑山、葫芦岛、建平、凌源、丹东、彰武、东港、大连，内蒙古海拉尔、满洲里、新巴尔虎右旗、牙克石、扎鲁特旗、通辽、赤峰、根河、额尔古纳、新巴尔虎左旗、科尔沁右翼前旗、扎赉特旗、科尔沁左翼后旗、科尔沁右翼中旗、乌兰浩特、巴林右旗、阿鲁科尔沁旗、翁牛特旗、克什克腾旗、喀喇沁旗。

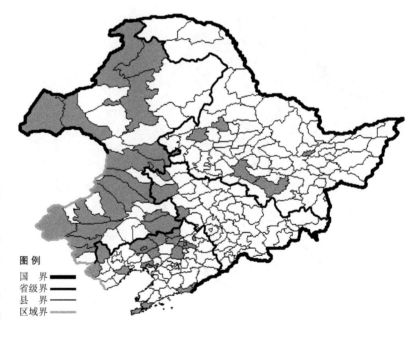

分布：中国（黑龙江、吉林、辽宁、内蒙古、河北、山西、陕西、甘肃、青海、新疆、山东、四川、西藏），日本，蒙古，俄罗斯（西伯利亚、远东地区），中亚，北美洲。

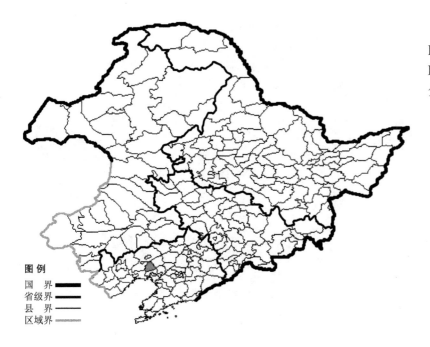

裂叶碱毛茛 Ranunculus cymbalaria
Pursh f. **multisectus** S. H. Li et Y. H.
Huang 生于湿草地，产于辽宁省北镇，
分布于中国（辽宁）。

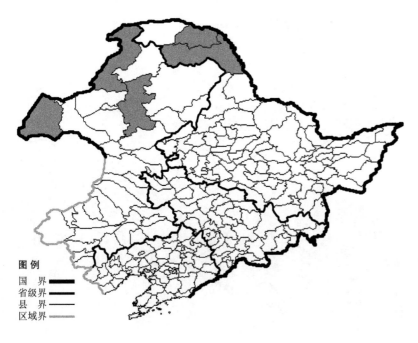

小水毛茛

Ranunculus eradicatus (Laest.) F. Johans.

生境：江边，浅水中，海拔 600
米以下。

产地：黑龙江省塔河、呼玛，内
蒙古新巴尔虎右旗、牙克石、额尔古
纳。

分布：中国（黑龙江、内蒙古、
新疆），俄罗斯（欧洲部分、西伯利亚、
远东地区），欧洲。

硬叶水毛茛

Ranunculus foeniculaceus Gilib.

生境：浅水中。

产地：黑龙江省哈尔滨，内蒙古乌兰浩特、鄂伦春旗、扎赉特旗。

分布：中国（黑龙江、内蒙古、青海、新疆），蒙古，俄罗斯（欧洲部分、东部西伯利亚），中亚，欧洲。

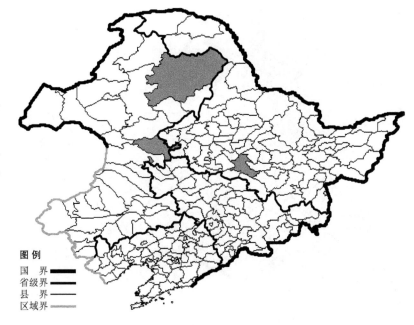

深山毛茛

Ranunculus franchetii H. Boiss.

生境：阔叶林下，山坡湿草地，海拔 900 米以下。

产地：黑龙江省哈尔滨、尚志、伊春、铁力，吉林省吉林、蛟河、桦甸、临江、安图，辽宁省本溪、凤城、宽甸、桓仁。

分布：中国（黑龙江、吉林、辽宁），朝鲜半岛，日本，俄罗斯（远东地区）。

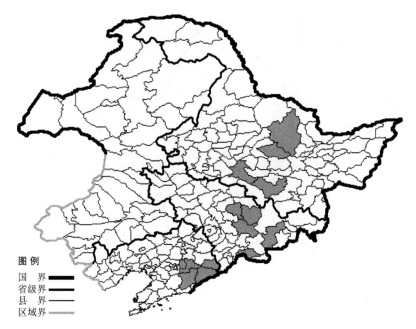

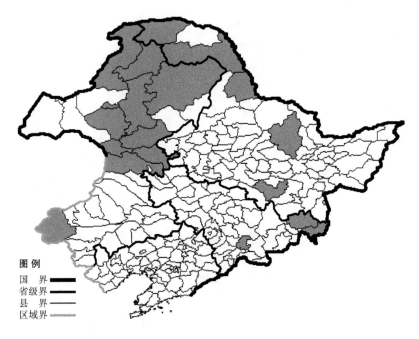

小叶毛茛

Ranunculus gmelinii DC.

生境：河边，水中，沼泽，海拔200-800米。

产地：黑龙江省尚志、漠河、伊春、呼玛、黑河，吉林省珲春、汪清、靖宇，内蒙古牙克石、根河、扎兰屯、海拉尔、克什克腾旗、扎赉特旗、鄂温克旗、阿尔山、额尔古纳、鄂伦春旗、科尔沁右翼前旗。

分布：中国（黑龙江、吉林、内蒙古），蒙古，俄罗斯（北极带、欧洲部分、西伯利亚、远东地区），北美洲。

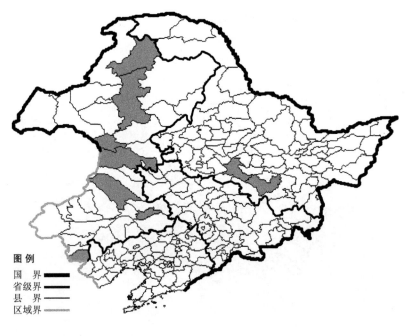

兴安毛茛

Ranunculus hsinganensis Kitag.

生境：林缘，湿草地，河边，海拔1200米以下。

产地：黑龙江省哈尔滨、尚志，内蒙古阿尔山、科尔沁右翼前旗、宁城、牙克石、根河、通辽、扎鲁特旗。

分布：中国（黑龙江、内蒙古）。

毛茛

Ranunculus japonicus Thunb.

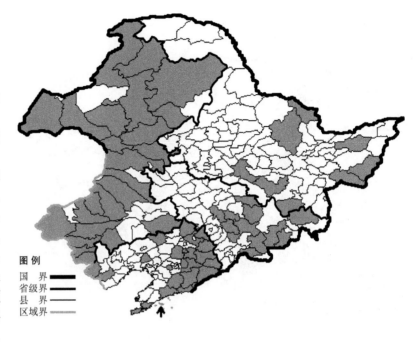

生境：湿草地，水边，沟谷，山坡草地，林下，海拔 1400 米以下。

产地：黑龙江省虎林、密山、尚志、富锦、哈尔滨、嘉荫、宁安、伊春，吉林省安图、临江、汪清、和龙、辉南、蛟河、长春、永吉、桦甸、舒兰、磐石、抚松，辽宁省抚顺、沈阳、昌图、开原、西丰、新宾、彰武、北镇、建昌、凌源、本溪、桓仁、东港、凤城、岫岩、宽甸、丹东、鞍山、庄河、长海、大连、清原，内蒙古牙克石、额尔古纳、根河、科尔沁右翼前旗、科尔沁右翼中旗、阿尔山、海拉尔、宁城、扎赉特旗、科尔沁左翼后旗、鄂伦春旗、鄂温克旗、克什克腾旗、新巴尔虎左旗、新巴尔虎右旗、阿荣旗、扎兰屯、扎鲁特旗、巴林左旗、巴林右旗、赤峰、喀喇沁旗、敖汉旗、阿鲁科尔沁旗、翁牛特旗。

分布：中国（黑龙江、吉林、辽宁、内蒙古、河北、山西、陕西、甘肃、青海、新疆、河南、广东、广西、四川），朝鲜半岛，日本，俄罗斯（远东地区）。

白山毛茛 Ranunculus japonicus Thunb. var. **monticola** Kitag. 生于高山冻原、岩石边湿草地、河边、林下、林缘，海拔 800-2500 米，产于吉林省安图、抚松、临江，分布于中国（吉林）。

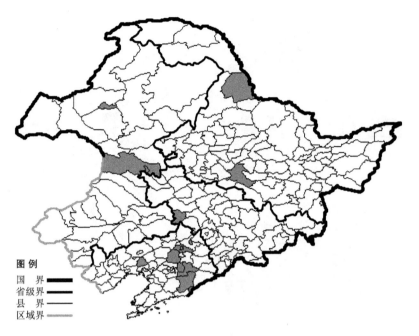

草地毛茛 Ranunculus japonicus
Thunb. var. **pratensis** Kitag. 生于沼泽，干草地，海拔 600 米以下，产于黑龙江省黑河、哈尔滨，吉林省双辽，辽宁省沈阳、铁岭、本溪、北镇、凤城、丹东，内蒙古科尔沁右翼前旗、乌兰浩特、海拉尔，分布于中国（黑龙江、吉林、辽宁、内蒙古），蒙古。

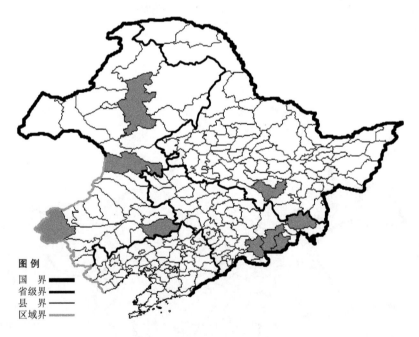

长叶水毛茛

Ranunculus kauffmannii Clerc

生境：浅水中，海拔 200-1100 米以下。

产地：黑龙江省尚志、吉林省抚松、安图、和龙、汪清，内蒙古牙克石、科尔沁右翼前旗、克什克腾旗、科尔沁左翼后旗。

分布：中国（黑龙江、吉林、内蒙古、新疆），蒙古，俄罗斯（欧洲部分、西伯利亚、远东地区），欧洲。

单叶毛茛

Ranunculus monophyllus Ovcz.

　　生境：踏头甸子，湿草甸，林缘，灌丛。

　　产地：黑龙江省哈尔滨、尚志、呼玛，内蒙古科尔沁右翼前旗、牙克石、阿尔山、额尔古纳、巴林右旗、克什克腾旗。

　　分布：中国（黑龙江、内蒙古、河北、山西），俄罗斯（北极带、欧洲部分、西伯利亚、远东地区）。

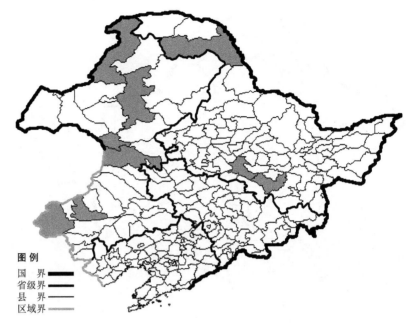

浮毛茛

Ranunculus natans C. A. Mey.

　　生境：浅水中，湿地，沼泽，海拔 500 米以下。

　　产地：黑龙江省呼玛，吉林省通榆，辽宁省大连、普兰店，内蒙古海拉尔、根河、额尔古纳、阿尔山、克什克腾旗、科尔沁右翼前旗。

　　分布：中国（黑龙江、吉林、辽宁、内蒙古、青海、新疆、西藏），俄罗斯（西伯利亚），中亚。

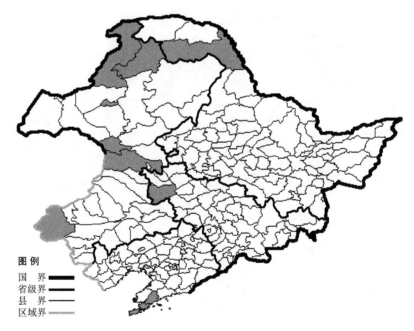

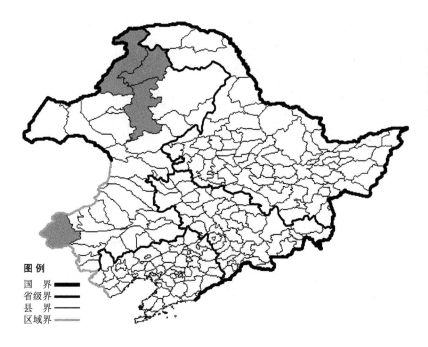

内蒙古毛茛 Ranunculus natans C. A. Mey. var. **intramongolicus** (Y. Z. Zhao) S. H. Li 生于沼泽，产于内蒙古额尔古纳、根河、牙克石、克什克腾旗，分布于中国（内蒙古）。

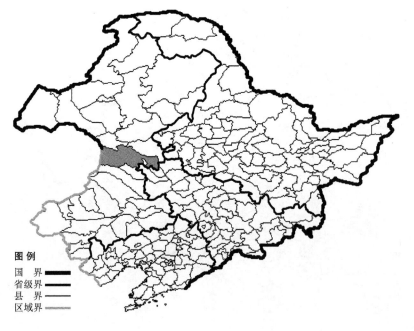

美丽毛茛

Ranunculus pulchellus C. A. Mey.

生境：河边，林缘，低湿石砾地，湿草甸。

产地：内蒙古科尔沁右翼前旗。

分布：中国（内蒙古、河北、甘肃、青海），蒙古，俄罗斯（西伯利亚），中亚，印度。

沼地毛茛

Ranunculus radicans C. A. Mey.

　　生境：河边，沼泽，海拔 500-1200 米。
　　产地：黑龙江省北安、伊春、汤原，内蒙古新巴尔虎右旗、新巴尔虎左旗、阿尔山、扎鲁特旗、巴林右旗、扎赉特旗、克什克腾旗。
　　分布：中国（黑龙江、内蒙古），蒙古，俄罗斯（西伯利亚）。

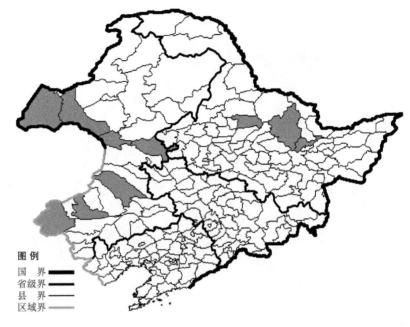

匍枝毛茛

Ranunculus repens L.

　　生境：河边湿草地，湿草甸，海拔 800 米以下。
　　产地：黑龙江省伊春、哈尔滨、克山、北安、呼玛、嘉荫，吉林省安图、磐石、靖宇、长白、辉南、吉林、临江，辽宁省宽甸、本溪、抚顺、新宾，内蒙古牙克石、额尔古纳、阿尔山、扎兰屯、乌兰浩特、通辽、鄂伦春旗、鄂温克旗、海拉尔、根河、克什克腾旗。
　　分布：中国（黑龙江、吉林、辽宁、内蒙古、河北、山西、新疆），朝鲜半岛，日本，俄罗斯（欧洲部分、高加索、西伯利亚、远东地区），欧洲。

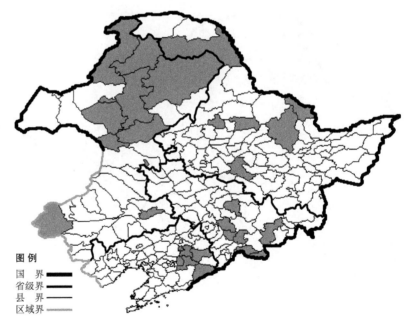

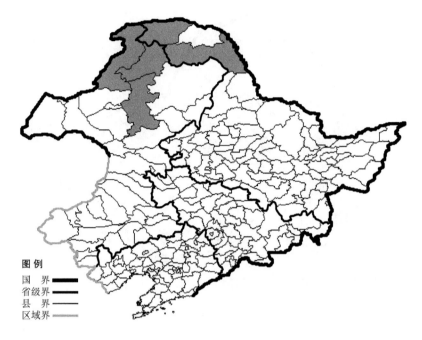

松叶毛茛

Ranunculus reptans L.

  生境：江边，河滩，海拔 800 米以下。
  产地：黑龙江省呼玛、漠河，内蒙古额尔古纳、根河、牙克石。
  分布：中国（黑龙江、内蒙古、新疆），日本，蒙古，俄罗斯（北极带、欧洲部分、高加索、西伯利亚、远东地区），欧洲，北美洲。

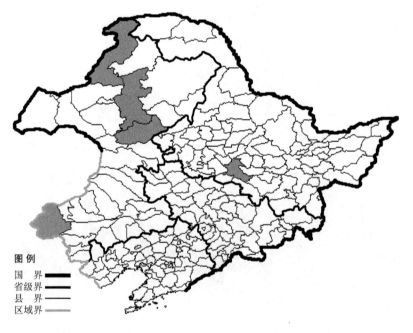

掌裂毛茛

Ranunculus rigescens Turcz. ex Ovcz.

  生境：草甸。
  产地：黑龙江省哈尔滨，内蒙古额尔古纳、扎兰屯、克什克腾旗、牙克石。
  分布：中国（黑龙江、内蒙古），蒙古，俄罗斯（东部西伯利亚）。

长叶碱毛茛

Ranunculus ruthenicus Jacq.

生境：盐碱地，湿草地，海拔
900 米以下。

产地：吉林省双辽、镇赉、通辽，
辽宁省彰武、康平、建平，内蒙古新
巴尔虎右旗、新巴尔虎左旗、满洲里、
海拉尔、克什克腾旗、敖汉旗、通辽、
科尔沁右翼中旗、鄂温克旗、扎赉特
旗、扎鲁特旗、科尔沁左翼后旗、阿
鲁科尔沁旗、巴林右旗、翁牛特旗、
赤峰。

分布：中国（吉林、辽宁、内蒙古、
河北、山西、陕西、宁夏、甘肃、青海、
新疆），蒙古，俄罗斯（西部西伯利亚、
东部西伯利亚）。

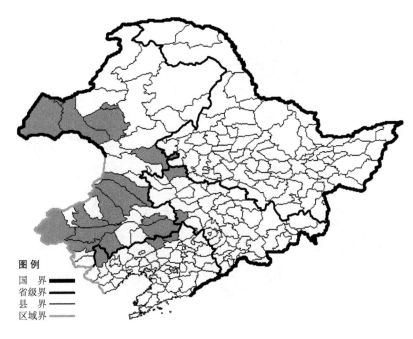

齿叶碱毛茛 Ranunculus ruthenicus
Jacq. f. **multidentatus** S. H. Li et Y. H.
Huang 生于湿草地，海拔约 700 米，
产于内蒙古新巴尔虎左旗、新巴尔虎
右旗、海拉尔，分布于中国（内蒙古）。

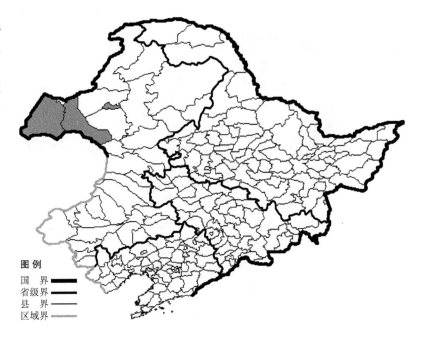

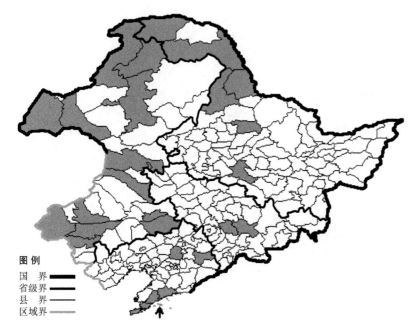

石龙芮毛茛

Ranunculus sceleratus L.

生境：河边湿草地，海拔 800 米以下。

产地：黑龙江省哈尔滨、嫩江、北安、漠河、黑河、呼玛，吉林省磐石、桦甸，辽宁省沈阳、新宾、长海、庄河、普兰店、大连，内蒙古海拉尔、额尔古纳、根河、新巴尔虎右旗、新巴尔虎左旗、科尔沁右翼前旗、科尔沁右翼中旗、通辽、牙克石、乌兰浩特、巴林右旗、克什克腾旗、翁牛特旗、赤峰、科尔沁左翼后旗。

分布：中国（全国各地），朝鲜半岛、日本、蒙古、俄罗斯（欧洲部分、高加索、西伯利亚、远东地区），中亚，土耳其，伊朗，欧洲，非洲，北美洲。

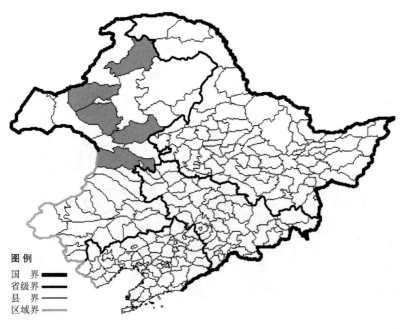

褐毛毛茛

Ranunculus smirnovii Ovcz.

生境：山坡草地，阔叶林下。

产地：内蒙古鄂温克旗、扎兰屯、根河、陈巴尔虎旗、科尔沁右翼前旗。

分布：中国（内蒙古），蒙古，俄罗斯（东部西伯利亚）。

棱边毛茛

Ranunculus submarginatus Ovcz.

生境：沼泽化草甸。

产地：内蒙古牙克石。

分布：中国（内蒙古、新疆），
俄罗斯（东部西伯利亚）。

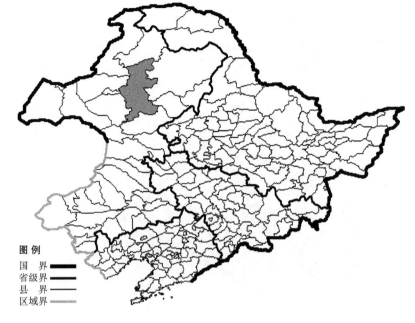

长嘴毛茛

Ranunculus tachiroei Franch. et Sav.

生境：草甸，水边湿地。

产地：吉林省珲春、安图，辽宁
省丹东、宽甸、桓仁，内蒙古额尔古纳、
根河、牙克石、鄂伦春旗、鄂温克旗、
陈巴尔虎旗。

分布：中国（吉林、辽宁、内蒙
古），朝鲜半岛，日本。

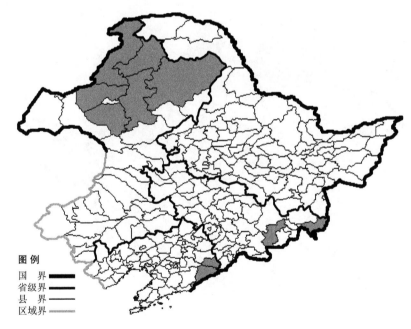

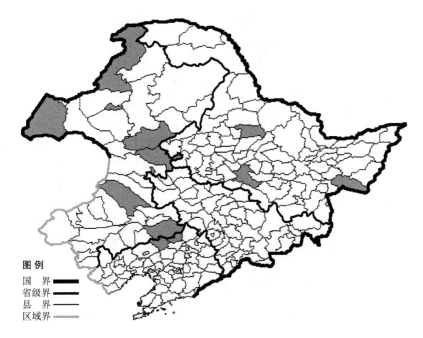

图例
国　界 ▬▬▬
省级界 ▬▬
县　界 ▬▬
区域界 ▬▬

毛柄水毛茛

Ranunculus trichophyllus Chaix. ex Vill.

　　生境：河边，沼泽，海拔 800 米以下。
　　产地：黑龙江省密山、哈尔滨、北安，辽宁省康平、彰武，内蒙古扎兰屯、额尔古纳、乌兰浩特、扎赉特旗、扎鲁特旗、新巴尔虎右旗、海拉尔、科尔沁左翼后旗。
　　分布：中国（黑龙江、辽宁、内蒙古），朝鲜半岛，俄罗斯（欧洲部分、高加索、西伯利亚、远东地区），欧洲，北美洲。

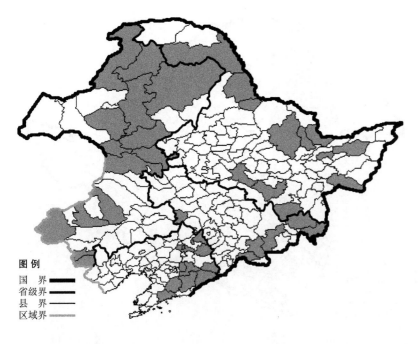

图例
国　界 ▬▬▬
省级界 ▬▬
县　界 ▬▬
区域界 ▬▬

翼果唐松草

Thalictrum aquilegifolium L. var. **sibiricum** Regel et Tiling

　　生境：阔叶林下，林缘，山坡灌丛及草丛，溪流旁，海拔 1900 米以下。
　　产地：黑龙江省伊春、宁安、哈尔滨、呼玛、萝北、黑河、尚志、鹤岗、集贤、富锦、密山、孙吴，吉林省临江、抚松、安图、汪清、珲春、双辽，辽宁省铁岭、西丰、清原、本溪、凤城、宽甸、桓仁、岫岩、庄河，内蒙古额尔古纳、根河、牙克石、鄂伦春旗、鄂温克旗、阿尔山、科尔沁右翼前旗、扎赉特旗、阿鲁科尔沁旗、巴林右旗、喀喇沁旗、宁城、克什克腾旗、扎兰屯。

　　分布：中国（黑龙江、吉林、辽宁、内蒙古、河北、山西、山东、浙江），朝鲜半岛，日本，俄罗斯（西伯利亚、远东地区）。

球果唐松草

Thalictrum baicalense Turcz.

生境：林缘，草甸，杂木林下，海拔 1900 米以下。

产地：黑龙江省哈尔滨、伊春、尚志、呼玛、嘉荫，吉林省安图、和龙、珲春、抚松、长白，辽宁省铁岭、大连、法库、桓仁、宽甸，内蒙古牙克石、扎赉特旗、科尔沁右翼前旗、额尔古纳、根河、鄂伦春旗、巴林右旗、敖汉旗。

分布：中国（黑龙江、吉林、辽宁、内蒙古、河北、山西、陕西、甘肃、青海、河南、西藏），朝鲜半岛，俄罗斯（东部西伯利亚、远东地区）。

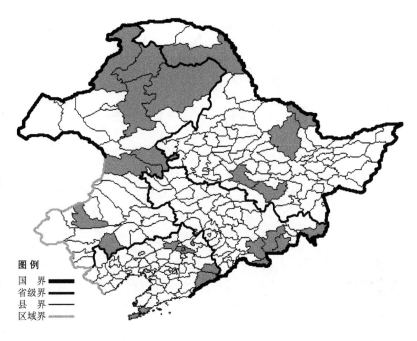

图例
国　界
省级界
县　界
区域界

光果唐松草 Thalictrum baicalense Turcz. f. levicarpum Tamura 生于林下，产于黑龙江省伊春，吉林省和龙、安图，分布于中国（黑龙江、吉林），日本。

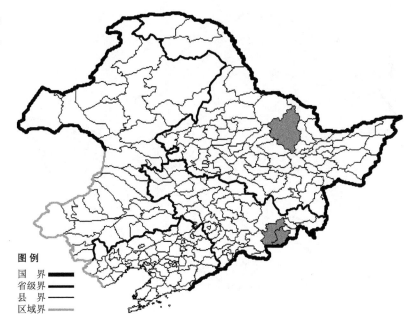

图例
国　界
省级界
县　界
区域界

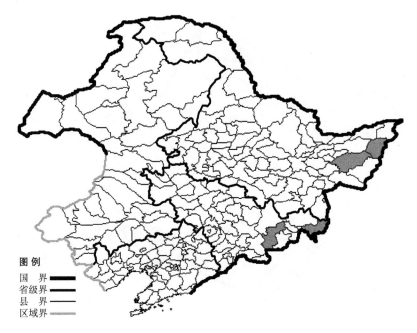

图例
国　界 ▬▬▬
省级界 ▬▬
县　界 ——
区域界 ——

花唐松草

Thalictrum filamentosum Maxim.

　　生境：针阔混交林下，海拔 800
米以下。
　　产地：黑龙江省宝清、饶河，吉
林省安图、珲春。
　　分布：中国（黑龙江、吉林），
朝鲜半岛，俄罗斯（远东地区）。

图例
国　界 ▬▬▬
省级界 ▬▬
县　界 ——
区域界 ——

丝叶唐松草

Thalictrum foeniculaceum Bunge

　　生境：干山坡草地。
　　产地：辽宁省大连。
　　分布：中国（辽宁、河北、山西、
陕西、甘肃）。

腺毛唐松草

Thalictrum foetidum L.

　　生境：干山坡石缝间，石砬子上，海拔约 400 米。
　　产地：黑龙江省铁力、内蒙古牙克石、额尔古纳、根河、满洲里、扎兰屯、新巴尔虎左旗、科尔沁右翼前旗、突泉、巴林右旗、敖汉旗。
　　分布：中国（黑龙江、内蒙古、河北、山西、陕西、甘肃、青海、新疆、四川、西藏），蒙古，俄罗斯（欧洲部分、高加索、西伯利亚、远东地区），中亚，土耳其，伊朗，欧洲。

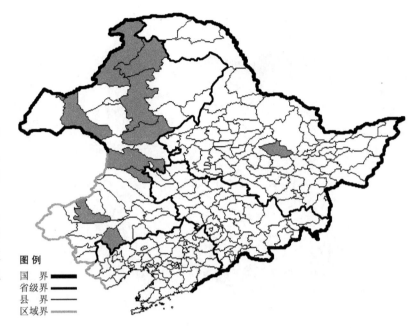

朝鲜唐松草

Thalictrum ichangense Lecoy. ex Oliv. var. **coreanum** (Levl.) Levl. ex Tamura

　　生境：溪流旁石砬子上，林下阴湿岩石上，海拔 900 米以下。
　　产地：辽宁省沈阳、鞍山、庄河、岫岩、丹东、凤城、宽甸、本溪、清原、新宾。
　　分布：中国（辽宁），朝鲜半岛。

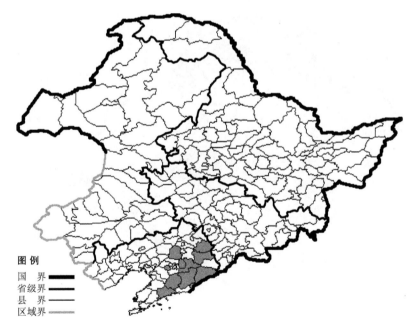

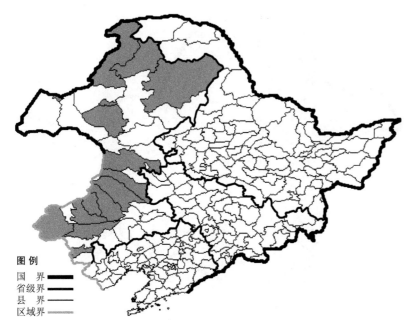

亚欧唐松草

Thalictrum minus L.

生境：林缘，灌丛，沟谷。

产地：内蒙古额尔古纳、根河、海拉尔、鄂伦春旗、满洲里、扎鲁特旗、鄂温克旗、克什克腾旗、科尔沁右翼前旗、科尔沁右翼中旗、阿鲁科尔沁旗、巴林左旗、巴林右旗、翁牛特旗、喀喇沁旗。

分布：中国（内蒙古、新疆），朝鲜半岛，日本，蒙古，俄罗斯（欧洲部分、高加索、西伯利亚、远东地区），中亚，欧洲，北美洲。

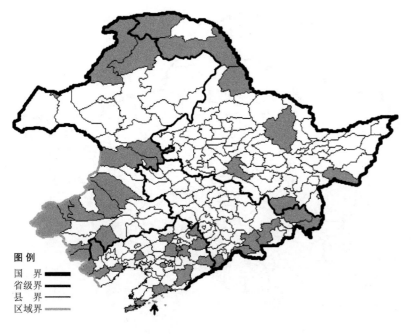

东亚唐松草 Thalictrum minus L. var. **hypoleucum** (Sieb. et Zucc.) Miq. 生于山坡灌丛、林缘，海拔 1000 米以下，产于黑龙江省漠河、哈尔滨、伊春、密山、宁安、黑河、呼玛，吉林省临江、集安、安图、抚松、汪清、珲春，辽宁省抚顺、沈阳、法库、鞍山、大连、长海、庄河、桓仁、凤城、清原、西丰、北镇、葫芦岛、建平、建昌、凌源，内蒙古科尔沁右翼前旗、额尔古纳、根河、满洲里、扎鲁特旗、扎赉特旗、阿鲁科尔沁旗、巴林右旗、林西、克什克腾旗、喀喇沁旗、宁城、敖汉旗，分布于中国（黑龙江、吉林、辽宁、内蒙古、河北、山西、陕西、山东、江苏、安徽、河南、湖北、湖南、广东、四川、贵州），朝鲜半岛，日本。

肾叶唐松草

Thalictrum petaloideum L.

生境：干山坡，林缘，海拔 800 米以下。

产地：黑龙江省哈尔滨、牡丹江，吉林省吉林、长春，辽宁省宽甸、建平，内蒙古牙克石、额尔古纳、根河、扎鲁特旗、扎兰屯、阿尔山、科尔沁右翼前旗、科尔沁右翼中旗、巴林右旗、克什克腾旗、宁城。

分布：中国（黑龙江、吉林、辽宁、内蒙古、河北、山西、陕西、宁夏、甘肃、青海、安徽、河南、四川），朝鲜半岛，蒙古，俄罗斯（西伯利亚、远东地区），中亚。

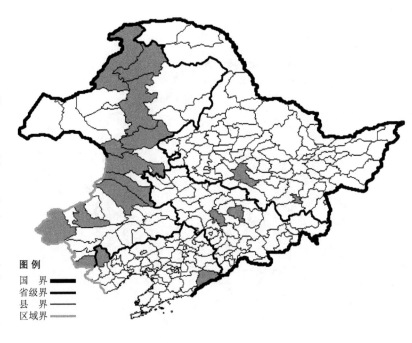

卷 叶 唐 松 草 **Thalictrum petaloideum** L. var. **supradecompositum** (Nakai) Kitag. 生于干山坡、草原、沙丘，产于黑龙江省大庆、北安，吉林省双辽、洮南、白城、镇赉，辽宁省建平，内蒙古科尔沁右翼前旗、通辽、乌兰浩特、扎赉特旗、新巴尔虎右旗、新巴尔虎左旗、科尔沁左翼后旗、扎鲁特旗、克什克腾旗、阿鲁科尔沁旗、巴林左旗、巴林右旗、翁牛特旗、喀喇沁旗、敖汉旗、宁城，分布于中国（黑龙江、吉林、辽宁、内蒙古、河北）。

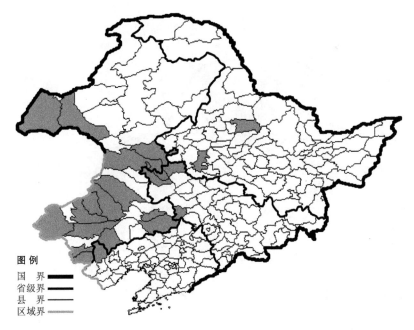

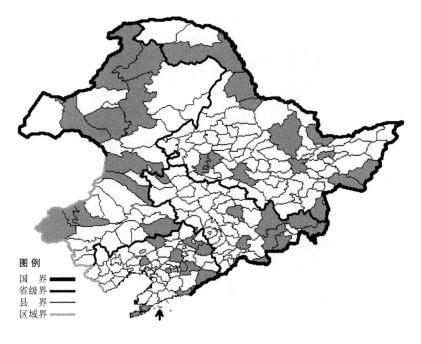

图例
国　界 ▅▅
省级界 ══
县　界 ──
区域界 ──

箭头唐松草
Thalictrum simplex L.

　　生境：沟谷湿草地，林缘，山坡草地。
　　产地：黑龙江省伊春、安达、哈尔滨、大庆、虎林、依兰、萝北、集贤、密山、东宁、黑河、孙吴、呼玛，吉林省吉林、白城、珲春、汪清、敦化、安图、靖宇、长白、和龙，辽宁省沈阳、开原、彰武、北镇、鞍山、本溪、宽甸、丹东、清原、东港、长海、大连，内蒙古牙克石、科尔沁右翼前旗、科尔沁右翼中旗、科尔沁左翼后旗、额尔古纳、根河、鄂温克旗、新巴尔虎左旗、满洲里、巴林右旗、林西、克什克腾旗。

　　分布：中国（黑龙江、吉林、辽宁、内蒙古、新疆），朝鲜半岛，俄罗斯（欧洲部分、高加索、西伯利亚、远东地区），中亚，欧洲。

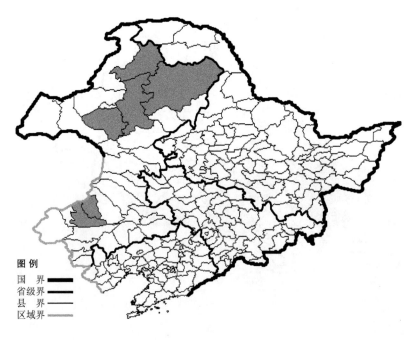

图例
国　界 ▅▅
省级界 ══
县　界 ──
区域界 ──

　　锐裂箭头唐松草 Thalictrum simplex L. var. **affine** (Ledeb.) Regel 生于河边草甸、山地草甸，产于内蒙古根河、牙克石、鄂伦春旗、鄂温克旗、巴林左旗、巴林右旗，分布于中国（内蒙古），朝鲜半岛，俄罗斯，中亚。

短梗箭头唐松草 **Thalictrum sim-plex** L. var. **brevipes** Hara 生于草甸、林缘、灌丛，海拔 1000 米以下，产于黑龙江省黑河、呼玛、依兰、孙吴、集贤、安达、密山、伊春、虎林、萝北、哈尔滨，吉林省安图、汪清、双辽、吉林、和龙、珲春，辽宁省本溪、开原、沈阳、大连、丹东、长海、北镇，内蒙古额尔古纳、通辽、科尔沁左翼后旗、牙克石、满洲里、鄂温克旗、巴林右旗、翁牛特旗、鄂伦春旗、海拉尔、新巴尔虎左旗、科尔沁右翼前旗、克什克腾旗、喀喇沁旗，分布于中国（黑龙江、吉林、辽宁、内蒙古、河北、山西、陕西、甘肃、青海、四川、湖北），日本。

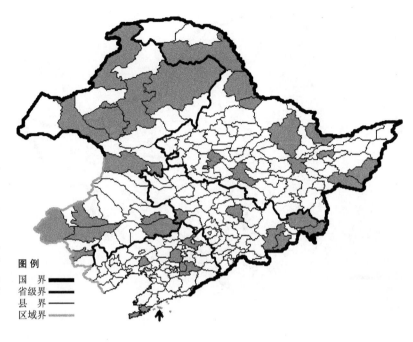

散花唐松草

Thalictrum sparsiflorum Turcz. ex Fisch. et C. A. Mey

生境：林下，林缘，河边，草甸，海拔 1900 米以下。

产地：黑龙江伊春、呼玛，吉林省珲春、敦化、安图、长白。

分布：中国（黑龙江、吉林），朝鲜半岛，俄罗斯（北极带、西伯利亚、远东地区），北美洲。

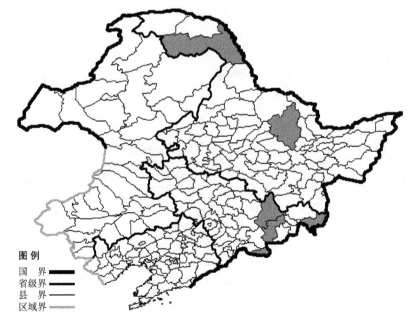

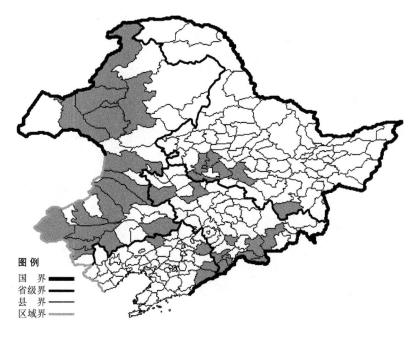

图例
国　界 ▬▬▬
省级界 ▬▬▬
县　界 ▬▬▬
区域界 ▬▬▬

展枝唐松草

Thalictrum squarrosum Steph ex Willd.

　　生境：干燥石砾质山坡，耕地旁，荒地，山坡草地，海拔 800 米以下。
　　产地：黑龙江省哈尔滨、大庆、宁安、安达、肇东、肇源，吉林省临江、长白、通榆、前郭尔罗斯、安图、抚松、集安、通化、辉南，辽宁省彰武、宽甸、桓仁、清原，内蒙古牙克石、海拉尔、陈巴尔虎旗、克什克腾旗、阿鲁科尔沁旗、巴林右旗、赤峰、翁牛特旗、扎鲁特旗、额尔古纳、鄂温克旗、新巴尔虎左旗、科尔沁右翼中旗、满洲里、科尔沁右翼前旗、科尔沁左翼后旗、喀喇沁旗、敖汉旗。

　　分布：中国（黑龙江、吉林、辽宁、内蒙古、河北、山西、陕西），蒙古，俄罗斯（东部西伯利亚、远东地区）。

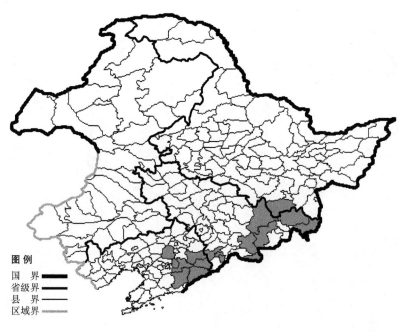

图例
国　界 ▬▬▬
省级界 ▬▬▬
县　界 ▬▬▬
区域界 ▬▬▬

深山唐松草

Thalictrum tuberiferum Maxim.

　　生境：针叶林或针阔混交林下，苔藓间，海拔 600-1500 米（长白山）。
　　产地：黑龙江省宁安，吉林省抚松、长白、敦化、安图、汪清、珲春、通化，辽宁省本溪、凤城、宽甸、桓仁、新宾、沈阳。
　　分布：中国（黑龙江、吉林、辽宁），朝鲜半岛，日本，俄罗斯（远东地区）。

宽瓣金莲花

Trollius asiaticus L.

　　生境：湿草甸，林间草地。
　　产地：黑龙江省哈尔滨、尚志。
　　分布：中国（黑龙江），蒙古，
俄罗斯（北极带、西伯利亚），中亚。

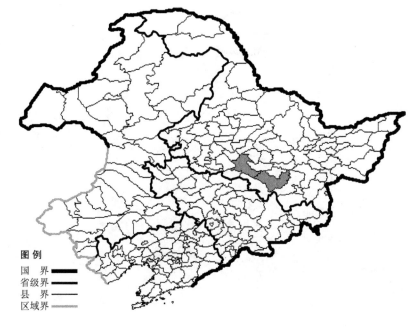

金莲花

Trollius chinensis Bunge

　　生境：山坡草地，疏林下。
　　产地：内蒙古牙克石、通辽、克
什克腾旗、阿鲁科尔沁旗、翁牛特旗、
巴林右旗、赤峰、宁城、喀喇沁旗。
　　分布：中国（内蒙古、河北、山西、
河南），蒙古。

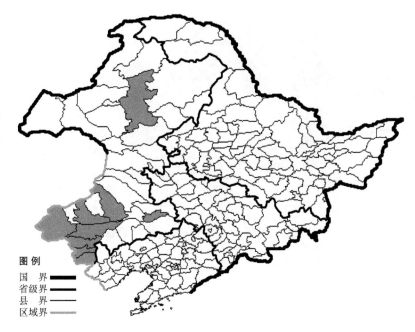

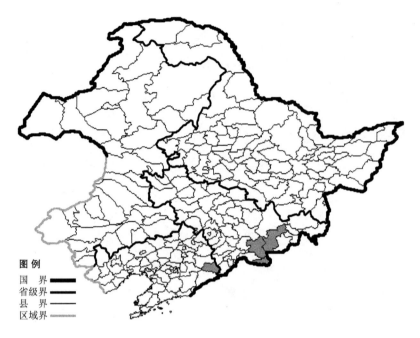

图例
国　界 ▬▬▬
省级界 ▬▬
县　界 ─────
区域界 ▬▬▬

长白金莲花

Trollius japonicus Miq.

　　生境：林缘，高山冻原，海拔
1100-2500 米（长白山）。
　　产地：吉林省安图、抚松、长白，
辽宁省桓仁。
　　分布：中国（吉林、辽宁），朝
鲜半岛，俄罗斯（远东地区）。

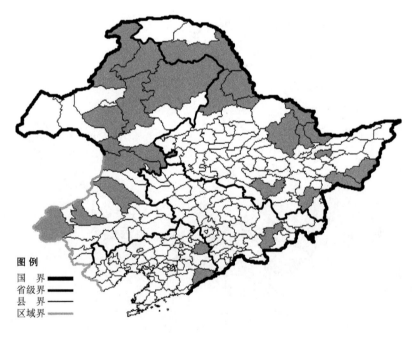

图例
国　界 ▬▬▬
省级界 ▬▬
县　界 ─────
区域界 ▬▬▬

短瓣金莲花

Trollius ledebouri Rchb.

　　生境：沼泽，林缘，湿草甸，海
拔 800 米以下。
　　产地：黑龙江省穆棱、集贤、虎
林、尚志、伊春、嫩江、萝北、密山、
呼玛、黑河、孙吴、嘉荫、鹤岗，吉
林省安图，辽宁省清原、宽甸，内蒙
古额尔古纳、根河、牙克石、鄂伦春旗、
克什克腾旗、扎赉特旗、科尔沁右翼
前旗、鄂温克旗、阿尔山、扎鲁特旗、
巴林右旗。
　　分布：中国（黑龙江、吉林、辽
宁、内蒙古），朝鲜半岛，俄罗斯（东
部西伯利亚、远东地区）。

长瓣金莲花

Trollius macropetalus Fr. Schmidt

生境：草甸，林缘，林间草地，海拔 800 米以下。

产地：黑龙江省伊春、尚志、宁安、哈尔滨、绥芬河、密山、集贤，吉林省桦甸、靖宇、汪清、敦化、安图、和龙，辽宁省新宾。

分布：中国（黑龙江、吉林、辽宁），朝鲜半岛，俄罗斯（远东地区）。

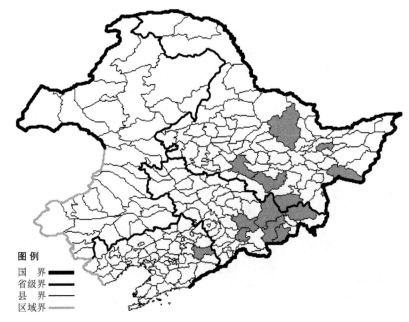

小檗科 Berberidaceae

大叶小檗

Berberis amurensis Rupr.

生境：灌丛，林缘，溪流旁，海拔 1500 米以下。

产地：黑龙江省尚志、哈尔滨、饶河、海林、虎林、勃利、宁安、密山、伊春、嘉荫，吉林省抚松、长白、和龙、安图、临江，辽宁省本溪、凤城、盖州、桓仁、宽甸、庄河、大连、凌源、建平、朝阳、丹东，内蒙古克什克腾旗、科尔沁左翼后旗、巴林左旗、巴林右旗、喀喇沁旗、宁城。

分布：中国（黑龙江、吉林、辽宁、内蒙古、河北、山西、陕西、山东），朝鲜半岛，日本，俄罗斯（远东地区）。

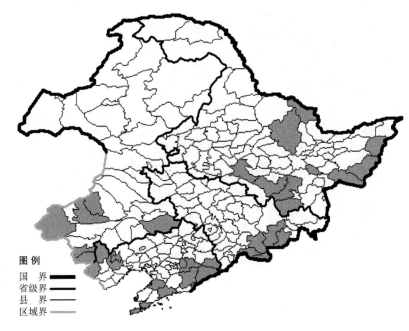

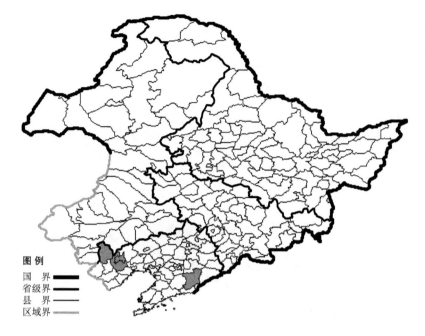

掌刺小檗

Berberis koreana Palib.

 生境：山坡灌丛。

 产地：辽宁省凤城、建平、朝阳。

 分布：中国（辽宁、河北、山西），朝鲜半岛。

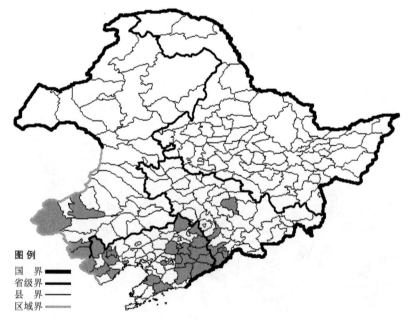

细叶小檗

Berberis poiretii Schneid.

 生境：山坡路旁，溪流旁，海拔600 米以下。

 产地：吉林省吉林、集安、通化、梅河口，辽宁省西丰、沈阳、鞍山、本溪、凤城、宽甸、昌图、新宾、清原、凌源、朝阳、建平、建昌、兴城、锦州、桓仁、庄河、抚顺、盖州，内蒙古巴林右旗、克什克腾旗、宁城、喀喇沁旗。

 分布：中国（吉林、辽宁、内蒙古、河北、山西），朝鲜半岛，蒙古，俄罗斯（远东地区）。

刺叶小檗

Berberis sibirica Pall.

生境：石砾质山坡，海拔约 1100 米。

产地：黑龙江省齐齐哈尔，辽宁省朝阳，内蒙古额尔古纳、扎兰屯、根河、牙克石、阿尔山、科尔沁右翼前旗、克什克腾旗。

分布：中国（黑龙江、辽宁、内蒙古），蒙古，俄罗斯（东部西伯利亚），中亚。

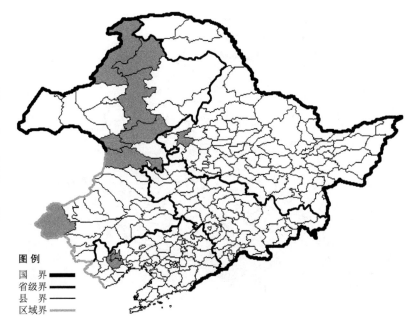

图例
国　界 ▬▬▬
省级界 ▬▬▬
县　界 ────
区域界 ────

类叶牡丹

Caulophyllum robustum Maxim.

生境：山阴坡混交林下，林缘，海拔 900 米以下。

产地：黑龙江省饶河、尚志、哈尔滨、伊春、虎林、嘉荫，吉林省临江、汪清、安图、敦化、蛟河、柳河、珲春，辽宁省鞍山、本溪、凤城、桓仁、宽甸、清原、西丰。

分布：中国（黑龙江、吉林、辽宁、河北、山西、陕西、甘肃、安徽、浙江、河南、湖北、湖南、四川、贵州、云南、西藏），朝鲜半岛，日本，俄罗斯（远东地区）。

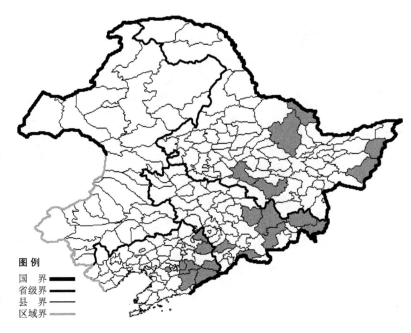

图例
国　界 ▬▬▬
省级界 ▬▬▬
县　界 ────
区域界 ────

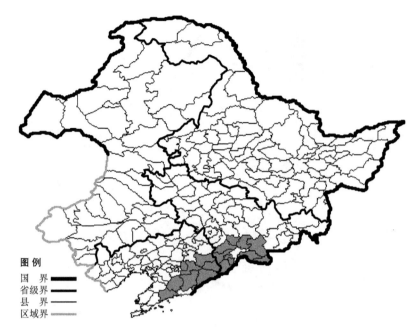

朝鲜淫羊藿

Epimedium koreanum Nakai

　　生境：林下，灌丛，海拔 700 米以下。
　　产地：吉林省通化、抚松、临江、集安、长白、靖宇、辉南、柳河，辽宁省本溪、凤城、宽甸、桓仁、新宾、庄河、岫岩、丹东。
　　分布：中国（吉林、辽宁），朝鲜半岛，俄罗斯（远东地区）。

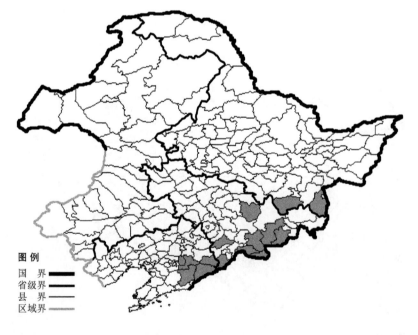

鲜黄连

Jeffersonia dubia (Maxim.) Benth. et Hook.

　　生境：山坡草地，灌丛，针阔混交及阔叶林下，海拔 900 米以下。
　　产地：黑龙江省宁安、东宁，吉林省临江、蛟河、安图、柳河、抚松、集安、长白、和龙，辽宁省本溪、凤城、桓仁、宽甸。
　　分布：中国（黑龙江、吉林、辽宁），朝鲜半岛，俄罗斯（远东地区）。

牡丹草

Leontice microrrhyncha S. Moore

　生境：山阴坡，林下，林缘，海拔约 700 米。
　产地：吉林省通化、集安，辽宁省宽甸、桓仁。
　分布：中国（吉林、辽宁），朝鲜半岛。

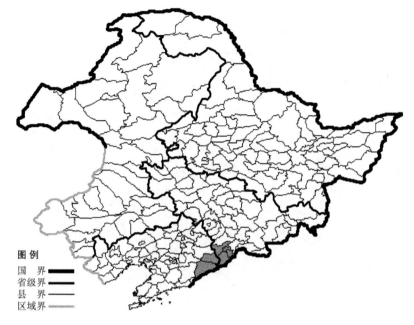

　小牡丹草 Leontice microrrhyncha S. Moore f. **venosa** (S. Moore) Kitag. 生于山坡，产于辽宁省宽甸，分布于中国（辽宁）。

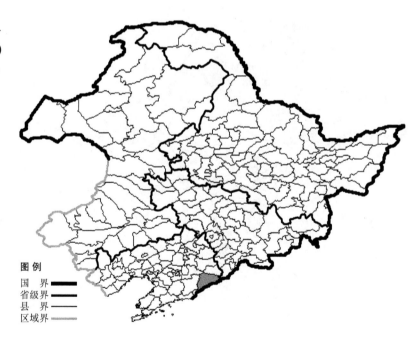

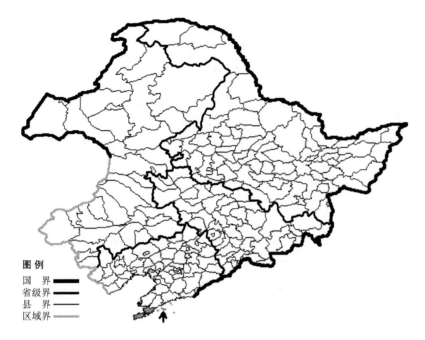

图例
国　界 ▬▬
省级界 ▬▬
县　界 ——
区域界 ——

防己科 Menispermaceae

木防己

Coculus trilobus (Thunb.) DC.

　　生境：丘陵，山坡低地，路旁，灌丛。
　　产地：辽宁省大连、长海。
　　分布：中国（辽宁、云南、西藏），日本。

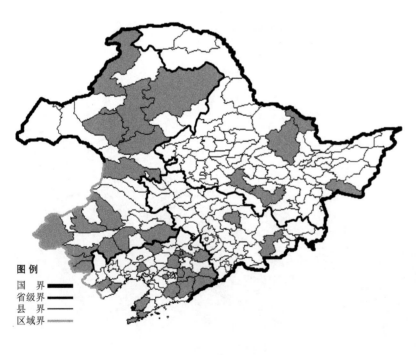

图例
国　界 ▬▬
省级界 ▬▬
县　界 ——
区域界 ——

蝙蝠葛

Menispermum dauricum DC.

　　生境：林缘，河边，灌丛，沙丘，采伐迹地，海拔 600 米以下。
　　产地：黑龙江省嘉荫、尚志、伊春、哈尔滨、密山，吉林省吉林、安图，辽宁省北镇、彰武、清原、沈阳、鞍山、凤城、建昌、兴城、宽甸、桓仁、丹东、岫岩、大连、瓦房店、本溪、铁岭，内蒙古额尔古纳、科尔沁右翼前旗、科尔沁左翼后旗、扎兰屯、海拉尔、牙克石、鄂伦春旗、鄂温克旗、奈曼旗、巴林右旗、克什克腾旗、赤峰、阿鲁科尔沁旗、喀喇沁旗、宁城、敖汉旗。
　　分布：中国（黑龙江、吉林、辽宁、内蒙古、河北、山西、陕西、甘肃、山东、江苏、安徽、浙江、福建、河南、江西、湖北），朝鲜半岛，日本，蒙古，俄罗斯（东部西伯利亚、远东地区）。

毛蝙蝠葛 **Menispermum dauricum** DC. f. **pilosum** (Schneid.) Kitag. 生于山坡草地，海拔 1000 米以下，产于黑龙江省伊春、饶河、尚志，吉林省吉林、磐石、抚松、安图、汪清、和龙，辽宁省义县、北镇、彰武、昌图、清原、沈阳、鞍山、营口、凤城、桓仁、盖州、大连，内蒙古科尔沁右翼前旗、科尔沁左翼后旗，分布于中国（黑龙江、吉林、辽宁、内蒙古），朝鲜半岛，日本。

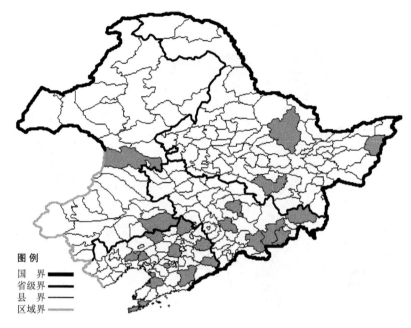

睡莲科 Nymphaeaceae

芡

Euryale ferox Salisb.

生境：池沼，湖泊。

产地：黑龙江省哈尔滨、双城、肇源、肇东、宾县、木兰、延寿、望奎、泰来、杜尔伯特，吉林省前郭尔罗斯、九台、扶余、梅河口、通化、辉南、柳河、抚松、敦化、珲春，辽宁省铁岭、法库、新民、辽中、彰武、黑山、海城、辽阳、庄河、沈阳。

分布：中国（全国各地），朝鲜半岛，日本，俄罗斯（远东地区），印度。

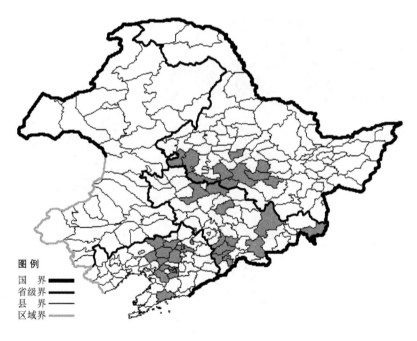

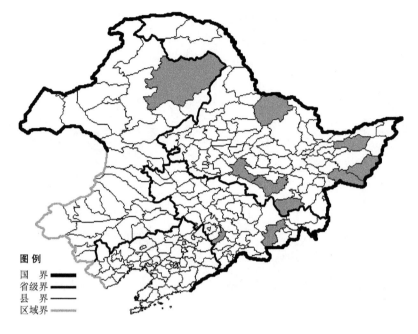

图例
国　界 ▬▬▬
省级界 ▬▬
县　界 ▬▬
区域界 ▬▬

萍蓬草

Nuphar pumilum (Timm) DC.

生境：池沼，湖泊。

产地：黑龙江省密山、虎林、逊克、宁安、尚志、富锦、哈尔滨，吉林省安图、梅河口，内蒙古鄂伦春旗。

分布：中国（黑龙江、吉林、内蒙古、河北、山西、新疆、江苏、浙江、福建、江西、湖南、广西、广东），朝鲜半岛，日本，蒙古，俄罗斯（欧洲部分、西伯利亚、远东地区），欧洲。

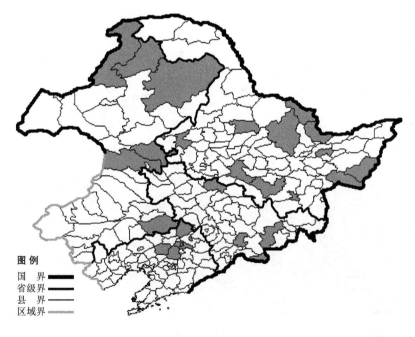

图例
国　界 ▬▬▬
省级界 ▬▬
县　界 ▬▬
区域界 ▬▬

睡莲

Nymphaea tetragona Georgi

生境：池沼，湖泊。

产地：黑龙江省伊春、嘉荫、萝北、哈尔滨、尚志、牡丹江、集贤、虎林、密山、齐齐哈尔、北安，吉林省安图、扶余、靖宇、长白，辽宁省铁岭、新民、昌图、沈阳，内蒙古额尔古纳、根河、科尔沁左翼后旗、科尔沁右翼前旗、扎赉特旗、鄂伦春旗。

分布：中国（全国各地），朝鲜半岛，日本，蒙古，俄罗斯（欧洲部分、西伯利亚、远东地区），印度，越南，欧洲，北美洲。

大 花 睡 莲 Nymphaea tetragona Georgi var. **crassifolia** (Hand.-Mazz.) Y. C. Chu 生于池沼及河湾内，产于黑龙江省虎林、抚远，辽宁省沈阳、新民，分布于中国（黑龙江、辽宁）。

金鱼藻科 Ceratophyllaceae

金鱼藻

Ceratophyllum demersum L.

生境：池沼，水沟，水库，小河，温泉。

产地：内蒙古科尔沁左翼后旗、科尔沁右翼中旗、鄂伦春旗、扎赉特旗、翁牛特旗。

分布：中国（全国各地），遍布世界各地。

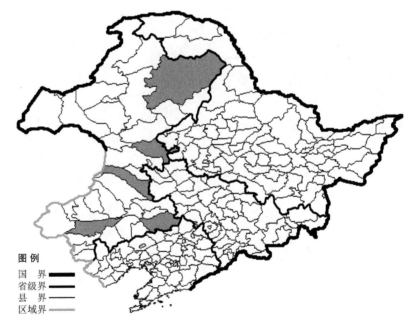

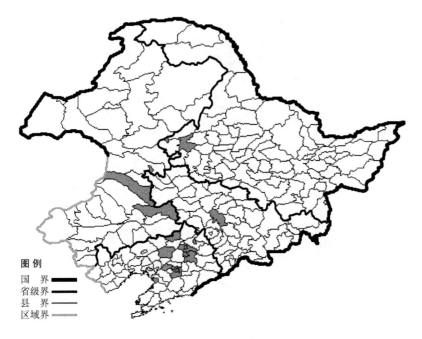

图例
国　界
省级界
县　界
区域界

东北金鱼藻

Ceratophyllum manshuricum (Miki) Kitag.

生境：池沼，水沟，水库。

产地：黑龙江省齐齐哈尔，吉林省长春，辽宁省铁岭、新民、康平、辽阳、抚顺、营口，内蒙古科尔沁左翼中旗、科尔沁右翼中旗、乌兰浩特。

分布：中国（黑龙江、吉林、辽宁、内蒙古、河北）。

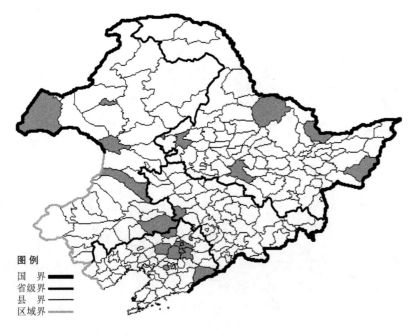

图例
国　界
省级界
县　界
区域界

五针金鱼藻

Ceratophyllum oryzetorum Kom.

生境：池沼，水沟，小河，水库。

产地：黑龙江省虎林、萝北、逊克、齐齐哈尔、哈尔滨，吉林省双辽，辽宁省鞍山、康平、新民、铁岭、抚顺、宽甸、沈阳，内蒙古新巴尔虎右旗、海拉尔、科尔沁左翼后旗、科尔沁右翼中旗、阿尔山。

分布：中国（黑龙江、吉林、辽宁、内蒙古、河北、台湾），日本，俄罗斯（远东地区）。

金粟兰科 Chloranthaceae

银线草

Chloranthus japonicus Sieb.

　　生境：石砾质山坡柞林下，红松阔叶林下，海拔 1000 米以下。

　　产地：黑龙江省尚志、伊春、饶河、鸡西、嘉荫，吉林省抚松、桦甸、磐石、集安、安图、珲春、柳河，辽宁省鞍山、大连、清原、桓仁、宽甸、岫岩、本溪、凌源、西丰、东港、凤城、兴城、普兰店、庄河、营口，内蒙古科尔沁左翼后旗、宁城。

　　分布：中国（黑龙江、吉林、辽宁、内蒙古、河北、山西、陕西、甘肃、山东），朝鲜半岛，日本，俄罗斯（远东地区）。

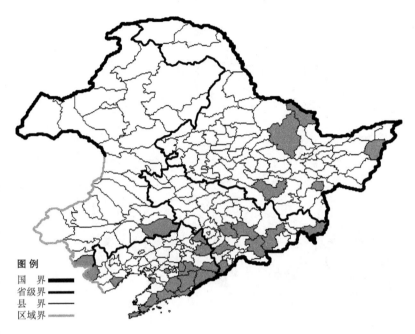

马兜铃科 Aristolochiaceae

北马兜铃

Aristolochia contorta Bunge

　　生境：灌丛，林缘，河边柳丛，缠绕于其他树木上，海拔 600 米以下。

　　产地：黑龙江省尚志、依兰，吉林省安图，辽宁省铁岭、西丰、新宾、沈阳、鞍山、凤城、宽甸、长海、抚顺、本溪、清原、大连、绥中、北镇、岫岩，内蒙古赤峰、扎鲁特旗、科尔沁左翼后旗、喀喇沁旗。

　　分布：中国（黑龙江、吉林、辽宁、内蒙古、河北、山西、陕西、甘肃、山东、河南、湖北），朝鲜半岛，日本，俄罗斯（远东地区）。

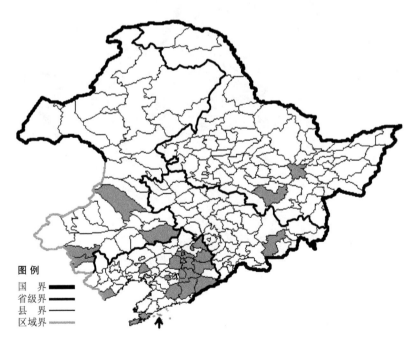

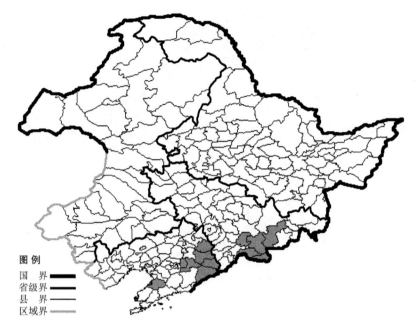

图例
国　界
省级界
县　界
区域界

木通马兜铃

Aristolochia manshuriensis Kom.

　　生境：山坡杂木林下湿润处，河边湿草地，海拔 1000 米以下。

　　产地：吉林省安图、长白、抚松、靖宇、临江，辽宁省清原、新宾、桓仁、宽甸、本溪、盖州。

　　分布：中国（吉林、辽宁、山西、陕西、甘肃、湖北、四川），朝鲜半岛，俄罗斯（远东地区）。

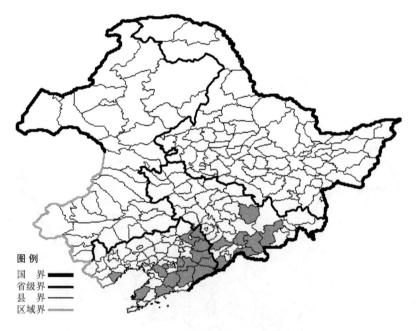

图例
国　界
省级界
县　界
区域界

辽细辛

Asarum heterotropoides Fr. Schmidt var. **manshuricum** (Maxim.) Kitag.

　　生境：针叶林及针阔混交林下，岩石边阴湿地，灌丛，林缘，海拔 1000 米以下。

　　产地：吉林省临江、抚松、靖宇、安图、柳河、集安、蛟河，辽宁省鞍山、本溪、凤城、庄河、瓦房店、兴城、西丰、新宾、桓仁、宽甸、海城、开原、岫岩、清原。

　　分布：中国（吉林、辽宁）。

汉城细辛

Asarum sieboldii Miq. var. **seoulense** Nakai

生境：针叶林及针阔混交林下湿润处，岩石旁，阴湿腐殖质层较厚的地方，海拔 800 米以下。

产地：吉林省临江、安图、珲春、敦化、长白，辽宁省庄河、宽甸、桓仁、岫岩、凤城。

分布：中国（吉林、辽宁），朝鲜半岛。

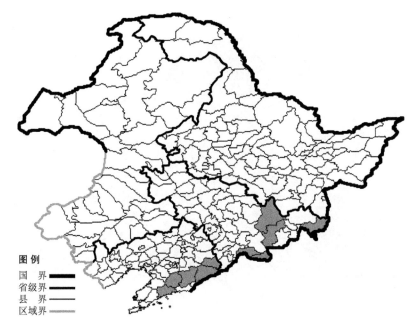

芍药科 Paeoniaceae

山芍药

Paeonia japonica (Makino) Miyabe et Takeda

生境：山坡阔叶林下，林缘。

产地：黑龙江省尚志，吉林省集安、安图、柳河、靖宇、汪清、桦甸、抚松，辽宁省鞍山、本溪、凤城、庄河、西丰、桓仁、清原。

分布：中国（黑龙江、吉林、辽宁），朝鲜半岛，日本。

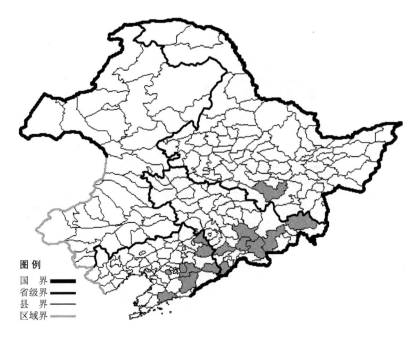

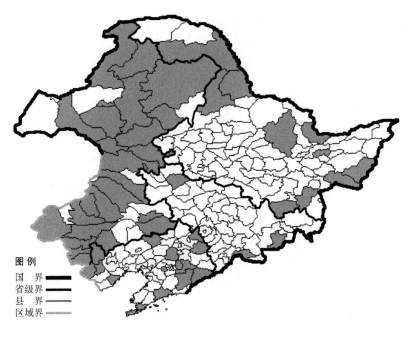

图例
国　界 ▅▅▅
省级界 ▅▅▅
县　界 ──
区域界 ──

芍药

Paeonia lactiflora Pall.

　　生境：草甸，沟谷，山坡草地，杂木林下。
　　产地：黑龙江省伊春、嫩江、集贤、穆棱、黑河、呼玛、萝北、虎林、密山、宁安，吉林省大安、和龙、临江，辽宁省鞍山、沈阳、西丰、本溪、宽甸、喀左、清原、凤城、庄河、大连、彰武、兴城、建平、凌源，内蒙古额尔古纳、根河、阿尔山、阿荣旗、新巴尔虎左旗、鄂温克旗、鄂伦春旗、牙克石、扎兰屯、陈巴尔虎旗、海拉尔、科尔沁右翼前旗、科尔沁右翼中旗、扎赉特旗、通辽、乌兰浩特、扎鲁特旗、科尔沁左翼后

旗、阿鲁科尔沁旗、巴林左旗、巴林右旗、翁牛特旗、赤峰、克什克腾旗、喀喇沁旗、敖汉旗、宁城。
　　分布：中国（黑龙江、吉林、辽宁、内蒙古、河北、陕西、甘肃），朝鲜半岛，日本，蒙古，俄罗斯（东部西伯利亚、远东地区）。

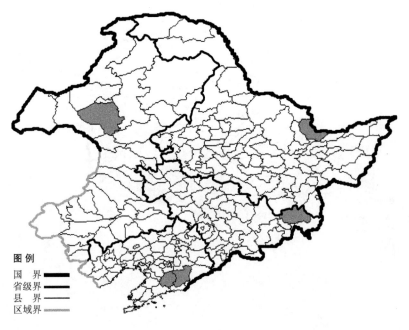

图例
国　界 ▅▅▅
省级界 ▅▅▅
县　界 ──
区域界 ──

　　毛果芍药 Paeonia lactiflora Pall. **var. trichocarpa** (Bunge) Stern 生于柞林下或灌丛，产于黑龙江省萝北，吉林省汪清，辽宁省凤城、岫岩，内蒙古鄂温克旗，分布于中国（黑龙江、吉林、辽宁、内蒙古、河北、山西），朝鲜半岛，蒙古。

草芍药

Paeonia obovata Maxim.

生境：林下，林缘，海拔 600-1400 米以下。

产地：黑龙江省伊春、哈尔滨、虎林、密山、宁安、尚志，吉林省临江、桦甸、蛟河、珲春、安图、抚松、长白，辽宁省抚顺、本溪、西丰、清原、新宾、岫岩、宽甸、桓仁、凤城、丹东、庄河、营口、鞍山、凌源，内蒙古克什克腾旗、巴林右旗、喀喇沁旗、宁城。

分布：中国（黑龙江、吉林、辽宁、内蒙古、河北、山西、陕西、宁夏、安徽、浙江、河南、江西、湖北、湖南、四川、贵州），朝鲜半岛，日本，俄罗斯（远东地区）。

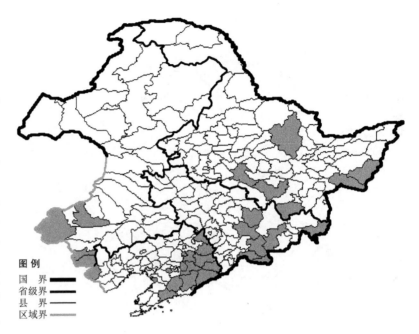

猕猴桃科 Actinidiaceae

软枣猕猴桃

Actinidia arguta (Sieb. et Zucc.) Planch. ex Miq.

生境：林中，海拔 1100 米以下。

产地：黑龙江省哈尔滨、尚志，吉林省集安、安图、抚松、临江、蛟河，辽宁省凤城、西丰、桓仁、清原、庄河、东港、本溪、宽甸、岫岩、绥中、丹东、鞍山。

分布：中国（黑龙江、吉林、辽宁、河北、山西、山东、安徽、浙江、福建、河南、云南），朝鲜半岛，日本，俄罗斯（远东地区）。

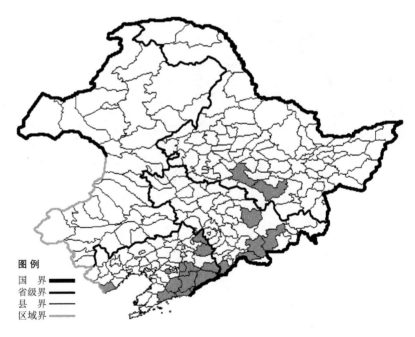

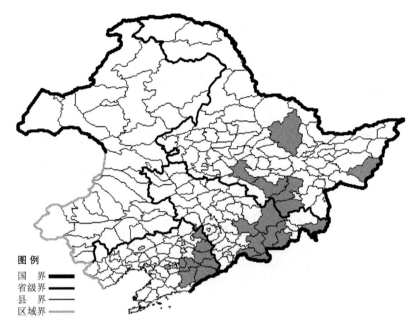

图例
国　界 ▬▬
省级界 ▬▬
县　界 ▬▬
区域界 ▬▬

狗枣猕猴桃

Actinidia kolomikta (Rupr.) Maxim.

　生境：针阔混交林或杂木林中，海拔 1400 米以下。
　产地：黑龙江省伊春、尚志、宁安、虎林、海林、哈尔滨，吉林省抚松、珲春、临江、敦化、桦甸、安图、和龙、长白，辽宁省宽甸、桓仁、本溪、凤城、西丰、鞍山、清原、新宾。
　分布：中国（黑龙江、吉林、辽宁、河北、陕西、甘肃、湖北、江西、四川、云南），朝鲜半岛，日本，俄罗斯（远东地区）。

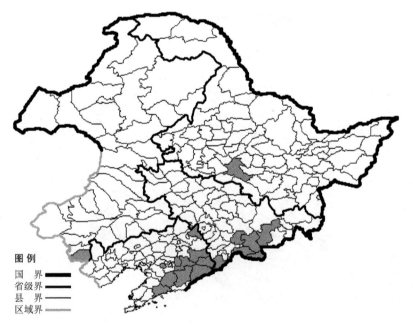

图例
国　界 ▬▬
省级界 ▬▬
县　界 ▬▬
区域界 ▬▬

木天蓼

Actinidia polygama (Sieb. et Zucc.) Planch. ex Maxim.

　生境：山坡灌丛，林中，河边，海拔 800 米以下。
　产地：黑龙江省哈尔滨，吉林省安图、抚松、靖宇、长白、临江、集安，辽宁省西丰、鞍山、宽甸、新宾、岫岩、本溪、凤城、庄河、桓仁，内蒙古宁城。
　分布：中国（黑龙江、吉林、辽宁、内蒙古、河北、陕西、甘肃、山东、湖北、湖南、四川、贵州、云南），朝鲜半岛，日本，俄罗斯（远东地区）。

金丝桃科 Hypericaceae

长柱金丝桃

Hypericum ascyron L.

生境：灌丛，河边，山坡草地，林缘，湿草地，溪流旁，海拔 800 米以下。

产地：黑龙江省哈尔滨、黑河、塔河、嫩江、虎林、尚志、饶河、依兰、宁安、密山、伊春、萝北、呼玛，吉林省安图、长春、临江、蛟河、抚松、珲春、和龙、汪清，辽宁省桓仁、西丰、法库、清原、本溪、凤城、岫岩、庄河、普兰店、瓦房店、长海、葫芦岛、绥中、凌源、彰武、喀左、沈阳、抚顺、鞍山、大连、丹东、北镇，内蒙古科尔沁左翼后旗、鄂伦春旗、额尔古纳、根河、阿荣旗、扎兰屯、牙克石、鄂温克旗、扎赉特旗、科尔沁右翼前旗、扎鲁特旗、阿鲁科尔沁旗、巴林左旗、巴林右旗、克什克腾旗、敖汉旗、喀喇沁旗、宁城。

分布：中国（全国各地），朝鲜半岛，日本，俄罗斯（西伯利亚、远东地区），北美洲。

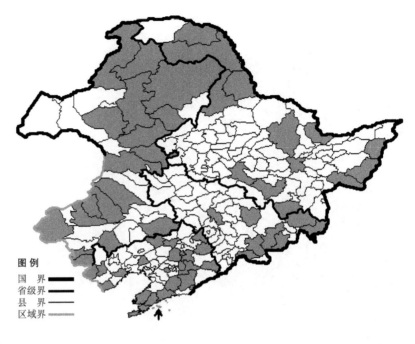

东北长柱金丝桃 Hypericum ascyron L. var. **longistylum** Maxim. 生于山坡草地，海拔 800 米以下，产于黑龙江省密山、依兰、虎林、黑河、北安、伊春，吉林省吉林、通化、蛟河、集安、汪清、珲春，辽宁省桓仁、西丰、凤城、凌源、丹东，分布于中国（黑龙江、吉林、辽宁），朝鲜半岛，日本，俄罗斯（西伯利亚）。

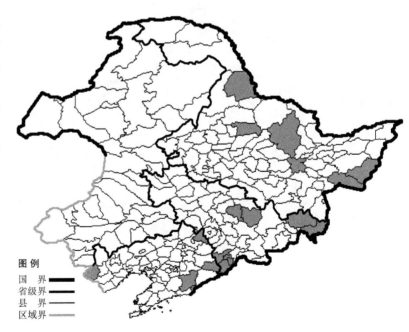

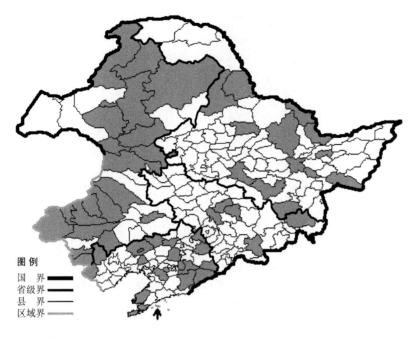

乌腺金丝桃

Hypericum attenuatum Choisy

生境：林缘灌丛，海拔 1000 米以下。

产地：黑龙江省哈尔滨、北安、依兰、集贤、嫩江、尚志、宁安、勃利、密山、嘉荫、萝北、伊春、黑河，吉林省汪清、九台、吉林、长春、抚松，辽宁省桓仁、清原、本溪、凤城、北镇、建平、凌源、法库、彰武、沈阳、鞍山、阜新、丹东、大连、长海、瓦房店、宽甸、西丰、海城，内蒙古科尔沁右翼前旗、阿尔山、通辽、额尔古纳、牙克石、鄂温克旗、鄂伦春旗、根河、扎兰屯、海拉尔、扎赉特旗、扎鲁特旗、阿鲁科尔沁旗、巴林左旗、巴林右旗、翁牛特旗、克什克腾旗、敖汉旗、喀喇沁旗、宁城、林西、敖汉旗。

分布：中国（黑龙江、吉林、辽宁、内蒙古、河北、山西、陕西、甘肃、山东、江苏、浙江、安徽、河南、江西、广东、广西），朝鲜半岛，日本，蒙古，俄罗斯（东部西伯利亚、远东地区）。

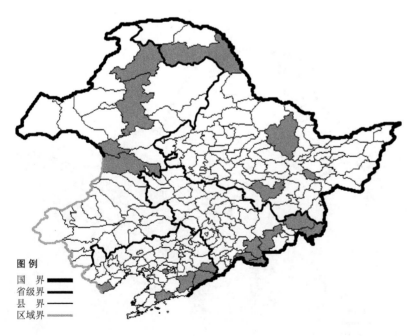

短柱金丝桃

Hypericum gebleri Ledeb.

生境：林缘，海拔 1700 米以下。

产地：黑龙江省伊春、勃利、尚志、呼玛，吉林省抚松、安图、珲春、长白、汪清、临江，辽宁省凤城、绥中、宽甸、桓仁、庄河、鞍山，内蒙古牙克石、根河、科尔沁右翼前旗、阿尔山。

分布：中国（黑龙江、吉林、辽宁、内蒙古），朝鲜半岛，日本，俄罗斯（西伯利亚、远东地区），中亚。

小金丝桃

Hypericum laxum (Blume) Koidz.

　　生境：山坡，耕地旁湿草地，海拔 900 米以下。
　　产地：辽宁省丹东。
　　分布：中国（辽宁），朝鲜半岛，日本。

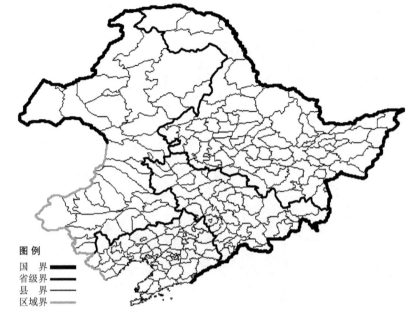

地耳草

Triadenum japonicum (Blume) Makino

　　生境：丘陵，草甸，沼泽，海拔约 300 米。
　　产地：黑龙江省虎林、密山、伊春，吉林省敦化、蛟河。
　　分布：中国（黑龙江、吉林），朝鲜半岛，日本，俄罗斯（远东地区）。

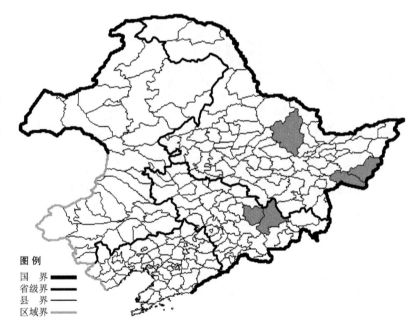

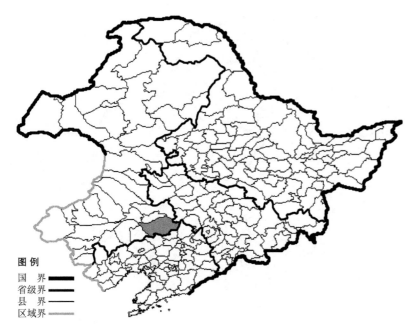

茅膏菜科 Droseraceae

貉藻

Aldrovanda vesiculosa L.

生境：湖泊。
产地：内蒙古科尔沁左翼后旗。
分布：中国（内蒙古），日本，俄罗斯（欧洲大部分、远东地区），中亚，印度，欧洲，非洲，大洋洲。

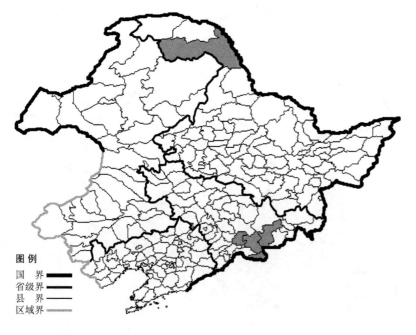

圆叶茅膏菜

Drosera rotundifolia L.

生境：森林地区水湿地，海拔500-1500米以下。
产地：黑龙江省呼玛，吉林省安图、抚松、靖宇、长白。
分布：中国（黑龙江、吉林），朝鲜半岛，日本，俄罗斯（欧洲部分、高加索、西伯利亚、远东地区），欧洲，北美洲。

罂粟科 Papaveraceae

合瓣花

Adlumia asiatica Ohwi

生境：林下，林缘，海拔 200-900 米以下。

产地：黑龙江省伊春、绥棱，吉林省安图、抚松、珲春。

分布：中国（黑龙江、吉林），朝鲜半岛，俄罗斯（远东地区）。

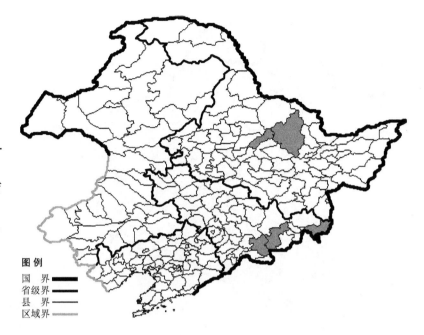

图 例
国　界
省级界
县　界
区域界

白屈菜

Chelidonium majus L.

生境：沟边，山谷湿草地，杂草地，人家附近，海拔 1200 米以下。

产地：黑龙江省呼玛、嘉荫、虎林、哈尔滨、伊春、黑河，吉林省安图、临江、集安、抚松、和龙、汪清、珲春、蛟河、桦甸，辽宁省桓仁、宽甸、凤城、建昌、北镇、兴城、沈阳、庄河、丹东、清原、大连、本溪、鞍山，内蒙古克什克腾旗、宁城、鄂伦春旗、巴林右旗、科尔沁左翼后旗、牙克石、额尔古纳、根河、满洲里、阿尔山、海拉尔、科尔沁右翼前旗、科尔沁右翼中旗、扎赉特旗。

分布：中国（黑龙江、吉林、辽宁、内蒙古、河北、山西、陕西、新疆、山东、江苏、浙江、河南、湖北、江西、四川），朝鲜半岛，日本，蒙古，俄罗斯（欧洲部分、高加索、西伯利亚），中亚，欧洲。

图 例
国　界
省级界
县　界
区域界

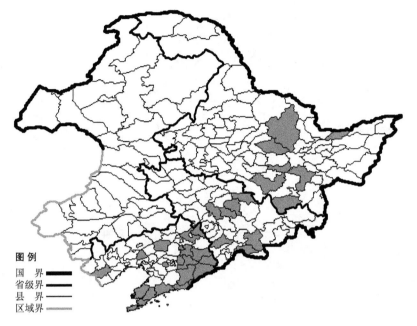

图例
国　界 ▬▬▬▬
省级界 ▬▬▬▬
县　界 ▬▬▬
区域界 ▬▬▬▬

东北延胡索

Corydalis ambigua Cham. et Schltd.

生境：林缘，疏林下，灌丛，山坡草地，海拔1100米以下。

产地：黑龙江省尚志、宁安、林口、方正、绥滨、铁力、伊春，吉林省柳河、舒兰、抚松、吉林、永吉、长春、临江，辽宁省丹东、凤城、宽甸、本溪、庄河、桓仁、西丰、新宾、瓦房店、开原、大连、抚顺、普兰店、鞍山、建昌、北镇、新民、东港、庄河。

分布：中国（黑龙江、吉林、辽宁），朝鲜半岛，俄罗斯（远东地区）。

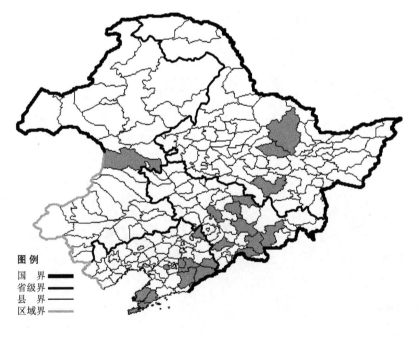

图例
国　界 ▬▬▬▬
省级界 ▬▬▬▬
县　界 ▬▬▬
区域界 ▬▬▬▬

齿裂东北延胡索 Corydalis ambigua Cham. et Schltd. f. **dentata** Y. H. Chou 生于林缘、疏林下，沟边，海拔1100米以下，产于黑龙江省伊春、尚志、铁力，吉林省柳河、舒兰、长春、安图、桦甸、临江、抚松、吉林，辽宁省本溪、桓仁、凤城、宽甸、丹东、瓦房店、鞍山、普兰店、大连、西丰，内蒙古科尔沁右翼前旗，分布于中国（黑龙江、吉林、辽宁、内蒙古）。

多裂东北延胡索 Corydalis ambigua Cham. et Schltd. f. **fumariaefolia** (Maxim.) Kitag. 生于林下、沟边，海拔 1000 米以下，产于黑龙江省伊春、铁力、哈尔滨，吉林省安图、舒兰、临江、抚松、吉林、长春、柳河，辽宁省凤城、宽甸、瓦房店、丹东，分布于中国（黑龙江、吉林、辽宁），朝鲜半岛，俄罗斯（远东地区）。

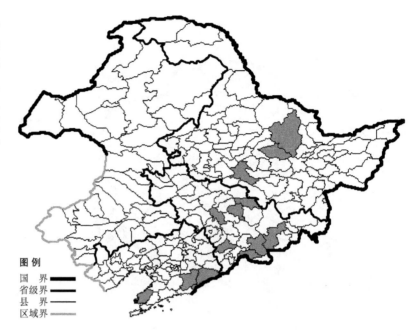

图 例
国　界 ▬▬
省级界 ▬▬
县　界 ▬▬
区域界 ▬▬

线叶东北延胡索 Corydalis ambigua Cham. et Schltd. f. **lineariloba** Maxim. 生于林缘、疏林下、灌丛、山坡草地，海拔 1100 米以下，产于黑龙江省铁力、伊春，吉林省柳河、舒兰、吉林、抚松、长春、安图、临江，辽宁省丹东、凤城、宽甸、本溪、西丰、东港，分布于中国（黑龙江、吉林、辽宁），朝鲜半岛，俄罗斯（远东地区）。

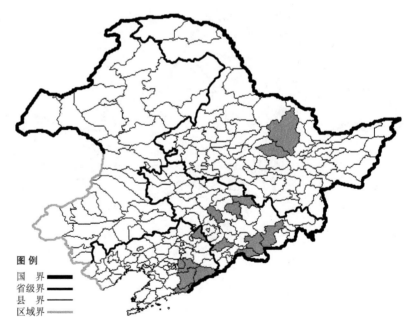

图 例
国　界 ▬▬
省级界 ▬▬
县　界 ▬▬
区域界 ▬▬

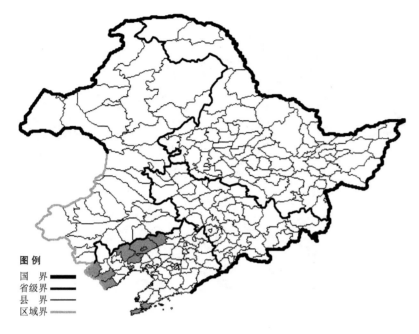

地丁草

Corydalis bungeana Turcz.

　　生境：山坡草地，沟谷，沙砾质地，荒地，溪流旁，海拔 500 米以下。
　　产地：辽宁省大连、锦州、绥中、阜新、凌源、建昌、彰武、义县、北票。
　　分布：中国（辽宁、河北、山西、陕西、甘肃、宁夏、山东、江苏、河南、湖南），朝鲜半岛，蒙古，俄罗斯（远东地区）。

图例
国　界 ▬▬
省级界 ▬▬
县　界 ▬▬
区域界 ▬▬

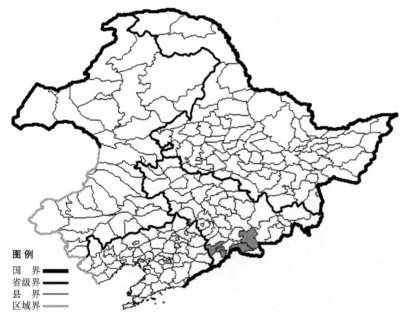

东紫堇

Corydalis buschii Nakai

　　生境：林间草地，海拔约 500 米。
　　产地：吉林省通化、抚松、临江。
　　分布：中国（吉林），朝鲜半岛，俄罗斯（远东地区）。

图例
国　界 ▬▬
省级界 ▬▬
县　界 ▬▬
区域界 ▬▬

巨紫堇

Corydalis gigantea Trautv. et C. A. Mey.

生境：林缘，林下。

产地：黑龙江省伊春，吉林省临江。

分布：中国（黑龙江、吉林），朝鲜半岛，俄罗斯（远东地区）。

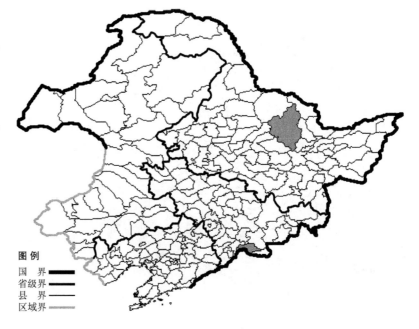

大花巨紫堇 Corydalis gigantea Trautv. et C. A. Mey. var. **macrantha** Regel 生于沟谷湿地、林缘、林下、溪流旁，产于黑龙江省伊春，分布于中国（黑龙江），朝鲜半岛，俄罗斯（远东地区）。

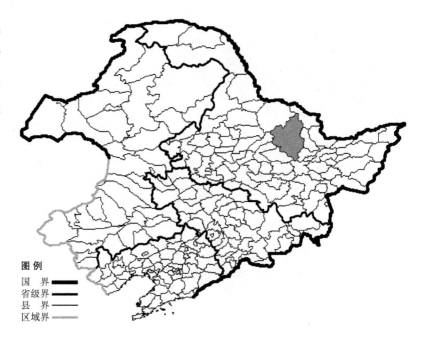

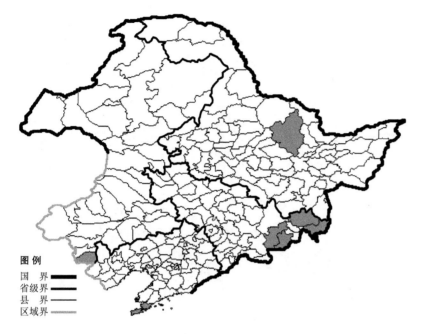

图例
国　界 ▬▬▬
省级界 ▬▬▬
县　界 ▬▬▬
区域界 ▬▬▬

黄紫堇

Corydalis ochotensis Turcz.

生境：林缘，林下，溪流旁，湿草地。

产地：黑龙江省伊春，吉林省珲春、和龙、安图、汪清，辽宁省大连，内蒙古宁城。

分布：中国（黑龙江、吉林、辽宁、内蒙古、河北），朝鲜半岛，日本，俄罗斯（远东地区）。

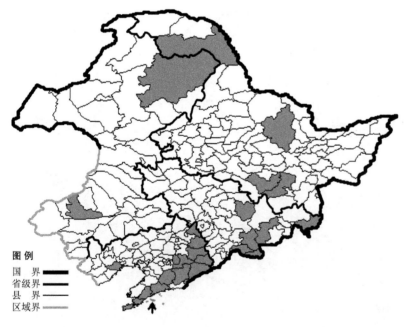

图例
国　界 ▬▬▬
省级界 ▬▬▬
县　界 ▬▬▬
区域界 ▬▬▬

小黄紫堇 Corydalis ochotensis Turcz. var. raddeana (Regel) Nakai 生于林缘、林下、溪流旁、湿草地，海拔 1800 米以下，产于黑龙江省尚志、海林、呼玛、伊春，吉林省安图、长白、抚松、蛟河、珲春、临江，辽宁省岫岩、凤城、普兰店、西丰、宽甸、本溪、大连、长海、丹东、桓仁、葫芦岛、清原、新宾、庄河，内蒙古鄂伦春旗、巴林右旗，分布于中国（黑龙江、吉林、辽宁、内蒙古、河北、山西、陕西、甘肃、山东、浙江、河南、台湾），朝鲜半岛，日本，俄罗斯（远东地区）。

珠果紫堇

Corydalis pallida (Thunb.) Pers.

　　生境：林缘，林间草地，河滩，海拔 600 米以下。

　　产地：黑龙江省尚志、密山、哈尔滨、伊春、嘉荫、穆棱，吉林省磐石、汪清、安图、桦甸、临江、集安，辽宁省凤城、开原、绥中、大连、凌源、宽甸、桓仁、本溪、鞍山、丹东、清原、西丰、庄河，内蒙古科尔沁右翼前旗、喀喇沁旗。

　　分布：中国（黑龙江、吉林、辽宁、内蒙古、河北、山西、陕西、山东、江苏、安徽、浙江、福建、河南、湖北、江西、台湾），朝鲜半岛，日本，俄罗斯（远东地区）。

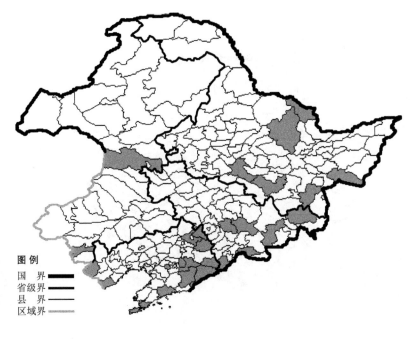

　　狭裂珠果紫堇 Corydalis pallida (Thunb.) Pers. var. **speciosa** (Maxim.) Kom. 生于林缘、林间草地，海拔 500 米以下，产于黑龙江省尚志、哈尔滨，吉林省舒兰、安图、桦甸、抚松、临江，辽宁省凤城、瓦房店、桓仁、宽甸、庄河、鞍山、大连、绥中、建昌、清原、丹东、本溪，内蒙古科尔沁右翼前旗，分布于中国（黑龙江、吉林、辽宁、内蒙古），朝鲜半岛，日本，俄罗斯（远东地区）。

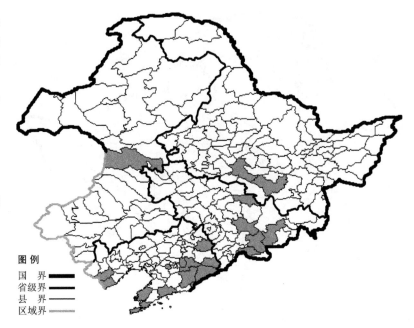

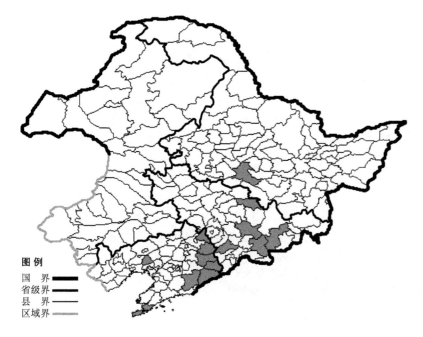

图例
国　界 ▬▬
省级界 ━━
县　界 ──
区域界 ──

全叶延胡索

Corydalis repens Mandl et Muhl.

生境：林下，林缘，海拔约 500 米以下。

产地：黑龙江哈尔滨，吉林省安图、舒兰、柳河、桦甸、抚松，辽宁省大连、凤城、宽甸、清原、桓仁、西丰、北镇、新宾。

分布：中国（黑龙江、吉林、辽宁），俄罗斯（远东地区）。

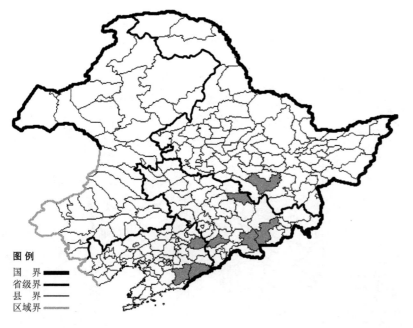

图例
国　界 ▬▬
省级界 ━━
县　界 ──
区域界 ──

角瓣延胡索 Corydalis repens Mandl et Muhl. var. **watanabei** (Kitag.) Y. C. Chu 生于山坡草地、林缘、林间草地，海拔 800 米以下，产于黑龙江省尚志，吉林省安图、柳河、舒兰、抚松，辽宁省凤城、宽甸、清原，分布于中国（黑龙江、吉林、辽宁）。

北紫堇

Corydalis sibirica (L. f.) Pers.

生境：林缘，林间草地，疏林下，海拔约 900 米以下。

产地：黑龙江省呼玛，内蒙古额尔古纳、根河、牙克石、阿尔山、科尔沁右翼前旗、敖汉旗、巴林右旗、鄂伦春旗、科尔沁左翼后旗。

分布：中国（黑龙江、内蒙古），蒙古，俄罗斯（西伯利亚、远东地区）。

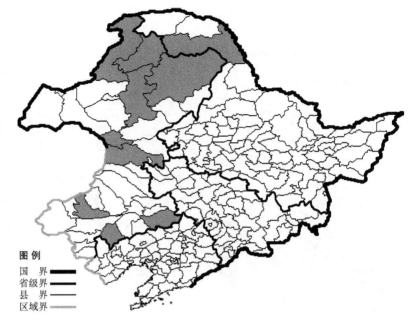

塞北紫堇 Corydalis sibirica (L. f.) Pers. var **impatiens** (Pall.) Regel 生于疏林下、山坡草地，海拔 1100 米以下，产于黑龙江省呼玛，内蒙古鄂伦春旗、科尔沁右翼前旗、牙克石，分布于中国（黑龙江、内蒙古、甘肃、青海、四川），蒙古，俄罗斯（东部西伯利亚）。

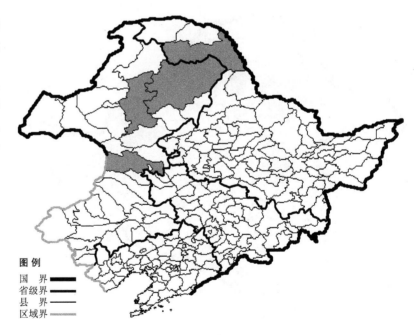

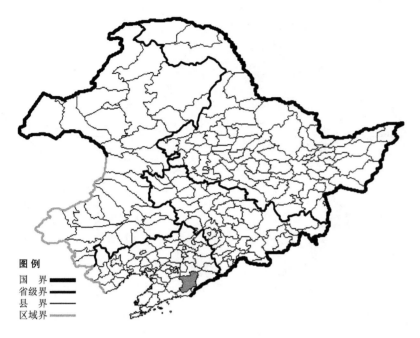

三裂延胡索

Corydalis ternata (Nakai) Nakai

　　生境：林缘，向阳草地，海拔500 米以下。
　　产地：辽宁省凤城。
　　分布：中国（辽宁），朝鲜半岛。

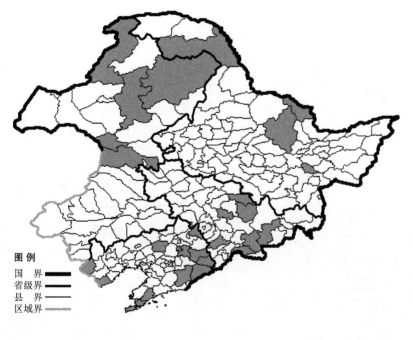

齿瓣延胡索

Corydalis turtschaninovii Bess.

　　生境：沟边，河滩，林下，林缘，山坡草地，海拔 1100 米以下。
　　产地：黑龙江省勃利、伊春、呼玛、嘉荫，吉林省柳河、舒兰、永吉、蛟河、抚松、安图、临江，辽宁省绥中、大连、普兰店、宽甸、桓仁、凌源、新宾、西丰、新民、抚顺、凤城，内蒙古额尔古纳、鄂伦春旗、牙克石、科尔沁右翼前旗、阿尔山。
　　分布：中国（黑龙江、吉林、辽宁、内蒙古、河北），朝鲜半岛，俄罗斯（东部西伯利亚、远东地区）。

海岛延胡索 Corydalis turtschani-novii Bess. f. **haitaoensis** Y. H. Chou et C. Q. Xu 生于海边山坡，海拔 100 米以下，产于辽宁省长海，分布于中国（辽宁）。

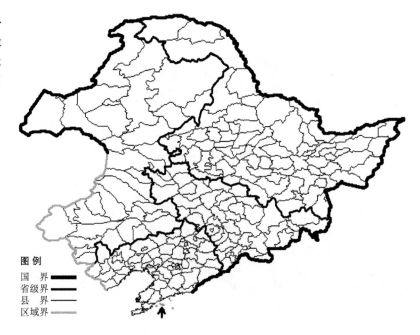

线裂齿瓣延胡索 Corydalis turtschaninovii Bess. f. **lineariloba** (Maxim.) Kitag. 生于山坡草地、疏林下、耕地旁，海拔 1000 米以下，产于黑龙江省哈尔滨、伊春、尚志、呼玛，吉林省抚松、安图、舒兰、桦甸、临江、长春、吉林、柳河，辽宁省抚顺、阜新、凌源、绥中、鞍山、凤城、庄河、大连、丹东、西丰、开原、桓仁、新民、新宾，分布于中国（黑龙江、吉林、辽宁、河北），俄罗斯（东部西伯利亚）。

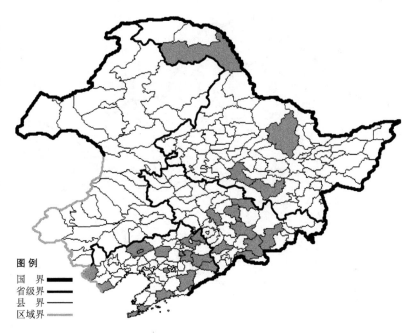

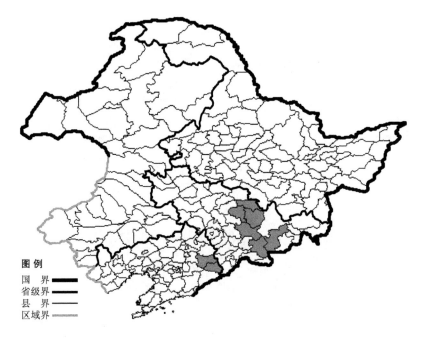

图例
国　界
省级界
县　界
区域界

多裂齿瓣延胡索 Corydalis turts-chaninovii Bess. **f. multisecta** P. Y. Fu 生于山坡草地、林下、河边，海拔800 米以下，产于吉林省舒兰、桦甸、安图、抚松、吉林、蛟河，辽宁省新宾、桓仁，分布于中国（吉林、辽宁）。

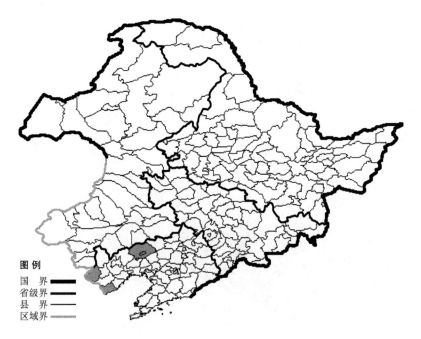

图例
国　界
省级界
县　界
区域界

瘤叶齿瓣延胡索 Corydalis turts-chaninovii Bess. **f. papillosa** (Kitag.) Y. C. Chu 生于山坡草地，疏林下，产于辽宁省凌源、绥中、阜新，分布于中国（辽宁）。

栉裂齿瓣延胡索 Corydalis turts-chaninovii Bess. f. **pectinata** (Kom.) Y. H. Chou 生于山坡草地、疏林下、耕地旁，海拔 800 米以下，产于黑龙江省尚志、伊春，吉林省抚松、永吉、舒兰、柳河、蛟河、吉林、安图，辽宁省阜新、铁岭、绥中、凌源、凤城、大连、庄河、大连、新宾、开原、西丰、桓仁、鞍山、抚顺，分布于中国（黑龙江、吉林、辽宁），朝鲜半岛，俄罗斯（东部西伯利亚、远东地区）。

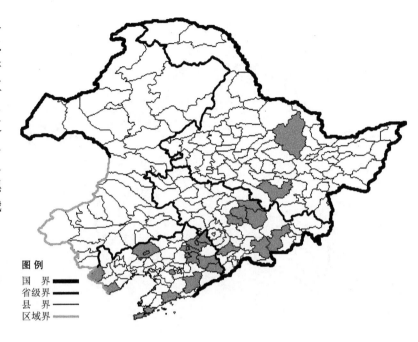

圆裂齿瓣延胡索 Corydalis tur-tschaninovii Bess. f. **rotundiloba** (Maxim.) Chu 生于山坡，海拔 600 米以下，产于吉林省临江、舒兰，辽宁省大连，分布于中国（吉林、辽宁），俄罗斯（远东地区）。

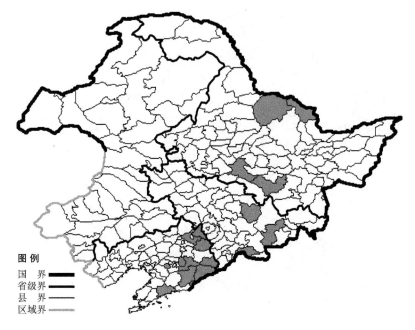

图例
国　界 ▬▬▬
省级界 ▬▬
县　界 ▬▬
区域界 ▬▬

荷青花

Hylomecon japonica (Thunb.) Prantl et Kundig

　　生境：灌丛，林下，林缘，沟边湿草地，海拔 900 米以下。
　　产地：黑龙江省尚志、逊克、哈尔滨、嘉荫，吉林省蛟河、安图、临江，辽宁省鞍山、本溪、凤城、宽甸、开原、庄河、西丰、桓仁、丹东、清原。
　　分布：中国（黑龙江、吉林、辽宁、山西、陕西、安徽、浙江、湖北、湖南、四川），朝鲜半岛，日本，俄罗斯（远东地区）。

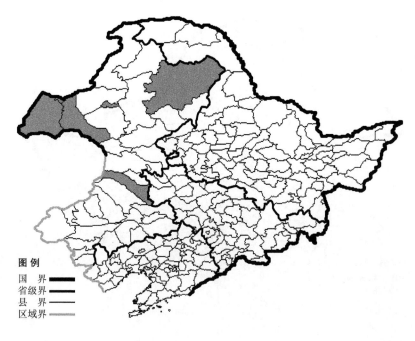

图例
国　界 ▬▬▬
省级界 ▬▬
县　界 ▬▬
区域界 ▬▬

角茴香

Hypecoum erectum L.

　　生境：石砾质地，河边沙地，海拔约 600 米。
　　产地：内蒙古海拉尔、满洲里、新巴尔虎右旗、新巴尔虎左旗、鄂伦春旗、科尔沁右翼中旗。
　　分布：中国（内蒙古、河北、山西、宁夏、陕西、甘肃、新疆、河南、湖北），蒙古，俄罗斯（西伯利亚），中亚。

野罂粟

Papaver nudicaule L.

生境：草甸，干山坡草地，固定沙丘，海拔1100米以下。

产地：黑龙江省呼玛、逊克，内蒙古海拉尔、牙克石、鄂伦春旗、额尔古纳、科尔沁右翼前旗、扎鲁特旗、克什克腾旗、喀喇沁旗、赤峰、巴林右旗、巴林左旗、阿尔山、通辽、宁城、阿鲁科尔沁旗、翁牛特旗。

分布：中国（黑龙江、内蒙古、河北、山西、陕西、宁夏、新疆），蒙古，俄罗斯（西伯利亚），中亚。

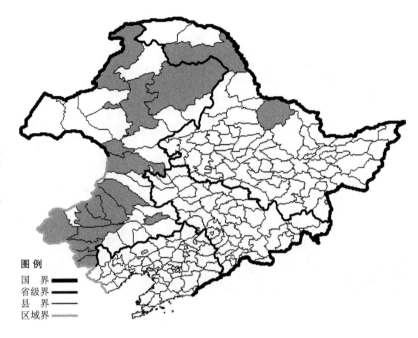

黑水罂粟 Papaver nudicaule L. subsp. **amurense** N. Busch 生于向阳草地、石砾质地、耕地旁，海拔约200米以下，产于黑龙江省呼玛、黑河、逊克、嘉荫、密山、宁安、北安、孙吴、牡丹江，吉林省汪清，内蒙古科尔沁右翼前旗、克什克腾旗、喀喇沁旗，分布于中国（黑龙江、吉林、内蒙古），俄罗斯（远东地区）。

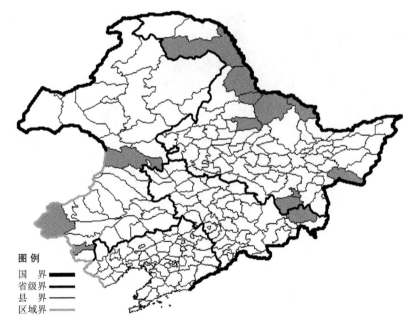

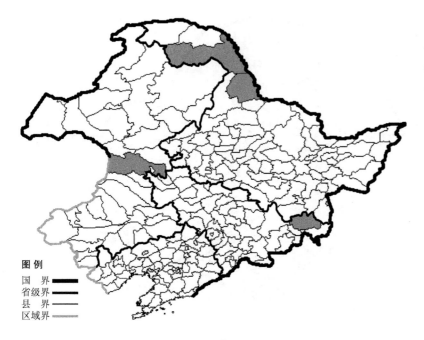

毛果黑水罂粟 Papaver nudi-
caule L. subsp. **amurense** N. Busch var.
seticarpum P. Y. Fu 生于山坡草地、
石砾质地，产于黑龙江省黑河、呼玛，
吉林省汪清，内蒙古科尔沁右翼前旗，
分布于中国（黑龙江、吉林、内蒙古）。

图例
国　界
省级界
县　界
区域界

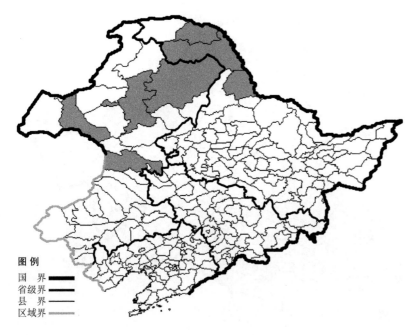

光果野罂粟 Papaver nudicaule L.
var. **glabricarpum** P. Y. Fu 生于山坡草
地、草甸、沙地，海拔 1000 米以下，
产于黑龙江省黑河、塔河、呼玛，内
蒙古新巴尔虎左旗、牙克石、海拉尔、
科尔沁右翼前旗、鄂伦春旗，分布于
中国（黑龙江、内蒙古）。

图例
国　界
省级界
县　界
区域界

岩罂粟 **Papaver nudicaule** L. var. **saxatile** Kitag. 生于山坡草地，石砾质地，海拔 900 米以下，产于内蒙古满洲里、额尔古纳，分布于中国（内蒙古）。

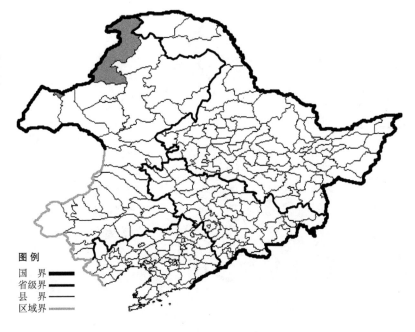

白山罂粟

Papaver radicatum Rottb. var. **pseudo-radicatum** (Kitag.) Kitag.

生境：生于高山冻原碎石地，干山坡草地，海拔 2100-2500 米。

产地：吉林省安图、抚松、长白，辽宁省桓仁。

分布：中国（吉林、辽宁），朝鲜半岛。

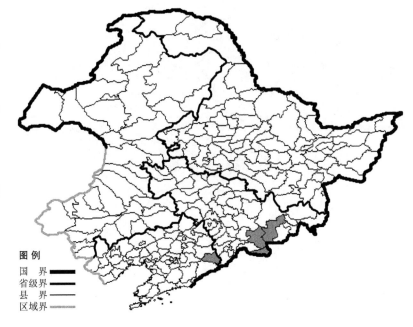

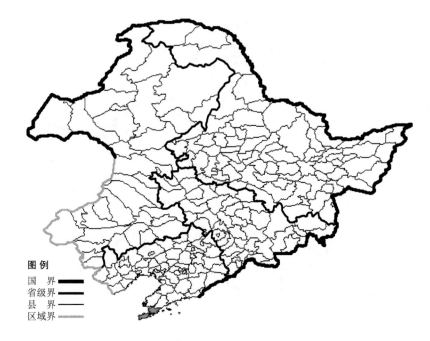

图例
国　界
省级界
县　界
区域界

十字花科 Cruciferae

欧庭荠
Alyssum alyssoides L.

　　生境：向阳草地，海拔 200 米以下。
　　产地：辽宁省大连。
　　分布：原产欧洲，现我国辽宁有分布。

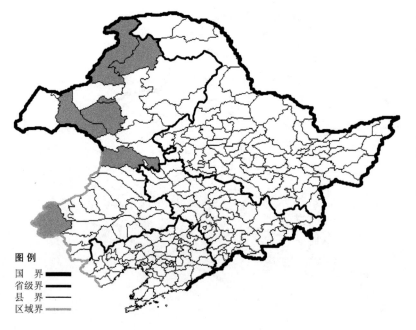

图例
国　界
省级界
县　界
区域界

线叶庭荠
Alyssum lenense Adams

　　生境：草原，石砾质山坡，沙丘。
　　产地：内蒙古新巴尔虎左旗、额尔古纳、根河、海拉尔、鄂温克旗、科尔沁右翼前旗、克什克腾旗。
　　分布：中国（内蒙古），蒙古，俄罗斯（西伯利亚、远东地区）。

光果庭荠 Alyssum lenense Adams var. **leiocarpum** (C. A. Mey.) N. Busch 生于石砾质山坡、沙丘，海拔 500-800 米，产于内蒙古满洲里、海拉尔、额尔古纳、根河、克什克腾旗，分布于中国（内蒙古），俄罗斯。

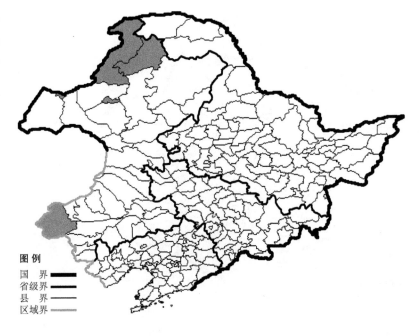

西伯利亚庭荠

Alyssum sibiricum Willd.

生境：干山坡，沙地，海拔 500-1000 米。

产地：内蒙古满洲里、海拉尔、额尔古纳、新巴尔虎右旗、新巴尔虎左旗、牙克石。

分布：中国（内蒙古），蒙古，俄罗斯（北极带、西伯利亚、远东地区），中亚。

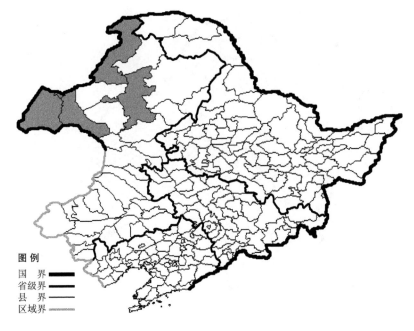

叶芽南芥

Arabis gemmifera (Matsum.) Makino

　　生境：高山冻原及冻原下缘林间湿地，海拔 2000-2600 米。
　　产地：吉林省抚松、安图。
　　分布：中国（吉林），朝鲜半岛，日本，俄罗斯（远东地区）。

赛南芥

Arabis glabra (L.) Bernh.

　　生境：河边，山坡草地，灌丛，海拔 700 米以下。
　　产地：吉林省临江，辽宁省本溪、丹东、东港。
　　分布：中国（吉林、辽宁、山东、浙江、新疆），朝鲜半岛，俄罗斯（欧洲部分、高加索、西伯利亚、远东地区），中亚，欧洲，大洋洲，北美洲。

圆叶南芥

Arabis halleri L.

　　生境：高山冻原，林下，海拔
1100-2500 米以下。
　　产地：吉林省抚松、安图。
　　分布：中国（吉林），朝鲜半岛。

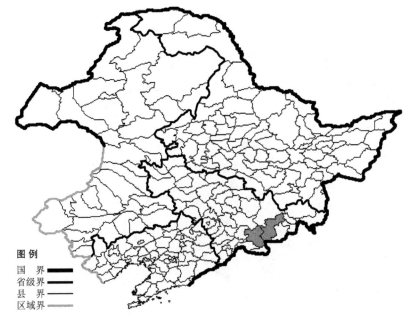

毛南芥

Arabis hirsuta (L.) Scop.

　　生境：草甸，湿草地，河滩，灌丛，
林下，林缘，海拔 1000 米以下。
　　产地：黑龙江省密山、呼玛、虎
林、哈尔滨，吉林省抚松、安图，辽
宁省开原、清原、本溪、盖州、新宾、
桓仁、本溪，内蒙古额尔古纳、新巴
尔虎右旗、海拉尔、科尔沁右翼前旗、
扎赉特旗、牙克石、阿尔山、克什克
腾旗、巴林右旗、鄂伦春旗、鄂温克旗。
　　分布：中国（黑龙江、吉林、辽
宁、内蒙古、河北、山西、陕西、甘肃、
宁夏、青海、新疆、山东、安徽、河南、
湖北、四川、云南、西藏），朝鲜半岛，
日本，俄罗斯（欧洲部分、高加索、
西伯利亚、远东地区），土耳其，欧洲，
北美洲。

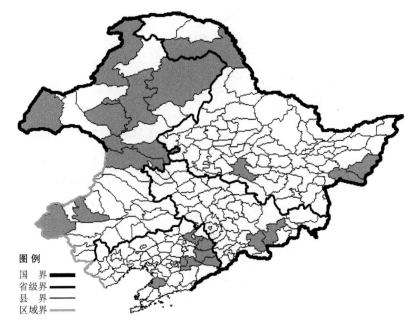

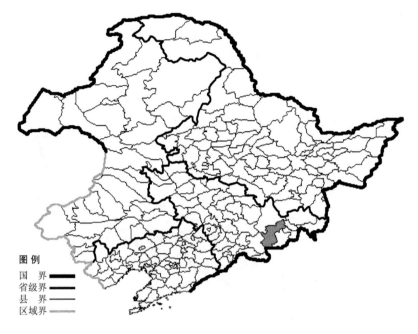

图例
国　界 ▬▬▬
省级界 ▬▬
县　界 ▬▬
区域界 ▬▬

琴叶南芥

Arabis lyrata L. var. **kamtschatica**
Fisch. ex DC.

　　生境：高山冻原下缘，林下，海拔1400-2000米。
　　产地：吉林省安图。
　　分布：中国（吉林），朝鲜半岛，日本，俄罗斯（北极带、远东地区），北美洲。

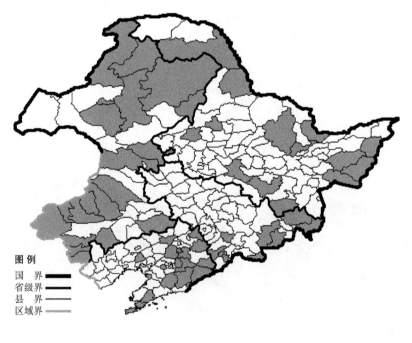

图例
国　界 ▬▬▬
省级界 ▬▬
县　界 ▬▬
区域界 ▬▬

垂果南芥

Arabis pendula L.

　　生境：草甸，河边，林下，林缘，向阳草地，人家附近，海拔1300米以下。
　　产地：黑龙江省哈尔滨、伊春、汤原、呼玛、富裕、尚志、饶河、密山、萝北、宝清、呼玛、黑河、宁安、虎林、克山，吉林省通化、安图、长白、珲春、和龙、汪清、辉南，辽宁省北镇、沈阳、抚顺、清原、西丰、法库、本溪、桓仁、鞍山、营口、岫岩、凤城、宽甸、丹东、普兰店、大连，内蒙古赤峰、克什克腾旗、巴林左旗、巴林右旗、林西、阿鲁科尔沁旗、宁城、扎赉特旗、喀喇沁旗、敖汉旗、科尔沁左翼后旗、

扎鲁特旗、鄂温克旗、鄂伦春旗、莫力达瓦达斡尔旗、额尔古纳、根河、海拉尔、牙克石、科尔沁右翼前旗。
　　分布：中国（黑龙江、吉林、辽宁、内蒙古、河北、山西、陕西、甘肃、青海、新疆、湖北、四川、贵州、云南、西藏），蒙古，俄罗斯（欧洲部分、西伯利亚、远东地区），中亚。

山芥菜

Barbarea orthoceras Ledeb.

生境：杂木林下，河边，溪流旁，湿草地，沼泽旁，海拔 900 米以下。

产地：黑龙江省伊春、哈尔滨、尚志、嘉荫、密山、呼玛、虎林、黑河，吉林省临江、蛟河、安图、抚松、通化、集安、柳河、长白，辽宁省新宾、本溪、岫岩、凤城、宽甸、丹东、沈阳、桓仁，内蒙古海拉尔、阿尔山、额尔古纳、根河、牙克石、鄂伦春旗、科尔沁右翼前旗、科尔沁右翼中旗、巴林右旗。

分布：中国（黑龙江、吉林、辽宁、内蒙古、新疆），朝鲜半岛，日本，蒙古，俄罗斯（北极带、东部西伯利亚、远东地区）。

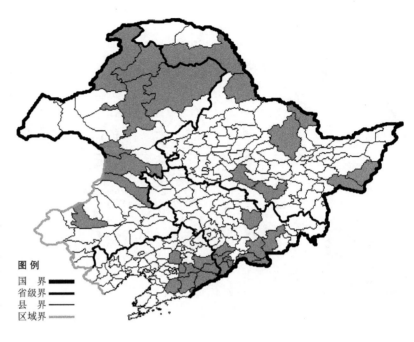

星毛芥

Berteroella maximowiczii (Palib.) O. E. Schulz

生境：山谷溪流旁，河滩，海拔 300 米以下。

产地：辽宁省绥中、大连。

分布：中国（辽宁、山东、江苏、浙江、河南），朝鲜半岛，日本。

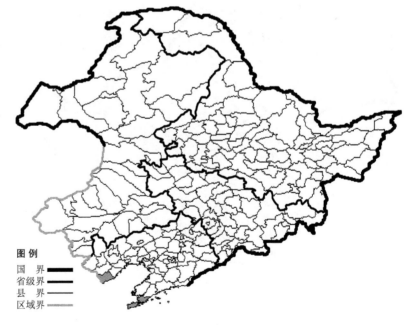

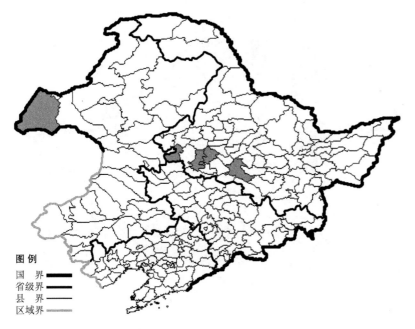

图例
国　界 ▬▬▬
省级界 ▬▬▬
县　界 ▬▬▬
区域界 ▬▬▬

匙荠

Bunias cochlearioides Murr.

　　生境：湿草地，海拔 300 米以下。
　　产地：黑龙江省大庆、泰来、哈尔滨、安达，内蒙古新巴尔虎右旗。
　　分布：中国（黑龙江、内蒙古、河北），蒙古，俄罗斯（西伯利亚），中亚。

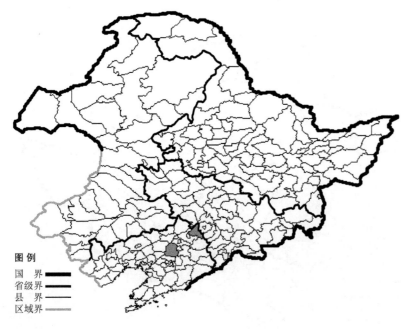

图例
国　界 ▬▬▬
省级界 ▬▬▬
县　界 ▬▬▬
区域界 ▬▬▬

瘤果匙荠

Bunias orientalis L.

　　生境：草地，海拔 500 米以下。
　　产地：辽宁省沈阳、西丰。
　　分布：中国（辽宁），俄罗斯（欧洲部分、高加索、西部西伯利亚），欧洲。

小果亚麻荠

Camelina microcarpa Andrz.

生境：铁路旁，山坡，海拔 800 米以下。

产地：黑龙江省哈尔滨，辽宁省大连，内蒙古海拉尔、牙克石、额尔古纳。

分布：中国（黑龙江、辽宁、内蒙古、山东、河南、新疆），蒙古，俄罗斯（欧洲部分、高加索、西伯利亚），中亚，欧洲。

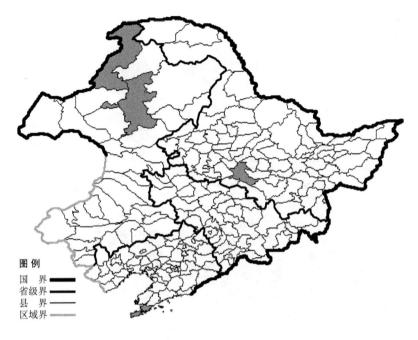

亚麻荠

Camelina sativa (L.) Crantz

生境：江边，山坡路旁，荒地，海拔 700 米以下。

产地：黑龙江省呼玛、哈尔滨，辽宁省大连，内蒙古海拉尔、额尔古纳、根河、牙克石、鄂伦春旗。

分布：中国（黑龙江、辽宁、内蒙古、新疆），朝鲜半岛，俄罗斯（欧洲部分、高加索、西伯利亚、远东地区），欧洲，北美洲。

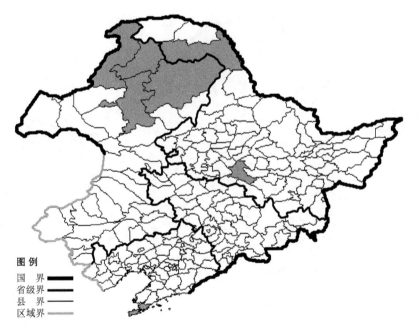

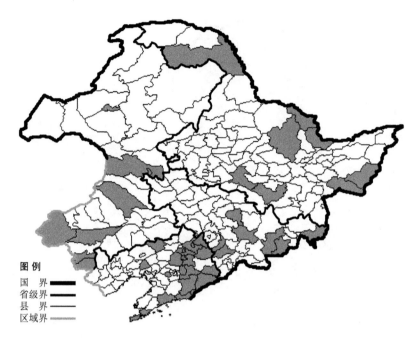

图例
国　界
省级界
县　界
区域界

荠菜

Capsella bursa-pastoris (L.) Medic.

生境：路旁，荒地，耕地旁，海拔600米以下。

产地：黑龙江省呼玛、尚志、密山、虎林、嘉荫、哈尔滨、萝北、伊春，吉林省安图、柳河、梅河口、吉林、和龙、珲春、桦甸，辽宁省桓仁、彰武、宽甸、凤城、鞍山、本溪、开原、丹东、庄河、西丰、清原、沈阳、东港、大连、北镇、抚顺、铁岭，内蒙古乌兰浩特、克什克腾旗、喀喇沁旗、宁城、翁牛特旗、科尔沁右翼前旗、扎鲁特旗、海拉尔。

分布：中国（全国各地），遍布世界温带地区。

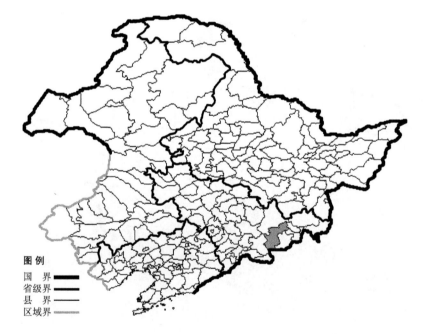

图例
国　界
省级界
县　界
区域界

长白碎米荠

Cardamine baishanensis P. Y. Fu

生境：山坡稍湿处，河边，海拔约2100米。

产地：吉林省安图。

分布：中国（吉林）。

弯曲碎米荠

Cardamine flexuosa With.

生境：较湿草地，海拔 200 米以下。

产地：辽宁省大连、东港。

分布：中国（辽宁、长江以南各地），朝鲜半岛，日本，俄罗斯（欧洲部分），欧洲，北美洲。

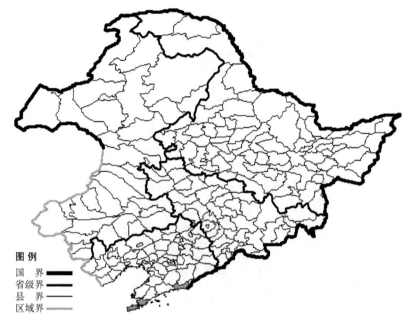

弹裂碎米荠

Cardamine impatiens L.

生境：向阳湿草地。

产地：吉林省双辽。

分布：中国（吉林、山西、陕西、甘肃、新疆、山东、江苏、安徽、浙江、河南、湖北、江西、四川、贵州、云南、西藏），朝鲜半岛，日本，伊朗，俄罗斯（欧洲部分、高加索、西伯利亚、远东地区），中亚，欧洲。

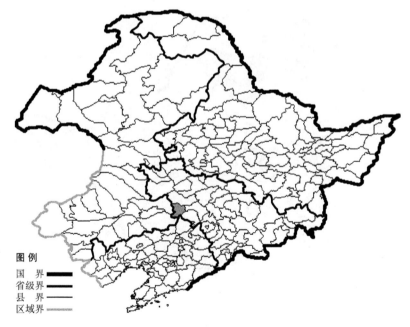

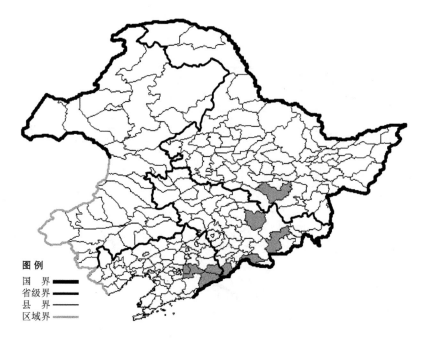

图例
国　界 ▬▬
省级界 ▬▬
县　界 ——
区域界 ——

翼柄碎米荠

Cardamine komarovii Nakai

　　生境：林下，林缘，湿草地，海拔 1000 米以下。
　　产地：黑龙江省尚志，吉林省安图、蛟河、临江、集安，辽宁省本溪、桓仁、宽甸。
　　分布：中国（黑龙江、吉林、辽宁），朝鲜半岛。

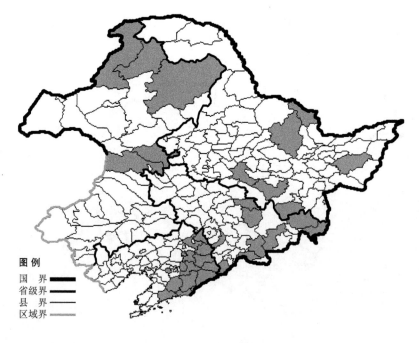

图例
国　界 ▬▬
省级界 ▬▬
县　界 ——
区域界 ——

白花碎米荠

Cardamine leucantha (Tausch) O. E. Schulz

　　生境：林缘，林下，灌丛，湿草地，海拔 1100 米以下。
　　产地：黑龙江省伊春、宝清、尚志、哈尔滨、宁安、嘉荫，吉林省安图、临江、梅河口、集安、抚松、汪清、珲春、舒兰、蛟河，辽宁省西丰、清原、开原、抚顺、新宾、鞍山、本溪、桓仁、岫岩、凤城、宽甸、庄河、东港、丹东，内蒙古扎赉特旗、额尔古纳、根河、鄂伦春旗、科尔沁右翼前旗。
　　分布：中国（黑龙江、吉林、辽宁、内蒙古、河北、山西、陕西、甘肃、江苏、安徽、浙江、河南、江西、湖北），朝鲜半岛，日本，俄罗斯（东部西伯利亚、远东地区）。

水田碎米荠

Cardamine lyrata Bunge

　　生境：湿草地，踏头甸子，水田，河边，海拔 800 米以下。
　　产地：黑龙江省哈尔滨、嫩江、北安、密山、虎林、呼玛，吉林省双辽、安图、梅河口、柳河、长白，辽宁省沈阳，内蒙古额尔古纳、扎兰屯、海拉尔、科尔沁右翼前旗。
　　分布：中国（黑龙江、吉林、辽宁、内蒙古、河北、江苏、安徽、河南、江西、湖南、广西），朝鲜半岛，日本，蒙古，俄罗斯（远东地区）。

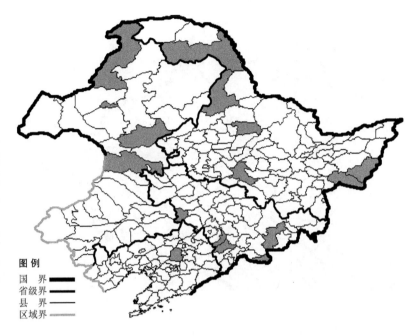

图例
国　界 ▬▬▬
省级界 ▬▬▬
县　界 ▬▬▬
区域界 ▬▬▬

小花碎米荠

Cardamine parviflora L.

　　生境：湿草地，河边。
　　产地：黑龙江省哈尔滨，辽宁省长海，内蒙古科尔沁右翼前旗、扎赉特旗、乌兰浩特。
　　分布：中国（黑龙江、辽宁、内蒙古），朝鲜半岛，日本，蒙古，伊朗，俄罗斯（欧洲部分、高加索、西伯利亚、远东地区），中亚，伊朗，欧洲。

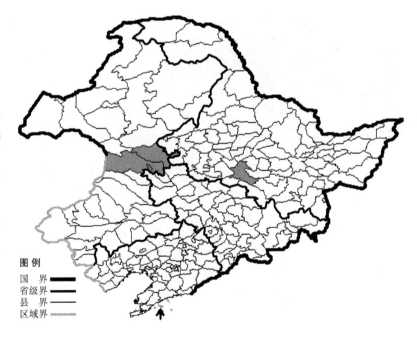

图例
国　界 ▬▬▬
省级界 ▬▬▬
县　界 ▬▬▬
区域界 ▬▬▬

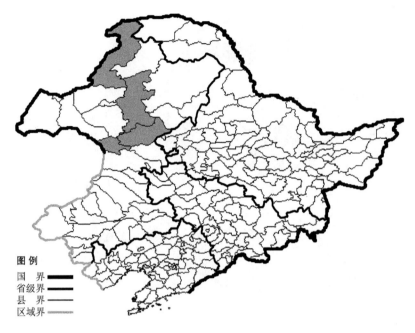

图例
国　界 ▬▬
省级界 ▬▬
县　界 ▬▬
区域界 ▬▬

草甸碎米荠

Cardamine pratensis L.

　　生境：湿草地，林缘。
　　产地：内蒙古额尔古纳、扎兰屯、牙克石、阿尔山。
　　分布：中国（内蒙古、西藏），朝鲜半岛，蒙古，俄罗斯（欧洲部分，西伯利亚、远东地区），欧洲，北美洲。

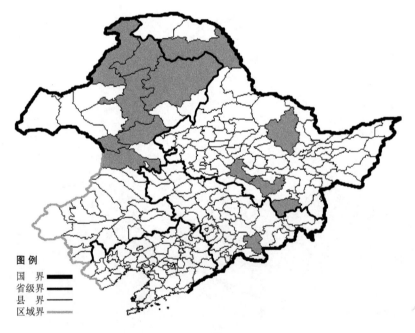

图例
国　界 ▬▬
省级界 ▬▬
县　界 ▬▬
区域界 ▬▬

伏水碎米荠

Cardamine prorepens Fisch. ex DC.

　　生境：小溪流水中，水边，海拔1800 米以下。
　　产地：黑龙江省呼玛、尚志、宁安、伊春、哈尔滨，吉林省抚松，内蒙古额尔古纳、根河、科尔沁右翼前旗、海拉尔、牙克石、扎兰屯、阿尔山、鄂伦春旗。
　　分布：中国（黑龙江、吉林、内蒙古），朝鲜半岛，俄罗斯（东部西伯利亚、远东地区）。

天池碎米荠

Cardamine resedifolia L. var. **mori** Nakai

　　生境：高山冻原山坡，岩石缝间，石砾质地，海拔 1700-2500 米。
　　产地：吉林省安图、抚松、长白。
　　分布：中国（吉林），朝鲜半岛。

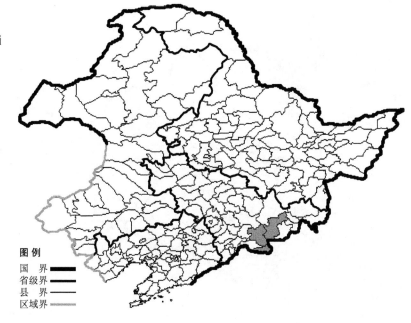

图例
国　界
省级界
县　界
区域界

裸茎碎米荠

Cardamine scaposa Franch.

　　生境：林下阴湿处。
　　产地：内蒙古宁城。
　　分布：中国（内蒙古、河北、山西、陕西）。

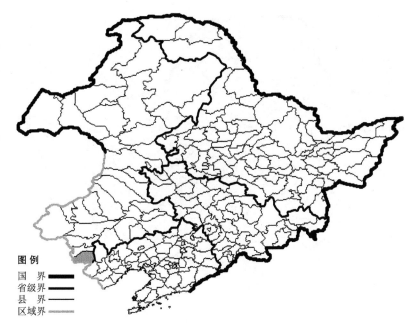

图例
国　界
省级界
县　界
区域界

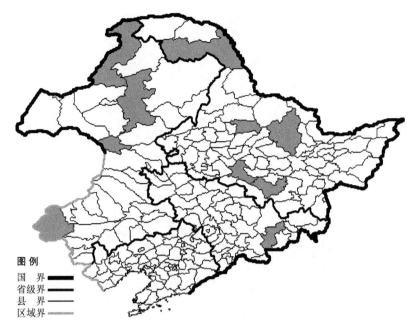

细叶碎米荠

Cardamine schulziana Baehni

　　生境：林间草地，林下，湿草地，海拔 1100 米以下。
　　产地：黑龙江省伊春、尚志、呼玛、北安、哈尔滨，吉林省安图，内蒙古牙克石、阿尔山、克什克腾旗、额尔古纳。
　　分布：中国（黑龙江、吉林、内蒙古），朝鲜半岛，俄罗斯（欧洲部分、西伯利亚、远东地区）。

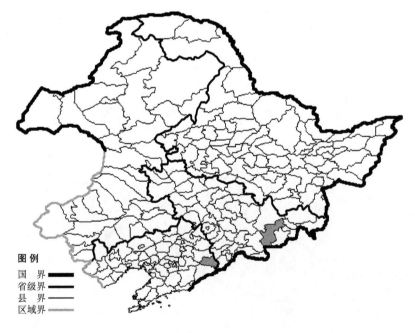

大顶叶碎米荠

Cardamine scutata Thunb. var. **manshurica** P. Y. Fu

　　生境：湿草地，海拔约 1700 米以下。
　　产地：吉林省安图，辽宁省桓仁。
　　分布：中国（吉林、辽宁）。

群心菜

Cardaria draba (L.) Desv.

生境：路旁，人家附近，山坡草地，海拔 200 米以下。

产地：辽宁省大连。

分布：中国（辽宁、新疆），俄罗斯（欧洲部分、高加索、西伯利亚），中亚，土耳其，叙利亚，巴基斯坦，伊朗，欧洲。

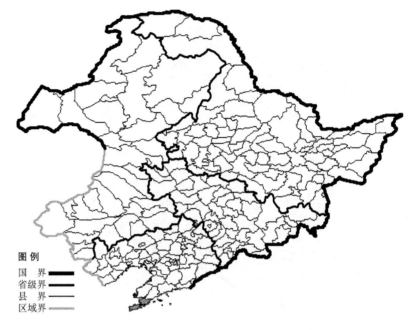

图 例
国　界 ▬▬
省级界 ▬▬
县　界 ▬▬
区域界 ▬▬

香芥

Clausia trichosepala (Turcz.) Dvorak

生境：山坡，海拔 300-1000 米以下。

产地：黑龙江省宁安，内蒙古科尔沁右翼前旗、扎鲁特旗、扎兰屯、扎赉特旗、阿鲁科尔沁旗、科尔沁右翼中旗、巴林左旗、巴林右旗、林西、克什克腾旗、通辽、赤峰。

分布：中国（黑龙江、内蒙古、河北、山西、山东），朝鲜半岛，蒙古。

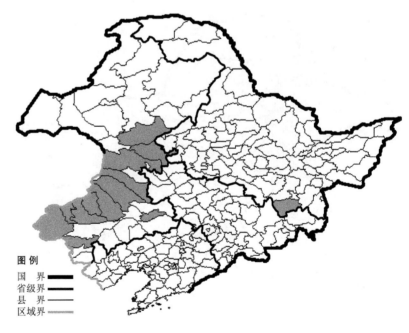

图 例
国　界 ▬▬
省级界 ▬▬
县　界 ▬▬
区域界 ▬▬

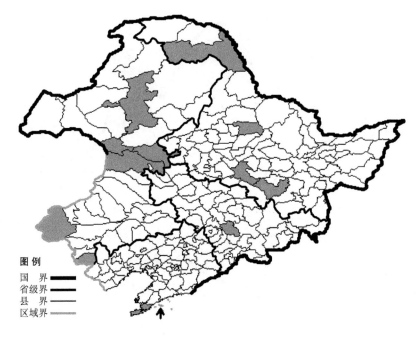

图例
国　界
省级界
县　界
区域界

播娘蒿

Descurainia sophia (L.) Webb. ex Prantl

生境：沙质化杂草地，山坡草地，荒地，海拔800米以下。

产地：黑龙江省哈尔滨、北安、呼玛、尚志，吉林省磐石，辽宁省大连、长海，内蒙古科尔沁右翼前旗、阿尔山、海拉尔、牙克石、克什克腾旗、宁城、扎赉特旗。

分布：中国（全国各地），蒙古，俄罗斯（欧洲部分、高加索、西伯利亚、远东地区），土耳其，印度，非洲，欧洲。

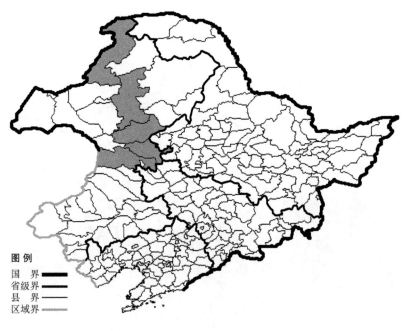

图例
国　界
省级界
县　界
区域界

栉叶荠

Dimorphostemon pinnatus (Pers.) Kitag.

生境：河边沙地，砾质地。

产地：内蒙古扎兰屯、科尔沁右翼前旗、额尔古纳、牙克石、扎赉特旗。

分布：中国（内蒙古、河北、甘肃、四川、云南），蒙古，俄罗斯（远东地区、东部西伯利亚）。

二列芥

Diplotaxis muralis (L.) DC.

生境：海边，山坡，海拔 100 米以下。

产地：辽宁省大连。

分布：原产欧洲，现我国辽宁有分布。

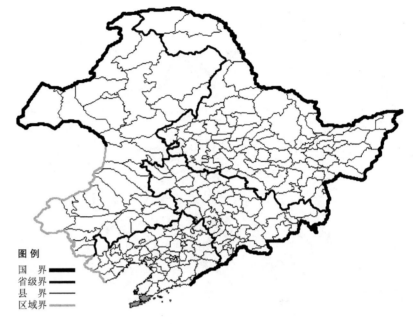

花旗竿

Dontostemon dentatus (Bunge) Ledeb.

生境：林缘，向阳山坡草地，石砾质地，海拔 800 米以下。

产地：黑龙江省伊春、萝北、黑河、宝清、密山、呼玛、鹤岗、宁安、虎林，吉林省汪清、安图、桦甸、扶余、敦化、抚松、汪清、永吉，辽宁省昌图、西丰、法库、铁岭、彰武、阜新、建平、凌源、兴城、义县、北镇、沈阳、抚顺、清原、鞍山、本溪、桓仁、岫岩、凤城、盖州、普兰店、庄河、丹东、大连、长海、绥中、开原，内蒙古额尔古纳、根河、科尔沁右翼前旗、宁城、扎兰屯、牙克石、科尔沁左翼后旗、鄂伦春旗、扎赉特旗、喀喇沁旗、巴林右旗、阿尔山。

分布：中国（黑龙江、吉林、辽宁、内蒙古、河北、山西、陕西、山东、江苏、安徽、河南），朝鲜半岛，日本，俄罗斯（远东地区）。

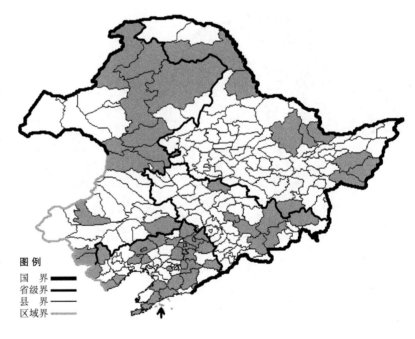

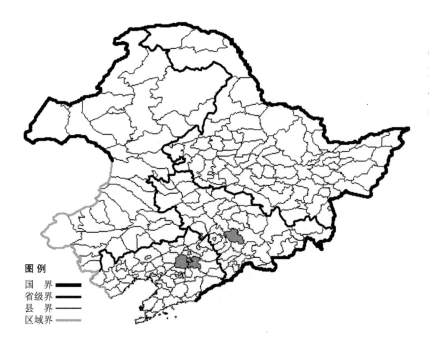

腺花旗竿 Dontostemon dentatus (Bunge) Ledeb. var. glandulosus Maxim. 生于林缘，山坡，海拔50-400米，产于吉林省磐石，辽宁省沈阳、抚顺，分布于中国（吉林、辽宁），日本。

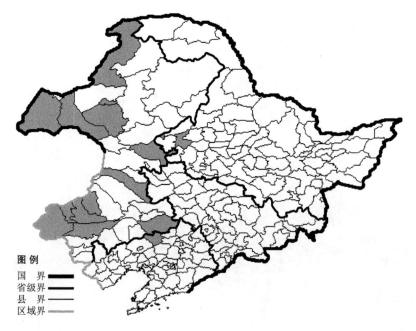

线叶花旗竿

Dontostemon integrifolius (L.) Ledeb.

生境：草原沙地，沙丘，海拔200-600米。

产地：黑龙江省齐齐哈尔，辽宁省彰武，内蒙古海拉尔、额尔古纳、新巴尔虎左旗、科尔沁右翼中旗、克什克腾旗、翁牛特旗、新巴尔虎右旗、科尔沁左翼后旗、林西、鄂温克旗、扎赉特旗、巴林左旗、巴林右旗。

分布：中国（黑龙江、辽宁、内蒙古、山西），蒙古，俄罗斯（东部西伯利亚、远东地区）。

无腺花旗竿 **Dontostemon integrifolius** (L.) Ledeb. var. **eglandulosus** (DC.) Turcz. 生于草原沙地，产于辽宁省彰武，内蒙古克什克腾旗、新巴尔虎右旗、新巴尔虎左旗、科尔沁左翼后旗，分布于中国（辽宁、内蒙古），蒙古，俄罗斯（东部西伯利亚、远东地区）。

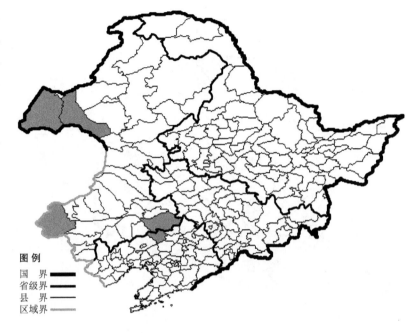

小花花旗竿

Dontostemon micranthus C. A. Mey.

生境：山坡，沙质地，沙质地，草原，湿草地，海拔约 800 米（大兴安岭）。

产地：黑龙江省齐齐哈尔、大庆、肇源、呼玛，辽宁省凌源、彰武、铁岭、抚顺、法库，内蒙古阿尔山、科尔沁右翼前旗、额尔古纳、海拉尔、扎赉特旗、牙克石、陈巴尔虎旗、鄂温克旗、新巴尔虎左旗、阿鲁科尔沁旗、翁牛特旗、阿尔山、赤峰、巴林右旗、克什克腾旗。

分布：中国（黑龙江、辽宁、内蒙古、河北、山西、青海），蒙古，俄罗斯（西伯利亚）。

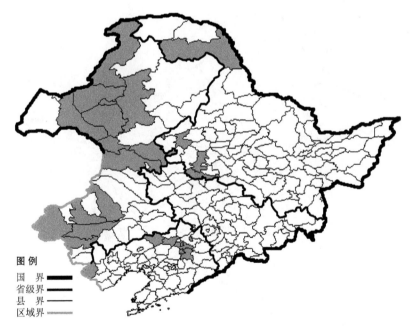

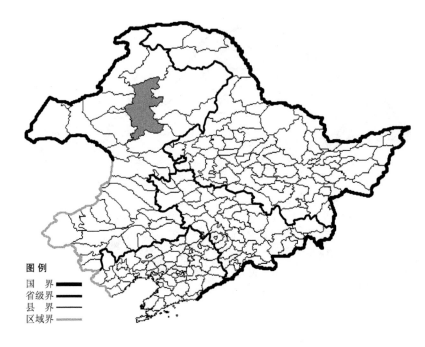

多年生花旗竿

Dontostemon perennis C. A. Mey.

　　生境：沙地，山坡草地，干草原，路旁。
　　产地：内蒙古牙克石。
　　分布：中国（内蒙古、河北、宁夏），蒙古，俄罗斯（西伯利亚）。

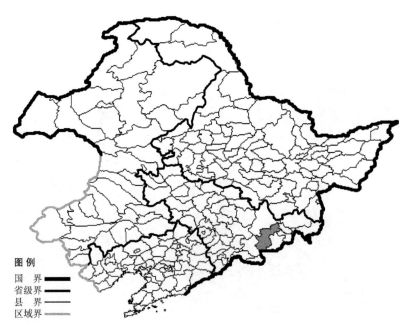

扭果葶苈

Draba kamtschatica (Ledeb.) N. Busch

　　生境：山坡，高山冻原，海拔1300-2600米。
　　产地：吉林省安图。
　　分布：中国（吉林），俄罗斯（东部西伯利亚、远东地区），北美洲。

蒙古葶苈

Draba mongolica Turcz.

　　生境：山坡，岩石上，海拔 1000-1800 米以下。
　　产地：内蒙古克什克腾旗、阿尔山。
　　分布：中国（内蒙古、河北、山西、陕西、甘肃、青海、新疆、四川、西藏），蒙古，俄罗斯（东部西伯利亚）。

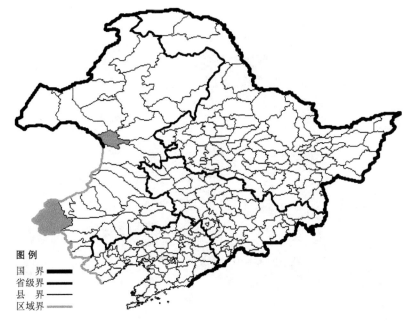

山葶苈

Draba multiceps Kitag.

　　生境：山坡草地。
　　产地：内蒙古赤峰、翁牛特旗、克什克腾旗。
　　分布：中国（内蒙古）。

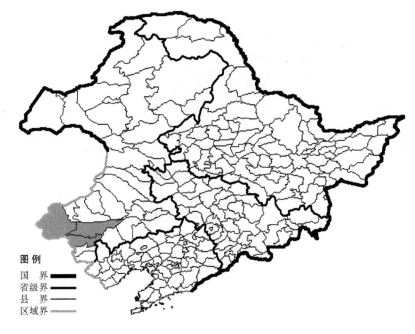

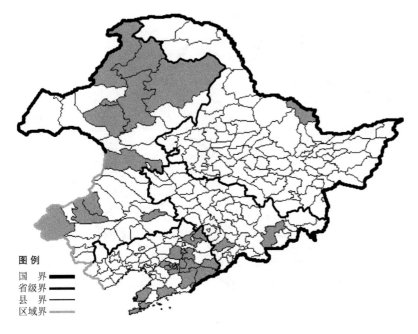

图例
国　界 ━━━
省级界 ━━
县　界 ──
区域界 ──

葶苈

Draba nemorosa L.

生境：林下，路旁，向阳山坡草地，耕地旁，海拔 800 米以下。

产地：黑龙江省嘉荫，吉林省安图、柳河，辽宁省开原、沈阳、辽阳、鞍山、抚顺、本溪、凤城、瓦房店、庄河、宽甸、丹东、大连、桓仁、西丰，内蒙古克什克腾旗、科尔沁右翼前旗、额尔古纳、根河、牙克石、鄂伦春旗、鄂温克旗、海拉尔、巴林左旗、巴林右旗、通辽。

分布：中国（全国各地），朝鲜半岛，日本，蒙古，俄罗斯（欧洲部分、高加索、西伯利亚、远东地区），中亚，土耳其，欧洲，北美洲。

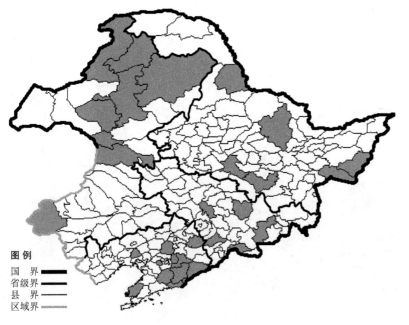

图例
国　界 ━━━
省级界 ━━
县　界 ──
区域界 ──

光果葶苈 Draba nemorosa L. var. **leiocarpa** Lindbl. 生于林缘、路旁、沟旁、耕地旁，海拔 800 米以下，产于黑龙江省哈尔滨、尚志、虎林、黑河、密山、伊春，吉林省安图、临江、蛟河、柳河、长春，辽宁省沈阳、本溪、鞍山、北镇、丹东、清原、岫岩、凤城、瓦房店、东港、宽甸，内蒙古海拉尔、牙克石、额尔古纳、根河、科尔沁右翼前旗、阿尔山、克什克腾旗、鄂伦春旗、鄂温克旗，分布于中国（黑龙江、吉林、辽宁、内蒙古），朝鲜半岛，俄罗斯，欧洲。

糖芥

Erysimum amurense Kitag.

生境：干山坡，草地，灌丛，海拔 1400 米以下。

产地：辽宁省喀左，内蒙古克什克腾旗、翁牛特旗、喀喇沁旗。

分布：中国（辽宁、内蒙古），朝鲜半岛，俄罗斯（东部西伯利亚、远东地区）。

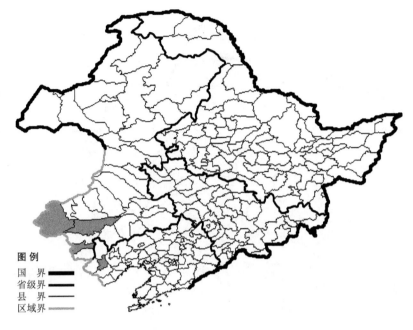

东方糖芥 Erysimum amurense Kitag. var. **bungei** (Kitag.) Kitag. 生于山坡、岩石缝间、海岛、山沟、沙质地，海拔 700 米以下，产于辽宁省大连、凌源，内蒙古宁城、翁牛特旗，分布于中国（辽宁、内蒙古、陕西、江苏、四川）。

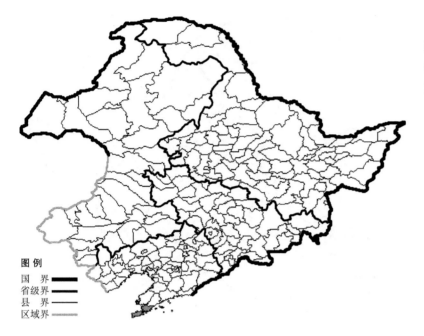

黄瓣糖芥 **Erysimum amurense** Kitag. var. **bungei** Kitag. f. **flavum** (Kitag.) Kitag. 生于海岛，产于辽宁省大连，分布于中国（辽宁）。

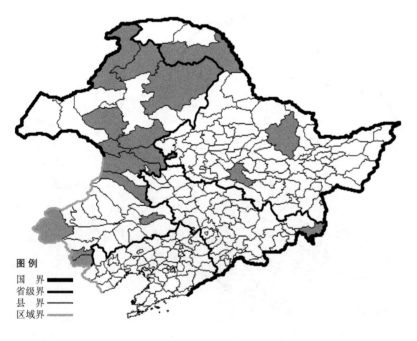

桂竹糖芥

Erysimum cheiranthoides L.

生境：河边，林缘，向阳山坡草地，海拔 700 米以下（大兴安岭）。

产地：黑龙江省哈尔滨、伊春、呼玛，吉林省珲春，内蒙古扎兰屯、额尔古纳、阿尔山、科尔沁右翼前旗、科尔沁右翼中旗、通辽、鄂伦春旗、鄂温克旗、根河、克什克腾旗、宁城、喀喇沁旗、扎赉特旗。

分布：中国（黑龙江、吉林、内蒙古、河北、山西、陕西、甘肃、新疆、山东、江苏、河南、安徽、湖北、四川、云南），朝鲜半岛，蒙古，俄罗斯（欧洲部分、高加索、西伯利亚、远东地区），中亚，欧洲。

蒙古糖芥

Erysimum flavum (Georgi) Bobr.

生境：山坡草地，海拔 600-900 米以下。

产地：内蒙古新巴尔虎右旗、额尔古纳、根河、满洲里、海拉尔、新巴尔虎左旗、克什克腾旗、鄂温克旗、鄂伦春旗、科尔沁右翼前旗、科尔沁右翼中旗。

分布：中国（内蒙古、新疆、西藏），蒙古，俄罗斯（西伯利亚），中亚。

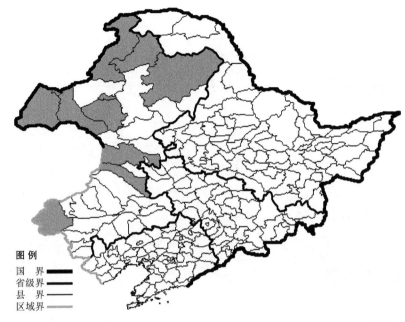

兴安糖芥 Erysimum flavum (Georgi) Bobr. var. **shinganicum** (Y. L. Chang) K. C. Kuan 生于干山坡，海拔 600 米以下，产于黑龙江省黑河，内蒙古鄂伦春旗、鄂温克旗、根河、扎兰屯，分布于中国（黑龙江、内蒙古）。

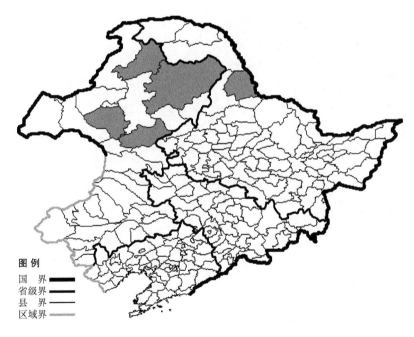

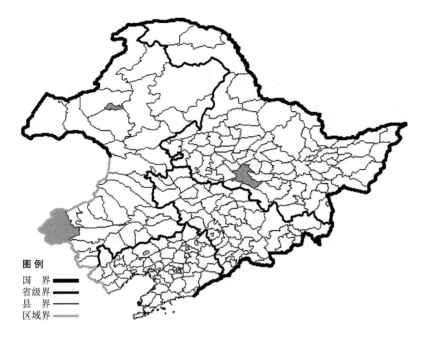

草地糖芥

Erysimum hieracifolium L.

　　生境：河边，草地，沙地，铁路旁，海拔 1300 米以下。
　　产地：黑龙江省哈尔滨，内蒙古海拉尔、克什克腾旗。
　　分布：中国（黑龙江、内蒙古、新疆、西藏），蒙古，俄罗斯（欧洲部分、西伯利亚、远东地区），中亚，欧洲。

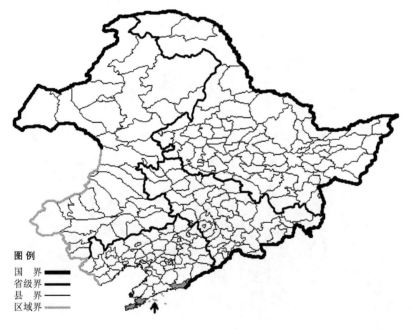

华北糖芥

Erysimum macilentum Bunge

　　生境：沙质地，海岛，海拔 100 米以下。
　　产地：辽宁省大连、长海、东港、丹东。
　　分布：中国（辽宁、河北、山东）。

粗柄糖芥

Erysimum repandum L.

    生境：杂草地，路旁。
    产地：辽宁省大连。
    分布：原产欧洲，现我国辽宁有分布。

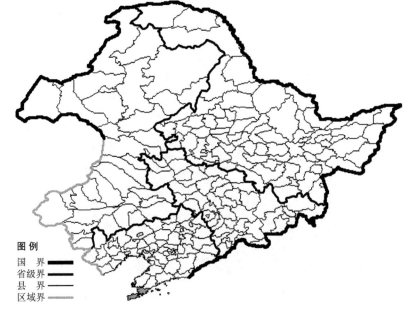

雾灵香花芥

Hesperis oreophila Kitag.

    生境：山沟，山坡稍湿处。
    产地：内蒙古宁城、喀喇沁旗、巴林右旗。
    分布：中国（内蒙古、河北）。

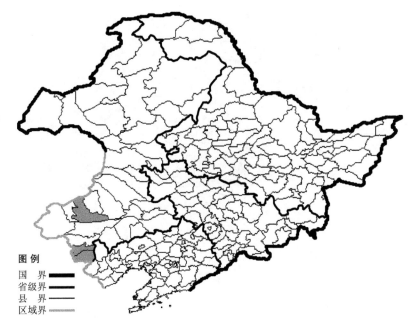

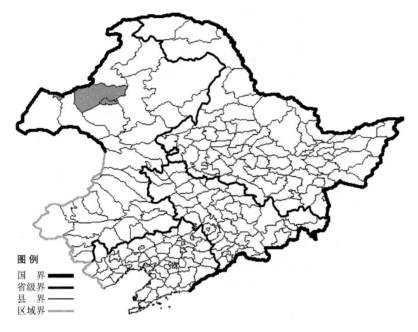

图例
国　界 ▬▬
省级界 ▬▬
县　界 ──
区域界 ──

肋果菘蓝

Isatis costata C. A. Mey.

　　生境：干山坡，山沟，海拔约
800 米。
　　产地：内蒙古海拉尔、陈巴尔虎
旗、满洲里。
　　分布：中国（内蒙古），蒙古，
俄罗斯（西伯利亚），中亚。

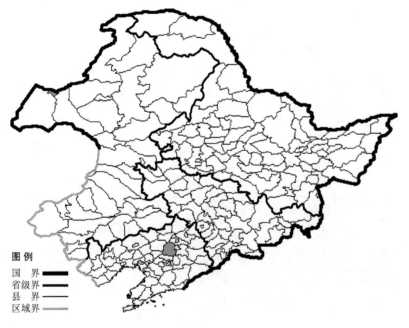

图例
国　界 ▬▬
省级界 ▬▬
县　界 ──
区域界 ──

长圆果菘蓝

Isatis oblongata DC.

　　生境：草地，海拔 200 米以下。
　　产地：辽宁省沈阳，内蒙古满洲
里。
　　分布：中国（辽宁、内蒙古、甘肃、
新疆），蒙古，俄罗斯（东部西伯利亚）。

独行菜

Lepidium apetalum Willd.

生境：沟旁，路旁，荒地，人家附近，海拔900米以下。

产地：黑龙江省哈尔滨、大庆、宁安、克山、呼玛、安达，吉林省镇赉、永吉、桦甸，辽宁省彰武、建平、建昌、北镇、开原、铁岭、沈阳、抚顺、本溪、鞍山、凤城、丹东、瓦房店、普兰店、大连、长海，内蒙古新巴尔虎左旗、新巴尔虎右旗、牙克石、海拉尔、满洲里、通辽、赤峰、科尔沁右翼前旗、扎鲁特旗、阿鲁科尔沁旗。

分布：中国（黑龙江、吉林、辽宁、内蒙古、河北、山西、陕西、甘肃、青海、山东、江苏、浙江、安徽、河南、四川、云南、西藏），朝鲜半岛，日本，蒙古，俄罗斯（欧洲部分、西伯利亚、远东地区），欧洲。

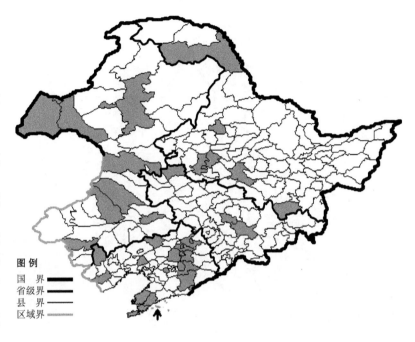

绿独行菜

Lepidium campestre (L.) R. Br. f. **glabratum** (Lej et Court.) Thell.

生境：山坡，向阳草地，海拔100米以下。

产地：辽宁省大连、北镇。

分布：原产欧洲及亚洲，现我国辽宁有分布。

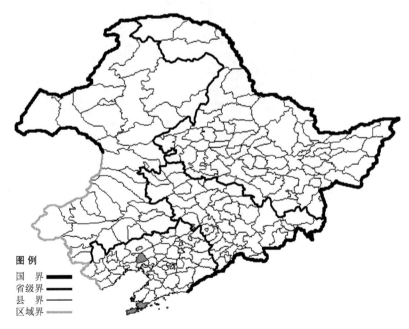

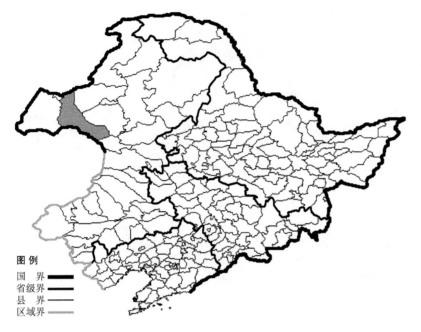

图例
国　界 ▬▬
省级界 ▬▬
县　界 ——
区域界 ——

碱独行菜

Lepidium cartilagineum (J. Mey.) Thell.

　　生境：碱性草地。
　　产地：内蒙古新巴尔虎左旗。
　　分布：中国（内蒙古、新疆），蒙古，俄罗斯（欧洲部分、高加索、西部西伯利亚），中亚，巴基斯坦，阿富汗，伊朗，土耳其，叙利亚，欧洲。

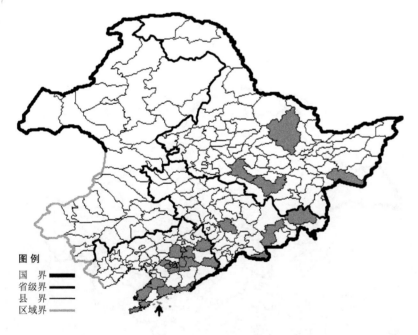

图例
国　界 ▬▬
省级界 ▬▬
县　界 ——
区域界 ——

密花独行菜

Lepidium densiflorum Schred.

　　生境：向阳山坡草地，路旁，耕地旁，河边，海边沙地。
　　产地：黑龙江省哈尔滨、尚志、密山、伊春，吉林省汪清、磐石、安图、长白，辽宁省沈阳、抚顺、清原、辽阳、鞍山、本溪、桓仁、盖州、丹东、东港、大连、长海、庄河、瓦房店。
　　分布：原产北美洲，现我国黑龙江、吉林、辽宁有分布。

宽叶独行菜

Lepidium latifolium L.

生境：河边，湖边，海边、盐碱地，沙地，海拔 600 米以下。

产地：黑龙江省孙吴，辽宁省沈阳、营口、盖州、大连，内蒙古翁牛特旗、赤峰、新巴尔虎右旗。

分布：中国（黑龙江、辽宁、内蒙古、河北、山西、甘肃、宁夏、新疆、西藏），蒙古，俄罗斯（欧洲部分、高加索、西部西伯利亚），中亚，伊朗，欧洲。

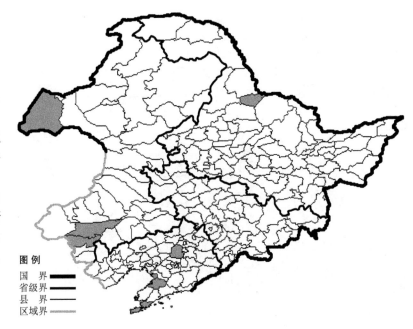

穿叶独行菜

Lepidium perfoliatum L.

生境：向阳草地，路旁，山坡，海拔 100 米以下。

产地：辽宁省大连。

分布：原产欧洲，现我国辽宁、甘肃、新疆、江苏有分布。

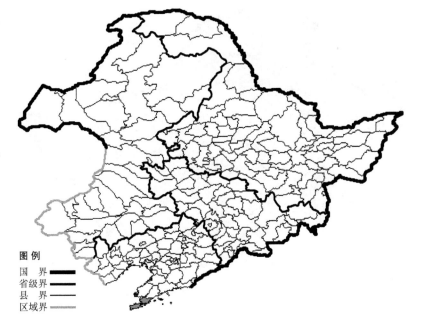

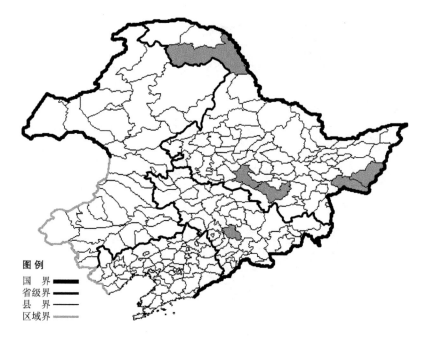

柱毛独行菜

Lepidium ruderale L.

　　生境：荒地，江边沙地，海拔
400 米以下。
　　产地：黑龙江省哈尔滨、尚志、
虎林、密山、呼玛，吉林省磐石。
　　分布：中国（黑龙江、吉林、陕西、
甘肃、宁夏、青海、新疆、山东、河南、
湖北），俄罗斯（欧洲部分、高加索、
西伯利亚），土耳其，欧洲。

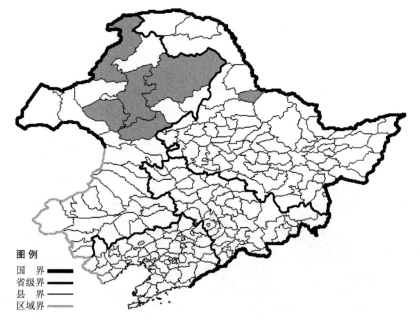

球果芥

Neslia paniculata (L.) Desv.

　　生境：山坡草地。
　　产地：黑龙江省孙吴，内蒙古额
尔古纳、牙克石、扎兰屯、鄂伦春旗、
鄂温克旗
　　分布：中国（黑龙江、内蒙古、
新疆、西藏），蒙古，俄罗斯（欧洲部分、
高加索、西伯利亚、远东地区），欧洲，
北美洲。

诸葛菜

Orychophragmus violaceus (L.) O. E.
Schulz

生境：林缘，山坡草地。

产地：辽宁省北镇、鞍山、庄河、大连、普兰店、盖州。

分布：中国（辽宁、河北、山西、陕西、甘肃、山东、江苏、安徽、浙江、河南、湖北、江西、四川），朝鲜半岛。

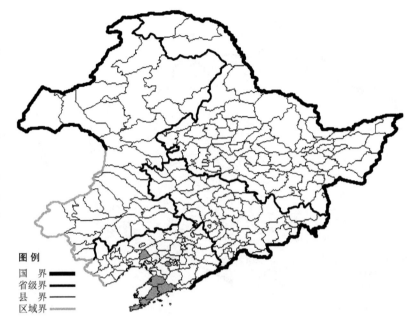

燥原荠

Ptilotrichum cretaceum (Adams) Ledeb.

生境：草原，石砾质山坡，海拔600 米以下。

产地：黑龙江省富裕，吉林省镇赉、通榆、榆树，内蒙古额尔古纳、新巴尔虎右旗、科尔沁右翼前旗、科尔沁右翼中旗、巴林右旗、满洲里、海拉尔、牙克石、鄂温克旗、阿鲁科尔沁旗、赤峰、克什克腾旗、乌兰浩特、扎鲁特旗，通辽。

分布：中国（黑龙江、吉林、内蒙古、河北、山西、新疆、湖北、四川、云南），蒙古，俄罗斯（西伯利亚）。

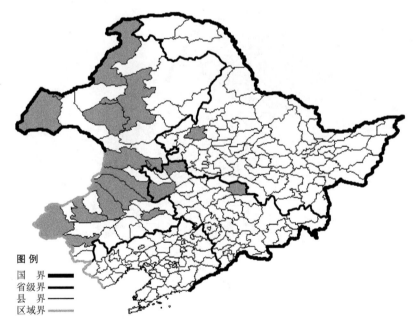

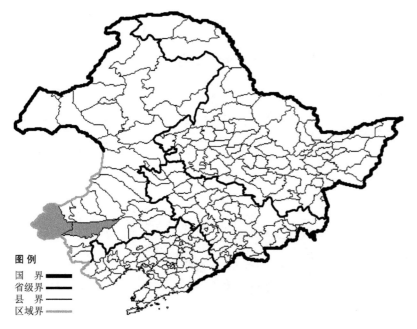

沙芥

Pugionium cornutum (L.) Gaertn.

　　生境：流动沙丘或丘间低地。
　　产地：内蒙古翁牛特旗、克什克腾旗。
　　分布：中国（内蒙古、陕西、宁夏）。

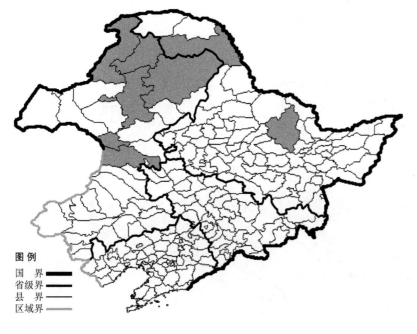

山芥叶蔊菜

Rorippa barbareifolia (DC.) Kitag

　　生境：湿草地，河边，草甸，山坡稍湿处，海拔约 600 米。
　　产地：黑龙江省伊春、呼玛，内蒙古鄂伦春旗、额尔古纳、根河、科尔沁右翼前旗、阿尔山、牙克石、海拉尔。
　　分布：中国（黑龙江、内蒙古），俄罗斯（东部西伯利亚、远东地区），北美洲。

苞薚菜

Rorippa cantoniensis (Lour.) Ohwi

生境：湿草地，河滩，路旁，海拔 200 米以下。

产地：辽宁省沈阳、辽阳、鞍山、庄河。

分布：中国（辽宁、河北、陕西、山东、江苏、安徽、浙江、福建、河南、湖北、江西、湖南、广东、广西、四川、云南、台湾），朝鲜半岛，日本，越南，俄罗斯（远东地区）。

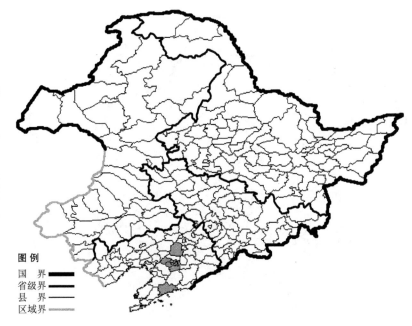

球果薚菜

Rorippa globosa (Turcz.) Thell.

生境：河边，湿草地，海拔 800 米以下。

产地：黑龙江省哈尔滨、虎林、密山、泰来、呼玛、齐齐哈尔，吉林省安图、珲春、吉林、辉南、长白，辽宁省彰武、沈阳、抚顺、辽阳、鞍山、西丰、岫岩、凤城、丹东、庄河、大连、长海、瓦房店、本溪、铁岭，内蒙古扎赉特旗、突泉、科尔沁右翼中旗、阿尔山。

分布：中国（黑龙江、吉林、辽宁、内蒙古、河北、山西、山东、江苏、安徽、浙江、湖北、江西、湖南、广东、广西、云南），朝鲜半岛，俄罗斯（东部西伯利亚、远东地区）。

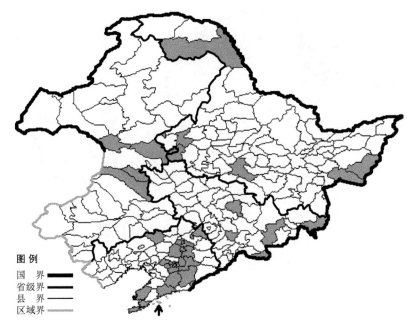

图例
国　界 ▬▬
省级界 ▬
县　界 ▬
区域界 ▬

蔊菜

Rorippa indica (L.) Hiern

生境：山沟，河滩，耕地旁，湿草地，海拔 100 米以下。

产地：辽宁省大连、丹东。

分布：中国（辽宁、陕西、甘肃、山东、江苏、浙江、福建、河南、江西、广东、四川、云南、台湾），朝鲜半岛，日本，印度，印度尼西亚，菲律宾。

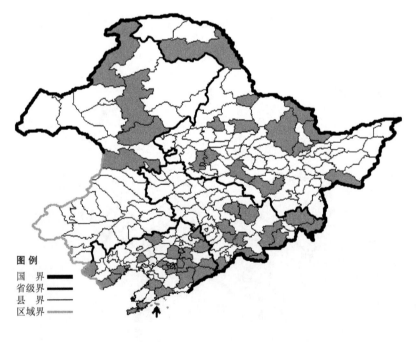

图例
国　界 ▬▬
省级界 ▬
县　界 ▬
区域界 ▬

风花菜

Rorippa islandica (Oed.) Borb.

生境：河边，山坡，湿草地，海拔 600 米以下。

产地：黑龙江省哈尔滨、安达、汤原、伊春、尚志、克山、呼玛、孙吴、大庆、北安、萝北、嘉荫、密山，吉林省吉林、安图、珲春、磐石、靖宇、汪清、长白、临江、集安、辉南、和龙、蛟河，辽宁省彰武、葫芦岛、锦州、沈阳、辽阳、鞍山、抚顺、清原、西丰、北镇、凌源、绥中、兴城、本溪、桓仁、盖州、凤城、庄河、宽甸、大连、长海，内蒙古科尔沁右翼前旗、牙克石、额尔古纳、扎兰屯。

分布：中国（黑龙江、吉林、辽宁、内蒙古、河北、山西、陕西、甘肃、青海、新疆、山东、江苏、安徽、河南、湖南、贵州、云南），朝鲜半岛，日本，蒙古，俄罗斯（欧洲部分、高加索、西伯利亚、远东地区），中亚，印度，欧洲，大洋洲，北美洲，南美洲。

辽东葶苈

Rorippa liaotungensis X. D. Cui et Y. L. Chang

　生境：湿草地，海拔 100 米以下。
　产地：辽宁省大连、沈阳。
　分布：中国（辽宁）。

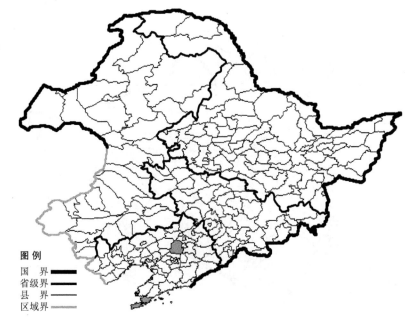

田蒜芥

Sisymbrium altissimum L.

　生境：路旁，草地，海拔 200 米以上。
　产地：辽宁省大连。
　分布：中国（辽宁、新疆），俄罗斯（欧洲部分、高加索、西部西伯利亚），中亚，印度，阿富汗，伊朗，欧洲，北美洲。

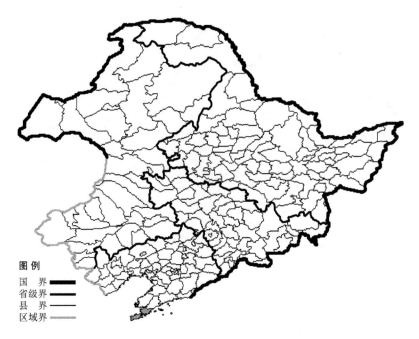

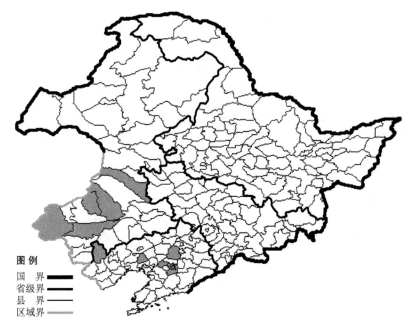

图例
国　界
省级界
县　界
区域界

垂果大蒜芥

Sisymbrium heteromallum C. A. Mey.

　　生境：向阳草地，沟边，石砾质山坡，海拔 500 米以下。
　　产地：辽宁省建平、北镇、沈阳、辽阳，内蒙古科尔沁右翼中旗、巴林左旗、阿鲁科尔沁旗、克什克腾旗、翁牛特旗。
　　分布：中国（辽宁、内蒙古、山西、陕西、甘肃、青海、新疆、四川、云南），朝鲜半岛，蒙古，印度，俄罗斯（西伯利亚）。

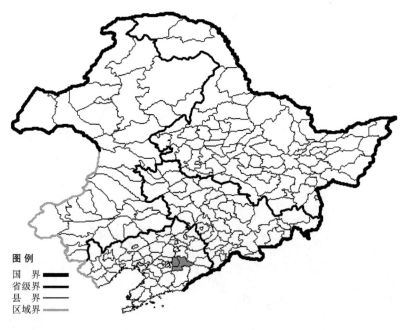

图例
国　界
省级界
县　界
区域界

黄花大蒜芥

Sisymbrium luteum (Maxim.) O. E. Schulz

　　生境：林间草地，海拔约 700 米以下。
　　产地：辽宁省本溪。
　　分布：中国（辽宁、河北、山西、山东、陕西、甘肃、青海、四川、云南），朝鲜半岛，日本，俄罗斯（远东地区）。

钻果大蒜芥

Sisymbrium officinale (L.) Scop.

　　生境：向阳草地，荒地，海拔 600 米以下。
　　产地：黑龙江省哈尔滨、绥芬河、海林、东宁、伊春，内蒙古扎兰屯、扎赉特旗。
　　分布：中国（黑龙江、内蒙古、西藏），俄罗斯（欧洲部分、高加索、西伯利亚、远东地区），土耳其，欧洲，大洋洲，北美洲。

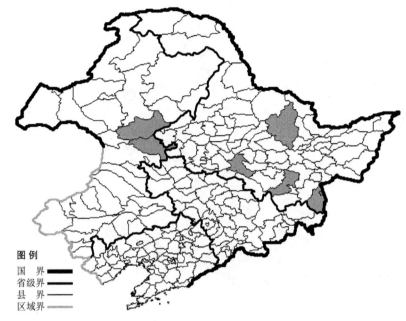

多型大蒜芥

Sisymbrium polymorphum (Murr.) Roth

　　生境：山坡草地，海拔约 700 米。
　　产地：内蒙古满洲里、海拉尔、新巴尔虎右旗、新巴尔虎左旗、扎兰屯。
　　分布：中国（内蒙古、新疆），蒙古，俄罗斯（欧洲部分、高加索、西伯利亚），中亚，土耳其，欧洲。

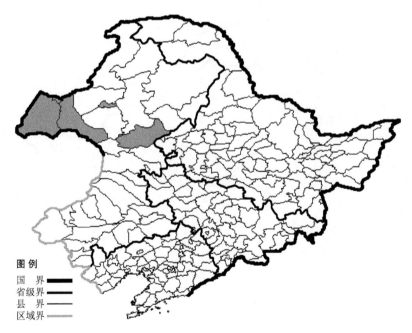

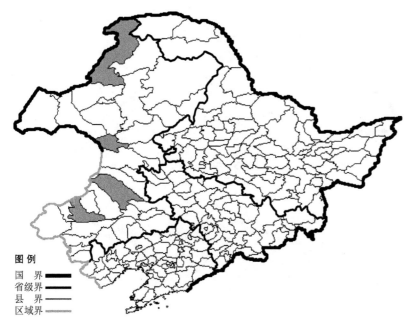

图例
国　界 ▬▬▬
省级界 ▬▬▬
县　界 ▬▬▬
区域界 ▬▬▬

裂叶芥

Smelowskia alba (Pall.) Regel

　　生境：山坡，岩石上，海拔约800米。
　　产地：内蒙古额尔古纳、阿尔山、巴林右旗、扎鲁特旗。
　　分布：中国（内蒙古、新疆），蒙古，俄罗斯（西伯利亚）。

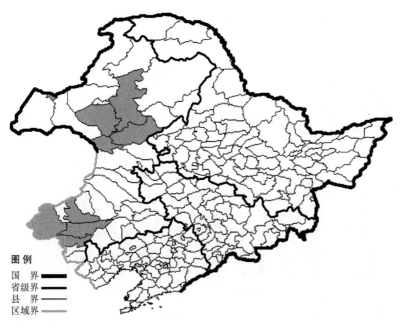

图例
国　界 ▬▬▬
省级界 ▬▬▬
县　界 ▬▬▬
区域界 ▬▬▬

曙南芥

Stevenia cheiranthoides DC.

　　生境：向阳山坡，石砾质地，岩石缝间，海拔1700米以下。
　　产地：内蒙古满洲里、阿尔山、扎兰屯、牙克石、巴林右旗、鄂温克旗、克什克腾旗、翁牛特旗、赤峰。
　　分布：中国（内蒙古），蒙古，俄罗斯（西伯利亚）。

菥蓂

Thlaspi arvense L.

生境：沟旁，河边，林缘，向阳草地，人家附近，海拔 600 米以下。

产地：黑龙江省哈尔滨，吉林省吉林、临江、桦甸、磐石，辽宁省开原、沈阳、鞍山、抚顺、清原、本溪、凤城、桓仁、丹东、东港、大连，内蒙古阿尔山、克什克腾旗、海拉尔。

分布：中国（全国各地），朝鲜半岛，日本，蒙古，俄罗斯（欧洲部分、高加索、西伯利亚、远东地区），中亚，土耳其，伊朗，欧洲。

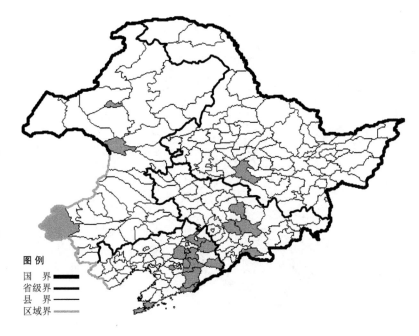

山菥蓂

Thlaspi thlaspidioides (Pall.) Kitag.

生境：向阳山坡草地，草甸，沙质地。

产地：黑龙江省哈尔滨、齐齐哈尔，吉林省临江、集安、通化，辽宁省宽甸，内蒙古额尔古纳、巴林右旗、阿尔山、海拉尔、牙克石、扎兰屯、科尔沁右翼前旗、科尔沁右翼中旗、鄂温克旗、陈巴尔虎旗、克什克腾旗、翁牛特旗、阿鲁科尔沁旗。

分布：中国（黑龙江、吉林、辽宁、内蒙古、河北、甘肃、西藏），俄罗斯（欧洲部分、西伯利亚），喜马拉雅地区。

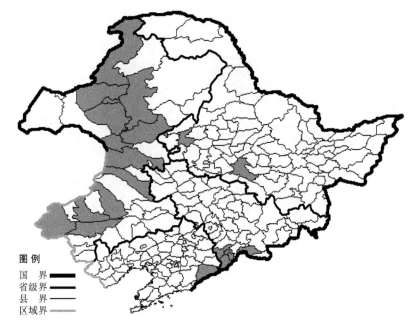

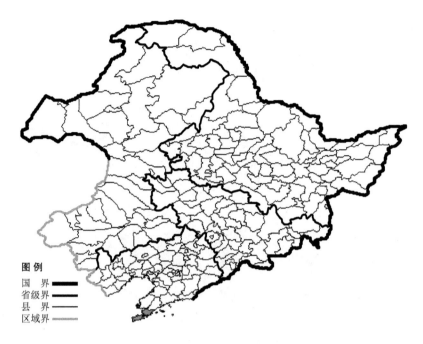

木犀草科 Resedaceae

黄木犀草

Reseda lutea L.

　　生境：铁路旁，山坡、海岛。
　　产地：辽宁省大连。
　　分布：原产欧洲至西亚，现我国辽宁有分布。

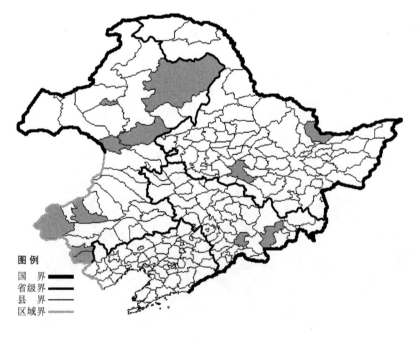

景天科 Crassulaceae

八宝

Hylotelephium erythrostictum (Miq.) H. Ohba

　　生境：山坡草地，沟边，海拔1300米以下。
　　产地：黑龙江省萝北、哈尔滨，吉林省靖宇、安图，内蒙古鄂伦春旗、扎兰屯、海拉尔、克什克腾旗、喀喇沁旗、宁城、阿尔山、巴林右旗。
　　分布：中国（黑龙江、吉林、内蒙古、河北、山西、陕西、山东、江苏、浙江、安徽、河南、湖北、四川、贵州、云南），朝鲜半岛，日本，俄罗斯（远东地区）。

白八宝

Hylotelephium pallescens (Freyn) H. Ohba

生境：草甸，河边石砾滩，林下，海拔 1700 米以下。

产地：黑龙江省哈尔滨、呼玛、穆棱、黑河、萝北、饶河、密山、虎林、宁安、伊春，吉林省蛟河、和龙、安图、抚松、汪清，辽宁省桓仁、清原、西丰、沈阳，内蒙古额尔古纳、根河、海拉尔、科尔沁右翼前旗、科尔沁右翼中旗、牙克石、阿尔山、鄂伦春旗、鄂温克旗、巴林右旗、克什克腾旗、宁城。

分布：中国（黑龙江、吉林、辽宁、内蒙古、河北、山西），蒙古，俄罗斯（东部西伯利亚、远东地区）。

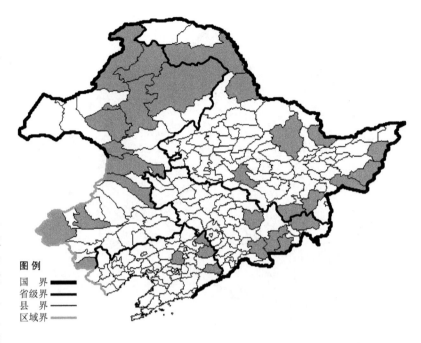

紫八宝

Hylotelephium purpureum (L.) H. Ohba

生境：林下，灌丛，草甸，海拔 1500 米以下。

产地：黑龙江省漠河、呼玛、嫩江，吉林省敦化、九台，辽宁省西丰，内蒙古鄂温克旗、扎兰屯、牙克石、科尔沁右翼前旗、扎赉特旗、海拉尔、额尔古纳、根河、扎鲁特旗、鄂伦春旗、阿尔山、新巴尔虎左旗、克什克腾旗。

分布：中国（黑龙江、吉林、辽宁、内蒙古、河北、山西、新疆），朝鲜半岛，日本，蒙古，俄罗斯（欧洲部分、西伯利亚、远东地区），欧洲，北美洲。

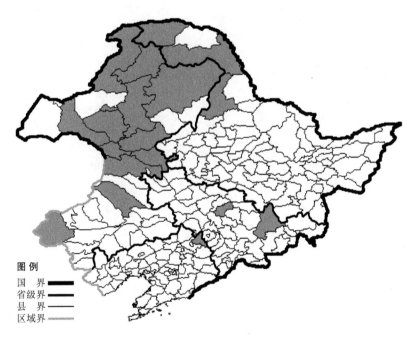

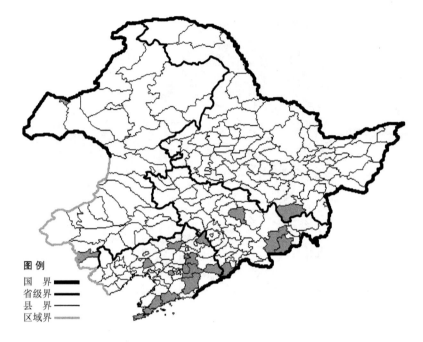

图例
国　界 ▬▬▬
省级界 ▬▬▬
县　界 ━━━
区域界 ▬▬▬

长药八宝

Hylotelephium spectabile (Bor.) H. Ohba

生境：石砾质山坡，岩石缝间，海拔 800 米以下。

产地：黑龙江省宁安，吉林省吉林、和龙、安图、集安，辽宁省西丰、桓仁、本溪、抚顺、凤城、普兰店、大连、鞍山、北镇、法库、庄河，内蒙古满洲里、喀喇沁旗。

分布：中国（黑龙江、吉林、辽宁、内蒙古、河北、陕西、河南、山东、安徽），朝鲜半岛。

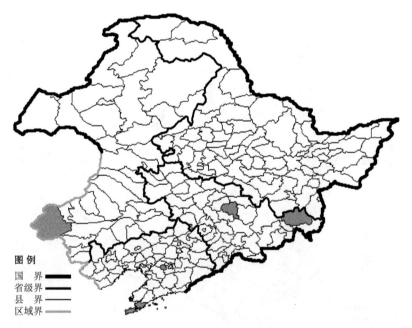

图例
国　界 ▬▬▬
省级界 ▬▬▬
县　界 ━━━
区域界 ▬▬▬

狭叶长药八宝 Hylotelephium spectabile (Bor.) H. Ohba var. **angustifolium** (Kitag.) S. H. Fu 生于石砾质山坡，林缘，产于吉林省汪清、吉林，辽宁省鞍山、大连，内蒙古克什克腾旗，分布于中国（吉林、辽宁、内蒙古、河北）。

华北八宝

Hylotelephium tatarinowii (Maxim.) H. Ohba

生境：岩石缝间。

产地：内蒙古巴林右旗、克什克腾旗、喀喇沁旗、科尔沁右翼前旗、阿尔山、宁城。

分布：中国（内蒙古、河北、山西）。

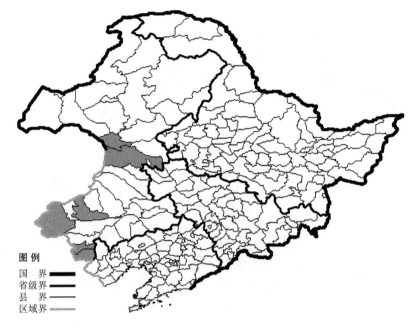

图例
国　界
省级界
县　界
区域界

轮叶八宝

Hylotelephium verticillatum (L.) H. Ohba

生境：林下，海拔 800 米以下。

产地：吉林省桦甸、敦化、安图，辽宁省本溪、庄河、岫岩、桓仁、清原、鞍山、宽甸。

分布：中国（吉林、辽宁、河北、山西、陕西、甘肃、山东、江苏、安徽、浙江、河南、湖北、四川），朝鲜半岛，日本，俄罗斯（远东地区）。

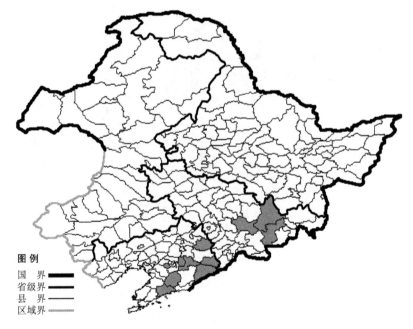

图例
国　界
省级界
县　界
区域界

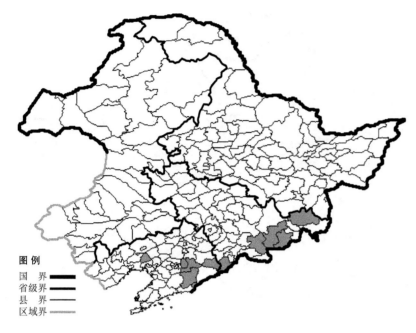

图例
国　界 ▬▬▬
省级界 ▬▬
县　界 ▬
区域界 ▬

珠芽八宝

Hylotelephium viviparum (Maxim.) H. Ohba

　　生境：林下，阴湿石砬子，海拔900米以下。
　　产地：吉林省抚松、安图、和龙、集安、汪清，辽宁省凤城、本溪、北镇、丹东、桓仁。
　　分布：中国（吉林、辽宁），朝鲜半岛，俄罗斯（远东地区）。

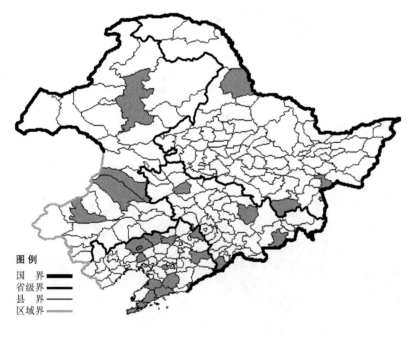

图例
国　界 ▬▬▬
省级界 ▬▬
县　界 ▬
区域界 ▬

狼爪瓦松

Orostachys cartilagienus A. Boriss.

　　生境：石砾质山坡，石砬子上，屋顶上，山坡草地，海拔500米以下。
　　产地：黑龙江省宁安、绥芬河、鸡东、黑河，吉林省和龙、乾安、蛟河、集安，辽宁省鞍山、阜新、彰武、西丰、庄河、岫岩、盖州、大连、普兰店、丹东、新宾、法库、北镇，内蒙古牙克石、科尔沁右翼中旗、巴林右旗、扎鲁特旗。
　　分布：中国（黑龙江、吉林、辽宁、内蒙古、河北、山西），朝鲜半岛，俄罗斯（远东地区）。

瓦松

Orostachys fimbriatus (Turcz.) A. Berger

生境：山坡岩石上，沙地樟子松林下，屋顶上，海拔 600 米以下。

产地：辽宁省北镇、葫芦岛、兴城、朝阳、鞍山、阜新、大连、清原、凌源、建平、建昌、凤城，内蒙古赤峰、翁牛特旗、满洲里、新巴尔虎右旗、科尔沁右翼前旗、鄂温克旗。

分布：中国（辽宁、内蒙古、河北、山西、陕西、甘肃、宁夏、青海、山东、安徽、江苏、浙江、河南、湖北），朝鲜半岛，日本，蒙古，俄罗斯（东部西伯利亚）。

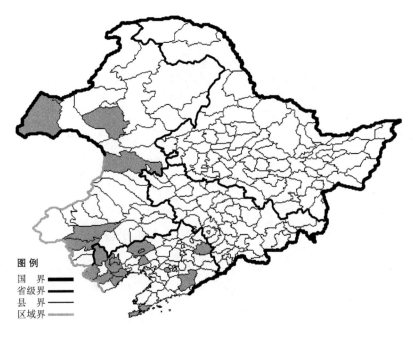

日本瓦松

Orostachys japonicus (Maxim.) A. Berger

生境：山坡，林缘。
产地：辽宁省鞍山、凤城。
分布：中国（辽宁），朝鲜半岛，日本。

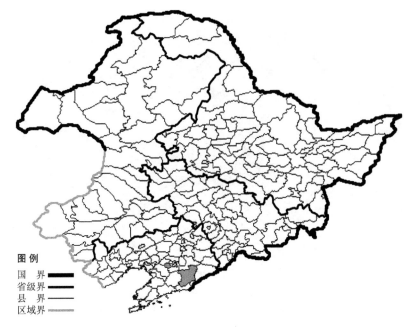

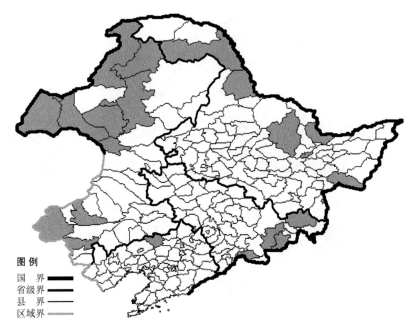

图 例
国　界 ▬▬
省级界 ▬▬
县　界 ▬
区域界 ▬

钝叶瓦松

Orostachys malacophyllus (Pall.) Fisch.

　　生境：石砾质山坡，林下，海拔2300米以下。

　　产地：黑龙江省黑河、萝北、密山、呼玛、伊春、绥芬河、佳木斯，吉林省临江、安图、和龙、汪清，辽宁省彰武，内蒙古海拉尔、满洲里、鄂温克旗、牙克石、新巴尔虎左旗、赤峰、克什克腾旗、根河、额尔古纳、巴林右旗、新巴尔虎右旗、阿尔山。

　　分布：中国（黑龙江、吉林、辽宁、内蒙古、河北、山西），朝鲜半岛，蒙古，俄罗斯（东部西伯利亚、远东地区）。

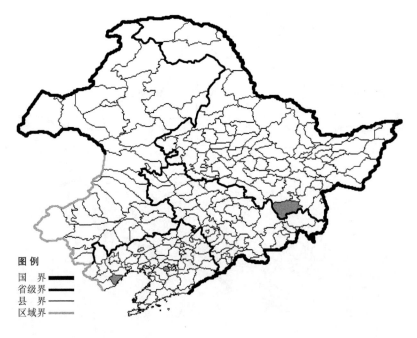

图 例
国　界 ▬▬
省级界 ▬▬
县　界 ▬
区域界 ▬

小瓦松

Orostachys minutus (Kom.) A. Berger

　　生境：林下，屋顶上，海拔约400米。

　　产地：黑龙江省宁安，辽宁省鞍山、兴城。

　　分布：中国（黑龙江、辽宁），朝鲜半岛。

黄花瓦松

Orostachys spinosus (L.) C. A. Mey.

生境：山坡岩石缝间，林下岩石上，屋顶上，海拔 600 米以下。

产地：黑龙江省孙吴、饶河、伊春、呼玛、尚志、绥芬河，吉林省安图、蛟河、吉林，辽宁省阜新、鞍山、营口、大连、庄河、东港、西丰、新宾、清原、丹东、建平，内蒙古鄂伦春旗、牙克石、扎兰屯、海拉尔、满洲里、额尔古纳、根河、鄂温克旗、科尔沁右翼前旗。

分布：中国（黑龙江、吉林、辽宁、内蒙古、甘肃、新疆、西藏），朝鲜半岛，蒙古，俄罗斯（欧洲部分、西伯利亚、远东地区），中亚。

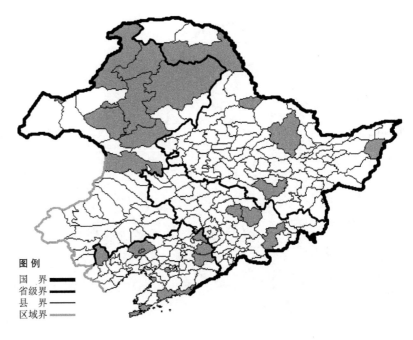

长白红景天

Rhodiola angusta Nakai

生境：高山冻原，岳桦林上缘，海拔 1700-2400 米（长白山）。

产地：黑龙江省尚志，吉林省抚松、安图。

分布：中国（黑龙江、吉林），朝鲜半岛，俄罗斯（远东地区）。

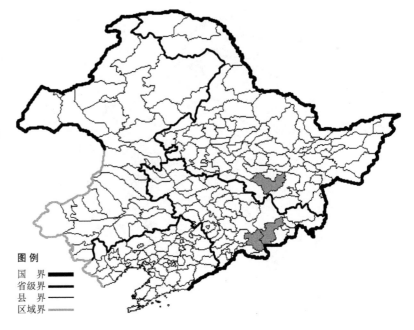

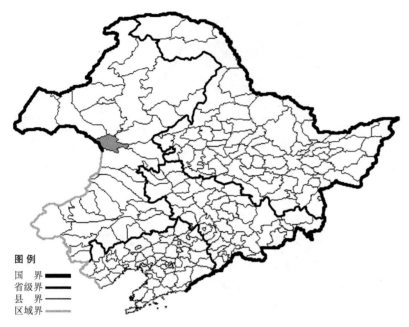

图例
国　界
省级界
县　界
区域界

小丛红景天

Rhodiola dumulosa (Franch.) S. H. Fu

生境：岩石上，海拔约 1700 米。
产地：内蒙古阿尔山。
分布：中国（内蒙古、河北、山西、陕西、甘肃、青海、河南、湖北、四川）。

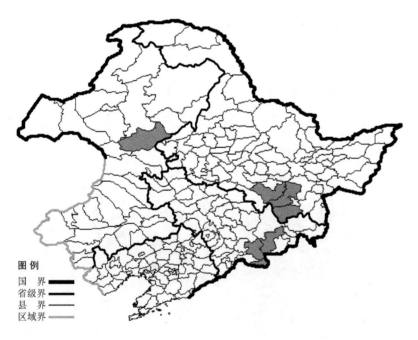

图例
国　界
省级界
县　界
区域界

高山红景天

Rhodiola sachaliensis A. Boriss.

生境：山坡林下，石碴子上，高山冻原，岳桦林上缘，海拔 2000-2400 米（长白山）。
产地：黑龙江省尚志、宁安、海林，吉林省抚松、安图、长白，内蒙古扎兰屯。
分布：中国（黑龙江、吉林、内蒙古），朝鲜半岛，日本，俄罗斯（远东地区）。

费菜

Sedum aizoon L.

生境：草甸，石砾质山坡，灌丛，海拔 1300 米以下。

产地：黑龙江省宁安、尚志、黑河、伊春、嘉荫、鹤岗、富锦、哈尔滨、绥芬河、呼玛、杜尔伯特、虎林、密山、五大连池、集贤、嫩江、牡丹江，吉林省安图、汪清、珲春、蛟河、桦甸、临江、抚松、靖宇、吉林、九台、通榆、辽宁省北镇、铁岭、普兰店、瓦房店、丹东、庄河、新宾、鞍山、法库、兴城、义县、建昌、绥中、大连、本溪、清原、凤城、沈阳、凌源、岫岩、桓仁，内蒙古额尔古纳、根河、牙克石、扎兰屯、陈巴尔虎旗、新巴尔虎右旗、满洲里、鄂温克旗、阿尔山、扎赉特旗、科尔沁右翼前旗、科尔沁左翼后旗、通辽、赤峰、喀喇沁旗、阿鲁科尔沁旗、克什克腾旗、巴林右旗、巴林左旗、宁城、扎鲁特旗、鄂伦春旗、海拉尔。

分布：中国（黑龙江、吉林、辽宁、内蒙古、河北、山西、陕西、宁夏、甘肃、青海、新疆、山东、江苏、安徽、浙江、河南、湖北、江西、四川），朝鲜半岛，日本，蒙古，俄罗斯（西伯利亚、远东地区）。

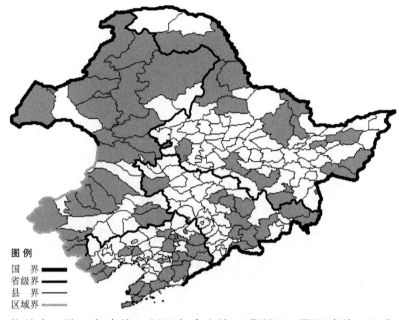

狭叶费菜 Sedum aizoon L. f. **angustifolium** Franch. 生于石砾质山坡、沙丘，产于黑龙江省伊春、鹤岗、哈尔滨、杜尔伯特，吉林省通榆、吉林、辽宁省北镇、长海、西丰，内蒙古海拉尔、满洲里、根河、额尔古纳、牙克石、科尔沁右翼前旗、扎赉特旗、克什克腾旗、赤峰，分布于中国（黑龙江、吉林、辽宁、内蒙古、河北、山西、陕西、甘肃），俄罗斯（西伯利亚）。

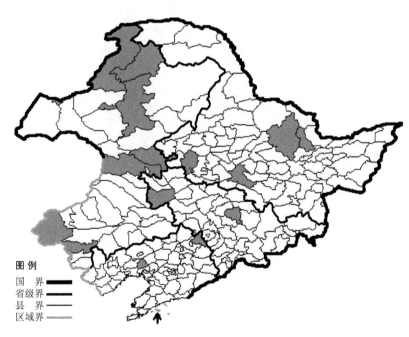

宽叶费菜 **Sedum aizoon** L. var. **latifolium** Maxim 生于林下，产于辽宁省丹东、凤城，内蒙古阿荣旗，分布于中国（辽宁、内蒙古、河北、山西、山东），朝鲜半岛，俄罗斯（远东地区）。

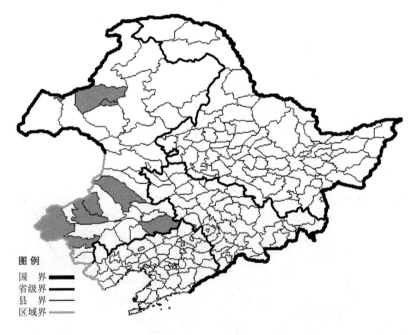

乳毛费菜 **Sedum aizoon** L. var. **scabrum** Maxim. 生于山坡草地，产于内蒙古陈巴尔虎旗、海拉尔、满洲里、科尔沁左翼后旗、扎鲁特旗、巴林左旗、巴林右旗、赤峰、克什克腾旗，分布于中国（内蒙古、河北、陕西、宁夏、青海、甘肃）。

兴安景天

Sedum hsinganicum Chu

生境：石砾质山坡,海拔约 800 米。

产地：内蒙古根河、额尔古纳。

分布：中国（内蒙古）。

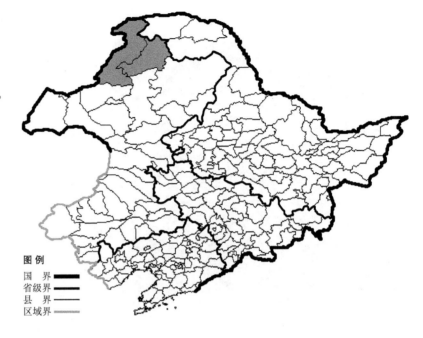

图 例
国　界 ▬▬▬
省级界 ▬▬▬
县　界 ▬▬▬
区域界 ▬▬▬

北景天

Sedum kamtschaticum Fisch.

生境：石砾质山坡，山坡岩石上，海拔约 400 米。

产地：黑龙江省呼玛，吉林省珲春、汪清、集安，辽宁省大连、瓦房店、北镇、丹东，内蒙古科尔沁右翼前旗、满洲里、新巴尔虎右旗。

分布：中国（黑龙江、吉林、辽宁、内蒙古、河北、山西、陕西），朝鲜半岛，日本，俄罗斯（远东地区）。

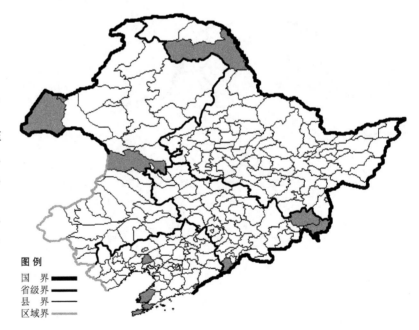

图 例
国　界 ▬▬▬
省级界 ▬▬▬
县　界 ▬▬▬
区域界 ▬▬▬

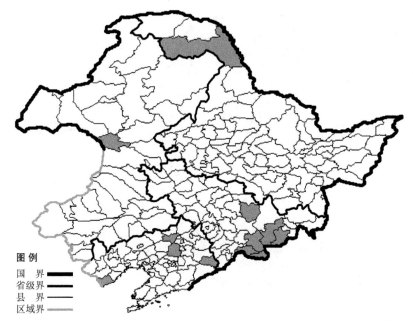

细叶景天

Sedum middendorffianum Maxim.

生境：山坡岩石上，林下岩石缝间，海拔 600-1900 米（长白山）。

产地：黑龙江省呼玛，吉林省临江、长白、蛟河、和龙、安图、抚松，辽宁省桓仁、法库、沈阳、绥中，内蒙古阿尔山。

分布：中国（黑龙江、吉林、辽宁、内蒙古），朝鲜半岛，日本，俄罗斯（东部西伯利亚、远东地区）。

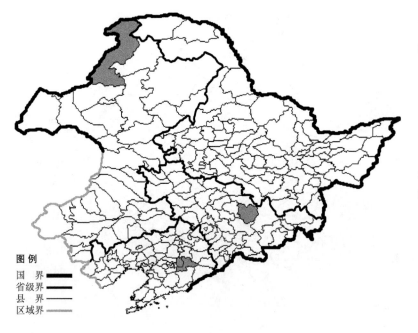

藓状景天

Sedum polytrichoides Hemsl.

生境：山坡岩石阴湿处，水湿地。

产地：吉林省蛟河，辽宁省本溪，内蒙古额尔古纳。

分布：中国（吉林、辽宁、内蒙古、河北、山西、陕西、山东、安徽、浙江、河南、江西），朝鲜半岛，日本，俄罗斯。

垂盆草

Sedum sarmentosum Bunge

　　生境：山坡岩石上。
　　产地：辽宁省本溪、海城、辽阳、沈阳、大连、鞍山、义县。
　　分布：中国（辽宁、河北、山西、陕西、甘肃、山东、江苏、安徽、浙江、福建、河南、湖北、湖南、江西、四川、贵州），朝鲜半岛，日本。

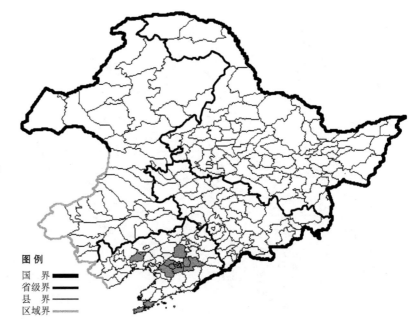

毛景天

Sedum selskianum Regel et Maack

　　生境：山坡石碴子上，石砾质干山坡，海拔 700 米以下。
　　产地：黑龙江省集贤、鸡西、东宁、依兰、饶河、密山、虎林，吉林省珲春、汪清，辽宁省东港，内蒙古赤峰。
　　分布：中国（黑龙江、吉林、辽宁、内蒙古），朝鲜半岛，俄罗斯（远东地区）。

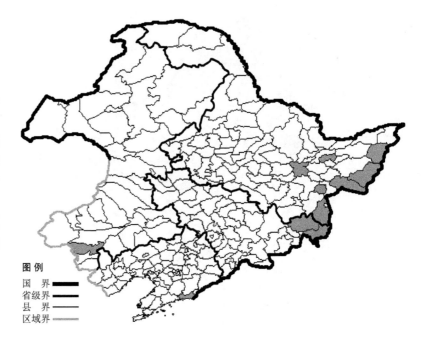

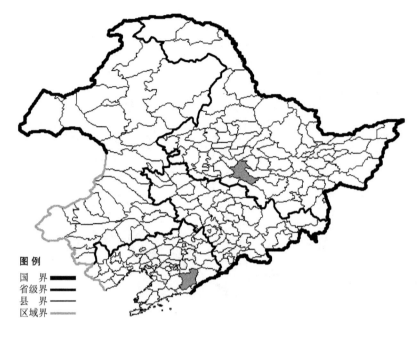

繁缕叶景天

Sedum stellariifolium Franch.

　　生境：草地，山坡岩石缝间。
　　产地：黑龙江省哈尔滨，辽宁省凤城。
　　分布：中国（黑龙江、辽宁、河北、山西、陕西、甘肃、山东、河南、湖北、湖南、四川、贵州、云南、台湾）。

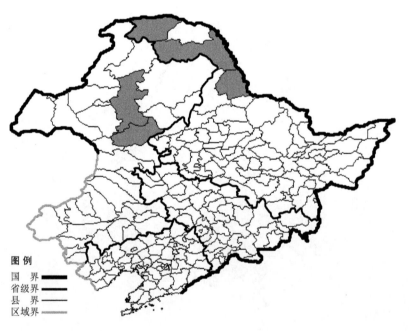

东爪草

Tillaea aquatica L.

　　生境：河滩,路旁,海拔约300米。
　　产地：黑龙江省黑河、呼玛、漠河，内蒙古牙克石、扎兰屯。
　　分布：中国（黑龙江、内蒙古），朝鲜半岛，日本，俄罗斯（远东地区），欧洲，北美洲。

虎耳草科 Saxifragaceae

落新妇

Astilbe chinensis (Maxim.) Franch. et Sav.

生境：林下，林缘，草甸，溪流旁，海拔 1200 米以下。

产地：黑龙江省依兰、饶河、密山、宁安、尚志、哈尔滨、孙吴、伊春，吉林省安图、抚松、蛟河、桦甸、汪清、珲春，辽宁省铁岭、凤城、清原、本溪、鞍山、宽甸、桓仁、普兰店、庄河、西丰、丹东、凌源、大连、内蒙古敖汉旗、喀喇沁旗、宁城、科尔沁左翼后旗。

分布：中国（黑龙江、吉林、辽宁、内蒙古、山西、山东、浙江、河南、湖北、江西、湖南、四川、云南），朝鲜半岛，日本，俄罗斯（远东地区）。

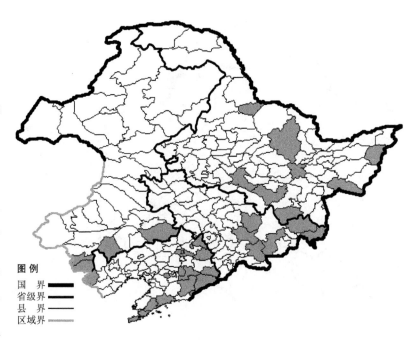

朝鲜落新妇

Astilbe koreana Nakai

生境：林缘，海拔 1700 米以下。

产地：黑龙江省牡丹江，吉林省抚松、蛟河、安图、临江、通化，辽宁省本溪、凤城、桓仁、宽甸、清原、岫岩、庄河、普兰店、丹东、铁岭、鞍山、北镇。

分布：中国（黑龙江、吉林、辽宁），朝鲜半岛。

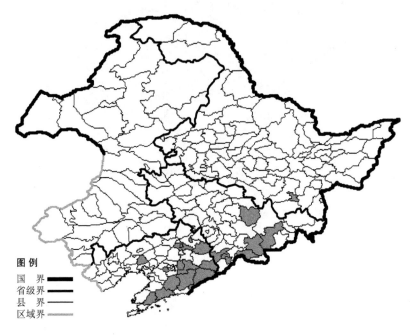

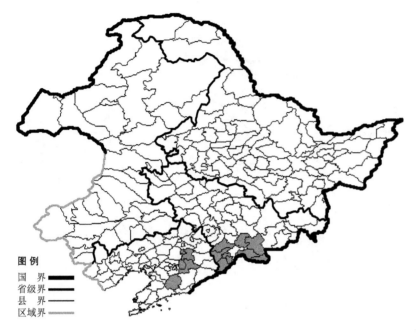

山荷叶

Astilboides tabularis (Hemsl.) Engler

　　生境：山阴坡，沟谷，林下，林缘，海拔约 1400 米（长白山）。
　　产地：吉林省长白、抚松、临江、柳河、通化、集安、靖宇，辽宁省本溪、岫岩、抚顺。
　　分布：中国（吉林、辽宁），朝鲜半岛。

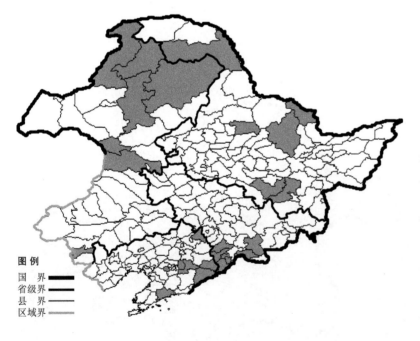

互叶金腰

Chrysosplenium alternifolium L.

　　生境：沟谷，溪流旁，林下，林缘。
　　产地：黑龙江省海林、尚志、北安、呼玛、伊春、嘉荫，吉林省临江、柳河、通化、集安、抚松，辽宁省西丰、本溪、庄河、宽甸、桓仁、鞍山，内蒙古额尔古纳、根河、牙克石、鄂伦春旗、科尔沁右翼前旗、阿尔山、喀喇沁旗。
　　分布：中国（黑龙江、吉林、辽宁、内蒙古、河北、山西），朝鲜半岛，日本，蒙古，俄罗斯（北极带、欧洲部分、高加索、西伯利亚、远东地区），欧洲，北美洲。

蔓金腰

Chrysosplenium flagelliferum Fr. Schmidt

　　生境：林下阴湿处，溪流旁，海拔 1000 米以下。
　　产地：黑龙江省伊春、尚志、呼玛，吉林省临江、桦甸、安图，辽宁省鞍山、本溪、凤城、宽甸、桓仁、清原。
　　分布：中国（黑龙江、吉林、辽宁），朝鲜半岛，日本，俄罗斯（远东地区）。

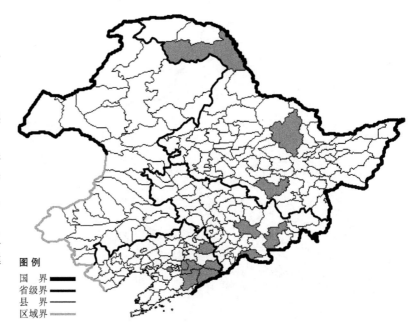

珠芽金腰

Chrysosplenium japonicum Makino

　　生境：林下，海拔约 900 米（长白山）。
　　产地：吉林省抚松，辽宁省鞍山、宽甸、凤城。
　　分布：中国（吉林、辽宁），朝鲜半岛，日本。

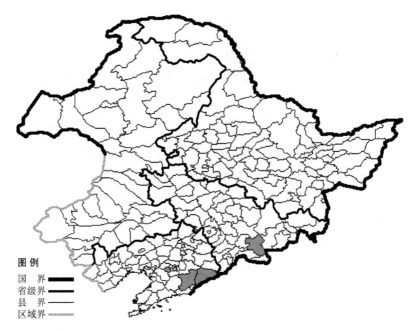

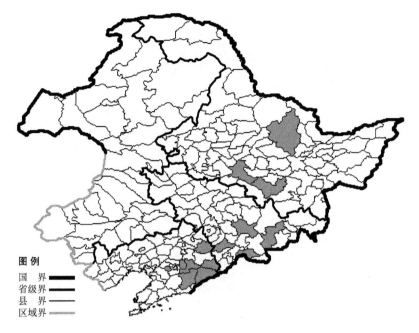

图例
国　界 ▬▬▬
省级界 ▬▬
县　界 ▬▬
区域界 ▬▬

林金腰

Chrysosplenium lectus-cochleae Kitag.

生境：林下阴湿处，海拔 500-2400 米。

产地：黑龙江省伊春、哈尔滨、尚志，吉林省临江、桦甸、安图、柳河，辽宁省本溪、凤城、宽甸、桓仁、清原、鞍山。

分布：中国（黑龙江、吉林、辽宁）。

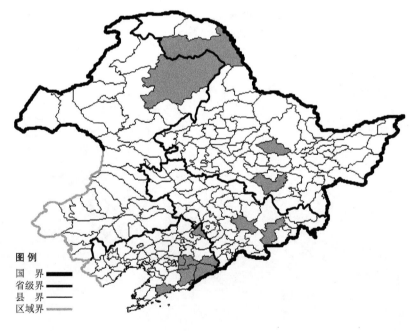

图例
国　界 ▬▬▬
省级界 ▬▬
县　界 ▬▬
区域界 ▬▬

毛金腰

Chrysosplenium pilosum Maxim.

生境：林下阴湿处，林缘，溪流旁，海拔 1000 米以下。

产地：黑龙江省尚志、呼玛、铁力，吉林省安图、桦甸，辽宁省凤城、宽甸、桓仁、庄河、丹东、本溪、西丰，内蒙古鄂伦春旗。

分布：中国（黑龙江、吉林、辽宁、内蒙古），朝鲜半岛，俄罗斯（远东地区）。

异叶金腰

Chrysosplenium pseudofauriei Levl.

生境：针阔混交林下或阔叶林下湿草地，海拔 600-1000 米。

产地：黑龙江省哈尔滨、尚志、伊春，吉林省汪清、抚松、安图、临江、长白、靖宇、集安、通化、桦甸，辽宁省西丰、本溪、凤城、宽甸、桓仁、清原。

分布：中国（黑龙江、吉林、辽宁、河北、河南、安徽），朝鲜半岛，俄罗斯（远东地区）。

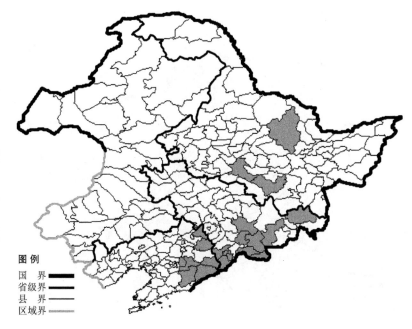

多枝金腰

Chrysosplenium ramosum Maxim.

生境：阔叶红松林或落叶松林下湿草地，海拔 300-1000 米。

产地：黑龙江省尚志、海林、伊春、虎林、饶河，吉林省临江、抚松、蛟河、柳河，辽宁省西丰、宽甸、桓仁。

分布：中国（黑龙江、吉林、辽宁），朝鲜半岛，日本，俄罗斯（远东地区）。

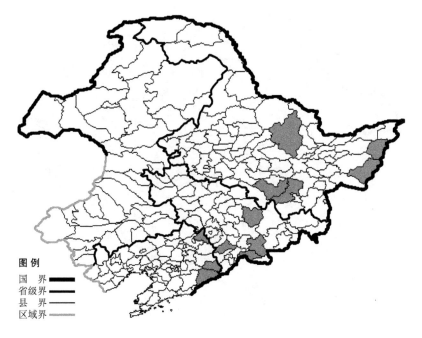

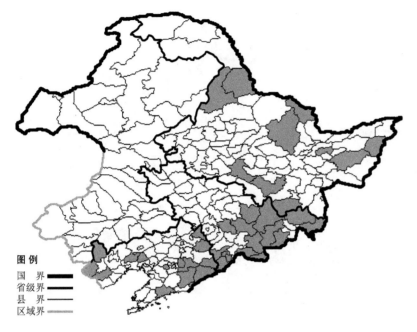

图例
国　界 ▬▬
省级界 ▬
县　界 ▬
区域界 ▬

东北溲疏

Deutzia amurensis (Regel) Airy-Shaw

生境：林下，岩石旁，灌丛，海拔 400-1400 米（长白山）。

产地：黑龙江省尚志、哈尔滨、黑河、嘉荫、宁安、伊春、嫩江、饶河、宝清、集贤，吉林省临江、抚松、蛟河、安图、长白、和龙、敦化、汪清、珲春、桦甸、磐石、集安、通化，辽宁省西丰、宽甸、桓仁、清原、本溪、凤城、丹东、庄河、义县、凌源、建昌、建平、北镇、鞍山。

分布：中国（黑龙江、吉林、辽宁），朝鲜半岛，俄罗斯（远东地区）。

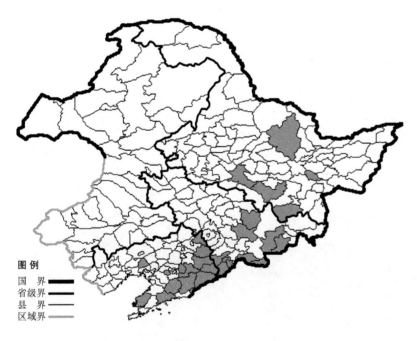

图例
国　界 ▬▬
省级界 ▬
县　界 ▬
区域界 ▬

光萼溲疏

Deutzia glabrata Kom.

生境：林下，灌丛，岩石旁，海拔 300-1200 米（长白山）。

产地：黑龙江省哈尔滨、尚志、伊春、勃利、宁安，吉林省桦甸、蛟河、和龙、长白、集安、通化、临江、安图，辽宁省西丰、新宾、清原、鞍山、本溪、凤城、丹东、宽甸、桓仁、岫岩、庄河、瓦房店、北镇。

分布：中国（黑龙江、吉林、辽宁、河北、山东、河南），朝鲜半岛，俄罗斯（远东地区）。

大花溲疏
Deutzia grandiflora Bunge

生境：丘陵，山坡，灌丛。

产地：吉林省集安，辽宁省盖州、建昌、建平、凌源、凤城，内蒙古宁城、敖汉旗。

分布：中国（吉林、辽宁、内蒙古、河北、山西、陕西、甘肃、山东、江苏、河南、湖北、四川）。

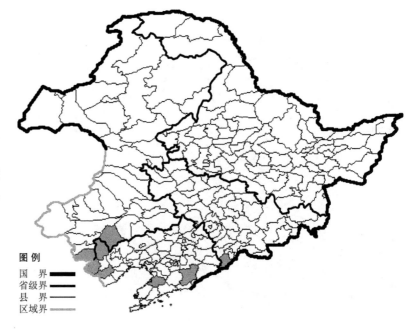

李叶溲疏
Deutzia hamata Koehne

生境：灌丛，山坡岩石旁，海拔约 400 米。

产地：吉林省集安、通化、长白，辽宁省鞍山、本溪、凤城、宽甸、岫岩、丹东、庄河、盖州、瓦房店、大连、北镇、义县、葫芦岛、朝阳、建昌、喀左、桓仁。

分布：中国（吉林、辽宁、河北、山西、陕西、山东、江苏、河南），朝鲜半岛。

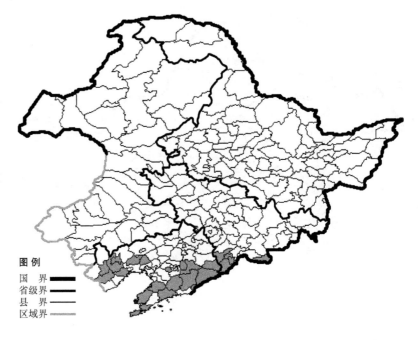

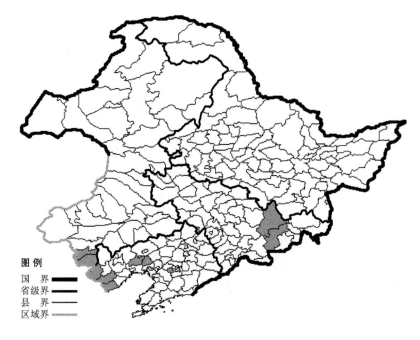

小花溲疏

Deutzia parviflora Bunge

　　生境：林缘，灌丛。
　　产地：吉林省安图、敦化，辽宁省义县、北镇、绥中、建昌、凌源、鞍山，内蒙古喀喇沁旗、宁城。
　　分布：中国（吉林、辽宁、内蒙古、河北、山西），朝鲜半岛，俄罗斯（远东地区）。

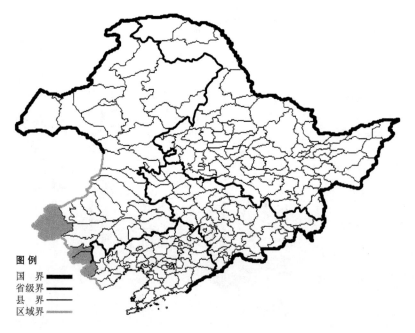

东陵绣球

Hydrangea bretschneideri Dipp.

　　生境：阔叶林缘湿草地。
　　产地：辽宁省凌源，内蒙古克什克腾旗、喀喇沁旗、宁城。
　　分布：中国（辽宁、内蒙古、河北、山西、陕西、甘肃、宁夏、青海、河南）。

唢呐草

Mitella nuda L.

　　生境：林下，苔藓层厚的地方，海拔 400-1800 米（长白山）。

　　产地：黑龙江省伊春、海林、尚志、呼玛、黑河，吉林省长白、抚松、安图、汪清、靖宇，内蒙古额尔古纳、根河、牙克石、科尔沁右翼前旗、阿尔山。

　　分布：中国（黑龙江、吉林、内蒙古），朝鲜半岛，俄罗斯（西伯利亚、远东地区），北美洲。

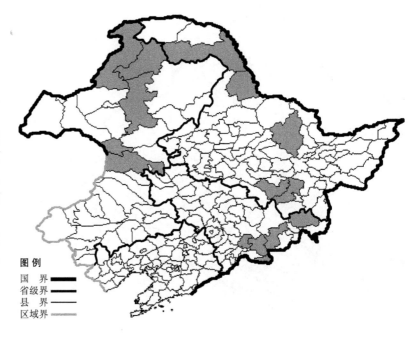

岩楲叶草

Mukdenia acanthifolia Nakai

　　生境：岩石缝间，海拔 200 米以下。

　　产地：辽宁省庄河、本溪。

　　分布：中国（辽宁），朝鲜半岛。

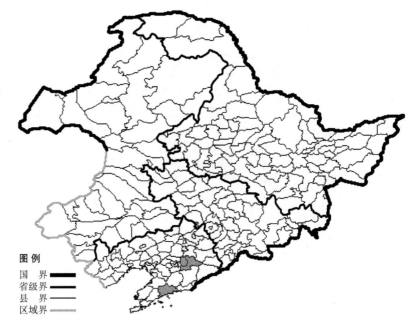

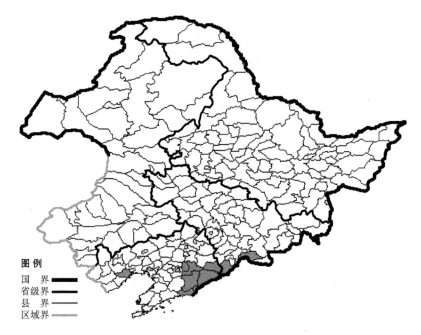

槭叶草

Mukdenia rossii (Oliv.) Koidz.

　　生境：山谷岩石上，石砬子上，海拔 500 米以下。
　　产地：吉林省临江、集安，辽宁省凤城、宽甸、本溪、丹东、东港、桓仁、葫芦岛。
　　分布：中国（吉林、辽宁），朝鲜半岛。

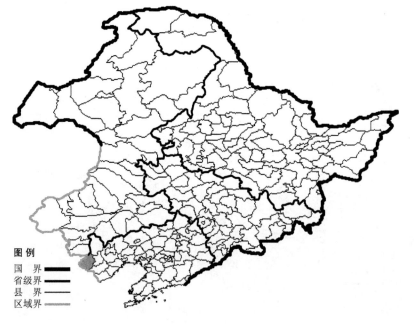

独根草

Oresitrophe rupifraga Bunge

　　生境：山谷，悬崖岩石缝间。
　　产地：辽宁省凌源。
　　分布：中国（辽宁、河北、山西）。

梅花草

Parnassia palustris L.

生境：高山冻原，湖边，林下，湿草地，溪流旁，海拔 2300 米以下。

产地：黑龙江省宁安、海林、密山、萝北、虎林、饶河、孙吴、呼玛、嘉荫、伊春，吉林省蛟河、安图、抚松、长白、和龙、敦化、乾安，辽宁省新民、彰武、凌源、新宾、抚顺、本溪、凤城、桓仁、庄河、清原，内蒙古额尔古纳、根河、鄂伦春旗、海拉尔、新巴尔虎左旗、鄂温克旗、牙克石、科尔沁右翼前旗、科尔沁右翼中旗、阿尔山、通辽、科尔沁左翼后旗、阿鲁科尔沁旗、巴林左旗、巴林右旗、克什克腾旗、敖汉旗、翁牛特旗、宁城。

分布：中国（黑龙江、吉林、辽宁、内蒙古、河北、山西、陕西、甘肃），朝鲜半岛，日本，蒙古，俄罗斯（欧洲部分、高加索、西伯利亚），中亚，土耳其，欧洲，北美洲。

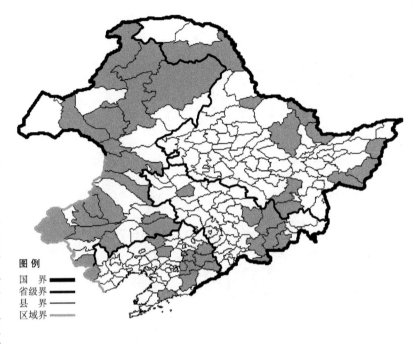

扯根菜

Penthorum chinense Pursh.

生境：河边，沟旁，海拔 500 米以下。

产地：黑龙江省伊春、哈尔滨、依兰、密山，吉林省珲春、汪清、安图、吉林，辽宁省凤城、新民、新宾、宽甸、桓仁、西丰、铁岭、岫岩、抚顺、本溪、庄河、康平、大连、彰武、丹东、普兰店，内蒙古扎赉特旗、乌兰浩特。

分布：中国（黑龙江、吉林、辽宁、内蒙古、河北、陕西、甘肃、江苏、安徽、浙江、河南、湖北、江西、湖南、广东、广西、四川、贵州、云南），朝鲜半岛，日本，俄罗斯（远东地区）。

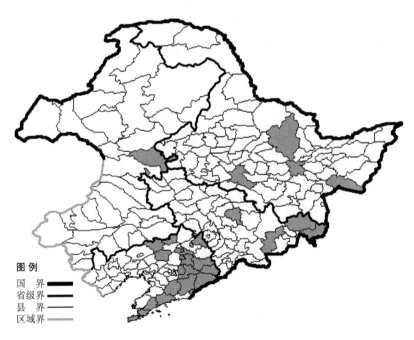

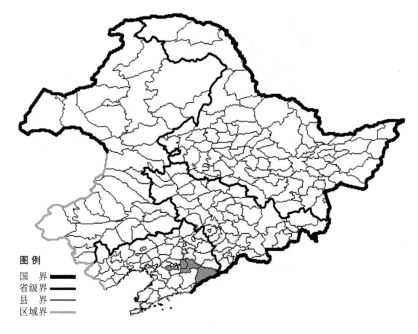

千山山梅花

Philadelphus chianshanensis Wang et Li

　　生境：阔叶林下。
　　产地：辽宁省鞍山、本溪、宽甸。
　　分布：中国（辽宁）。

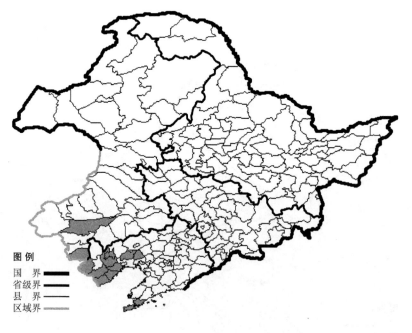

京山梅花

Philadelphus pekinensis Rupr.

　　生境：林下，海拔 700 米以下。
　　产地：辽宁省北镇、义县、葫芦岛、朝阳、建昌、凌源、绥中、兴城、大连，内蒙古宁城、翁牛特旗。
　　分布：中国（辽宁、内蒙古、河北、山西、陕西、河南、湖北），朝鲜半岛。

东北山梅花

Philadelphus schrenkii Rupr.

生境：林下，海拔 1400 米以下。

产地：黑龙江省伊春、尚志、哈尔滨、密山、集贤、嫩江、五大连池、黑河、虎林、鸡西、富锦、绥芬河、饶河，吉林省通化、安图、临江、和龙、吉林、蛟河、汪清、抚松、珲春、桦甸、磐石，辽宁省西丰、清原、鞍山、瓦房店、本溪、凤城、宽甸、桓仁、丹东。

分布：中国（黑龙江、吉林、辽宁），朝鲜半岛，俄罗斯（远东地区）。

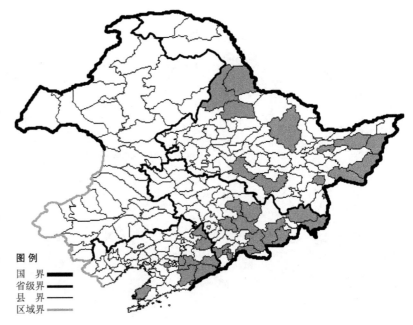

堇叶山梅花

Philadelphus tenuifolius Rupr. et Maxim.

生境：林下，林缘，海拔 1400 米以下。

产地：黑龙江省哈尔滨、宁安、集贤、尚志、伊春、虎林、勃利、饶河，吉林省蛟河、珲春、通化、临江、抚松、安图、长白、汪清，辽宁省西丰、清原、新宾、鞍山、本溪、宽甸、沈阳、内蒙古喀喇沁旗、敖汉旗、宁城。

分布：中国（黑龙江、吉林、辽宁、内蒙古），朝鲜半岛，俄罗斯（远东地区）。

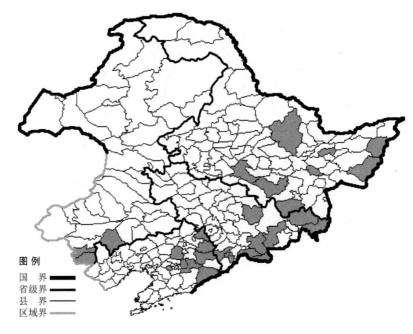

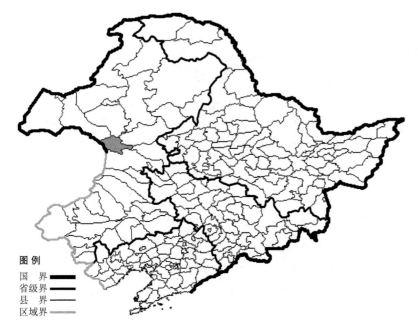

图例
国　界
省级界
县　界
区域界

紫花茶藨

Ribes atropurpurea C. A. Mey.

　生境：山阴坡林下。
　产地：内蒙古阿尔山。
　分布：中国（内蒙古、新疆），蒙古，俄罗斯（西伯利亚），中亚。

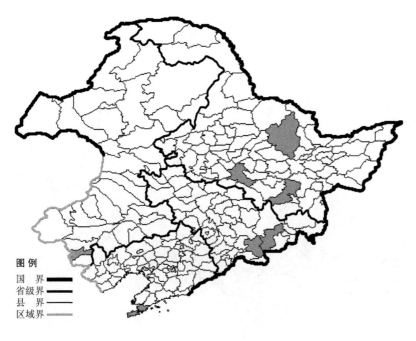

图例
国　界
省级界
县　界
区域界

刺果茶藨

Ribes burejense Fr. Schmidt

　生境：林下，溪流旁，海拔约800米（长白山）。
　产地：黑龙江省哈尔滨、海林、伊春，吉林省安图、抚松，辽宁省大连，内蒙古喀喇沁旗。
　分布：中国（黑龙江、吉林、辽宁、内蒙古、河北、山西、陕西、甘肃、河南），朝鲜半岛，俄罗斯（远东地区）。

楔叶茶藨

Ribes diacantha Pall.

生境：河边，林下，林缘，海拔600-1300 米。

产地：黑龙江省哈尔滨，吉林省靖宇，内蒙古额尔古纳、鄂伦春旗、鄂温克旗、扎兰屯、海拉尔、新巴尔虎左旗、科尔沁右翼前旗、克什克腾旗、翁牛特旗、陈巴尔虎旗、巴林右旗。

分布：中国（黑龙江、吉林、内蒙古），朝鲜半岛，蒙古，俄罗斯（东部西伯利亚）。

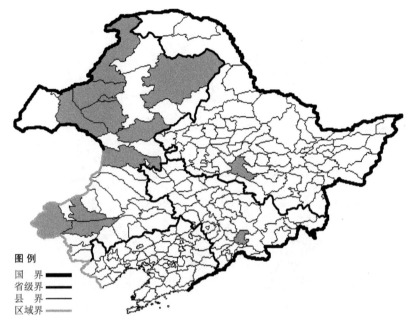

糖茶藨

Ribes emodense Rehd.

生境：林缘，沟谷。

产地：内蒙古科尔沁右翼中旗、赤峰、阿鲁科尔沁旗、翁牛特旗、克什克腾旗、喀喇沁旗。

分布：中国（内蒙古、山西、陕西、青海、四川、云南、西藏）。

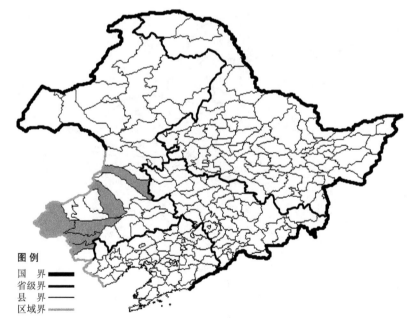

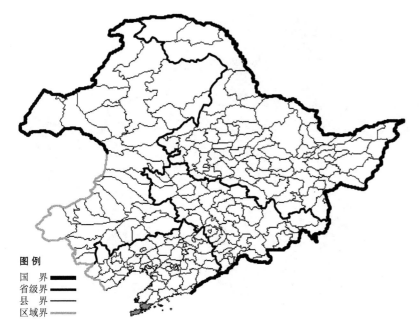

华茶藨

Ribes fasciculatum Sieb. et Zucc. var. **chinense** Maxim.

　　生境：疏林，灌丛。
　　产地：辽宁省大连。
　　分布：中国（辽宁、河北、山西、陕西、山东、江苏、浙江、河南、湖北、四川）。

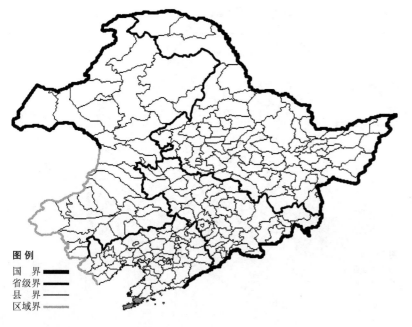

腺毛茶藨

Ribes giraldii Jancz.

　　生境：山坡，沟谷，海边岩石上。
　　产地：辽宁省大连。
　　分布：中国（辽宁、山西、陕西、甘肃）。

刺腺茶藨

Ribes horridum Rupr. ex Maxim.

　生境：林下，海拔 1600-2100 米。
　产地：吉林省安图。
　分布：中国（吉林），朝鲜半岛，俄罗斯（远东地区）。

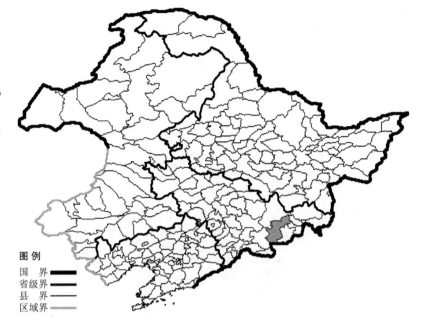

长白茶藨

Ribes komarovii Pojark.

　生境：林下，林缘，海拔 300-1200 米（长白山）。
　产地：黑龙江省尚志、哈尔滨，吉林省集安、通化、临江、安图、和龙、蛟河、汪清，辽宁省清原、西丰、本溪、凤城、宽甸、桓仁、庄河。
　分布：中国（黑龙江、吉林、辽宁），朝鲜半岛，俄罗斯（远东地区）。

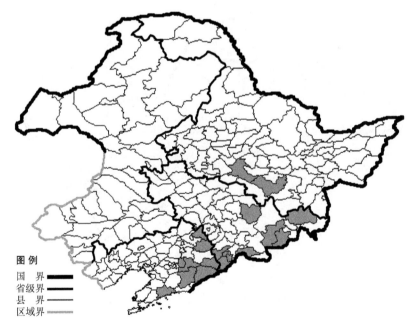

楔叶长白茶藨 Ribes komarovii
A. Poiark. var. **cuneifolium** Liou 生于
阔叶林中，产于吉林省安图、珲春、
抚松，辽宁省清原、本溪、新宾、凤城、
桓仁，分布于中国（吉林、辽宁）。

图例
国　界 ▬▬
省级界 ▬▬
县　界 ——
区域界 ——

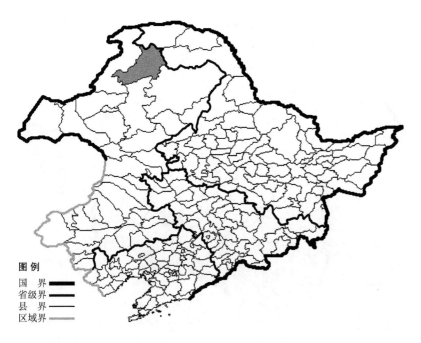

密穗茶藨

Ribes liouanum Kitag.

生境：落叶松林下。
产地：内蒙古根河。
分布：中国（内蒙古）。

图例
国　界 ▬▬
省级界 ▬▬
县　界 ——
区域界 ——

东北茶藨

Ribes mandshuricum (Maxim.) Kom.

生境：林下，海拔 1400 米以下。

产地：黑龙江省尚志、依兰、虎林、哈尔滨、密山、饶河、宁安、海林、黑河、伊春，吉林省集安、通化、抚松、靖宇、临江、柳河、辉南、长白、安图、汪清、蛟河、吉林，辽宁省西丰、清原、本溪、宽甸、桓仁、丹东、凌源、凤城、普兰店，内蒙古巴林右旗、阿鲁科尔沁旗。

分布：中国（黑龙江、吉林、辽宁、内蒙古、河北、陕西、甘肃），朝鲜半岛，俄罗斯（远东地区）。

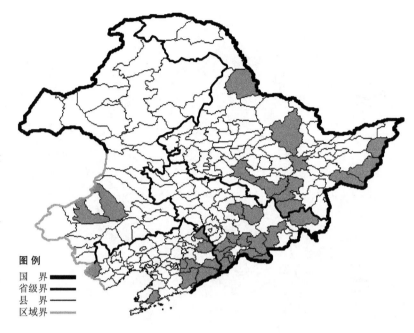

光叶东北茶藨 Ribes mandshuricum (Maxim.) Kom. var. **subglabrum** Kom. 生于山地阔叶林下，产于黑龙江省尚志、宝清、哈尔滨、呼玛、饶河、伊春，吉林省吉林、安图、汪清、蛟河、桦甸、临江、抚松、长白，辽宁省西丰、鞍山、本溪、桓仁、凤城、新宾、清原，内蒙古克什克腾旗，分布于中国（黑龙江、辽宁、吉林、内蒙古、河北、山西、山东、河南），朝鲜半岛，俄罗斯（远东地区）。

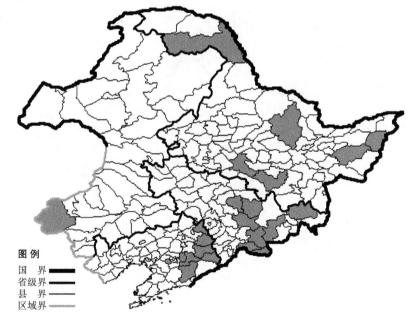

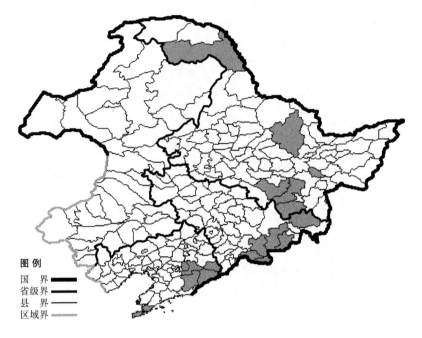

尖叶茶藨

Ribes maximoviczianum Kom.

生境：林下，海拔 1400 米以下。

产地：黑龙江省伊春、海林、勃利、宁安、呼玛、尚志，吉林省安图、和龙、汪清、临江、抚松、长白，辽宁省本溪、桓仁、宽甸、凤城、大连。

分布：中国（黑龙江、吉林、辽宁），朝鲜半岛，俄罗斯（远东地区）。

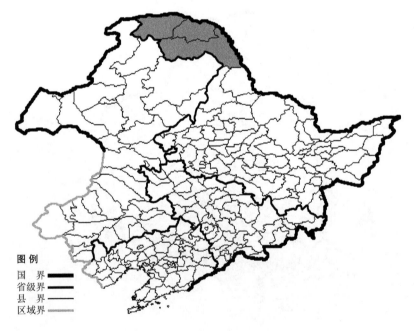

黑果茶藨

Ribes nigrum L.

生境：落叶松林下，林缘。

产地：黑龙江省漠河、塔河、呼玛。

分布：中国（黑龙江、新疆），蒙古、俄罗斯（北极带、欧洲部分、高加索、西伯利亚），中亚。

英吉里茶藨

Ribes palczewskii (Jancz.) Pojark.

生境：林下，河边灌丛，海拔 1000-1600 米以下。

产地：黑龙江省塔河、漠河、呼玛、伊春、黑河、孙吴，内蒙古鄂伦春旗、额尔古纳、根河、阿尔山、牙克石、科尔沁右翼前旗。

分布：中国（黑龙江、内蒙古），俄罗斯（东部西伯利亚、远东地区）。

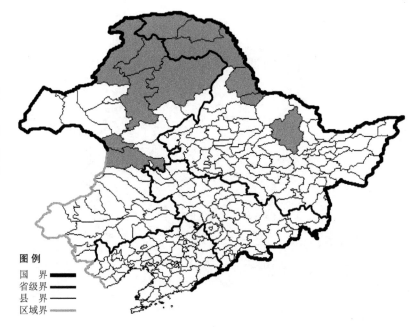

图例
国　界 ▬▬▬
省级界 ▬▬▬
县　界 ────
区域界 ────

兴安茶藨

Ribes pauciflorum Turcz. ex Pojark.

生境：林下，林缘，海拔 300-1200 米。

产地：黑龙江省呼玛、漠河，内蒙古额尔古纳、根河、海拉尔、牙克石、鄂伦春旗、阿尔山。

分布：中国（黑龙江、内蒙古），俄罗斯（东部西伯利亚、远东地区）。

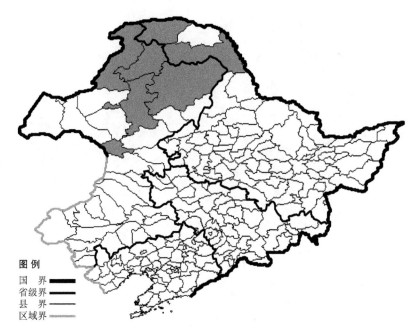

图例
国　界 ▬▬▬
省级界 ▬▬▬
县　界 ────
区域界 ────

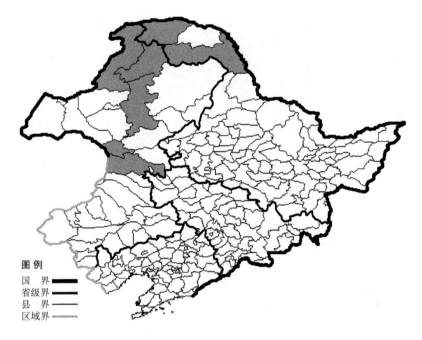

水葡萄茶藨

Ribes procumbens Pall.

　　生境：林下，踏头甸子，海拔400-900 米。

　　产地：黑龙江省漠河、呼玛，内蒙古额尔古纳、根河、牙克石、阿尔山、科尔沁右翼前旗。

　　分布：中国（黑龙江、内蒙古），朝鲜半岛，蒙古，俄罗斯（西伯利亚、远东地区）。

图例
国　界 ▬▬
省级界 ▬▬
县　界 ——
区域界 ——

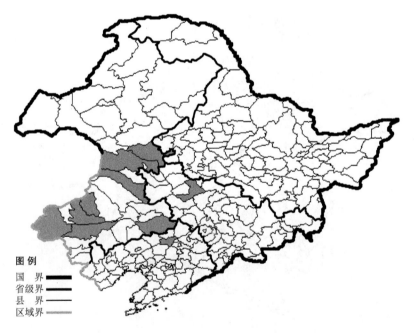

美丽茶藨

Ribes pulchellum Turcz.

　　生境：沟谷，石砾质山坡，林下，林缘，海拔 380-1300 米以下。

　　产地：吉林省前郭尔罗斯，辽宁省法库，内蒙古科尔沁右翼前旗、科尔沁右翼中旗、扎赉特旗、翁牛特旗、巴林左旗、巴林右旗、克什克腾旗、科尔沁左翼后旗。

　　分布：中国（吉林、辽宁、内蒙古、河北、山西、甘肃、新疆），蒙古，俄罗斯（东部西伯利亚）。

图例
国　界 ▬▬
省级界 ▬▬
县　界 ——
区域界 ——

东北美丽茶藨 Ribes pulchellum
Turcz. var. **manshuricum** Li et Wang
生于山坡，产于内蒙古满洲里，分布
于中国（内蒙古）。

毛茶藨

Ribes spicatum Rob.

生境：落叶松林下，海拔约 1500
米以下。

产地：内蒙古额尔古纳、阿尔山、
牙克石。

分布：中国（内蒙古），蒙古，
俄罗斯（欧洲部分、西伯利亚），欧洲。

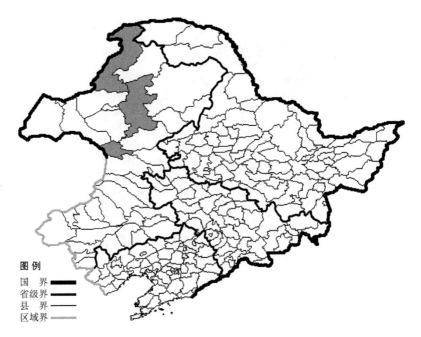

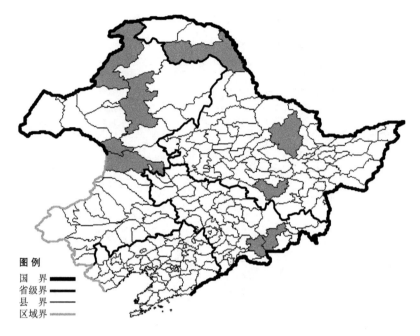

图例
国　界 ▬▬▬
省级界 ▬▬▬
县　界 ▬▬
区域界 ▬▬▬

矮茶藨

Ribes triste Pall.

生境：林下，海拔 800-1900（长白山）。

产地：黑龙江省呼玛、尚志、伊春，吉林省安图、抚松，内蒙古额尔古纳、牙克石、阿尔山、科尔沁右翼前旗。

分布：中国（黑龙江、吉林、内蒙古），朝鲜半岛，日本，俄罗斯（北极带、东部西伯利亚、远东地区），北美洲。

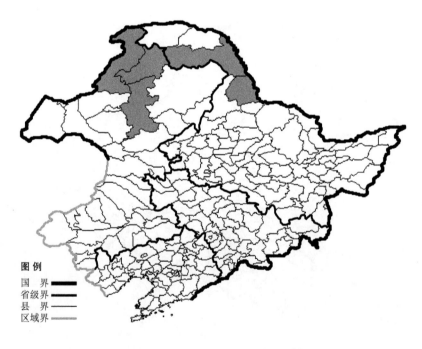

图例
国　界 ▬▬▬
省级界 ▬▬▬
县　界 ▬▬
区域界 ▬▬▬

刺虎耳草

Saxifraga bronchialis L.

生境：山坡岩石壁上，林下岩石缝间，海拔 1500 米以下。

产地：黑龙江省呼玛、黑河，内蒙古额尔古纳、根河、牙克石。

分布：中国（黑龙江、内蒙古），俄罗斯（北极带、东部西伯利亚、远东地区）。

零余虎耳草

Saxifraga cernua L.

　　生境：阴坡岩石缝间，海拔 700-1700 米以下。

　　产地：黑龙江省呼玛，吉林省抚松，内蒙古额尔古纳、根河、科尔沁右翼前旗。

　　分布：中国（黑龙江、吉林、内蒙古、河北、山西、陕西、甘肃、新疆、四川、云南），朝鲜半岛，日本，俄罗斯（北极带、欧洲部分、西伯利亚、远东地区），中亚。

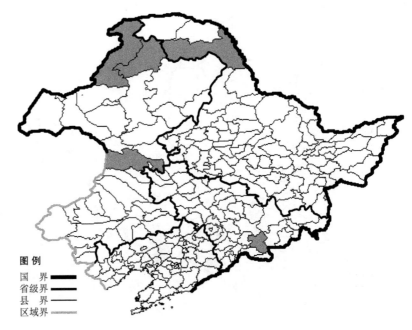

镜叶虎耳草

Saxifraga fortunei Hook. f. var. **koraiensis** Nakai

　　生境：溪流旁岩石壁上，林下岩石上，海拔 1000 米以下。

　　产地：黑龙江省尚志，吉林省集安，辽宁省本溪、凤城、宽甸、桓仁、新宾、岫岩、丹东、庄河。

　　分布：中国（黑龙江、吉林、辽宁），朝鲜半岛。

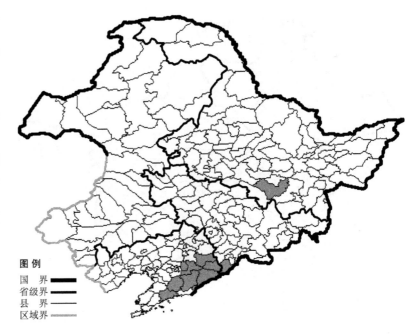

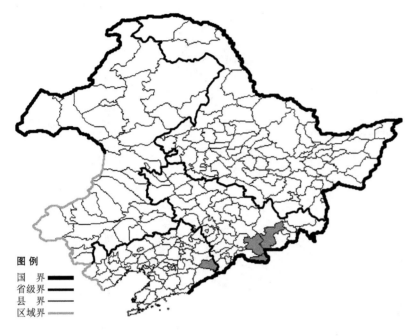

图例
国　界
省级界
县　界
区域界

长白虎耳草

Saxifraga laciniata Nakai et Takeda

生境：高山冻原岩石上，岳桦林下，石砾质山坡，海拔1700-2400米（长白山）。

产地：吉林省安图、抚松、长白，辽宁省桓仁。

分布：中国（吉林、辽宁），朝鲜半岛，日本。

图例
国　界
省级界
县　界
区域界

腺毛虎耳草

Saxifraga manshuriensis (Engler) Kom.

生境：林下，山坡岩石缝间，湿草甸。

产地：吉林省珲春。

分布：中国（吉林），朝鲜半岛，俄罗斯（远东地区）。

斑点虎耳草

Saxifraga punctata L.

生境：林下，林缘，石砬子上，溪流旁，高山冻原低湿处，海拔 1100-2400 米（长白山）。

产地：黑龙江省伊春、尚志、呼玛、海林，吉林省抚松、安图、长白，内蒙古牙克石。

分布：中国（黑龙江、吉林、内蒙古、新疆），朝鲜半岛，蒙古，俄罗斯（北极带、欧洲部分、西伯利亚、远东地区），中亚，北美洲。

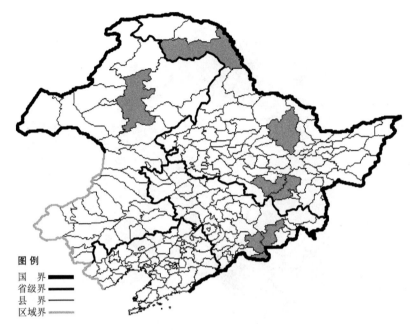

球茎虎耳草

Saxifraga sibirica L.

生境：山阴坡石砬子上，山坡，林下，灌丛，岩石缝间。

产地：黑龙江省黑河、呼玛、杜尔伯特，内蒙古额尔古纳、扎兰屯、牙克石、扎赉特旗、科尔沁右翼前旗、喀喇沁旗。

分布：中国（黑龙江、内蒙古、河北、山西、新疆、山东、湖北、湖南、四川、云南、西藏），蒙古，俄罗斯（欧洲部分、西伯利亚、远东地区），中亚，尼泊尔，印度，克什米尔地区，欧洲。

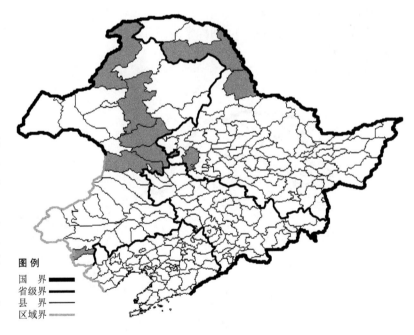

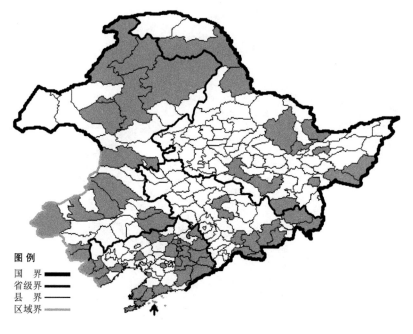

图例
国　界
省级界
县　界
区域界

蔷薇科 Rosaceae

龙牙草
Agrimonia pilosa Ledeb.

　　生境：草甸，灌丛，山坡草地，林下，林缘，路旁，河边，海拔 1900 米以下。
　　产地：黑龙江省呼玛、虎林、集贤、尚志、哈尔滨、伊春、萝北、汤原、黑河、宁安、密山、鸡西，吉林省和龙、安图、九台、临江、抚松、靖宇、长白、永吉、汪清、珲春，辽宁省铁岭、西丰、新宾、桓仁、凤城、庄河、普兰店、大连、瓦房店、沈阳、鞍山、宽甸、营口、抚顺、锦州、彰武、北镇、清原、建昌、葫芦岛、凌源、本溪、喀左、绥中、丹东、长海、法库，内蒙古鄂伦春旗、鄂温克旗、额尔古纳、根河、海拉尔、牙克石、科尔沁右翼前旗、阿鲁科尔沁旗、扎鲁特旗、通辽、巴林右旗、克什克腾旗、科尔沁左翼后旗、宁城、喀喇沁旗。
　　分布：中国（全国各地），朝鲜半岛，日本，蒙古，俄罗斯（欧洲部分、西伯利亚、远东地区），越南，欧洲。

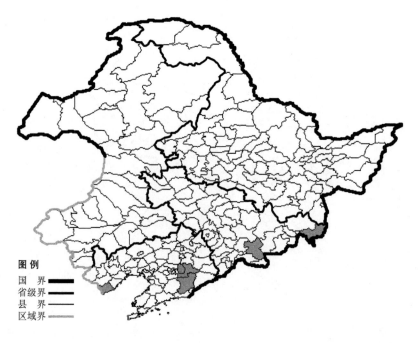

图例
国　界
省级界
县　界
区域界

　　朝鲜龙牙草 Agrimonia pilosa Ledeb. **var. coreana** (Nakai) Liou et Cheng 生于山坡草地，杂木林下、林缘、灌丛，产于吉林省抚松、珲春，辽宁省绥中、本溪、凤城，分布于中国（吉林、辽宁）。

圆叶龙牙草 **Agrimonia pilosa** Ledeb. var. **rotundifolia** Liou et C. Y. Li 生于草甸、河边湿草地，产于辽宁省建昌、庄河，内蒙古新巴尔虎右旗，分布于中国（辽宁、内蒙古）。

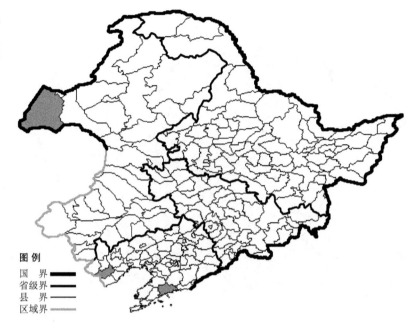

假升麻

Aruncus sylvester Kostel. ex Maxim.

生境：沟边，林间草地，林下，林缘，山坡草地，海拔 300-2100 米（长白山）。

产地：黑龙江省呼玛、黑河、尚志、宝清、宁安、萝北、虎林、密山、伊春，吉林省临江、安图、抚松、蛟河、珲春、靖宇、长白、辉南、柳河、通化、汪清，辽宁省凤城、本溪、丹东、岫岩、鞍山、西丰、桓仁、清原、内蒙古额尔古纳、根河、牙克石、克什克腾旗、鄂伦春旗、鄂温克旗、科尔沁右翼前旗、阿尔山。

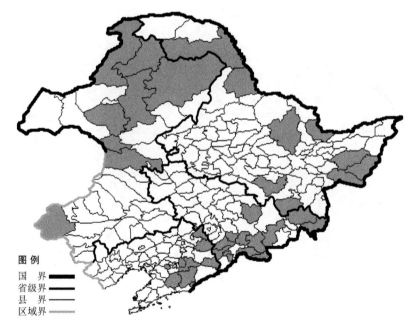

分布：中国（黑龙江、吉林、辽宁、内蒙古、陕西、甘肃、安徽、浙江、河南、江西、湖南、广西、四川、云南、西藏），朝鲜半岛，俄罗斯（东部西伯利亚、远东地区）。

深裂假升麻 Aruncus sylvester Kostel. ex Maxim. f. **incisus** Liou et C. Y. Li 生于岳桦林下，产于吉林省安图，分布于中国（吉林）。

图例
国　界
省级界
县　界
区域界

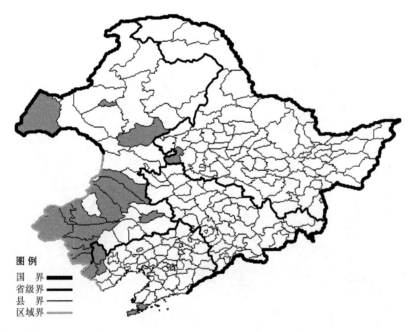

毛地蔷薇

Chamaerhodos canescens J. Krause

生境：草原，干山坡，路旁，固定沙丘，山坡岩石间，海拔 900 米以下。

产地：黑龙江省泰来，辽宁省凌源、建平、大连、喀左，内蒙古海拉尔、扎兰屯、科尔沁右翼中旗、克什克腾旗、新巴尔虎右旗、扎鲁特旗、翁牛特旗、林西、巴林右旗、喀喇沁旗、宁城、赤峰、阿鲁科尔沁旗、通辽。

分布：中国（黑龙江、辽宁、内蒙古、河北、山西）。

图例
国　界
省级界
县　界
区域界

地蔷薇

Chamaerhodos erecta (L.) Bunge

生境：干山坡，草原、石砾质地，沙质地。

产地：黑龙江省黑河，辽宁省凌源、建平、北镇、兴城，内蒙古额尔古纳、根河、扎兰屯、新巴尔虎右旗、喀喇沁旗、牙克石、海拉尔、鄂伦春旗、鄂温克旗、科尔沁右翼前旗、科尔沁右翼中旗、巴林右旗、扎赉特旗、扎鲁特旗、克什克腾旗、翁牛特旗、宁城。

分布：中国（黑龙江、辽宁、内蒙古、河北、山西、陕西、甘肃、宁夏、新疆、河南），朝鲜半岛，蒙古，俄罗斯（西伯利亚、远东地区）。

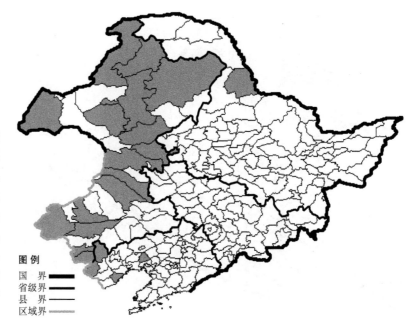

矮地蔷薇

Chamaerhodos trifida Ledeb.

生境：干山坡，石质砾地，沙质地，草原。

产地：内蒙古满洲里、新巴尔虎右旗、克什克腾旗。

分布：中国（内蒙古），蒙古，俄罗斯（东部西伯利亚）。

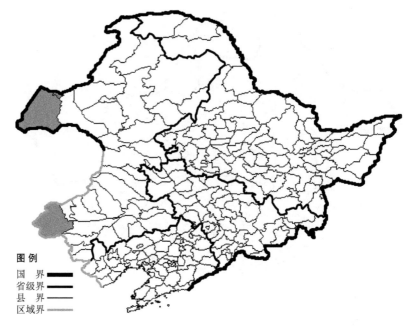

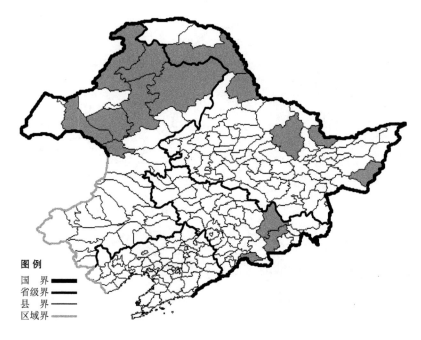

图例
国　界 ▬▬▬
省级界 ▬▬
县　界 ▬▬
区域界 ▬▬

东北沼委陵菜

Comarum palustre L.

　　生境：沼泽，泥炭沼泽地，海拔500-700 米。
　　产地：黑龙江省黑河、虎林、萝北、伊春、呼玛，吉林省临江、敦化、安图，内蒙古鄂伦春旗、额尔古纳、根河、牙克石、鄂温克旗、新巴尔虎左旗、阿尔山。
　　分布：中国（黑龙江、吉林、内蒙古、河北），朝鲜半岛，日本，内蒙古，俄罗斯（北极带、欧洲部分、高加索、西伯利亚、远东地区），北美洲。

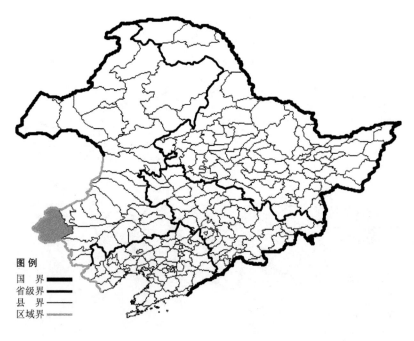

图例
国　界 ▬▬▬
省级界 ▬▬
县　界 ▬▬
区域界 ▬▬

灰栒子

Cotoneaster acutifolius Turcz.

　　生境：石砾质山坡，沟谷，林缘，杂木林，固定沙丘。
　　产地：内蒙古巴林右旗、克什克腾旗。
　　分布：中国（内蒙古、河北、山西、河南、湖北、陕西、甘肃、青海、西藏），蒙古。

全缘栒子

Cotoneaster integrrimus Medic.

生境：山坡石砾质地，林下，沙丘，海拔 600-900 米。

产地：内蒙古额尔古纳、牙克石、阿尔山、科尔沁右翼前旗、海拉尔、鄂温克旗、新巴尔虎左旗、巴林右旗、克什克腾旗。

分布：中国（内蒙古、河北），朝鲜半岛，俄罗斯（欧洲部分、高加索），欧洲。

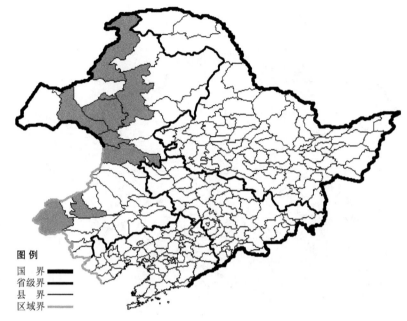

图例
国　界 ▬▬▬
省级界 ▬▬▬
县　界 ▬▬▬
区域界 ▬▬▬

黑果栒子

Cotoneaster melanocarpus Lodd.

生境：山坡，疏林下，灌丛，海拔约 600-900 米。

产地：内蒙古额尔古纳、根河、牙克石、科尔沁右翼前旗、克什克腾旗、阿鲁科尔沁旗、扎鲁特旗、海拉尔、满洲里、巴林右旗、翁牛特旗、敖汉旗。

分布：中国（内蒙古、河北、山西、甘肃、新疆），蒙古，日本，俄罗斯（欧洲部分、高加索、西伯利亚、远东地区），中亚，欧洲。

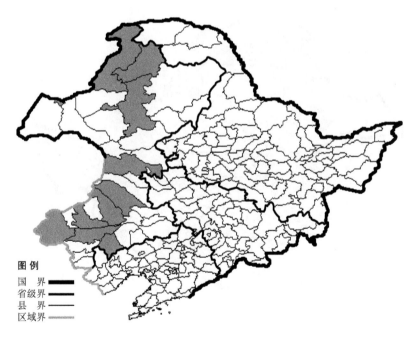

图例
国　界 ▬▬▬
省级界 ▬▬▬
县　界 ▬▬▬
区域界 ▬▬▬

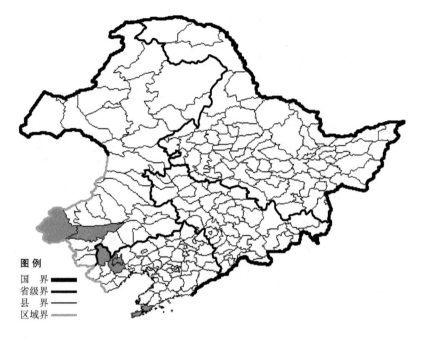

图 例
国　界 ▬▬
省级界 ━━
县　界 ——
区域界 ——

水枸子

Cotoneaster multiflorus Bunge

　　生境：山坡灌丛，杂木林下。
　　产地：辽宁省朝阳、建平、大连，内蒙古克什克腾旗、翁牛特旗。
　　分布：中国（辽宁、内蒙古、河北、山西、陕西、甘肃、青海、新疆、河南、四川、云南、西藏），俄罗斯（高加索、西部西伯利亚），中亚。

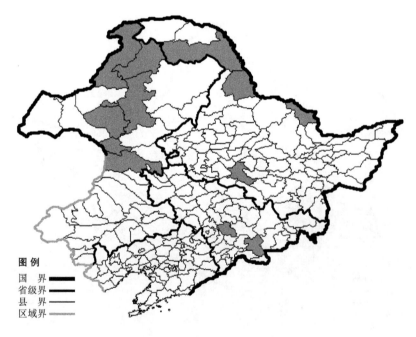

图 例
国　界 ▬▬
省级界 ━━
县　界 ——
区域界 ——

光叶山楂

Crataegus dahurica Schneid.

　　生境：山坡灌丛，河边，林间草地，林下，林缘，海拔 1000 米以下。
　　产地：黑龙江省呼玛、黑河、嘉荫、哈尔滨，吉林省抚松、磐石，内蒙古额尔古纳、根河、鄂温克旗、牙克石、海拉尔、科尔沁右翼前旗、阿尔山。
　　分布：中国（黑龙江、吉林、内蒙古），蒙古，俄罗斯（东部西伯利亚、远东地区）。

毛山楂

Crataegus maximowiczii Schneid.

　　生境：河边，林缘，路旁，杂木林下，海拔 1100 米以下。

　　产地：黑龙江省呼玛、黑河、萝北、密山、穆棱、宁安、富锦、哈尔滨、虎林，吉林省抚松、长白、临江、安图、珲春、汪清，内蒙古额尔古纳、巴林右旗、克什克腾旗、鄂温克旗、科尔沁右翼前旗。

　　分布：中国（黑龙江、吉林、内蒙古），朝鲜半岛，日本，俄罗斯（东部西伯利亚、远东地区）。

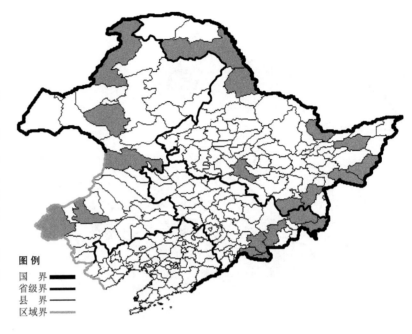

山楂

Crataegus pinnatifida Bunge

　　生境：河边，荒地，林缘，向阳山坡，杂木林下，海拔 1000 米以下。

　　产地：黑龙江省哈尔滨、黑河、依兰、密山，吉林省临江、吉林、九台、敦化、桦甸、珲春、和龙，辽宁省丹东、宽甸、凤城、东港、庄河、大连、盖州、鞍山、桓仁、本溪、清原、新宾、抚顺、沈阳、北镇、阜新、彰武、凌源、绥中、岫岩、营口、西丰、法库，内蒙古根河、海拉尔、扎赉特旗、科尔沁右翼前旗、科尔沁左翼后旗、扎鲁特旗、巴林左旗、敖汉旗、喀喇沁旗、额尔古纳、巴林右旗、克什克腾旗、科尔沁左翼后旗、宁城、阿鲁科尔沁旗。

　　分布：中国（黑龙江、吉林、辽宁、内蒙古、河北、山西、陕西、山东、江苏、河南），朝鲜半岛，日本，俄罗斯（远东地区）。

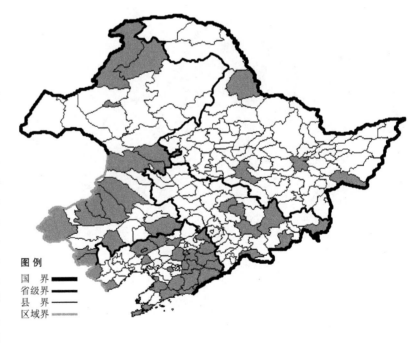

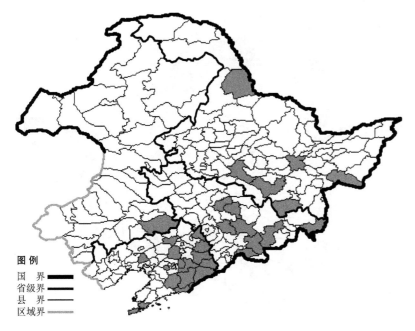

图例
国　界
省级界
县　界
区域界

无毛山楂 Crataegus pinnatifida Bunge var. psilosa Schneid. 生于灌丛、沙地，海拔 1100 米以下，产于黑龙江省哈尔滨、密山、宁安、尚志、黑河、依兰，吉林省临江、安图、抚松、珲春、桦甸、磐石、吉林、九台，辽宁省宽甸、凤城、桓仁、本溪、鞍山、新宾、西丰、北镇、大连、丹东、东港、法库、清原、沈阳、岫岩，内蒙古科尔沁左翼后旗，分布于中国（黑龙江、吉林、辽宁、内蒙古），朝鲜半岛。

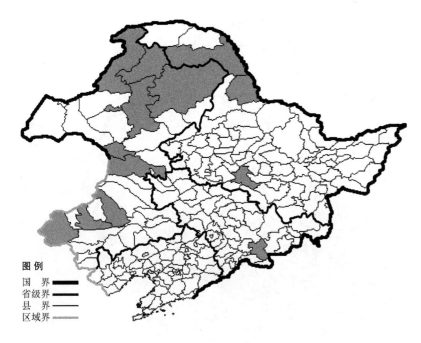

图例
国　界
省级界
县　界
区域界

血红山楂

Crataegus sanguinea Pall.

生境：杂木林下，海拔约 900 米（长白山）。

产地：黑龙江省黑河、哈尔滨、呼玛，吉林省抚松，内蒙古额尔古纳、根河、鄂伦春旗、牙克石、海拉尔、科尔沁右翼前旗、克什克腾旗、阿鲁科尔沁旗、阿尔山、巴林右旗。

分布：中国（黑龙江、吉林、内蒙古、河北、新疆），蒙古，俄罗斯（欧洲部分、西伯利亚），中亚。

宽叶仙女木

Dryas octopetala L. var. **asiatica** Nakai

生境：高山冻原，海拔 1800-2400 米（长白山）。

产地：吉林省抚松、安图、长白，内蒙古乌兰浩特。

分布：中国（吉林、内蒙古），朝鲜半岛，日本，俄罗斯（远东地区）。

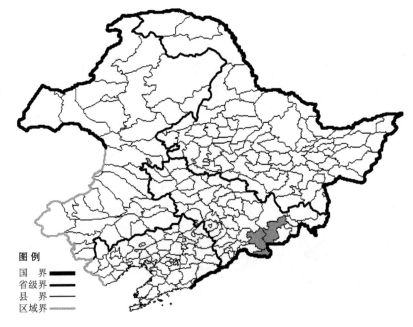

图例
国　界 ▬▬
省级界 ▬▬
县　界 ▬▬
区域界 ▬▬

蛇莓

Duchesnea indica (Andr.) Focke

生境：山坡草地，路旁，耕地，溪流旁，海拔约 300 米。

产地：吉林省集安、辉南、靖宇，辽宁省凤城、桓仁、鞍山、庄河、宽甸。

分布：中国（吉林、辽宁、河北、山西、陕西、甘肃、山东、江苏、安徽、浙江、福建、河南、湖北、江西、湖南、广东、广西、贵州、云南），朝鲜半岛，日本，俄罗斯（高加索），印度，马来西亚，欧洲，北美洲，南美洲。

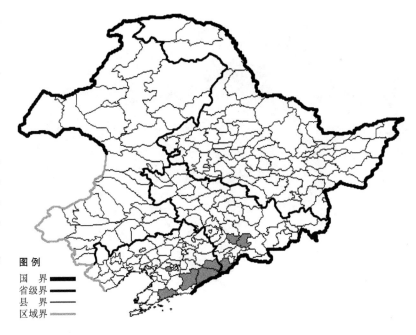

图例
国　界 ▬▬
省级界 ▬▬
县　界 ▬▬
区域界 ▬▬

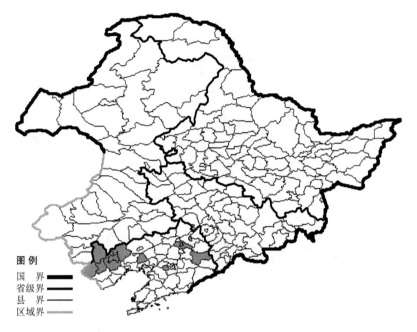

齿叶白鹃梅

Exochorda serratifolia S. Moore

生境： 山坡，河边，灌丛，海拔约 600 米。

产地： 辽宁省朝阳、北票、建平、喀左、凌源、新宾、铁岭、鞍山、北镇。

分布： 中国（辽宁、河北），朝鲜半岛。

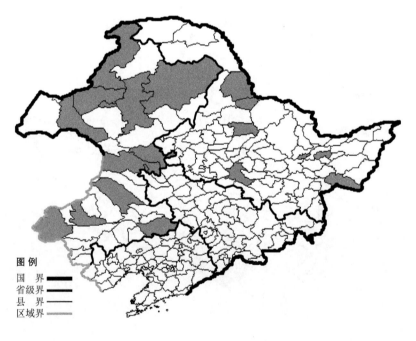

细叶蚊子草

Filipendula angustiloba (Turcz.) Maxim.

生境： 草甸，林缘，海拔约 600 米。

产地： 黑龙江省黑河、集贤、佳木斯、哈尔滨、孙吴、北安、密山，内蒙古额尔古纳、海拉尔、鄂伦春旗、牙克石、陈巴尔虎旗、新巴尔虎左旗、科尔沁右翼前旗、扎赉特旗、科尔沁左翼后旗、扎鲁特旗、克什克腾旗、乌兰浩特、巴林右旗。

分布： 中国（黑龙江、内蒙古），日本，蒙古，俄罗斯（东部西伯利亚、远东地区）。

翻白蚊子草

Filipendula intermedia (Glehn) Juz.

生境：草甸，河边，林缘，灌丛。

产地：黑龙江省佳木斯、黑河、哈尔滨、萝北、集贤、密山、呼玛，吉林省安图，内蒙古额尔古纳、根河、牙克石、鄂伦春旗、海拉尔、科尔沁左翼后旗、莫力达瓦达斡尔旗。

分布：中国（黑龙江、吉林、内蒙古），俄罗斯（东部西伯利亚、远东地区）。

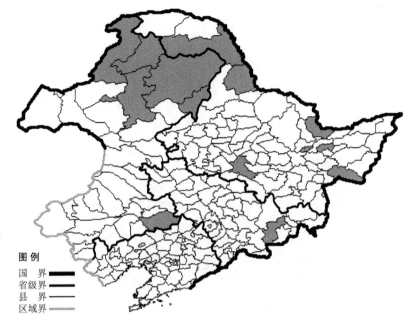

图例
国　界
省级界
县　界
区域界

蚊子草

Filipendula palmata (Pall.)Maxim.

生境：草甸，河边，林下，林缘，海拔 900 米以下。

产地：黑龙江省黑河、饶河、虎林、密山、萝北、尚志、伊春、呼玛、宁安、海林，吉林省靖宇、长白、安图、珲春、汪清、抚松，辽宁省彰武、桓仁、西丰，内蒙古额尔古纳、根河、鄂伦春旗、鄂温克旗、牙克石、科尔沁右翼前旗、巴林右旗、克什克腾旗、喀喇沁旗、宁城、翁牛特旗、扎鲁特旗、科尔沁左翼后旗。

分布：中国（黑龙江、吉林、辽宁、内蒙古、河北、山西），朝鲜半岛，日本，蒙古，俄罗斯（东部西伯利亚、远东地区）。

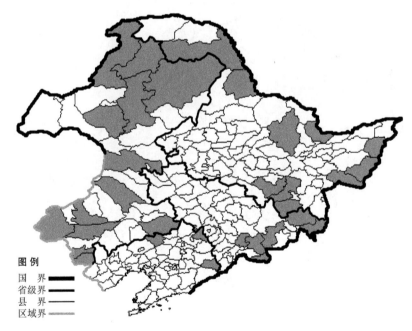

图例
国　界
省级界
县　界
区域界

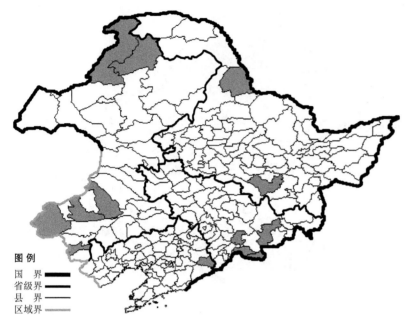

图例
国　界 ▬▬
省级界 ▬▬
县　界 ——
区域界 ——

光叶蚊子草 Filipendula palmata (Pall.) Maxim. var. glabra Ledeb. 生于河边、草甸，产于黑龙江省黑河、尚志，吉林省靖宇、长白、安图、临江，辽宁省桓仁，内蒙古额尔古纳、根河、阿鲁科尔沁旗、巴林右旗、克什克腾旗、喀喇沁旗，分布于中国（黑龙江、吉林、辽宁、内蒙古、河北、山西），朝鲜半岛，日本，俄罗斯（远东地区）。

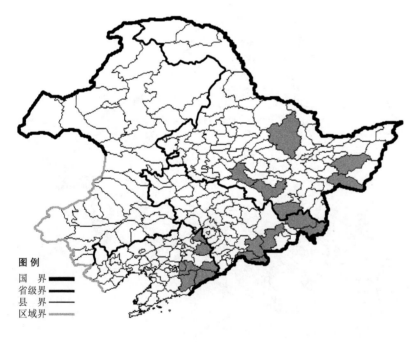

图例
国　界 ▬▬
省级界 ▬▬
县　界 ——
区域界 ——

槭叶蚊子草

Filipendula purpurea Maxim.

生境：林下，林缘，海拔 700-1900 米（长白山）。

产地：黑龙江省伊春、哈尔滨、尚志、宝清、宁安、密山，吉林省抚松、临江、长白、安图、汪清、珲春，辽宁省清原、凤城、桓仁、宽甸、本溪、西丰。

分布：中国（黑龙江、吉林、辽宁），日本，俄罗斯（远东地区）。

白花槭叶蚊子草 **Filipendula purpurea** Maxim. f. **alba** (Nakai) C-Y. Li 生于林下，林缘，产于黑龙江省伊春、尚志，吉林省抚松、临江、靖宇、珲春，辽宁省清原、桓仁、西丰，内蒙古根河，分布于中国（黑龙江、吉林、辽宁、内蒙古），日本，俄罗斯（远东地区）。

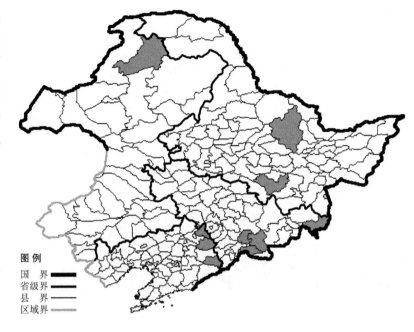

东方草莓

Fragaria orientalis Losina-Losinsk.

生境：林下，林缘，灌丛，海拔 700-2100 米（长白山）。

产地：黑龙江省呼玛、黑河、虎林、饶河、尚志、伊春、哈尔滨、嘉荫、穆棱、密山、嫩江、绥芬河，吉林省安图、汪清、珲春、抚松、临江、长白、靖宇、集安、和龙，辽宁省宽甸，内蒙古额尔古纳、根河、鄂伦春旗、牙克石、扎兰屯、科尔沁右翼前旗、扎鲁特旗、克什克腾旗、鄂温克旗、巴林右旗、阿尔山。

分布：中国（黑龙江、吉林、辽宁、内蒙古、河北、山西、陕西、甘肃、青海），朝鲜半岛，蒙古，俄罗斯（东部西伯利亚、远东地区）。

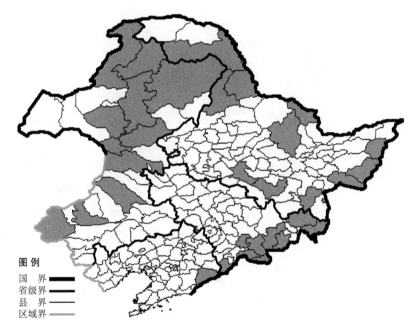

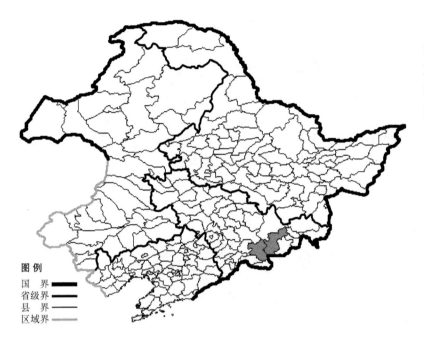

绿叶东方草莓 Fragaria orientalis Losina-Losinsk. var. **concolor** (Kitag.) Liou et C. Y. Li 生于山坡草地，林下，海拔 1300 米以下，产于吉林省安图、抚松，分布于中国（吉林）。

图例
国　界
省级界
县　界
区域界

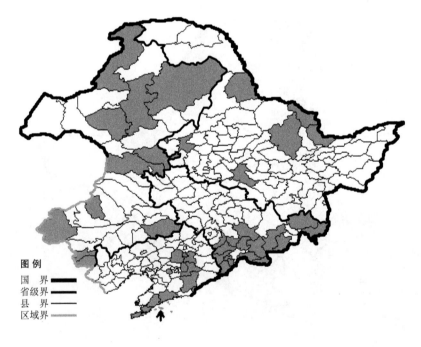

水杨梅

Geum aleppicum Jacq.

生境：沟边，灌丛，林缘，山坡草地，河滩，草甸，海拔 400-1900 米（长白山）。

产地：黑龙江省嘉荫、黑河、齐齐哈尔、哈尔滨、伊春、萝北，吉林省临江、通化、柳河、梅河口、辉南、集安、抚松、靖宇、长白、安图、和龙、汪清、珲春、桦甸，辽宁省本溪、沈阳、大连、普兰店、庄河、长海、鞍山、抚顺、丹东、凤城，内蒙古额尔古纳、牙克石、鄂伦春旗、鄂温克旗、科尔沁右翼前旗、扎赉特旗、克什克腾旗、巴林左旗、喀喇沁旗、宁城、科尔沁左翼后旗。

图例
国　界
省级界
县　界
区域界

分布：中国（黑龙江、吉林、辽宁、内蒙古、山西、陕西、甘肃、新疆、山东、河南、湖北、四川、贵州、西藏），朝鲜半岛，日本，蒙古，俄罗斯（欧洲部分、高加索、西伯利亚、远东地区），中亚，欧洲，北美洲。

桔黄重瓣水杨梅 **Geum aleppi-cum** Jacq. f. **aurantiaco-plenum** Yang et P. H. Huang 生于灌丛，产于吉林省敦化，分布于中国（吉林）。

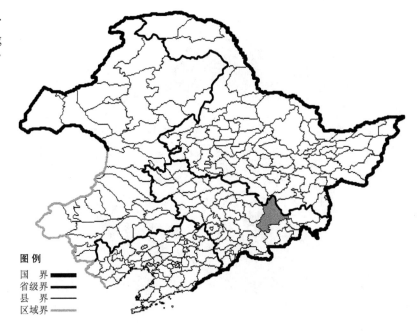

重瓣水杨梅 **Geum aleppicum** Jacq. f. **plenum** Yang et P. H. Huang 生于路旁，产于黑龙江省伊春，分布于中国（黑龙江）。

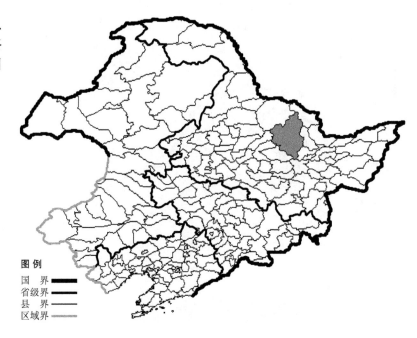

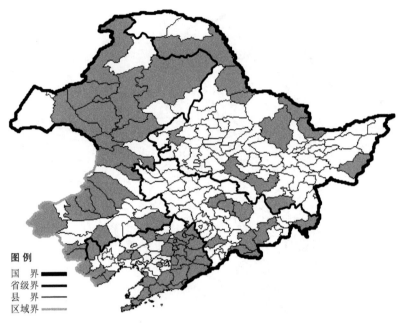

图例
国　界 ▬▬
省级界 ▬▬
县　界 ▬▬
区域界 ▬▬

山荆子

Malus baccata (L.) Borkh.

生境：山谷杂木林中，溪流旁，海拔 1400 米以下。

产地：黑龙江省黑河、呼玛、萝北、嘉荫、孙吴、齐齐哈尔、宁安、尚志、伊春、哈尔滨、虎林，吉林省临江、柳河、抚松、长白、九台、吉林、安图、蛟河、珲春，辽宁省丹东、宽甸、凤城、桓仁、本溪、新宾、清原、抚顺、开原、西丰、铁岭、法库、沈阳、岫岩、东港、庄河、大连、普兰店、盖州、营口、鞍山、彰武、北镇、义县、建昌、凌源、兴城、建平、绥中、法库，内蒙古额尔古纳、牙克石、扎兰屯、鄂伦春旗、陈巴尔虎旗、新巴尔虎左旗、鄂温克旗、海拉尔、科尔沁右翼前旗、阿尔山、扎鲁特旗、突泉、科尔沁左翼后旗、阿鲁科尔沁旗、巴林右旗、巴林左旗、克什克腾旗、敖汉旗、宁城、喀喇沁旗。

分布：中国（黑龙江、吉林、辽宁、内蒙古、河北、山西、陕西、甘肃、山东），朝鲜半岛，蒙古，俄罗斯（东部西伯利亚、远东地区）。

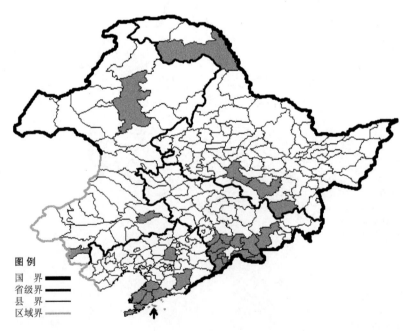

图例
国　界 ▬▬
省级界 ▬▬
县　界 ▬▬
区域界 ▬▬

毛山荆子 Malus baccata (L.) Borkh. **var. mandshurica** (Maxim.) Schneid. 生于山坡杂木林中，林缘，沟谷，产于黑龙江省哈尔滨、尚志、宁安、呼玛，吉林省临江、通化、柳河、梅河口、辉南、集安、抚松、靖宇、长白、安图，辽宁省大连、普兰店、庄河、瓦房店、长海、沈阳、盖州、凤城，内蒙古牙克石、通辽、喀喇沁旗。分布于中国（黑龙江、吉林、辽宁、内蒙古、山西、陕西、甘肃）。

山楂海棠

Malus komarovii (Sarg.) Rehd.

　　生境：林缘，疏林中，海拔约
1100 米。
　　产地：吉林省安图、珲春、和龙、
长白、抚松。
　　分布：中国（吉林），朝鲜半岛。

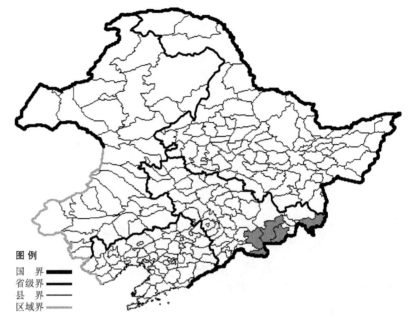

东北绣线梅

Neillia uekii Nakai

　　生境：向阳干山坡，石砾质地。
　　产地：吉林省集安，辽宁省桓仁、
宽甸。
　　分布：中国（吉林、辽宁），朝
鲜半岛。

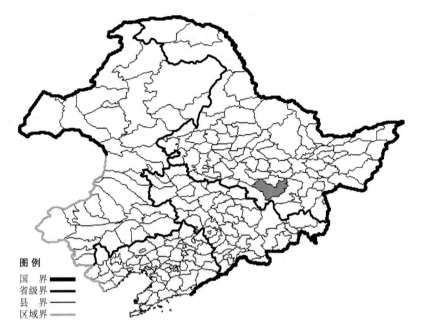

图例
国　界 ▬▬
省级界 ▬▬
县　界 ──
区域界 ▬▬

风箱果

Physocarpus amurensis (Maxim.) Maxim.

　生境：山沟，阔叶林缘，常丛生，海拔约 600 米（张广才岭）。
　产地：黑龙江省尚志。
　分布：中国（黑龙江、河北），朝鲜半岛，俄罗斯（远东地区）。

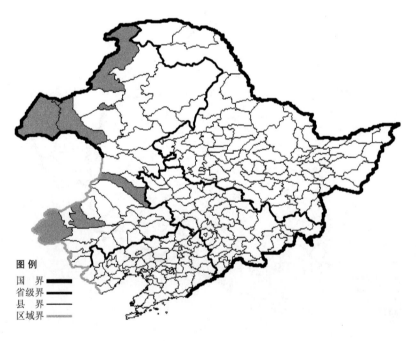

图例
国　界 ▬▬
省级界 ▬▬
县　界 ──
区域界 ▬▬

星毛委陵菜

Potentilla acaulis L.

　生境：固定沙丘，草原，丘陵，海拔约 600 米。
　产地：内蒙古海拉尔、满洲里、额尔古纳、新巴尔虎右旗、新巴尔虎左旗、克什克腾旗、科尔沁右翼中旗、巴林右旗。
　分布：中国（内蒙古、河北、山西、陕西、甘肃、青海、新疆、西藏），蒙古，俄罗斯（东部西伯利亚、远东地区）。

东北委陵菜

Potentilla amurensis Maxim.

生境：草甸，河谷，河边沙地，盐碱地，荒地。

产地：黑龙江省虎林、哈尔滨，辽宁省沈阳。

分布：中国（黑龙江、辽宁、河北、山西、陕西、甘肃、安徽、江苏、浙江、河南、江西、广东、四川、贵州、云南），朝鲜半岛，俄罗斯（远东地区）。

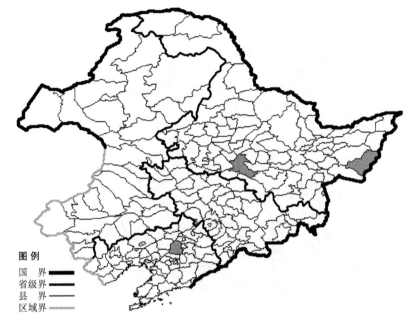

皱叶委陵菜

Potentilla ancistrifolia Bunge

生境：山坡石砾质地，岩石缝间，灌丛，林下，海拔 300-900 米。

产地：黑龙江省尚志、哈尔滨、伊春、依兰，吉林省蛟河、集安、敦化，辽宁省鞍山、大连、营口、岫岩、普兰店、凤城、瓦房店、本溪、宽甸、新宾、清原。

分布：中国（黑龙江、吉林、辽宁、河北、山西、陕西、河南、湖北、四川），朝鲜半岛，俄罗斯（远东地区）。

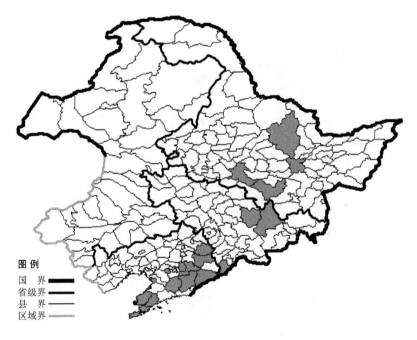

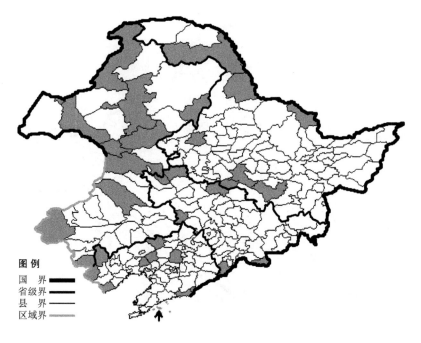

鹅绒委陵菜

Potentilla anserina L.

生境：草甸，河边，耕地旁，人家附近，海拔 300 米以下。

产地：黑龙江省黑河、富裕、尚志、双城、哈尔滨、嘉荫、呼玛，吉林省双辽、长白、集安、扶余、镇赉、白城，辽宁省彰武、黑山、凌源、长海、沈阳、建平、东港、丹东、绥中、北镇，内蒙古额尔古纳、扎兰屯、牙克石、新巴尔虎左旗、海拉尔、满洲里、莫力达瓦达斡尔旗、科尔沁右翼前旗、阿尔山、扎鲁特旗、克什克腾旗、宁城。

分布：中国（黑龙江、吉林、辽宁、内蒙古、河北、山西、陕西、甘肃、宁夏、青海、新疆、四川、云南、西藏），朝鲜半岛，日本，蒙古，俄罗斯（欧洲部分、高加索、西伯利亚、远东地区），中亚，伊朗，叙利亚，欧洲，大洋洲，北美洲，南美洲。

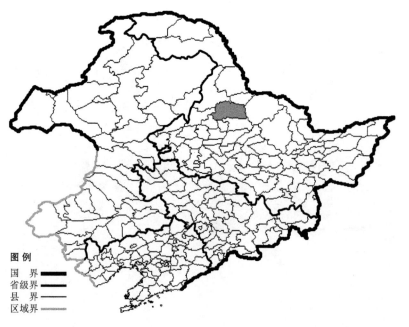

刚毛委陵菜

Potentilla asperrima Turcz.

生境：火山灰上，石砾质地，岳桦林下。

产地：黑龙江省五大连池。

分布：中国（黑龙江），俄罗斯（东部西伯利亚、远东地区）。

蛇莓委陵菜

Potentilla centigrana Maxim.

生境：林下，草甸，河边，人家附近，海拔 900 米以下。

产地：黑龙江省尚志、哈尔滨，吉林省长春、临江、蛟河、靖宇、抚松、安图、汪清，辽宁省清原、本溪、桓仁、宽甸、丹东、西丰、开原、新宾、沈阳、铁岭。

分布：中国（黑龙江、吉林、辽宁、陕西、甘肃、四川、云南），朝鲜半岛，日本，俄罗斯（远东地区）。

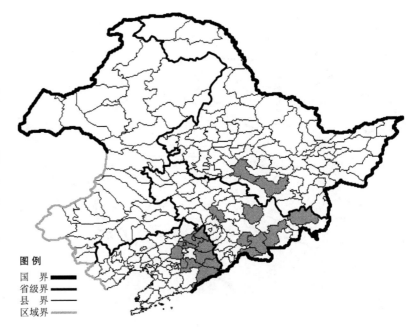

光叉叶委陵菜

Potentilla bifurca L. var. **glabrata** Lehm.

生境：山坡，沙地，草甸，河边，海拔约 200 米。

产地：黑龙江省伊春、宁安、富裕、尚志、佳木斯、齐齐哈尔、哈尔滨、呼玛、安达，吉林省吉林、汪清，辽宁省建平、东港，内蒙古满洲里、海拉尔、额尔古纳、根河、赤峰、通辽、科尔沁右翼前旗、阿尔山、新巴尔虎左旗、鄂温克旗、乌兰浩特、克什克腾旗。

分布：中国（黑龙江、吉林、辽宁、内蒙古、河北、山西、陕西、甘肃、新疆），朝鲜半岛，蒙古，俄罗斯（东部西伯利亚、远东地区）。

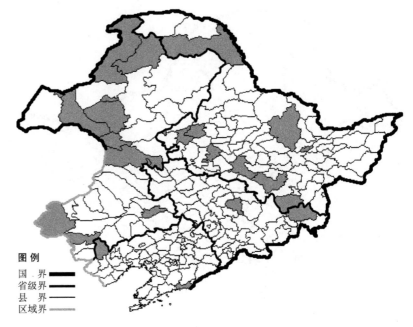

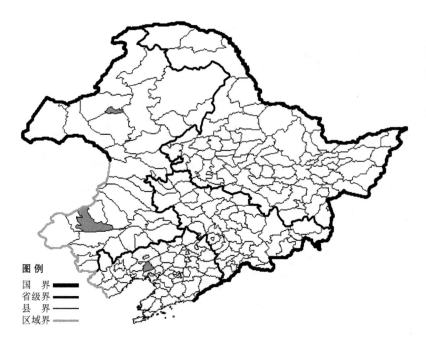

毛叉叶委陵菜 Potentilla bifurca
L. var. **canescens** Bong. et Mey. 生于草地，产于辽宁省北镇，内蒙古海拉尔、巴林右旗，分布于中国（辽宁、内蒙古、新疆），蒙古，中亚。

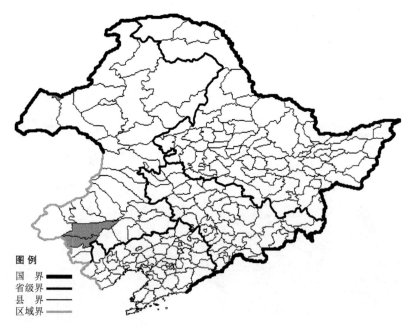

小叉叶委陵菜 Potentilla bifurca
L. var. **humilior** Rupr. 生于沙地，石砾质地，产于内蒙古满洲里、翁牛特旗、赤峰，分布于中国（内蒙古、河北、山西、陕西、甘肃、青海、宁夏、新疆、四川、西藏），蒙古，中亚。

委陵菜

Potentilla chinensis Ser.

　　生境：山坡灌丛，林缘，荒地，海拔 1400 米以下。

　　产地：黑龙江省哈尔滨、肇东、肇源、宁安、大庆、杜尔伯特、虎林、克山、集贤、依兰、密山、鸡西、绥芬河，吉林省临江、抚松、吉林、九台、蛟河、安图、汪清、珲春、和龙、镇赉、通榆，辽宁省沈阳、鞍山、锦州、大连、凤城、彰武、北镇、清原、建平、建昌、葫芦岛、凌源、丹东、铁岭、桓仁、新宾、庄河、西丰、营口、瓦房店、长海、法库、岫岩，内蒙古科尔沁右翼前旗、扎鲁特旗、翁牛特旗、宁城、

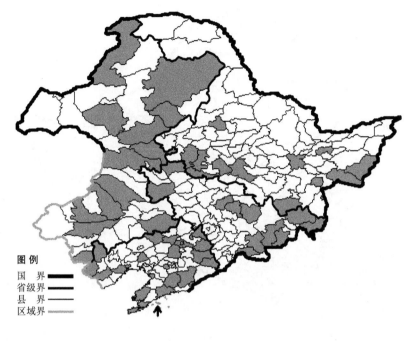

鄂伦春旗、鄂温克旗、额尔古纳、巴林右旗、科尔沁左翼后旗、扎兰屯、扎赉特旗、阿鲁科尔沁旗、阿荣旗。

　　分布：中国（黑龙江、吉林、辽宁、内蒙古、河北、山西、陕西、甘肃、山东、江苏、安徽、河南、湖北、江西、湖南、广东、广西、四川、贵州、云南、西藏、台湾），朝鲜半岛，日本，俄罗斯（东部西伯利亚、远东地区）。

　　线叶委陵菜 Potentilla chinensis Ser. var. **lineariloba** Franch. 生于林间草地，向阳山坡，草甸，产于黑龙江省哈尔滨、萝北、宝清、依兰、肇东、杜尔伯特、黑河、鸡西、绥芬河、密山、安达、集贤、宁安、克山，吉林省珲春、和龙、安图、汪清、镇赉、通榆、吉林、抚松、九台、蛟河、临江，辽宁省彰武、建平、绥中、长海、鞍山、沈阳、清原、凌源、岫岩、庄河、法库、营口、新宾、丹东、凤城、建昌、北镇、铁岭、本溪、西丰、桓仁、大连、普兰店、锦州、葫芦岛、新民，内蒙古扎兰屯、科尔沁右翼前旗、翁牛特旗、克什克腾旗、海拉尔、科尔沁左翼后旗、扎鲁特旗、宁城，分布于中国（黑龙江、吉林、辽宁、内蒙古、河北、山东、江苏、河南），朝鲜半岛，日本。

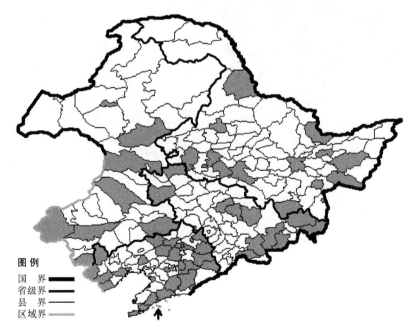

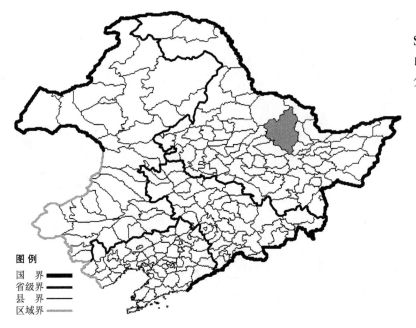

薄叶委陵菜 Potentilla chinensis Ser. var. **platyloba** Liou et C. Y. L 生于山坡石砾质地，产于黑龙江省伊春，分布于中国（黑龙江）。

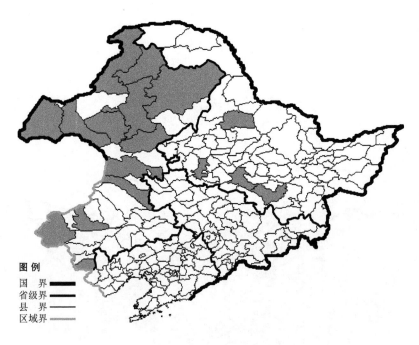

大头委陵菜

Potentilla conferta Bunge

　　生境：山坡草地，海拔 700 米以下。

　　产地：黑龙江省大庆、尚志、哈尔滨、五大连池，内蒙古根河、额尔古纳、牙克石、扎兰屯、新巴尔虎右旗、新巴尔虎左旗、鄂伦春旗、鄂温克旗、科尔沁右翼前旗、科尔沁右翼中旗、海拉尔、巴林右旗、克什克腾旗、宁城。

　　分布：中国（黑龙江、内蒙古、河北、山西、甘肃、新疆、四川、云南、西藏），蒙古，俄罗斯（欧洲部分、西伯利亚），中亚。

狼牙委陵菜

Potentilla cryptotaeniae Maxim.

　　生境：草甸，山坡草地、林缘，溪流旁，海拔400-1700米（长白山）。
　　产地：黑龙江省伊春、哈尔滨、宝清、萝北、宁安、牡丹江、汤原，吉林省珲春、和龙、汪清、安图、通化、蛟河、抚松、靖宇、九台、集安、长白、梅河口、柳河、辉南、敦化、临江，辽宁省本溪、新宾、桓仁、沈阳、鞍山、岫岩、凤城、宽甸。
　　分布：中国（黑龙江、吉林、辽宁、陕西、甘肃、湖北、四川），朝鲜半岛，日本，俄罗斯（远东地区）。

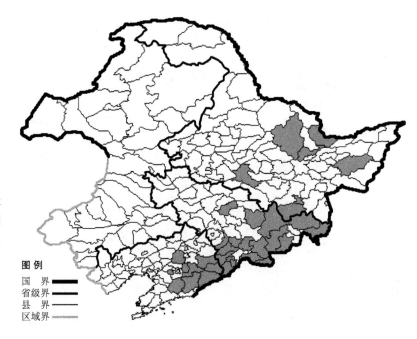

　　卵叶狼牙委陵菜 Potentilla cryptotaeniae Maxim. f. **obovata** (Th. Wolf) Kitag. 生于林缘、荒地，产于黑龙江省汤原，辽宁省凤城、宽甸，分布于中国（黑龙江、辽宁）。

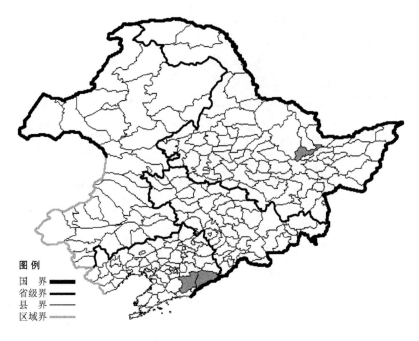

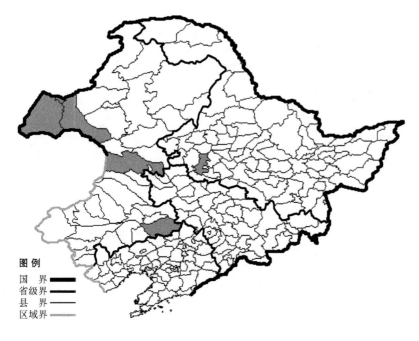

图例
国　界 ▬▬
省级界 ━━
县　界 ──
区域界 ──

毛叶委陵菜

Potentilla dasyphylla Bunge

　　生境：山坡草地，沙地，草原，林缘，海拔约 700 米。
　　产地：黑龙江省大庆，内蒙古满洲里、新巴尔虎右旗、新巴尔虎左旗、科尔沁右翼前旗、科尔沁左翼后旗。
　　分布：中国（黑龙江、内蒙古、甘肃、青海、新疆、西藏），蒙古，俄罗斯（欧洲部分、西伯利亚），中亚。

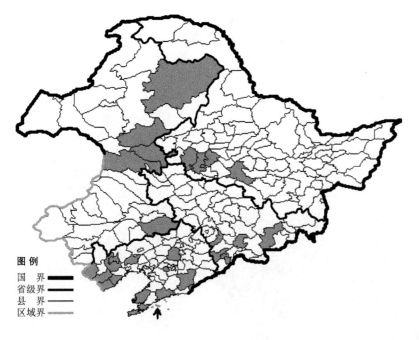

图例
国　界 ▬▬
省级界 ━━
县　界 ──
区域界 ──

翻白委陵菜

Potentilla discolor Bunge

　　生境：山坡灌丛，荒地，林缘，草甸，海拔 500 米以下。
　　产地：黑龙江省哈尔滨、杜尔伯特、大庆、安达，吉林省安图、梅河口、靖宇、通化，辽宁省凤城、长海、庄河、绥中、凌源、沈阳、鞍山、大连、瓦房店、丹东、建昌、朝阳、义县、兴城，内蒙古鄂伦春旗、扎兰屯、扎赉特旗、科尔沁右翼前旗、科尔沁左翼后旗。
　　分布：中国（黑龙江、吉林、辽宁、内蒙古、河北、山西、陕西、山东、江苏、安徽、浙江、福建、河南、湖北、江西、湖南、广东、四川、台湾），朝鲜半岛，日本，俄罗斯（远东地区）。

蔓委陵菜

Potentilla flagellaris Willd. ex Schlecht.

生境：草甸，林下，林缘，路旁，海拔 700 米以下。

产地：黑龙江省佳木斯、哈尔滨、大庆、双城、安达、伊春，吉林省扶余、磐石、通榆，辽宁省大连、长海、凤城、昌图、北镇、凌源、建平、沈阳、建昌、丹东、兴城，内蒙古额尔古纳、鄂伦春旗、牙克石、陈巴尔虎旗、扎兰屯、科尔沁右翼前旗、科尔沁右翼中旗、突泉、乌兰浩特、科尔沁左翼后旗、扎鲁特旗、翁牛特旗、鄂温克旗、阿尔山、巴林右旗、扎赉特旗。

分布：中国（黑龙江、吉林、辽宁、内蒙古、河北、山西、甘肃、山东），朝鲜半岛，蒙古，俄罗斯（西伯利亚、远东地区）。

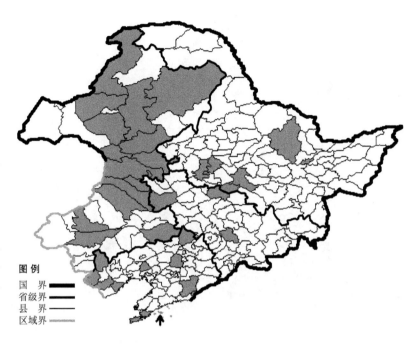

莓叶委陵菜

Potentilla fragarioides L.

生境：草甸，林下，林缘，海拔 1700 米以下。

产地：黑龙江省哈尔滨、尚志、虎林、伊春、黑河、呼玛、嘉荫、密山，吉林省临江、抚松、安图、通化、桦甸、柳河、敦化、蛟河，辽宁省凌源、绥中、本溪、凤城、瓦房店、盖州、沈阳、西丰、桓仁、北镇、义县、开原、朝阳、鞍山、丹东、大连、庄河、彰武、东港、建昌，内蒙古额尔古纳、鄂伦春旗、阿荣旗、牙克石、扎兰屯、科尔沁右翼前旗、扎赉特旗、科尔沁左翼后旗、阿尔山、根河、巴林右旗。

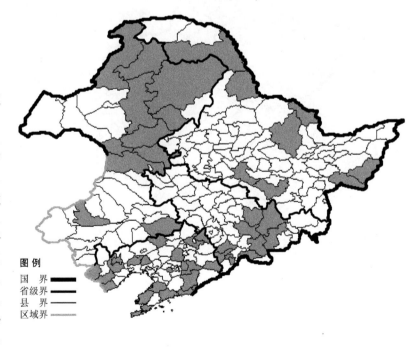

分布：中国（黑龙江、吉林、辽宁、内蒙古、河北、山西、陕西、甘肃、山东、江苏、安徽、浙江、福建、河南、湖北、湖南、广西、四川、云南），朝鲜半岛，蒙古，俄罗斯（西伯利亚、远东地区）。

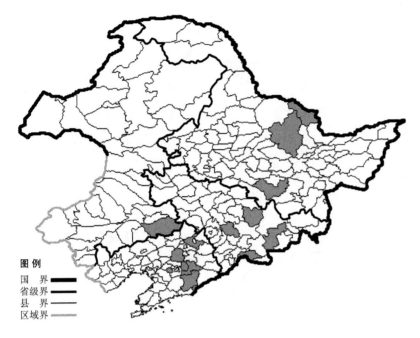

图例
国　界 ▬▬▬
省级界 ▬▬▬
县　界 ———
区域界 ———

三叶委陵菜

Potentilla freyniana Bornm.

生境：林缘，河边，草甸，海拔1300 米以下。

产地：黑龙江省伊春、尚志、嘉荫，吉林省磐石、安图、蛟河、临江，辽宁省凤城、丹东、本溪、鞍山、开原、沈阳，内蒙古科尔沁左翼后旗。

分布：中国（黑龙江、吉林、辽宁、内蒙古、河北、山西、陕西、甘肃、山东、浙江、福建、江西、湖北、湖南、四川、贵州、云南），朝鲜半岛，日本，俄罗斯（远东地区）。

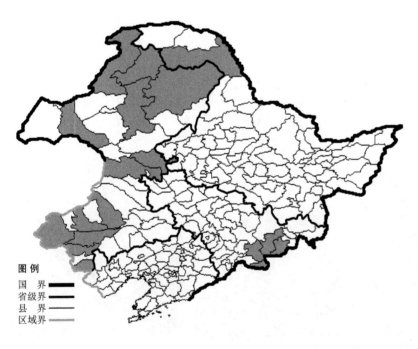

图例
国　界 ▬▬▬
省级界 ▬▬▬
县　界 ———
区域界 ———

金露梅

Potentilla fruticosa L.

生境：林缘，石砬子上，沟谷，沼泽灌丛，海拔 1100-1900 米。

产地：黑龙江省呼玛，吉林省抚松、长白、安图、和龙，内蒙古额尔古纳、根河、鄂伦春旗、牙克石、扎赉特旗、巴林右旗、新巴尔虎左旗、科尔沁右翼前旗、阿鲁科尔沁旗、克什克腾旗、翁牛特旗、赤峰、宁城。

分布：中国（黑龙江、吉林、内蒙古、河北、山西、陕西、甘肃、新疆、湖北、四川、云南、西藏），朝鲜半岛，日本，蒙古，俄罗斯（北极带、欧洲部分、高加索、西伯利亚、远东地区），中亚，欧洲，北美洲。

银露梅

Potentilla glabra Lodd.

　　生境：山坡岩石间。

　　产地：黑龙江省呼玛，内蒙古额尔古纳、根河、扎赉特旗、科尔沁右翼前旗、阿尔山、牙克石、巴林左旗、巴林右旗、翁牛特旗、克什克腾旗、宁城。

　　分布：中国（黑龙江、内蒙古、河北、山西、陕西、甘肃、青海、安徽、湖北、四川），朝鲜半岛，蒙古，俄罗斯（东部西伯利亚、远东地区）。

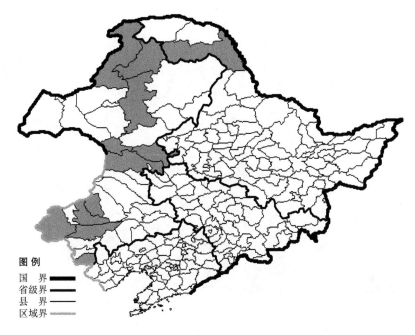

白花委陵菜

Potentilla inquinans Turcz.

　　生境：石砾质山坡，海拔 1100 米以下。

　　产地：黑龙江省呼玛，吉林省抚松，内蒙古额尔古纳、根河、阿尔山。

　　分布：中国（黑龙江、吉林、内蒙古），俄罗斯（东部西伯利亚、远东地区）。

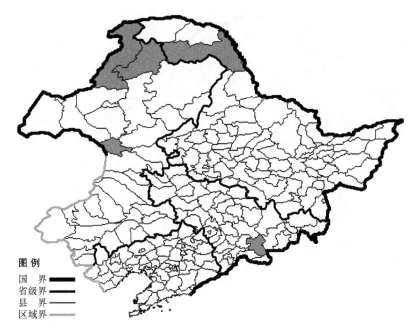

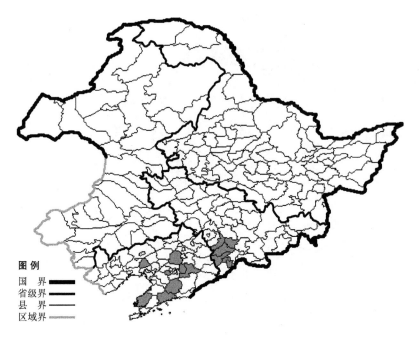

图例
国　界 ▬▬
省级界 ▬▬
县　界 ▬▬
区域界 ▬▬

蛇含委陵菜

Potentilla kleiniana Wight

　　生境：草甸，河边，林缘，湿草地，海拔 700 米以下。
　　产地：吉林省柳河、辉南、梅河口、通化，辽宁省北镇、瓦房店、本溪、沈阳、鞍山、岫岩、庄河。
　　分布：中国（吉林、辽宁、陕西、山东、江苏、安徽、浙江、福建、河南、湖北、江西、湖南、广东、广西、四川、贵州、云南、西藏），朝鲜半岛，日本，印度，马来西亚，印度尼西亚。

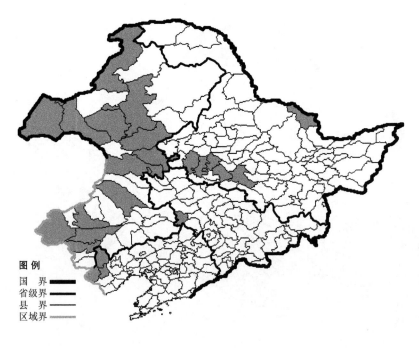

图例
国　界 ▬▬
省级界 ▬▬
县　界 ▬▬
区域界 ▬▬

白叶委陵菜

Potentilla leucophylla Pall.

　　生境：草原、石砾质地，岩石缝间，山坡草地，石砬子上，海拔约 700 米。
　　产地：黑龙江省安达、杜尔伯特、肇东、哈尔滨、大庆、嘉荫，吉林省双辽，辽宁省建平、凌源、喀左，内蒙古额尔古纳、科尔沁右翼前旗、牙克石、新巴尔虎左旗、新巴尔虎右旗、鄂温克旗、扎兰屯、扎鲁特旗、乌兰浩特、克什克腾旗、扎赉特旗、满洲里、巴林右旗、海拉尔、赤峰、翁牛特旗。
　　分布：中国（黑龙江、吉林、辽宁、内蒙古、河北），蒙古，俄罗斯（西伯利亚）。

五叶白叶委陵菜 **Potentilla leuco-phylla** Pall. var **pentaphylla** Liou et C. Y. Li 生于石砬子上，产于内蒙古牙克石，分布于中国（内蒙古）。

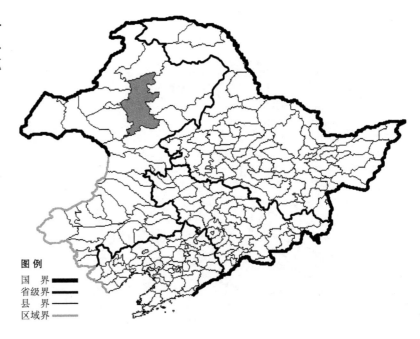

多茎委陵菜

Potentilla multicaulis Bunge

生境：山坡草地，荒地，林缘，路旁，耕地旁，向阳石砾质山坡，河滩。

产地：辽宁省黑山、北镇、盖州、沈阳、彰武。

分布：中国（辽宁、河北、山西、陕西、甘肃、宁夏、青海、新疆、河南、四川）。

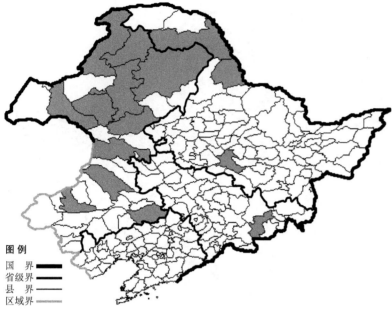

图例
国　界
省级界
县　界
区域界

细叶委陵菜
Potentilla multifida L.

生境：山坡草地，河边，海拔400-700 米。

产地：黑龙江省黑河、哈尔滨、呼玛，吉林省安图，内蒙古海拉尔、额尔古纳、根河、牙克石、新巴尔虎左旗、巴林右旗、鄂温克旗、鄂伦春旗、扎兰屯、科尔沁右翼前旗、扎鲁特旗、科尔沁左翼后旗。

分布：中国（黑龙江、吉林、内蒙古、河北、陕西、甘肃、青海、新疆、四川、云南、西藏），朝鲜半岛，日本，蒙古，俄罗斯（欧洲部分、西伯利亚、远东地区），中亚，伊朗，阿富汗，欧洲，北美洲。

爪细叶委陵菜 Potentilla multifida L. var. **ornithopoda** (Tausch) Th. Wolf 生于山坡草地，河滩，沟边，草甸，林缘，产于黑龙江省尚志、嫩江，内蒙古鄂温克旗、巴林右旗、科尔沁左翼后旗，分布于中国（黑龙江、内蒙古、河北、山西、陕西、甘肃、青海、新疆、西藏），蒙古，俄罗斯（西伯利亚），中亚。

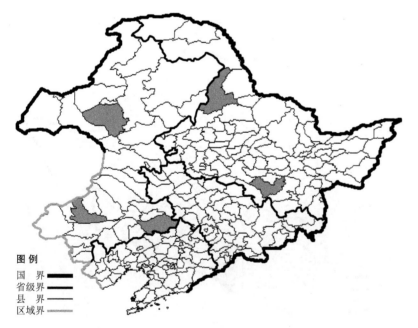

图例
国　界
省级界
县　界
区域界

假雪委陵菜

Potentilla nivea L. var. **camtschatica**
Cham. et Schlecht.

　　生境：山坡草地，高山冻原，海拔 1700-2400 米（长白山）。
　　产地：吉林省安图，内蒙古科尔沁右翼前旗、额尔古纳。
　　分布：中国（吉林、内蒙古、河北），朝鲜半岛，日本，俄罗斯（远东地区）。

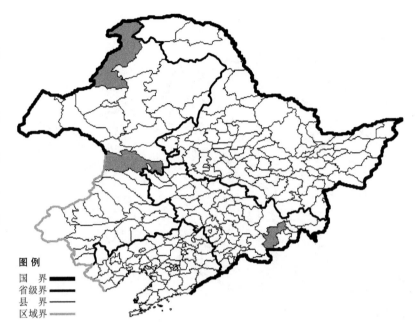

红茎委陵菜

Potentilla nudicaulis Willd. ex Schlecht.

　　生境：山坡，林下，荒地，海拔约 800 米（大兴安岭）。
　　产地：黑龙江省安达、呼玛，内蒙古海拉尔、额尔古纳、根河、牙克石、科尔沁右翼前旗。
　　分布：中国（黑龙江、内蒙古、河北、山西），蒙古，俄罗斯（东部西伯利亚）。

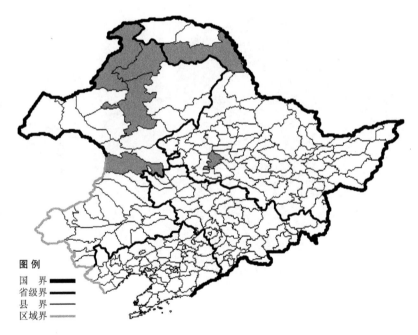

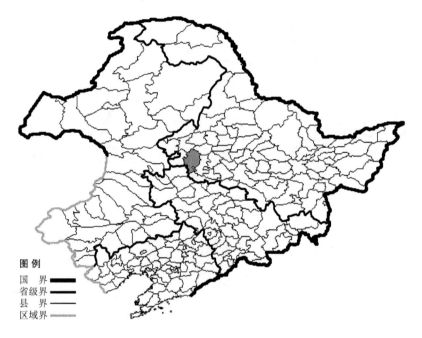

假翻白委陵菜

Potentilla pannifolia Liou et C. Y. Li

生境：草原，海拔 200 米以下。
产地：黑龙江省杜尔伯特。
分布：中国（黑龙江）。

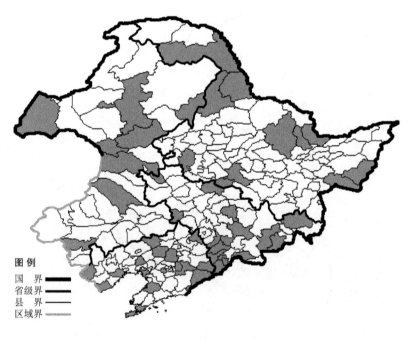

伏委陵菜

Potentilla paradoxa L.

生境：河边，荒地，林缘，路旁，耕地旁，海拔 1200 米以下。

产地：黑龙江省呼玛、杜尔伯特、萝北、虎林、伊春、双城、鹤岗、哈尔滨、双城、密山、黑河、嫩江，吉林省双辽、安图、桦甸、吉林、临江、集安、梅河口、柳河、辉南、通化、扶余、白城、汪清、和龙，辽宁省沈阳、葫芦岛、凌源、彰武、大连、盖州、鞍山、北镇、绥中、丹东、西丰、新民、本溪、宽甸、大洼、桓仁，内蒙古海拉尔、新巴尔虎右旗、牙克石、扎兰屯、莫力达瓦达斡尔旗、科尔沁右翼前旗、阿尔山、扎鲁特旗、赤峰。

分布：中国（黑龙江、吉林、辽宁、内蒙古、河北、山西），朝鲜半岛，日本，俄罗斯（西伯利亚、远东地区），北美洲。

小叶金露梅

Potentilla parviflora Fisch.

生境：岩石缝间，丘陵石砾质地，林缘，海拔 900 米以下。

产地：内蒙古巴林右旗、满洲里。

分布：中国（内蒙古、甘肃、青海、新疆、四川、西藏），蒙古，俄罗斯（西伯利亚），中亚。

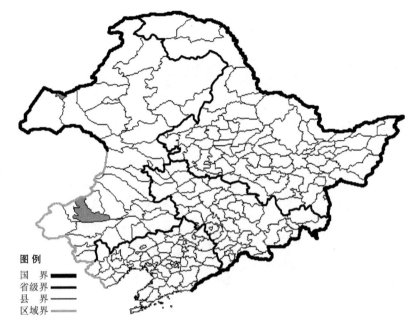

图 例
国　界 ▬▬▬
省级界 ▬▬
县　界 ——
区域界 ▬▬

深齿匍匐委陵菜

Potentilla reptans L. var. **incisa** Franch.

生境：山坡草地。

产地：辽宁省本溪。

分布：中国（辽宁、河北、山西、陕西、甘肃、山东、江苏、浙江、河南、四川、云南）。

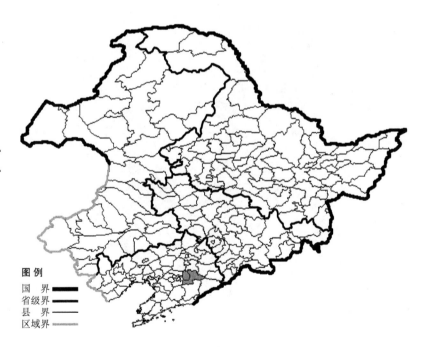

图 例
国　界 ▬▬▬
省级界 ▬▬
县　界 ——
区域界 ▬▬

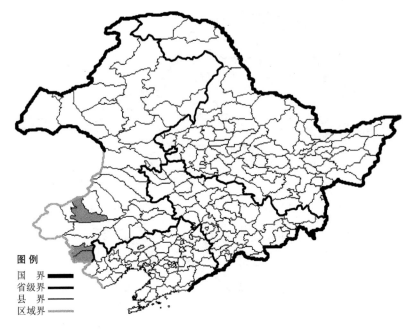

等齿委陵菜

Potentilla simulatrix Wolf

生境：林下，溪流旁阴湿处。

产地：内蒙古喀喇沁旗、巴林右旗、宁城。

分布：中国（内蒙古、河北、山西、陕西、甘肃、青海、四川）。

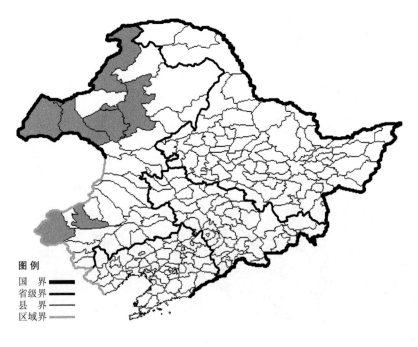

灰白委陵菜

Potentilla strigosa Pall.

生境：草原。

产地：内蒙古海拉尔、新巴尔虎右旗、牙克石、鄂温克旗、满洲里、额尔古纳、新巴尔虎左旗、巴林右旗、克什克腾旗。

分布：中国（内蒙古、新疆），蒙古，俄罗斯（欧洲部分、西部西伯利亚、东部西伯利亚），中亚。

蒿叶委陵菜

Potentilla tanacetifolia Willd. ex Schlecht

生境：山坡，林缘，荒地、草甸、沙地，海拔 800 米以下。

产地：黑龙江省呼玛、黑河、萝北、哈尔滨、杜尔伯特、肇东、肇源、齐齐哈尔、安达，吉林省镇赉、通榆，辽宁省建平、凌源、建昌、彰武、喀左、新民，内蒙古海拉尔、满洲里、新巴尔虎左旗、新巴尔虎右旗、牙克石、鄂伦春旗、鄂温克旗、阿尔山、科尔沁右翼前旗、科尔沁右翼中旗、扎赉特旗、科尔沁左翼后旗、翁牛特旗、克什克腾旗、宁城、赤峰、额尔古纳、巴林右旗、根河。

分布：中国（黑龙江、吉林、辽宁、内蒙古、河北、山西、陕西、甘肃、山东），朝鲜半岛，蒙古，俄罗斯（西伯利亚）。

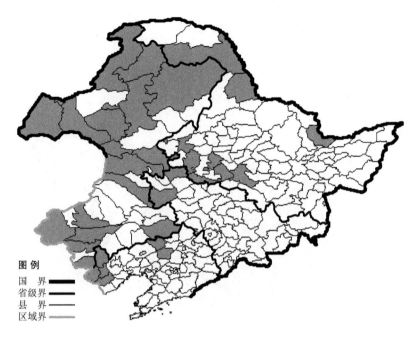

浅齿蒿叶委陵菜 Potentilla tanacetifolia Willd. ex Schlecht. var. **crenato-serrata** Liou et C. Y. Li 生于沙地、向阳山坡、山脚下，海拔 750 米以下，产于辽宁省彰武、北镇，内蒙古赤峰，分布于中国（辽宁、内蒙古）。

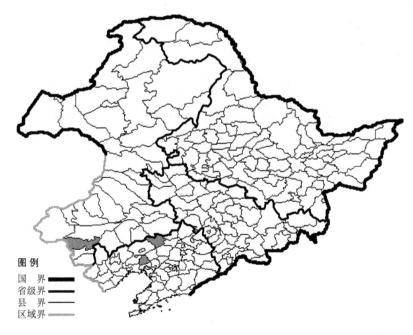

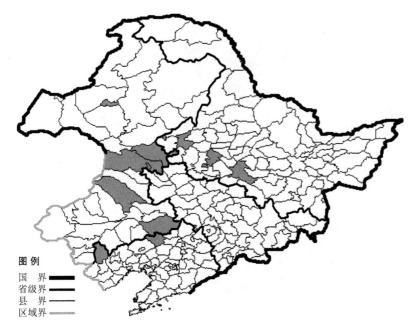

图例
国　界 ▬▬
省级界 ▬▬
县　界 ▬▬
区域界 ▬▬

轮叶委陵菜

Potentilla verticillaris Steph

　　生境：石砾质山坡，沙砾质地，草原，海拔 600 米以下。

　　产地：黑龙江省哈尔滨、安达、齐齐哈尔，辽宁省建平、彰武，内蒙古扎赉特旗、科尔沁右翼前旗、乌兰浩特、科尔沁左翼后旗、扎鲁特旗、海拉尔。

　　分布：中国（黑龙江、辽宁、内蒙古、河北），朝鲜半岛，日本，蒙古，俄罗斯（东部西伯利亚）。

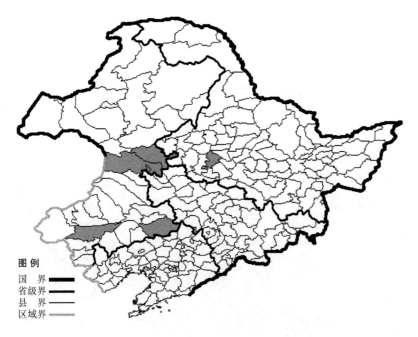

图例
国　界 ▬▬
省级界 ▬▬
县　界 ▬▬
区域界 ▬▬

　　宽轮叶委陵菜 Potentilla verticillaris Steph var. **latisecta** Liou et C. Y. Li 生于草原，产于黑龙江省安达，内蒙古翁牛特旗、科尔沁右翼前旗、科尔沁左翼后旗、扎赉特旗、乌兰浩特，分布于中国（黑龙江、内蒙古）。

爪轮叶委陵菜 **Potentilla verticillaris** Steph var. **pedatisecta** Liou et C. Y. Li 生于草原、山坡，产于黑龙江省杜尔伯特、哈尔滨、肇东、齐齐哈尔，内蒙古科尔沁右翼前旗、翁牛特旗、乌兰浩特，分布于中国（黑龙江、内蒙古）。

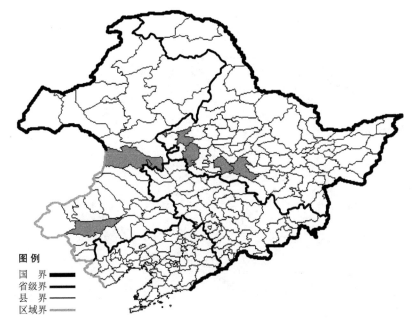

粘委陵菜

Potentilla viscosa J. Don

生境：草甸，林缘，沙质地，灌丛，疏林下，海拔 1300 米以下。

产地：黑龙江省密山、克山、宁安、东宁，吉林省珲春、汪清、安图、长白、和龙，辽宁省彰武，内蒙古额尔古纳、牙克石、满洲里、鄂伦春旗、海拉尔、扎赉特旗、阿尔山、科尔沁右翼前旗、科尔沁右翼中旗、科尔沁左翼后旗、克什克腾旗、扎鲁特旗、新巴尔虎左旗、巴林右旗、喀喇沁旗、阿鲁科尔沁旗。

分布：中国（黑龙江、吉林、辽宁、内蒙古、河北、山西、甘肃、青海、新疆、山东、四川、西藏），朝鲜半岛，蒙古，俄罗斯（欧洲部分、西伯利亚、远东地区）。

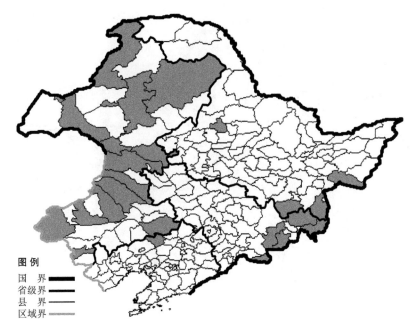

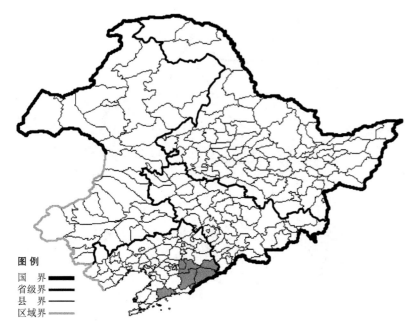

匐枝委陵菜

Potentilla yokusaiana Makino

　　生境：林下，石砾质地，干山坡，草甸，海拔约 660 米。

　　产地：辽宁省凤城、庄河、本溪、丹东、宽甸、桓仁。

　　分布：中国（辽宁、河北），朝鲜半岛，日本。

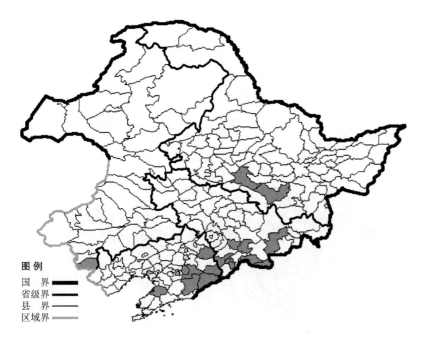

东北扁核木

Prinsepia sinensis (Oliv.) Oliv. ex Bean

　　生境：林下，林缘，溪流旁灌丛，海拔 900 米以下。

　　产地：黑龙江省尚志、哈尔滨，吉林省长白、靖宇、临江、辉南、通化、安图，辽宁省宽甸、凤城、桓仁、本溪、清原、盖州，内蒙古宁城。

　　分布：中国（黑龙江、吉林、辽宁、内蒙古）。

山毛桃

Prunus davidiana(Carr.)Franch.

生境：向阳山坡。
产地：辽宁省凌源。
分布：中国（辽宁、河北、山西、陕西、甘肃、山东、河南、四川、云南）。

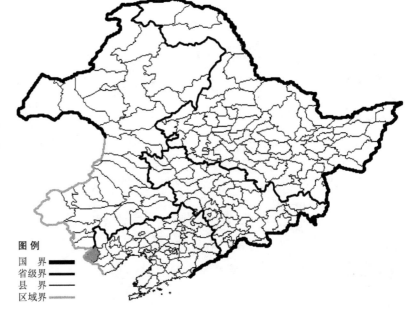

欧李

Prunus humilis Bunge

生境：阳坡灌丛，半固定沙丘，海拔 700 米以下。
产地：黑龙江省依兰，吉林省双辽、前郭尔罗斯、通榆，辽宁省建昌、建平、朝阳、兴城、葫芦岛、绥中、彰武、北镇、义县、法库、铁岭、沈阳、鞍山、盖州、瓦房店、凤城，内蒙古科尔沁左翼后旗、克什克腾旗、科尔沁右翼中旗、巴林右旗、扎赉特旗。
分布：中国（黑龙江、吉林、辽宁、内蒙古、河北、山东、河南）。

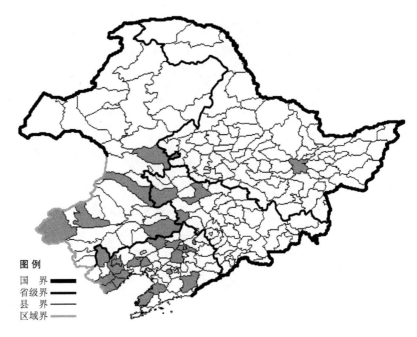

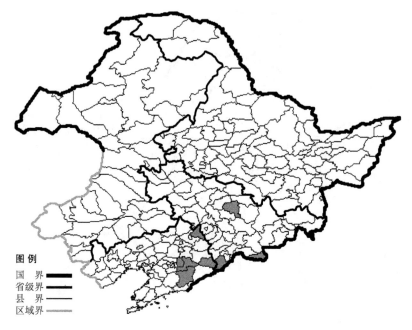

郁李

Prunus japonica Thunb.

生境：灌丛，路旁，常有栽培，海拔约300米。

产地：吉林省集安、长白、吉林，辽宁省西丰、桓仁、本溪、凤城。

分布：中国（吉林、辽宁、河北、山东、浙江），朝鲜半岛，日本。

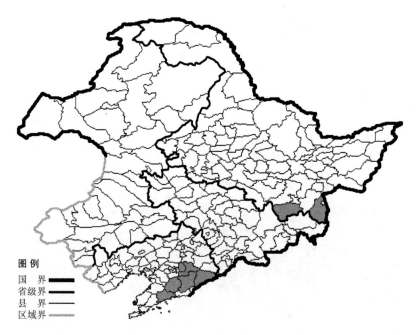

东北郁李 Prunus japonica Thunb. var. **engleri** Koehne 生于阳坡灌丛，产于黑龙江省东宁、宁安，辽宁省本溪、岫岩、庄河、凤城、宽甸，分布于中国（黑龙江、辽宁），朝鲜半岛。

斑叶稠李

Prunus maackii Rupr.

生境：溪流旁，河边，林中，林缘，海拔 700-1400 米（长白山）。

产地：黑龙江省海林、尚志、伊春、密山、虎林、哈尔滨，吉林省集安、通化、靖宇、抚松、长白、临江、汪清、蛟河、敦化、安图、和龙，辽宁省桓仁、本溪、宽甸。

分布：中国（黑龙江、吉林、辽宁），朝鲜半岛，俄罗斯（远东地区）。

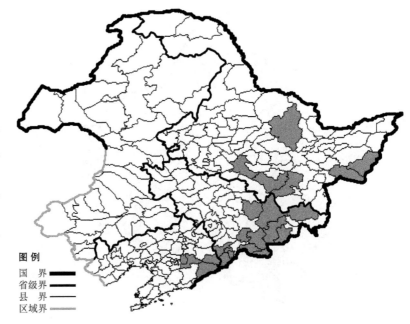

披针叶斑叶稠李 Prunus maackii Rupr. f. **lanceolata** Yu et Ku 生于林中，林缘，海拔 800-950 米，产于吉林省安图，分布于中国（吉林）。

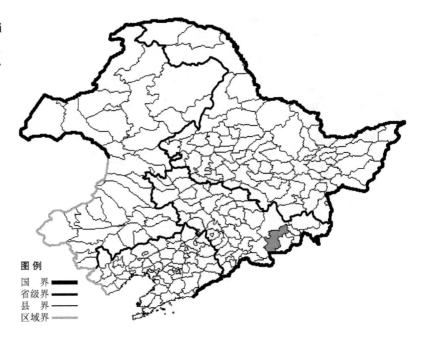

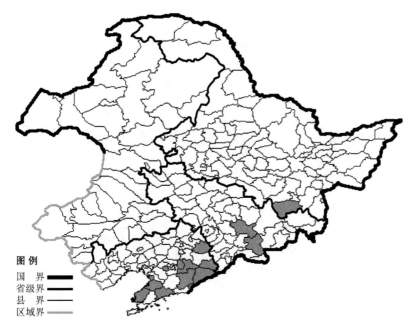

图例
国　界 ▬▬▬
省级界 ▬▬
县　界 ▬
区域界 ▬▬

东北杏

Prunus mandshurica (Maxim.) Koehne

　　生境：疏林中，向阳山坡，灌丛，海拔 500 米以下。
　　产地：黑龙江省宁安，吉林省抚松、桦甸，辽宁省鞍山、营口、丹东、凤城、桓仁、宽甸、本溪、清原、庄河、盖州、瓦房店。
　　分布：中国（黑龙江、吉林、辽宁），朝鲜半岛，俄罗斯（远东地区）。

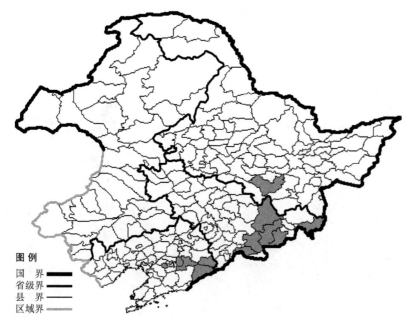

图例
国　界 ▬▬▬
省级界 ▬▬
县　界 ▬
区域界 ▬▬

黑樱桃

Prunus maximowiczii Rupr

　　生境：林中，灌丛，林缘，常有栽培，海拔 1000 米以下。
　　产地：黑龙江省尚志，吉林省抚松、临江、安图、敦化、和龙、珲春，辽宁省本溪、桓仁、宽甸、鞍山。
　　分布：中国（黑龙江、吉林、辽宁），朝鲜半岛，日本，俄罗斯（远东地区）。

稠李

Prunus padus L.

　　生境：林中，溪流旁，灌丛，海拔1100米以下。

　　产地：黑龙江省海林、尚志、哈尔滨、黑河、伊春、呼玛，吉林省安图、抚松、柳河、蛟河、临江、长白、桦甸、珲春、汪清，辽宁省丹东、宽甸、凤城、桓仁、本溪、清原、沈阳、鞍山、庄河、西丰、盖州、北镇、凌源、内蒙古额尔古纳、鄂伦春旗、鄂温克旗、牙克石、海拉尔、新巴尔虎左旗、巴林右旗、阿尔山、科尔沁右翼前旗、扎鲁特旗、科尔沁左翼后旗、阿鲁科尔沁旗、克什克腾旗。

　　分布：中国（黑龙江、吉林、辽宁、内蒙古、河北、山西、山东、河南），朝鲜半岛，日本，俄罗斯（欧洲部分、高加索、西部西伯利亚），中亚，土耳其，阿富汗，欧洲。

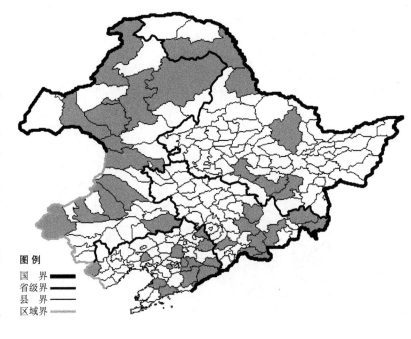

西伯利亚杏

Prunus sibirica L.

　　生境：石砾质向阳山坡，杂木林中，海拔900米以下。

　　产地：黑龙江省哈尔滨、大庆、安达，吉林省梅河口、长春、双辽，辽宁省彰武、盖州、法库、瓦房店、北镇、阜新、建平、凌源、建昌、绥中、大连、沈阳、鞍山，内蒙古额尔古纳、牙克石、扎兰屯、满洲里、科尔沁右翼前旗、科尔沁右翼中旗、阿尔山、科尔沁左翼后旗、克什克腾旗、乌兰浩特、巴林左旗、巴林右旗、阿鲁科尔沁旗、翁牛特旗、鄂温克旗、海拉尔、新巴尔虎左旗、林西、通辽。

　　分布：中国（黑龙江、吉林、辽宁、内蒙古、河北、山西、甘肃），朝鲜半岛，日本，蒙古，俄罗斯（东部西伯利亚、远东地区）。

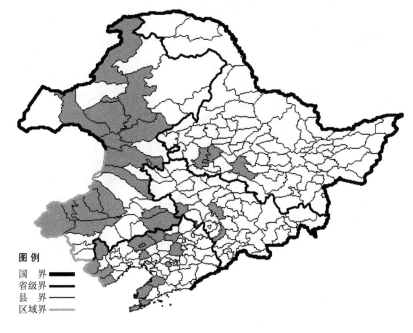

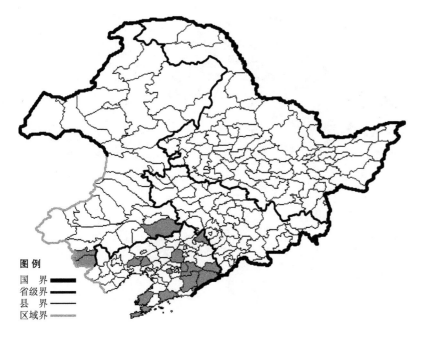

毛樱桃

Prunus tomentosa Thunb.

生境：向阳山坡，灌丛，林缘，路旁，海拔 500 米以下。

产地：辽宁省丹东、宽甸、凤城、桓仁、本溪、庄河、大连、瓦房店、鞍山、北镇、义县、沈阳、西丰，内蒙古科尔沁左翼后旗、喀喇沁旗、宁城。

分布：中国（辽宁、内蒙古、河北、山西、陕西、甘肃、宁夏、青海、山东、四川、云南、西藏），朝鲜半岛，日本，蒙古。

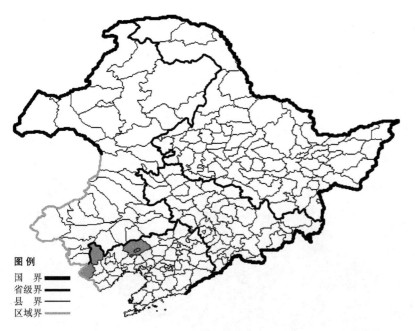

榆叶梅

Prunus triloba Lindl.

生境：山阳坡，沟边，林下，林缘。

产地：辽宁省凌源、建平、阜新。

分布：中国（辽宁、河北、山西、陕西、甘肃、山东、江西、江苏、浙江），中亚。

山樱桃

Prunus verecunda (Koidz.) Koehne

生境：山坡阔叶林中，沟谷溪流旁，海拔 600 米以下。

产地：吉林省集安，辽宁省东港、丹东、凤城、宽甸、桓仁、本溪、大连、瓦房店、沈阳、盖州。

分布：中国（吉林、辽宁），朝鲜半岛，日本。

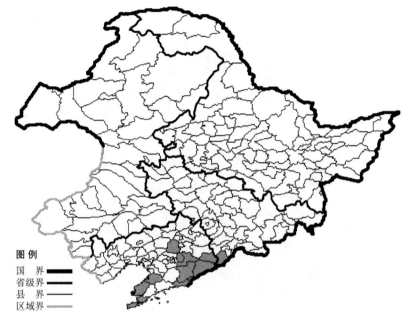

图例
国　界
省级界
县　界
区域界

河北梨

Pyrus hopeiensis Yu

生境：山坡草地。

产地：辽宁省凌源、阜新。

分布：中国（辽宁、河北、山东）。

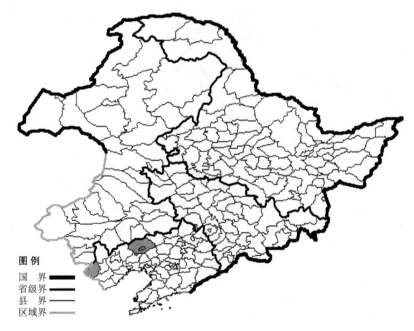

图例
国　界
省级界
县　界
区域界

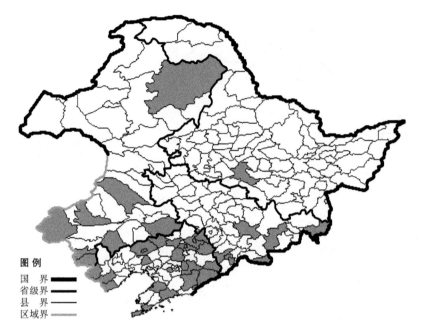

图例
国　界 ▬▬▬
省级界 ▬▬▬
县　界 ▬▬▬
区域界 ▬▬▬

秋子梨

Pyrus ussuriensis Maxim.

生境：林缘，林中，路旁，沟边，常有栽培，海拔 700 米以下。

产地：黑龙江省哈尔滨，吉林省通化、长白、安图、桦甸、珲春，辽宁省桓仁、宽甸、丹东、凤城、本溪、清原、开原、西丰、铁岭、沈阳、鞍山、盖州、庄河、北镇、阜新、彰武、绥中、凌源、建昌、法库、大连，内蒙古鄂伦春旗、科尔沁左翼后旗、巴林右旗、敖汉旗、喀喇沁旗、宁城、扎鲁特旗、克什克腾旗。

分布：中国（黑龙江、吉林、辽宁、内蒙古、河北、山西、陕西、甘肃、山东），朝鲜半岛，俄罗斯（远东地区）。

图例
国　界 ▬▬▬
省级界 ▬▬▬
县　界 ▬▬▬
区域界 ▬▬▬

鸡麻

Rhodotypos scandens (Thunb.) Makino

生境：沟谷，山坡疏林，海拔 100 米以下。

产地：辽宁省长海，大连。

分布：中国（辽宁、陕西、甘肃、山东、江苏、安徽、浙江、河南、湖北），朝鲜半岛，日本。

白玉山蔷薇

Rosa baiyushanensis Q. L. Wang

生境：山坡，海拔 100 米以下。
产地：辽宁省大连。
分布：中国（辽宁）。

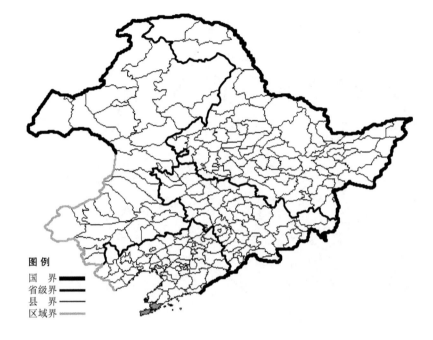

刺蔷薇

Rosa acicularis Lindl.

生境：林缘，灌丛，林下，海拔 600-1800 米（长白山）。
产地：黑龙江省呼玛、黑河、伊春、富锦、穆棱、萝北、尚志、海林、嘉荫，吉林省抚松、临江、长白、安图、敦化、珲春、汪清、和龙，辽宁省宽甸、桓仁、本溪，内蒙古满洲里、牙克石、阿尔山、额尔古纳、巴林右旗、克什克腾旗、海拉尔。
分布：中国（黑龙江、吉林、辽宁、内蒙古、河北、山西、陕西、甘肃、新疆），朝鲜半岛，日本，蒙古，俄罗斯（欧洲部分、西伯利亚、远东地区），中亚，欧洲，北美洲。

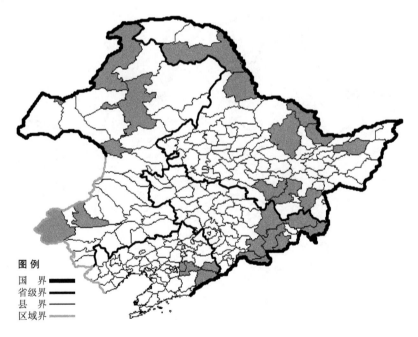

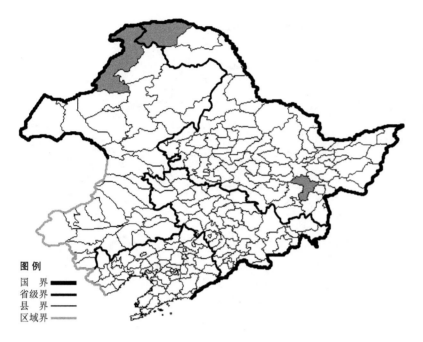

图例
国　界 ▬▬
省级界 ▬▬
县　界 ───
区域界 ───

腺叶刺蔷薇 **Rosa acicularis** Lindl. var. **glandulifolia** Y. B. Chang 生于林下、林缘，产于黑龙江省漠河、林口，内蒙古额尔古纳，分布于中国（黑龙江、内蒙古）。

图例
国　界 ▬▬
省级界 ▬▬
县　界 ───
区域界 ───

腺果刺蔷薇 **Rosa acicularis** Lindl. var. **glandulosa** Liou 生于林下，林缘，产于吉林省安图、临江，分布于中国（吉林、河北）。

刺果刺蔷薇 **Rosa acicularis** Lindl. var. **setacea** Liou 生于林缘，产于黑龙江省孙吴、逊克、伊春，吉林省安图，分布于中国（黑龙江、吉林）。

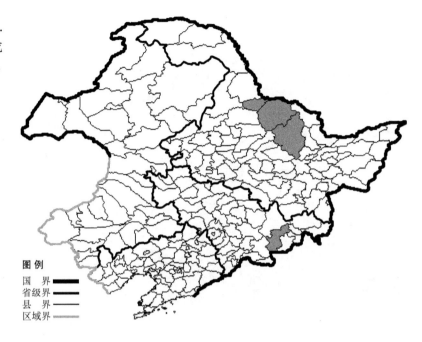

山刺玫

Rosa davurica Pall.

生境：林下，林缘，石砾质山坡，灌丛，海拔 1400 米以下。

产地：黑龙江省呼玛、黑河、嘉荫、虎林、牡丹江、密山、哈尔滨、尚志、鸡西、鸡东、伊春、宁安、富锦、绥芬河、宝清、鹤岗、萝北，吉林省临江、通化、抚松、靖宇、蛟河、安图、吉林、九台、和龙、珲春、汪清、长春、桦甸，辽宁省本溪、桓仁、宽甸、凤城、丹东、岫岩、庄河、盖州、海城、鞍山、沈阳、彰武、抚顺、营口、辽阳、建平、凌源、义县、铁岭、西丰、昌图、开原、新宾、清原、抚顺，内蒙古额尔古纳、鄂伦春旗、牙克石、鄂温克旗、海拉尔、

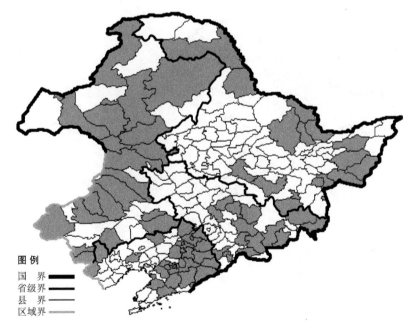

扎兰屯、满洲里、科尔沁右翼前旗、阿尔山、扎赉特旗、科尔沁左翼后旗、扎鲁特旗、克什克腾旗、喀喇沁旗、宁城、敖汉旗、通辽、新巴尔虎左旗、科尔沁右翼中旗、阿鲁科尔沁旗、巴林左旗、巴林右旗。

分布：中国（黑龙江、吉林、辽宁、内蒙古、河北、山西），朝鲜半岛，蒙古，俄罗斯（西伯利亚、远东地区）。

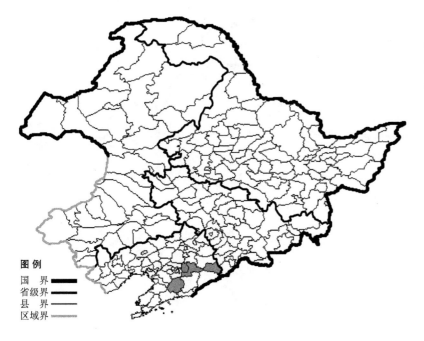

长果山刺玫 Rosa davurica Pall. **var. ellipsoidea** Nakai 生于山坡灌丛，产于辽宁省桓仁、本溪、岫岩，分布于中国（辽宁），朝鲜半岛。

图例
国　界
省级界
县　界
区域界

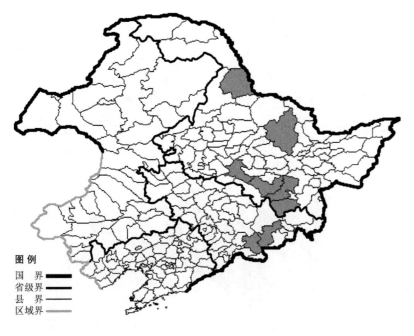

长白蔷薇

Rosa koreana Kom.

生境：林缘，石砾质山坡，灌丛，海拔约 1900 米以下。

产地：黑龙江省黑河、伊春、海林、尚志、宁安、哈尔滨，吉林省抚松、安图。

分布：中国（黑龙江、吉林），朝鲜半岛。

图例
国　界
省级界
县　界
区域界

腺叶长白蔷薇 **Rosa koreana** Kom. var. **glandulosa** Yu et Ku 生于林缘，产于吉林省抚松，分布于中国（吉林）。

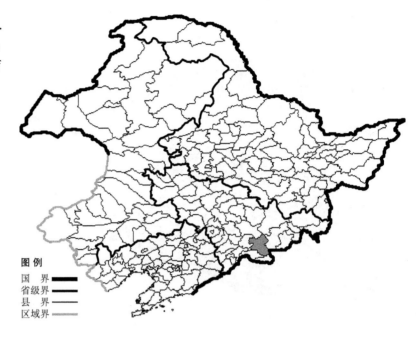

深山蔷薇

Rosa marretii Levl.

生境：林下，林缘，海拔 400-1700 米（长白山）。

产地：黑龙江省尚志，吉林省靖宇、抚松、长白、安图、蛟河、临江、通化，内蒙古牙克石、额尔古纳。

分布：中国（黑龙江、吉林、内蒙古），朝鲜半岛，日本，俄罗斯（远东地区）。

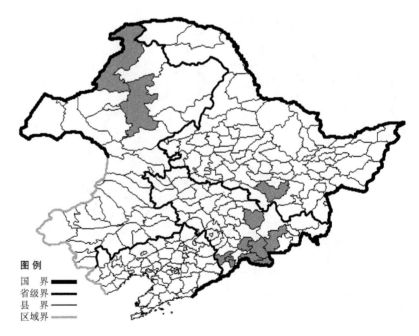

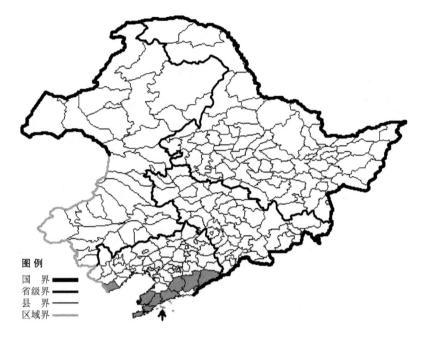

伞花蔷薇

Rosa maximowicziana Regel

生境：山坡灌丛，林下，海拔400米以下。

产地：辽宁省宽甸、凤城、丹东、岫岩、庄河、长海、普兰店、瓦房店、绥中、大连。

分布：中国（辽宁、山东），朝鲜半岛，俄罗斯。

腺萼伞花蔷薇 Rosa maximowicziana Regel f. **adenocalyx** Nakai 生于山坡草地，产于辽宁省岫岩、宽甸、绥中，分布于中国（辽宁），朝鲜半岛。

玫瑰

Rosa rugosa Thunb.

　　生境：沿海低地，海岛，海拔
100 米以下。
　　产地：吉林省珲春，辽宁省东港、
庄河、长海、大连。
　　分布：中国（吉林、辽宁、山东），
朝鲜半岛，日本。

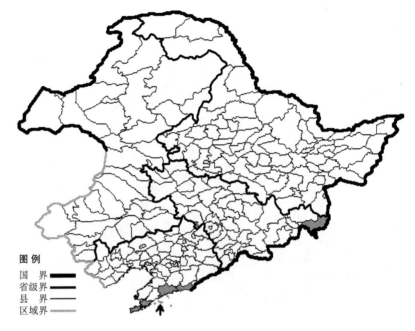

北悬钩子

Rubus arcticus L.

　　生境：林下阴湿处，海拔 700-
1000（大兴安岭）。
　　产地：黑龙江省伊春、呼玛、海
林，吉林省安图，内蒙古额尔古纳、
牙克石、根河、鄂伦春旗、科尔沁右
翼前旗、阿尔山、克什克腾旗。
　　分布：中国（黑龙江、吉林、内
蒙古），朝鲜半岛，日本，蒙古，俄
罗斯（北极带、欧洲部分、西伯利亚、
远东地区），欧洲，北美洲。

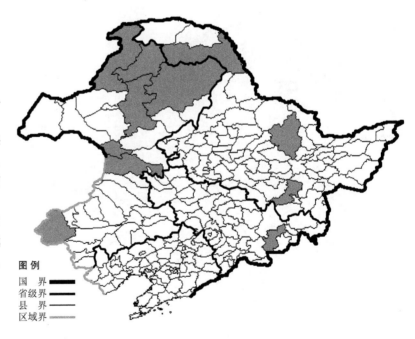

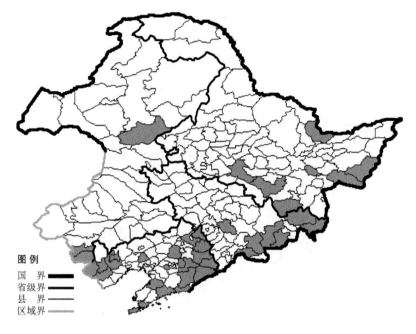

山楂叶悬钩子
Rubus crataegifolius Bunge

　　生境：山坡灌丛，林缘，林间草地，海拔 500-1000 米（长白山）。
　　产地：黑龙江省哈尔滨、尚志、宁安、萝北、虎林、勃利、密山，吉林省临江、抚松、磐石、安图、珲春、汪清、和龙，辽宁省沈阳、宽甸、凤城、桓仁、本溪、新宾、清原、西丰、开原、北镇、朝阳、凌源、喀左、建昌、鞍山、盖州、庄河、东港、大连，内蒙古扎兰屯、喀喇沁旗、宁城。
　　分布：中国（黑龙江、吉林、辽宁、内蒙古、河北、山西、山东、河南），朝鲜半岛，日本，俄罗斯（远东地区）。

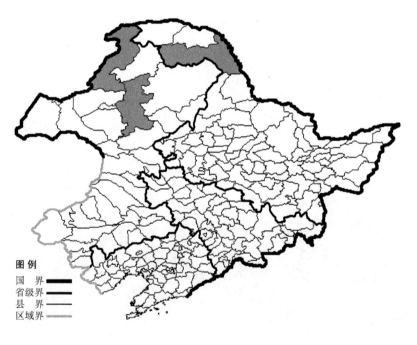

矮悬钩子
Rubus humilifolius C. A. Mey.

　　生境：落叶松林下。
　　产地：黑龙江省呼玛，内蒙古牙克石、额尔古纳。
　　分布：中国（黑龙江、内蒙古），朝鲜半岛，日本，蒙古，俄罗斯（欧洲部分、西伯利亚、远东地区）。

覆盆子

Rubus idaeus L.

　　生境：林缘，灌丛，荒地。
　　产地：黑龙江省伊春、饶河、尚志，吉林省安图、抚松、临江。
　　分布：中国（黑龙江、吉林、山西、新疆），俄罗斯（欧洲部分、高加索、西伯利亚），中亚，欧洲。

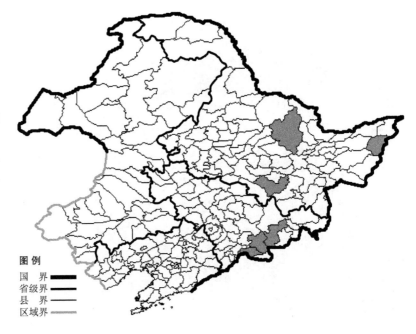

图例
国　界 ▬▬
省级界 ▬▬
县　界 ▬▬
区域界 ▬▬

绿叶悬钩子

Rubus kanayamensis Levl. et Vant.

　　生境：石砾质山坡，灌丛，林缘，林下，海拔 700-1400 米（长白山）。
　　产地：黑龙江省尚志、伊春、呼玛，吉林省长白、安图、抚松。
　　分布：中国（黑龙江、吉林），朝鲜半岛，俄罗斯（东部西伯利亚、远东地区）。

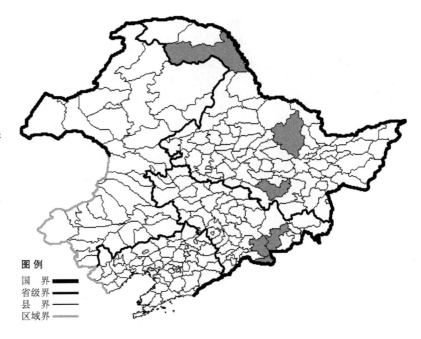

图例
国　界 ▬▬
省级界 ▬▬
县　界 ▬▬
区域界 ▬▬

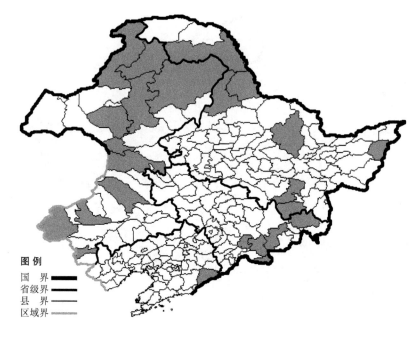

库页悬钩子

Rubus matsumuranus Levl. et Vant.

生境：灌丛，林间草地，林缘，海拔 600-1700 米（长白山）。

产地：黑龙江省海林、嫩江、黑河、伊春、宁安、呼玛、饶河，吉林省抚松、靖宇、长白、安图、汪清，辽宁省宽甸，内蒙古额尔古纳、根河、鄂伦春旗、鄂温克旗、牙克石、科尔沁右翼前旗、扎鲁特旗、克什克腾旗、喀喇沁旗、巴林右旗、阿尔山。

分布：中国（黑龙江、吉林、辽宁、内蒙古、河北、甘肃、青海、新疆），朝鲜半岛，日本，俄罗斯（欧洲部分、西伯利亚、远东地区），中亚。

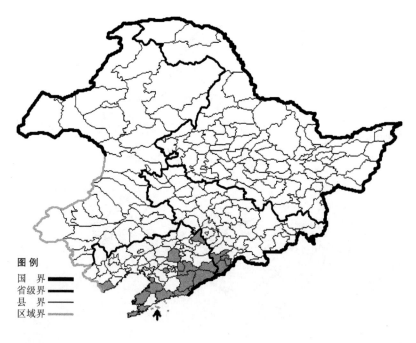

茅莓悬钩子

Rubus parvifolius L.

生境：山坡灌丛，沟谷，石砾质地，杂木林下，林缘，荒地，海拔 500 米以下。

产地：吉林省集安、通化，辽宁省西丰、宽甸、本溪、桓仁、凤城、丹东、东港、庄河、长海、大连、瓦房店、盖州、营口、绥中、鞍山、沈阳。

分布：中国（吉林、辽宁、河北、山西、陕西、甘肃、河南、湖北、湖南、江西、山东、江苏、安徽、浙江、福建、广东、广西、四川、贵州、台湾），朝鲜半岛，日本。

石生悬钩子

Rubus saxatilis L.

　　生境：林下湿草地，湿草甸，石砾质地，海拔 300-1300 米（大兴安岭）。

　　产地：黑龙江省伊春、富锦、黑河、呼玛、嘉荫，内蒙古牙克石、鄂伦春旗、鄂温克旗、克什克腾旗、喀喇沁旗、阿鲁科尔沁旗、阿尔山、宁城、根河、额尔古纳、巴林右旗。

　　分布：中国（黑龙江、吉林、内蒙古、河北、山西、甘肃、青海、新疆），朝鲜半岛，俄罗斯（北极带、欧洲部分、高加索、西伯利亚、远东地区），欧洲，北美洲。

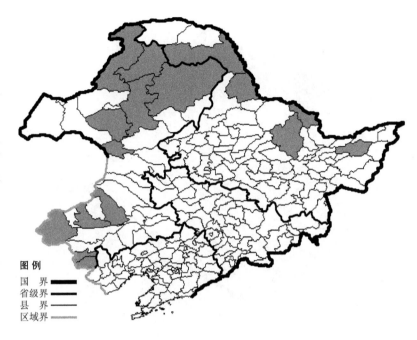

腺地榆

Sanguisorba glandulosa Kom.

　　生境：草甸，林下，林缘，沟谷阴湿处，海拔 300-500 米（大兴安岭）。

　　产地：黑龙江省漠河、虎林、穆棱、密山，内蒙古额尔古纳、鄂伦春旗。

　　分布：中国（黑龙江、内蒙古、陕西、甘肃），俄罗斯（远东地区）。

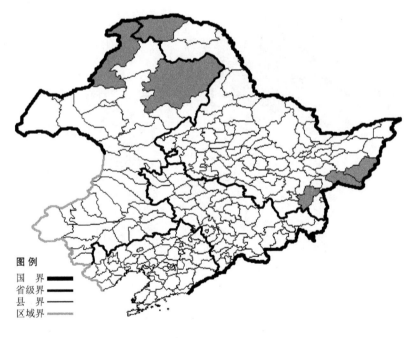

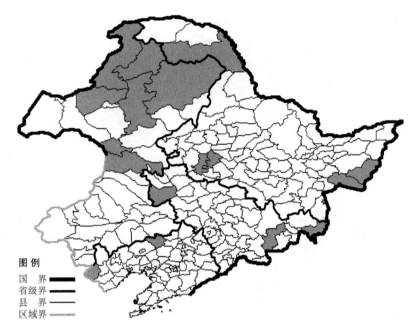

图例
国　界 ▅▅▅
省级界 ▅▅▅
县　界 ────
区域界 ────

直穗粉花地榆

Sanguisorba grandiflora (Maxim.) Makino

　　生境：草甸，山坡草地，水湿地，海拔 700 米以下。
　　产地：黑龙江省大庆、绥芬河、呼玛、安达、虎林、密山，吉林省珲春、安图、通榆，辽宁省彰武、凌源、锦州，内蒙古牙克石、鄂伦春旗、额尔古纳、阿尔山、根河、陈巴尔虎旗、科尔沁右翼前旗。
　　分布：中国（黑龙江、吉林、辽宁、内蒙古），朝鲜半岛，日本，俄罗斯（远东地区）。

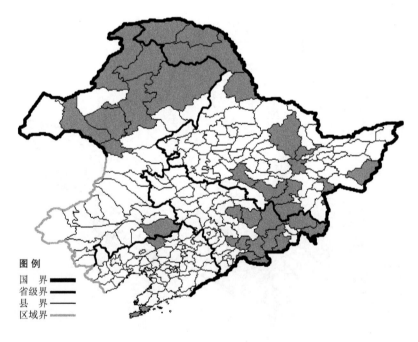

图例
国　界 ▅▅▅
省级界 ▅▅▅
县　界 ────
区域界 ────

小白花地榆

Sanguisorba parviflora (Maxim.) Takeda

　　生境：草甸，湿草地，林下，林缘，海拔 1800 米以下。
　　产地：黑龙江省漠河、呼玛、塔河、黑河、汤原、绥芬河、海林、鸡东、虎林、宁安、尚志、伊春、依兰、哈尔滨，吉林省临江、抚松、和龙、珲春、敦化、吉林、安图、汪清、蛟河、长白、辉南、靖宇，辽宁省彰武、大连，内蒙古额尔古纳、海拉尔、鄂温克旗、牙克石、科尔沁左翼后旗、鄂伦春旗、新巴尔虎左旗、根河、阿尔山。
　　分布：中国（黑龙江、吉林、辽宁、内蒙古），朝鲜半岛，日本，俄罗斯（远东地区）。

地榆

Sanguisorba officinalis L.

生境：向阳干山坡，林缘，草原，草甸，灌丛，疏林下，海拔 1300 米以下。

产地：黑龙江省大庆、哈尔滨、克山、密山、宁安、依兰、鸡西、漠河、呼玛、安达、黑河、伊春，吉林省临江、长白、九台、吉林、长春、前郭尔罗斯、安图、汪清、珲春，辽宁省本溪、鞍山、彰武、北镇、沈阳、法库、清原、宽甸、岫岩、凤城、丹东、建昌、建平、锦州、葫芦岛、绥中、凌源、桓仁、大连、普兰店、瓦房店、长海，内蒙古牙克石、额尔古纳、海拉尔、新巴尔虎右旗、科尔沁右翼前旗、满洲里、鄂伦春旗、新巴尔虎左旗、阿鲁科尔沁旗、翁牛特旗、巴林右旗、克什克腾旗、宁城、科尔沁左翼后旗、赤峰。

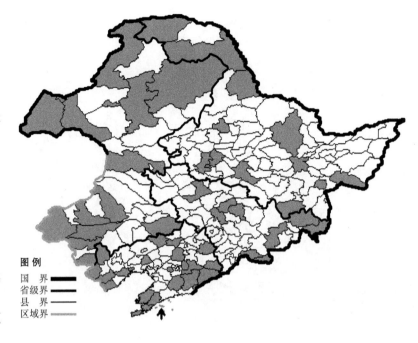

分布：中国（黑龙江、吉林、辽宁、内蒙古、河北、山西、陕西、甘肃、青海、新疆、山东、江苏、安徽、浙江、河南、湖北、江西、湖南、广西、四川、贵州、云南、西藏），朝鲜半岛，日本，俄罗斯（西伯利亚、远东地区），欧洲，北美洲。

粉花地榆 Sanguisorba officinalis L. var. **carnea** (Fisch.) Regel ex Maxim. 生于山阴坡，产于内蒙古翁牛特旗，分布于中国（内蒙古、山西、山东），朝鲜半岛。

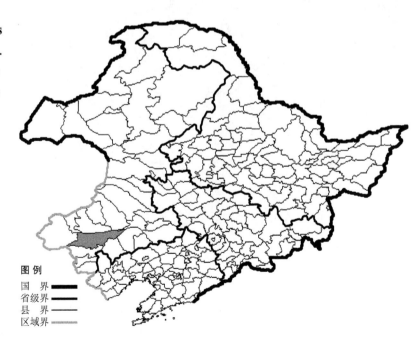

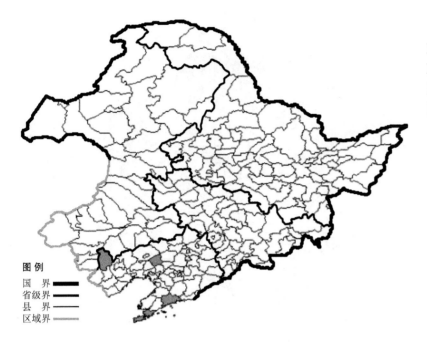

浅花地榆 **Sanguisorba officinalis** L. var. **dilutiflora** (Kitag.) Liou et C. Y. Li 生于山坡草地、草甸，产于辽宁省庄河、大连、建平、黑山，分布于中国（辽宁）。

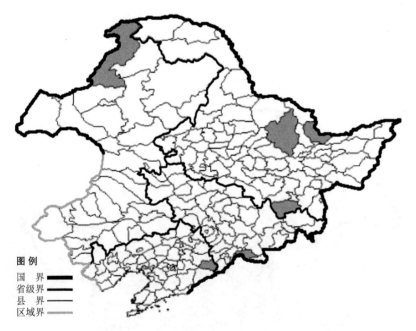

宽叶地榆 **Sanguisorba officinalis** L. var. **latifoliata** Liou et C. Y. Li 生于山坡草地，产于黑龙江省萝北、宁安、伊春，吉林省临江，辽宁省桓仁，内蒙古额尔古纳，分布于中国（黑龙江、吉林、辽宁、内蒙古）。

长穗地榆 Sanguisorba officinalis
L. var. **longa** Kitag. 生于山坡草地，河边，水湿地，产于黑龙江省虎林、哈尔滨，吉林省安图，内蒙古额尔古纳，分布于中国（黑龙江、吉林、内蒙古）。

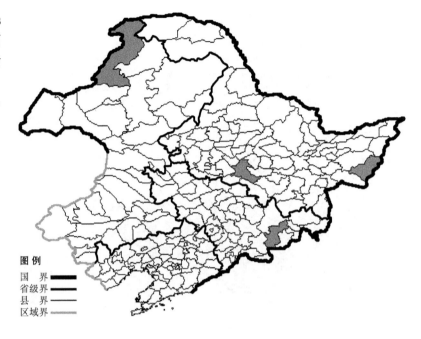

小穗地榆 Sanguisorba officinalis
L. var. **microcephala** Kitag. 生于山坡草地，产于辽宁省庄河、普兰店、凤城、东港、葫芦岛、大连，内蒙古额尔古纳，分布于中国（辽宁、内蒙古）。

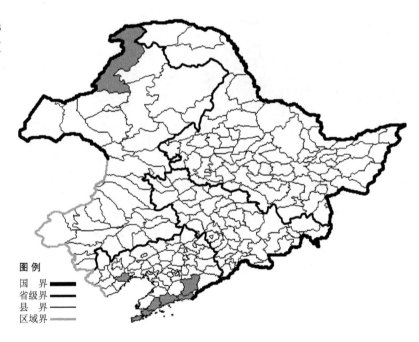

大白花地榆

Sanguisorba stipulata Raf.

　　生境：水边，林缘，疏林下，高山冻原稍湿处，海拔 1400-2300 米。

　　产地：吉林省抚松、长白、安图。

　　分布：中国（吉林），朝鲜半岛，日本，俄罗斯（远东地区），北美洲。

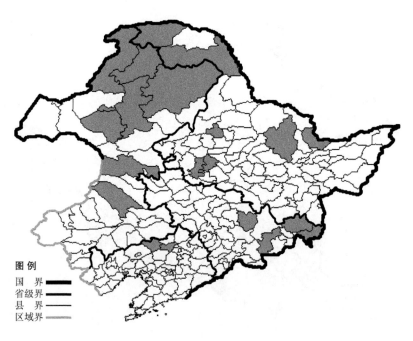

垂穗粉花地榆

Sanguisorba tenuifolia Fisch. ex Link

　　生境：草湿地，沟边，山坡草地，草甸，林缘，海拔 1500 米以下。

　　产地：黑龙江省伊春、大庆、安达、萝北、克山、呼玛、漠河，吉林省安图、蛟河、汪清、珲春，辽宁省锦州、法库、彰武，内蒙古额尔古纳、根河、科尔沁右翼前旗、海拉尔、牙克石、鄂温克旗、扎鲁特旗、鄂伦春旗。

　　分布：中国（黑龙江、吉林、辽宁、内蒙古），朝鲜半岛，日本，俄罗斯（远东地区）。

伏毛山莓草

Sibbaldia adpressa Bunge

　生境：干草原，山地草原，海拔约 600 米。

　产地：内蒙古新巴尔虎左旗、新巴尔虎右旗、满洲里、海拉尔、克什克腾旗。

　分布：中国（内蒙古、河北、甘肃、青海、新疆、西藏），蒙古，俄罗斯（西伯利亚），中亚。

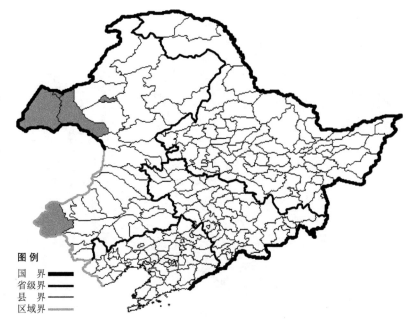

图例
国　界 ▬▬
省级界 ▬▬
县　界 ▬▬
区域界 ▬▬

山莓草

Sibbaldia procumbens L.

　生境：高山冻原，海拔 2100-2600 米。

　产地：吉林省安图、长白、抚松。

　分布：中国（吉林、新疆），朝鲜半岛，俄罗斯（北极带、欧洲部分、西部西伯利亚、远东地区），欧洲，北美洲。

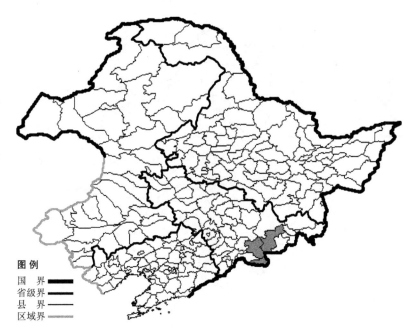

图例
国　界 ▬▬
省级界 ▬▬
县　界 ▬▬
区域界 ▬▬

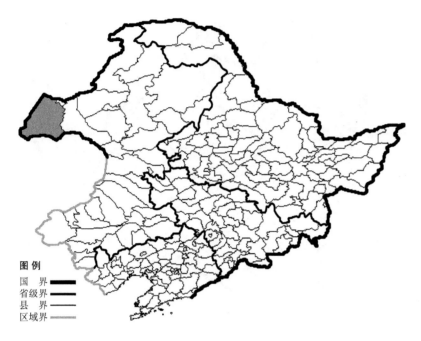

图例
国　界 ▬▬
省级界 ▬▬
县　界 ▬▬
区域界 ▬▬

绢毛山草莓

Sibbaldia sericea (Grub.) Sojok

生境：山坡，草原。
产地：内蒙古新巴尔虎右旗。
分布：中国（内蒙古），蒙古。

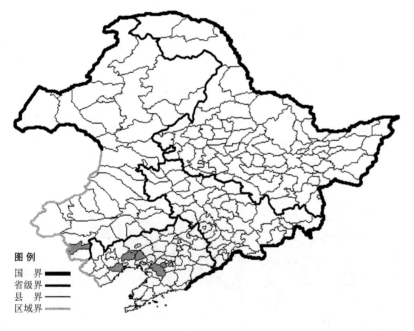

图例
国　界 ▬▬
省级界 ▬▬
县　界 ▬▬
区域界 ▬▬

华北珍珠梅

Sorbaria kirilowii (Regel) Maxim.

生境：山坡，杂木林下，路旁，海拔 400 米以下。
产地：辽宁省北镇、鞍山、海城、葫芦岛、义县，内蒙古喀喇沁旗。
分布：中国（辽宁、内蒙古、河北、河南、山西、陕西、甘肃、青海、山东）。

珍珠梅

Sorbaria sorbifolia (L.) A. Br.

　　生境：林缘，疏林下，溪流旁，海拔 1500 米以下。
　　产地：黑龙江省呼玛、哈尔滨、饶河、海林、宝清、密山、尚志、伊春、黑河、萝北，吉林省集安、抚松、靖宇、长白、安图、珲春、敦化、蛟河、汪清、和龙，辽宁省营口、海城、庄河、岫岩、凤城、宽甸、本溪、桓仁、清原、西丰、新宾、北镇、沈阳，内蒙古额尔古纳、根河、牙克石、鄂伦春旗、科尔沁右翼前旗、突泉。
　　分布：中国（黑龙江、吉林、辽宁、内蒙古），朝鲜半岛，日本，蒙古，俄罗斯（西伯利亚、远东地区）。

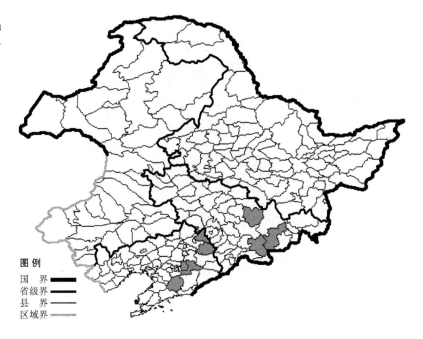

　　星毛珍珠梅 Sorbaria sorbifolia (L.) A. Br. var. **stellipila** Maxim. 生于灌丛、溪流旁，产于吉林省抚松、安图、蛟河，辽宁省本溪、清原、西丰、岫岩，分布于中国（吉林、辽宁），朝鲜半岛。

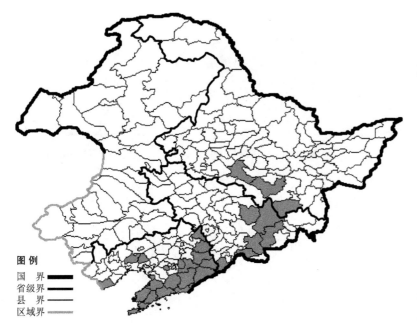

图例
国　界 ▬▬
省级界 ▬▬
县　界 ——
区域界 ━━

水榆花楸

Sorbus alnifolia (Sieb. et Zucc.) K. Koch

　　生境：阔叶林中，石砾质山坡，灌丛，海岛，海拔 1100 米以下。
　　产地：黑龙江省哈尔滨、尚志、宁安，吉林省集安、抚松、蛟河、敦化、安图、临江，辽宁省桓仁、宽甸、凤城、本溪、清原、新宾、西丰、东港、岫岩、庄河、大连、普兰店、瓦房店、盖州、营口、鞍山、义县、绥中、丹东、北镇。
　　分布：中国（黑龙江、吉林、辽宁、河北、陕西、甘肃、山东、安徽、浙江、河南、湖北、江西、四川），朝鲜半岛，日本。

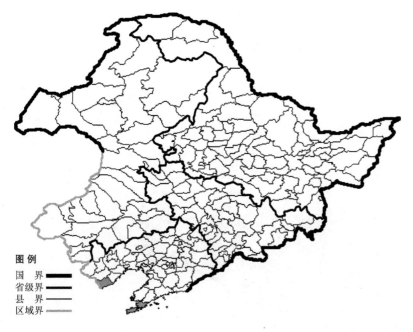

图例
国　界 ▬▬
省级界 ▬▬
县　界 ——
区域界 ━━

　　裂叶水榆花楸 Sorbus alnifolia (Sieb. et Zucc.) K. Koch var. **lobulata** (Koidz.) Rehd. 生于林中，产于辽宁省绥中、大连，分布于中国（辽宁、山东），朝鲜半岛。

花楸树

Sorbus pohuashanensis (Hance) Hedl.

生境：山坡，林中，林缘，海拔
700-1800 米（长白山）。

产地：黑龙江省尚志、塔河、呼
玛、嘉荫、伊春、桦川、哈尔滨、黑河，
吉林省集安、长白、抚松、通化、安
图、蛟河、珲春、和龙、汪清、临江、
敦化，辽宁省桓仁、宽甸、凤城、本
溪、新宾、岫岩、庄河、盖州、营口、
鞍山、大连、海城，内蒙古额尔古纳、
根河、牙克石、科尔沁右翼前旗、阿
尔山、突泉、扎鲁特旗、克什克腾旗、
巴林右旗、巴林左旗、阿鲁科尔沁旗、
喀喇沁旗、林西、宁城。

分布：中国（黑龙江、吉林、辽宁、
内蒙古、河北、山西、甘肃、山东），
朝鲜半岛，俄罗斯（远东地区）。

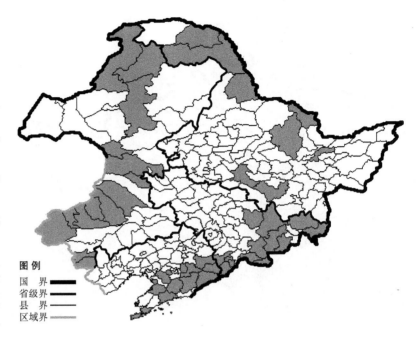

耧斗叶绣线菊

Spiraea aquilegifolia Pall.

生境：石砾质山坡，沙质山坡，
石碴子上，海拔 600-1100 米（大兴
安岭）。

产地：内蒙古鄂温克旗、新巴尔
虎左旗、额尔古纳、鄂伦春旗、陈巴
尔虎旗、新巴尔虎右旗、牙克石、海
拉尔、满洲里、阿尔山、扎鲁特旗、
克什克腾旗、巴林左旗、巴林右旗、
翁牛特旗、赤峰、阿鲁科尔沁旗。

分布：中国（内蒙古、山西、陕西、
甘肃），蒙古，俄罗斯（东部西伯利亚）。

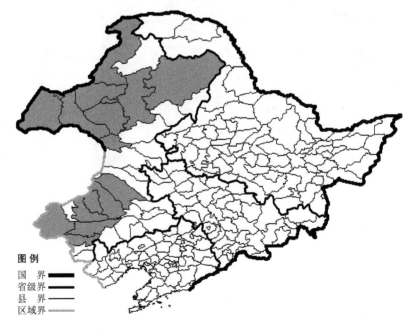

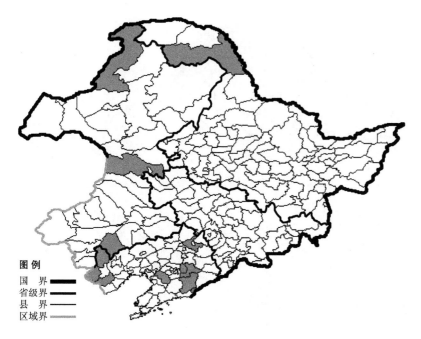

绣球绣线菊

Spiraea blumei G. Don

　　生境：向阳山坡，杂木林下，溪流旁，海拔 400 米。
　　产地：黑龙江省呼玛，辽宁省建昌、丹东、建平、凌源、海城、本溪、凤城、开原，内蒙古科尔沁右翼前旗、额尔古纳、敖汉旗。
　　分布：中国（黑龙江、辽宁、内蒙古、河北、山西、陕西、甘肃、山东、江苏、安徽、浙江、福建、河南、湖北、江西、广东、广西、四川），朝鲜半岛，日本。

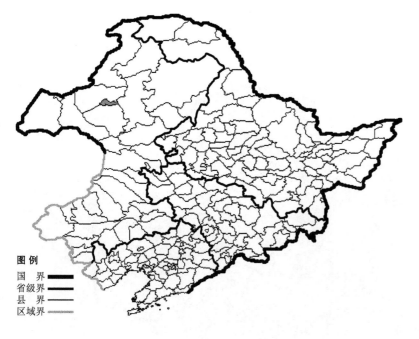

海拉尔绣线菊

Spiraea chailarensis Liou

　　生境：固定沙丘，海拔约 600 米。
　　产地：内蒙古海拉尔。
　　分布：中国（内蒙古）。

石蚕叶绣线菊

Spiraea chamaedryfolia L.

生境：林下，海拔 400-1200 米（长白山）。

产地：黑龙江省尚志、勃利、海林、宁安、虎林、穆棱、饶河、伊春，吉林省安图、汪清、集安、临江、珲春、抚松，辽宁省清原、兴城、本溪、宽甸、西丰、桓仁，内蒙古喀喇沁旗、根河、海拉尔、科尔沁右翼前旗、巴林右旗、克什克腾旗。

分布：中国（黑龙江、吉林、辽宁、内蒙古、河北、新疆），朝鲜半岛，日本，蒙古，俄罗斯（西伯利亚），中亚，欧洲。

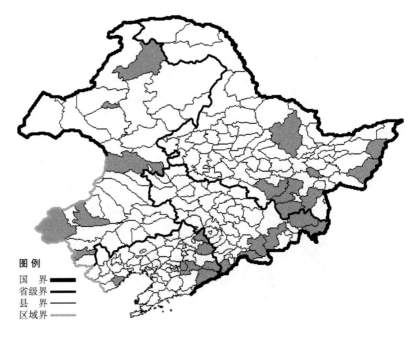

窄叶绣线菊

Spiraea dahurica Maxiim.

生境：石砾质山坡，海拔 300-1000 米。

产地：黑龙江省呼玛，内蒙古根河、额尔古纳。

分布：中国（黑龙江、内蒙古），蒙古，俄罗斯（东部西伯利亚）。

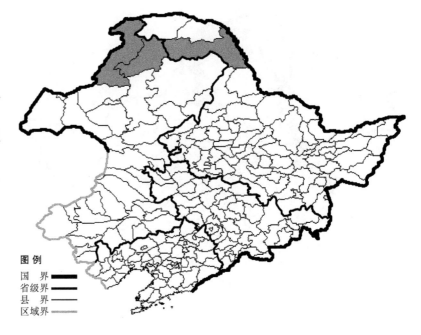

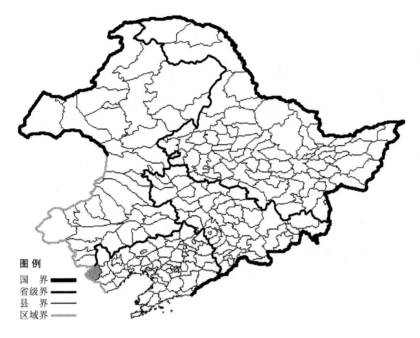

毛花绣线菊

Spiraea dasyantha Bunge

　　生境：向阳山坡，石砾质山沟。
　　产地：辽宁省凌源。
　　分布：中国（辽宁、河北、山西、江苏、湖北、江西）。

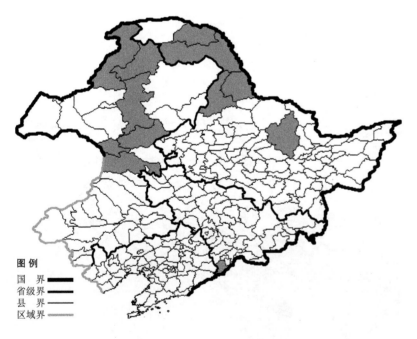

美丽绣线菊

Spiraea elegans Pojark.

　　生境：向阳山坡，石砾质山坡，海拔 700-1100 米（大兴安岭）。
　　产地：黑龙江省伊春、塔河、呼玛、嫩江、黑河，吉林省集安，内蒙古额尔古纳、根河、扎兰屯、牙克石、阿尔山、科尔沁右翼前旗。
　　分布：中国（黑龙江、吉林、内蒙古），蒙古，俄罗斯（东部西伯利亚、远东地区）。

曲萼绣线菊

Spiraea flexuosa Camb.

　　生境：河边，石砾质山坡，林下，海拔约 1700 米以下。

　　产地：黑龙江省伊春，吉林省汪清、安图，内蒙古根河、喀喇沁旗、宁城。

　　分布：中国（黑龙江、吉林、内蒙古、山西、陕西、新疆），朝鲜半岛，蒙古，俄罗斯（西伯利亚、远东地区）。

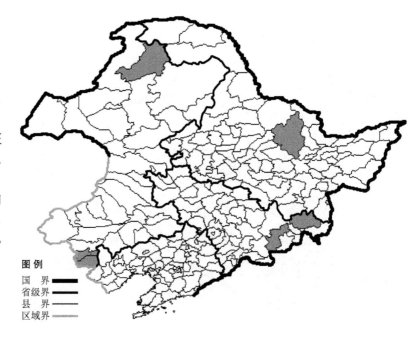

　　柔毛曲萼绣线菊 Spiraea flexuosa Camb. var. **pubescens** Liou 生于林下，产于吉林省临江、敦化、安图，分布于中国（吉林）。

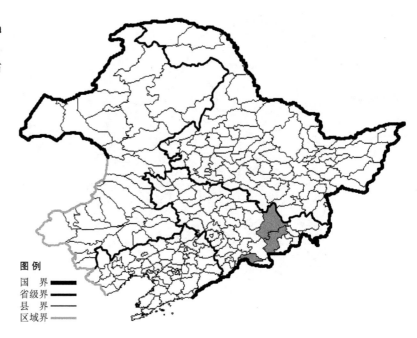

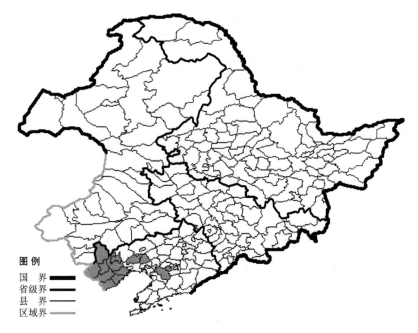

图例
国　界 ▬▬▬
省级界 ▬▬
县　界 ▬▬
区域界 ▬▬

华北绣线菊

Spiraea fritschiana Sehneid.

生境：山坡杂木林下，林缘，沟谷，石砾质地，石砬子上，海拔700米以下。

产地：辽宁省凌源、北镇、建昌、建平、朝阳、喀左、绥中、义县、鞍山、海城、葫芦岛、兴城。

分布：中国（辽宁、河北、山西、陕西、山东、江苏、安徽、浙江、河南、湖北、江西）。

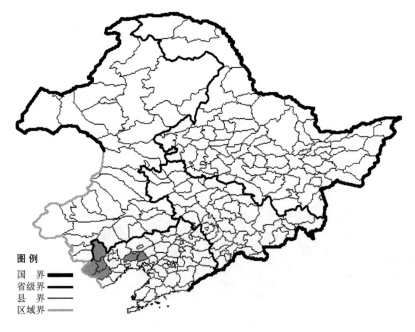

图例
国　界 ▬▬▬
省级界 ▬▬
县　界 ▬▬
区域界 ▬▬

小叶华北绣线菊 **Spiraea fritschiana** Schneid. var. **parvifolia** Liou 生于干山坡，沟谷，产于辽宁省建平、建昌、凌源、喀左、义县、北镇，分布于中国（辽宁、河北、山东）。

欧亚绣线菊

Spiraea media Fr. Schmidt

生境：林中，林缘，石砾质山坡，海拔 600-800 米（大兴安岭）。

产地：黑龙江省宝清、呼玛、嫩江、伊春，吉林省抚松、和龙，辽宁省本溪，内蒙古额尔古纳、根河、鄂温克旗、鄂伦春旗、牙克石、海拉尔、阿尔山、扎鲁特旗、阿鲁科尔沁旗、巴林右旗、克什克腾旗。

分布：中国（黑龙江、吉林、辽宁、内蒙古、新疆），朝鲜半岛，蒙古，俄罗斯（欧洲部分、西伯利亚、远东地区），中亚，欧洲。

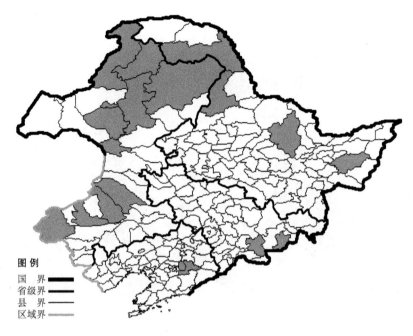

金州绣线菊

Spiraea nishimurae Kitag.

生境：山坡，山顶石砾质地，岩石缝间，海拔 300 米以下。

产地：辽宁省大连、盖州。

分布：中国（辽宁）。

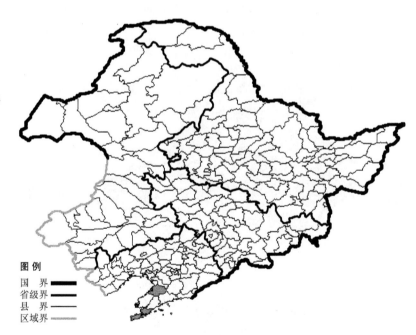

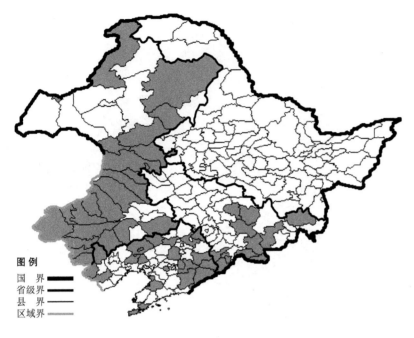

图例
国　界 ▬▬
省级界 ▬▬
县　界 ▬▬
区域界 ▬▬

土庄绣线菊

Spiraea pubescens Turcz.

生境：林间草地，向阳石砾质山坡，岩石上，常有栽培，海拔 1000 米以下。

产地：吉林省集安、通化、临江、抚松、吉林、桦甸、安图、汪清、蛟河、长白，辽宁省丹东、凤城、本溪、新宾、大连、营口、鞍山、盖州、北镇、建平、建昌、西丰、宽甸、法库、阜新、凌源、彰武、义县、开原、桓仁、沈阳，内蒙古鄂伦春旗、扎兰屯、满洲里、扎赉特旗、科尔沁右翼前旗、科尔沁右翼中旗、突泉、扎鲁特旗、科尔沁左翼后旗、阿鲁科尔沁旗、巴林右旗、克什克腾旗、敖汉旗、翁牛特旗、喀喇沁旗、赤峰、宁城、额尔古纳、阿荣旗、奈曼旗、巴林左旗、巴林右旗、林西、阿尔山、乌兰浩特。

分布：中国（吉林、辽宁、内蒙古、河北、山西、陕西、甘肃、山东、安徽、河南、湖北），朝鲜半岛，蒙古，俄罗斯（远东地区）。

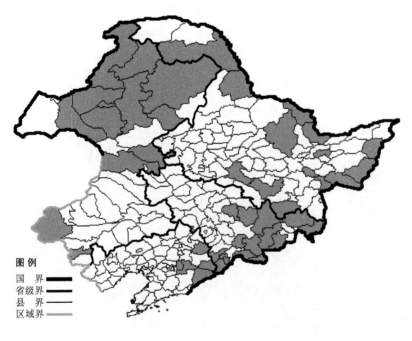

图例
国　界 ▬▬
省级界 ▬▬
县　界 ▬▬
区域界 ▬▬

绣线菊

Spiraea salicifolia L.

生境：灌丛，林下，林缘，溪流旁，海拔 800 米以下。

产地：黑龙江省伊春、尚志、哈尔滨、萝北、虎林、勃利、密山、鸡东、集贤、饶河、宁安、呼玛、黑河、嘉荫，吉林省集安、通化、临江、长白、安图、蛟河、靖宇、吉林、汪清、珲春、抚松、敦化、和龙，辽宁省宽甸、桓仁、本溪、清原，内蒙古额尔古纳、根河、牙克石、海拉尔、科尔沁右翼前旗、扎赉特旗、克什克腾旗、喀喇沁旗、鄂伦春旗、陈巴尔虎旗、新巴尔虎左旗、鄂温克旗、阿荣旗。

分布：中国（黑龙江、吉林、辽宁、内蒙古、河北），朝鲜半岛，日本，蒙古，俄罗斯（北极带、西伯利亚、远东地区），欧洲。

巨齿绣线菊 **Spiraea salicifolia** L.
var. **grosseserrata** Liou 生于河边、林
下岩石间、溪流旁，产于黑龙江省勃
利，吉林省安图、蛟河，分布于中国
（黑龙江、吉林）。

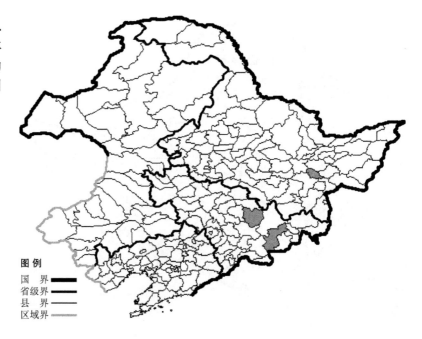

贫齿绣线菊 **Spiraea salicifolia** L.
var. **oligodonia** Yu 生于草甸水湿地，
产于黑龙江省密山、伊春，内蒙古牙
克石、鄂温克旗、鄂伦春旗、克什克
腾旗，分布于中国（黑龙江、内蒙古）。

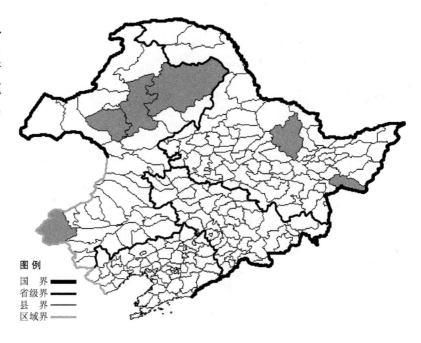

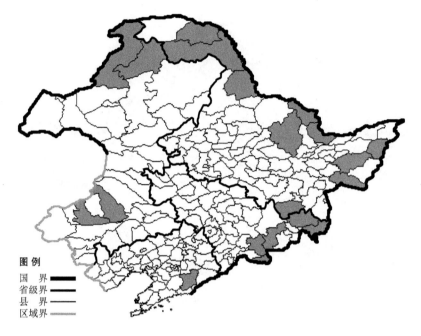

绢毛绣线菊

Spiraea sericea Turcz.

　　生境：干山坡，林下，林缘，海拔 1400 米以下。
　　产地：黑龙江省黑河、呼玛、塔河、密山、饶河、宁安、伊春、嘉荫、萝北、宝清，吉林省长白、抚松、安图、汪清、珲春，辽宁省凤城，内蒙古额尔古纳、根河、巴林右旗、阿鲁科尔沁旗。
　　分布：中国（黑龙江、吉林、辽宁、内蒙古、山西、陕西、甘肃、河南、四川），朝鲜半岛，蒙古，俄罗斯（东部西伯利亚、远东地区）。

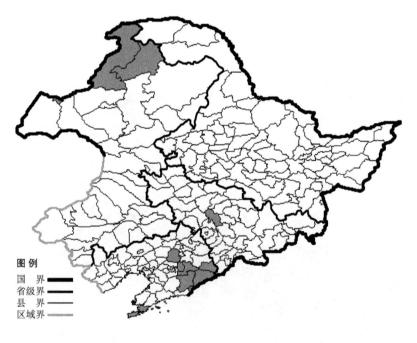

毛果绣线菊

Spiraea trichocarpa Nakai

　　生境：沟谷，杂木林下，林缘，海拔 700 米以下。
　　产地：吉林省长春，辽宁省桓仁、宽甸、丹东、沈阳、大连、凤城、本溪，内蒙古额尔古纳、根河、满洲里。
　　分布：中国（吉林、辽宁、内蒙古），朝鲜半岛。

三裂绣线菊

Spiraea trilobata L.

　　生境：向阳山坡，灌丛，林缘，石砾质山坡，海拔 600 米以下。
　　产地：辽宁省凌源、建平、建昌、北镇、绥中、大连、长海，内蒙古克什克腾旗、巴林右旗、敖汉旗。
　　分布：中国（辽宁、内蒙古、河北、山西、陕西、甘肃、新疆、山东、安徽、河南），朝鲜半岛，俄罗斯（西伯利亚），中亚。

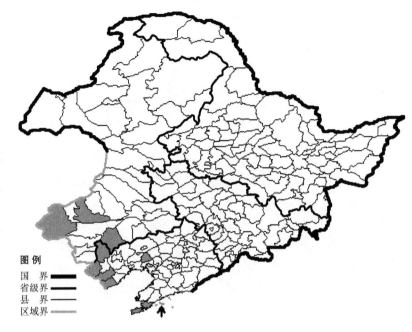

小米空木

Stephanandra incisa (Thunb.) Zabel.

　　生境：山坡灌丛，沟边，溪流旁。
　　产地：辽宁省岫岩、桓仁、宽甸、凤城、东港、长海。
　　分布：中国（辽宁、山东、台湾）。

图 例
国　界 ▬▬
省级界 ▬▬
县　界 ▬▬
区域界 ▬▬

林石草

Waldsteinia ternata (Steph.) Fritsch. var. **glabriuscula** Yu et Li

生境：林下湿草地，海拔约 700 米。

产地：吉林省安图、临江、敦化。

分布：中国（吉林），朝鲜半岛，俄罗斯（东部西伯利亚、远东地区）。

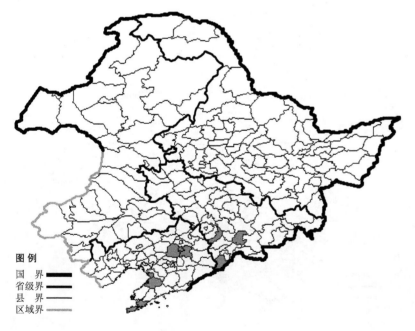

图 例
国　界 ▬▬
省级界 ▬▬
县　界 ▬▬
区域界 ▬▬

豆科 Leguminosae

田皂角

Aeschynomene indica L.

生境：荒地，湿草地，向阳草地，河边沙地。

产地：吉林省集安、梅河口、靖宇，辽宁省沈阳、抚顺、营口、盖州、丹东、大连。

分布：中国（吉林、辽宁、河北、山东、福建、湖北、江西、湖南、广东、海南、四川、贵州、云南），朝鲜半岛，日本，泰国，斯里兰卡，非洲，大洋洲。

合欢

Albizzia julibrissin Durazz.

生境：山坡，海拔 100 米以下。

产地：辽宁省长海、普兰店、庄河。

分布：中国（辽宁、河北、陕西、甘肃、山东、江苏、安徽、浙江、福建、河南、湖北、广东、广西、四川、贵州、云南、台湾），朝鲜半岛，日本，伊朗，印度，缅甸，越南，泰国，非洲。

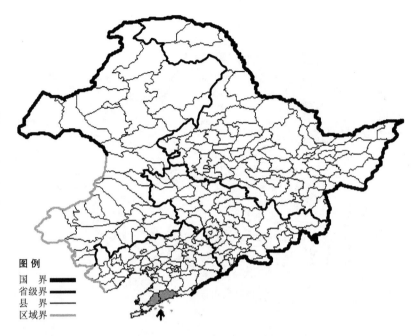

两型豆

Amphicarpaea trisperma（Miq.）Baker

生境：湿草地，林缘，疏林下，灌丛，溪流旁，海拔 800 米以下。

产地：黑龙江省勃利、伊春，吉林省吉林、九台、安图、和龙、蛟河、珲春、临江、通化，辽宁省桓仁、宽甸、凤城、清原、庄河、北镇、西丰、沈阳、新宾、海城、北票、普兰店、建昌、鞍山、本溪、大连，内蒙古赤峰、科尔沁右翼中旗、敖汉旗。

分布：中国（黑龙江、吉林、辽宁、内蒙古、河北、山西、陕西、山东、江苏、浙江、安徽、河南、江西、湖北、湖南、四川、贵州），朝鲜半岛，日本，俄罗斯（远东地区）。

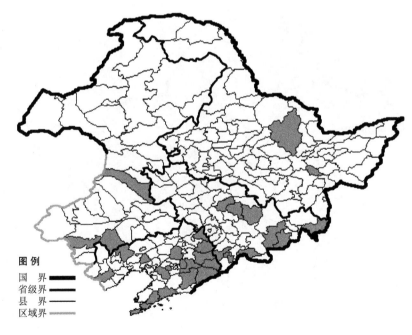

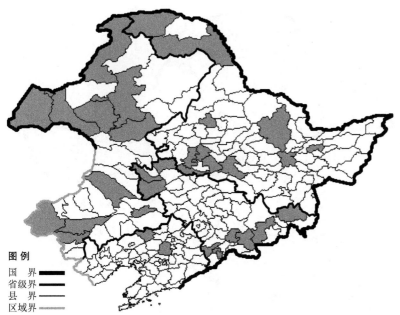

斜茎黄耆

Astragalus adsurgens Pall.

生境：灌丛，林缘，向阳山坡，碱性草地，海拔 700 米以下。

产地：黑龙江省哈尔滨、肇东、肇源、大庆、依兰、集贤、漠河、克山、呼玛、安达、伊春，吉林省通化、汪清、洮南、安图、靖宇、抚松、通榆、镇赉，辽宁省沈阳、彰武，内蒙古满洲里、海拉尔、牙克石、扎兰屯、新巴尔虎右旗、新巴尔虎左旗、鄂温克旗、额尔古纳、翁牛特旗、扎鲁特旗、克什克腾旗、通辽、赤峰。

分布：中国（黑龙江、吉林、辽宁、内蒙古、河北、山西、陕西、甘肃、河南、四川、云南），朝鲜半岛，日本，蒙古，俄罗斯（东部西伯利亚、远东地区）。

高山黄耆

Astragalus alpinus L.

生境：林缘，疏林下，河边沙地。

产地：内蒙古牙克石、额尔古纳、根河。

分布：中国（内蒙古），俄罗斯（北极带、高加索、西伯利亚、远东地区），中亚，欧洲，北美洲。

草珠黄耆

Astragalus capillipes Fisch. ex Bunge

　　生境：向阳山坡，路旁。

　　产地：内蒙古宁城。

　　分布：中国（内蒙古、河北、山西、陕西）。

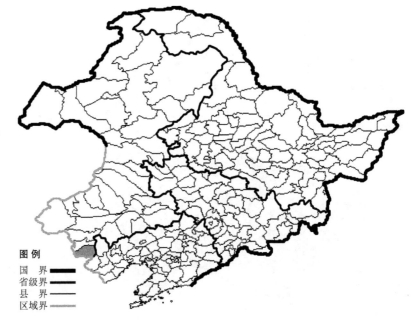

华黄耆

Astragalus chinensis L.

　　生境：向阳山坡，草甸草原，沙质地，河边沙砾地。

　　产地：黑龙江省哈尔滨、佳木斯、依兰，吉林省双辽、长春、德惠，辽宁省铁岭、营口、盘山，内蒙古乌兰浩特、通辽、科尔沁左翼后旗、新巴尔虎右旗、科尔沁右翼前旗、奈曼旗。

　　分布：中国（黑龙江、吉林、辽宁、内蒙古、河北、山西、河南），俄罗斯（远东地区）。

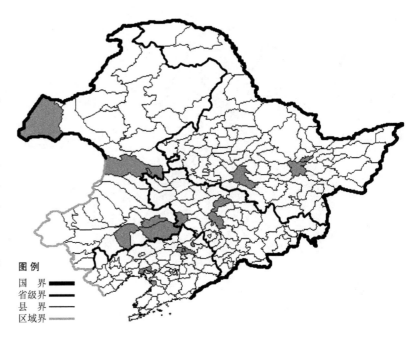

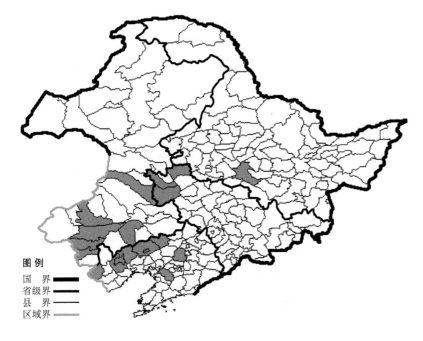

图例
国　界
省级界
县　界
区域界

扁茎黄耆

Astragalus complanatus R. Br. ex Bunge

　　生境：向阳草地，山坡草地，路旁，碱性草地。
　　产地：黑龙江省哈尔滨，吉林省通榆、镇赉、洮南，辽宁省朝阳、北票、海城、阜新、彰武、沈阳、凌源，内蒙古科尔沁右翼中旗、奈曼旗、巴林右旗、赤峰、喀喇沁旗、翁牛特旗。
　　分布：中国（黑龙江、吉林、辽宁、内蒙古、河北、山西、陕西）。

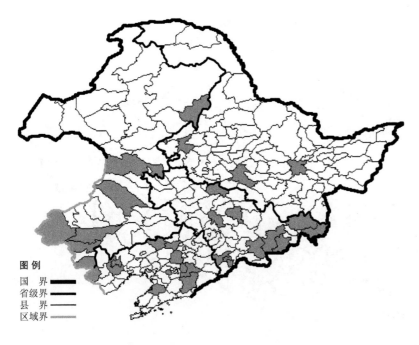

图例
国　界
省级界
县　界
区域界

兴安黄耆

Astragalus dahuricus（Pall.）DC.

　　生境：向阳山坡草地，河边沙砾地，草甸，路旁，海拔 1200 米以下。
　　产地：黑龙江省哈尔滨、依兰、齐齐哈尔，吉林省珲春、汪清、和龙、长春、吉林、通化、安图、扶余、抚松，辽宁省法库、凤城、彰武、凌源、朝阳、沈阳、盖州、鞍山、本溪，内蒙古扎鲁特旗、科尔沁右翼前旗、莫力达瓦达斡尔旗、翁牛特旗、赤峰、宁城、克什克腾旗。
　　分布：中国（黑龙江、吉林、辽宁、内蒙古、河北、山西、陕西），朝鲜半岛，蒙古，俄罗斯（西部西伯利亚、远东地区）。

草原黄耆

Astragalus dalaiensis Kitag.

生境：干草地。

产地：内蒙古新巴尔虎右旗、阿尔山。

分布：中国（内蒙古）。

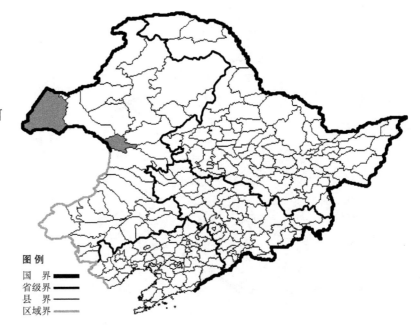

丹黄耆

Astragalus danicus Retz.

生境：向阳山坡草地。

产地：内蒙古牙克石。

分布：中国（内蒙古），蒙古，俄罗斯（欧洲部分、高加索、西伯利亚、远东地区），中亚，欧洲。

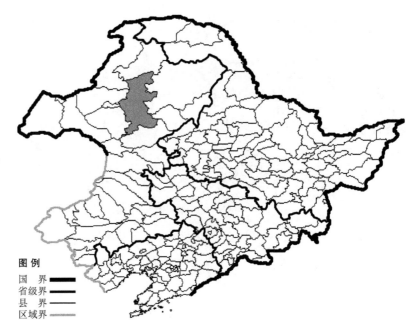

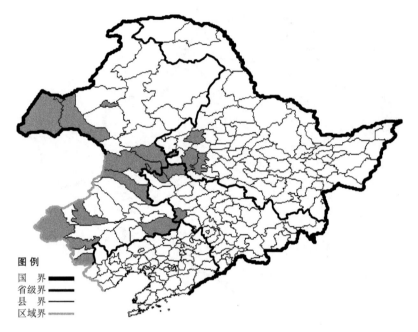

图例
国　界 ▬▬
省级界 ▬▬
县　界 ▬▬
区域界 ▬▬

白花黄耆

Astragalus galactites Pall.

　　生境：沙质地，草原，向阳干山坡，路旁，海拔 700 米以下。
　　产地：黑龙江省大庆、杜尔伯特、富裕，吉林省双辽、镇赉、白城，内蒙古乌兰浩特、海拉尔、满洲里、新巴尔虎左旗、新巴尔虎右旗、科尔沁右翼前旗、科尔沁右翼中旗、扎赉特旗、科尔沁左翼后旗、赤峰、巴林右旗、宁城、克什克腾旗。
　　分布：中国（黑龙江、吉林、内蒙古、河北、甘肃），蒙古，俄罗斯（东部西伯利亚）。

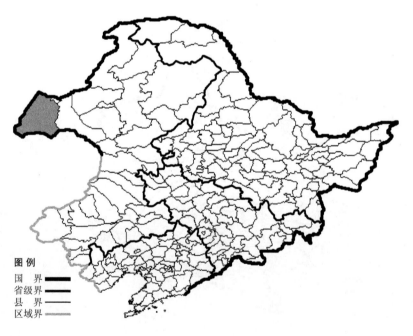

图例
国　界 ▬▬
省级界 ▬▬
县　界 ▬▬
区域界 ▬▬

新巴黄耆

Astragalus hsinbaticus P. Y. Fu et Y. A. Chen

　　生境：草原，海拔 700 米以下。
　　产地：内蒙古新巴尔虎右旗。
　　分布：中国（内蒙古）。

小叶黄耆

Astragalus hulunensis P. Y. Fu et Y. A. Chen

生境：石砾质山坡，海拔约 700 米。

产地：内蒙古满洲里、克什克腾旗。

分布：中国（内蒙古）。

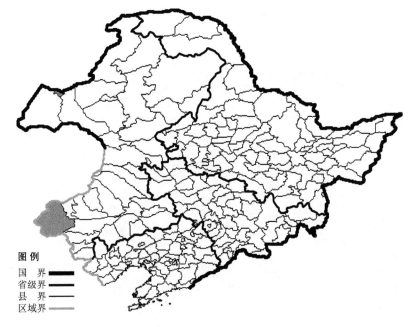

草木犀黄耆

Astragalus melilotoides Pall.

生境：路旁，向阳干山坡，草甸草原，海拔 1000 米以下。

产地：黑龙江省哈尔滨，吉林省镇赉，辽宁省庄河、康平、法库、建平、凌源、锦州、沈阳、彰武，内蒙古海拉尔、牙克石、赤峰、满洲里、额尔古纳、科尔沁右翼前旗。

分布：中国（黑龙江、吉林、辽宁、内蒙古、河北、山西、陕西、甘肃、河南），蒙古，俄罗斯（西伯利亚）。

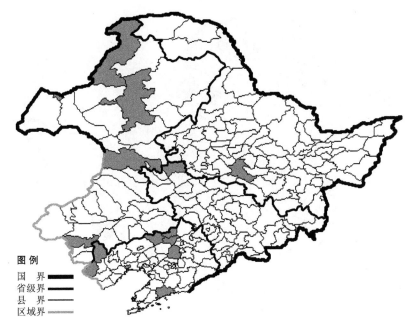

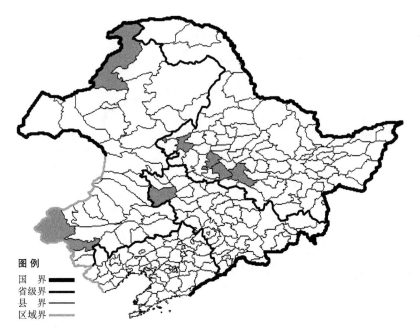

细叶黄耆 Astragalus melilotoides Pall. var. tenuis Ledeb. 生于干山坡草地、固定沙丘、河边，产于黑龙江省哈尔滨、齐齐哈尔、肇东、安达，吉林省通榆，内蒙古额尔古纳、赤峰、克什克腾旗，分布于中国（黑龙江、吉林、内蒙古、河北、陕西、甘肃、山东、河南），蒙古，俄罗斯（东部西伯利亚）。

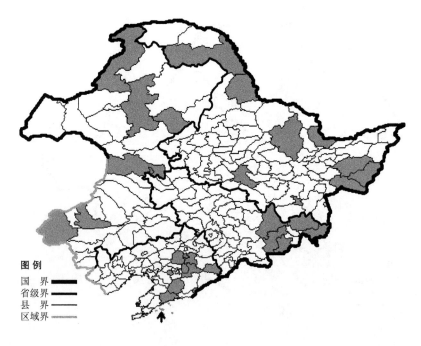

黄耆

Astragalus membranaceus Bunge

生境：草甸，山坡草地，灌丛，林缘，疏林下，海拔 1700 米以下。

产地：黑龙江省呼玛、哈尔滨、宝清、萝北、密山、虎林、黑河、牡丹江、伊春，吉林省安图、和龙、汪清、敦化、珲春，辽宁省沈阳、长海、鞍山、本溪、岫岩、丹东、庄河、桓仁、抚顺，内蒙古阿荣旗、巴林右旗、乌兰浩特、额尔古纳、牙克石、克什克腾旗、科尔沁右翼前旗。

分布：中国（黑龙江、吉林、辽宁、内蒙古、河北、山西、甘肃、四川、西藏），朝鲜半岛，蒙古，俄罗斯（西伯利亚、远东地区）。

蒙古黄耆 Astragalus membranaceus Bunge var. **mongholicus**（Bunge）Hsiao 生于向阳山坡，产于内蒙古满洲里、额尔古纳、克什克腾旗，分布于中国（内蒙古、河北、山西、新疆），蒙古，俄罗斯（西伯利亚）。

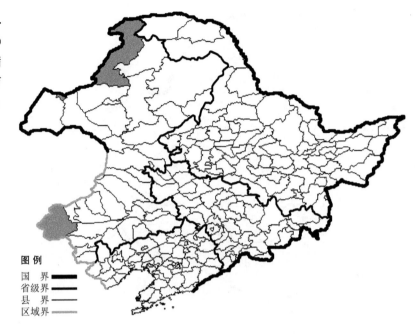

细茎黄耆

Astragalus miniatus Bunge

生境：干山坡，向阳草地，草原，海拔约 700 米。

产地：内蒙古满洲里、新巴尔虎右旗、新巴尔虎左旗、扎赉特旗。

分布：中国（内蒙古），蒙古，俄罗斯（东部西伯利亚）。

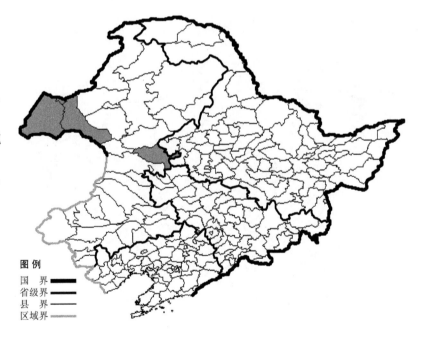

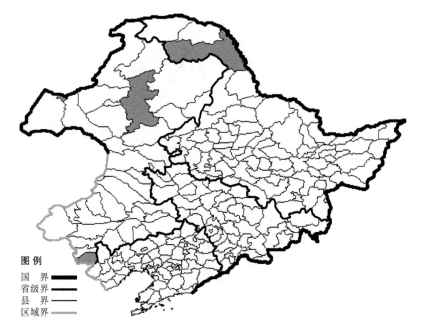

小米黄耆

Astragalus satoi Kitag.

生境：向阳草地，草甸，灌丛。

产地：黑龙江省呼玛，内蒙古满洲里、牙克石、宁城。

分布：中国（黑龙江、内蒙古）。

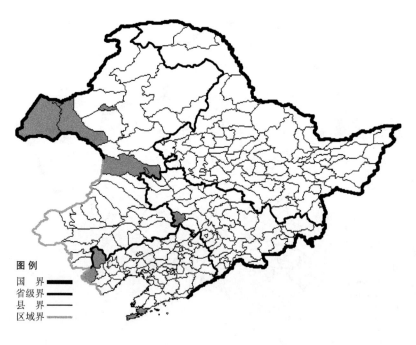

糙叶黄耆

Astragalus scaberrimus Bunge

生境：石砾质山坡，草原，固定沙丘，河边沙地，海拔 700 米以下。

产地：吉林省双辽，辽宁省大连、建平、凌源，内蒙古科尔沁右翼前旗、乌兰浩特、海拉尔、新巴尔虎左旗、新巴尔虎右旗、满洲里。

分布：中国（吉林、辽宁、内蒙古、河北、山西、陕西、甘肃、山东、河南），蒙古，俄罗斯（东部西伯利亚）。

湿地黄耆

Astragalus uliginosus L.

生境：湿草地,林下,林缘,河边,海拔 1100 米以下。

产地：黑龙江省呼玛、宁安、萝北、密山、虎林、饶河、哈尔滨、伊春、牡丹江、黑河,吉林省安图、汪清、抚松、珲春,内蒙古科尔沁右翼前旗、额尔古纳、牙克石、陈巴尔虎旗、阿尔山、海拉尔。

分布：中国（黑龙江、吉林、内蒙古）,朝鲜半岛,蒙古,俄罗斯（西伯利亚）。

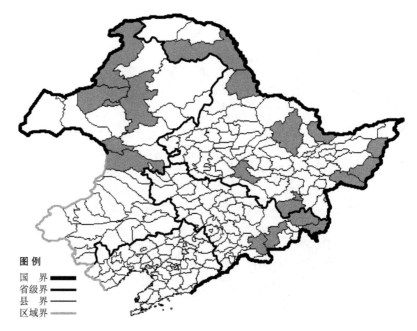

极东锦鸡儿

Caragana fruticosa（Pall.）Bess.

生境：山坡,草甸。

产地：黑龙江省尚志、宝清、饶河,辽宁省法库、凌源。

分布：中国（黑龙江、辽宁）,朝鲜半岛,俄罗斯（远东地区）。

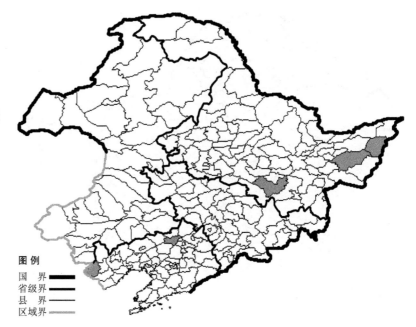

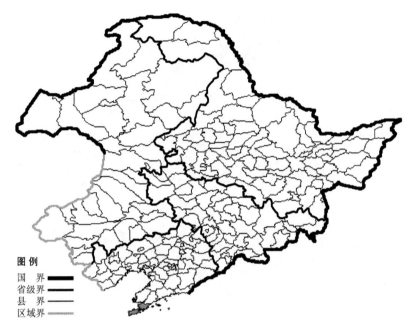

毛掌叶锦鸡儿

Caragana leveillei Kom.

生境：山坡，海拔 200 米以下。
产地：辽宁省大连。
分布：中国（辽宁、河北、山西、陕西、山东、河南）。

金州锦鸡儿

Caragana litwinowii Kom.

生境：山坡，海拔 200 米以下。
产地：辽宁省大连、长海、葫芦岛。
分布：中国（辽宁）。

小叶锦鸡儿

Caragana microphylla Lam.

生境：沙质地，固定沙丘，干山坡，草甸草原，海拔 900 米以下。

产地：吉林省大安，辽宁省朝阳、义县、葫芦岛、绥中、凌源、建平、大连、长海，内蒙古海拉尔、满洲里、新巴尔虎右旗、扎鲁特旗、翁牛特旗、赤峰、通辽、克什克腾旗。

分布：中国（吉林、辽宁、内蒙古、河北、陕西、甘肃），蒙古，俄罗斯（东部西伯利亚）。

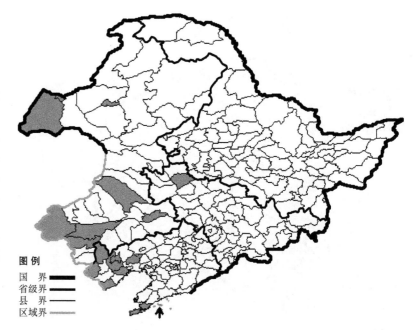

红花锦鸡儿

Caragana rosea Turcz.

生境：山坡草地，林缘，岩石缝间灌丛，海拔 700 米以下。

产地：辽宁省北镇、黑山、兴城、绥中、建平、建昌、凌源、大连、宽甸，内蒙古喀喇沁旗、宁城、赤峰、翁牛特旗。

分布：中国（辽宁、内蒙古、河北、山西、陕西、甘肃、山东、江苏、浙江、河南、四川）。

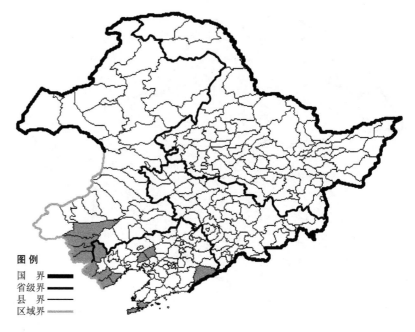

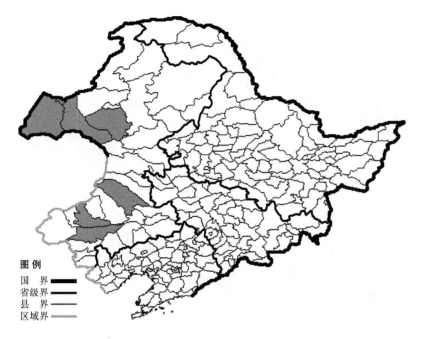

细叶锦鸡儿

Caragana stenophylla Pojark.

生境：山坡，草原，石砾质地，海拔 900 米以下。

产地：内蒙古满洲里、新巴尔虎左旗、新巴尔虎右旗、鄂温克旗、扎鲁特旗、翁牛特旗、巴林右旗。

分布：中国（内蒙古、河北、山西、陕西、甘肃、宁夏、新疆），蒙古，俄罗斯（东部西伯利亚）。

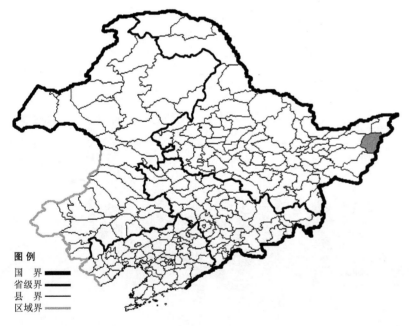

松东锦鸡儿

Caragana ussuriensis（Regel）Pojark.

生境：干山坡，林缘，路旁。

产地：黑龙江省饶河。

分布：中国（黑龙江），俄罗斯（远东地区）。

豆茶决明

Cassia nomame（Sieb.）Kitag.

生境：向阳山坡，河边，荒地，海拔 500 米以下。

产地：吉林省集安，辽宁省西丰、清原、新宾、沈阳、本溪、桓仁、宽甸、凤城、丹东、岫岩、普兰店、庄河、大连、锦州、葫芦岛、瓦房店、鞍山、长海、凤城、抚顺、兴城。

分布：中国（吉林、辽宁、河北、山东），朝鲜半岛，日本。

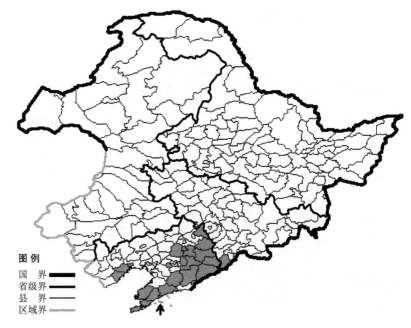

野百合

Crotalaria sessiliflora L.

生境：山坡，海拔 400 米以下。

产地：吉林省集安，辽宁省桓仁、宽甸、凤城、丹东、普兰店、庄河、大连、本溪、鞍山、营口、抚顺、开原、北镇。

分布：中国（吉林、辽宁、华北、华东、华中、华南、西南），朝鲜半岛，日本，缅甸，印度，菲律宾，马来西亚。

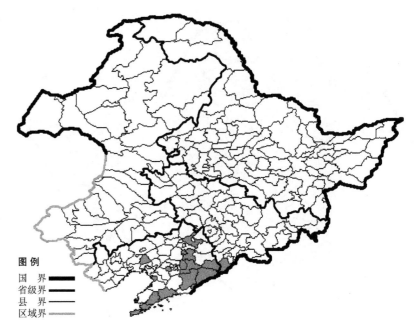

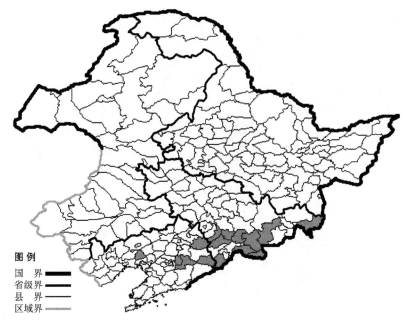

图例
国　界 ▬▬
省级界 ━━
县　界 ——
区域界 ——

东北山马蝗

Desmodium fallax Schindl. var. **mand-shuricum**（Maxim.）Nakai

生境：林缘，疏林下，灌丛，海拔 1000 米以下。

产地：吉林省安图、抚松、临江、集安、柳河、辉南、靖宇、梅河口、长白、珲春，辽宁省清原、本溪、桓仁、北镇。

分布：中国（吉林、辽宁），朝鲜半岛，日本，俄罗斯（远东地区）。

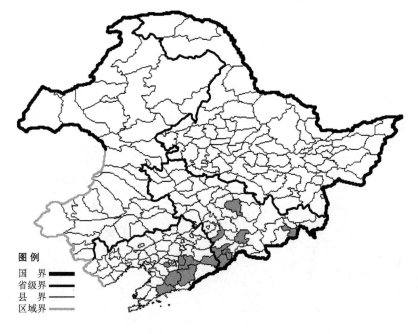

图例
国　界 ▬▬
省级界 ━━
县　界 ——
区域界 ——

羽叶山马蝗

Desmodium oldhamii Oliv.

生境：林下，山坡，石砾质地，灌丛，海拔 600 米以下。

产地：吉林省吉林、集安、靖宇、梅河口、龙井、通化，辽宁省本溪、桓仁、岫岩、凤城、鞍山、庄河。

分布：中国（吉林、辽宁、陕西、江苏、浙江、福建、湖北、江西、湖南），朝鲜半岛，日本，俄罗斯（远东地区）。

山皂角

Gleditsia japonica Miq.

　　生境：山坡，阔叶林中，海拔
500 米以下。
　　产地：吉林省公主岭、集安，辽
宁省沈阳、抚顺、新宾、鞍山、本溪、
凤城、宽甸、桓仁、丹东、大连、庄河、
岫岩、北镇、绥中。
　　分布：中国（吉林、辽宁、河北、
山东、江苏、安徽、浙江、江西、湖
南），朝鲜半岛，日本。

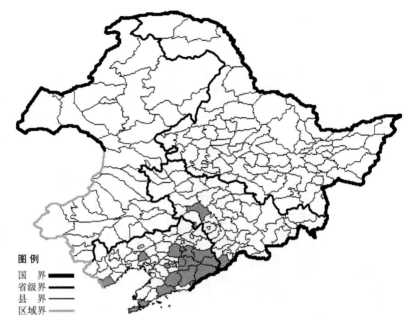

宽叶蔓豆

Glycine gracilis Skv.

　　生境：耕地旁，路旁，沟边，人
家附近，海拔 400 米以下。
　　产地：黑龙江省哈尔滨、大庆、
尚志、宁安、依兰，吉林省安图、珲
春、通化，辽宁省沈阳、铁岭、凤城、
桓仁，内蒙古翁牛特旗。
　　分布：中国（黑龙江、吉林、辽宁、
内蒙古）。

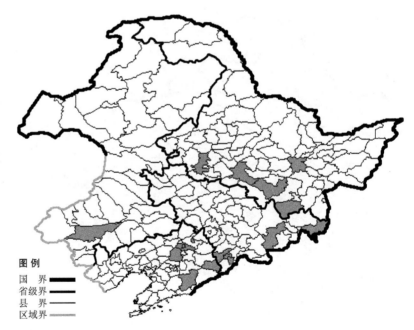

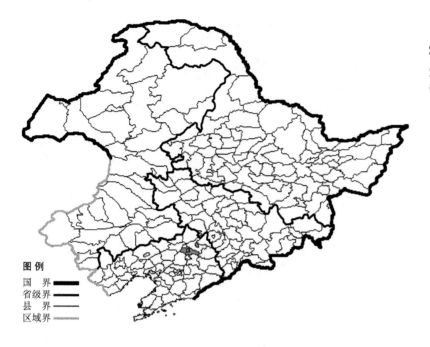

白花宽叶蔓豆 Glycine gracilis Skv. var. **nigra** Skv. 生于耕地旁、路旁，产于辽宁省铁岭，分布于中国（辽宁）。

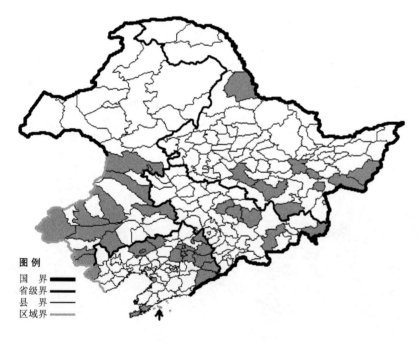

野大豆

Glycine soja Sieb. et Zucc.

生境：灌丛，河边，湖边，湿草地，林下，海拔 700 米以下。

产地：黑龙江省哈尔滨、尚志、鸡西、虎林、依兰、宁安、密山、勃利、黑河，吉林省安图、九台、吉林、珲春、蛟河，辽宁省大连、彰武、阜新、抚顺、桓仁、宽甸、凌源、营口、沈阳、长海、清原、铁岭、西丰、新宾，内蒙古科尔沁右翼前旗、科尔沁右翼中旗、乌兰浩特、科尔沁左翼中旗、阿鲁科尔沁旗、巴林右旗、克什克腾旗、敖汉旗、翁牛特旗、喀喇沁旗、宁城。

分布：中国（黑龙江、吉林、辽宁、内蒙古、河北、陕西、甘肃、山东、安徽、湖北、湖南、四川），朝鲜半岛，日本，俄罗斯（远东地区）。

白花野大豆 **Glycine soja** Sieb. et Zucc. var. **albiflora** P. Y. Fu et Y. A. Chen 生于湿草地，产于辽宁省铁岭，分布于中国（辽宁）。

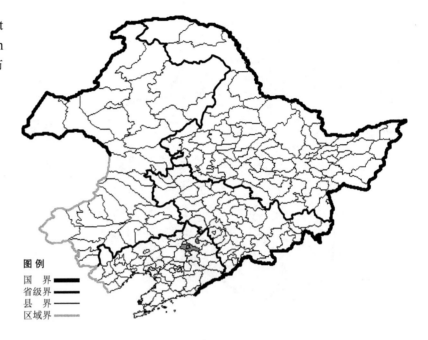

狭叶白花野大豆 **Glycine soja** Sieb. et Zucc. var. **albiflora** P. Y. Fu et Y. A. Chen f. **angustifolia** P. Y. Fu et Y. A. Chen 生于湿草地、沼泽，产于辽宁省铁岭，分布于中国（辽宁）。

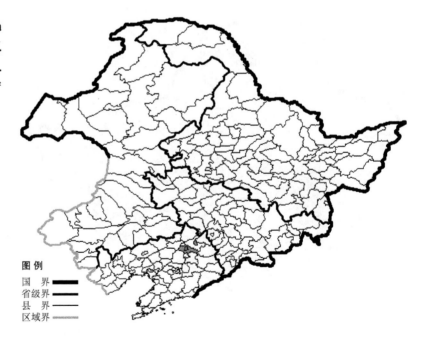

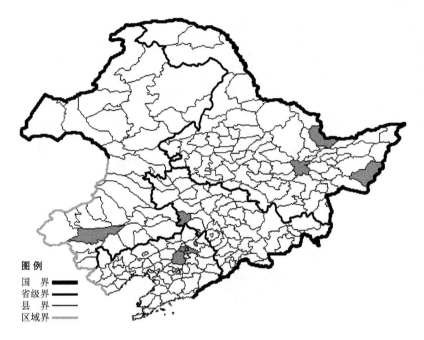

图 例
国　界 ▬▬▬
省级界 ▬▬
县　界 ▬
区域界 ▬

狭叶野大豆 Glycine soja Sieb. et Zucc. f. **lanceolata**（Skv.）P. Y. Fu et Y. A. Chen 生于湿草地，产于黑龙江省虎林、依兰、萝北，吉林省双辽，辽宁省铁岭、沈阳，内蒙古翁牛特旗，分布于中国（黑龙江、吉林、辽宁、内蒙古），日本，俄罗斯（远东地区）。

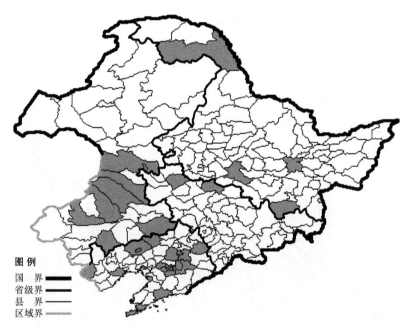

图 例
国　界 ▬▬▬
省级界 ▬▬
县　界 ▬
区域界 ▬

刺果甘草

Glycyrrhiza pallidiflora Maxim.

　生境：湿草地，河边，河谷坡地，海拔 500 米以下。

　产地：黑龙江省宁安、依兰、哈尔滨、呼玛，吉林省扶余、大安，辽宁省彰武、清原、沈阳、辽阳、本溪、抚顺、阜新、鞍山、营口、庄河、大连、葫芦岛、凌源、盘锦，内蒙古科尔沁右翼中旗、扎鲁特旗、科尔沁右翼前旗、乌兰浩特、阿鲁科尔沁旗、巴林右旗、敖汉旗、科尔沁左翼后旗。

　分布：中国（黑龙江、吉林、辽宁、内蒙古、河北、陕西、山东、江苏），朝鲜半岛，俄罗斯（远东地区）。

甘草

Glycyrrhiza uralensis Fisch.

生境：沙地，碱性草地，田间，耕地旁，路旁，荒地，海拔 600 米以下。

产地：黑龙江省泰来、肇源、林甸、肇东、肇州、杜尔伯特、安达，吉林省前郭尔罗斯、农安、扶余、乾安、通榆、长岭、大安、洮南、镇赉，辽宁省建平、北票、阜新、黑山、彰武、康平，内蒙古牙克石、通辽、扎鲁特旗、翁牛特旗、赤峰、科尔沁左翼后旗。

分布：中国（黑龙江、吉林、辽宁、内蒙古、河北、山西、陕西、甘肃、新疆），蒙古，俄罗斯（西伯利亚），中亚。

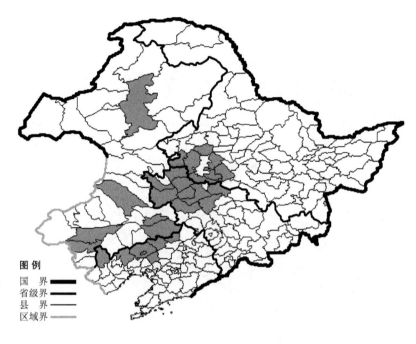

海滨米口袋

Gueldenstaedtia maritima Maxim.

生境：海滨沙地。

产地：辽宁省大连。

分布：中国（辽宁、河北、山西、山东）。

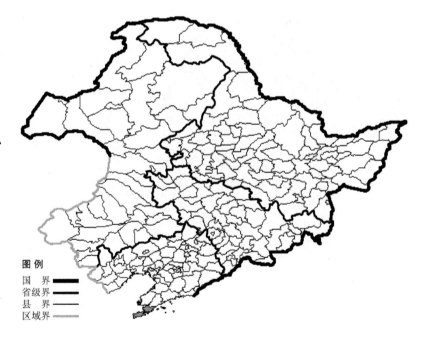

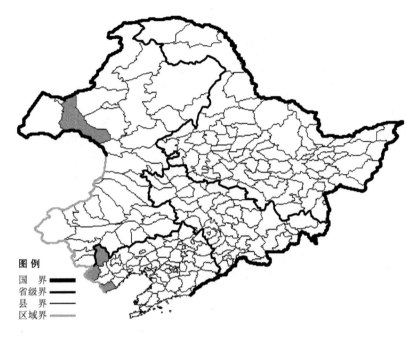

图例
国　界 ▬▬
省级界 ▬▬
县　界 ——
区域界 ——

狭叶米口袋

Gueldenstaedtia stenophylla Bunge

　　生境：河边沙质地，向阳草地。
　　产地：辽宁省建平、绥中、凌源，内蒙古新巴尔虎左旗。
　　分布：中国（辽宁、内蒙古、河北、山西、陕西、甘肃、江苏、河南、湖北、江西、广西、四川）。

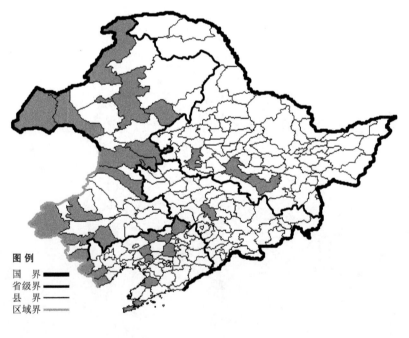

图例
国　界 ▬▬
省级界 ▬▬
县　界 ——
区域界 ——

米口袋

Gueldenstaedtia verna (Georgi) Boriss.

　　生境：向阳草地，干山坡，沙砾质地，草甸草原，路旁，海拔 800 米以下。
　　产地：黑龙江省哈尔滨、大庆、尚志，吉林省长春，辽宁省大连、彰武、凌源、建昌、黑山、绥中、昌图、法库、盖州、沈阳、台安，内蒙古科尔沁右翼前旗、科尔沁右翼中旗、乌兰浩特、阿荣旗、新巴尔虎左旗、新巴尔虎右旗、额尔古纳、牙克石、满洲里、扎赉特旗、巴林右旗、克什克腾旗、敖汉旗、赤峰、宁城、海拉尔。
　　分布：中国（黑龙江、吉林、辽宁、内蒙古、河北、山西、陕西、甘肃、山东、江苏、河南、湖北、广西、四川、云南），朝鲜半岛，俄罗斯（东部西伯利亚、远东地区）。

山岩黄耆

Hedysarum alpinum L.

生境：湿草地，草甸，海拔 2000 米以下。

产地：黑龙江省漠河、呼玛，内蒙古额尔古纳、鄂伦春旗、扎鲁特旗、根河、牙克石、陈巴尔虎旗、鄂温克旗、科尔沁右翼前旗、阿鲁科尔沁旗、巴林右旗、克什克腾旗。

分布：中国（黑龙江、内蒙古），朝鲜半岛，蒙古，俄罗斯（北极带、欧洲部分、西伯利亚、远东地区）。

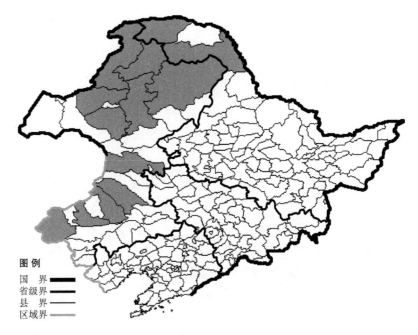

图例
国　界
省级界
县　界
区域界

刺岩黄耆

Hedysarum dahuricum Turcz. ex B. Fedtsch.

生境：草原，石砾质山坡，海拔 700 米以下。

产地：内蒙古满洲里。

分布：中国（内蒙古），蒙古，俄罗斯（东部西伯利亚）。

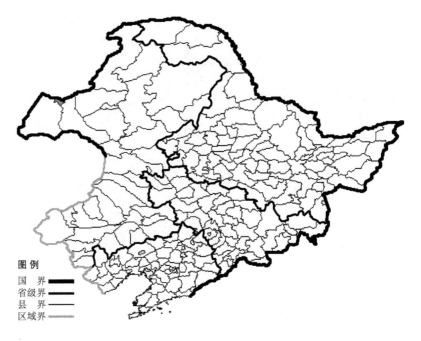

图例
国　界
省级界
县　界
区域界

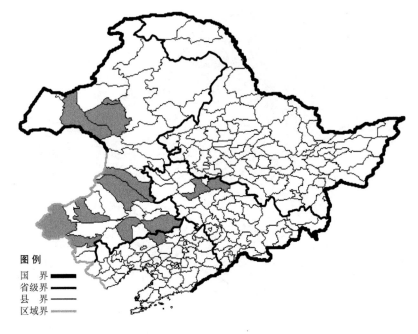

木岩黄耆

Hedysarum fruticosum Pall. var. **lignosum** (Trautv.) Kitag.

　　生境：半固定沙丘，固定沙丘，流动沙丘，沙质草地，海拔 1000 米以下。
　　产地：吉林省扶余、前郭尔罗斯，辽宁省彰武，内蒙古翁牛特旗、赤峰、扎鲁特旗、海拉尔、鄂温克旗、新巴尔虎左旗、海拉尔、科尔沁右翼中旗、奈曼旗、科尔沁左翼后旗、巴林右旗、克什克腾旗。
　　分布：中国（吉林、辽宁、内蒙古、陕西、甘肃），蒙古。

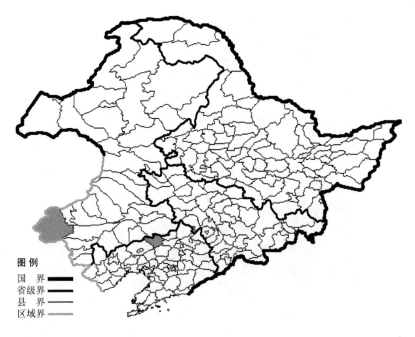

　　山竹岩黄耆 Hedysarum fruticosum Pall. var. **mongolicum** (Turcz.) Turcz. 生于半固定沙丘、流动沙丘、固定沙丘，沙质草地，产于辽宁省彰武，内蒙古克什克腾旗，分布于中国（辽宁、内蒙古），蒙古。

华北岩黄耆

Hedysarum gmelinii Ledeb.

　　生境：草甸草原，石砾质地。
　　产地：内蒙古克什克腾旗、巴林右旗、通辽、敖汉旗、满洲里。
　　分布：中国（内蒙古、山西、陕西、甘肃、宁夏、新疆），蒙古，俄罗斯（西伯利亚）。

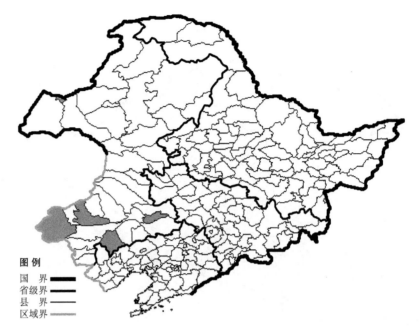

图例
国　界 ▬▬▬
省级界 ▬▬▬
县　界 ▬▬▬
区域界 ▬▬▬

长白岩黄耆

Hedysarum ussuriense Schischk. et Kom.

　　生境：高山冻原，岳桦林缘，海拔 1400-2500 米（长白山）。
　　产地：黑龙江省呼玛，吉林省安图、抚松、长白。
　　分布：中国（黑龙江、吉林），朝鲜半岛，俄罗斯（远东地区）。

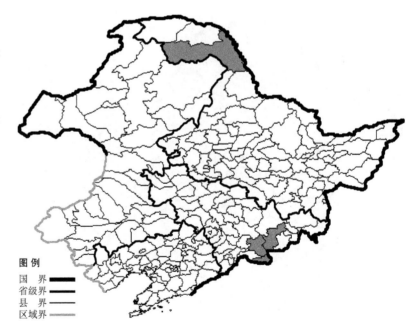

图例
国　界 ▬▬▬
省级界 ▬▬▬
县　界 ▬▬▬
区域界 ▬▬▬

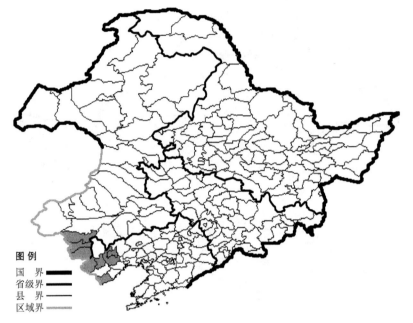

铁扫帚

Indigofera bungeana Walp.

 生境：山坡岩石缝间。

 产地：辽宁省朝阳、喀左、凌源、绥中，内蒙古喀喇沁旗、宁城、赤峰。

 分布：中国（辽宁、内蒙古、河北、山西、陕西、甘肃、山东、安徽、浙江、湖北、四川、贵州、云南）。

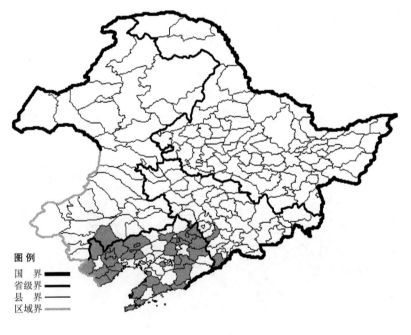

花木蓝

Indigofera kirilowii Maxim. ex Palib.

 生境：向阳山坡，灌丛，疏林下，海拔 700 米以下。

 产地：吉林省梅河口、集安，辽宁省凌源、朝阳、阜新、建平、北镇、义县、西丰、开原、清原、兴城、东港、法库、新宾、庄河、绥中、建昌、北票、瓦房店、营口、沈阳、本溪、鞍山、盖州、葫芦岛、大连、凤城、铁岭，内蒙古敖汉旗。

 分布：中国（吉林、辽宁、内蒙古、河北、山西、山东、江苏、浙江、河南、江西、湖北），朝鲜半岛。

白花花木蓝 Indigofera kirilowii
Maxim. ex Palib. var. **alba** Q. Zh Han
生于向阳山坡草地、灌丛，海拔 300
米以下，产于辽宁省大连，分布于中
国（辽宁）。

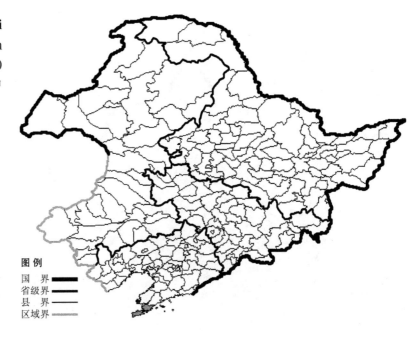

短萼鸡眼草

Kummerowia stipulacea (Maxim.)
Makino

　生境：河边，路旁，石砾质山坡，
河边草地，固定与半固定沙丘，海拔
600 米以下。
　产地：黑龙江省哈尔滨、依兰、
黑河、萝北，吉林省扶余、九台、吉
林、和龙、安图、珲春、桦甸、临江、
通化，辽宁省凌源、锦州、庄河、喀
左、葫芦岛、彰武、沈阳、新宾、建
平、桓仁、大连、新民、丹东、西丰、
抚顺，内蒙古鄂伦春旗、扎兰屯、科
尔沁右翼前旗、阿鲁科尔沁旗、巴林
右旗、翁牛特旗、赤峰、敖汉旗、喀
喇沁旗、宁城。

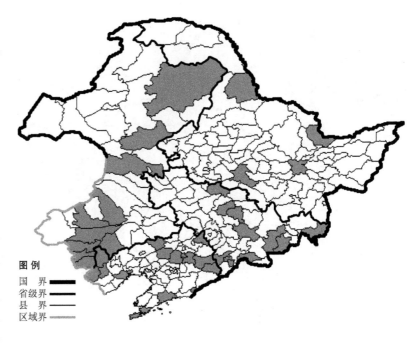

　分布：中国（黑龙江、吉林、辽宁、内蒙古、河北、山西、陕西、甘肃、山东、江苏、安徽、浙江、河南、
江西），朝鲜半岛，日本，俄罗斯（远东地区）。

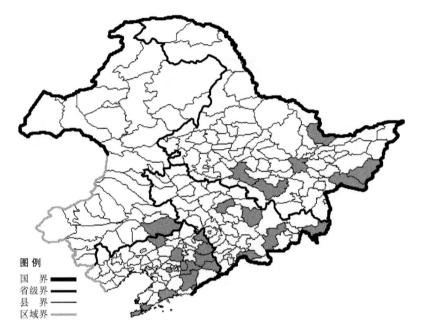

图例
国　界 ▬▬▬
省级界 ▬▬
县　界 ▬▬
区域界 ▬▬

鸡眼草

Kummerowia striata (Thunb.) Schindl.

　　生境：路旁，田边，溪流旁，沙质地，山坡草地，海拔 1000 米以下。
　　产地：黑龙江省尚志、虎林、密山、依兰、哈尔滨、萝北，吉林省九台、安图、珲春、蛟河、临江，辽宁省凤城、新宾、庄河、彰武、鞍山、沈阳、桓仁、大连、西丰、清原、丹东、本溪，内蒙古科尔沁左翼后旗。
　　分布：中国（黑龙江、吉林、辽宁、内蒙古、河北、江苏、福建、湖北、湖南、四川、贵州、云南），朝鲜半岛，日本，俄罗斯（远东地区）。

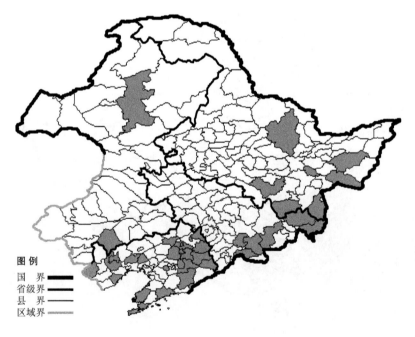

图例
国　界 ▬▬▬
省级界 ▬▬
县　界 ▬▬
区域界 ▬▬

大山黧豆

Lathyrus davidii Hance

　　生境：林缘，疏林下，灌丛，山坡，溪流旁，海拔 1100 米以下。
　　产地：黑龙江省宝清、宁安、东宁、尚志、勃利、密山、伊春，吉林省安图、珲春、临江、抚松、靖宇、汪清，辽宁省桓仁、凌源、兴城、新宾、朝阳、义县、北镇、西丰、法库、铁岭、清原、沈阳、抚顺、本溪、鞍山、凤城、丹东、庄河、大连、瓦房店，内蒙古牙克石、敖汉旗。
　　分布：中国（黑龙江、吉林、辽宁、内蒙古、河北、山西、陕西、甘肃、山东、河南），朝鲜半岛，日本，俄罗斯（远东地区）。

矮山黧豆

Lathyrus humilis Fisch. ex DC.

生境：草甸，灌丛，林缘，疏林下，海拔约 500 米。

产地：黑龙江省黑河、伊春、呼玛、嘉荫，吉林省汪清、安图，内蒙古牙克石、根河、扎兰屯、阿尔山、额尔古纳、科尔沁右翼前旗、巴林右旗、克什克腾旗。

分布：中国（黑龙江、吉林、内蒙古、河北、山西），朝鲜半岛，蒙古，俄罗斯（西伯利亚、远东地区）。

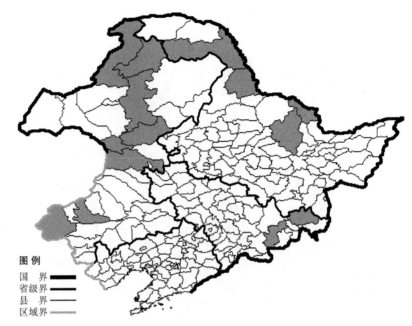

三脉山黧豆

Lathyrus komarovii Ohwi

生境：草甸，林间草地，林下，林缘，海拔 900 米以下。

产地：黑龙江省宁安、伊春、密山、虎林、饶河、呼玛、黑河、嘉荫，吉林省安图、汪清、敦化、临江，辽宁省本溪，内蒙古鄂伦春旗、额尔古纳。

分布：中国（黑龙江、吉林、辽宁、内蒙古），朝鲜半岛，俄罗斯（东部西伯利亚、远东地区）。

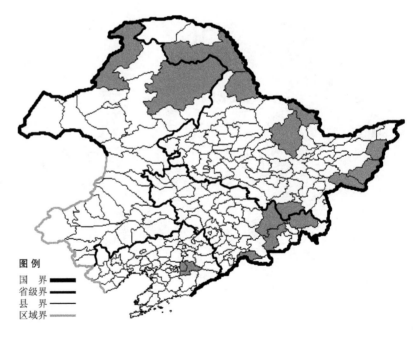

图例
国　界 ▬▬
省级界 ▬▬
县　界 ▬▬
区域界 ▬▬

海滨山黧豆
Lathyrus maritimus (L.) Bigelow

　　生境：海边沙地，海拔 200 米以下。
　　产地：辽宁省兴城、大连、丹东、长海。
　　分布：中国（辽宁、河北、山东、江苏、浙江），朝鲜半岛，日本，俄罗斯（北极带、欧洲部分、远东地区），欧洲，北美洲。

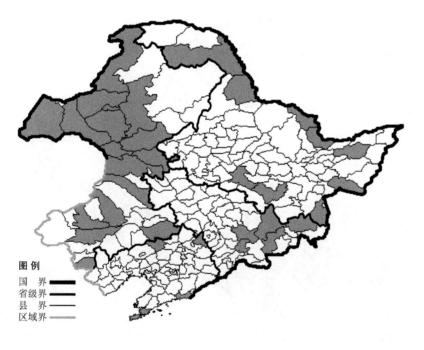

图例
国　界 ▬▬
省级界 ▬▬
县　界 ▬▬
区域界 ▬▬

山黧豆
Lathyrus palustris L. var. **pilosus** (Cham.) Ledeb.

　　生境：沼泽，湿草，林缘，海拔 800 米以下。
　　产地：黑龙江省呼玛、哈尔滨、萝北、嘉荫、东宁、黑河、尚志、密山、富锦，吉林省安图、靖宇、敦化、汪清、桦甸，辽宁省东港、彰武、西丰、大连，内蒙古牙克石、扎兰屯、陈巴尔虎旗、鄂温克旗、额尔古纳、新巴尔虎右旗、新巴尔虎左旗、海拉尔、阿尔山、科尔沁右翼前旗、科尔沁右翼中旗、阿鲁科尔沁旗、巴林右旗、宁城、扎赉特旗、科尔沁左翼后旗、翁牛特旗。

　　分布：中国（黑龙江、吉林、辽宁、内蒙古、山西、甘肃、青海、浙江），朝鲜半岛，日本，蒙古，俄罗斯（北极带、西伯利亚、远东地区），北美洲。

牧地山黧豆

Lathyrus pratensis L.

生境：林缘。

产地：黑龙江省哈尔滨、牡丹江、宁安，吉林省安图、长白。

分布：中国（黑龙江、吉林、陕西、甘肃、新疆、四川、云南），蒙古，俄罗斯（欧洲部分、高加索、西伯利亚），伊朗，土耳其，欧洲，非洲。

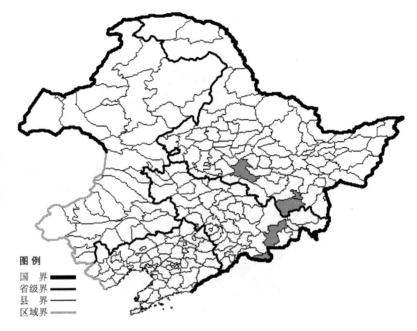

五脉山黧豆

Lathyrus quinquenervius (Miq.) Litv. ex Kom. et Alis.

生境：草甸，草甸草原，林缘，沙地，湿草地，山坡草地，石砬子上，海拔 800 米以下。

产地：黑龙江省大庆、哈尔滨、尚志、富锦、集贤、安达，吉林省镇赉、洮南、双辽、白城、桦甸、临江，辽宁省昌图、彰武、建平、沈阳，内蒙古牙克石、额尔古纳、扎兰屯、通辽、乌兰浩特、鄂温克旗、阿尔山、陈巴尔虎旗、科尔沁右翼前旗、科尔沁右翼中旗、扎赉特旗、阿鲁科尔沁旗、巴林右旗、宁城。

分布：中国（黑龙江、吉林、辽宁、内蒙古、山西、陕西、甘肃、青海），朝鲜半岛，日本，俄罗斯（东部西伯利亚、远东地区）。

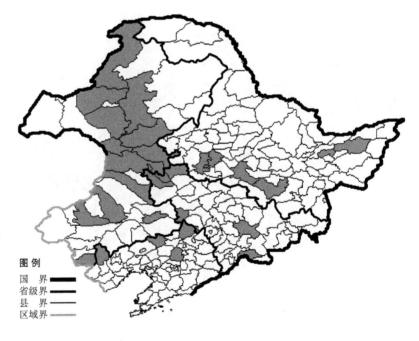

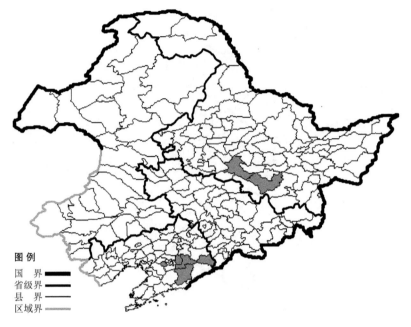

东北山黧豆

Lathyrus vaniotii Levl.

　　生境：林下，林缘，草地，海拔 600 米以下。
　　产地：黑龙江省哈尔滨、尚志，辽宁省鞍山、本溪、凤城、桓仁。
　　分布：中国（黑龙江、辽宁），朝鲜半岛。

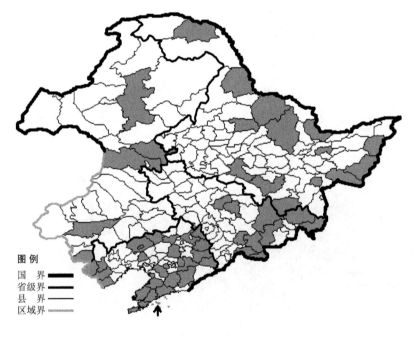

胡枝子

Lespedeza bicolor Turcz.

　　生境：山坡，灌丛，林缘，路旁，杂木林下，海拔 900 米以下。
　　产地：黑龙江省北安、鸡西、萝北、虎林、密山、塔河、饶河、集贤、哈尔滨、尚志、黑河、逊克、宁安、伊春，吉林省安图、临江、吉林、九台、抚松、靖宇、珲春、长白、敦化、汪清，辽宁省彰武、大连、北镇、庄河、西丰、凌源、清原、建昌、开原、海城、新宾、岫岩、喀左、盖州、丹东、瓦房店、绥中、沈阳、营口、普兰店、长海、法库、本溪、阜新、凤城、桓仁、鞍山，内蒙古牙克石、科尔沁右翼前

旗、扎赉特旗、翁牛特旗、宁城。
　　分布：中国（黑龙江、吉林、辽宁、内蒙古、河北、山西、陕西、甘肃、山东、江苏、安徽、浙江、福建、河南、湖南、广东、广西、台湾），朝鲜半岛，日本，蒙古，俄罗斯（东部西伯利亚、远东地区）。

短梗胡枝子

Lespedeza cyrtobotrya Miq.

生境：山坡灌丛，杂木林下，海拔 400 米以下。

产地：吉林省集安、长春，辽宁省西丰、彰武、抚顺、沈阳、长海、岫岩、宽甸、凤城、丹东、盖州、兴城、大连、庄河、普兰店。

分布：中国（吉林、辽宁、河北、山西、陕西、甘肃、浙江、福建、河南、湖北、江西、广东、四川），朝鲜半岛，日本，俄罗斯（远东地区）。

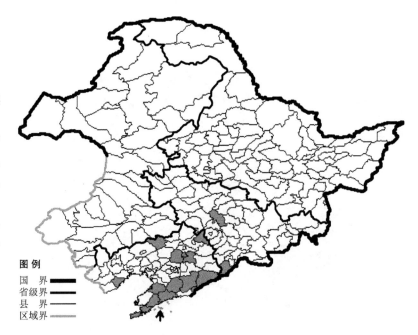

兴安胡枝子

Lespedeza davurica (Laxm.) Schindl.

生境：山坡，路旁，沙质地，草甸草原，海拔 1100 米以下。

产地：黑龙江省呼玛、安达、哈尔滨、密山、肇东、依兰、萝北，吉林省安图、吉林、通榆、长春、九台、珲春、镇赉，辽宁省西丰、法库、彰武、凌源、喀左、建昌、建平、北镇、兴城、绥中、大连、抚顺、沈阳、本溪、新民，内蒙古扎兰屯、陈巴尔虎旗、新巴尔虎左旗、新巴尔虎右旗、科尔沁右翼前旗、额尔古纳、海拉尔、满洲里、阿荣旗、鄂温克旗、翁牛特旗、扎赉特旗、科尔沁左翼后旗、阿鲁科尔沁旗、巴林左旗、巴林右旗、林西、克什克腾旗、扎鲁特旗、宁城、科尔沁右翼中旗。

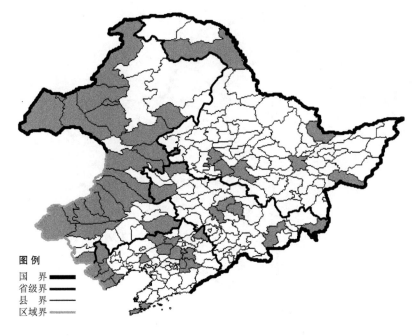

分布：中国（黑龙江、吉林、辽宁、内蒙古、河北、山西、陕西、山东、江苏、安徽、河南、湖北、四川、云南），朝鲜半岛，日本，俄罗斯（东部西伯利亚、远东地区）。

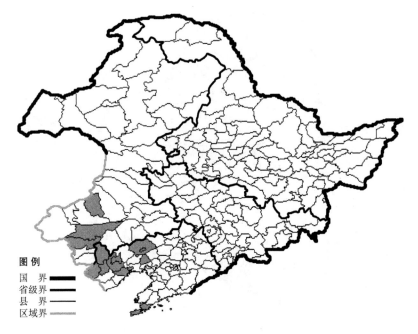

多花胡枝子

Lespedeza floribunda Bunge

　　生境：石砾质山坡，干山坡，海拔 700 米以下。

　　产地：辽宁省阜新、朝阳、凌源、喀左、建平、北镇、锦州、葫芦岛、大连，内蒙古赤峰、翁牛特旗、巴林左旗。

　　分布：中国（辽宁、内蒙古、河北、山西、陕西、甘肃、宁夏、青海、山东、江苏、浙江、安徽、福建、河南、江西、湖北、湖南、广东、广西、四川）。

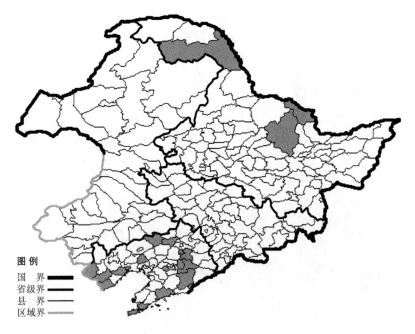

阴山胡枝子

Lespedeza inschanica (Maxim.) Schindl.

　　生境：山坡灌丛，海拔 800 米以下。

　　产地：黑龙江省呼玛、嘉荫、伊春，辽宁省法库、彰武、葫芦岛、凌源、建昌、锦州、北镇、绥中、抚顺、本溪、丹东、凤城、鞍山、庄河、大连。

　　分布：中国（黑龙江、辽宁、河北、山西、陕西、甘肃、山东、江苏、安徽、河南、湖北、湖南、四川、云南），朝鲜半岛，日本。

尖叶胡枝子

Lespedeza juncea (L. f.) Pers.

生境：山坡灌丛，沙地，海拔1100 米以下。

产地：黑龙江省呼玛、伊春、安达、密山、宁安、肇东、依兰、萝北、东宁、哈尔滨、克山，吉林省九台、通榆、长春、吉林、镇赉、长白、临江、和龙、珲春、抚松，辽宁省西丰、开原、铁岭、法库、普兰店、锦州、北镇、彰武、朝阳、建平、凌源、建昌、葫芦岛、沈阳、清原、新宾、抚顺、鞍山、庄河、瓦房店、大连、桓仁，内蒙古扎兰屯、新巴尔虎左旗、新巴尔虎右旗、海拉尔、科尔沁右翼前旗、科尔沁右翼中旗、扎赉特旗、科尔沁左翼后旗、巴林右旗、林西、克什克腾旗、宁城、翁牛特旗、扎鲁特旗、喀喇沁旗、敖汉旗、额尔古纳、根河、鄂伦春旗、牙克石、鄂温克旗。

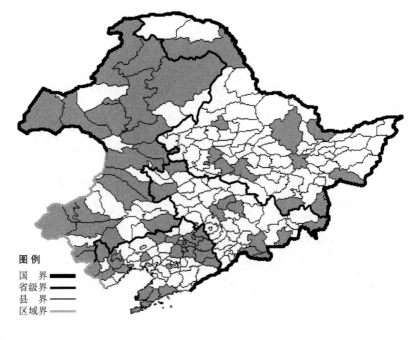

分布：中国（黑龙江、吉林、辽宁、内蒙古、河北、山西、甘肃、山东），朝鲜半岛，日本，蒙古，俄罗斯（东部西伯利亚、远东地区）。

牛枝子

Lespedeza potaninii Vass.

生境：草原，山坡，石砾质山坡，石砾质地，海拔约 600 米。

产地：吉林省通榆，辽宁省彰武、盖州，内蒙古赤峰、翁牛特旗、巴林右旗。

分布：中国（吉林、辽宁、内蒙古、河北、山西、陕西、甘肃、宁夏、青海、山东、江苏、河南、四川、云南、西藏），蒙古。

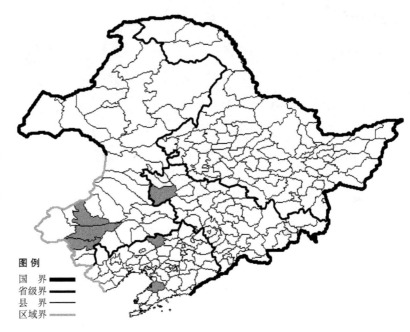

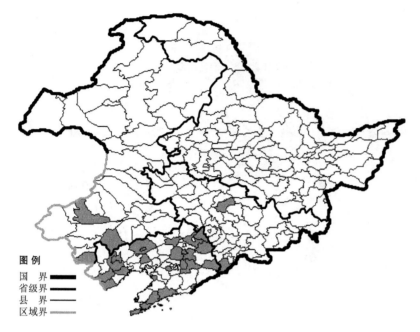

图例
国　界 ▬▬▬
省级界 ▬▬
县　界 ▬▬
区域界 ▬▬

绒毛胡枝子

Lespedeza tomentosa (Thunb.) Sieb. ex Maxim.

　　生境：干山坡，灌丛，海拔 700 米以下。
　　产地：吉林省集安、九台，辽宁省西丰、开原、法库、阜新、朝阳、建昌、北镇、葫芦岛、普兰店、清原、营口、桓仁、绥中、沈阳、抚顺、本溪、丹东、鞍山、营口、庄河、大连，内蒙古巴林右旗、敖汉旗、宁城。
　　分布：中国（全国各地），朝鲜半岛，日本，俄罗斯（远东地区）。

图例
国　界 ▬▬▬
省级界 ▬▬
县　界 ▬▬
区域界 ▬▬

细梗胡枝子

Lespedeza virgata (Thunb.) DC.

　　生境：石砾质山坡，海拔 200 米以下。
　　产地：辽宁省大连、长海。
　　分布：中国（辽宁、河北、山西、陕西、山东、江苏、安徽、浙江、福建、河南、湖北、江西、湖南、广东、广西、四川、贵州、台湾），朝鲜半岛，日本。

懷槐

Maackia amurensis Rupr. et Maxim.

生境：阔叶林中湿润处，林缘，溪流旁，山坡草地，海拔 1200 米以下。

产地：黑龙江省宁安、孙吴、萝北、伊春、密山、集贤，吉林省安图、临江、抚松、和龙、汪清、长白、蛟河、公主岭、敦化、珲春，辽宁省凌源、桓仁、盖州、宽甸、绥中、抚顺、沈阳、本溪、庄河、丹东、岫岩、北镇、清原、西丰、铁岭。

分布：中国（黑龙江、吉林、辽宁、河北、山东），朝鲜半岛，俄罗斯（远东地区）。

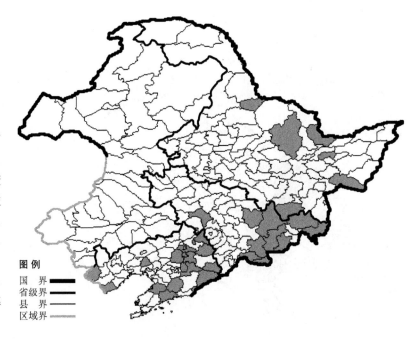

野苜蓿

Medicago falcata L.

生境：沙质地，干草地，草甸草原，河边，杂草地，海拔 900 米以下。

产地：黑龙江省哈尔滨，辽宁省抚顺、彰武，内蒙古新巴尔虎右旗、新巴尔虎左旗、海拉尔、牙克石、满洲里、阿尔山、鄂温克旗、巴林右旗、克什克腾旗。

分布：中国（黑龙江、辽宁、内蒙古、河北、山西、陕西、甘肃、新疆），俄罗斯（欧洲部分、高加索、西伯利亚、远东地区），中亚，欧洲。

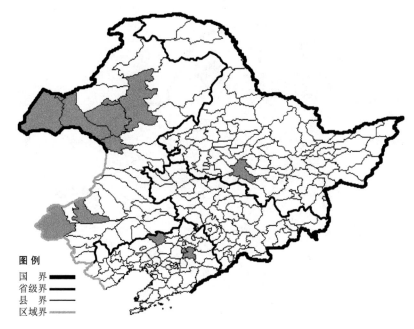

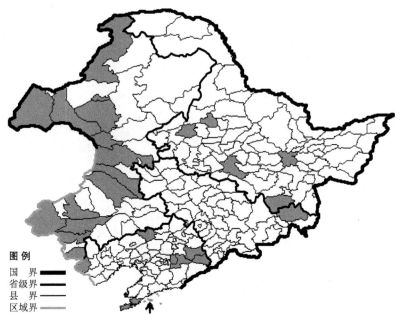

天蓝苜蓿

Medicago lupulina L.

  生境：湿草地，河边，路旁，耕地旁，海拔约 600 米。

  产地：黑龙江省依兰、宁安、哈尔滨、富裕、克山，吉林省汪清，辽宁省凌源、彰武、长海、大连、桓仁、本溪、新宾，内蒙古额尔古纳、鄂温克旗、科尔沁右翼前旗、科尔沁右翼中旗、阿尔山、巴林右旗、克什克腾旗、赤峰、翁牛特旗、宁城、扎鲁特旗、海拉尔、新巴尔虎左旗、新巴尔虎右旗。

  分布：中国（黑龙江、吉林、辽宁、内蒙古、河北、山西、陕西、甘肃、湖北、四川、云南），朝鲜半岛，日本，俄罗斯（欧洲部分、高加索），中亚，欧洲。

白花草木犀

Melilotus albus Desr.

  生境：荒地，沟边空地，路旁，耕地旁，海拔 800 米以下。

  产地：黑龙江省哈尔滨、佳木斯、萝北、密山、宁安、肇东，吉林省汪清、永吉、安图，辽宁省大连、丹东、辽阳、凌源、西丰、桓仁，内蒙古赤峰、鄂伦春旗、科尔沁右翼前旗、科尔沁左翼后旗、克什克腾旗、翁牛特旗。

  分布：原产欧洲和西亚，现我国黑龙江、吉林、辽宁、内蒙古、河北、陕西、甘肃、四川有分布。

细齿草木犀

Melilotus dentatus (Wald. et Kit.) Pers.

生境：河边湿草地，路旁，碱性草地，沙丘，海拔 700 米以下。

产地：黑龙江省哈尔滨、大庆、安达，吉林省靖宇，辽宁省沈阳、葫芦岛、新民，内蒙古赤峰、海拉尔、满洲里、新巴尔虎左旗、根河、额尔古纳、新巴尔虎右旗、科尔沁右翼中旗、扎鲁特旗、牙克石、克什克腾旗。

分布：中国（黑龙江、吉林、辽宁、内蒙古、河北、山西、陕西、山东），蒙古，俄罗斯（欧洲部分、北高加索、西伯利亚），中亚，欧洲。

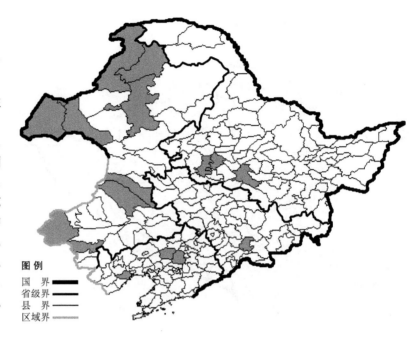

图例
国　界 ▬▬▬
省级界 ▬▬▬
县　界 ━━━
区域界 ～～～

草木犀

Melilotus suaveolens Ledeb.

生境：河边，湿草地，林缘，路旁，荒地，向阳山坡，海拔 900 米以下。

产地：黑龙江省密山、萝北、哈尔滨、宁安、尚志、北安、佳木斯、伊春、呼玛、安达，吉林省安图、和龙、汪清、珲春、临江、镇赉、九台，辽宁省凌源、彰武、岫岩、锦州、沈阳、鞍山、桓仁、本溪、大连、开原、新宾、清原、长海、西丰、瓦房店，内蒙古翁牛特旗、扎鲁特旗、根河、鄂伦春旗、额尔古纳、鄂温克旗、科尔沁左翼后旗、赤峰、阿鲁科尔沁旗、宁城、科尔沁右翼前旗、海拉尔、满洲里、通辽、扎鲁特旗、翁牛特旗。

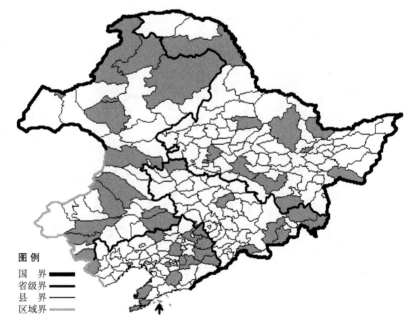

图例
国　界 ▬▬▬
省级界 ▬▬▬
县　界 ━━━
区域界 ～～～

分布：中国（黑龙江、吉林、辽宁、内蒙古、河北、山西、陕西、甘肃、宁夏、四川、云南、西藏），朝鲜半岛，蒙古，俄罗斯（西伯利亚、远东地区），中亚。

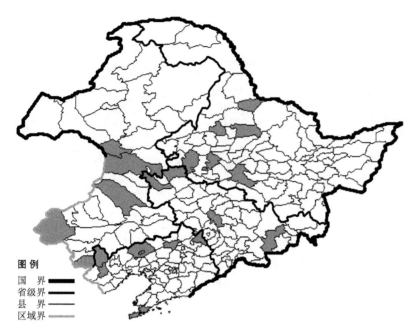

辽西扁蓿豆

Melissitus liaosiensis (P. Y. Fu et Y. A. Chen) P. Y. Fu et Y. A. Chen

生境：草甸，山坡，沟边，路旁，海拔约 400 米。

产地：黑龙江省北安、孙吴、哈尔滨、安达、克山、杜尔伯特，吉林省安图、洮南、镇赉、长春，辽宁省西丰、法库、阜新、建平、喀左、大连，内蒙古科尔沁右翼前旗、宁城、扎鲁特旗、克什克腾旗、阿尔山。

分布：中国（黑龙江、吉林、辽宁、内蒙古）。

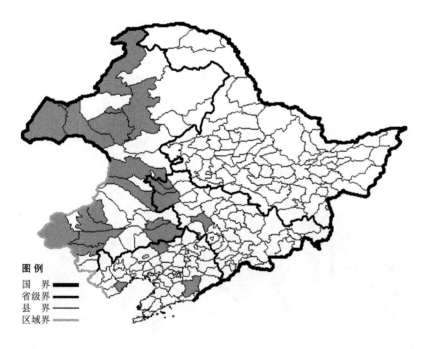

扁蓿豆

Melissitus ruthenica (L.) C. W. Chang

生境：草甸，沙质地，河边砂砾地，向阳山坡，海拔 800 米以下。

产地：吉林省洮南、白城、通榆、公主岭，辽宁省兴城、彰武、凤城，内蒙古赤峰、海拉尔、满洲里、新巴尔虎右旗、新巴尔虎左旗、科尔沁右翼前旗、额尔古纳、牙克石、鄂温克旗、科尔沁右翼中旗、科尔沁左翼后旗、通辽、翁牛特旗、巴林右旗、巴林左旗、克什克腾旗。

分布：中国（吉林、辽宁、内蒙古、河北、山西、陕西、甘肃、四川），蒙古，俄罗斯（西伯利亚）。

阴山扁蓿豆 **Melissitus ruthenica** (L.) C. W. Chang var. **inschanica** (H. C. Fu et Y. C. Tsiang) H. C. Fu et Y. Q. Jiang 生于林下、林间草地、路旁，产于内蒙古巴林右旗,分布于中国(内蒙古)。

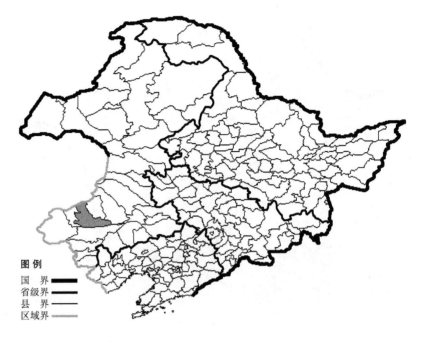

图例
国　界
省级界
县　界
区域界

长白棘豆

Oxytropis anertii Nakai

生境：高山冻原，林缘，海拔 1700-2600 米。
产地：吉林省安图、抚松、长白。
分布：中国（吉林），朝鲜半岛。

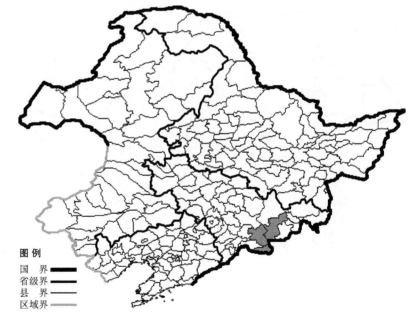

图例
国　界
省级界
县　界
区域界

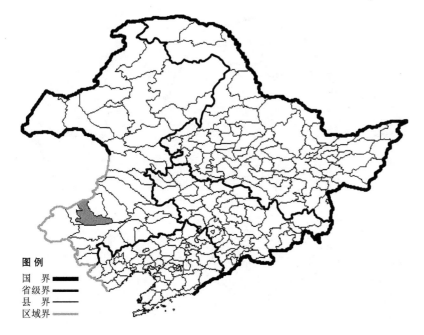

图例
国　界 ▬▬▬
省级界 ▬▬
县　界 ▬▬
区域界 ▬▬

二色棘豆

Oxytropis bicolor Bunge

　　生境：草原。
　　产地：内蒙古巴林右旗。
　　分布：中国（内蒙古、河北、山西、陕西、甘肃、山东、河南），蒙古。

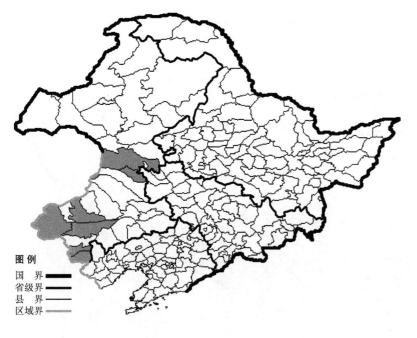

图例
国　界 ▬▬▬
省级界 ▬▬
县　界 ▬▬
区域界 ▬▬

密丛棘豆

Oxytropis coerulea (Pall.) DC. subsp. **subfalcata** (Hance) Cheng f. ex H. C. Fu

　　生境：草甸、山坡草地。
　　产地：内蒙古克什克腾旗、宁城、霍林郭勒、翁牛特旗、巴林右旗、突泉、喀喇沁旗、科尔沁右翼前旗。
　　分布：中国（内蒙古、河北、山西）。

线棘豆

Oxytropis filiformis DC.

生境：干山坡，草甸，海拔 700
米以下。

产地：内蒙古满洲里、扎鲁特旗、
巴林右旗、克什克腾旗、宁城。

分布：中国（内蒙古），蒙古，
俄罗斯（东部西伯利亚）。

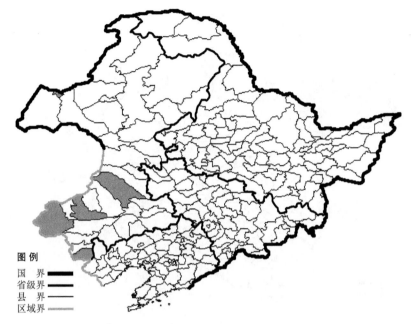

大花棘豆

Oxytropis grandiflora (Pall.) DC.

生境：干山坡，草甸草原，海拔
1000 米以下。

产地：内蒙古阿尔山、科尔沁右
翼前旗、牙克石、额尔古纳、满洲里、
突泉、科尔沁左翼后旗、根河、海拉尔、
鄂温克旗、通辽、扎赉特旗、扎鲁特旗、
克什克腾旗、翁牛特旗、巴林右旗。

分布：中国（内蒙古），蒙古，
俄罗斯（东部西伯利亚）。

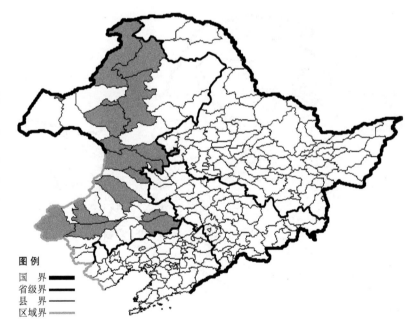

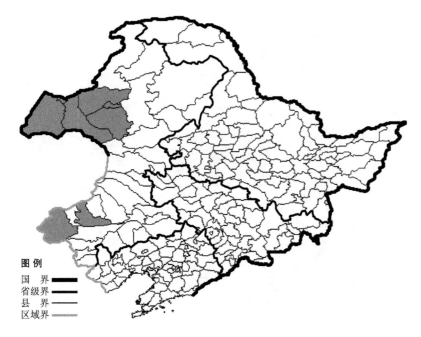

图例
国　界 ▬▬
省级界 ━━
县　界 ──
区域界 ──

山棘豆

Oxytropis hailarensis Kitag.

　　生境：固定沙丘，沙质草地，干山坡，石砾质地，草原，海拔1000米以下。
　　产地：内蒙古海拉尔、满洲里、鄂温克旗、巴林右旗、新巴尔虎右旗、新巴尔虎左旗、陈巴尔虎旗、克什克腾旗。
　　分布：中国（内蒙古）。

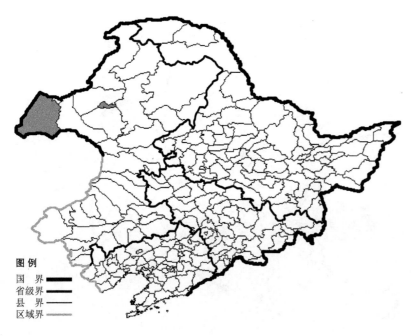

图例
国　界 ▬▬
省级界 ━━
县　界 ──
区域界 ──

　　光果棘豆 Oxytropis hailarensis Kitag. f. **liocarpa** (H. C. Fu) P. Y. Fu et Y. A. Chen 生于固定沙丘，沙质地，产于内蒙古海拉尔、新巴尔虎右旗，分布于中国（内蒙古）。

硬毛棘豆

Oxytropis hirta Bunge

　　生境：干山坡，海拔 1000 米以下。

　　产地：黑龙江省安达，吉林省双辽、乾安、前郭尔罗斯，辽宁省凌源、建平、北镇、阜新、沈阳、法库、凤城、兴城、盖州，内蒙古科尔沁右翼前旗、海拉尔、鄂温克旗、鄂伦春旗、阿荣旗、巴林左旗、通辽、新巴尔虎右旗、扎鲁特旗、扎兰屯、科尔沁右翼中旗、克什克腾旗、扎赉特旗、乌兰浩特、巴林右旗。

　　分布：中国（黑龙江、吉林、辽宁、内蒙古、河北、山西、甘肃、山东），蒙古，俄罗斯（东部西伯利亚）。

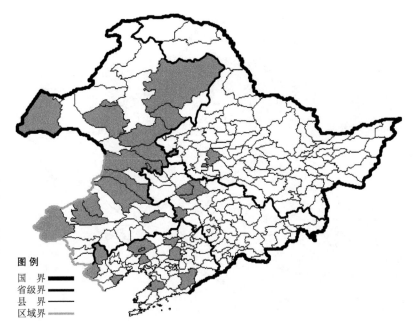

山泡泡

Oxytropis leptophylla (Pall.) DC.

　　生境：干山坡。

　　产地：吉林省镇赉，内蒙古科尔沁右翼前旗、乌兰浩特、巴林右旗、克什克腾旗、通辽、鄂温克旗、新巴尔虎右旗、扎赉特旗。

　　分布：中国（吉林、内蒙古、河北、山西），蒙古，俄罗斯（东部西伯利亚）。

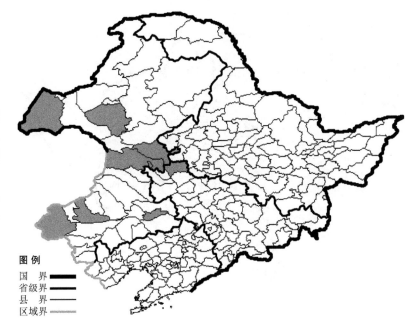

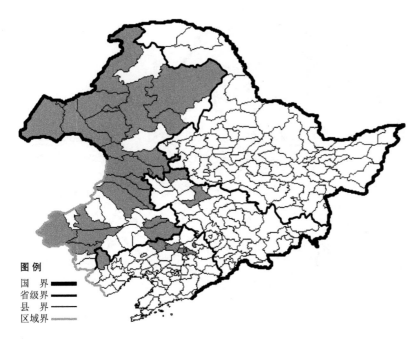

多叶棘豆

Oxytropis myriophylla (Pall.) DC.

生境：干山坡，沙质地，海拔1000 米以下。

产地：吉林省前郭尔罗斯、镇赉，辽宁省彰武、铁岭、法库、建平，内蒙古乌兰浩特、扎鲁特旗、科尔沁左翼后旗、海拉尔、牙克石、额尔古纳、扎鲁特旗、阿尔山、通辽、鄂温克旗、满洲里、科尔沁右翼中旗、突泉、鄂伦春旗、阿荣旗、陈巴尔虎旗、新巴尔虎左旗、新巴尔虎右旗、科尔沁右翼前旗、扎赉特旗、克什克腾旗、翁牛特旗、赤峰、巴林右旗。

分布：中国（吉林、辽宁、内蒙古、河北），蒙古，俄罗斯（东部西伯利亚）。

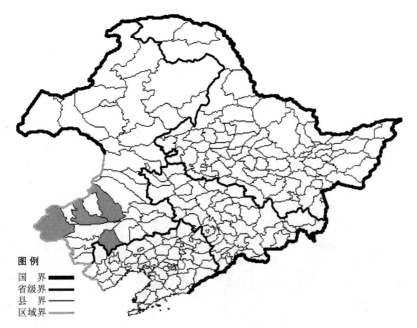

黄毛棘豆

Oxytropis ochrantha Turcz.

生境：干山坡，干河谷沙地。

产地：内蒙古阿鲁科尔沁旗、巴林右旗、克什克腾旗、敖汉旗。

分布：中国（内蒙古、河北、山西、陕西、甘肃、四川、西藏）。

砂珍棘豆

Oxytropis psammocharis Hance

　　生境：沙丘。
　　产地：辽宁省彰武，内蒙古翁牛特旗、通辽、科尔沁左翼后旗、敖汉旗、海拉尔、陈巴尔虎旗、新巴尔虎左旗、阿鲁科尔沁旗、克什克腾旗。
　　分布：中国（辽宁、内蒙古、河北、山西、陕西、甘肃、宁夏）。

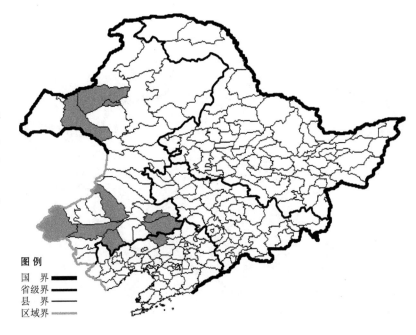

　　白花棘豆 Oxytropis psammocharis Hance f. **albiflora** P. Y. Fu et Y. A. Chen 生于固定沙丘，产于辽宁省彰武，内蒙古科尔沁左翼后旗，分布于中国（辽宁、内蒙古）。

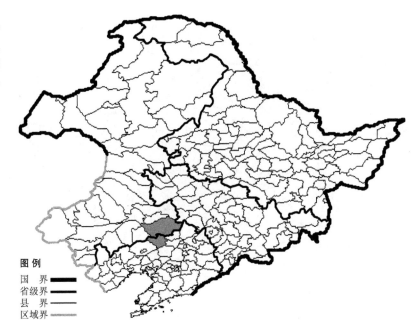

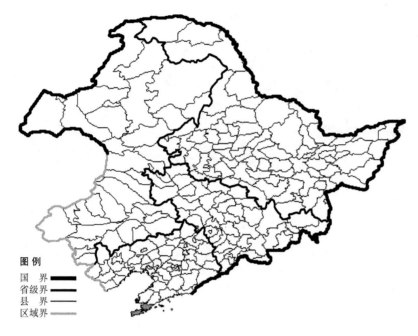

图例
国　界 ▬▬▬
省级界 ▬▬
县　界 ▬
区域界 ▬▬

海绿豆

Phaseolus demissus Kitag.

　　生境：海边丘陵地岩石间，盐渍性沙地。

　　产地：辽宁省大连。

　　分布：中国（辽宁）。

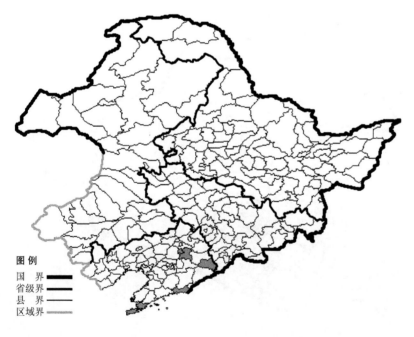

图例
国　界 ▬▬▬
省级界 ▬▬
县　界 ▬
区域界 ▬▬

野小豆

Phaseolus minimus Roxb.

　　生境：山坡，灌丛，稍湿的沙质草地，海拔 1000 米以下。

　　产地：辽宁省抚顺、桓仁、东港、大连。

　　分布：中国（辽宁、河北、山东、江苏、浙江、福建、江西、湖南、广东、台湾），日本，菲律宾。

野葛

Pueraria lobata (Willd.) Ohwi

　　生境：杂木林下，灌丛，荒地，海拔 500 米以下。
　　产地：吉林省通化、集安、抚松、和龙、敦化、珲春，辽宁省桓仁、宽甸、绥中、本溪、庄河、丹东、鞍山、长海、瓦房店、大连。
　　分布：中国（吉林、辽宁、河北、山西、陕西、甘肃、山东、江苏、浙江、安徽、河南、江西、湖南、广东、四川、云南、台湾），朝鲜半岛，日本。

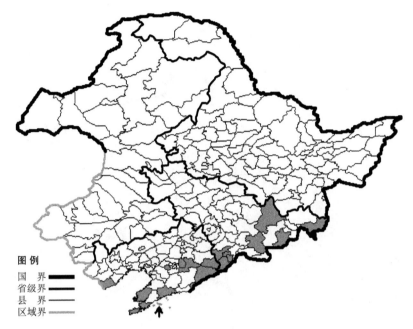

苦参

Sophora flavescens Ait.

　　生境：草甸，河边砾质地，山坡，海拔 900 米以下。
　　产地：黑龙江省哈尔滨、齐齐哈尔、虎林、肇东、宁安、密山、鸡西、安达、黑河、孙吴、嘉荫、鹤岗、萝北，吉林省吉林、双辽、通榆、白城、临江、珲春、汪清，辽宁省大连、彰武、瓦房店、西丰、义县、北镇、长海、丹东、法库、盖州、建平、葫芦岛、锦州、营口、庄河、喀左、凌源、清原、沈阳、绥中、桓仁、本溪、抚顺，内蒙古额尔古纳、根河、鄂伦春旗、牙克石、鄂温克旗、扎兰屯、科尔沁右翼前旗、扎赉特旗、科尔沁左翼后旗、扎鲁特旗、宁城、翁牛特旗、赤峰、科尔沁右翼中旗、乌兰浩特。
　　分布：中国（全国各地），朝鲜半岛，日本，俄罗斯（东部西伯利亚、远东地区）。

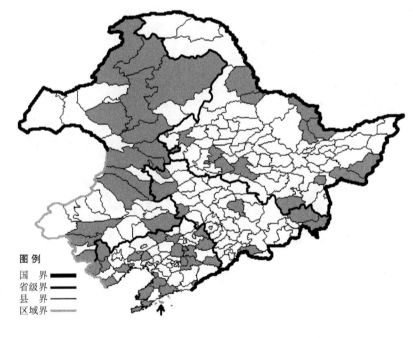

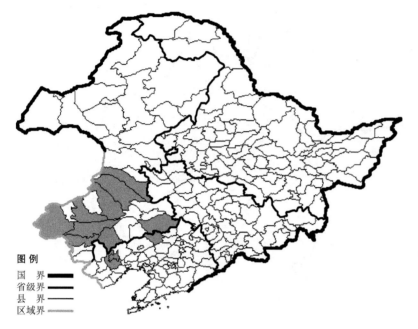

图例
国　界 ▬▬
省级界 ▬▬
县　界 ——
区域界 ——

苦马豆

Swainsonia salsula（Pall.）Thunb.

　　生境：草原，沙质地，碱性草地，溪流旁，海拔 800 米以下。
　　产地：辽宁省彰武、朝阳，内蒙古翁牛特旗、赤峰、科尔沁左翼后旗、扎鲁特旗、敖汉旗、科尔沁右翼中旗、巴林右旗、阿鲁科尔沁旗、克什克腾旗。
　　分布：中国（辽宁、内蒙古、河北、山西、陕西、甘肃、新疆、河南），蒙古，俄罗斯（高加索、西伯利亚），中亚。

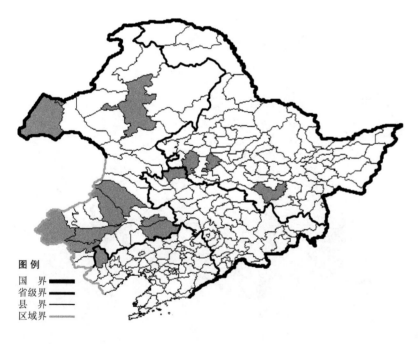

图例
国　界 ▬▬
省级界 ▬▬
县　界 ——
区域界 ——

牧马豆

Thermopsis lanceolata R. Br.

　　生境：沙地，山坡草地，河谷湿地，海拔 700 米以下。
　　产地：黑龙江省杜尔伯特、安达、尚志，吉林省镇赉，辽宁省建平，内蒙古赤峰、翁牛特旗、通辽、科尔沁左翼后旗、新巴尔虎右旗、满洲里、扎鲁特旗、海拉尔、牙克石、克什克腾旗、阿鲁科尔沁旗。
　　分布：中国（黑龙江、吉林、辽宁、内蒙古、河北、山西、陕西、甘肃、青海、四川），蒙古，俄罗斯（欧洲部分、西伯利亚），中亚。

延边车轴草

Trifolium gordejevi (Kom.) Z. Wei

　　生境：溪流旁岩石间。
　　产地：黑龙江绥芬河，吉林省珲春。
　　分布：中国（黑龙江、吉林），俄罗斯（远东地区）。

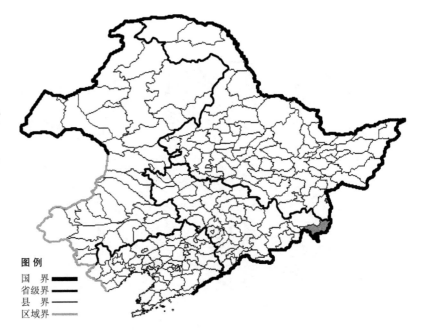

野火球

Trifolium lupinaster L.

　　生境：林下，湿草地，灌丛，林缘，海拔 1800 米以下。
　　产地：黑龙江省哈尔滨、伊春、鹤岗、嘉荫、萝北、宁安、汤原、东宁、富锦、依兰、鸡西、佳木斯、北安、密山、黑河、呼玛，吉林省珲春、汪清、安图、和龙、抚松、吉林、长白，辽宁省沈阳、新民、彰武、西丰、新宾、海城，内蒙古科尔沁右翼前旗、科尔沁右翼中旗、牙克石、额尔古纳、阿尔山、通辽、海拉尔、满洲里、鄂温克旗、扎鲁特旗、克什克腾旗、巴林左旗、巴林右旗、阿鲁科尔沁旗、宁城。

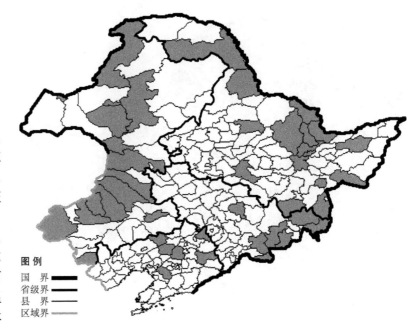

　　分布：中国（黑龙江、吉林、辽宁、内蒙古、河北），朝鲜半岛，日本，蒙古，俄罗斯（北极带、欧洲部分、西伯利亚、远东地区），中亚。

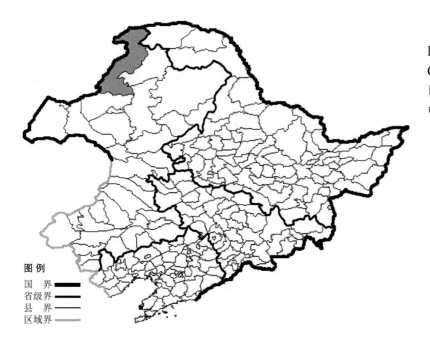

白花野火球 **Trifolium lupinaster** L. f. **albiflorum** (Ser.) P. Y. Fu et Y. A. Chen 生于灌丛，林缘，海拔 1000 米以下，产于内蒙古额尔古纳，分布于中国（内蒙古），俄罗斯。

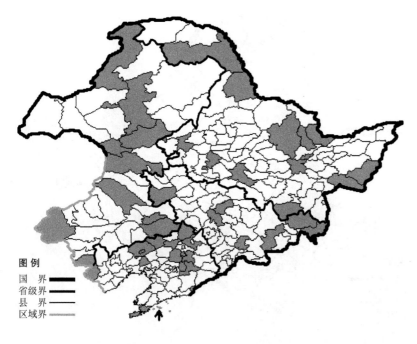

图例
国　界 ▬▬
省级界 ▬▬
县　界 ——
区域界 ——

山野豌豆

Vicia amoena Fisch. ex DC.

　　生境：草甸，灌丛，林缘，林下，海拔 1000 米以下。
　　产地：黑龙江省呼玛、齐齐哈尔、安达、哈尔滨、虎林、佳木斯、密山、宁安、依兰、黑河、伊春、鹤岗、萝北，吉林省安图、汪清、珲春、长春、九台、通榆、靖宇，辽宁省彰武、阜新、凌源、北镇、法库、沈阳、抚顺、昌图、开原、本溪、丹东、大连、长海、内蒙古科尔沁右翼前旗、科尔沁左翼后旗、扎鲁特旗、克什克腾旗、阿尔山、额尔古纳、海拉尔、通辽、牙克石、扎兰屯、宁城。

　　分布：中国（黑龙江、吉林、辽宁、内蒙古、河北、山西、陕西、甘肃、宁夏、青海、山东、江苏、安徽、河南、湖北、四川），朝鲜半岛，日本，蒙古，俄罗斯（西伯利亚、远东地区）。

狭叶山野豌豆 Vicia amoena Fisch.
ex DC. var. **oblongifolia** Regel 生于草
甸草原、固定沙丘、沙地、向阳干山坡，
产于黑龙江省杜尔伯特、大庆、安达、
齐齐哈尔、哈尔滨、黑河、尚志、呼玛，
吉林省扶余、镇赉、通榆、汪清、珲春，
辽宁省彰武、凌源、喀左、建平、清原、
昌图、沈阳、丹东、营口、东港、普
兰店、大连，内蒙古翁牛特旗、阿尔
山、科尔沁右翼前旗、扎鲁特旗、海
拉尔、扎赉特旗、鄂温克旗、额尔古纳、
满洲里、通辽、克什克腾旗，分布于
中国（黑龙江、吉林、辽宁、内蒙古、
河北、西北），朝鲜半岛，俄罗斯。

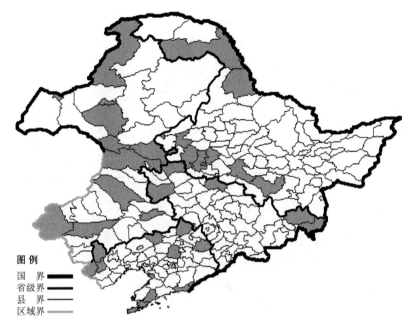

绢毛山野豌豆 Vicia amoena Fisch.
ex DC. var. **sericea** Kitag. 生于固定沙
丘、沙地，产于黑龙江省安达，辽宁
省彰武、新民，内蒙古科尔沁左翼后
旗、赤峰、翁牛特旗、扎鲁特旗、扎
兰屯，分布于中国（黑龙江，辽宁，
内蒙古）。

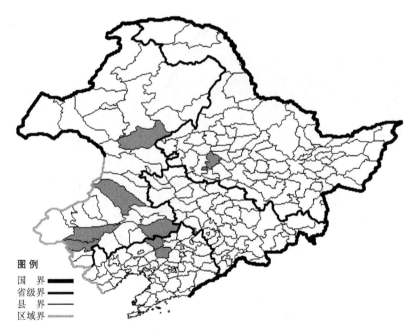

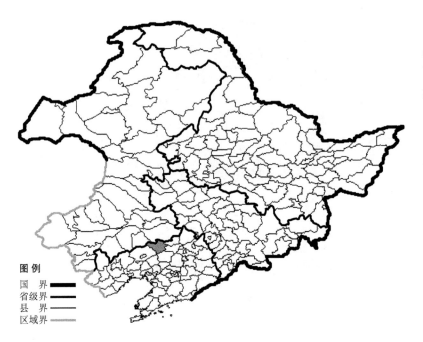

图例
国　界 ▬▬
省级界 ▬▬
县　界 ──
区域界 ──

白花山野豌豆 **Vicia amoena** Fisch. ex DC. var. **sericea** Kitag. f. **albiflora** P. Y. Fu et Y. A. Chen 生于沙地、干旱草地，产于辽宁省彰武，分布于中国（辽宁）。

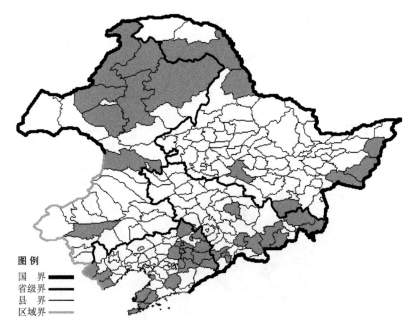

图例
国　界 ▬▬
省级界 ▬▬
县　界 ──
区域界 ──

黑龙江野豌豆

Vicia amurensis Oett.

生境：灌丛，湖边沙地，林缘，路旁，海拔 1100 米以下。

产地：黑龙江省黑河、呼玛、宁安、哈尔滨、饶河、密山、虎林，吉林省安图、抚松、吉林、和龙、珲春、汪清、通化、靖宇，辽宁省昌图、西丰、清原、新宾、沈阳、抚顺、本溪、铁岭、桓仁、岫岩、营口、瓦房店、普兰店、大连、凌源、建昌、绥中，内蒙古额尔古纳、根河、牙克石、鄂伦春旗、鄂温克旗、陈巴尔虎旗、翁牛特旗、科尔沁右翼前旗。

分布：中国（黑龙江、吉林、辽宁、内蒙古），朝鲜半岛，日本，俄罗斯（东部西伯利亚、远东地区）。

三河野豌豆 **Vicia amurensis** Oett. f. **sanheensis** Y. Q. Jiang et S. M. Fu 生于石砾质山坡，产于内蒙古额尔古纳，分布于中国（内蒙古）。

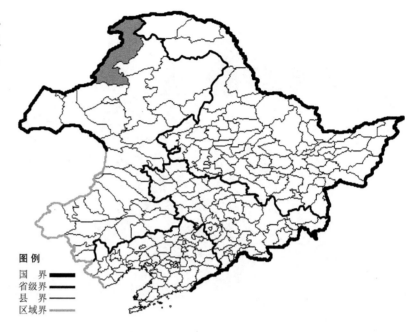

大花野豌豆

Vicia bungei Ohwi

生境：耕地旁，路旁，沙地，溪旁，湿草地，荒地。

产地：辽宁省沈阳、大连、盖州、长海。

分布：中国（辽宁、河北、山西、陕西、甘肃、山东、江苏、河南、四川）。

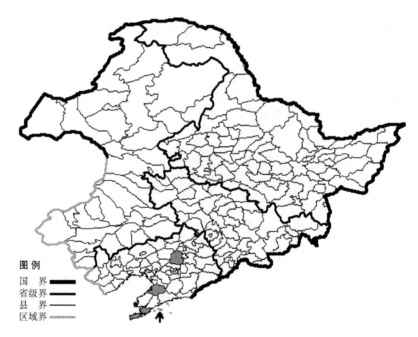

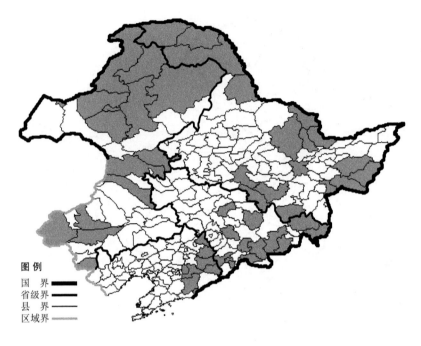

图例
国　界
省级界
县　界
区域界

广布野豌豆

Vicia cracca L.

生境：草甸，灌丛，林缘，海拔1800米以下。

产地：黑龙江省五常、塔河、尚志、漠河、呼玛、依兰、宝清、伊春、宁安、密山、虎林、鹤岗、萝北、哈尔滨、黑河、嘉荫、鸡东，吉林省抚松、安图、珲春、蛟河、磐石、九台、汪清、和龙、通化、临江、靖宇，辽宁省西丰、清原、新宾、本溪、凤城、桓仁、丹东，内蒙古根河、牙克石、鄂伦春旗、陈巴尔虎旗、额尔古纳、海拉尔、鄂温克旗、满洲里、扎赉特旗、巴林右旗、克什克腾旗、翁牛特旗、宁城、科尔沁右翼前旗、科尔沁右翼中旗。

分布：中国（黑龙江、吉林、辽宁、内蒙古、河北、陕西、甘肃、新疆、安徽、浙江、福建、河南、湖北、江西、广东、广西、四川、贵州、西藏），朝鲜半岛，日本，俄罗斯（北极带、欧洲部分、西伯利亚、远东地区），中亚，土耳其，欧洲，北美洲。

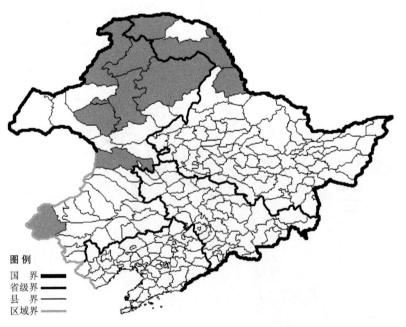

图例
国　界
省级界
县　界
区域界

灰野豌豆 Vicia cracca L. f. **canescens** Maxim. 生于湿润沙质草地，草甸，林缘，产于黑龙江省漠河、呼玛、黑河，内蒙古鄂温克旗、额尔古纳、海拉尔、鄂伦春旗、根河、科尔沁右翼前旗、牙克石、克什克腾旗，分布于中国（黑龙江、内蒙古、陕西），日本，俄罗斯。

索伦野豌豆

Vicia geminiflora Trautv.

生境：河边柳丛间。

产地：内蒙古科尔沁右翼前旗、陈巴尔虎旗、突泉。

分布：中国（内蒙古），蒙古，俄罗斯（东部西伯利亚）。

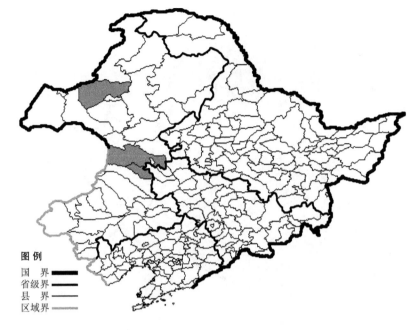

东方野豌豆

Vicia japonica A. Gray

生境：草甸，林缘，路旁，海拔700 米以下。

产地：黑龙江省伊春、黑河、嫩江、宁安、萝北、尚志、哈尔滨、呼玛，吉林省靖宇、汪清、珲春、安图、临江，辽宁省庄河、大连、沈阳、长海、丹东，内蒙古科尔沁右翼前旗、额尔古纳、根河、鄂伦春旗、扎赉特旗、牙克石、巴林右旗、翁牛特旗。

分布：中国（黑龙江、吉林、辽宁、内蒙古），朝鲜半岛，日本，俄罗斯（东部西伯利亚、远东地区）。

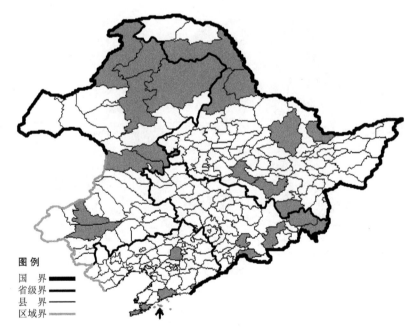

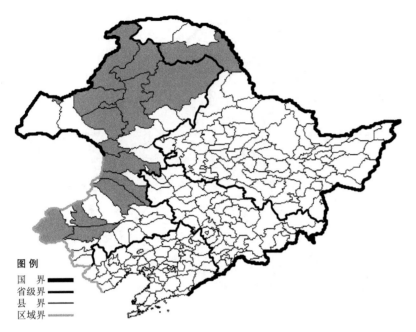

图例
国　界 ━━━
省级界 ━━
县　界 ──
区域界 ──

多茎野豌豆

Vicia multicaulis Ledeb.

　　生境：山坡，石砾质地，沙地，海拔 800 米以下。
　　产地：黑龙江省呼玛，内蒙古科尔沁右翼前旗、科尔沁右翼中旗、阿尔山、额尔古纳、海拉尔、牙克石、鄂温克旗、扎鲁特旗、根河、鄂伦春旗、陈巴尔虎旗、巴林右旗、翁牛特旗、克什克腾旗、满洲里。
　　分布：中国（黑龙江、内蒙古），蒙古，俄罗斯（北极带、西伯利亚、远东地区）。

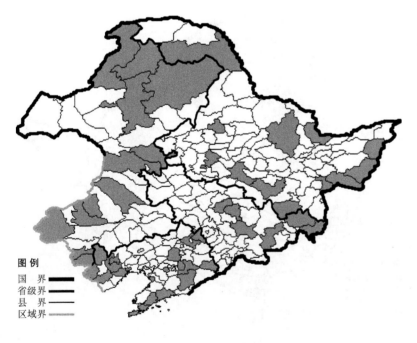

图例
国　界 ━━━
省级界 ━━
县　界 ──
区域界 ──

大叶野豌豆

Vicia pseudorobus Fisch. et C. A. Mey.

　　生境：山坡草地，灌丛，疏林下，林缘，路旁，海拔 900 米以下。
　　产地：黑龙江省呼玛、伊春、安达、哈尔滨、鸡东、克山、饶河、尚志、萝北、虎林、密山、宁安，吉林省安图、汪清、珲春、吉林、九台、桦甸，辽宁省西丰、开原、朝阳、凌源、建平、锦州、葫芦岛、沈阳、桓仁、建昌、本溪、鞍山、凤城、营口、普兰店、庄河、大连，内蒙古扎赉特旗、扎鲁特旗、巴林右旗、巴林左旗、喀喇沁旗、克什克腾旗、额尔古纳、牙克石、根河、鄂伦春旗、海拉尔、宁城、科尔沁右翼前旗。

　　分布：中国（黑龙江、吉林、辽宁、内蒙古、河北、山西、陕西、湖北、湖南、四川、云南），朝鲜半岛、日本，蒙古，俄罗斯（东部西伯利亚、远东地区）。

白花大叶野豌豆 **Vicia pseudoro-bus** Fisch. et C. A. Mey. f. **albiflora** (Nakai) P. Y. Fu et Y. A. Chen 生于杂木林缘，产于黑龙江省呼玛，吉林省临江，辽宁省西丰、新宾，分布于中国（黑龙江、吉林、辽宁）。

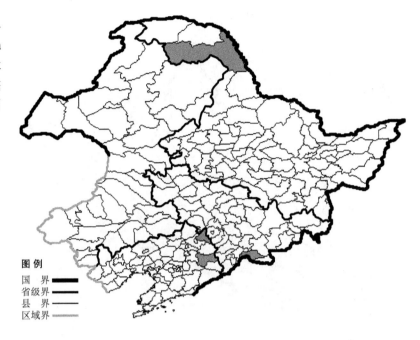

短序大叶野豌豆 **Vicia pseudoro-bus** Fisch. et C. A. Mey. f. **breviramea** P. Y. Fu et Y. C. Teng 生于向阳山坡，产于黑龙江省宁安、尚志，吉林省吉林、九台，辽宁省鞍山，分布于中国（黑龙江、吉林、辽宁）。

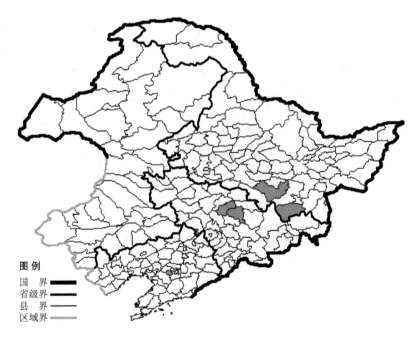

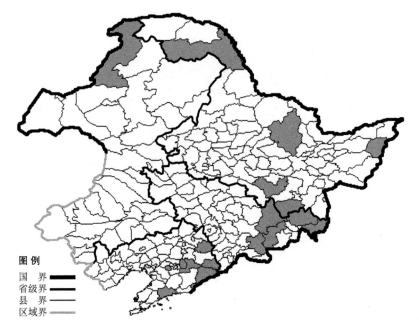

北野豌豆

Vicia ramuliflora (Maxim.) Ohwi

　　生境：草甸，林间草地，林下，林缘，海拔 1300 米以下。
　　产地：黑龙江省伊春、尚志、饶河、宁安、呼玛，吉林省汪清、抚松、敦化、珲春、安图，辽宁省本溪、桓仁、宽甸、丹东、清原、鞍山、庄河，内蒙古额尔古纳。
　　分布：中国（黑龙江、吉林、辽宁、内蒙古），朝鲜半岛，俄罗斯（东部西伯利亚、远东地区）。

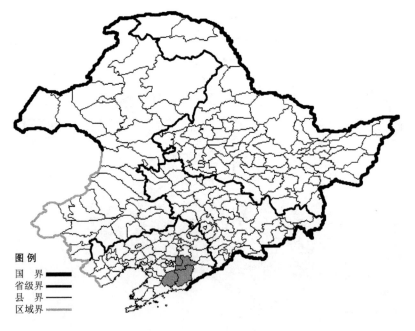

　　辽野豌豆 Vicia ramuliflora (Maxim.) Ohwi f. **abbreviata** P. Y. Fu et Y. A. Chen 生于杂木林缘、林下、灌丛，产于辽宁省岫岩、凤城、本溪，分布于中国（辽宁）。

贝加尔野豌豆 Vicia ramuliflora (Maxim.) Ohwi f. **baicalensis** (Turcz.) P. Y. Fu et Y. A. Chen 生于草甸，林间草地，林下，林缘，海拔 1900 米以下，产于黑龙江省虎林、饶河、尚志、伊春、哈尔滨、呼玛，吉林省安图、抚松、临江、珲春，辽宁省本溪、桓仁、清原，内蒙古额尔古纳、科尔沁右翼前旗、阿尔山、牙克石，分布于中国（黑龙江、吉林、辽宁、内蒙古），朝鲜半岛，蒙古，俄罗斯（东部西伯利亚、远东地区）。

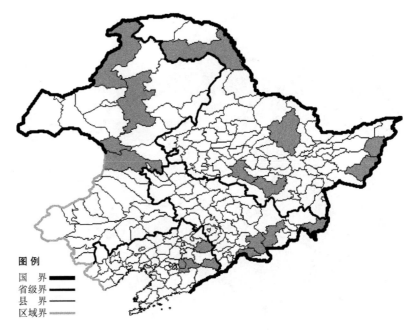

千山野豌豆 Vicia ramuliflora (Maxim.) Ohwi f. **chianshanensis** P. Y. Fu et Y. A. Chen 生于杂木林下，海拔 300 米，产于辽宁省鞍山，分布于中国（辽宁）。

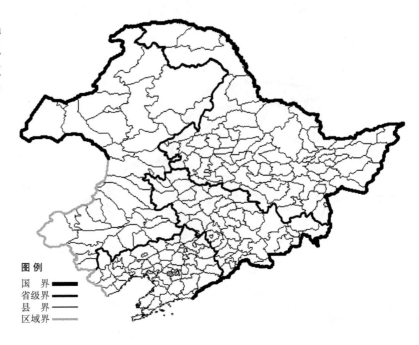

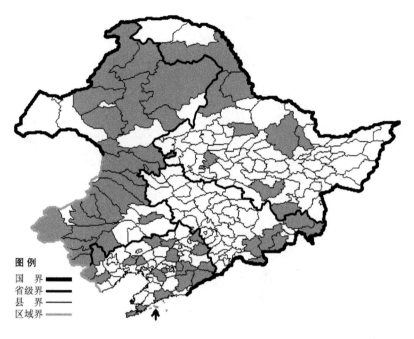

图例
国　界 ▬▬▬
省级界 ▬▬▬
县　界 ▬▬▬
区域界 ▬▬▬

歪头菜

Vicia unijuga A. Br.

　　生境：草甸，林间草地，林下，林缘，海拔 900 米以下。

　　产地：黑龙江省呼玛、安达、北安、嫩江、宁安、尚志、黑河、伊春、鹤岗，吉林省安图、和龙、汪清、珲春、抚松、长白，辽宁省建平、凌源、建昌、义县、北镇、法库、长海、沈阳、西丰、清原、桓仁、宽甸、本溪、鞍山、庄河、海城、大连、彰武、凤城，内蒙古科尔沁右翼前旗、扎鲁特旗、通辽、牙克石、阿尔山、额尔古纳、根河、鄂伦春旗、阿荣旗、陈巴尔虎旗、鄂温克旗、巴林右旗、巴林左旗、喀喇沁旗、赤峰、宁城、敖汉旗、阿鲁科尔沁旗、翁牛特旗、克什克腾旗、科尔沁右翼中旗、扎赉特旗、乌兰浩特、突泉。

　　分布：中国（黑龙江、吉林、辽宁、内蒙古、河北、山西、陕西、甘肃、青海、江苏、安徽、浙江、湖北、江西、湖南、四川、贵州、云南），朝鲜半岛，日本，蒙古，俄罗斯（西伯利亚、远东地区）。

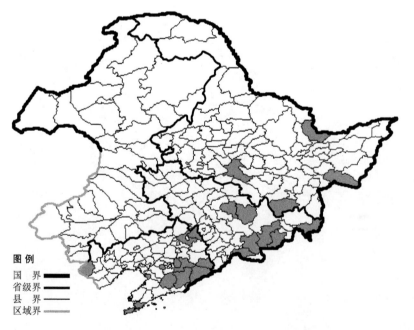

图例
国　界 ▬▬▬
省级界 ▬▬▬
县　界 ▬▬▬
区域界 ▬▬▬

　　短序歪头菜 Vicia unijuga A. Br. var. **apoda** Maxim. 生于向阳山坡草地，灌丛、林缘、林下，产于黑龙江省哈尔滨、萝北、密山、宁安，吉林省安图、蛟河、临江、抚松、和龙、珲春、吉林，辽宁省凌源、西丰、开原、本溪、凤城、岫岩、丹东、鞍山、营口、大连、桓仁、宽甸，分布于中国（黑龙江、吉林、辽宁），朝鲜半岛，俄罗斯（西伯利亚、远东地区）。

白花短序歪头菜 **Vicia unijuga** A. Br. var. **apoda** Maxim.f. **albiflora** Kitag. 生于林缘、林下、山坡草地、路旁，产于辽宁省大连，分布于中国（辽宁）。

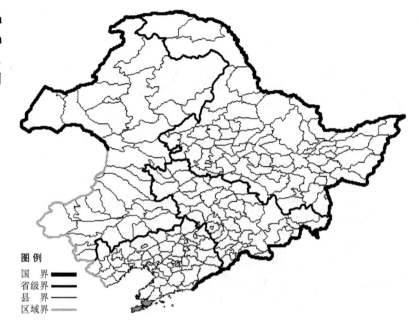

长齿歪头菜 **Vicia unijuga** A. Br. var. **ohwiana** (Hosokawa) Nakai 生于林缘，产于吉林省珲春，分布于中国（吉林），朝鲜半岛，俄罗斯（远东地区）。

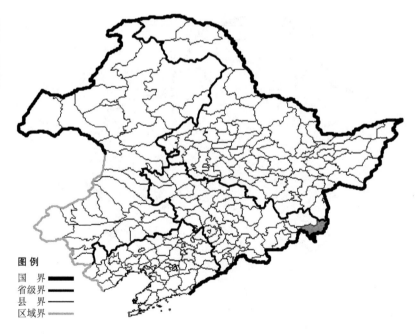

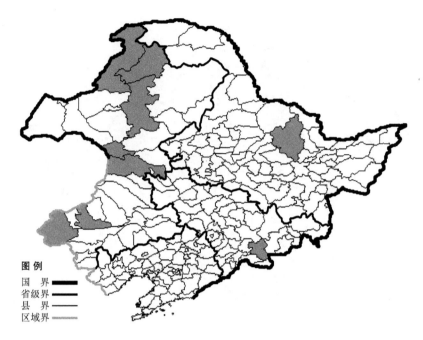

图例
国　界
省级界
县　界
区域界

柳叶野豌豆

Vicia venosa (Willd.) Maxim.

　　生境：林间草地，林下，林缘，海拔 1750 米以下。
　　产地：黑龙江省伊春，吉林省抚松，内蒙古额尔古纳、根河、牙克石、阿尔山、巴林右旗、克什克腾旗、科尔沁右翼前旗。
　　分布：中国（黑龙江、吉林、内蒙古、河北），朝鲜半岛，日本，俄罗斯（东部西伯利亚、远东地区）。

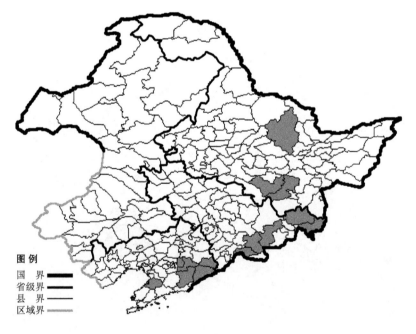

图例
国　界
省级界
县　界
区域界

酢浆草科 Oxalidaceae

山酢浆草

Oxalis acetosella L.

　　生境：林下，灌丛阴湿处，海拔 1400 米以下。
　　产地：黑龙江省伊春、尚志、海林，吉林省汪清、珲春、安图、抚松、临江，辽宁省本溪、凤城、盖州、宽甸、桓仁。
　　分布：中国（黑龙江、吉林、辽宁），朝鲜半岛，日本，蒙古，俄罗斯（欧洲部分、高加索、西伯利亚、远东地区），土耳其，欧洲，北美洲。

酢浆草

Oxalis corniculata L.

　　生境：林下，路旁，河边，田间，荒地，灌丛。

　　产地：吉林省临江、柳河、梅河口、辉南、集安、抚松、靖宇、长白，辽宁省北镇、新民、沈阳、抚顺、鞍山、大连、岫岩、凤城、本溪、桓仁、宽甸、长海。

　　分布：中国（全国各地），朝鲜半岛，日本，俄罗斯（欧洲部分、高加索、远东地区），中亚，土耳其，伊朗，南亚，欧洲，北美洲。

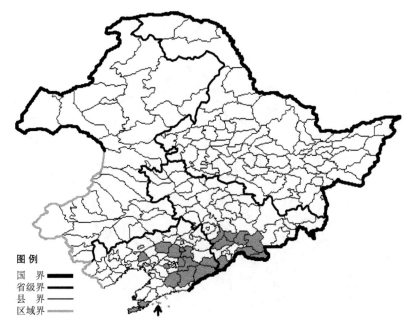

图例
国　界
省级界
县　界
区域界

三角酢浆草

Oxalis obtriangulata Maxim.

　　生境：林下，灌丛，溪流旁，海拔 900 米以下。

　　产地：吉林省珲春、安图、临江、柳河、梅河口、辉南、集安、抚松、靖宇、长白、通化，辽宁省凤城、清原、本溪、丹东、宽甸、桓仁。

　　分布：中国（吉林、辽宁），朝鲜半岛，日本，俄罗斯（远东地区）。

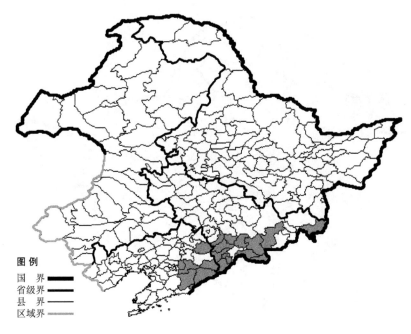

图例
国　界
省级界
县　界
区域界

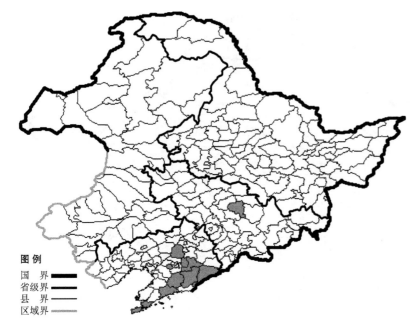

图例
国　界 ▬▬
省级界 ▬▬
县　界 ──
区域界 ──

直酢浆草

Oxalis stricta L.

　　生境：林下，路旁，耕地旁，河边，石砾质地，人家附近，海拔300米以下。
　　产地：吉林省吉林，辽宁省本溪、凤城、岫岩、庄河、沈阳、丹东、鞍山、大连、宽甸。
　　分布：中国（吉林、辽宁、河北、山西），朝鲜半岛，日本，俄罗斯（欧洲部分、西部西伯利亚、远东地区），欧洲，北美洲。

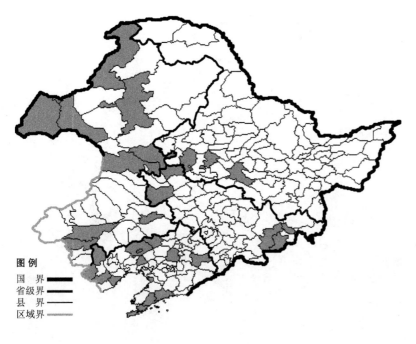

图例
国　界 ▬▬
省级界 ▬▬
县　界 ──
区域界 ──

牻牛儿苗科 Geraniaceae

牻牛儿苗

Erodium stephanianum Willd.

　　生境：山坡，路旁，河边沙地，耕地旁，海拔700米以下。
　　产地：黑龙江省哈尔滨、杜尔伯特、安达，吉林省镇赉、和龙、通榆、安图、延吉，辽宁省营口、建昌、新宾、彰武、庄河、北镇、普兰店、建平、大连、沈阳、阜新、凌源、兴城，内蒙古额尔古纳、新巴尔虎左旗、新巴尔虎右旗、满洲里、海拉尔、牙克石、科尔沁右翼前旗、通辽、扎赉特旗、赤峰、翁牛特旗。

　　分布：中国（黑龙江、吉林、辽宁、内蒙古、河北、山西、陕西、甘肃、宁夏、新疆、四川、西藏），朝鲜半岛，日本，蒙古，俄罗斯（西伯利亚、远东地区），中亚。

紫牻牛儿苗 **Erodium stephani-anum** Willd. f. **atranthum**（Nakai et. Kitag.) Kitag. 生于山坡草地、河边沙地，产于辽宁省凌源、沈阳，分布于中国（辽宁）。

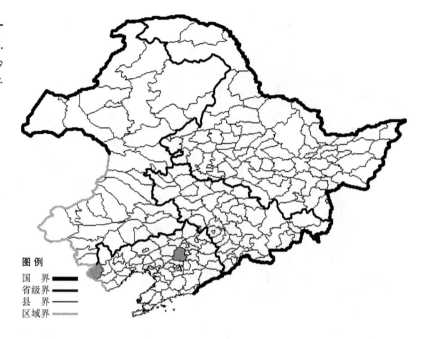

长白老鹳草

Geranium baishanense Y. L. Chang

生境：高山冻原，林下，海拔 1400-2500 米（长白山）。

产地：黑龙江省海林，吉林省长白、安图、抚松，辽宁省宽甸、桓仁。

分布：中国（黑龙江、吉林、辽宁）。

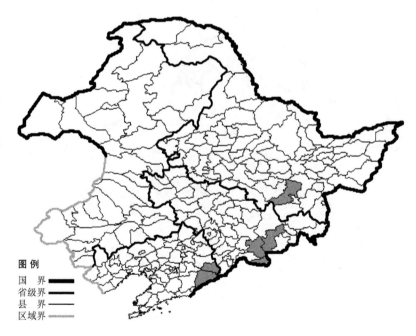

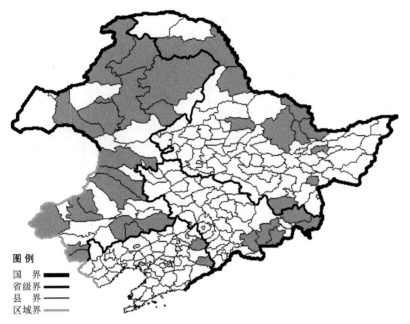

粗根老鹳草
Geranium dahuricum DC.

　　生境：灌丛，林下，林缘，湿草地，人家附近，海拔 300-1800 米。
　　产地：黑龙江省鸡西、宁安、北安、伊春、鹤岗、黑河、萝北、集贤、嘉荫、呼玛，吉林省安图、珲春、汪清、和龙、抚松，辽宁省清原、桓仁，内蒙古额尔古纳、根河、海拉尔、牙克石、鄂伦春旗、鄂温克旗、新巴尔虎左旗、科尔沁右翼前旗、科尔沁右翼中旗、扎鲁特旗、阿荣旗、克什克腾旗、巴林左旗、巴林右旗、宁城、喀喇沁旗、科尔沁左翼后旗、库伦旗、奈曼旗。

　　分布：中国（黑龙江、吉林、辽宁、内蒙古、河北、山西、陕西、甘肃、宁夏、新疆、四川、西藏），朝鲜半岛，日本，蒙古，俄罗斯（东部西伯利亚、远东地区）。

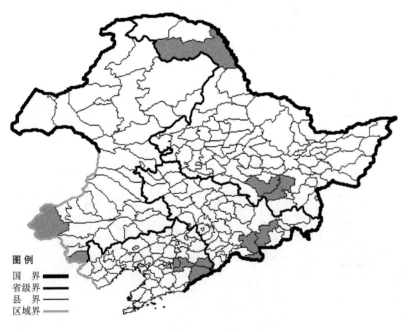

北方老鹳草
Geranium erianthum DC.

　　生境：林下，林缘，海拔 800-1900 米（长白山）。
　　产地：黑龙江省海林、尚志、呼玛，吉林省抚松、长白、安图，辽宁省本溪、宽甸、桓仁，内蒙古宁城、克什克腾旗。
　　分布：中国（黑龙江、吉林、辽宁、内蒙古），朝鲜半岛，日本，俄罗斯（北极带、东部西伯利亚、远东地区），北美洲。

毛蕊老鹳草

Geranium eriostemon Fisch. ex DC.

生境：林下，林缘，灌丛，海拔300-1200 米（长白山）。

产地：黑龙江省宁安、尚志、伊春、萝北、呼玛、嘉荫、黑河，吉林省安图、抚松、桦甸、汪清、珲春、通化，辽宁省桓仁，内蒙古额尔古纳、牙克石、扎兰屯、鄂伦春旗、鄂温克旗、陈巴尔虎旗、科尔沁右翼前旗、科尔沁右翼中旗、阿尔山、巴林左旗、巴林右旗、扎赉特旗、扎鲁特旗、科尔沁左翼后旗、克什克腾旗。

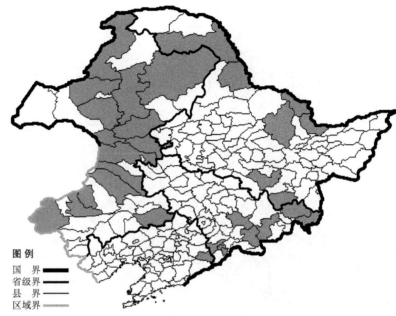

分布：中国（黑龙江、吉林、辽宁、内蒙古、河北、山西、陕西、甘肃、宁夏、新疆、湖北、四川），朝鲜半岛，蒙古，俄罗斯（东部西伯利亚、远东地区）。

朝鲜老鹳草

Geranium koreanum Kom.

生境：阔叶林下，草甸。

产地：辽宁省桓仁、本溪、丹东、宽甸、庄河。

分布：中国（辽宁），朝鲜半岛。

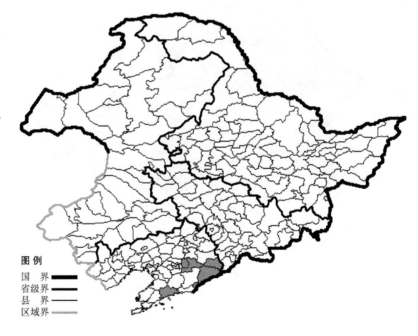

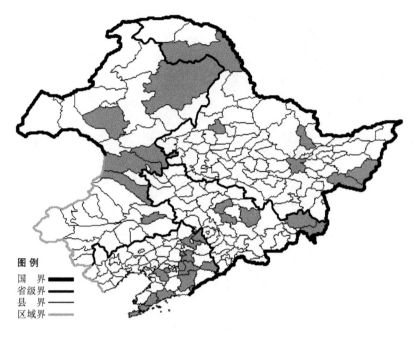

突节老鹳草

Geranium krameri Franch. et Sav.

　　生境：草甸，灌丛，林缘，路旁湿草地，海拔约 400 米（长白山）。
　　产地：黑龙江省虎林、密山、依兰、鹤岗、克山、呼玛，吉林省九台、蛟河、永吉、珲春、汪清，辽宁省西丰、桓仁、凤城、庄河、海城、开原、普兰店、鞍山、抚顺、丹东、本溪、大连，内蒙古鄂伦春旗、鄂温克旗、扎赉特旗、通辽、科尔沁右翼前旗、科尔沁右翼中旗。
　　分布：中国（黑龙江、吉林、辽宁、内蒙古、河北、山西），朝鲜半岛，日本，俄罗斯（远东地区）。

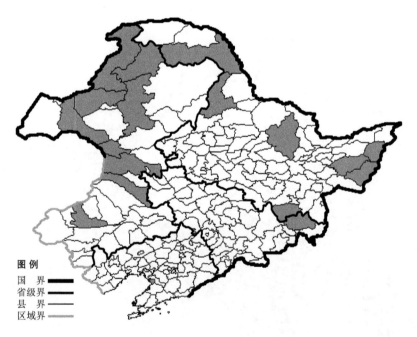

兴安老鹳草

Geranium maximowiczii Regel et Maack

　　生境：林下，林缘，灌丛，湿草地，河边草甸，海拔 800 米以下。
　　产地：黑龙江省虎林、嫩江、宝清、呼玛、饶河、伊春、宁安，吉林省汪清，辽宁省营口，内蒙古额尔古纳、根河、牙克石、陈巴尔虎旗、阿尔山、新巴尔虎左旗、巴林右旗、科尔沁右翼前旗、科尔沁右翼中旗。
　　分布：中国（黑龙江、吉林、辽宁、内蒙古），朝鲜半岛，蒙古，俄罗斯（东部西伯利亚、远东地区）。

草甸老鹳草

Geranium pratense L.

生境：林缘，林下，灌丛，草甸，河边湿地，海拔约 500 米（大兴安岭）。

产地：内蒙古额尔古纳、牙克石、鄂温克旗、海拉尔、科尔沁右翼前旗、科尔沁右翼中旗、陈巴尔虎旗、巴林右旗、巴林左旗、科尔沁左翼后旗、克什克腾旗。

分布：中国（内蒙古、河北、山西、陕西、甘肃、宁夏、新疆、四川），朝鲜半岛，日本，蒙古，俄罗斯（北极带、欧洲部分、北高加索、西伯利亚、远东地区），中亚，欧洲。

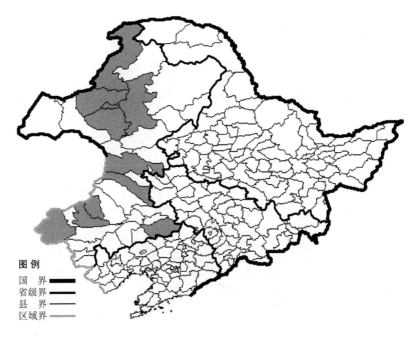

鼠掌老鹳草

Geranium sibiricum L.

生境：河边，林缘，杂草地，人家附近，海拔 1300 米以下。

产地：黑龙江省哈尔滨、伊春、齐齐哈尔、依兰、尚志、呼玛、克山、密山、萝北、富裕，吉林省抚松、敦化、靖宇、九台、安图、和龙、汪清、珲春、临江、前郭尔罗斯、通榆、延吉，辽宁省沈阳、鞍山、锦州、北镇、凌源、建平、葫芦岛、桓仁、西丰、建昌、朝阳、海城、喀左、大连、彰武、凌海、抚顺、本溪、瓦房店，内蒙古额尔古纳、鄂伦春旗、牙克石、扎兰屯、新巴尔虎左旗、海拉尔、科尔沁右翼前旗、科尔沁右翼中旗、扎鲁特旗、科尔沁左翼后旗、奈曼旗、克什克腾旗、巴林右旗、巴林左旗、宁城。

分布：中国（黑龙江、吉林、辽宁、内蒙古、河北、山西、陕西、甘肃、宁夏、新疆、湖北、四川、西藏），朝鲜半岛，日本，蒙古，俄罗斯（欧洲部分、高加索、西伯利亚、远东地区），中亚，欧洲，北美洲。

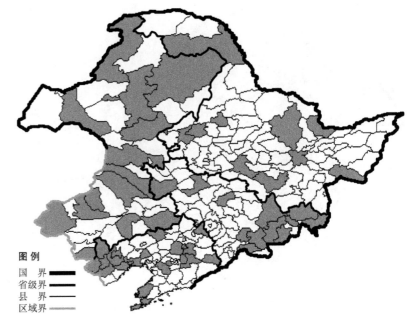

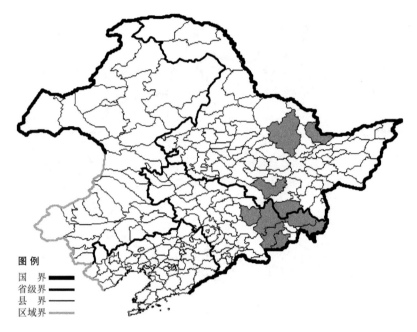

图例
国　界 ▬▬
省级界 ▬▬
县　界 ──
区域界 ──

线裂老鹳草

Geranium soboliferum Kom.

生境：踏头甸子，河谷沼泽化草地，林下，林缘，灌丛，海拔 500 米以下。

产地：黑龙江省萝北、尚志、宁安、伊春，吉林省蛟河、安图、和龙、敦化、珲春、汪清。

分布：中国（黑龙江、吉林），朝鲜半岛，俄罗斯（远东地区）。

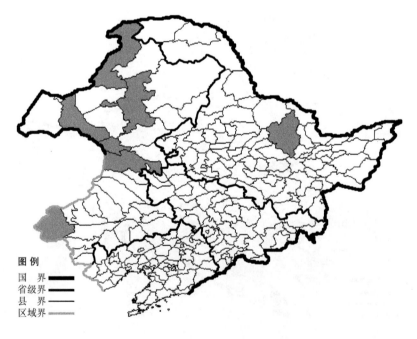

图例
国　界 ▬▬
省级界 ▬▬
县　界 ──
区域界 ──

大花老鹳草

Geranium transbaicalicum Serg.

生境：山坡草地，沼泽旁草地，海拔 1400 米以下。

产地：黑龙江省伊春，内蒙古额尔古纳、牙克石、海拉尔、新巴尔虎左旗、科尔沁右翼前旗、克什克腾旗、阿尔山。

分布：中国（黑龙江、内蒙古），蒙古，俄罗斯（东部西伯利亚）。

灰背老鹳草

Geranium wlassowianum Fisch. ex Link

生境：草甸，河边，沼泽，林下，海拔 1400 米以下。

产地：黑龙江省伊春、北安、密山、黑河、哈尔滨、宁安、依兰、呼玛、克山、汤原，吉林省抚松、靖宇、敦化、汪清、安图、通化、和龙，内蒙古额尔古纳、牙克石、扎兰屯、鄂伦春旗、海拉尔、鄂温克旗、新巴尔虎左旗、科尔沁右翼前旗、科尔沁右翼中旗、突泉、克什克腾旗、阿鲁科尔沁旗、巴林左旗、巴林右旗、宁城、喀喇沁旗、扎鲁特旗、科尔沁左翼后旗。

分布：中国（黑龙江、吉林、内蒙古），蒙古，俄罗斯（东部西伯利亚、远东地区）。

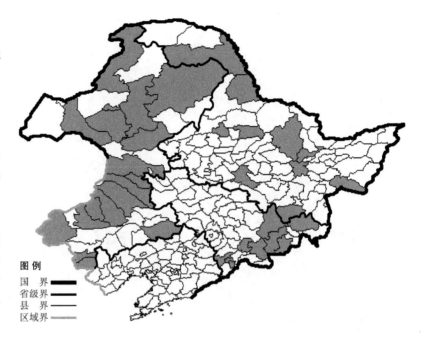

老鹳草

Geranium wilfordi Maxim.

生境：林缘，灌丛，林下，河边，草甸，海拔 600 米以下。

产地：黑龙江省哈尔滨、汤原、齐齐哈尔，吉林省蛟河、集安，辽宁省鞍山、本溪、清原、桓仁、沈阳、西丰、新宾，内蒙古宁城。

分布：中国（黑龙江、吉林、辽宁、内蒙古、河北、山西、陕西、甘肃、山东、河南、湖北、四川），朝鲜半岛，日本，俄罗斯（远东地区）。

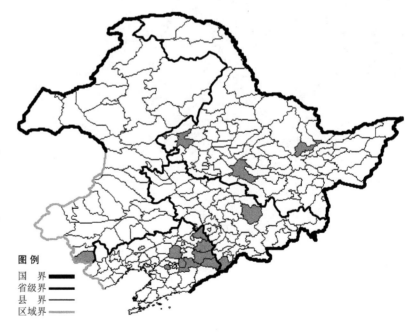

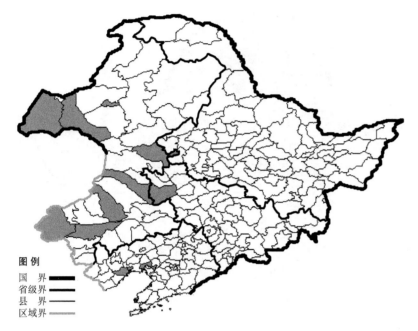

图例
国　界
省级界
县　界
区域界

蒺藜科 Zygophyllaceae

小果白刺

Nitraria sibirica Pall.

　　生境：盐渍化沙地，湖盆边缘沙地，沿海盐化沙地。

　　产地：吉林省通榆，辽宁省锦州、葫芦岛、盘山，内蒙古海拉尔、翁牛特旗、新巴尔虎左旗、新巴尔虎右旗、扎赉特旗、科尔沁右翼中旗、克什克腾旗、阿鲁科尔沁旗。

　　分布：中国（吉林、辽宁、内蒙古、河北、陕西、甘肃、四川、新疆），俄罗斯（西伯利亚），中亚，蒙古。

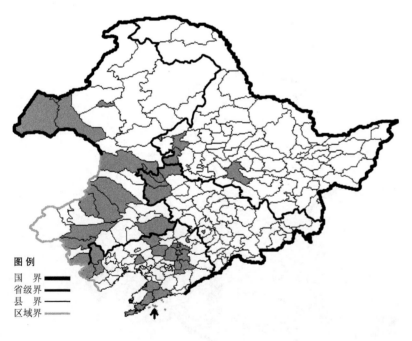

图例
国　界
省级界
县　界
区域界

蒺藜

Tribulus terrestris L.

　　生境：路旁，河边，石砾质地，沙质地，荒地，海拔 700 米以下。

　　产地：黑龙江省哈尔滨、泰来、齐齐哈尔，吉林省辽源、白城、通榆、镇赉、洮南，辽宁省沈阳、抚顺、本溪、盖州、普兰店、大连、长海、庄河、凌源、喀左、建平、锦州、北镇、彰武、新民、铁岭，内蒙古扎鲁特旗、科尔沁右翼前旗、科尔沁左翼后旗、满洲里、海拉尔、新巴尔虎左旗、新巴尔虎右旗、赤峰、巴林左旗、翁牛特旗、乌兰浩特、阿鲁科尔沁旗、宁城。

　　分布：中国（全国各地），遍布世界各地。

亚麻科 Linaceae

黑水亚麻

Linum amurense Alef.

　　生境：草原，沙砾地，海拔 800 米以下。

　　产地：黑龙江省杜尔伯特，内蒙古新巴尔虎左旗、新巴尔虎右旗、满洲里、海拉尔。

　　分布：中国（黑龙江、内蒙古、陕西、甘肃、青海、宁夏），蒙古、俄罗斯（远东地区）。

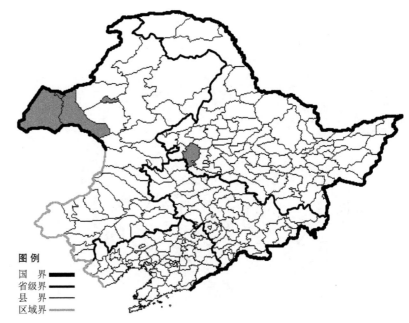

贝加尔亚麻

Linum baicalense Juz.

　　生境：草原，沙质草地，石砾质山坡，海拔 1300 米以下。

　　产地：黑龙江省黑河，吉林省白城、镇赉，辽宁省凌源，内蒙古满洲里、海拉尔、额尔古纳、牙克石、扎鲁特旗、巴林右旗、赤峰、宁城、通辽、翁牛特旗、克什克腾旗。

　　分布：中国（黑龙江、吉林、辽宁、内蒙古），蒙古，俄罗斯（东部西伯利亚）。

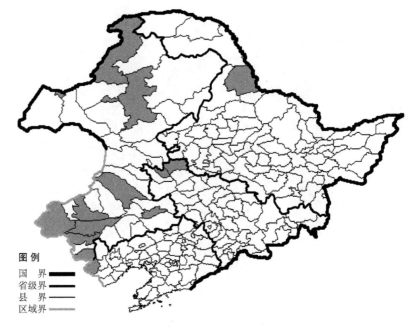

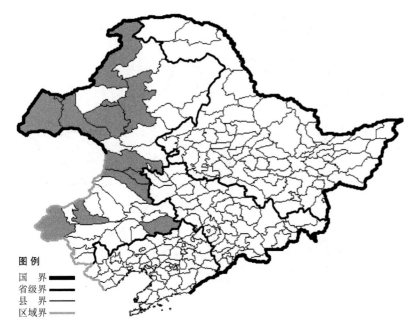

图例
国　界
省级界
县　界
区域界

宿根亚麻

Linum perenne L.

　　生境：草原，沙砾地，山坡，海拔 800 米。

　　产地：内蒙古海拉尔、额尔古纳、牙克石、满洲里、新巴尔虎左旗、新巴尔虎右旗、鄂温克旗、突泉、科尔沁右翼前旗、科尔沁右翼中旗、科尔沁左翼后旗、克什克腾旗、巴林右旗。

　　分布：中国（内蒙古），俄罗斯（欧洲部分、西部西伯利亚），土耳其，欧洲。

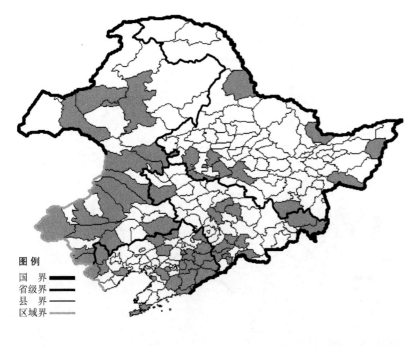

图例
国　界
省级界
县　界
区域界

野亚麻

Linum stelleroides Planch

　　生境：干山坡，草原，荒地，灌丛，向阳草地，海拔 800 米以下。

　　产地：黑龙江省哈尔滨、萝北、密山、饶河、黑河、肇东、肇源、安达、杜尔伯特、宁安，吉林省长春、吉林、临江、九台、通榆、珲春、汪清、辉南、靖宇、通化、柳河，辽宁省新民、康平、彰武、西丰、新宾、抚顺、本溪、凤城、东港、桓仁、大连、丹东、岫岩、建平、喀左、凌源、海城、鞍山、营口、葫芦岛、宽甸、清原，内蒙古陈巴尔虎旗、新巴尔虎左旗、扎赉特旗、科尔沁右翼中旗、科尔沁右

翼前旗、科尔沁左翼后旗、阿鲁科尔沁旗、克什克腾旗、扎鲁特旗、牙克石、喀喇沁旗、宁城、巴林右旗、敖汉旗、翁牛特旗、海拉尔。

　　分布：中国（黑龙江、吉林、辽宁、内蒙古、河北、山西、陕西、甘肃、青海、山东、江苏、河南、湖北、广东、四川、贵州），朝鲜半岛，日本，俄罗斯（东部西伯利亚、远东地区）。

大戟科 Euphorbiaceae

铁苋菜

Acalypha australis L.

生境：田间，路旁，荒地，河边沙质地，林下，人家附近，海拔 1000 米以下。

产地：黑龙江省哈尔滨、宁安、伊春，吉林省蛟河、汪清、临江、长白，辽宁省凌源、建昌、葫芦岛、锦州、北镇、新民、彰武、沈阳、抚顺、鞍山、营口、盖州、凤城、丹东、岫岩、宽甸、桓仁、庄河、普兰店、大连、本溪、清原，内蒙古翁牛特旗、扎兰屯、敖汉旗。

分布：中国（全国各地），朝鲜半岛，日本，俄罗斯（高加索、远东地区），越南，菲律宾，老挝，北美洲，南美洲。

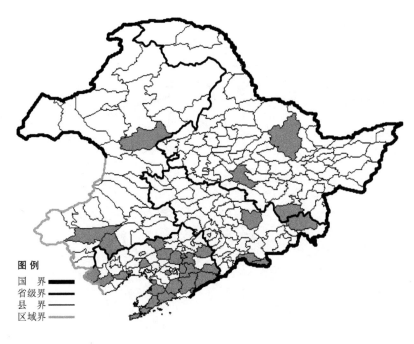

乳浆大戟

Euphorbia esula L.

生境：干山坡，沟谷，草原，海边沙地，沙质地，海拔 700 米以下。

产地：黑龙江省伊春、嘉荫、呼玛、安达、哈尔滨、黑河、密山，吉林省镇赉、双辽、磐石，辽宁省凌源、建昌、建平、朝阳、黑山、彰武、新民、沈阳、本溪、丹东、大连、长海、东港、绥中、庄河、桓仁、北镇，内蒙古扎鲁特旗、科尔沁左翼后旗、赤峰、满洲里、科尔沁右翼前旗、新巴尔虎右旗、扎赉特旗、海拉尔。

分布：中国（黑龙江、吉林、辽宁、内蒙古、河北、山西、陕西、甘肃、宁夏、新疆、福建、湖北、湖南、四川、贵州、云南），朝鲜半岛，日本，蒙古，俄罗斯（欧洲部分），欧洲。

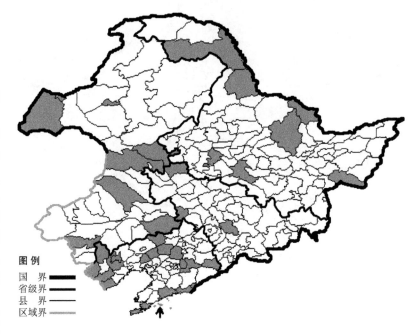

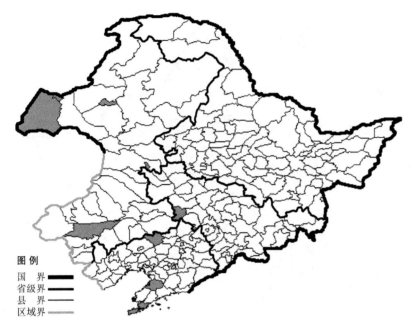

图例
国　界 ▬▬
省级界 ▬▬
县　界 ――
区域界 ――

松叶乳浆大戟 Euphorbia esula
L. var. **cyparissioides** Boiss. 生于石砾质干山坡、沟谷、海边沙地，产于吉林省双辽，辽宁省大连、彰武、盖州，内蒙古乌兰浩特、海拉尔、新巴尔虎右旗、翁牛特旗、满洲里，分布于中国（吉林、辽宁、内蒙古），蒙古，俄罗斯。

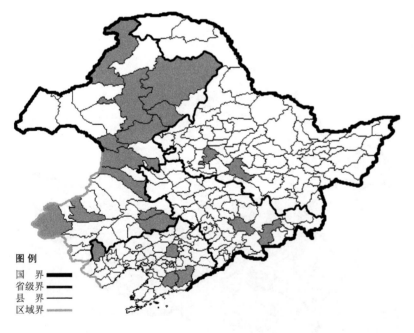

图例
国　界 ▬▬
省级界 ▬▬
县　界 ――
区域界 ――

狼毒大戟

Euphorbia fischeriana Steud.

生境：草原，石砾质山坡，灌丛，海拔 800 米以下。

产地：黑龙江省哈尔滨、安达，吉林省安图、桦甸，辽宁省建平、沈阳、凤城、岫岩，内蒙古鄂伦春旗、海拉尔、牙克石、科尔沁右翼前旗、科尔沁右翼中旗、阿尔山、通辽、额尔古纳、扎兰屯、科尔沁左翼后旗、克什克腾旗、巴林右旗、阿荣旗。

分布：中国（黑龙江，吉林，辽宁，内蒙古），蒙古，俄罗斯（东部西伯利亚、远东地区）。

泽漆

Euphorbia helioscopia L.

　　生境：路旁，沟边，田间。

　　产地：辽宁省本溪、营口、丹东、沈阳、庄河。

　　分布：中国（全国各地），朝鲜半岛，日本，俄罗斯（欧洲部分、高加索），中亚，土耳其，伊朗，欧洲。

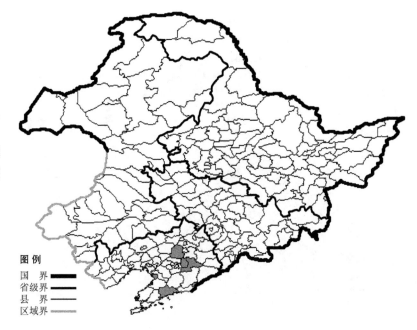

地锦

Euphorbia humifusa Willd.

　　生境：路旁，河滩，固定沙地，荒地，海拔 700 米以下。

　　产地：黑龙江省哈尔滨、宁安、安达，吉林省镇赉、抚松、汪清、蛟河、和龙、安图，辽宁省建平、凌源、葫芦岛、新宾、岫岩、庄河、普兰店、大连、长海、西丰、绥中、沈阳、鞍山、海城、本溪、凤城、宽甸、抚顺、彰武，内蒙古新巴尔虎右旗、满洲里、赤峰、翁牛特旗。

　　分布：中国（全国各地），朝鲜半岛，日本，蒙古，俄罗斯（欧洲部分、高加索、西伯利亚、远东地区），中亚。

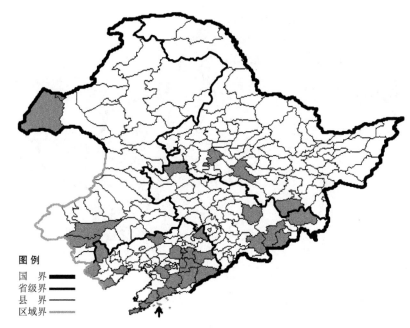

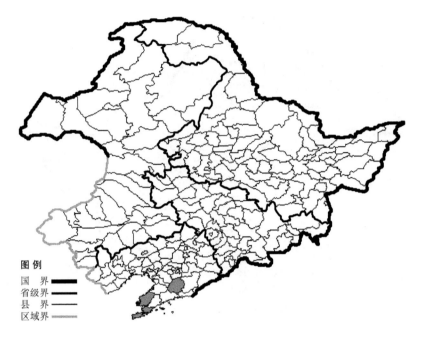

图 例
国　界 ▬▬▬
省级界 ▬▬▬
县　界 ▬▬▬
区域界 ▬▬▬

通奶草大戟

Euphorbia indica Lam.

　　生境：荒地，路旁。
　　产地：辽宁省岫岩、瓦房店、大连。
　　分布：中国（湖北、江西、湖南、广东、广西、海南、四川、贵州、云南；辽宁、河北为外来种），遍布世界热带、亚热带地区。

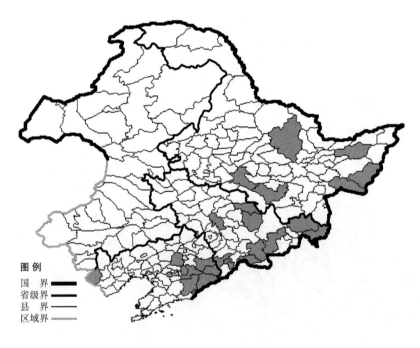

图 例
国　界 ▬▬▬
省级界 ▬▬▬
县　界 ▬▬▬
区域界 ▬▬▬

林大戟

Euphorbia lucorum Rupr.

　　生境：林下，林缘，灌丛，草甸，山坡，海拔 1700 米以下。
　　产地：黑龙江省虎林、富锦、尚志、密山、伊春、哈尔滨，吉林省汪清、珲春、安图、抚松、蛟河、临江、通化、长春、舒兰，辽宁省鞍山、凌源、沈阳、新宾、凤城、桓仁、宽甸、丹东、本溪。
　　分布：中国（黑龙江、吉林、辽宁），朝鲜半岛，俄罗斯（远东地区）。

猫眼大戟

Euphorbia lunulata Bunge

生境：山坡草地，草甸，沟谷，河边。

产地：黑龙江省安达，辽宁省铁岭、本溪、沈阳、大连、丹东、法库、建昌、凌源、北镇，内蒙古海拉尔、科尔沁右翼前旗、阿尔山。

分布：中国（黑龙江、辽宁、内蒙古、河北、山东）。

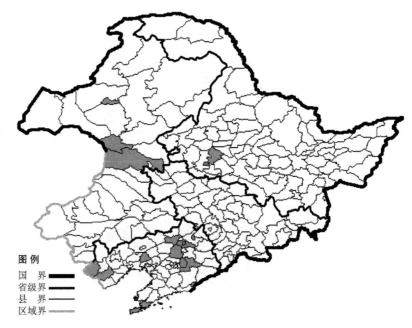

钝叶猫眼大戟 **Euphorbia lunulata** Bunge var. **obtusifolia** Hursa. 生于山坡草地，产于辽宁省兴城、本溪、凤城、丹东、清原，分布于中国（辽宁），朝鲜半岛。

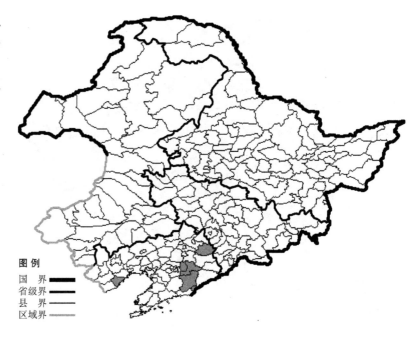

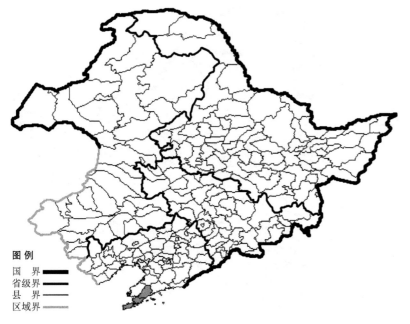

大地锦

Euphorbia maculata L.

    生境：石灰性的杂草地，荒地。

    产地：辽宁省大连、普兰店。

    分布：原产北美洲，现我国辽宁、河北、江苏、浙江、河南、湖北、江西有分布。

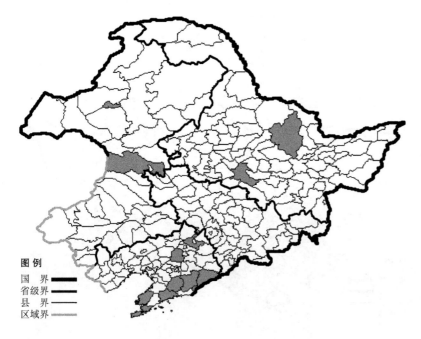

东北大戟

Euphorbia manschurica Maxim.

    生境：林缘，沙丘，河边湿草地，灌丛，海拔 700 米以下。

    产地：黑龙江省哈尔滨、伊春，辽宁省丹东、沈阳、凤城、开原、宽甸、庄河、岫岩、大连、瓦房店，内蒙古海拉尔、科尔沁右翼前旗。

    分布：中国（黑龙江、辽宁、内蒙古），俄罗斯（远东地区）。

大戟

Euphorbia pekinensis Rupr.

生境：林下湿草地，沟谷，石砾质地，干山坡，耕地旁，山坡草地，海滩沙地，海拔 800 米以下。

产地：黑龙江省哈尔滨，吉林省长春、安图，辽宁省凌源、北镇、葫芦岛、绥中、昌图、本溪、大连、长海、法库、桓仁、庄河、西丰。

分布：中国（全国各地），朝鲜半岛，日本。

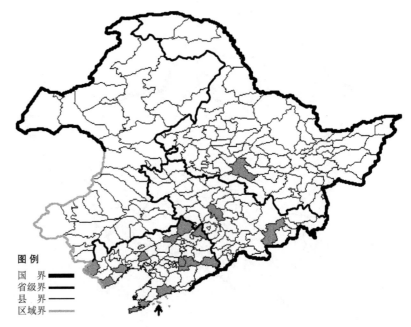

图例

国　界	▬▬
省级界	▬▬
县　界	──
区域界	──

钩腺大戟

Euphorbia sieboldiana Morr. et Decne.

生境：山坡草地，林下，林缘，灌丛，海拔 800 米以下。

产地：吉林省临江，辽宁省本溪、凤城、法库、桓仁、庄河、瓦房店、长海，内蒙古科尔沁右翼前旗、额尔古纳、巴林右旗。

分布：中国（全国各地），日本，俄罗斯（远东地区）。

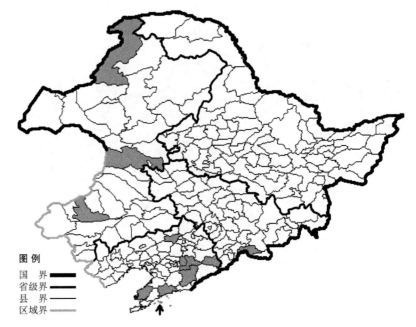

图例

国　界	▬▬
省级界	▬▬
县　界	──
区域界	──

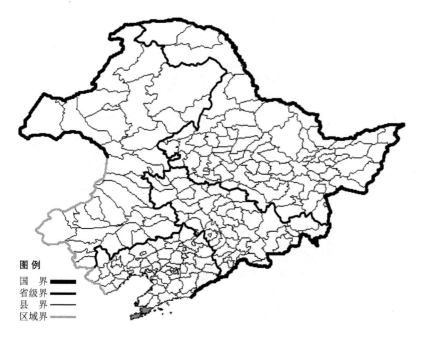

千根草

Euphorbia thymifolia L.

　　生境：山坡草地，路旁，灌丛。
　　产地：辽宁省大连。
　　分布：中国（江苏、浙江、福建、江西、湖南、广东、广西、海南、云南、台湾；辽宁为外来种），遍布世界热带、亚热带地区。

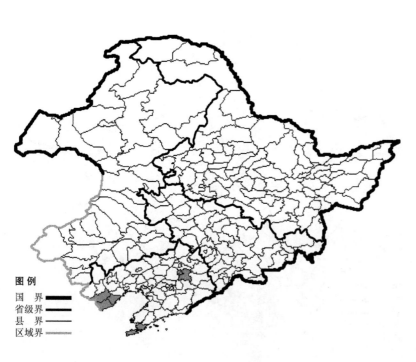

雀儿舌头

Leptopus chinensis（Bunge）Pojark.

　　生境：山阴坡。
　　产地：辽宁省抚顺、建昌、绥中、兴城、大连。
　　分布：中国（辽宁、河北、山西、陕西、山东、河南、湖北、湖南、广西、四川、云南）。

东北油柑

Phyllanthus ussuriensis Rupr. et Maxim.

生境：石砾质山坡、林缘、河边，石砬子缝间，海拔 300 米以下。

产地：黑龙江省依兰，辽宁省大连、普兰店、瓦房店、长海、丹东、东港、庄河、海城、抚顺、沈阳、北镇、建昌、本溪。

分布：中国（黑龙江、辽宁、河北），朝鲜半岛，日本，俄罗斯（远东地区）。

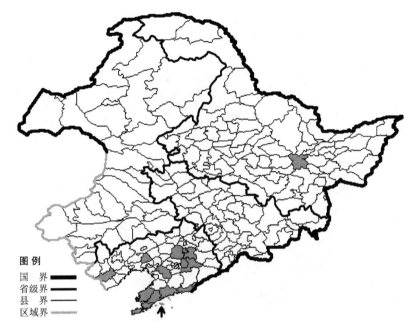

图例
国　界
省级界
县　界
区域界

叶底珠

Securinega suffruticosa（Pall.）Rehd.

生境：向阳山坡灌丛，海拔 800 米以下。

产地：黑龙江省伊春、黑河、呼玛、密山、哈尔滨、通河、依兰、安达，吉林省汪清、珲春、抚松、靖宇、通化、长春、扶余、九台、前郭尔罗斯、双辽、通榆、吉林、集安，辽宁省建平、绥中、建昌、北镇、瓦房店、普兰店、庄河、葫芦岛、义县、彰武、法库、西丰、抚顺、桓仁、清原、沈阳、鞍山、凤城、宽甸、岫岩、大连、长海、本溪、铁岭，内蒙古鄂伦春旗、扎兰屯、鄂温克旗、额尔古纳、科尔沁右翼前旗、扎鲁特旗、奈曼旗、科

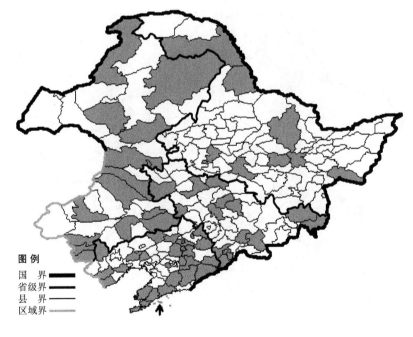

图例
国　界
省级界
县　界
区域界

尔沁左翼后旗、巴林右旗、宁城、喀喇沁旗、科尔沁右翼中旗、通辽、乌兰浩特、赤峰。

分布：中国（黑龙江、吉林、辽宁、内蒙古、河北、山西、陕西、甘肃、宁夏、新疆、山东、江苏、浙江、河南、湖北、四川、贵州），朝鲜半岛，日本，蒙古，俄罗斯（东部西伯利亚、远东地区）。

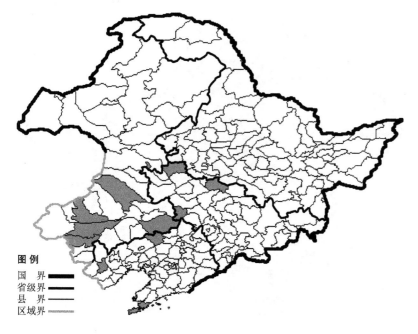

图例
国　界 ▬▬▬
省级界 ▬▬▬
县　界 ▬▬▬
区域界 ▭▭▭

地构叶

Speranskia tuberculata Baill.

　　生境：草原，石砾质山坡。
　　产地：吉林省镇赉、扶余、双辽，辽宁省彰武、喀左、大连，内蒙古翁牛特旗、乌兰浩特、扎鲁特旗、科尔沁左翼后旗、巴林右旗、赤峰。
　　分布：中国（吉林、辽宁、内蒙古、河北、山西、陕西、甘肃、山东、江苏、河南）。

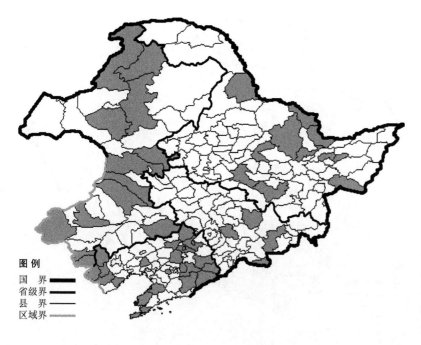

图例
国　界 ▬▬▬
省级界 ▬▬▬
县　界 ▬▬▬
区域界 ▬▬▬

芸香科 Rutaceae

白鲜

Dictamnus dasycarpus Turcz.

　　生境：草甸，林缘，疏林下，灌丛，海拔 1300 米以下。
　　产地：黑龙江省哈尔滨、集贤、汤原、庆安、黑河、伊春、嘉荫、萝北、友谊、密山、尚志，吉林省磐石、蛟河、安图、长白，辽宁省铁岭、法库、新宾、宽甸、兴城、建昌、开原、昌图、北镇、沈阳、鞍山、凤城、本溪、瓦房店、盖州、大连、建平、凌源、桓仁、喀左，内蒙古额尔古纳、根河、牙克石、鄂温克旗、宁城、科尔沁右

翼前旗、科尔沁右翼中旗、扎鲁特旗、扎赉特旗、科尔沁左翼后旗、克什克腾旗、巴林右旗、喀喇沁旗。
　　分布：中国（黑龙江、吉林、辽宁、内蒙古、河北、山西、陕西、甘肃），朝鲜半岛，蒙古，俄罗斯（东部西伯利亚、远东地区）。

臭檀吴茱萸

Euodia daniellii (Benn.) Hemsl.

生境：山坡，岩石壁上。

产地：辽宁省鞍山、盖州。

分布：中国（辽宁、河北、山西、陕西、甘肃、山东、河南、湖北），朝鲜半岛，日本。

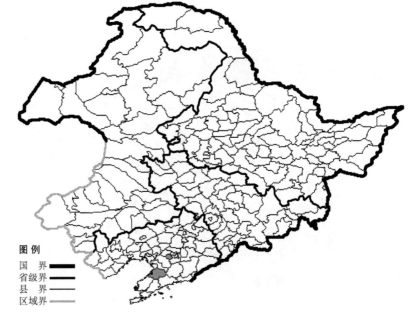

假芸香

Haplophyllum dauricum (L.) G. Don

生境：山坡，沙质地，干草原，海拔 600 米以下。

产地：黑龙江省安达、泰来，吉林省通榆、镇赉、前郭尔罗斯，内蒙古额尔古纳、鄂温克旗、陈巴尔虎旗、新巴尔虎左旗、新巴尔虎右旗、满洲里、海拉尔、科尔沁右翼前旗、扎鲁特旗、乌兰浩特、扎赉特旗、翁牛特旗、克什克腾旗、巴林右旗。

分布：中国（黑龙江、吉林、内蒙古、河北、陕西、甘肃、宁夏、新疆），蒙古，俄罗斯（西伯利亚）。

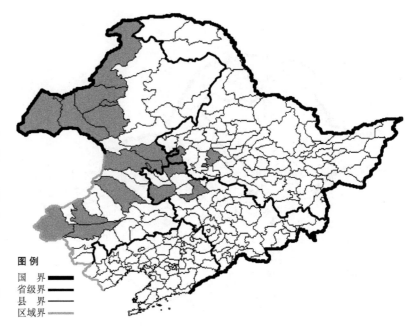

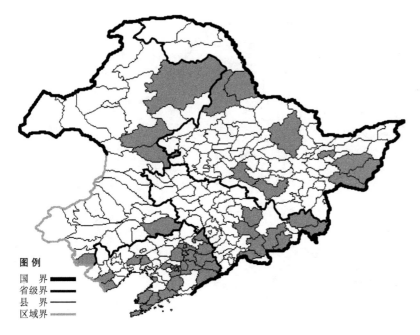

黄檗

Phellodendron amurense Rupr.

　　生境：林中，沟谷，河边，海拔
1100 米以下。
　　产地：黑龙江省集贤、虎林、宝
清、尚志、伊春、黑河、嫩江、密山、
哈尔滨，吉林省珲春、汪清、和龙、
安图、临江、抚松、蛟河、桦甸，辽
宁省建昌、绥中、北镇、义县、铁岭、
西丰、新宾、沈阳、抚顺、辽阳、本
溪、营口、岫岩、桓仁、宽甸、丹东、
庄河、瓦房店、普兰店、大连、清原，
内蒙古鄂伦春旗、扎兰屯、扎赉特旗、
科尔沁左翼后旗、宁城。
　　分布：中国（黑龙江、吉林、辽
宁、内蒙古、河北），朝鲜半岛，日本，
俄罗斯（远东地区）。

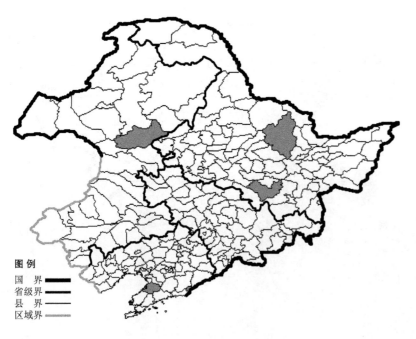

　　毛黄檗 Phellodendron amurense
Rupr. var. **molle** (Nakai) S. H. Li et S. Z.
Liou 生于河边灌丛，产于黑龙江省伊
春、尚志，辽宁省盖州、丹东，内蒙
古扎兰屯，分布于中国（黑龙江、辽宁、
内蒙古），朝鲜半岛。

山花椒

Zanthoxylum schinifolium Sieb. et Zucc.

　　生境：山坡疏林中。
　　产地：辽宁省绥中、营口、凤城、宽甸、庄河、大连、丹东、盖州、葫芦岛、普兰店。
　　分布：中国（全国各地），日本，朝鲜半岛。

苦木科 Simaroubaceae

臭椿

Ailanthus altissima (Mill.) Swingle

　　生境：路旁，人家附近。
　　产地：辽宁省鞍山、盖州、瓦房店、普兰店、庄河、岫岩、大连、凌源、建昌。
　　分布：中国（全国各地），朝鲜半岛。

图例
国　界
省级界
县　界
区域界

苦木

Picrasma quassioides (D. Don) Benn.

　　生境：山坡草地，沟谷，人家附近。
　　产地：辽宁省宽甸、桓仁、丹东。
　　分布：中国（辽宁、河北、山西、山东、河南、湖北、云南、西藏），朝鲜半岛，日本，尼泊尔，不丹，印度。

图例
国　界
省级界
县　界
区域界

毛果苦木 Picrasma quassioides (D. Don) Benn. var. **dasycarpa** (Kitag.) S. Z. Liou 生于山坡，产于辽宁省大连，分布于中国（辽宁）。

远志科 Polygalaceae

瓜子金

Polygala japonica Houtt.

生境：山坡，荒地，杂木林下，海拔 400 米以下。

产地：黑龙江省密山、虎林，吉林省桦甸，辽宁省本溪、新宾、清原、开原、桓仁、宽甸、长海、新民、沈阳、凤城、岫岩、庄河、丹东、大连。

分布：中国（全国各地），朝鲜半岛，日本，俄罗斯（远东地区），越南，菲律宾，巴布亚新几内亚。

西伯利亚远志

Polygala sibirica L.

生境：石砾质地，沙质地，干草地，山坡灌丛，柞木林缘，海拔 800 米以下。

产地：黑龙江省黑河、宝清、富锦、呼玛、安达、伊春，吉林省桦甸、通化、梅河口，辽宁省凌源、绥中、义县、兴城、北镇、大连，内蒙古奈曼旗、鄂伦春旗、根河、科尔沁右翼前旗、额尔古纳、扎兰屯、扎赉特旗、牙克石、巴林右旗、翁牛特旗、宁城、喀喇沁旗、阿尔山。

分布：中国（全国各地），朝鲜半岛，蒙古，俄罗斯（欧洲部分、高加索、西伯利亚、远东地区），尼泊尔，克什米尔地区，印度，欧洲。

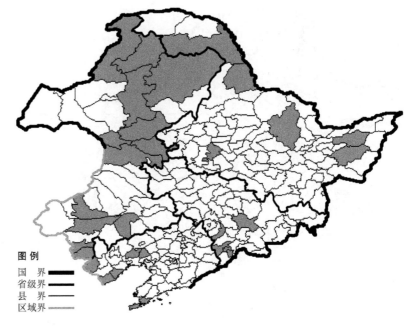

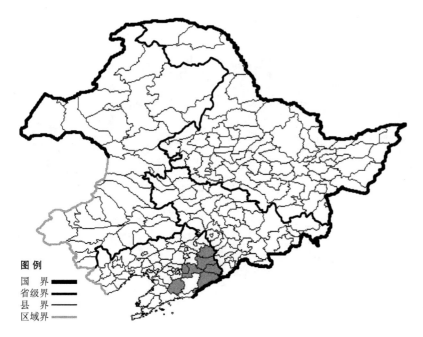

图例
国　界 ▬▬
省级界 ▬▬
县　界 ——
区域界 ——

小远志

Polygala tatarinowii Regel

　　生境：山坡草地，杂木林下。
　　产地：辽宁省桓仁、宽甸、丹东、清原、新宾、本溪、岫岩。
　　分布：中国（全国各地），朝鲜半岛，日本，俄罗斯（远东地区），马来西亚，菲律宾。

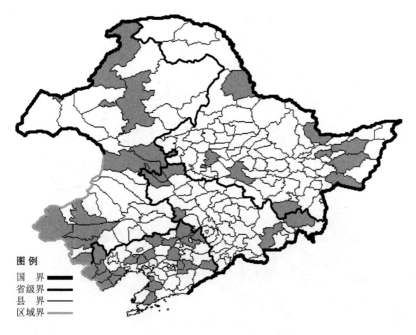

图例
国　界 ▬▬
省级界 ▬▬
县　界 ——
区域界 ——

远志

Polygala tenuifolia Willd.

　　生境：石砾质山坡，灌丛，杂木林下，海拔 500 米以下。
　　产地：黑龙江省黑河、集贤、密山、宁安、富锦、萝北、宝清、安达、哈尔滨，吉林省白城、镇赉、双辽、汪清、安图、洮南，辽宁省喀左、建昌、建平、凌源、义县、彰武、绥中、葫芦岛、北镇、昌图、开原、西丰、桓仁、法库、黑山、兴城、本溪、营口、盖州、沈阳、普兰店，内蒙古满洲里、海拉尔、额尔古纳、牙克石、乌兰浩特、科尔沁右翼前旗、扎赉特旗、巴林右旗、赤峰、克什克腾旗、宁城、翁牛特旗。
　　分布：中国（黑龙江、吉林、辽宁、内蒙古、河北、山西、陕西、甘肃、山东），朝鲜半岛，日本，蒙古，俄罗斯（西伯利亚、远东地区）。

漆树科 Anacarbiaceae

盐肤木

Rhus chinensis Mill.

生境：山坡草地，沟谷，杂木林中，海拔 600 米以下。

产地：辽宁省绥中、沈阳、普兰店、大连、盖州、庄河、长海、凤城、本溪、丹东、宽甸、桓仁。

分布：中国（全国各地），朝鲜半岛，日本，印度，马来西亚，印度尼西亚，中南半岛。

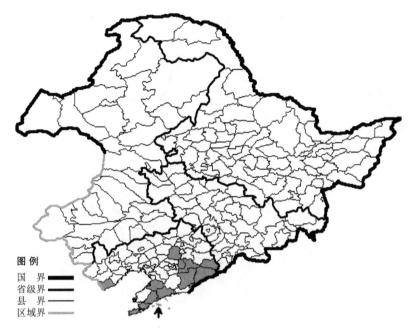

漆

Toxicodendron verniciflum (Stokes) F. A. Barkl.

生境：上坡，海拔 400 米以下。

产地：辽宁省普兰店、庄河、岫岩、本溪、宽甸、新宾、桓仁。

分布：中国（全国各地），朝鲜半岛，日本，印度。

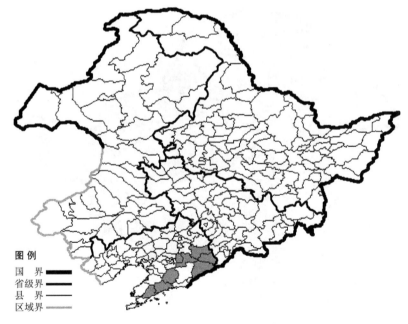

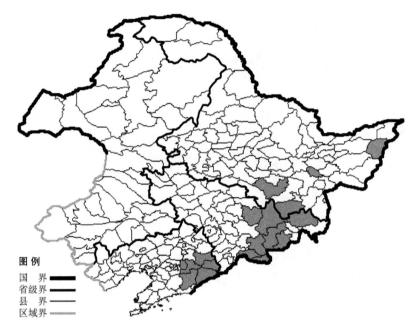

槭树科 Aceraceae

髭脉槭

Acer barbinerve Maxim.

    生境：疏林中，林缘，海拔 1600 米以下。

    产地：黑龙江省尚志、饶河、宁安、勃利，吉林省抚松、和龙、安图、汪清、敦化、蛟河、临江、长白，辽宁省新宾、桓仁、宽甸、本溪、凤城。

    分布：中国（黑龙江、吉林、辽宁），朝鲜半岛，俄罗斯（远东地区）。

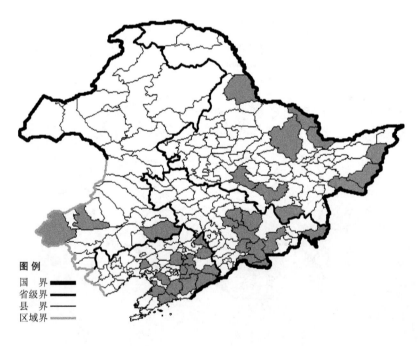

茶条槭

Acer ginnala Maxim.

    生境：路旁，向阳山坡，河边，湿草地，杂木林缘，海拔 800 米以下。

    产地：黑龙江省宁安、尚志、密山、哈尔滨、伊春、萝北、饶河、黑河、嘉荫、虎林，吉林省安图、靖宇、抚松、临江、长白、吉林、永吉、珲春、桦甸、蛟河，辽宁省西丰、抚顺、清原、本溪、凤城、桓仁、庄河、岫岩、营口、海城、宽甸、沈阳、北镇、盖州，内蒙古科尔沁左翼后旗、巴林右旗、克什克腾旗。

    分布：中国（黑龙江、吉林、辽宁、内蒙古、河北、山西、陕西、甘肃、河南），朝鲜半岛，日本，蒙古，俄罗斯（远东地区）。

小楷槭

Acer komarovii Pojark.

生境：林中，海拔 800-1600 米（长白山）。

产地：吉林省临江、抚松、安图，辽宁省新宾、桓仁、本溪、凤城、宽甸。

分布：中国（吉林、辽宁），朝鲜半岛，俄罗斯（远东地区）。

图例
国　界
省级界
县　界
区域界

东北槭

Acer mandshuricum Maxim.

生境：针阔混交林中，海拔 1300 米以下。

产地：黑龙江省尚志、宁安、哈尔滨、勃利，吉林省蛟河、安图、和龙、临江、珲春、敦化，辽宁省辽阳、新宾、清原、桓仁。

分布：中国（黑龙江、吉林、辽宁），俄罗斯（远东地区）。

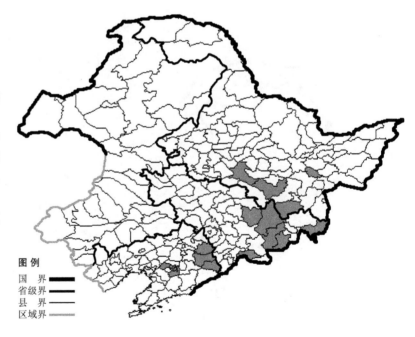

图例
国　界
省级界
县　界
区域界

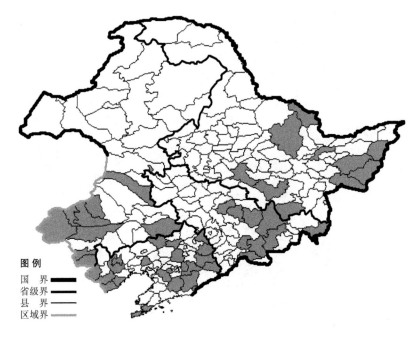

图例
国　界
省级界
县　界
区域界

色木槭

Acer mono Maxim.

生境：林中，林缘，灌丛，海拔 1200 米以下。

产地：黑龙江省桦川、伊春、哈尔滨、宝清、密山、宁安、饶河、尚志、虎林、嘉荫，吉林省九台、蛟河、敦化、珲春、吉林、安图、抚松、靖宇、临江，辽宁省丹东、本溪、岫岩、绥中、西丰、新宾、建昌、凌源、清原、鞍山、北镇、沈阳、朝阳、大连、丹东、法库、海城、兴城、彰武、凤城、桓仁，内蒙古喀喇沁旗、翁牛特旗、科尔沁右翼中旗、林西、巴林左旗、巴林右旗、乌兰浩特、克什克腾旗、宁城、科尔沁左翼后旗。

分布：中国（黑龙江、吉林、辽宁、内蒙古、河北、山西、陕西、江苏、浙江、安徽、江西、湖北、四川），朝鲜半岛，日本，俄罗斯（远东地区）。

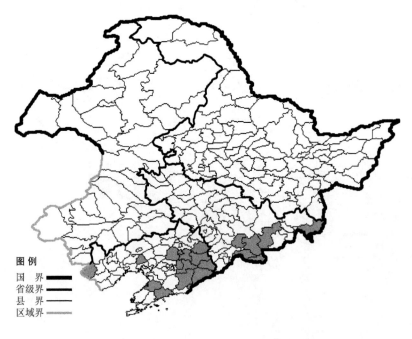

图例
国　界
省级界
县　界
区域界

紫花槭

Acer pseudo-sieboldianum (Pax) Kom.

生境：针阔混交林及阔叶林中，林缘，海拔 900 米以下。

产地：吉林省安图、抚松、靖宇、临江、长白、珲春，辽宁省宽甸、桓仁、凤城、清原、本溪、抚顺、沈阳、盖州、丹东、凌源、新宾、庄河、北镇。

分布：中国（吉林、辽宁），朝鲜半岛，俄罗斯（远东地区）。

小果紫花槭 **Acer pseudo-sie-boldianum** (Pax) Kom. var. **koreanum** Nakai 生于疏林中，产于吉林省安图、抚松、珲春，辽宁省本溪、凤城、桓仁，分布于中国（吉林、辽宁），朝鲜半岛。

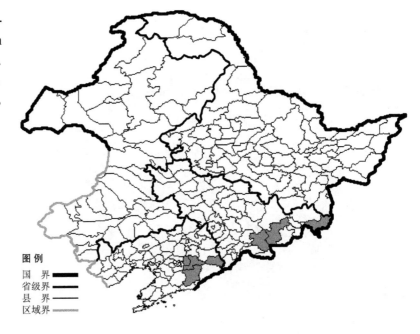

青楷槭

Acer tegmentosum Maxim.

生境：针阔混交林及阔叶林中，海拔 1400 米以下。

产地：黑龙江省伊春、尚志、嘉荫、萝北，吉林省靖宇、抚松、汪清、安图、和龙、临江、敦化、珲春、蛟河、长白，辽宁省新宾、本溪、凤城、桓仁、宽甸、清原，内蒙古科尔沁左翼后旗。

分布：中国（黑龙江、吉林、辽宁、内蒙古），朝鲜半岛，俄罗斯（远东地区）。

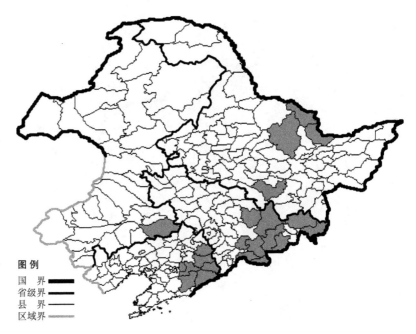

图例
国　界 ▬▬▬
省级界 ▬▬
县　界 ▬
区域界 ▬▬

三花槭
Acer triflorum Kom.

　　生境：针阔混交林及阔叶林中，海拔900米以下。

　　产地：黑龙江省宁安、东宁，吉林省安图、抚松、靖宇、临江，辽宁省新宾、宽甸、桓仁、凤城、本溪、清原。

　　分布：中国（黑龙江、吉林、辽宁），朝鲜半岛。

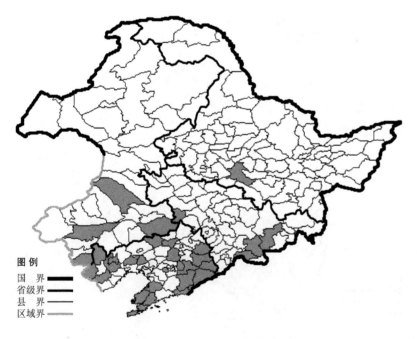

图例
国　界 ▬▬▬
省级界 ▬▬
县　界 ▬
区域界 ▬▬

元宝槭
Acer truncatum Bunge

　　生境：杂木林中，林缘，海拔约500米。

　　产地：黑龙江省哈尔滨，吉林省安图、抚松、临江、双辽，辽宁省新宾、沈阳、盖州、凤城、宽甸、东港、大连、鞍山、丹东、东港、法库、建昌、建平、凌源、义县、瓦房店、普兰店、朝阳、北镇、彰武、本溪、清原、桓仁，内蒙古宁城、翁牛特旗、扎鲁特旗、科尔沁左翼后旗。

　　分布：中国（黑龙江、吉林、辽宁、内蒙古、河北、山西、陕西、甘肃、山东、江苏、河南）。

花楷槭

Acer ukurunduense Trautv. et C. A. Mey.

生境：林中，林缘，沟谷，海拔 1700 米。

产地：黑龙江省海林、勃利、饶河、伊春、尚志，吉林省安图、抚松、和龙、蛟河、汪清、临江、长白、珲春、敦化，辽宁省桓仁、宽甸、本溪、凤城、庄河、新宾。

分布：中国（黑龙江、吉林、辽宁），朝鲜半岛，日本，俄罗斯（远东地区）。

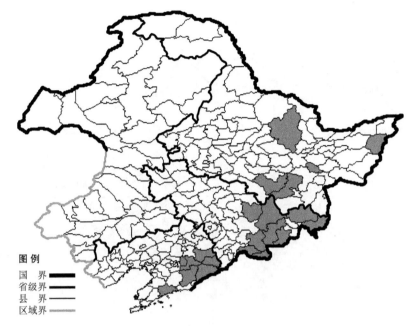

无患子科 Sapindaceae

栾树

Koelreuteria paniculata Laxm.

生境：山坡杂木林中。

产地：辽宁省大连、瓦房店、凌源、沈阳。

分布：中国（辽宁、华北、西北、华东、西南），朝鲜半岛，日本。

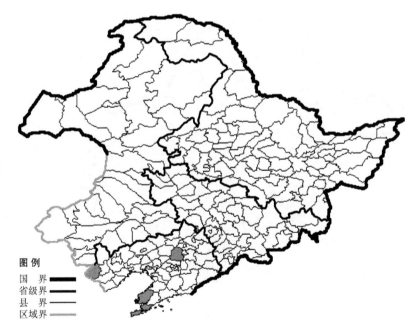

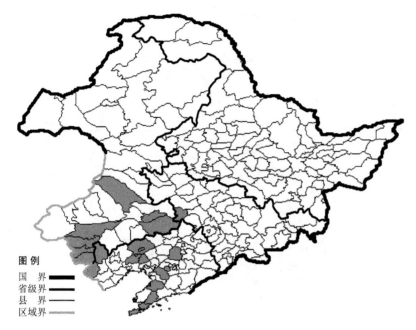

文冠果

Xanthoceras sorbifolia Bunge

　　生境：山坡。
　　产地：吉林省双辽，辽宁省鞍山、北镇、大连、阜新、盖州、海城、建平、凌源、沈阳、普兰店、义县，内蒙古科尔沁左翼后旗、通辽、扎鲁特旗、赤峰、宁城、翁牛特旗、喀喇沁旗。
　　分布：中国（吉林、辽宁、内蒙古、河北、山西、陕西、甘肃、宁夏、山东、江苏、河南）。

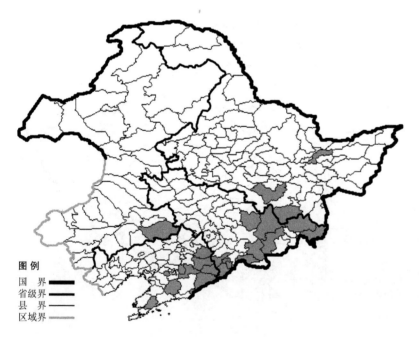

凤仙花科 Balsaminaceae

东北凤仙花

Impatiens furcillata Hemsl.

　　生境：林缘湿草地，溪流旁，海拔 800 米以下。
　　产地：黑龙江省尚志、宁安、桦川，吉林省集安、抚松、安图、珲春、汪清、蛟河、敦化、临江、通化，辽宁省桓仁、本溪、宽甸、岫岩、丹东、新宾、普兰店、清原、鞍山，内蒙古科尔沁左翼后旗。
　　分布：中国（黑龙江、吉林、辽宁、内蒙古、河北、山西），朝鲜半岛，俄罗斯（远东地区）。

水金凤

Impatiens noli-tangere L.

　　生境：林缘湿草地，林下，溪流旁，海拔 1000 米以下。

　　产地：黑龙江省黑河、饶河、宁安、尚志、伊春、呼玛、密山，吉林省蛟河、敦化、安图、珲春、和龙、长白、抚松、靖宇、集安、临江、通化、吉林，辽宁省桓仁、清原、本溪、宽甸、岫岩、营口、葫芦岛、鞍山，内蒙古根河、额尔古纳、牙克石、科尔沁右翼前旗、科尔沁右翼中旗、科尔沁左翼后旗、克什克腾旗、巴林右旗、喀喇沁旗、宁城。

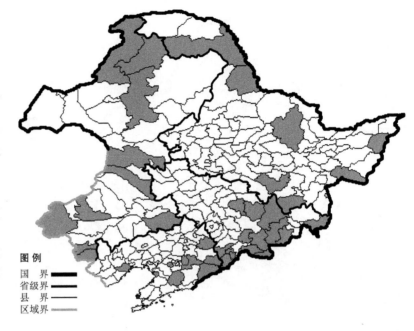

　　分布：中国（黑龙江、吉林、辽宁、内蒙古、河北、山西、陕西、甘肃、山东、安徽、浙江、湖北、湖南），朝鲜半岛，日本，俄罗斯（欧洲部分、高加索、西伯利亚、远东地区），土耳其，欧洲。

野凤仙花

Impatiens textori Miq.

　　生境：溪流旁，海拔约 600 米。
　　产地：吉林省珲春，辽宁省庄河、宽甸、桓仁、本溪、大连。
　　分布：中国（吉林、辽宁），朝鲜半岛，日本，俄罗斯（远东地区）。

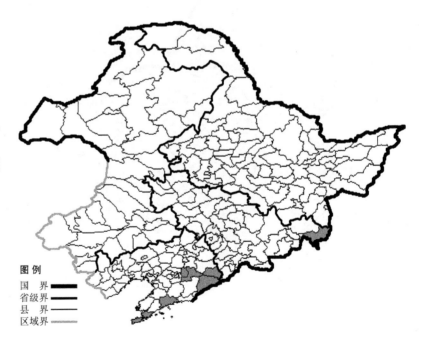

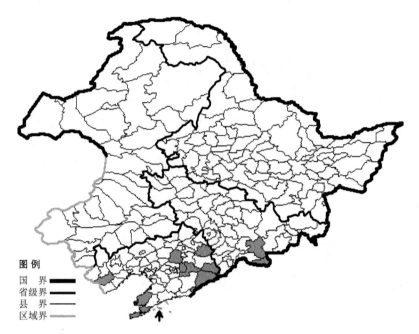

卫矛科 Celastraceae

刺南蛇藤

Celastrus flagellaris Rupr.

　　生境：林缘，溪流旁，沟谷。
　　产地：吉林省抚松、长白，辽宁省清原、本溪、宽甸、丹东、建昌、沈阳、大连、长海、瓦房店、桓仁。
　　分布：中国（吉林、辽宁、河北、山东、浙江），朝鲜半岛，日本，俄罗斯（远东地区）。

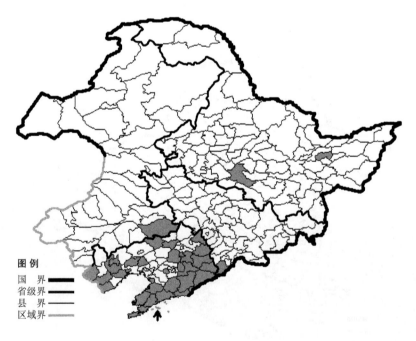

南蛇藤

Celastrus orbiculatus Thunb.

　　生境：山坡，沟谷，溪流旁，林缘，海拔 500 米以下。
　　产地：黑龙江省哈尔滨、集贤，吉林省集安，辽宁省沈阳、西丰、抚顺、清原、新宾、本溪、凤城、东港、桓仁、岫岩、庄河、大连、长海、普兰店、瓦房店、盖州、营口、鞍山、法库、彰武、法库、绥中、建昌、义县、北镇、葫芦岛、锦州、朝阳、凌源、丹东、宽甸，内蒙古科尔沁左翼后旗。
　　分布：中国（黑龙江、辽宁、内蒙古、河北、山西、陕西、甘肃、新疆、山东、江苏、安徽、浙江、福建、河南、江西、湖北、湖南、广东、四川），朝鲜半岛，日本，俄罗斯（远东地区）。

卫矛

Euonymus alatus (Thunb.) Sieb.

生境：阔叶林中，林缘，海拔900米以下。

产地：黑龙江省哈尔滨、富锦、勃利、宝清、宁安、尚志、虎林、饶河、密山、伊春，吉林省和龙、安图、敦化、汪清、珲春、长白、吉林、抚松、蛟河、桦甸、通化、集安，辽宁省鞍山、瓦房店、大连、庄河、东港、桓仁、沈阳，内蒙古巴林右旗、克什克腾旗、喀喇沁旗、宁城、科尔沁左翼后旗。

分布：中国（黑龙江、吉林、辽宁、内蒙古、河北、山西、陕西、甘肃、江苏、安徽、浙江、河南、湖北、江西、湖南、四川、贵州），朝鲜半岛，日本。

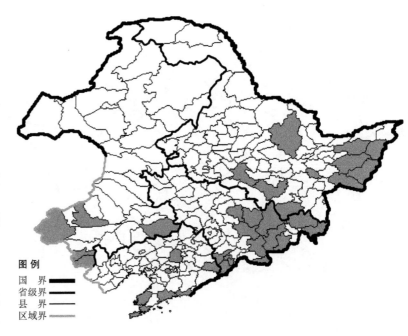

毛脉卫矛 Euonymus alatus (Thunb.) Sieb. var. **pubescens** Maxim. 生于山坡草地，灌丛，阔叶林中，产于黑龙江省饶河、尚志、哈尔滨、嘉荫、宁安，吉林省吉林、桦甸、安图、临江、永吉、敦化、集安，辽宁省铁岭、西丰、沈阳、抚顺、清原、新宾、朝阳、东港、盖州、凌源、普兰店、丹东、庄河、岫岩、本溪、鞍山、北镇、喀左，内蒙古科尔沁左翼后旗、额尔古纳，分布于中国（黑龙江、吉林、辽宁、内蒙古、河北、山西），朝鲜半岛，日本，俄罗斯（远东地区）。

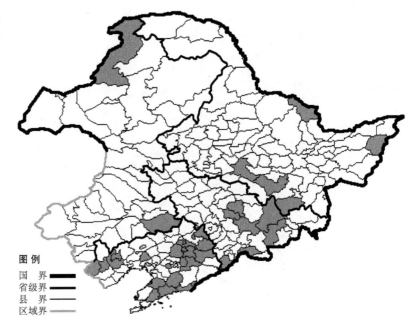

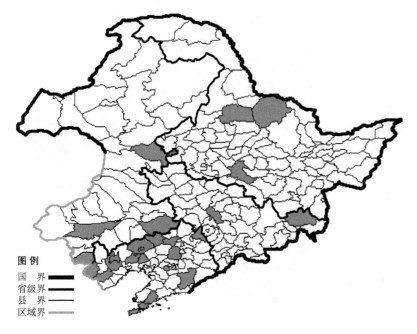

白杜卫矛

Euonymus bungeanus Maxim.

生境：林缘，沟谷，海拔 600 米以下。

产地：黑龙江省哈尔滨、逊克、五大连池，吉林省长春、汪清，辽宁省沈阳、西丰、鞍山、普兰店、大连、彰武、阜新、北镇、凤城、法库、义县、朝阳、建昌、凌源，内蒙古科尔沁左翼后旗、宁城、翁牛特旗、扎赉特旗。

分布：中国（黑龙江、吉林、辽宁、内蒙古、河北、山西、陕西、甘肃、山东、江苏、安徽、浙江、福建、河南、湖北、江西、四川），朝鲜半岛，日本。

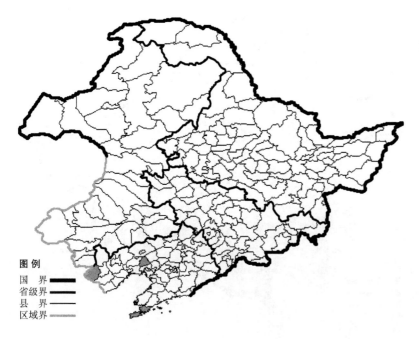

蒙古卫矛 Euonymus bungeanus Maxim. var. **mongolica** (Nakai) Kitag. 生于山坡阔叶林中，产于辽宁省大连、北镇、凌源，分布于中国（辽宁），蒙古。

胶东卫矛

Euonymus kiautshovicus Loes.

生境：海边岩石上。

产地：辽宁省大连。

分布：中国（辽宁、河北、山东、江苏、安徽、江西、湖北）。

华北卫矛

Euonymus maackii Rupr.

生境：灌丛，河边，阔叶林中，沙地，海拔 1000 米以下。

产地：黑龙江省嫩江、虎林、饶河、依兰、富锦、逊克、黑河、伊春、萝北、密山、宁安、哈尔滨，吉林省长春、扶余、双辽、洮南、安图、抚松、敦化，辽宁省彰武、阜新、义县、葫芦岛、沈阳、西丰、抚顺、新宾、鞍山、营口、大连、庄河、桓仁、丹东、本溪、凤城，内蒙古科尔沁右翼前旗、额尔古纳、鄂温克旗、巴林右旗、奈曼旗、海拉尔、科尔沁左翼后旗、敖汉旗。

分布：中国（黑龙江、吉林、辽宁、内蒙古、河北、山西、河南），朝鲜半岛，俄罗斯（远东地区）。

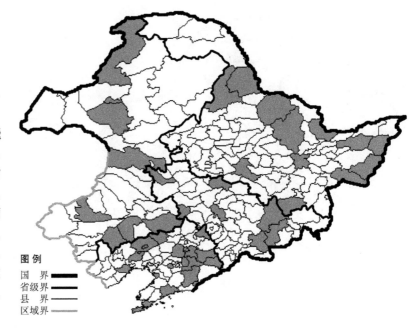

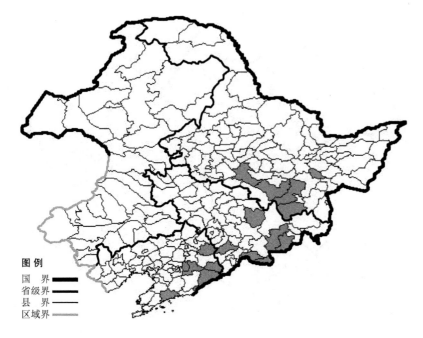

图例
国　界 ▬▬
省级界 ▬▬
县　界 ▬▬
区域界 ▬▬

翅卫矛

Euonymus macropterus Rupr.

　　生境：林中，海拔 1200 米以下。
　　产地：黑龙江省哈尔滨、尚志、勃利、海林、宁安，吉林省蛟河、柳河、临江、长白、和龙、安图，辽宁省清原、本溪、桓仁、丹东、宽甸、庄河。
　　分布：中国（黑龙江、吉林、辽宁、河北、甘肃），朝鲜半岛，日本，俄罗斯（远东地区）。

图例
国　界 ▬▬
省级界 ▬▬
县　界 ▬▬
区域界 ▬▬

球果卫矛

Euonymus oxyphyllus Miq.

　　生境：山坡。
　　产地：辽宁省大连、庄河。
　　分布：中国（辽宁、山东、江苏、安徽、浙江、湖北、江西、湖南、台湾），朝鲜半岛，日本。

瘤枝卫矛

Euonymus pauciflorus Maxim.

生境：林中，海拔 1500 米以下。

产地：黑龙江省哈尔滨、尚志、伊春、宝清、饶河、宁安，吉林省吉林、临江、抚松、靖宇、长白、珲春、和龙、安图，辽宁省西丰、新宾、本溪、桓仁、凤城、宽甸。

分布：中国（黑龙江、吉林、辽宁），朝鲜半岛，俄罗斯（远东地区）。

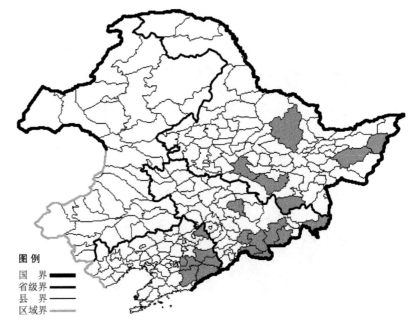

短翅卫矛

Euonymus planipes (Koehne) Koehne

生境：林中，海拔约 500 米。

产地：吉林省长白，辽宁省西丰、清原、本溪、桓仁、鞍山、岫岩、凤城、宽甸、营口、盖州。

分布：中国（吉林、辽宁），朝鲜半岛，日本，俄罗斯（远东地区）。

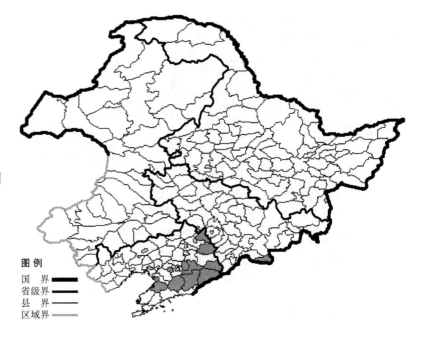

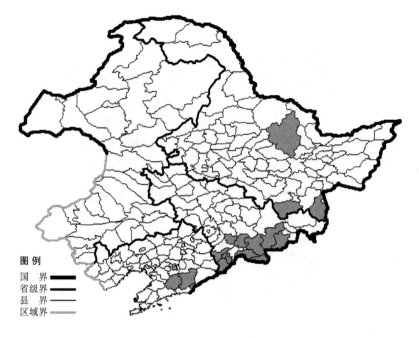

图例
国　界
省级界
县　界
区域界

东北雷公藤

Tripterygium regelii Sprague et Tekeda

生境：林缘，林中，海拔 1400 米以下。

产地：黑龙江省伊春、宁安、东宁，吉林省集安、通化、辉南、临江、抚松、靖宇、长白、和龙、安图，辽宁省岫岩、丹东、凤城。

分布：中国（黑龙江、吉林、辽宁），朝鲜半岛，日本。

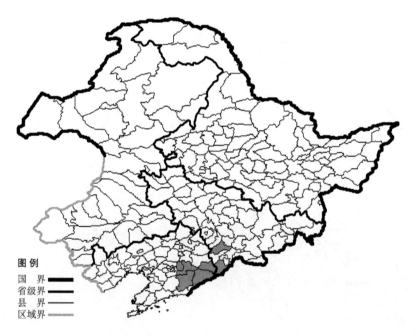

图例
国　界
省级界
县　界
区域界

省沽油科 Staphyleaceae

省沽油

Staphylea bumalda DC.

生境：向阳山坡，路旁，山沟杂木林中，溪流旁，林缘。

产地：吉林省集安、柳河，辽宁省本溪、桓仁、凤城、宽甸。

分布：中国（吉林、辽宁、河北、山西、陕西、江苏、安徽、浙江、河南、湖北、四川），朝鲜半岛，日本。

鼠李科 Rhamnaceae

锐齿鼠李

Rhamnus arguta Maxim.

生境：干山坡，山脊，海拔 700 米以下。

产地：辽宁省沈阳、北票、凌源、建平、铁岭、抚顺、新宾、本溪、鞍山、瓦房店、盖州、锦州、北镇、义县、绥中、建昌，内蒙古额尔古纳、科尔沁右翼中旗、扎鲁特旗、科尔沁左翼后旗、赤峰、宁城、巴林右旗、翁牛特旗、喀喇沁旗、敖汉旗。

分布：中国（辽宁、内蒙古、河北、山西、陕西、山东）。

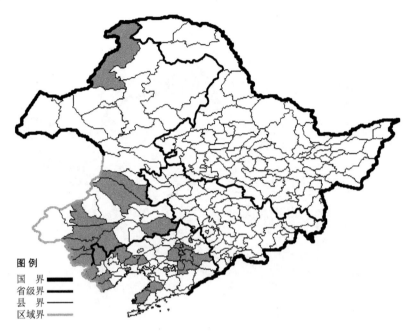

鼠李

Rhamnus davurica Pall.

生境：杂木林中，灌丛，溪流旁，林缘阴湿处，海拔 800 米以下。

产地：黑龙江省哈尔滨、尚志、黑河、孙吴、伊春、萝北、宝清、宁安，吉林省磐石、桦甸、集安、临江、抚松、靖宇、长白、敦化、珲春、汪清、安图，辽宁省沈阳、铁岭、西丰、抚顺、新宾、清原、本溪、桓仁、鞍山、岫岩、丹东、凤城、宽甸、庄河、盖州、北镇、建昌，内蒙古海拉尔、扎兰屯、牙克石、根河、新巴尔虎左旗、鄂伦春旗、阿尔山、突泉、科尔沁右翼前旗、扎赉特旗、科尔沁左翼后旗、宁城、阿鲁科尔沁旗、巴林右旗、克什克腾旗、翁牛特旗、喀喇沁旗、敖汉旗。

分布：中国（黑龙江、吉林、辽宁、内蒙古、河北、山西、陕西、山东、河南），蒙古，俄罗斯（东部西伯利亚、远东地区）。

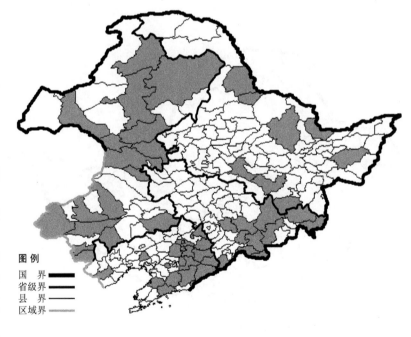

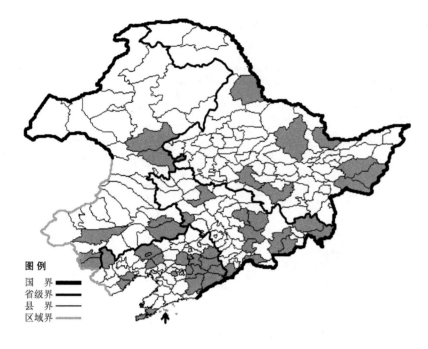

图例
国　界 ▬▬▬
省级界 ══
县　界 ──
区域界 ──

金刚鼠李

Rhamnus diamantiaca Nakai

　　生境：杂木林中，灌丛，林缘阴湿处，海拔 800 米以下。
　　产地：黑龙江省哈尔滨、尚志、黑河、伊春、萝北、宝清、虎林、密山，吉林省前郭尔罗斯、吉林、蛟河、桦甸、双辽、集安、临江、靖宇、珲春、和龙、汪清、安图，辽宁省沈阳、建平、阜新、抚顺、新宾、清原、本溪、桓仁、鞍山、丹东、凤城、宽甸、大连、长海、北镇、黑山、葫芦岛、兴城，内蒙古扎兰屯、扎赉特旗、通辽、科尔沁左翼后旗、宁城、翁牛特旗、喀喇沁旗。
　　分布：中国（黑龙江、吉林、辽宁、内蒙古），朝鲜半岛，俄罗斯（远东地区）。

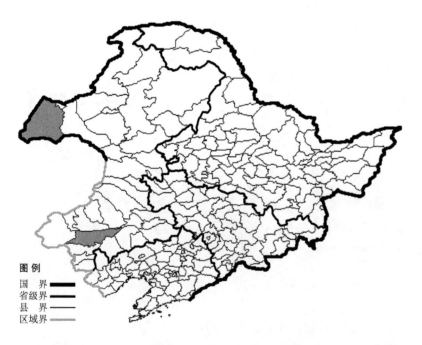

图例
国　界 ▬▬▬
省级界 ══
县　界 ──
区域界 ──

柳叶鼠李

Rhamnus erythroxylon Pall.

　　生境：山坡，沙丘间，灌丛。
　　产地：内蒙古新巴尔虎右旗、翁牛特旗。
　　分布：中国（内蒙古、河北、山西、陕西、甘肃、青海），蒙古，俄罗斯（东部西伯利亚）。

圆叶鼠李

Rhamnus globosa Bunge

生境：山坡，海拔 500 米以下。

产地：辽宁省沈阳、法库、大连、北镇、葫芦岛。

分布：中国（辽宁、河北、山西、陕西、山东、江苏、安徽、浙江、河南、江西、湖南）。

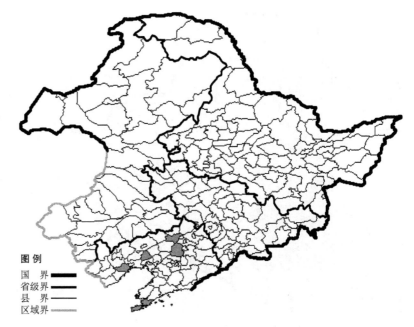

图例
国　界 ▬▬▬
省级界 ▬▬▬
县　界 ▬▬▬
区域界 ▬▬▬

朝鲜鼠李

Rhamnus koraiensis Schneid.

生境：杂木林中，灌丛。

产地：吉林省吉林，辽宁省本溪、桓仁、丹东、凤城、宽甸，内蒙古宁城、喀喇沁旗。

分布：中国（吉林、辽宁、内蒙古、山东），朝鲜半岛。

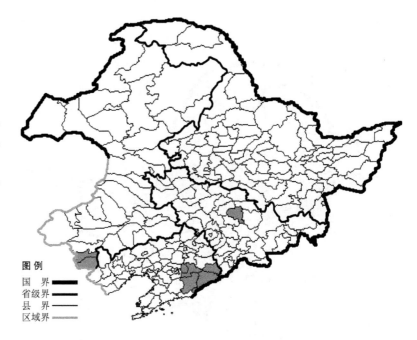

图例
国　界 ▬▬▬
省级界 ▬▬▬
县　界 ▬▬▬
区域界 ▬▬▬

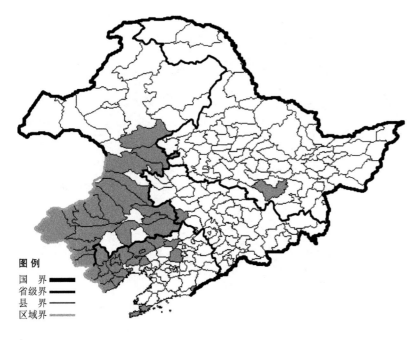

小叶鼠李

Rhamnus parvifolia Bunge

　　生境：向阳石砾质干山坡，山脊，沙丘间，灌丛，海拔 500 米以下。
　　产地：黑龙江尚志，吉林省双辽，辽宁省沈阳、法库、朝阳、北票、凌源、建平、喀左、阜新、彰武、丹东、大连、锦州、北镇、义县、葫芦岛、兴城、绥中、建昌，内蒙古扎兰屯、科尔沁右翼前旗、科尔沁右翼中旗、扎赉特旗、通辽、奈曼旗、扎鲁特旗、科尔沁左翼中旗、科尔沁左翼后旗、赤峰、宁城、林西、阿鲁科尔沁旗、巴林右旗、巴林左旗、克什克腾旗、翁牛特旗、喀喇沁旗。

　　分布：中国（黑龙江、吉林、辽宁、内蒙古、河北、山西、陕西、山东、河南），朝鲜半岛，蒙古，俄罗斯（东部西伯利亚）。

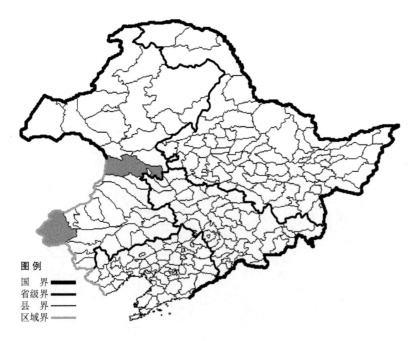

　　土默特鼠李 Rhamnus parvifolia Bunge var. **tumetica** (Grub.) E. W. Ma 生于石砾质干阳坡，沙地，产于内蒙古科尔沁右翼前旗、克什克腾旗，分布于中国（内蒙古、山西）。

乌苏里鼠李

Rhamnus ussuriensis J. Vassil.

生境：山坡灌丛，河边，林中，林缘灌丛，海拔 900 米以下。

产地：黑龙江省哈尔滨、尚志、黑河、伊春、萝北、汤原、密山、宁安，吉林省长春、九台、吉林、磐石、桦甸、集安、通化、临江、抚松、敦化、珲春、和龙、汪清、安图，辽宁省沈阳、法库、彰武、铁岭、开原、西丰、昌图、抚顺、新宾、清原、本溪、桓仁、鞍山、岫岩、丹东、凤城、宽甸、庄河、盖州、锦州、北镇、建昌，内蒙古海拉尔、扎兰屯、额尔古纳、突泉、科尔沁右翼前旗、扎赉特旗、科尔沁左翼后旗、宁城、克什克腾旗、翁牛特旗、喀喇沁旗。

分布：中国（黑龙江、吉林、辽宁、内蒙古、河北、山西、山东），朝鲜半岛，俄罗斯（远东地区）。

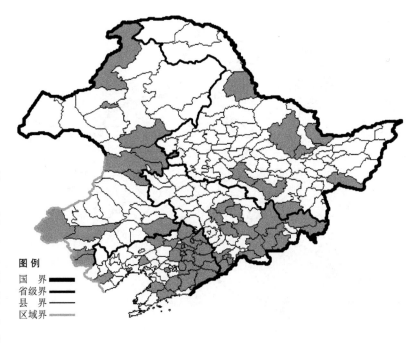

东北鼠李

Rhamnus yoshinoi Makino

生境：阔叶林中，林缘，山坡灌丛，海拔 800 米以下。

产地：黑龙江省哈尔滨、伊春、宁安，吉林省长春、九台、吉林、集安、临江、长白、汪清、安图，辽宁省沈阳、凌源、西丰、新宾、清原、本溪、桓仁、鞍山、岫岩、丹东、凤城、东港、宽甸、大连、瓦房店、庄河、长海、盖州、北镇、义县、建昌。

分布：中国（黑龙江、吉林、辽宁、河北、山西、山东），朝鲜半岛，日本。

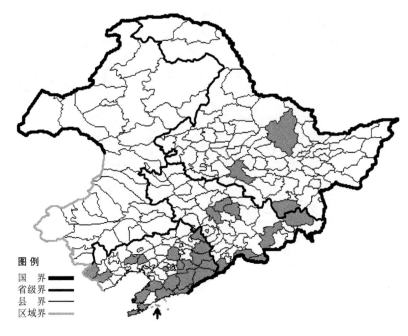

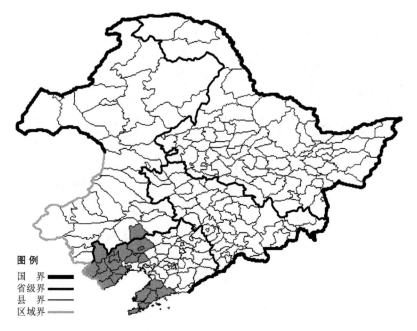

酸枣

Zizyphus jujuba Mill. var. **spinosa** (Bunge) Hu ex H. F. Chow

　　生境：向阳干山坡，丘陵。
　　产地：辽宁省朝阳、北票、凌源、建平、喀左、阜新、大连、瓦房店、普兰店、庄河、盖州、锦州、北镇、义县、葫芦岛、兴城、绥中、建昌，内蒙古库伦旗。
　　分布：中国（辽宁、内蒙古、河北、山西、陕西、甘肃、宁夏、新疆、山东、江苏、安徽、河南），朝鲜半岛。

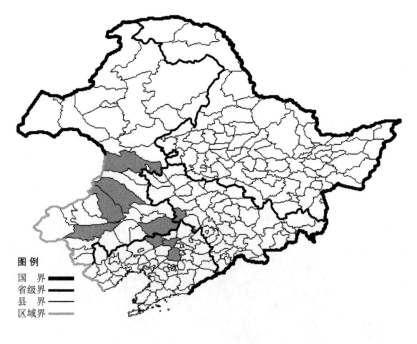

葡萄科 Vitaceae

乌头叶蛇葡萄

Ampelopsis aconitifolia Bunge

　　生境：沙质地，荒地，干山坡，海拔 700 米以下。
　　产地：吉林省双辽，辽宁省沈阳、法库、彰武，内蒙古科尔沁右翼前旗、扎鲁特旗、科尔沁左翼后旗、阿鲁科尔沁旗、翁牛特旗。
　　分布：中国（吉林、辽宁、内蒙古、山西、河北、陕西、甘肃、山东、河南、湖北、四川）。

掌叶草葡萄 **Ampelopsis aconiti-folia** Bunge var. **glabra** Diels et Gilg. 生于山坡草地，产于吉林省通榆，辽宁省彰武，内蒙古科尔沁右翼前旗、扎赉特旗、科尔沁左翼后旗、敖汉旗、喀喇沁旗、宁城，分布于中国（吉林、辽宁、内蒙古、山西、陕西、宁夏、甘肃、山东、河南、湖北、四川）。

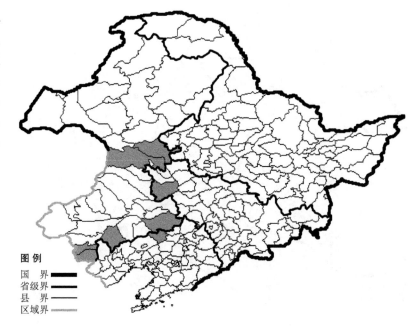

蛇葡萄

Ampelopsis brevipedunculata (Maxim.) Trautv.

生境：干山坡，灌丛，林下，海拔 900 米以下。

产地：吉林省梅河口、集安、通化、柳河、临江、抚松、靖宇、敦化、安图，辽宁省沈阳、凌源、建平、西丰、抚顺、本溪、桓仁、鞍山、岫岩、丹东、凤城、大连、瓦房店、普兰店、庄河、长海、盖州、北镇、葫芦岛、建昌，内蒙古宁城。

分布：中国（全国各地），朝鲜半岛，日本，俄罗斯（远东地区）。

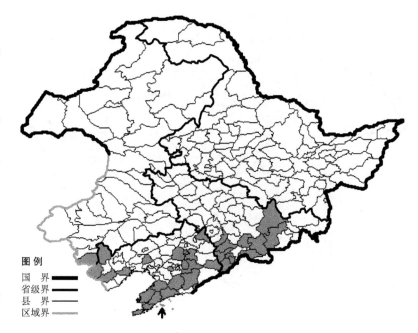

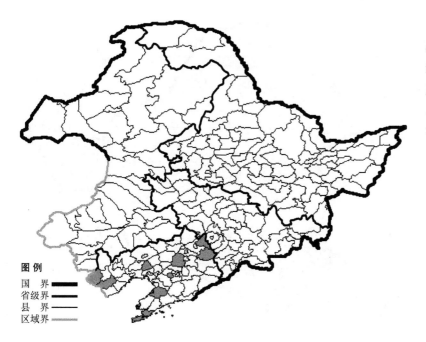

光叶蛇葡萄 **Ampelopsis brevipe-dunculata** (Maxim.) Trautv. var. **maximowiczii** (Regel) Rehd. 生于干山坡，产于辽宁省鞍山、北镇、建昌、清原、沈阳、大连、盖州、凌源、西丰，分布于中国（全国各地），朝鲜半岛，日本，俄罗斯（远东地区）。

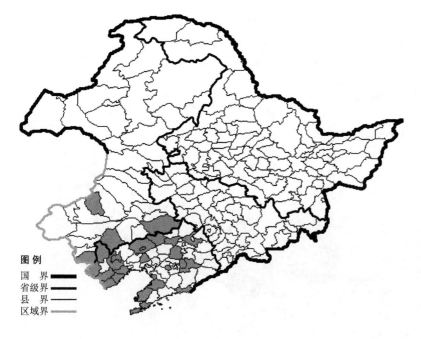

葎叶蛇葡萄

Ampelopsis humulifolia Bunge

生境：干山坡，海拔 800 米以下。

产地：辽宁省沈阳、法库、朝阳、凌源、建平、阜新、彰武、开原、本溪、鞍山、东港、大连、瓦房店、营口、盖州、北镇、葫芦岛、兴城、绥中、建昌，内蒙古科尔沁左翼后旗、宁城、巴林左旗、敖汉旗。

分布：中国（辽宁、内蒙古、河北、山西、陕西、甘肃、山东、安徽、河南）。

三叶白蔹 **Ampelopsis humulifo-lia** Bunge var. **trisecta** Nakai 生于干山坡，产于吉林省双辽、通榆，辽宁省彰武、法库，内蒙古乌兰浩特，分布于中国（吉林、辽宁、内蒙古）。

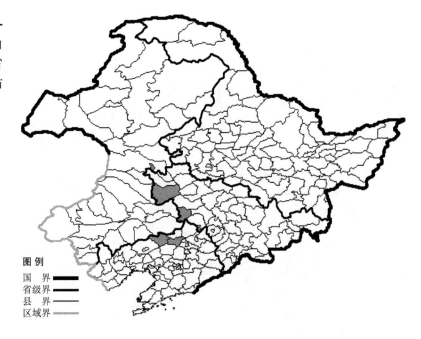

白蔹

Ampelopsis japonica (Thunb.) Makino

生境：干山坡，林下，海拔 500 米以下。

产地：黑龙江省哈尔滨、依兰，吉林省双辽，辽宁省沈阳、法库、凌源、昌图、抚顺、大连、瓦房店、普兰店、营口。

分布：中国（黑龙江、吉林、辽宁、河北、山西、陕西、江苏、浙江、福建、河南、湖北、江西、湖南、广东、广西、四川），朝鲜半岛，日本，蒙古，俄罗斯（远东地区）。

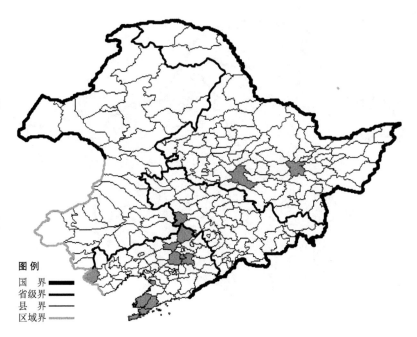

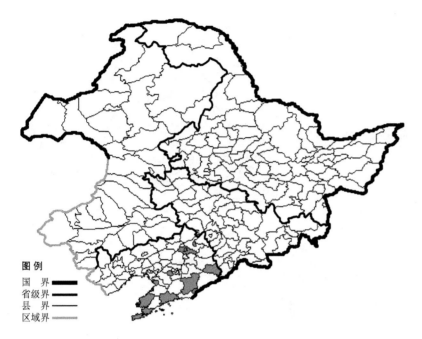

图例
国　界 ▅▅▅
省级界 ▅▅
县　界 ▁▁
区域界 ▁▁

爬山虎

Parthenocissus tricuspidata（Sieb. et Zucc.) Planch

生境：山地岩石上，海拔 600 米以下。

产地：辽宁省铁岭、桓仁、鞍山、丹东、凤城、大连、瓦房店、庄河、营口。

分布：中国（辽宁、河北、山东、江苏、安徽、浙江、福建、河南、台湾），朝鲜半岛，日本。

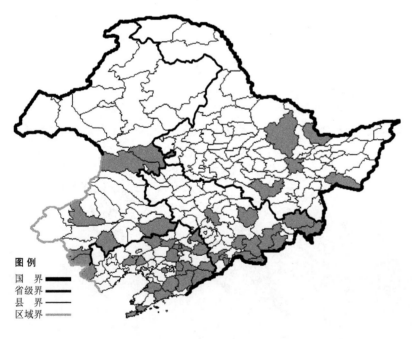

图例
国　界 ▅▅▅
省级界 ▅▅
县　界 ▁▁
区域界 ▁▁

山葡萄

Vitis amurensis Rupr.

生境：山坡林缘，海拔 1000 米以下。

产地：黑龙江省尚志、依兰、伊春、萝北、密山，吉林省长春、蛟河、通化、临江、抚松、靖宇、长白、珲春、和龙、汪清、安图，辽宁省沈阳、法库、凌源、彰武、铁岭、西丰、清原、本溪、桓仁、鞍山、岫岩、丹东、凤城、宽甸、大连、庄河、盖州、北镇、义县，内蒙古科尔沁右翼前旗、扎赉特旗、科尔沁左翼后旗、宁城、巴林右旗、喀喇沁旗、敖汉旗。

分布：中国（黑龙江、吉林、辽宁、内蒙古、河北、山西、山东、安徽、浙江、河南），朝鲜半岛，俄罗斯（远东地区）。

椴树科 Tiliaceae

光果田麻

Corchoropsis psilocarpa Harms et Loes.

　　生境：山坡，林下，荒地。
　　产地：辽宁省朝阳、鞍山、大连、普兰店、庄河。
　　分布：中国（辽宁、河北、甘肃、山东、江苏、安徽、河南、湖北），朝鲜半岛。

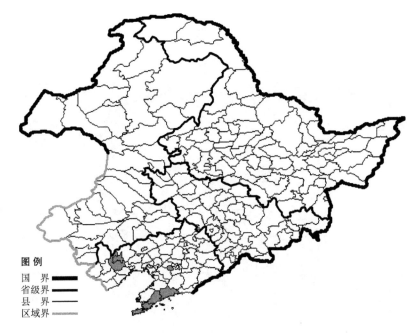

田麻

Corchoropsis tomentosa (Thunb.) Makino

　　生境：山坡，林下，干燥石砾质地。
　　产地：辽宁省丹东、凤城、东港。
　　分布：中国（辽宁、河北、山西、陕西、甘肃、江苏、安徽、浙江、福建、湖北、江西、湖南、广东、四川、贵州），朝鲜半岛，日本。

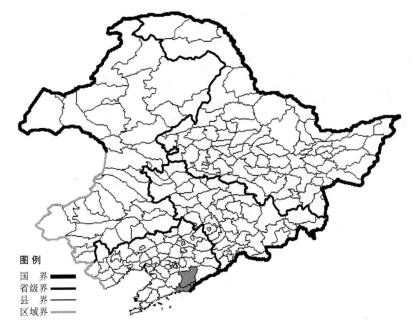

扁担杆

Grewia parviflora Bunge

生境：灌丛。

产地：辽宁省沈阳、朝阳、凌源、丹东、大连、长海、绥中。

分布：中国（辽宁、河北、山西、陕西、甘肃、山东、安徽、江苏、浙江、福建、河南、湖北、江西、湖南、广东、广西、四川、贵州、云南），朝鲜半岛。

图例
国　界
省级界
县　界
区域界

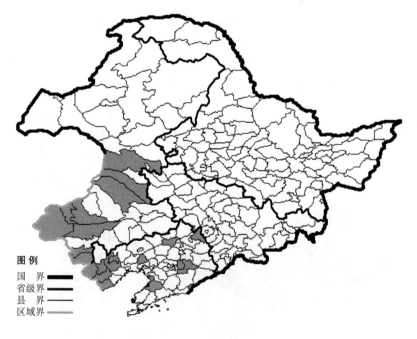

蒙椴

Tilia mongolica Maxim.

生境：向阳山坡，林中，海拔800米以下。

产地：辽宁省北镇、本溪、朝阳、法库、盖州、丹东、建昌、凌源、绥中、西丰、喀左、营口，内蒙古科尔沁右翼前旗、科尔沁右翼中旗、扎鲁特旗、宁城、林西、巴林右旗、克什克腾旗、翁牛特旗、喀喇沁旗。

分布：中国（辽宁、内蒙古、河北、山西、河南），蒙古。

图例
国　界
省级界
县　界
区域界

紫椴

Tilia amurensis Rupr.

生境：针阔混交林及阔叶林中，海拔 1700 米以下。

产地：黑龙江省哈尔滨、尚志、黑河、嫩江、孙吴、大庆、伊春、萝北、宝清、勃利、密山、宁安、安达，吉林省蛟河、通化、临江、抚松、靖宇、长白、敦化、珲春、和龙、汪清、安图，辽宁省沈阳、法库、朝阳、凌源、彰武、铁岭、清原、本溪、桓仁、鞍山、丹东、凤城、大连、营口、盖州、北镇、义县、绥中，内蒙古扎鲁特旗、科尔沁左翼后旗、宁城、喀喇沁旗。

分布：中国（黑龙江、吉林、辽宁、内蒙古、河北、山西、山东、河南），朝鲜半岛，俄罗斯（远东地区）。

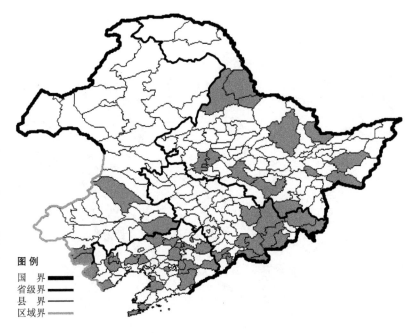

朝鲜紫椴 Tilia amurensis Rupr. **var. koreana** Nakai 生于山坡草地，产于黑龙江省哈尔滨、尚志、伊春，吉林省安图，辽宁省大连，分布于中国（黑龙江、吉林、辽宁），朝鲜半岛。

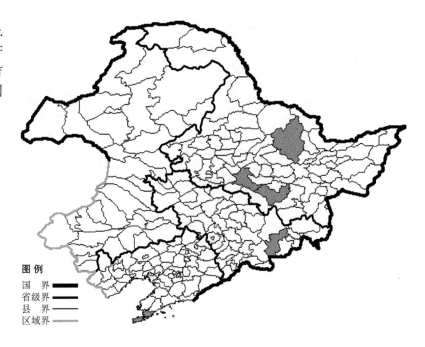

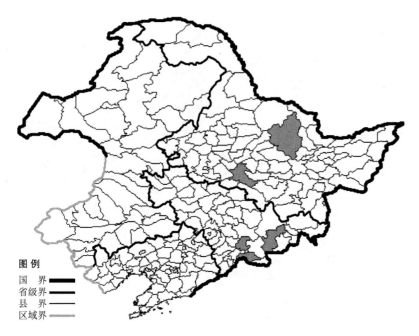

小叶紫椴 Tilia amurensis Rupr.
var. **taquetii** (Schneid.) Liou et Li 生于
针阔混交林及阔叶林中，产于黑龙江
省哈尔滨、伊春，吉林省临江、靖宇、
安图，分布于中国（黑龙江、吉林），
朝鲜半岛，俄罗斯（远东地区）。

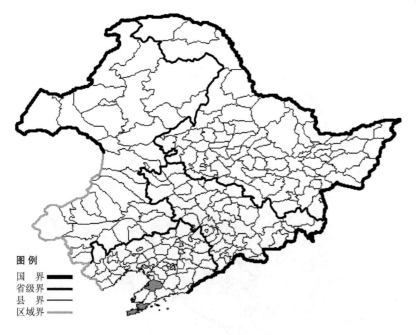

裂叶紫椴 Tilia amurensis Rupr.
var. **tricuspidata** Liou et Li 生于山坡，
产于辽宁省大连、盖州，分布于中国
（辽宁）。

糠椴

Tilia mandshurica Rupr. et Maxim.

生境：针阔混交林及阔叶林中，林缘，海拔 900 米以下。

产地：黑龙江省尚志、依兰、伊春、饶河、勃利、虎林、密山，吉林省临江、抚松、长白、敦化、珲春、安图，辽宁省沈阳、法库、西丰、清原、桓仁、鞍山、岫岩、丹东、凤城、庄河、营口、北镇、义县、葫芦岛、建昌，内蒙古宁城、克什克腾旗、喀喇沁旗、敖汉旗。

分布：中国（黑龙江、吉林、辽宁、内蒙古、河北、陕西、山东、江苏、河南），朝鲜半岛，俄罗斯（远东地区）。

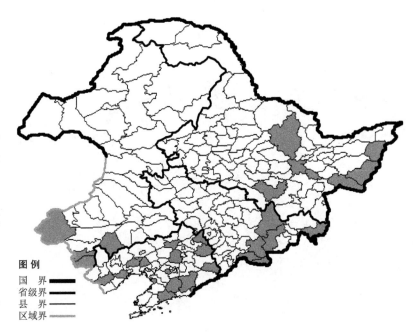

图 例
国　界
省级界
县　界
区域界

棱果糠椴 Tilia mandshurica Rupr. et Maxim. var. **megaphylla** (Nakai) Liou et Li 生于林中，产于黑龙江省哈尔滨，辽宁省丹东，分布于中国（黑龙江、辽宁），朝鲜半岛。

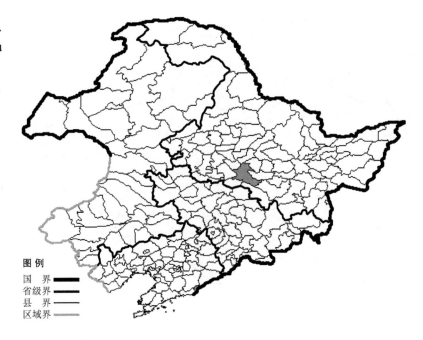

图 例
国　界
省级界
县　界
区域界

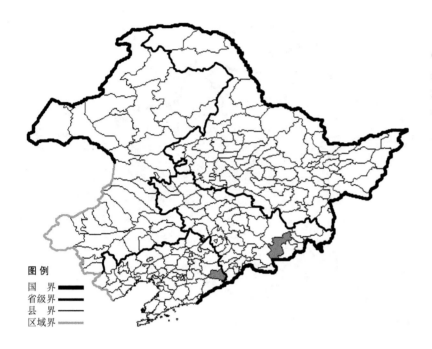

图 例
国　界 ▬▬▬
省级界 ▬▬▬
县　界 ▬▬▬
区域界 ▬▬▬

卵果糠椴 **Tilia mandshurica** Rupr. et Maxim. var. **ovalis** (Nakai) Liou et Li 生于针阔混交林及阔叶林中，产于吉林省安图，辽宁省桓仁，分布于中国（吉林、辽宁），朝鲜半岛。

图 例
国　界 ▬▬▬
省级界 ▬▬▬
县　界 ▬▬▬
区域界 ▬▬▬

疣果糠椴 **Tilia mandshurica** Rupr. et Maxim. var. **tuberculata** (Nakai) Liou et Li 生于山坡草地，产于辽宁省抚顺、桓仁、铁岭、鞍山，分布于中国（辽宁）。

西伯利亚椴

Tilia sibirica Fisch. ex Bayer

　　生境：山坡，海拔约 200 米。
　　产地：黑龙江省黑河。
　　分布：中国（黑龙江），俄罗斯（西伯利亚）。

锦葵科 Malvaceae

野西瓜苗

Hibiscus trionum L.

　　生境：山坡草地，河边，路旁，荒地，海拔 900 米以下。
　　产地：黑龙江省哈尔滨、齐齐哈尔、黑河、萝北、宁安，吉林省镇赉、吉林、临江、抚松、敦化、珲春、汪清、安图，辽宁省沈阳、新民、凌源、建平、彰武、铁岭、开原、西丰、抚顺、本溪、桓仁、海城、丹东、宽甸、大连、普兰店、庄河、营口、葫芦岛，内蒙古科尔沁左翼后旗。
　　分布：原产非洲，现中国各地广泛分布。

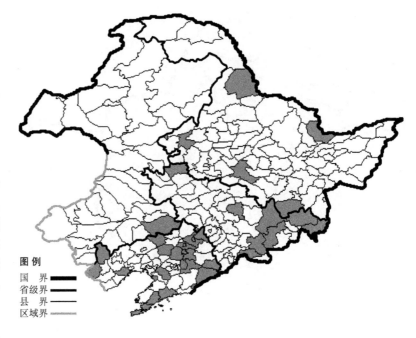

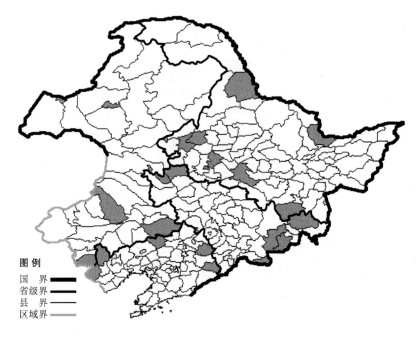

图例
国　界 ▬▬
省级界 ▬▬
县　界 ——
区域界 ——

北锦葵

Malva mohileviensis Dow.

生境：山坡草地，人家附近，田间，耕地旁。海拔 600 米以下。

产地：黑龙江省哈尔滨、齐齐哈尔、富裕、黑河、萝北、宁安、安达，吉林省白城、镇赉、长白、和龙、汪清、安图，辽宁省凌源、建平、彰武、清原、桓仁，内蒙古海拉尔、满洲里、乌兰浩特、科尔沁左翼后旗、宁城、阿鲁科尔沁旗。

分布：中国（黑龙江、吉林、辽宁、内蒙古、河北、山西、西北），蒙古，俄罗斯（欧洲部分、西伯利亚、远东地区），中亚。

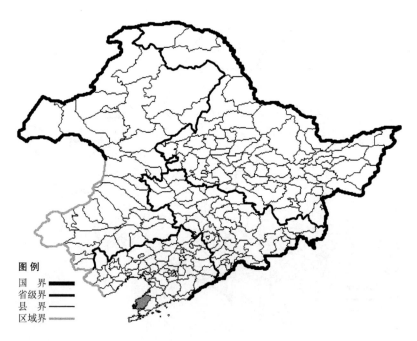

图例
国　界 ▬▬
省级界 ▬▬
县　界 ——
区域界 ——

瑞香科 Thymelaeaceae

芫花

Daphne genkwa Nakai

生境：山坡。
产地：辽宁省瓦房店。
分布：中国（辽宁、河北、山西、陕西、甘肃、山东、江苏、安徽、浙江、福建、河南、湖北、江西、湖南、四川、贵州、台湾），朝鲜半岛。

长白瑞香

Daphne koreana Nakai

生境：林下，海拔 700-1900 米以下。

产地：吉林省长白、临江、抚松、靖宇、和龙、安图，辽宁省本溪、桓仁。

分布：中国（吉林、辽宁），朝鲜半岛。

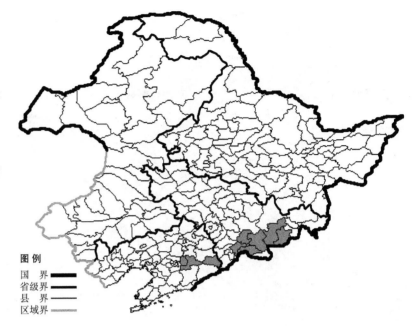

草瑞香

Diarthron linifolium Turcz.

生境：固定沙丘，沟谷间岩石旁，山坡草地，海拔 500 米以下。

产地：黑龙江省哈尔滨、尚志、齐齐哈尔、宁安，吉林省吉林、集安，辽宁省法库、凌源、建平、喀左、彰武、铁岭、开原、本溪、桓仁、鞍山、凤城、大连、瓦房店、长海、建昌，内蒙古科尔沁左翼后旗、赤峰。

分布：中国（黑龙江、吉林、辽宁、内蒙古、河北、山西、陕西、甘肃、新疆、江苏），朝鲜半岛，蒙古，俄罗斯（东部西伯利亚、远东地区）。

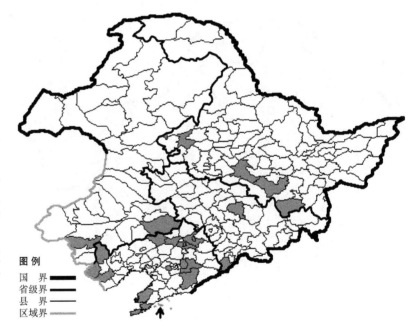

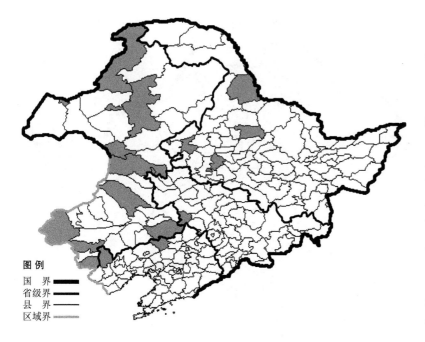

图例
国　界 ▬▬
省级界 ▬▬
县　界 ▬▬
区域界 ▬▬

狼毒

Stellera chamaejasme L.

　　生境：石砾质向阳山坡，草原，海拔 800 米以下。

　　产地：黑龙江省齐齐哈尔、黑河、北安、安达，吉林省双辽，辽宁省建平、彰武，内蒙古海拉尔、满洲里、牙克石、额尔古纳、乌兰浩特、阿尔山、科尔沁右翼前旗、扎鲁特旗、科尔沁左翼后旗、赤峰、宁城、克什克腾旗。

　　分布：中国（黑龙江、吉林、辽宁、内蒙古、河北、山西、甘肃、青海、云南、西藏），朝鲜半岛，蒙古，俄罗斯（东部西伯利亚）。

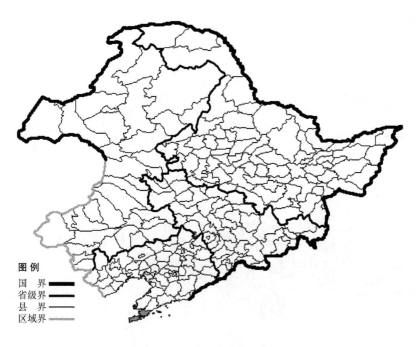

图例
国　界 ▬▬
省级界 ▬▬
县　界 ▬▬
区域界 ▬▬

胡颓子科 Elaeagnaceae

木半夏

Elaeagnus multiflora Thunb.

　　生境：山坡，路旁。
　　产地：辽宁省大连。
　　分布：中国（辽宁、山东、江苏、浙江、福建、湖北、江西、湖南、四川、贵州），日本。

牛奶子

Elaeagnus umbellata Thunb.

生境：向阳山地疏林中，灌丛，海拔 1000 米。

产地：辽宁省东港、大连、庄河、长海、葫芦岛，内蒙古赤峰。

分布：中国（辽宁、内蒙古、陕西、甘肃、青海、宁夏、福建、湖北、四川、云南），朝鲜半岛，日本，印度，中南半岛，不丹，尼泊尔，阿富汗。

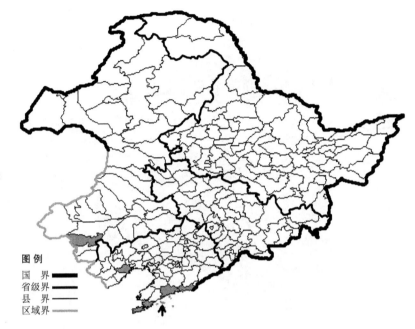

中国沙棘

Hippophae rhamnoides L. subsp. **sinensis** Rousi

生境：山坡，沟谷。

产地：辽宁省建平，内蒙古巴林左旗、克什克腾旗、翁牛特旗、喀喇沁旗、敖汉旗。

分布：中国（辽宁、内蒙古、河北、山西、陕西、甘肃、青海、四川）。

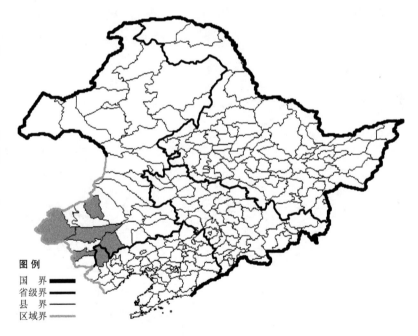

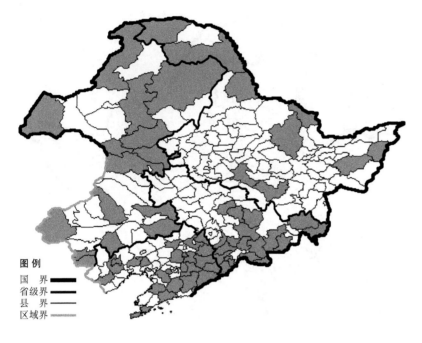

图例
国　界 ▬▬▬
省级界 ▬▬▬
县　界 ━━━
区域界 ▬▬▬

堇菜科 Violaceae

鸡腿堇菜

Viola acuminata Ledeb.

　　生境：灌丛，河谷，林下，林缘，山坡，海拔 800 米以下。
　　产地：黑龙江省哈尔滨、尚志、黑河、伊春、嘉荫、宝清、饶河、呼玛、漠河，吉林省九台、吉林、蛟河、桦甸、梅河口、集安、通化、辉南、柳河、临江、抚松、靖宇、长白、珲春、和龙、汪清、安图，辽宁省沈阳、法库、朝阳、开原、西丰、抚顺、新宾、清原、本溪、桓仁、鞍山、海城、岫岩、丹东、凤城、宽甸、大连、庄河、盖州、北镇、义县、

建昌，内蒙古扎兰屯、牙克石、额尔古纳、新巴尔虎右旗、鄂伦春旗、阿尔山、科尔沁右翼前旗、扎赉特旗、科尔沁左翼中旗、科尔沁左翼后旗、宁城、阿鲁科尔沁旗、克什克腾旗、喀喇沁旗、敖汉旗。
　　分布：中国（黑龙江、吉林、辽宁、内蒙古、河北、山西、陕西、甘肃、宁夏、山东、江苏、安徽、浙江、河南、湖北、江西、湖南、广西、四川、贵州、云南），朝鲜半岛，日本，俄罗斯（东部西伯利亚、远东地区）。

图例
国　界 ▬▬▬
省级界 ▬▬▬
县　界 ━━━
区域界 ▬▬▬

朝鲜堇菜

Viola albida Palibin

　　生境：阔叶林下，林缘，灌丛，海拔 800 米以下。
　　产地：辽宁省本溪、凤城、宽甸、庄河。
　　分布：中国（辽宁），朝鲜半岛。

额穆尔堇菜

Viola amurica W. Bckr.

生境：湿草地，泥炭藓沼泽地，溪流旁。

产地：黑龙江省伊春，吉林省安图。

分布：中国（黑龙江、吉林），俄罗斯（远东地区）。

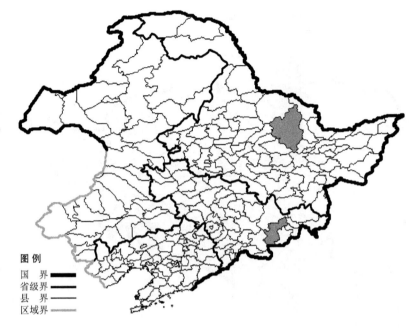

双花堇菜

Viola biflora L.

生境：高山山坡，湿草地，林下，海拔 1900 米以下。

产地：黑龙江省尚志，吉林省抚松、长白、安图，辽宁省宽甸，内蒙古扎兰屯、牙克石、阿尔山、宁城、喀喇沁旗、敖汉旗。

分布：中国（黑龙江、吉林、辽宁、内蒙古、河北、山西、陕西、甘肃、青海、宁夏、新疆、山东、河南、四川、云南、西藏、台湾），朝鲜半岛，日本，蒙古，俄罗斯（北极带、欧洲部分、西伯利亚、远东地区），印度，马来西亚，欧洲，北美洲。

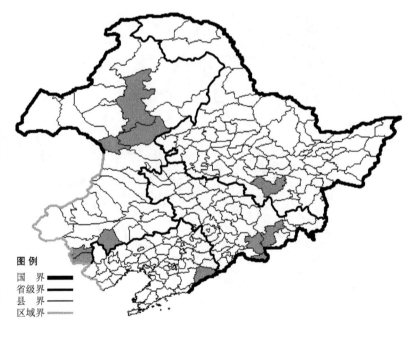

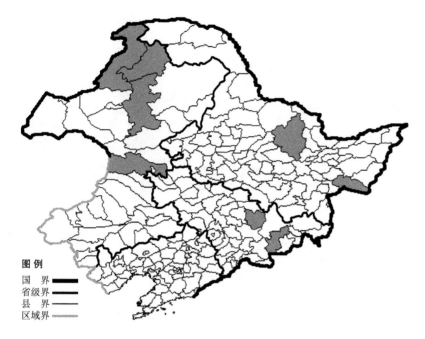

图例
国　界 ▬▬▬
省级界 ▬▬
县　界 ▬▬
区域界 ▬▬

兴安圆叶堇菜

Viola brachyceras Turcz.

　　生境：河边石砾质地，林下，海拔 900 米以下。
　　产地：黑龙江省伊春、密山，吉林省蛟河、安图，内蒙古牙克石、根河、额尔古纳、科尔沁右翼前旗。
　　分布：中国（黑龙江、吉林、内蒙古），俄罗斯（西伯利亚、远东地区）。

图例
国　界 ▬▬▬
省级界 ▬▬
县　界 ▬▬
区域界 ▬▬

南山堇菜

Viola chaerophylloides (Regel) W. Bckr.

　　生境：林下，沟谷阴湿地，山坡灌丛，海拔 700 米以下。
　　产地：辽宁省清原、本溪、桓仁、鞍山、丹东、凤城、东港、宽甸、大连、普兰店、庄河，内蒙古翁牛特旗。
　　分布：中国（辽宁、内蒙古、河北、山西、陕西、甘肃、青海、山东、江苏、安徽、浙江、河南、湖北、江西、四川），朝鲜半岛，日本，俄罗斯（远东地区）。

球果堇菜

Viola collina Bess.

生境：山坡，灌丛，林下，林缘，沟谷，海拔 900 米以下。

产地：黑龙江省哈尔滨、尚志、伊春、宁安，吉林省磐石、梅河口、集安、通化、辉南、柳河、临江、抚松、靖宇、长白、珲春、安图，辽宁省沈阳、新宾、清原、本溪、桓仁、鞍山、凤城、宽甸、大连、庄河、营口，内蒙古扎兰屯、乌兰浩特、科尔沁右翼前旗、扎赉特旗、科尔沁左翼后旗、赤峰、宁城、克什克腾旗、喀喇沁旗、敖汉旗。

分布：中国（黑龙江、吉林、辽宁、内蒙古、河北、山西、陕西、甘肃、宁夏、山东、江苏、安徽、浙江、福建、河南、湖北、湖南、四川、贵州、台湾），朝鲜半岛，日本，俄罗斯（欧洲部分、西伯利亚、远东地区），中亚，欧洲。

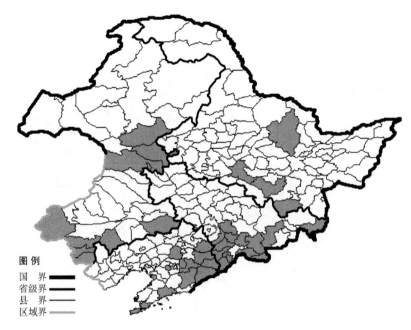

掌叶堇菜

Viola dactyloides Roem. et Schult.

生境：灌丛，林下，林缘。

产地：黑龙江省五大连池、伊春、呼玛，吉林省安图，辽宁省大连，内蒙古扎兰屯、牙克石、鄂温克旗、科尔沁右翼前旗、赤峰。

分布：中国（黑龙江、吉林、辽宁、内蒙古、河北），俄罗斯（东部西伯利亚、远东地区）。

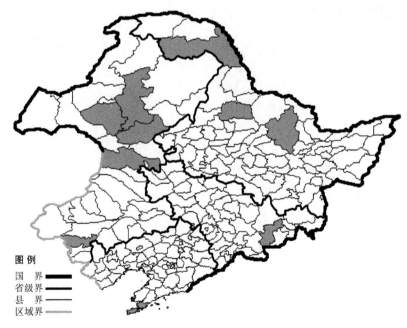

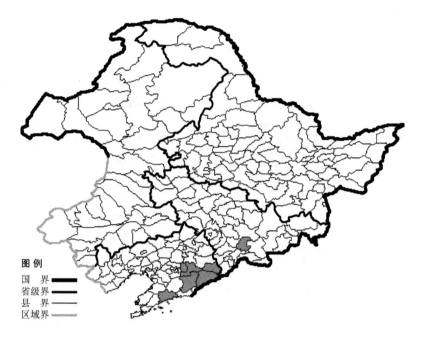

图例
国　界 ▬▬▬
省级界 ▬▬
县　界 ▬
区域界 ▬

大叶堇菜

Viola diamantiaca Nakai

　　生境：阔叶林下，海拔 900 米以下。
　　产地：吉林省靖宇，辽宁省本溪、桓仁、凤城、宽甸、庄河。
　　分布：中国（吉林、辽宁），朝鲜半岛。

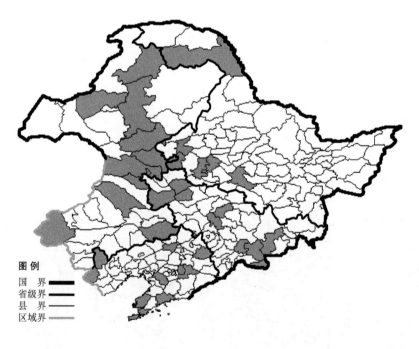

图例
国　界 ▬▬▬
省级界 ▬▬
县　界 ▬
区域界 ▬

裂叶堇菜

Viola dissecta Ledeb.

　　生境：干山坡，灌丛，河边，林下，林缘。
　　产地：黑龙江省哈尔滨、齐齐哈尔、泰来、大庆、安达、呼玛，吉林省长春、九台、大安、通榆、乾安、抚松、靖宇、长白、安图，辽宁省法库、凌源、建平、清原、本溪、海城、大连、瓦房店、庄河，内蒙古扎兰屯、牙克石、根河、陈巴尔虎旗、乌兰浩特、突泉、科尔沁右翼前旗、扎赉特旗、扎鲁特旗、科尔沁左翼后旗、克什克腾旗。
　　分布：中国（黑龙江、吉林、辽宁、内蒙古、河北、山西、陕西、甘肃、青海、宁夏、山东、安徽、浙江、河南、湖北、四川、西藏），朝鲜半岛，蒙古，俄罗斯（西伯利亚、远东地区），中亚。

短毛裂叶董菜 Viola dissecta
Ledeb. f. **pubescens** (Regel) Kitag. 生
于山坡草地、侵蚀沟，产于吉林省九
台、吉林、伊通、安图，辽宁省建平、
清原，内蒙古海拉尔、扎兰屯、科尔
沁右翼前旗、克什克腾旗，分布于中
国（吉林、辽宁、内蒙古），蒙古，
俄罗斯（远东地区），中亚。

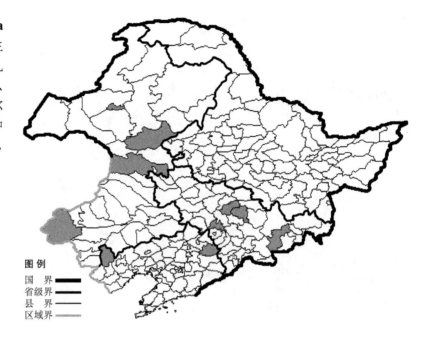

长距董菜

Viola dolichoceras C. J. Wang

生境：杂木林下岩石上。
产地：辽宁省西丰。
分布：中国（辽宁）。

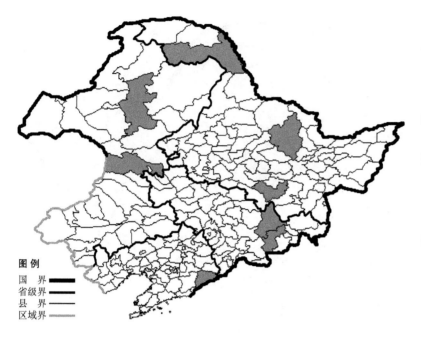

图例
国　　界 ▬▬▬
省级界 ▬▬
县　界 ———
区域界 ———

溪堇菜

Viola epipsila Ledeb.

　　生境：灌丛，林下，林缘，湿草地，海拔 400 米以下。
　　产地：黑龙江省尚志、伊春、呼玛，吉林省敦化、安图，辽宁省宽甸，内蒙古牙克石、科尔沁右翼前旗。
　　分布：中国（黑龙江、吉林、辽宁、内蒙古），朝鲜半岛，俄罗斯（北极带、欧洲部分、西部西伯利亚），欧洲。

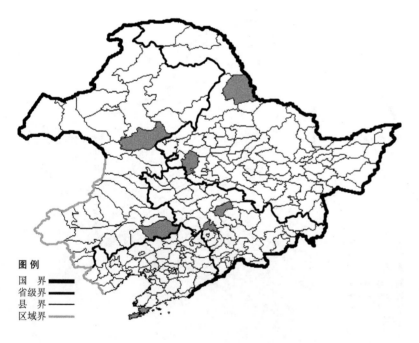

图例
国　　界 ▬▬▬
省级界 ▬▬
县　界 ———
区域界 ———

总裂叶堇菜

Viola fissifolia Kitag.

　　生境：向阳草地。
　　产地：黑龙江省黑河、杜尔伯特，吉林省九台、伊通，辽宁省大连，内蒙古扎兰屯、科尔沁左翼后旗。
　　分布：中国（黑龙江、吉林、辽宁、内蒙古）。

凤凰堇菜

Viola funghuangensis P. Y. Fu et Y. C. Teng

生境：杂木林下，林缘，海拔700 米以下。

产地：吉林省抚松、安图，辽宁省西丰、清原、本溪、桓仁、鞍山、凤城、宽甸、庄河。

分布：中国（吉林、辽宁）。

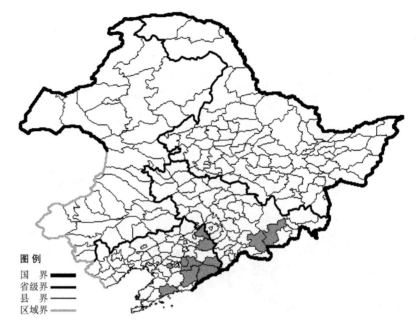

兴安堇菜

Viola gmeliniana Roem. et Schult.

生境：林缘，山坡灌丛，疏林下。

产地：黑龙江省黑河、密山、呼玛，内蒙古海拉尔、扎兰屯、牙克石、额尔古纳、陈巴尔虎旗、乌兰浩特、阿尔山、科尔沁右翼前旗。

分布：中国（黑龙江、内蒙古），蒙古，俄罗斯（东部西伯利亚、远东地区）。

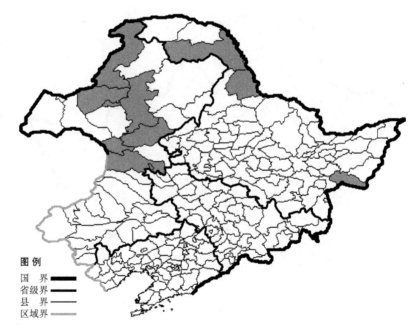

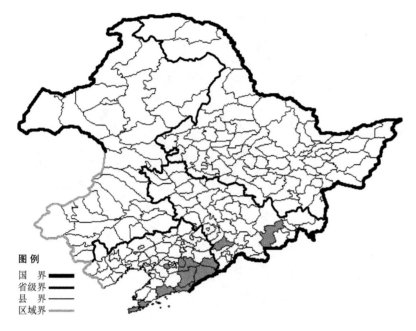

图 例
国　界
省级界
县　界
区域界

毛柄堇菜

Viola hirtipes S. Moore

　　生境：林缘，疏林下，灌丛、草地。
　　产地：吉林省柳河、安图，辽宁省本溪、桓仁、鞍山、丹东、凤城、东港、宽甸、大连、庄河。
　　分布：中国（吉林、辽宁、河北），朝鲜半岛，日本，俄罗斯（远东地区）。

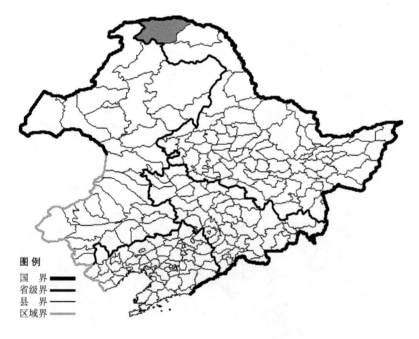

图 例
国　界
省级界
县　界
区域界

勘察加堇菜

Viola kamtschadalorum W. Bckr. et Hult.

　　生境：河边，灌丛。
　　产地：黑龙江省漠河。
　　分布：中国（黑龙江），俄罗斯（远东地区）。

宽叶白花堇菜

Viola lactiflora Nakai

　　生境：草地。
　　产地：辽宁省大连。
　　分布：中国（辽宁、陕西、山东、江苏、浙江、江西、四川、云南），朝鲜半岛，日本。

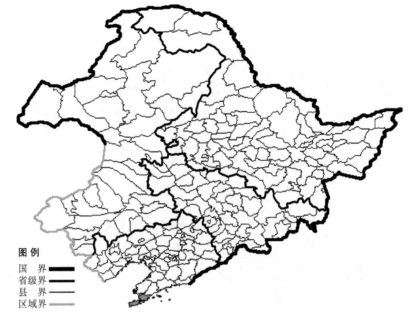

辽西堇菜

Viola liaosiensis P. Y. Fu et Y. C. Teng

　　生境：山坡，路旁，海拔 700 米以下。
　　产地：辽宁省凌源、建平、阜新、本溪、绥中、建昌。
　　分布：中国（辽宁）。

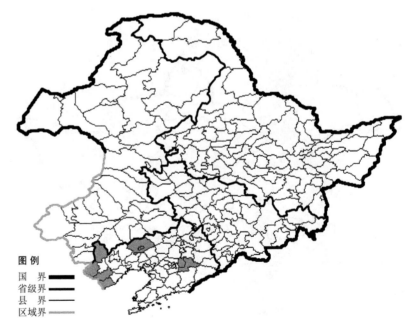

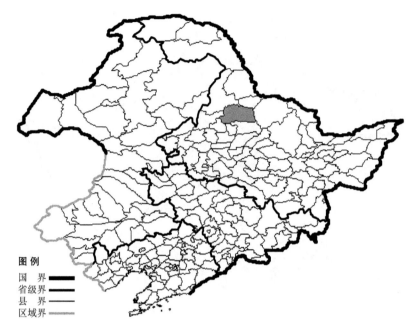

裂叶白斑堇菜

Viola lii Kitag.

生境：山坡草地。
产地：黑龙江省五大连池。
分布：中国（黑龙江）。

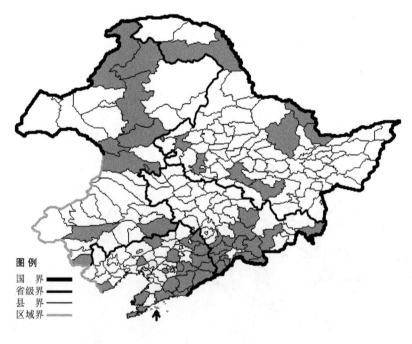

东北堇菜

Viola mandshurica W. Bckr.

生境：灌丛，河边沙地，林缘，疏林下，向阳草地，耕地旁，海拔500米以下。
产地：黑龙江省哈尔滨、尚志、齐齐哈尔、大庆、伊春、嘉荫、萝北、呼玛，吉林省蛟河、桦甸、梅河口、集安、通化、辉南、柳河、临江、抚松、靖宇、长白、珲春、安图，辽宁省沈阳、彰武、开原、西丰、新宾、清原、本溪、桓仁、鞍山、岫岩、丹东、凤城、东港、宽甸、大连、瓦房店、庄河、长海、北镇、绥中，内蒙古扎兰屯、牙克石、根河、额尔古纳、乌兰浩特、阿尔山、科尔沁右翼前旗、科尔沁左翼后旗、宁城、翁牛特旗。
　　分布：中国（黑龙江、吉林、辽宁、内蒙古、河北、山西、陕西、甘肃、山东、河南、湖北、四川、台湾），朝鲜半岛，日本，俄罗斯（远东地区）。

白花东北堇菜 **Viola mandshurica** W. Bckr. f. **albiflora** P. Y. Fu et Y. C. Teng 生于山坡草地、路旁，海拔 700 米以下，产于吉林省安图，辽宁省凤城、长海，分布于中国（吉林、辽宁）。

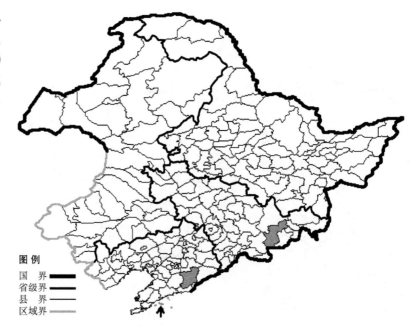

奇异堇菜

Viola mirabilis L.

生境： 山坡灌丛，林下，林缘。

产地： 黑龙江省呼玛、富锦、萝北、伊春，吉林省九台、长春、安图、龙井，辽宁省沈阳、凤城、本溪、宽甸、桓仁，内蒙古科尔沁右翼前旗、阿尔山、根河、牙克石、额尔古纳、鄂伦春旗、陈巴尔虎旗、乌兰浩特、克什克腾旗。

分布： 中国（黑龙江、吉林、辽宁、内蒙古、河北、甘肃、宁夏），朝鲜半岛，日本，俄罗斯（欧洲部分、高加索、西伯利亚），中亚，土耳其，欧洲。

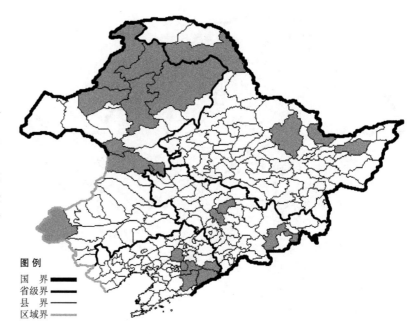

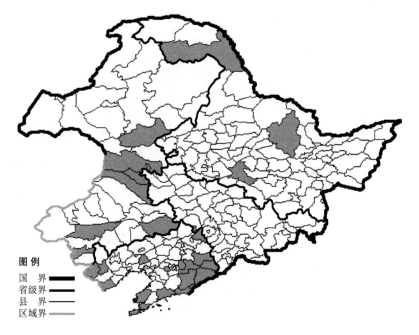

图例
国　界 ▬▬
省级界 ▬▬
县　界 ——
区域界 ——

蒙古堇菜

Viola mongolica Franch.

生境：林下，林缘，山坡石砾质地，海拔 800 米以下。

产地：黑龙江省哈尔滨、伊春、呼玛，辽宁省凌源、喀左、西丰、新宾、本溪、桓仁、鞍山、丹东、凤城、东港、宽甸、大连、瓦房店、庄河、北镇、绥中，内蒙古扎兰屯、乌兰浩特、突泉、科尔沁右翼前旗、科尔沁右翼中旗、科尔沁左翼后旗、翁牛特旗、喀喇沁旗。

分布：中国（黑龙江、辽宁、内蒙古、河北、山西、陕西、甘肃、山东、湖北）。

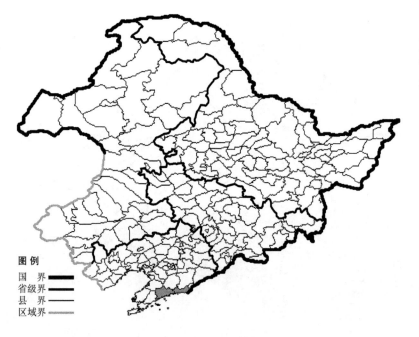

图例
国　界 ▬▬
省级界 ▬▬
县　界 ——
区域界 ——

长萼蒙古堇菜 **Viola mongolica** Franch. f. **longisepala** P. Y. Fu et Y. C. Teng 生境于山坡草地，产于辽宁省庄河、东港，分布于中国（辽宁）。

大黄花堇菜

Viola muehldorfii Kiss.

　　生境：林下阴湿处。
　　产地：黑龙江省尚志、伊春，吉林省临江，辽宁省桓仁、宽甸。
　　分布：中国（黑龙江、吉林、辽宁），朝鲜半岛，俄罗斯（远东地区）。

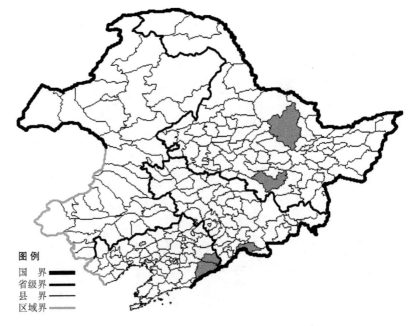

东方堇菜

Viola orientalis (Maxim.) W. Bckr.

　　生境：山坡疏林下。
　　产地：吉林省珲春，辽宁省桓仁、凤城、东港、宽甸，内蒙古牙克石。
　　分布：中国（吉林、辽宁、内蒙古、山东），朝鲜半岛，日本，俄罗斯（远东地区）。

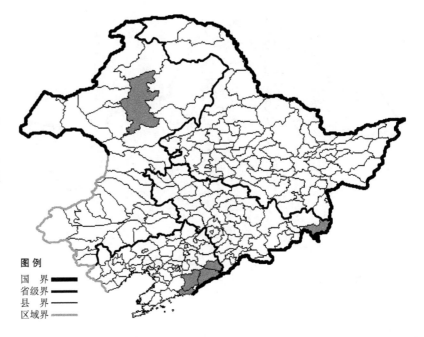

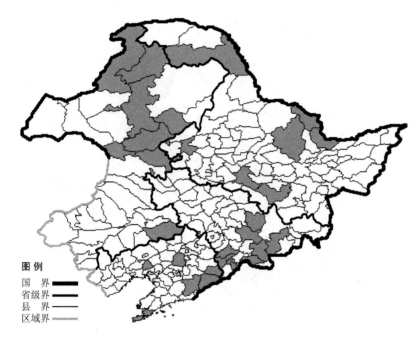

白花堇菜

Viola patrinii DC. ex Ging.

生境：灌丛，林缘，湿草地，海拔 1300 米以下。

产地：黑龙江省哈尔滨、尚志、齐齐哈尔、伊春、嘉荫、萝北、呼玛，吉林省蛟河、桦甸、通化、柳河、临江、抚松、安图，辽宁省沈阳、桓仁、凤城、宽甸、大连、北镇，内蒙古海拉尔、扎兰屯、牙克石、根河、额尔古纳、阿荣旗、乌兰浩特、阿尔山、扎赉特旗、科尔沁左翼后旗。

分布：中国（黑龙江、吉林、辽宁、内蒙古、河北、甘肃、安徽、河南、湖北），朝鲜半岛，日本，俄罗斯（东部西伯利亚、远东地区）。

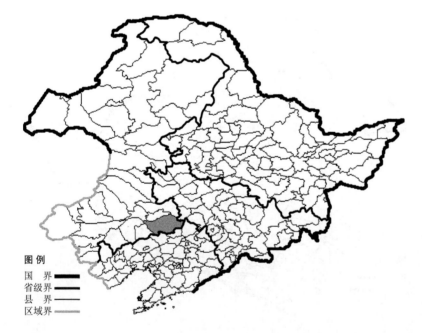

北京堇菜

Viola pekinensis (Regel) W. Bckr.

生境：山坡，林缘，沟边。

产地：内蒙古科尔沁左翼后旗。

分布：中国（内蒙古、河北、陕西）。

茜堇菜

Viola phalacrocarpa Maxim.

生境：向阳草地，山坡灌丛，林间草地，林缘，林中，海拔 500 米以下。

产地：黑龙江省尚志，吉林省蛟河、永吉、柳河、抚松、安图，辽宁省沈阳、凌源、建平、阜新、本溪、桓仁、鞍山、丹东、凤城、东港、宽甸、大连、庄河、锦州、北镇、绥中，内蒙古喀喇沁旗。

分布：中国（黑龙江、吉林、辽宁、内蒙古、河北、山西、陕西、甘肃、宁夏、山东、河南、湖北、湖南、四川、贵州），朝鲜半岛，日本，俄罗斯（远东地区）。

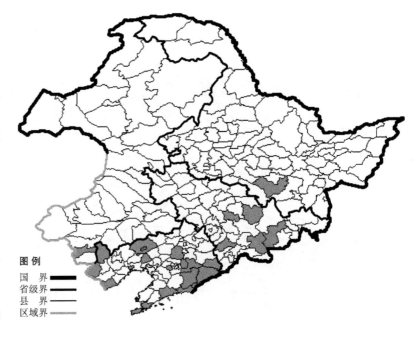

早开堇菜

Viola prionantha Bunge

生境：向阳山坡草地，荒地，路旁，沟边，海拔 500 米以下。

产地：黑龙江省哈尔滨、尚志、杜尔伯特、安达，吉林省九台、吉林、柳河，辽宁省沈阳、凌源、建平、彰武、开原、抚顺、本溪、桓仁、鞍山、丹东、凤城、东港、宽甸、大连、瓦房店、庄河、长海、盖州、盘山、锦州、北镇、葫芦岛、绥中、建昌，内蒙古海拉尔、扎兰屯、牙克石、乌兰浩特、科尔沁右翼前旗、科尔沁右翼中旗、扎赉特旗、科尔沁左翼后旗、宁城、喀喇沁旗、敖汉旗。

分布：中国（黑龙江、吉林、辽宁、内蒙古、河北、山西、陕西、甘肃、宁夏、青海、山东、江苏、河南、湖北、湖南、四川、云南），俄罗斯（远东地区）。

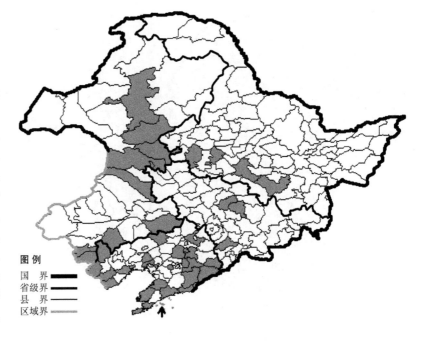

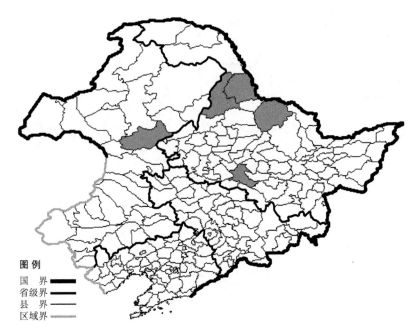

图 例
国　界 ▬▬
省级界 ▬▬
县　界 ——
区域界 ——

立堇菜

Viola raddeana Regel

　　生境：湿草甸，河边沙滩，柳丛。
　　产地：黑龙江省哈尔滨、黑河、嫩江、逊克，内蒙古扎兰屯。
　　分布：中国（黑龙江、内蒙古），朝鲜半岛，日本，俄罗斯（远东地区）。

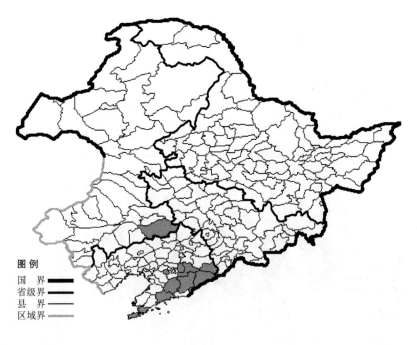

图 例
国　界 ▬▬
省级界 ▬▬
县　界 ——
区域界 ——

辽宁堇菜

Viola rossii Hemsl. ex Forb. et Hemsl.

　　生境：林缘，林下，灌丛，山坡，海拔 400 米以下。
　　产地：辽宁省本溪、桓仁、鞍山、岫岩、丹东、凤城、宽甸、大连、庄河，内蒙古科尔沁左翼后旗。
　　分布：中国（辽宁、内蒙古、甘肃、山东、江苏、安徽、浙江、河南、江西、湖南、广西、四川），朝鲜半岛，日本。

库页堇菜

Viola sacchalinensis H. Boiss.

生境：林下，林缘，山坡，海拔
1800 米以下。

产地：黑龙江省伊春、宁安、呼
玛，吉林省临江、抚松、长白、安图，
辽宁省凤城、宽甸、内蒙古海拉尔、
牙克石、根河、额尔古纳、鄂温克旗、
科尔沁右翼前旗、克什克腾旗。

分布：中国（黑龙江、吉林、辽
宁、内蒙古），朝鲜半岛，日本，蒙古，
俄罗斯（西伯利亚，远东地区）。

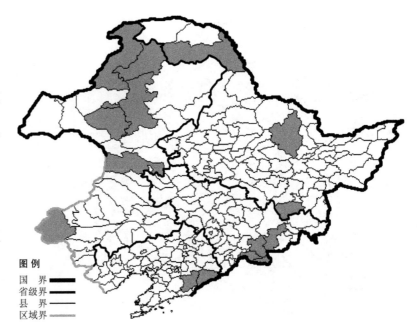

高山库页堇菜 Viola sacchalinensis H. Boiss. var. **alpicola** P. Y. Fu et Y. C. Teng 生于高山冻原，产于吉林省安图、长白、抚松，分布于中国（吉林）。

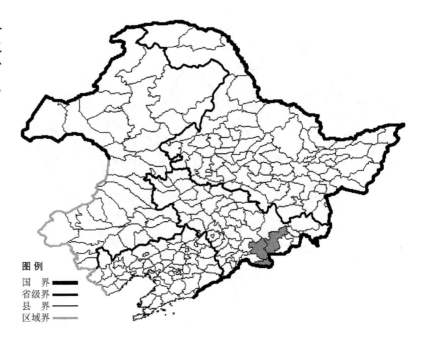

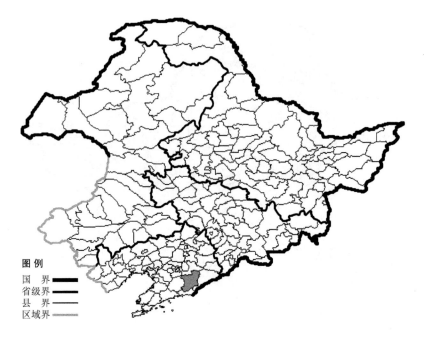

辽东堇菜

Viola savatieri Makino

生境：向阳山坡。
产地：辽宁省凤城。
分布：中国（辽宁）。

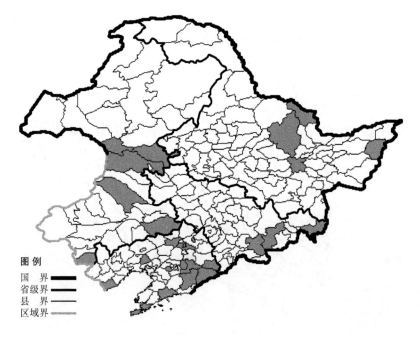

深山堇菜

Viola selkirkii Pursh

生境：林下，林缘，山坡，海拔1100 米以下。

产地：黑龙江省依兰、伊春、嘉荫、饶河，吉林省抚松、珲春、安图，辽宁省法库、铁岭、本溪、桓仁、鞍山、凤城、宽甸、大连、庄河、北镇、绥中，内蒙古阿尔山、科尔沁右翼前旗、扎赉特旗、扎鲁特旗、科尔沁左翼后旗、宁城。

分布：中国（黑龙江、吉林、辽宁、内蒙古、河北、山西、陕西、甘肃、山东、江苏、安徽、浙江、河南、湖北、江西、湖南、广东、四川、云南），朝鲜半岛，日本，蒙古，俄罗斯（欧洲部分、西伯利亚、远东地区），北美洲。

细距堇菜

Viola tenuicornis W. Bckr.

生境：稍湿草地，山坡，灌丛，杂木林下，林缘，海拔 700 米以下。

产地：黑龙江省哈尔滨、尚志、呼玛，吉林省长春、蛟河、桦甸，辽宁省沈阳、朝阳、凌源、建平、阜新、铁岭、西丰、本溪、桓仁、鞍山、宽甸、大连、瓦房店、庄河、盖州、北镇、绥中，内蒙古扎兰屯、牙克石、科尔沁左翼后旗。

分布：中国（黑龙江、吉林、辽宁、内蒙古、河北、山西、陕西、甘肃、山东、云南），俄罗斯（远东地区）。

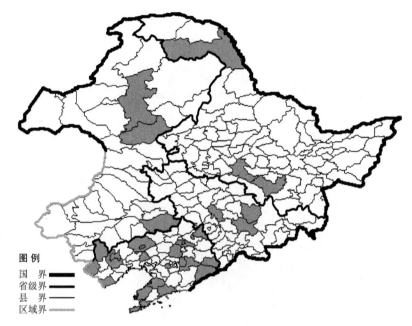

斑叶堇菜

Viola variegata Fisch. ex Link

生境：灌丛，林间草地，林下，林缘，海拔 1400 米以下。

产地：黑龙江省哈尔滨、尚志、齐齐哈尔、萝北、大庆、呼玛，吉林省磐石、柳河、临江、珲春、安图，辽宁省建平、铁岭、开原、西丰、抚顺、新宾、本溪、桓仁、岫岩、丹东、凤城、宽甸、庄河、绥中，内蒙古海拉尔、扎兰屯、牙克石、额尔古纳、鄂温克旗、乌兰浩特、阿尔山、突泉、科尔沁右翼前旗、科尔沁右翼中旗、扎赉特旗、扎鲁特旗、科尔沁左翼后旗、赤峰、宁城、阿鲁科尔沁旗、克什克腾旗、喀喇沁旗。

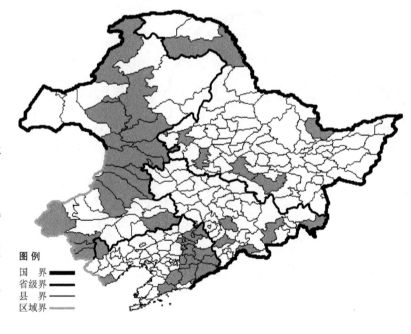

分布：中国（黑龙江、吉林、辽宁、内蒙古、河北、山西、陕西、甘肃、山东、江苏、安徽、河南、湖北、四川），朝鲜半岛，日本，俄罗斯（东部西伯利亚、远东地区）。

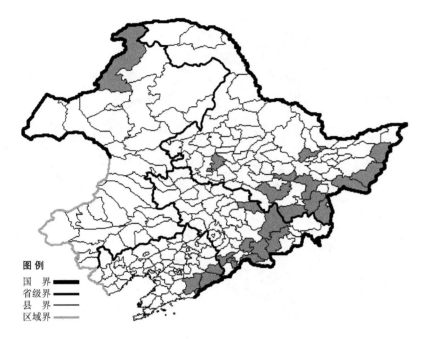

图例
国　界 ▬▬
省级界 ▬▬
县　界 ──
区域界 ▬▬

堇菜

Viola verecunda A. Gray

　　生境：灌丛，山坡草地，湿草地，疏林下路旁，海拔 800 米以下。
　　产地：黑龙江省尚志、方正、汤原、饶河、虎林、密山、穆棱、宁安、东宁、林口、安达，吉林省舒兰、通化、临江、抚松、靖宇、敦化、安图，辽宁省桓仁、丹东、凤城、宽甸，内蒙古额尔古纳。
　　分布：中国（黑龙江、吉林、辽宁、内蒙古、河北、山西、陕西、甘肃、山东、江苏、安徽、浙江、福建、河南、湖北、江西、湖南、广东、广西、四川、贵州、云南、台湾），朝鲜半岛，日本，俄罗斯（远东地区）。

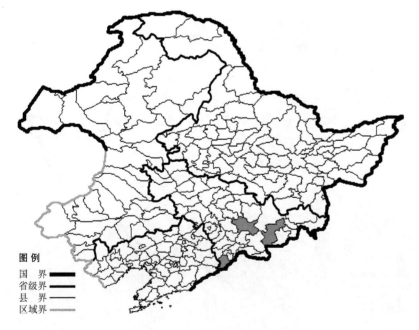

图例
国　界 ▬▬
省级界 ▬▬
县　界 ──
区域界 ▬▬

蓼叶堇菜

Viola websteri Hemsl.

　　生境：林下，林缘，海拔 700 米以下。
　　产地：吉林省桦甸、集安、安图。
　　分布：中国（吉林），朝鲜半岛。

菊叶堇菜

Viola × takahashii (Nakai) Takenouchi

生境：阔叶林下，海拔 300 米。
产地：辽宁省凤城。
分布：中国（辽宁），朝鲜半岛。

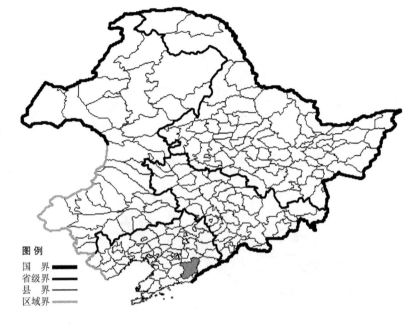

黄花堇菜

Viola xanthopetala Nakai

　生境：山坡草地，灌丛，林缘，杂木林下，海拔 800 米以下。
　产地：黑龙江省哈尔滨，吉林省安图，辽宁省本溪、桓仁、丹东、凤城、东港、宽甸、庄河。
　分布：中国（黑龙江、吉林、辽宁），朝鲜半岛，日本。

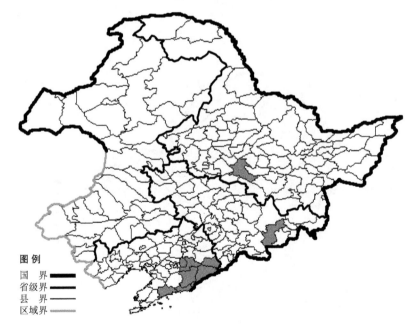

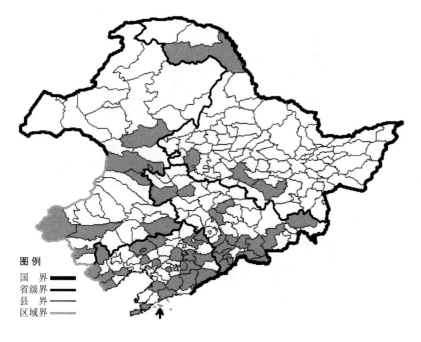

图例
国　界
省级界
县　界
区域界

紫花地丁

Viola yedoensis Makino

　　生境：灌丛，山坡草地，荒地，林缘，路旁，海拔 800 米以下。

　　产地：黑龙江省哈尔滨、尚志、杜尔伯特、呼玛，吉林省长春、九台、通榆、乾安、梅河口、集安、通化、辉南、柳河、临江、抚松、靖宇、长白、汪清、安图，辽宁省沈阳、凌源、建平、阜新、彰武、开原、西丰、抚顺、新宾、本溪、鞍山、台安、岫岩、丹东、凤城、宽甸、大连、庄河、长海、盖州、北镇、葫芦岛、绥中、建昌、内蒙古扎兰屯、乌兰浩特、突泉、科尔沁右翼前旗、科尔沁左翼后旗、克什克腾旗、翁牛特旗、喀喇沁旗。

　　分布：中国（黑龙江、吉林、辽宁、内蒙古、河北、山西、陕西、甘肃、山东、河南、江苏、安徽、浙江、福建、湖北、江西、湖南、云南），朝鲜半岛，日本，俄罗斯（远东地区）。

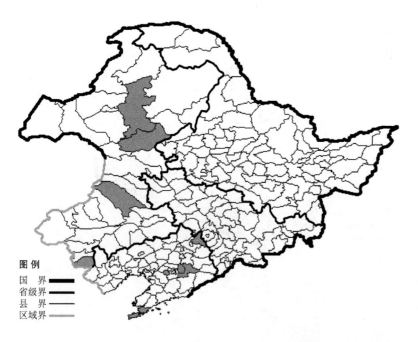

图例
国　界
省级界
县　界
区域界

阴地堇菜

Viola yezoensis Maxim.

　　生境：林下，林缘，山坡灌丛，海拔 700 米以下。

　　产地：辽宁省西丰、本溪、鞍山、大连，内蒙古扎兰屯、牙克石、扎鲁特旗、宁城。

　　分布：中国（辽宁、内蒙古、河北、甘肃、山东），朝鲜半岛，日本。

柽柳科 Tamaricaceae

柽柳

Tamarix chinensis Lour.

生境：盐碱地，海边。

产地：辽宁省大连、普兰店、盘山，内蒙古科尔沁左翼后旗。

分布：中国（辽宁、内蒙古、河北、山西、陕西、甘肃、宁夏、青海、山东、河南）。

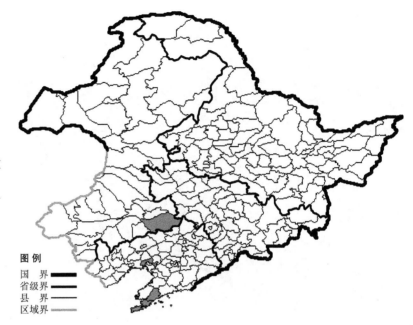

图例

国　界

省级界

县　界

区域界

沟繁缕科 Elatinaceae

马蹄沟繁缕

Elatine hydropiper L.

生境：河边，海拔约 300 米。

产地：黑龙江省呼玛。

分布：中国（黑龙江），俄罗斯（欧洲部分、高加索、西部西伯利亚），土耳其，欧洲。

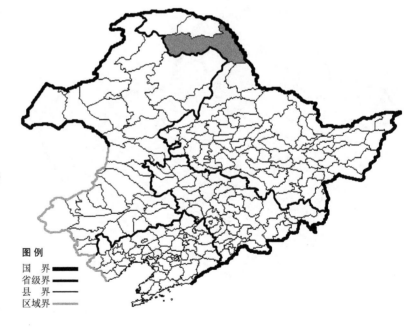

图例

国　界

省级界

县　界

区域界

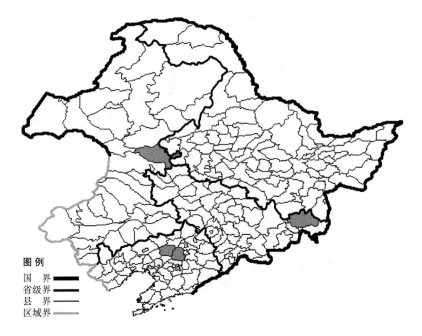

图例
国　界 ▬▬
省级界 ▬▬
县　界 ▬
区域界 ▬

沟繁缕

Elatine triandra Schkuhr

　　生境：溪流，池沼，水田，湿地。
　　产地：吉林省汪清，辽宁省沈阳、新民，内蒙古扎赉特旗。
　　分布：中国（吉林、辽宁、内蒙古、广东、台湾），朝鲜半岛，日本，俄罗斯（欧洲部分、远东地区），中亚，欧洲，北美洲，南美洲。

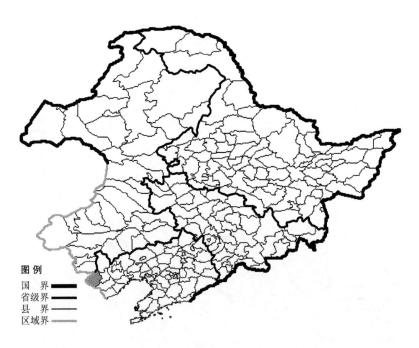

图例
国　界 ▬▬
省级界 ▬▬
县　界 ▬
区域界 ▬

秋海棠科 Begoniaceae

中华秋海棠

Begonia sinensis DC.

　　生境：沟谷，河边，崖旁阴湿处。
　　产地：辽宁省凌源。
　　分布：中国（辽宁、河北、山西、陕西、甘肃、山东、江苏、浙江、福建、河南、湖北、湖南、广西、四川、贵州）。

葫芦科 Cucurbitaceae

盒子草

Actinostemma tenerum Griff.

  生境：山坡草地，水边湿草地。
  产地：黑龙江省哈尔滨、齐齐哈尔、伊春，吉林省长春、扶余、吉林、临江、安图，辽宁省沈阳、新民、彰武、铁岭、开原、抚顺、本溪、辽阳、营口，内蒙古科尔沁左翼后旗。
  分布：中国（黑龙江、吉林、辽宁、内蒙古、河北、山东、江苏、安徽、浙江、福建、河南、江西、湖南、湖北、广东、广西、四川、云南、西藏、台湾），朝鲜半岛，日本，俄罗斯（远东地区），印度，中南半岛。

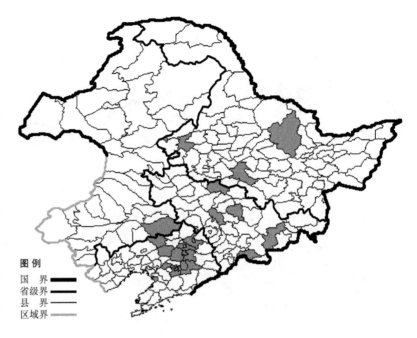

假贝母

Bulbostemma paniculatum (Maxim.) Franq.

  生境：沟谷，林下，山阴坡草甸。
  产地：辽宁省沈阳、鞍山、大连。
  分布：中国（辽宁、河北、山西、陕西、甘肃、宁夏、山东、河南、湖南、四川）。

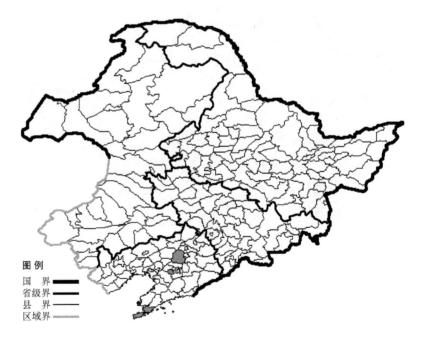

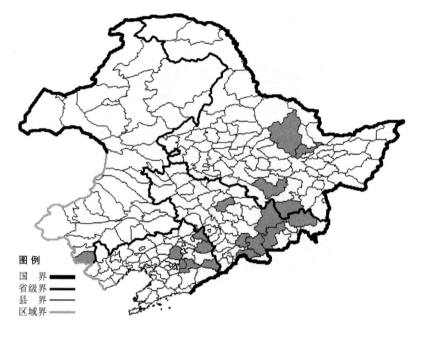

图例
国　界 ▬▬▬
省级界 ▬▬
县　界 ▬▬
区域界 ▬▬

裂瓜

Schizopepon bryoniaefolius Maxim.

　　生境：林下，灌丛，溪流旁，海拔 1400 米以下。

　　产地：黑龙江省尚志、伊春、汤原、宁安，吉林省九台、临江、抚松、靖宇、敦化、汪清、安图，辽宁省沈阳、西丰、清原、本溪、桓仁，内蒙古宁城。

　　分布：中国（黑龙江、吉林、辽宁、内蒙古、河北），朝鲜半岛，日本，俄罗斯（远东地区）。

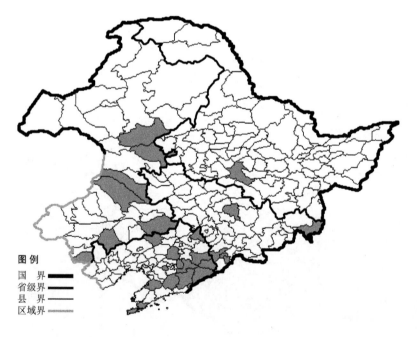

图例
国　界 ▬▬▬
省级界 ▬▬
县　界 ▬▬
区域界 ▬▬

赤瓟

Thladiantha dubia Bunge

　　生境：人家附近，沟谷，山坡草地，海拔 700 米以下。

　　产地：黑龙江省哈尔滨，吉林省吉林、通化、珲春，辽宁省沈阳、彰武、西丰、新宾、本溪、桓仁、鞍山、岫岩、丹东、凤城、宽甸、大连、盖州，内蒙古扎兰屯、科尔沁右翼中旗、扎赉特旗、扎鲁特旗、科尔沁左翼后旗、宁城、敖汉旗。

　　分布：中国（黑龙江、吉林、辽宁、内蒙古、河北、山西、陕西、甘肃、宁夏、山东），朝鲜半岛，俄罗斯（远东地区）。

千屈菜科 Lythraceae

千屈菜

Lythrum salicaria L.

生境：河边，湿草地，沼泽，海拔 1200 米以下。

产地：黑龙江省萝北、饶河、鸡西、虎林、密山、宁安，吉林省镇赉、吉林、蛟河、集安、抚松、长白、敦化、珲春、和龙、汪清、安图，辽宁省凌源、喀左、大连，内蒙古扎兰屯、牙克石、新巴尔虎右旗、鄂伦春旗、科尔沁右翼前旗、克什克腾旗、喀喇沁旗。

分布：中国（全国各地），朝鲜半岛，日本，蒙古，俄罗斯（欧洲部分、北高加索、西伯利亚、远东地区），中亚，欧洲，非洲，大洋洲，北美洲。

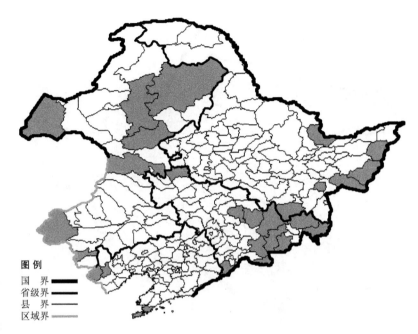

无毛千屈菜 Lythrum salicaria L. **var. glabrum** Ledeb. 生于湿草地、河边、沼泽，产于黑龙江省哈尔滨、黑河、伊春、萝北、友谊、饶河、虎林、安达、呼玛，吉林省镇赉、蛟河、安图，辽宁省法库、凌源、彰武、铁岭、西丰、清原、鞍山、大连、葫芦岛、绥中，内蒙古扎兰屯、额尔古纳、科尔沁右翼前旗、扎鲁特旗，分布于中国（黑龙江、吉林、辽宁、内蒙古），朝鲜半岛，日本，蒙古，俄罗斯（西伯利亚，远东地区）。

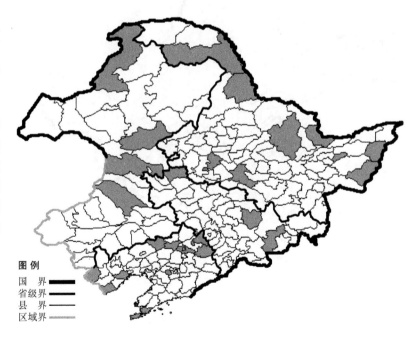

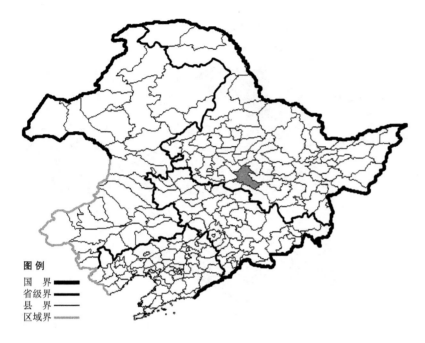

菱科 Trapaceae

弓角菱

Trapa arcuata S. H. Li et Y. L. Chang

生境：湖泊，旧河床。
产地：黑龙江省哈尔滨。
分布：中国（黑龙江）。

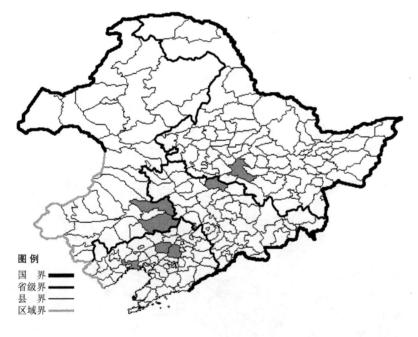

丘角菱

Trapa japonica Fler.

生境：湖泊，旧河床。
产地：黑龙江省哈尔滨，吉林省扶余，辽宁省沈阳、新民、凌海，内蒙古科尔沁左翼中旗、科尔沁左翼后旗。
分布：中国（黑龙江、吉林、辽宁、内蒙古、河北、陕西、山东、安徽、江苏、浙江、福建、河南、湖北、湖南、广东、广西、四川、云南），朝鲜半岛，日本，俄罗斯（远东地区）。

冠菱

Trapa litwinowii V. Vassil.

生境：湖泊，旧河床。

产地：黑龙江省哈尔滨、齐齐哈尔、肇源、宁安、东宁，吉林省扶余。

分布：中国（黑龙江、吉林），俄罗斯（远东地区）。

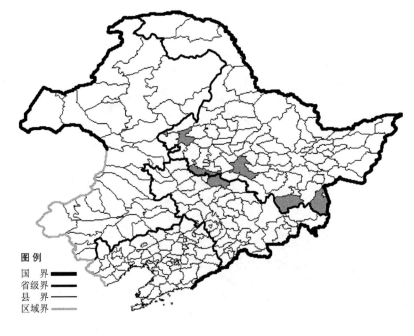

东北菱

Trapa manshurica Fler.

生境：湖泊。

产地：黑龙江省哈尔滨、宁安，吉林省扶余，内蒙古鄂伦春旗、科尔沁右翼前旗、扎赉特旗、科尔沁左翼中旗、科尔沁左翼后旗。

分布：中国（黑龙江、吉林、内蒙古），朝鲜半岛，俄罗斯（远东地区）。

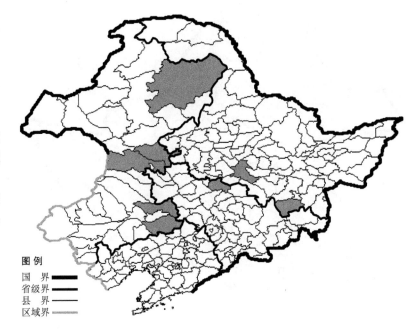

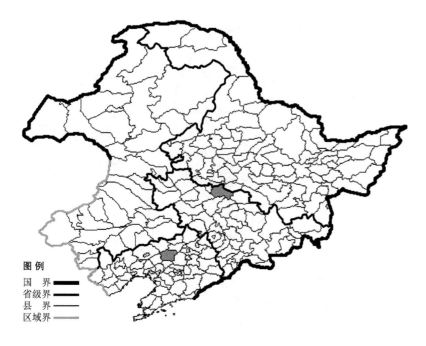

短颈东北菱 Trapa manshurica Fler. f. komarovii (Skv.) Li et Chang 生于湖泊，产于吉林省扶余，辽宁省新民，分布于中国（吉林、辽宁）。

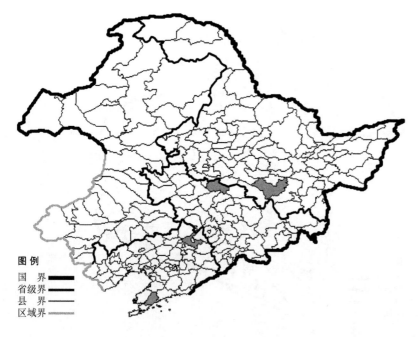

细果野菱

Trapa maximowiczii Korsh.

生境：湖泊，旧河床。

产地：黑龙江省尚志，吉林省扶余，辽宁省开原、普兰店。

分布：中国（黑龙江、吉林、辽宁、河北、河南、湖北、江西），朝鲜半岛，俄罗斯（远东地区）。

耳菱

Trapa potaninii V. Vassil.

 生境：湖泊，旧河床。

 产地：黑龙江省哈尔滨，吉林省扶余、珲春，辽宁省沈阳、凌海、北镇，内蒙古乌兰浩特。

 分布：中国（黑龙江、吉林、辽宁、内蒙古），俄罗斯（远东地区）。

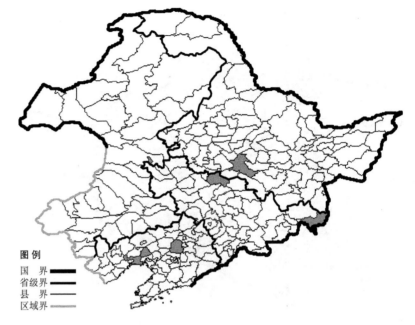

格菱

Trapa pseudoincisa Nakai

 生境：湖泊。

 产地：黑龙江省依兰、齐齐哈尔、密山，吉林省珲春、安图，辽宁省铁岭、开原、海城、丹东，内蒙古科尔沁右翼前旗、科尔沁左翼中旗、科尔沁左翼后旗。

 分布：中国（黑龙江、吉林、辽宁、内蒙古、福建、湖北、江西、湖南、台湾），朝鲜半岛，俄罗斯（远东地区）。

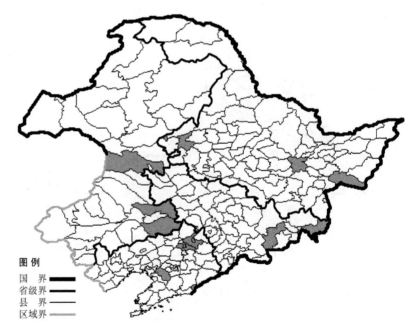

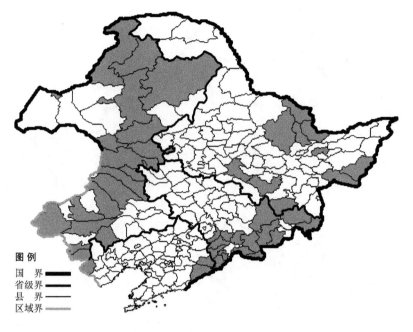

图例
国　界 ▬▬▬
省级界 ▬▬▬
县　界 ▬▬▬
区域界 ▬▬▬

柳叶菜科 Onagraceae

柳兰

Chamaenerion angustifolium (L.) Scop.

　　生境：河边，林间草地，林缘，采伐迹地，沟谷，沼泽，海拔1200米以下。

　　产地：黑龙江省哈尔滨、尚志、伊春、嘉荫、鹤岗、萝北、集贤、虎林、密山、宁安，吉林省梅河口、集安、通化、辉南、柳河、临江、抚松、靖宇、长白、敦化、珲春、和龙、汪清、安图，辽宁省凌源、桓仁、宽甸，内蒙古海拉尔、满洲里、扎兰屯、牙克石、根河、

额尔古纳、鄂伦春旗、乌兰浩特、阿尔山、突泉、科尔沁右翼前旗、科尔沁右翼中旗、扎赉特旗、扎鲁特旗、宁城、阿鲁科尔沁旗、巴林右旗、克什克腾旗、翁牛特旗、喀喇沁旗、敖汉旗。
　　分布：中国（黑龙江、吉林、辽宁、内蒙古、河北、山西、甘肃、宁夏、青海、新疆、四川、云南、西藏），朝鲜半岛，日本，蒙古，俄罗斯，欧洲，北美洲。

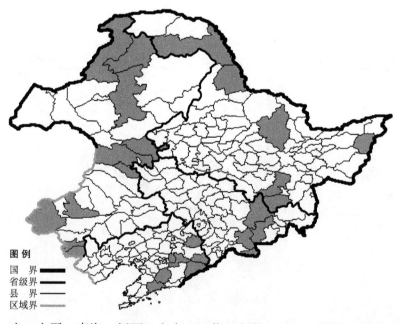

图例
国　界 ▬▬▬
省级界 ▬▬▬
县　界 ▬▬▬
区域界 ▬▬▬

高山露珠草

Circaea alpina L.

　　生境：林缘，山坡潮湿岩石缝，溪流旁，针阔混交林或针叶林下阴湿处，海拔1800米以下。

　　产地：黑龙江省黑河、伊春、饶河、海林、宁安、呼玛，吉林省抚松、长白、敦化、安图，辽宁省清原、本溪、桓仁、岫岩、宽甸、庄河，内蒙古牙克石、根河、额尔古纳、突泉、科尔沁右翼前旗、扎赉特旗、宁城、巴林右旗、克什克腾旗、喀喇沁旗。

　　分布：中国（黑龙江、吉林、辽宁、内蒙古、河北、山西、陕西、甘肃、宁夏、青海、新疆、山东、江苏、安徽、浙江、福建、河南、江西、湖北、湖南、四川、贵州、云南、西藏、台湾），朝鲜半岛，日本，俄罗斯（欧洲部分、高加索、西伯利亚、远东地区），土耳其，欧洲。

深山露珠草 Circaea alpina L. var. **caulescens** Kom. 生于针阔叶混交林下、沟谷阴湿处，产于黑龙江省尚志、黑河、伊春、桦川、饶河、宁安，吉林省抚松、长白、敦化、珲春、和龙、汪清、安图，辽宁省本溪、桓仁、宽甸，内蒙古鄂伦春旗、扎赉特旗、宁城、喀喇沁旗，分布于中国（黑龙江、吉林、辽宁、内蒙古），朝鲜半岛，日本，俄罗斯（远东地区）。

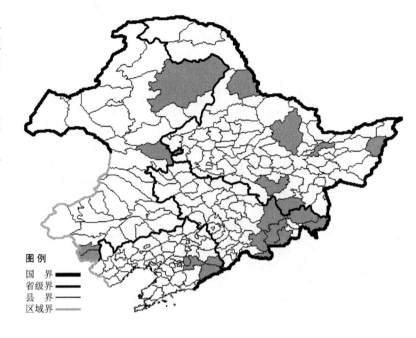

露珠草

Circaea cordata Royle

生境：林缘，林下，灌丛，海拔1200 米以下。

产地：黑龙江省哈尔滨、尚志、伊春、饶河、虎林、宁安，吉林省临江、珲春、和龙、安图，辽宁省西丰、新宾、清原、本溪、桓仁、鞍山、凤城、宽甸、庄河，内蒙古敖汉旗。

分布：中国（黑龙江、吉林、辽宁、内蒙古、河北、山西、陕西、甘肃、山东、安徽、浙江、河南、湖北、江西、湖南、四川、贵州、云南、西藏、台湾），朝鲜半岛，日本，俄罗斯（远东地区），印度。

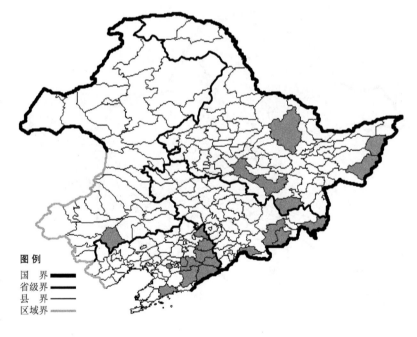

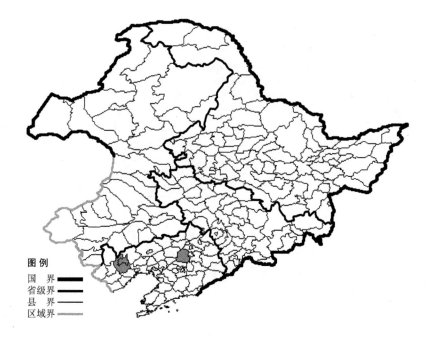

曲毛露珠草

Circaea hybrida Hand.-Mazz.

　　生境：山坡，林缘。
　　产地：辽宁省沈阳、朝阳。
　　分布：中国（辽宁、河北、山西、云南）。

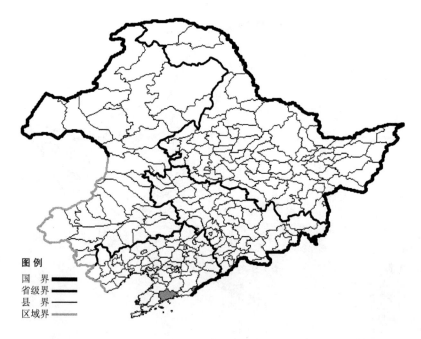

南方露珠草

Circaea mollis Sieb. et Zucc.

　　生境：林下湿草地，针阔混交林下，灌丛、河边。
　　产地：辽宁省丹东、庄河。
　　分布：中国（辽宁、浙江、福建、河南、湖北、江西、湖南、广西、广东、四川、贵州、云南），朝鲜半岛，日本，俄罗斯（远东地区），印度。

水珠草

Circaea quadrisulcata (Maxim.) Franch.

生境：灌丛，河边，林下阴湿处，林缘，海拔 1500 米以下。

产地：黑龙江省哈尔滨、伊春、宝清、宁安、呼玛，吉林省九台、蛟河、抚松、敦化、珲春、汪清、安图，辽宁省铁岭、西丰、新宾、本溪、桓仁、鞍山、岫岩、凤城、宽甸、瓦房店、普兰店、庄河，内蒙古科尔沁右翼前旗、科尔沁右翼中旗、扎赉特旗、科尔沁左翼后旗、宁城、敖汉旗。

分布：中国（黑龙江、吉林、辽宁、内蒙古、河北、山东），朝鲜半岛，日本，俄罗斯（远东地区）。

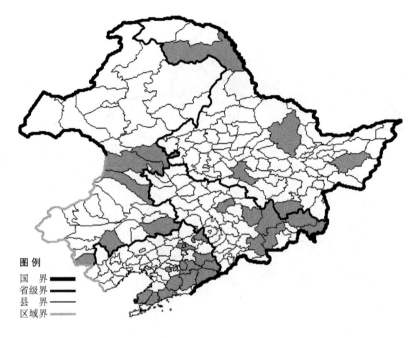

绿萼水珠草 Circaea quadrisul-cata (Maxim.) Franch. f. **viridicalyx** (Hara) Kitag. 生于柞木林下湿草地，产于吉林省汪清，辽宁省铁岭、凤城、瓦房店，分布于中国（吉林、辽宁），朝鲜半岛。

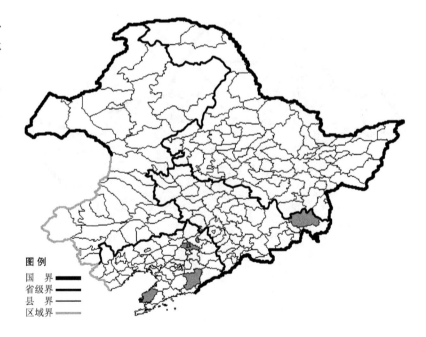

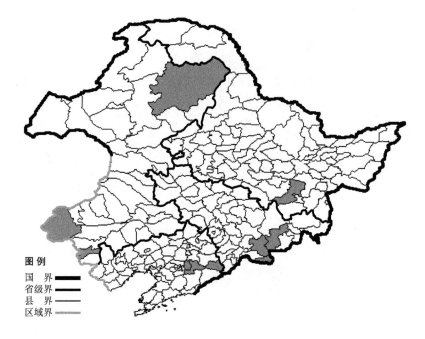

图例
国　界
省级界
县　界
区域界

毛脉柳叶菜

Epilobium amurense Hausskn.

　　生境：林缘，林下，溪流旁，河边，池沼旁湿地，海拔 1900 米以下。
　　产地：黑龙江省海林，吉林省抚松、长白、安图，辽宁省本溪、桓仁，内蒙古鄂伦春旗、克什克腾旗、喀喇沁旗。
　　分布：中国（黑龙江、吉林、辽宁、内蒙古、河北、山西、陕西、甘肃、青海、山东、河南、湖北、广西、四川、贵州、云南、西藏、台湾），朝鲜半岛，日本，俄罗斯（远东地区）。

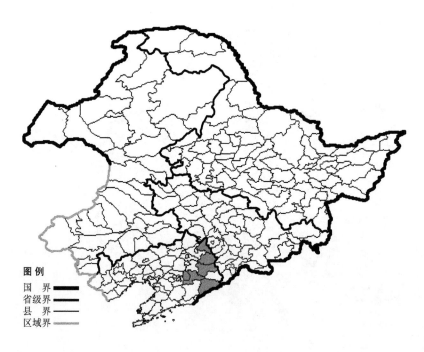

图例
国　界
省级界
县　界
区域界

无毛柳叶菜

Epilobium angulatum Kom.

　　生境：溪流旁，林下岩石上。
　　产地：辽宁省西丰、新宾、清原、本溪、宽甸。
　　分布：中国（辽宁），朝鲜半岛，俄罗斯（远东地区）。

光华柳叶菜

Epilobium cephalostigma Hausskn.

生境：林缘，溪流旁，海拔 1800 米以下。

产地：吉林省抚松、汪清、安图，辽宁省抚顺、本溪、桓仁、岫岩、宽甸、庄河，内蒙古喀喇沁旗。

分布：中国（吉林、辽宁、内蒙古、河北、陕西、甘肃、山东、浙江、安徽、福建、河南、湖北、江西、湖南、广东、广西、四川、贵州、云南），朝鲜半岛，日本，俄罗斯（远东地区）。

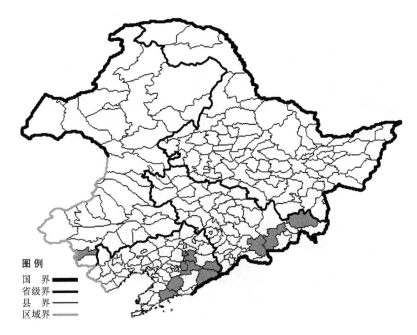

东北柳叶菜

Epilobium cylindrostigma Kom.

生境：河边石砾质地，草甸，水田旁湿地，海拔 1900 米以下。

产地：黑龙江省通河、黑河、伊春、嘉荫、勃利、宁安，吉林省抚松、长白、敦化、珲春、汪清、安图。

分布：中国（黑龙江、吉林），朝鲜半岛，俄罗斯（远东地区）。

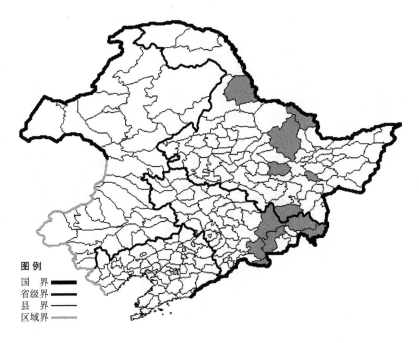

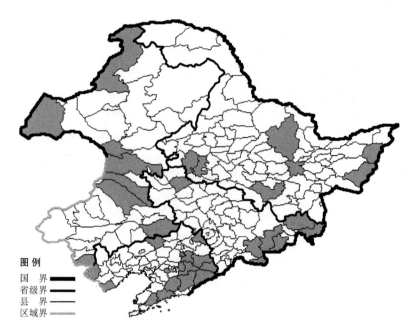

图例
国　界 ▬▬▬
省级界 ━━━
县　界 ──
区域界 ──

多枝柳叶菜

Epilobium fastigiato-ramosum Nakai

　　生境：湿草地，沼泽旁，海拔700米以下。
　　产地：黑龙江省尚志、依兰、大庆、杜尔伯特、伊春、饶河、虎林，吉林省大安、抚松、长白、珲春、和龙、汪清、安图，辽宁省凌源、彰武、西丰、抚顺、新宾、本溪、桓仁、鞍山、岫岩、凤城、宽甸、普兰店、庄河、绥中，内蒙古额尔古纳、新巴尔虎右旗、阿尔山、科尔沁右翼前旗、科尔沁右翼中旗、扎鲁特旗、科尔沁左翼后旗、宁城。

　　分布：中国（黑龙江、吉林、辽宁、内蒙古、河北、山西、陕西、甘肃、宁夏、青海、山东、四川），朝鲜半岛，日本，蒙古，俄罗斯（西伯利亚、远东地区）。

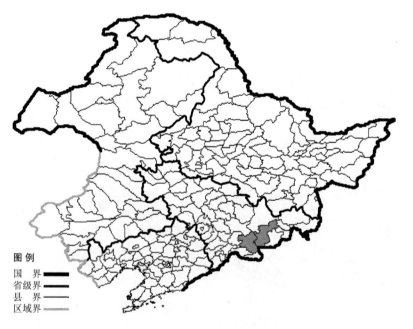

图例
国　界 ▬▬▬
省级界 ━━━
县　界 ──
区域界 ──

密叶柳叶菜

Epilobium glandulosum Lehm.

　　生境：湿草地，温泉附近，海拔700-2100米。
　　产地：吉林省抚松、安图。
　　分布：中国（吉林），朝鲜半岛，俄罗斯（远东地区），北美洲。

柳叶菜

Epilobium hirsutum L.

  生境：沟旁，沼泽，湿草地，溪流旁。

  产地：吉林省前郭尔罗斯、汪清，辽宁省凌源、彰武、西丰、桓仁、大连，内蒙古科尔沁左翼后旗。

  分布：中国（吉林、辽宁、内蒙古、河北、山西、陕西、新疆、四川、贵州、云南），朝鲜半岛，蒙古，俄罗斯（欧洲部分、高加索、西部西伯利亚），中亚，土耳其，伊朗，欧洲。

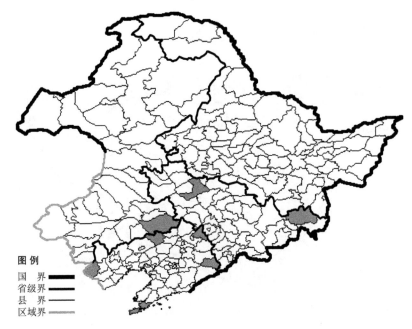

水湿柳叶菜

Epilobium palustre L.

  生境：河边，湖边湿地，沼泽，山坡，海拔 1700 米以下。

  产地：黑龙江省哈尔滨、依兰、黑河、伊春、密山、宁安、呼玛，吉林省扶余、蛟河、抚松、敦化、珲春、安图，辽宁省西丰、本溪、大连、绥中，内蒙古海拉尔、牙克石、根河、额尔古纳、乌兰浩特、阿尔山、突泉、科尔沁右翼前旗、科尔沁右翼中旗、扎赉特旗、科尔沁左翼后旗、赤峰、阿鲁科尔沁旗、克什克腾旗、翁牛特旗、敖汉旗。

  分布：中国（黑龙江、吉林、辽宁、内蒙古、河北、山西、陕西、甘肃、宁夏、青海、新疆、四川、云南、西藏），朝鲜半岛，蒙古，俄罗斯（欧洲部分、高加索、西伯利亚、远东地区），中亚，欧洲，北美洲。

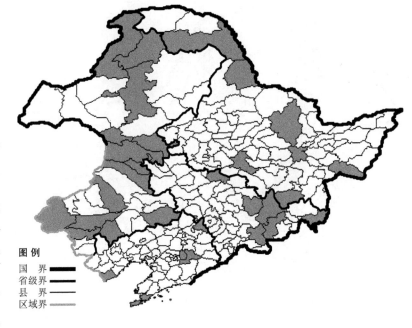

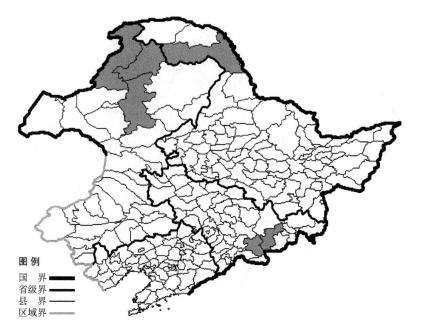

图例
国　界 ▬▬
省级界 ▬▬
县　界 ▬▬
区域界 ▬▬

单茎柳叶菜 Epilobium palustre L. var. fischerianum Hausskn. 生于林下、湿地旁，产于黑龙江省呼玛，吉林省抚松、安图，内蒙古牙克石、根河、额尔古纳，分布于中国（黑龙江、吉林、内蒙古），蒙古，俄罗斯（东部西伯利亚）。

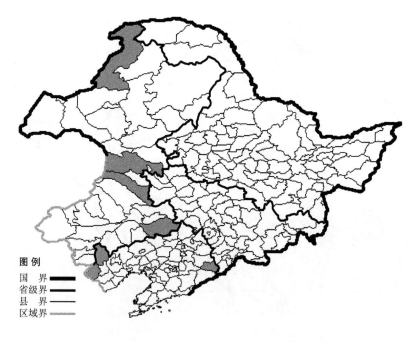

图例
国　界 ▬▬
省级界 ▬▬
县　界 ▬▬
区域界 ▬▬

异叶柳叶菜

Epilobium propinquum Hausskn.

生境：沟谷湿草地，溪流旁。
产地：辽宁省凌源、建平、桓仁，内蒙古额尔古纳、科尔沁右翼前旗、科尔沁右翼中旗、科尔沁左翼后旗。
分布：中国（辽宁、内蒙古、河北、山西）。

稀花柳叶菜

Epilobium tenue Kom.

生境：林缘，温泉附近，海拔 1400-1800 米。

产地：吉林省安图。

分布：中国（吉林），朝鲜半岛，俄罗斯（远东地区）。

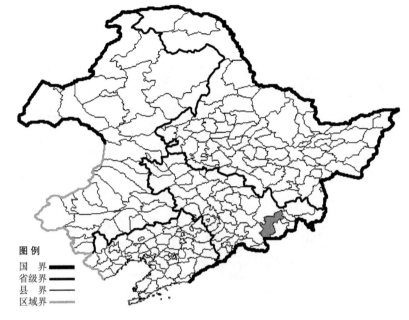

假柳叶菜

Ludwigia epilobioides Maxim.

生境：河边，湿地，田间，水田，海拔 300 米以下。

产地：黑龙江省哈尔滨，辽宁省沈阳、普兰店，内蒙古扎赉特旗。

分布：中国（黑龙江、辽宁、内蒙古、陕西、山东、安徽、浙江、福建、河南、湖北、江西、湖南、广东、广西、海南、四川、贵州、云南、台湾），朝鲜半岛，日本，俄罗斯（远东地区），越南。

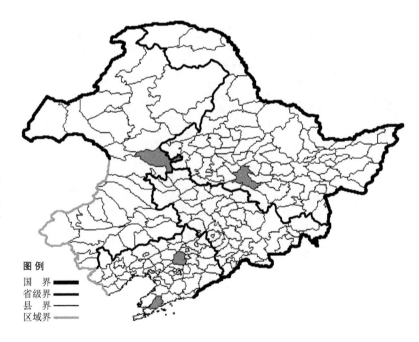

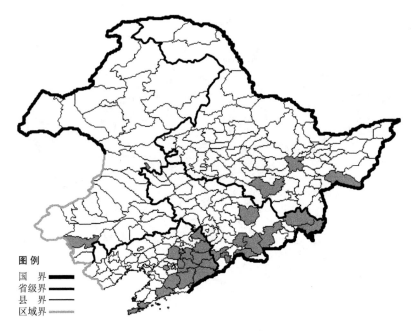

月见草

Oenothera biennis L.

　　生境：向阳山坡，沙质地，荒地，河边沙砾质地，海拔 1300 米以下。

　　产地：黑龙江省尚志、依兰、密山，吉林省蛟河、通化、临江、抚松、靖宇、珲春、汪清、安图，辽宁省沈阳、西丰、抚顺、新宾、清原、本溪、桓仁、鞍山、岫岩、丹东、凤城、宽甸、大连、庄河，内蒙古乌兰浩特、赤峰。

　　分布：原产北美，现我国各地广泛分布。

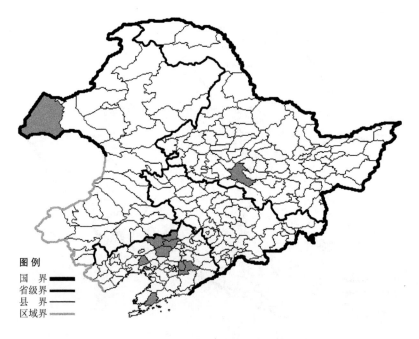

小二仙草科 Haloragidaceae

穗状狐尾藻

Myriophyllum spicatum L.

　　生境：池沼。

　　产地：黑龙江省哈尔滨，辽宁省新民、康平、法库、彰武、本溪、普兰店、盘锦、北镇，内蒙古新巴尔虎右旗。

　　分布：中国（全国各地），朝鲜半岛，日本，蒙古，俄罗斯（欧洲部分、高加索、西伯利亚、远东地区），中亚，土耳其，伊朗，欧洲，非洲，北美洲。

瘤果狐尾藻 **Myriophyllum spi-catum** L. var. **muricatum** Maxim. 生于水中，产于辽宁省新民、辽中，分布于中国（辽宁），俄罗斯（欧洲部分、高加索、西伯利亚、远东地区），欧洲，北美洲。

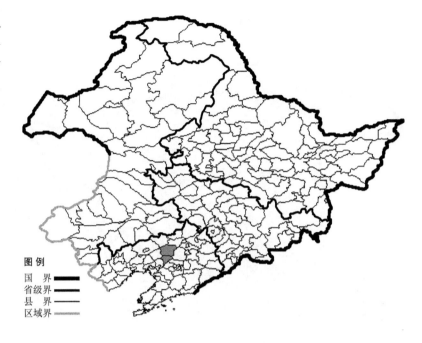

三裂狐尾藻

Myriophyllum ussuriense (Regel) Maxim.

生境：沼泽中与苔藓混生。

产地：黑龙江省萝北。

分布：中国（黑龙江、河北、江苏、安徽、浙江、广东、广西、台湾），朝鲜半岛，日本，俄罗斯（远东地区）。

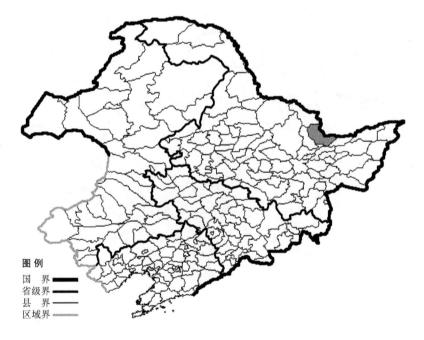

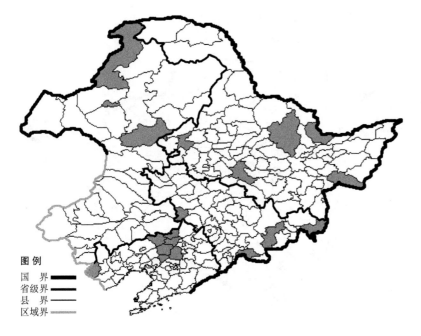

狐尾藻

Myriophyllum verticillatum L.

生境：池沼，海拔 800 米以下。
产地：黑龙江省哈尔滨、齐齐哈尔、伊春、萝北、密山，吉林省双辽、临江、珲春、安图，辽宁省沈阳、新民、辽中、康平、法库、凌源、彰武，内蒙古海拉尔、扎兰屯、额尔古纳。
分布：中国（全国各地），遍布世界各地。

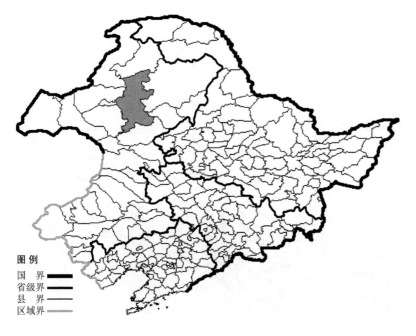

杉叶藻科 Hippuridaceae

螺旋杉叶藻

Hippuris spiralis D. Yu

生境：河水中。
产地：内蒙古牙克石。
分布：中国（内蒙古）。

杉叶藻

Hippuris vulgaris L.

生境：溪流，沼泽，池沼边湿地，海拔 900 米以下。

产地：黑龙江省哈尔滨、齐齐哈尔、伊春、呼玛，吉林省扶余、双辽、柳河、抚松，辽宁省彰武、本溪，内蒙古海拉尔、满洲里、牙克石、根河、新巴尔虎右旗、乌兰浩特、科尔沁右翼前旗、科尔沁左翼后旗、克什克腾旗、敖汉旗。

分布：中国（黑龙江、吉林、辽宁、内蒙古、华北、西北、西藏、台湾），朝鲜半岛，日本，俄罗斯（几遍全境），中亚，土耳其，伊朗，欧洲，大洋洲，北美洲。

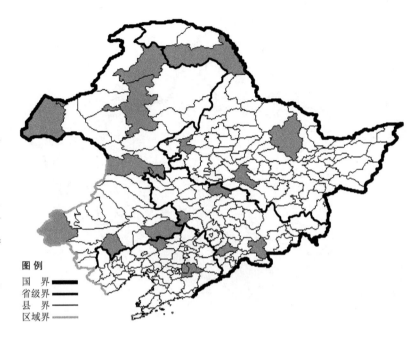

分枝杉叶藻 Hippuris vulgaris L. var. **ramificans** D. Yu 生于浅水中，产于内蒙古牙克石，分布于中国（内蒙古）。

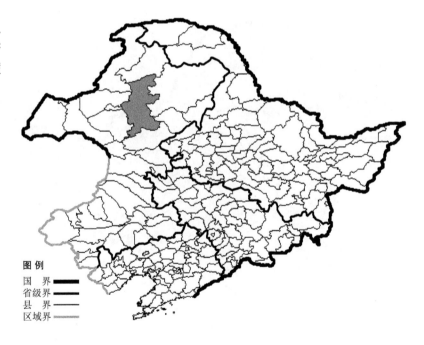

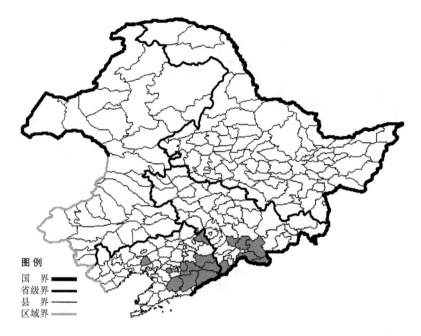

八角枫科 Alangiaceae

瓜木

Alangium platanifolium (Sieb. et Zucc.) Harms

　　生境：杂木林下，海拔 700 米以下。

　　产地：吉林省集安、辉南、临江、抚松、靖宇、长白，辽宁省西丰、新宾、本溪、桓仁、鞍山、岫岩、凤城、宽甸、北镇。

　　分布：中国（吉林、辽宁、河北、山西、陕西、甘肃、山东、浙江、河南、湖北、江西、四川、贵州、云南、台湾），朝鲜半岛，日本。

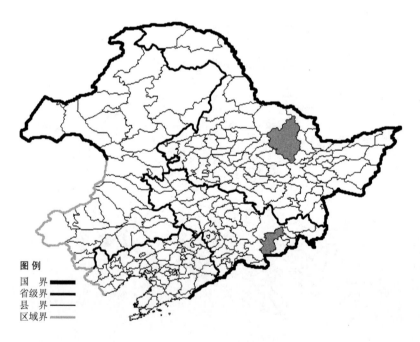

山茱萸科 Cornaceae

草茱萸

Chamaepericlymenum canadense (L.) Asch. et Graebn.

　　生境：针叶林下，林中多石砾质地。

　　产地：黑龙江省伊春，吉林省安图。

　　分布：中国（黑龙江、吉林），朝鲜半岛，日本，俄罗斯（远东地区），格陵兰，北美洲。

红瑞木

Cornus alba L.

　　生境：河边，溪流旁，林下，林缘，海拔 1400 米以下。

　　产地：黑龙江省黑河、逊克、孙吴、伊春、嘉荫、饶河、虎林、密山、宁安、呼玛，吉林省辉南、抚松、长白、敦化、汪清、安图，辽宁省本溪、桓仁、宽甸，内蒙古海拉尔、牙克石、额尔古纳、鄂伦春旗、鄂温克旗、阿尔山、科尔沁右翼前旗、科尔沁右翼中旗、宁城、阿鲁科尔沁旗、克什克腾旗、喀喇沁旗。

　　分布：中国（黑龙江、吉林、辽宁、内蒙古、河北、山西、陕西、甘肃、青海、山东、江苏、河南、江西），朝鲜半岛，日本，蒙古，俄罗斯（欧洲部分、西伯利亚、远东地区）。

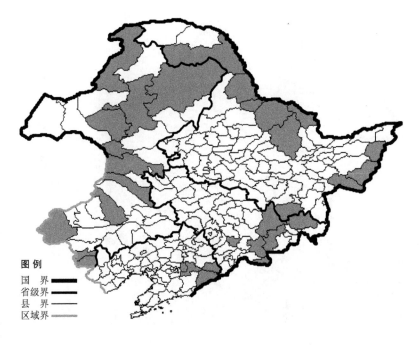

沙梾

Cornus bretchneideri L. Henry

　　生境：山坡杂木林下。
　　产地：吉林省珲春，内蒙古宁城。
　　分布：中国（吉林、内蒙古、河北、山西、陕西、甘肃、宁夏、青海、河南、湖北、四川）。

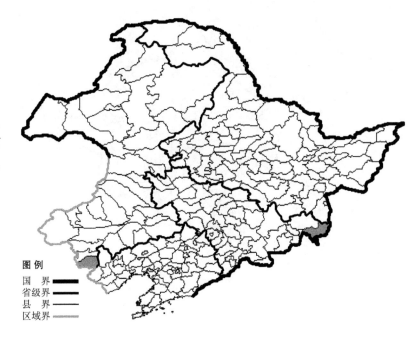

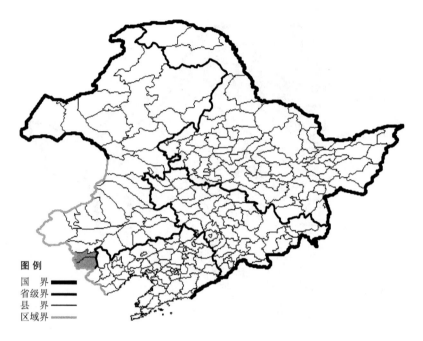

卷毛沙梾 Cornus bretchneideri
L. Henry var. **crispa** Fang et W. K. Hu
生于疏林下，产于内蒙古宁城、喀喇沁旗，分布于中国（内蒙古、河北、山西、陕西、甘肃）。

图例
国　界
省级界
县　界
区域界

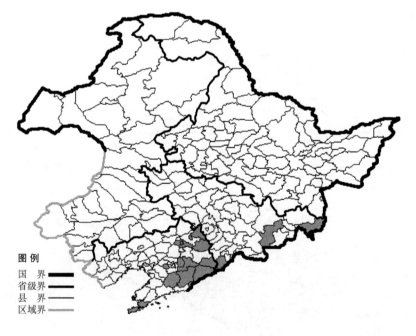

灯台树

Cornus controversa Hemsl. ex Prain

　生境：杂木林中，溪流旁，海拔 1100 米以下。
　产地：吉林省集安、珲春、安图，辽宁省铁岭、西丰、清原、本溪、桓仁、鞍山、岫岩、丹东、凤城、宽甸、大连。
　分布：中国（吉林、辽宁、河北、陕西、甘肃、山东、江苏、安徽、浙江、福建、河南、湖北、江西、湖南、广东、广西、贵州、四川、云南、台湾），朝鲜半岛，日本。

图例
国　界
省级界
县　界
区域界

朝鲜山茱萸

Cornus coreana Wanger

　　生境：向阳山坡，岩石间，海拔
800 米以下。
　　产地：吉林省柳河、安图，辽宁
省鞍山。
　　分布：中国（吉林、辽宁），朝
鲜半岛。

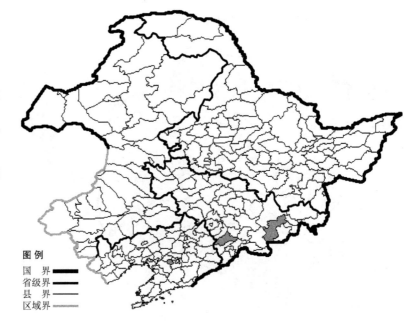

图例
国　界 ▬▬
省级界 ▬▬
县　界 ▬▬
区域界 ▬▬

毛梾

Cornus walteri Wanger

　　生境：向阳山坡，岩石间。
　　产地：辽宁省大连。
　　分布：中国（辽宁、河北、山西、
陕西、甘肃、山东、江苏、安徽、浙
江、福建、河南、湖北、江西、湖南、
广西、贵州、四川、云南）。

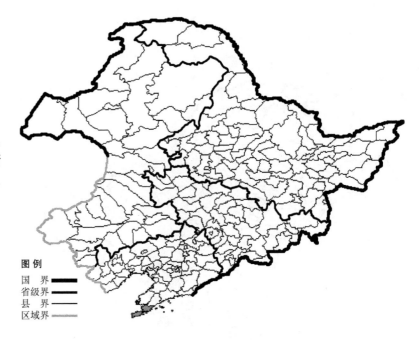

图例
国　界 ▬▬
省级界 ▬▬
县　界 ▬▬
区域界 ▬▬

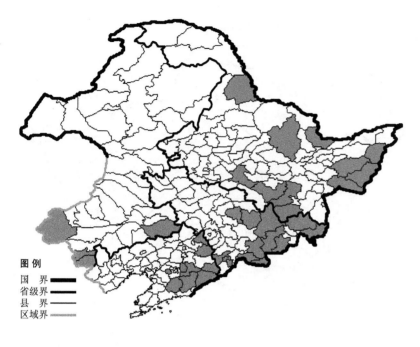

图例
国　界 ▬▬▬
省级界 ▬▬▬
县　界 ▬▬▬
区域界 ▬▬▬

五加科 Araliaceae

刺五加

Acanthopanax senticosus (Rupr. et Maxim.) Harms

　　生境：林下，林缘，山坡灌丛，海拔 1400 米以下。
　　产地：黑龙江省哈尔滨、尚志、黑河、伊春、萝北、宝清、饶河、虎林、密山、海林、宁安，吉林省吉林、蛟河、通化、临江、抚松、长白、敦化、珲春、和龙、汪清、安图，辽宁省西丰、清原、本溪、桓仁、鞍山、岫岩、凤城、宽甸，内蒙古科尔沁左翼后旗、宁城、克什克腾旗、喀喇沁旗。

　　分布：中国（黑龙江、吉林、辽宁、内蒙古、河北、山西），朝鲜半岛，日本，俄罗斯（远东地区）。

图例
国　界 ▬▬▬
省级界 ▬▬▬
县　界 ▬▬▬
区域界 ▬▬▬

无梗五加

Acanthopanax sessiliflorus (Rupr. et Maxim.) Seem.

　　生境：林下，林缘，山坡灌丛，溪流旁，海拔 900 米以下。
　　产地：黑龙江省尚志、伊春、宝清、密山、海林、宁安，吉林省蛟河、临江、抚松、靖宇、长白、珲春、安图，辽宁省沈阳、西丰、新宾、清原、本溪、桓仁、鞍山、岫岩、凤城、宽甸、大连、庄河，内蒙古宁城。

　　分布：中国（黑龙江、吉林、辽宁、内蒙古、河北、山西），朝鲜半岛，俄罗斯（远东地区）。

东北土当归

Aralia continentalis Kitag.

生境：林缘，林下，山坡灌丛，海拔 1200 米以下。

产地：吉林省集安、临江、抚松、靖宇、长白、珲春、和龙、汪清、安图，辽宁省本溪、桓仁、岫岩、凤城、宽甸、普兰店、北镇。

分布：中国（吉林、辽宁、河北、陕西、河南、四川、西藏），朝鲜半岛，俄罗斯（远东地区）。

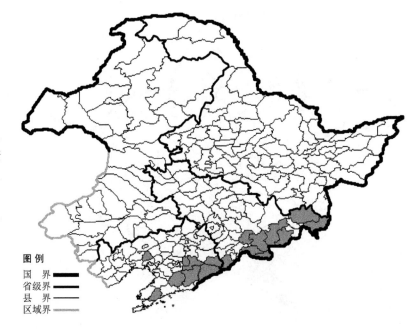

图例
国　界
省级界
县　界
区域界

辽东楤木

Aralia elata (Miq.) Seem.

生境：林下，林缘，沟边，海拔 1000 米以下。

产地：黑龙江省哈尔滨、尚志、伊春、饶河、勃利、穆棱，吉林省蛟河、集安、通化、临江、抚松、长白、珲春、汪清、安图，辽宁省沈阳、西丰、抚顺、清原、本溪、桓仁、鞍山、凤城、宽甸、庄河。

分布：中国（黑龙江、吉林、辽宁），朝鲜半岛，日本，俄罗斯（远东地区）。

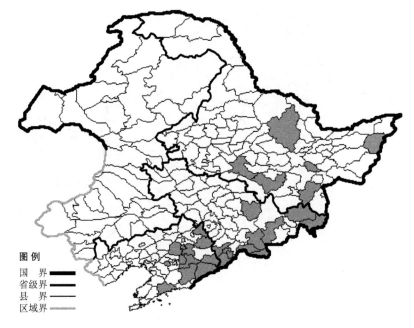

图例
国　界
省级界
县　界
区域界

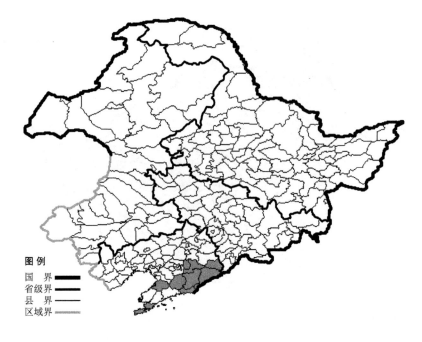

图例
国　界 ▬▬
省级界 ══
县　界 ──
区域界 ──

刺楸

Kalopanax septemlobum (Thunb.) Koidz.

　　生境：阔叶林中，林缘。
　　产地：辽宁省本溪、桓仁、岫岩、丹东、凤城、东港、宽甸、大连、盖州。
　　分布：中国（辽宁、华北、华中、华南、西南），朝鲜半岛，日本，俄罗斯（远东地区）。

图例
国　界 ▬▬
省级界 ══
县　界 ──
区域界 ──

刺参

Oplopanax elatus Nakai

　　生境：林下石砾质地，林缘，山顶岩石间，海拔 1900 米以下。
　　产地：吉林省集安、通化、临江、抚松、长白、安图，辽宁省本溪、桓仁、宽甸。
　　分布：中国（吉林、辽宁），朝鲜半岛，俄罗斯（远东地区）。

人参

Panax ginseng C. A. Mey.

生境：林下，海拔 300-1600 米。

产地：黑龙江省饶河，吉林省抚松、靖宇、敦化，辽宁省铁岭、新宾、清原、本溪、桓仁、鞍山、凤城、宽甸、庄河、营口、盖州。

分布：中国（黑龙江、吉林、辽宁），朝鲜半岛，俄罗斯（远东地区）。

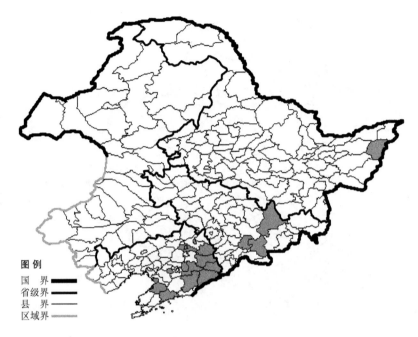

伞形科 Umbelliferae

东北羊角芹

Aegopodium alpestre Ledeb.

生境：林下，林缘，林间草地，溪流旁，海拔 1800 米以下。

产地：黑龙江省尚志、伊春、穆棱、呼玛，吉林省通化、临江、抚松、长白、敦化、珲春、汪清、安图，辽宁省开原、西丰、清原、本溪、桓仁、鞍山、凤城、宽甸，内蒙古牙克石、额尔古纳、鄂伦春旗、科尔沁右翼前旗、喀喇沁旗。

分布：中国（黑龙江、吉林、辽宁、内蒙古、新疆），朝鲜半岛，日本，蒙古，俄罗斯（西伯利亚、远东地区），中亚。

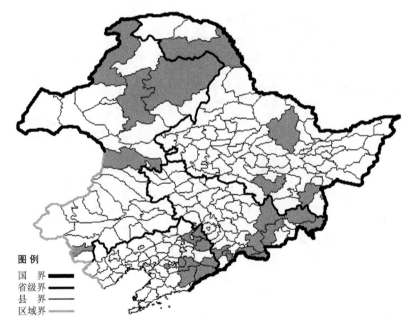

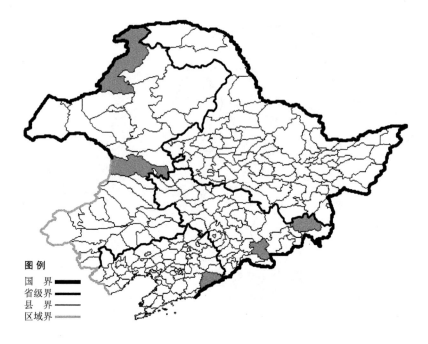

细叶东北羊角芹 Aegopodium alpestre Ledeb. f. **tenuisectum** Kitag. 生于向阳山坡、向阳草地、河边，海拔约 800 米，产于吉林省抚松、汪清，辽宁省宽甸，内蒙古额尔古纳、科尔沁右翼前旗，分布于中国（吉林、辽宁、内蒙古、河北、山西、陕西、甘肃），俄罗斯（远东地区）。

图例
国　界
省级界
县　界
区域界

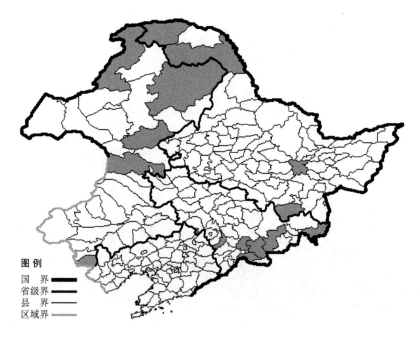

狭叶当归

Angelica anomala Lallem.

生境：河岸柳林边，石砾质河滩，湿草地，溪流旁，阔叶林下，林缘，海拔 1000 米以下。

产地：黑龙江省依兰、宁安、呼玛、漠河，吉林省梅河口、临江、抚松、靖宇、珲春、安图，内蒙古扎兰屯、额尔古纳、鄂伦春旗、科尔沁右翼前旗、宁城。

分布：中国（黑龙江、吉林、内蒙古），朝鲜半岛，俄罗斯（东部西伯利亚）。

图例
国　界
省级界
县　界
区域界

东北长鞘当归

Angelica cartilaginomarginata (Makino) Nakai var. **matsumurae** (Boiss.) Kitag.

生境：林下，林缘草地，灌丛，溪流旁，海拔 800 米以下。

产地：吉林省通化、安图，辽宁省沈阳、铁岭、开原、西丰、清原、本溪、桓仁、鞍山、岫岩、丹东、凤城、宽甸、庄河。

分布：中国（吉林、辽宁），朝鲜半岛，日本。

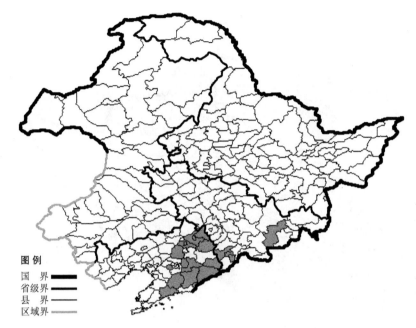

黑水当归

Angelica amurensis Schischk.

生境：草甸，林间草地，山顶草地，林缘，海拔 1200 米以下。

产地：黑龙江省尚志、黑河、嫩江、伊春、虎林、呼玛，吉林省抚松、安图、本溪、桓仁、凤城、宽甸，内蒙古牙克石、根河、鄂伦春旗。

分布：中国（黑龙江、吉林、辽宁、内蒙古），朝鲜半岛，俄罗斯（远东地区）。

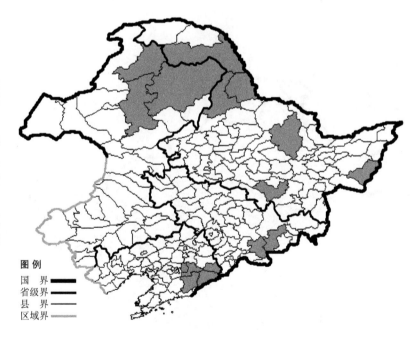

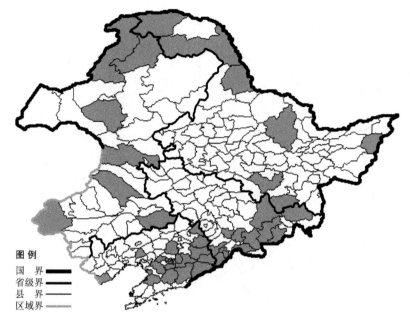

图例
国　界 ▬▬
省级界 ▬▬
县　界 ▬▬
区域界 ▬▬

大活

Angelica dahurica (Fisch.) Benth. et Hook. ex Franch. et Sav.

生境：林缘，山坡草地，湿草地，溪流旁，草甸，灌丛，海拔 1000 米以下。

产地：黑龙江省尚志、黑河、伊春、饶河、宁安、呼玛、漠河，吉林省集安、通化、辉南、临江、抚松、靖宇、敦化、和龙、汪清、安图，辽宁省沈阳、西丰、新宾、清原、本溪、桓仁、辽阳、海城、岫岩、凤城、宽甸、营口、盖州、北镇、绥中，内蒙古根河、额尔古纳、鄂温克旗、科尔沁右翼前旗、扎鲁特旗、科尔沁左翼后旗、克什克腾旗。

分布：中国（黑龙江、吉林、辽宁、内蒙古、河北、山西），朝鲜半岛，日本，俄罗斯（东部西伯利亚、远东地区）。

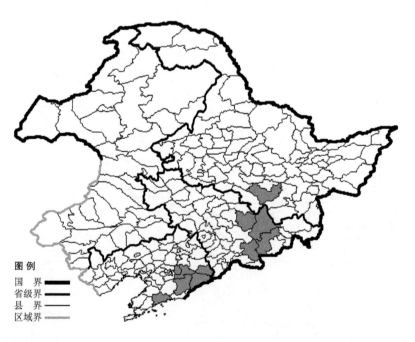

图例
国　界 ▬▬
省级界 ▬▬
县　界 ▬▬
区域界 ▬▬

朝鲜当归

Angelica gigas Nakai

生境：沟边，林缘，喜生含腐殖质的沙石土坡，单生或成片生长，海拔 1000 米以下。

产地：黑龙江省尚志，吉林省蛟河、抚松、敦化、安图，辽宁省本溪、桓仁、凤城、宽甸、庄河。

分布：中国（黑龙江、吉林、辽宁），朝鲜半岛，日本。

拐芹当归

Angelica polymorpha Maxim.

生境：杂木林下，阴湿草丛，沟谷溪流旁，灌丛中。

产地：辽宁省西丰、新宾、本溪、桓仁、鞍山、岫岩、丹东、凤城、宽甸、庄河、绥中，内蒙古宁城。

分布：中国（辽宁、内蒙古、河北、陕西、山东、江苏、浙江、河南、湖北、江西、四川），朝鲜半岛，日本。

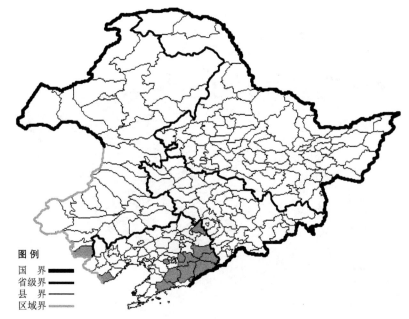

图例
国　界
省级界
县　界
区域界

雾灵当归

Angelica prophyrocanlis Nakai et Kitag.

生境：山坡草地，路旁，灌丛。

产地：辽宁省建昌。

分布：中国（辽宁、河北）。

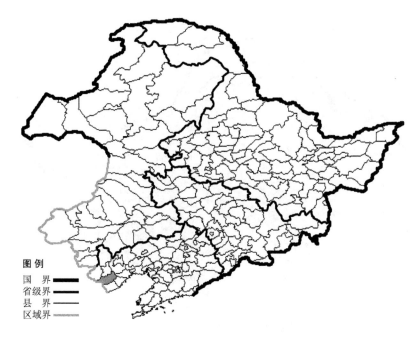

图例
国　界
省级界
县　界
区域界

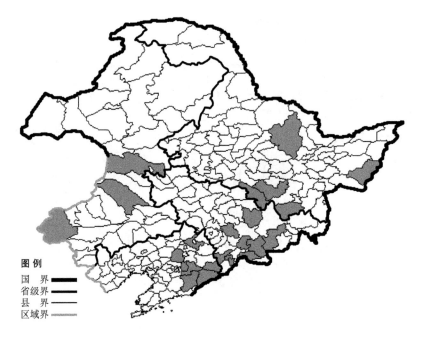

峨参

Anthriscus aemula (Woron.) Schischk.

生境：草甸，溪流旁，林缘，海拔约 700 米以下。

产地：黑龙江省尚志、五常、伊春、虎林、宁安，吉林省磐石、蛟河、通化、临江、抚松、靖宇、安图，辽宁省沈阳、开原、本溪、桓仁、凤城、宽甸，内蒙古科尔沁右翼前旗、扎鲁特旗、克什克腾旗。

分布：中国（黑龙江、吉林、辽宁、内蒙古、河北、山西、陕西、甘肃、新疆、江苏、安徽、浙江、河南、江西、湖北、四川、云南），朝鲜半岛，日本，蒙古，俄罗斯（高加索、西伯利亚、远东地区），中亚。

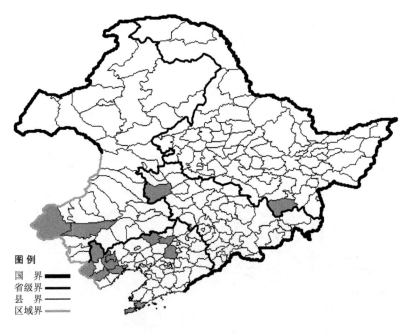

线叶柴胡

Bupleurum angustissimum (Franch.) Kitag.

生境：干山坡，干草原，海拔 800 米以下。

产地：黑龙江省宁安，吉林省通榆，辽宁省沈阳、法库、朝阳、凌源、建平、彰武、大连、锦州、葫芦岛、建昌，内蒙古克什克腾旗、翁牛特旗。

分布：中国（黑龙江、吉林、辽宁、内蒙古、山西、陕西、甘肃、青海）。

锥叶柴胡

Bupleurum bicaule Helm

生境: 多石质干山坡, 山顶石砾质地, 草原性干山坡, 海拔 500-800 米。

产地: 内蒙古满洲里、新巴尔虎右旗、新巴尔虎左旗、克什克腾旗。

分布: 中国(内蒙古、河北、山西、陕西), 蒙古, 俄罗斯(西伯利亚)。

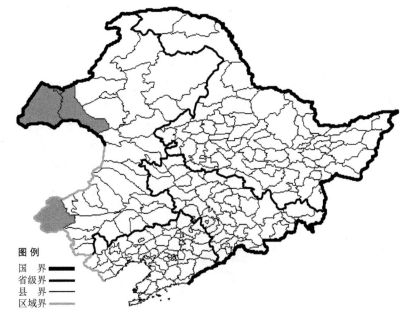

呼 玛 柴 胡 **Bupleurum bicaule** Helm. f. **latifolium** Chu 生于多石质干山坡, 产于黑龙江省呼玛, 分布于中国(黑龙江)。

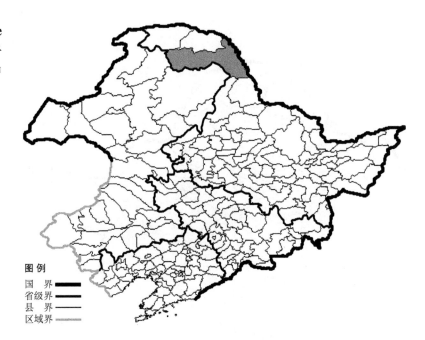

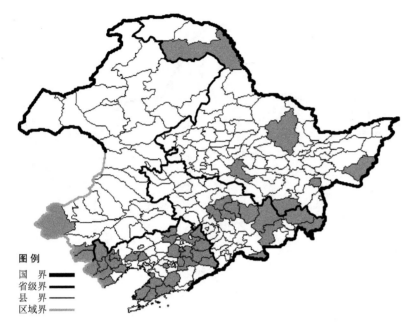

图例
国　界 ▬▬
省级界 ▬▬
县　界 ▬▬
区域界 ▬▬

北柴胡

Bupleurum chinense DC.

　　生境：干山坡，山岗柞林下，林缘，灌丛，海拔 700 米以下。
　　产地：黑龙江省哈尔滨、伊春、鸡西、虎林、宁安、呼玛，吉林省长春、九台、吉林、蛟河、永吉、长白、敦化、珲春、汪清、安图，辽宁省沈阳、康平、法库、朝阳、凌源、建平、喀左、开原、西丰、抚顺、新宾、清原、本溪、桓仁、鞍山、岫岩、丹东、瓦房店、普兰店、庄河、营口、盖州、北镇、义县、葫芦岛、绥中、建昌，内蒙古宁城、克什克腾旗、喀喇沁旗。
　　分布：中国（黑龙江、吉林、辽宁、内蒙古、河北、山西、山东、河南、湖北、四川）。

图例
国　界 ▬▬
省级界 ▬▬
县　界 ▬▬
区域界 ▬▬

大苞柴胡

Bupleurum euphorbioides Nakai

　　生境：高山冻原，山顶石砬子上，高山草地，林缘，灌丛，海拔 1700-2500 米（长白山）。
　　产地：黑龙江省尚志，吉林省抚松、长白、安图。
　　分布：中国（黑龙江、吉林），朝鲜半岛。

柞柴胡

Bupleurum komarovianum Lincz.

生境：柞树疏林下，林缘，灌丛，海拔 500 米以下。

产地：黑龙江省伊春、宝清、宁安，吉林省吉林、通化、珲春、和龙、汪清、安图，辽宁省沈阳、岫岩、北镇。

分布：中国（黑龙江、吉林、辽宁），朝鲜半岛，俄罗斯（远东地区）。

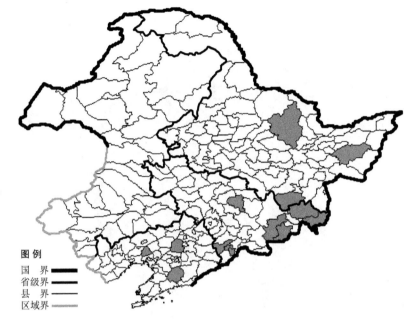

大叶柴胡

Bupleurum longiradiatum Turcz.

生境：林下，林缘，灌丛，山坡草地，草甸，海拔 1800 米以下。

产地：黑龙江省哈尔滨、尚志、黑河、伊春、嘉荫、萝北、汤原、宝清、饶河、虎林、密山、绥芬河、宁安、呼玛，吉林省蛟河、通化、临江、抚松、靖宇、长白、敦化、珲春、和龙、汪清、安图，辽宁省凌源、新宾、清原、本溪、桓仁、岫岩、丹东、凤城、东港、宽甸、庄河、营口，内蒙古牙克石、根河、额尔古纳、鄂伦春旗。

分布：中国（黑龙江、吉林、辽宁、内蒙古、甘肃），朝鲜半岛，日本，蒙古，俄罗斯（东部西伯利亚、远东地区）。

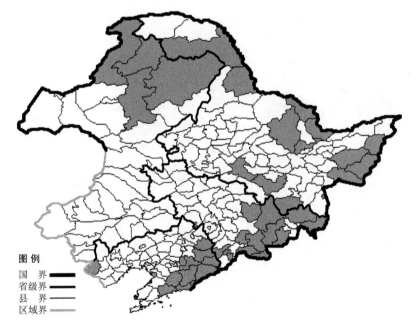

图例
国　界 ▬▬
省级界 ▬▬
县　界 ▬▬
区域界 ▬▬

短伞大叶柴胡 Bupleurum longiradiatum Turcz. var. **breviradiatum** Fr. Schmidt 生于山坡、草甸，产于黑龙江省饶河、虎林、密山、呼玛，辽宁省庄河，分布于中国（黑龙江、辽宁），朝鲜半岛，日本，俄罗斯。

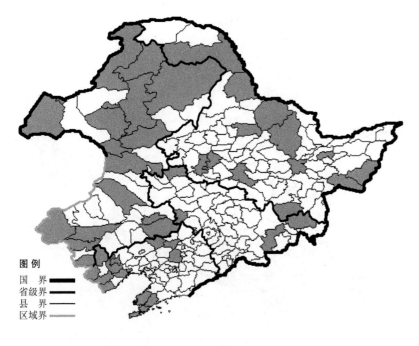

图例
国　界 ▬▬
省级界 ▬▬
县　界 ▬▬
区域界 ▬▬

红柴胡

Bupleurum scorzoneraefolium Willd.

生境：沙质草原，固定沙丘，草甸，灌丛，阳坡疏林下，海拔800米以下。

产地：黑龙江省哈尔滨、依兰、黑河、北安、逊克、大庆、伊春、集贤、虎林、密山、宁安、安达、呼玛，吉林省镇赉、双辽、汪清、安图，辽宁省沈阳、法库、朝阳、凌源、建平、彰武、大连、瓦房店、普兰店、锦州、葫芦岛、绥中、建昌，内蒙古海拉尔、满洲里、扎兰屯、牙克石、根河、额尔古纳、新巴尔虎右旗、鄂伦春旗、鄂温克旗、阿尔山、科尔沁右翼前旗、通辽、扎鲁特旗、科尔沁左翼后旗、赤峰、宁城、克什克腾旗、翁牛特旗。

分布：中国（黑龙江、吉林、辽宁、内蒙古、河北、山西、陕西、甘肃、山东、江苏、安徽、广西），朝鲜半岛，日本，蒙古，俄罗斯（西伯利亚、远东地区）。

兴安柴胡

Bupleurum sibiricum Vest

生境：山坡草地，海拔 800 米以下。

产地：黑龙江省黑河、呼玛，内蒙古扎兰屯、牙克石、根河、额尔古纳、科尔沁右翼前旗、科尔沁右翼中旗、宁城、克什克腾旗、翁牛特旗。

分布：中国（黑龙江、内蒙古），蒙古，俄罗斯（东部西伯利亚）。

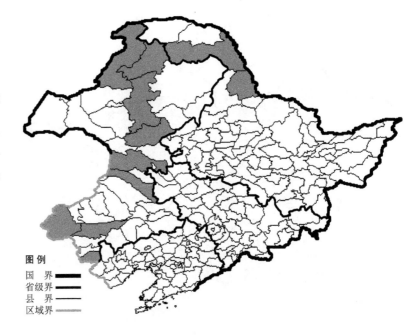

黑柴胡

Bupleurum smithii Wolff

生境：山坡草地，山谷，山顶阴处。

产地：内蒙古科尔沁右翼前旗、宁城、喀喇沁旗、敖汉旗。

分布：中国（内蒙古、河北、山西、陕西、河南、青海、甘肃）。

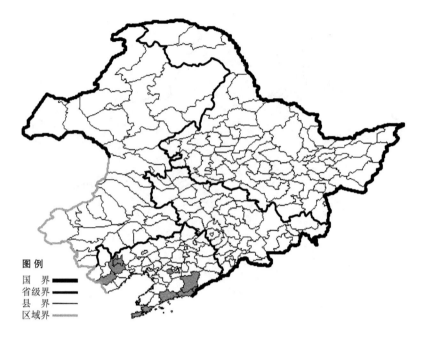

山茴香

Carlesia sinensis Dunn

　　生境：山顶岩石缝间，干山坡，海拔 400 米以下。
　　产地：辽宁省朝阳、鞍山、丹东、凤城、东港、大连、庄河、建昌。
　　分布：中国（辽宁、山东），朝鲜半岛。

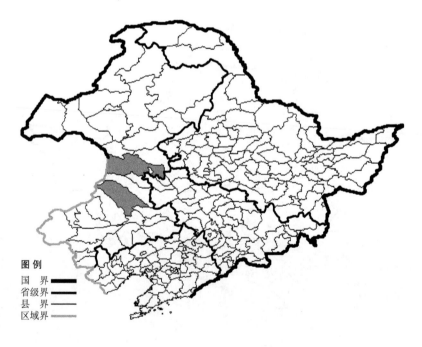

丝叶(茴)蒿

Carum angustissimum Kitag.

　　生境：沙质草地。
　　产地：内蒙古科尔沁右翼前旗、扎鲁特旗。
　　分布：中国（内蒙古）。

田茴蒿

Carum buriaticum Turcz.

生境：山坡草地，耕地旁，河边。

产地：辽宁省沈阳、辽阳、北镇，内蒙古海拉尔、满洲里、乌兰浩特、科尔沁右翼前旗、通辽、扎鲁特旗、科尔沁左翼后旗。

分布：中国（辽宁、内蒙古、河北、山西、陕西、河南、四川、西藏），蒙古，俄罗斯（西伯利亚、远东地区）。

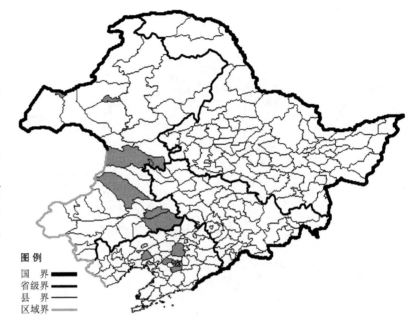

图 例
国　界 ▬
省级界 ▬
县　界 ▬
区域界 ▬

茴蒿

Carum carvi L.

生境：铁路旁，山坡草地。

产地：黑龙江省齐齐哈尔，内蒙古扎兰屯、牙克石、陈巴尔虎旗、阿尔山、克什克腾旗、喀喇沁旗。

分布：中国（黑龙江、内蒙古、河北、山西、新疆、河南、四川、西藏），朝鲜半岛，蒙古，俄罗斯（欧洲部分、高加索、西伯利亚、远东地区），中亚，土耳其，伊朗，欧洲，非洲。

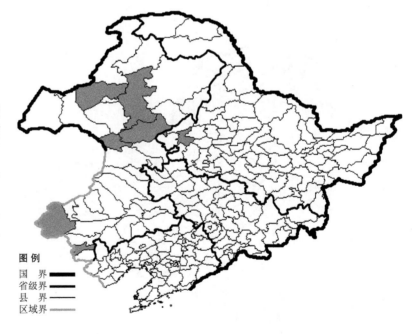

图 例
国　界 ▬
省级界 ▬
县　界 ▬
区域界 ▬

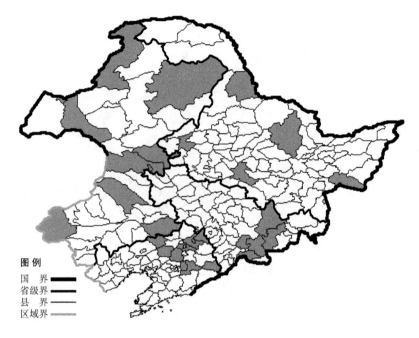

图例
国　界 ▬▬▬
省级界 ▬▬
县　界 ▬▬
区域界 ▬▬

毒芹

Cicuta virosa L.

　　生境：林下阴湿处，湿草地，沼泽，海拔 900 米以下。
　　产地：黑龙江省哈尔滨、齐齐哈尔、黑河、伊春、密山，吉林省临江、抚松、靖宇、敦化、安图，辽宁省沈阳、新民、彰武、铁岭、开原、西丰、本溪、桓仁，内蒙古满洲里、额尔古纳、新巴尔虎左旗、鄂伦春旗、乌兰浩特、科尔沁右翼前旗、扎赉特旗、扎鲁特旗、科尔沁左翼后旗、克什克腾旗。
　　分布：中国（黑龙江、吉林、辽宁、内蒙古、河北、山西、陕西、甘肃、新疆、四川），朝鲜半岛，日本，蒙古，俄罗斯（北极带、欧洲部分、西伯利亚、远东地区），中亚，欧洲。

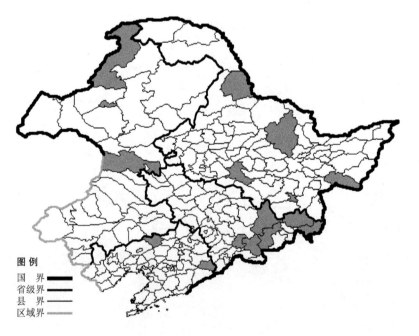

图例
国　界 ▬▬▬
省级界 ▬▬
县　界 ▬▬
区域界 ▬▬

　　细叶毒芹 Cicuta virosa L. f. **angustifolia** (Kit.) Schube 生于沼泽、溪流旁、湿草甸、林下水湿地，海拔 900 米以下，产于黑龙江省哈尔滨、黑河、伊春、密山、牡丹江，吉林省抚松、靖宇、敦化、珲春、汪清、安图，辽宁省彰武、桓仁，内蒙古海拉尔、额尔古纳、科尔沁右翼前旗，分布于中国（黑龙江、吉林、辽宁、内蒙古），俄罗斯。

宽叶毒芹 **Cicuta virosa** L. f. **latisecta** (Celak.) Y. C. Chu 生于林下，产于吉林省吉林，分布于中国（吉林），日本，俄罗斯（远东地区）。

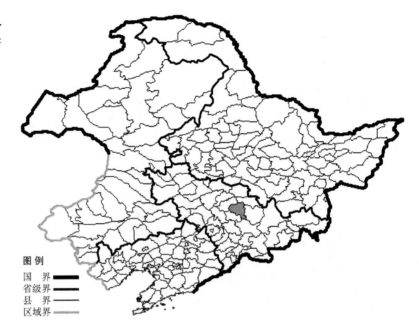

长苞毒芹 **Cicuta virosa** L. f. **longiinvolucellata** Chu 生于林缘、溪流旁、湿草地，产于吉林省抚松、安图，分布于中国（吉林）。

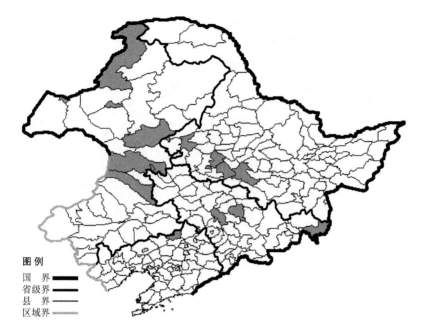

兴安蛇床

Cnidium dahuricum (Jacq.) Turcz.

　　生境：碱性草甸，碱性草原，沟旁，耕地旁，海拔 400 米以下。
　　产地：黑龙江省哈尔滨、齐齐哈尔、安达、肇东，吉林省长春、吉林、珲春，辽宁省康平，内蒙古海拉尔、满洲里、扎兰屯、额尔古纳、乌兰浩特、科尔沁右翼前旗、科尔沁右翼中旗。
　　分布：中国（黑龙江、吉林、辽宁、内蒙古、河北、山西），朝鲜半岛，蒙古，俄罗斯（西伯利亚）。

滨蛇床

Cnidium japonicum Miq.

　　生境：海边。
　　产地：辽宁省大连、长海。
　　分布：中国（辽宁），朝鲜半岛，日本。

蛇床

Cnidium monnieri (L.) Cuss.

　　生境：河边草地，荒地，路旁，海拔 700 米以下。
　　产地：黑龙江省哈尔滨、齐齐哈尔、萝北、饶河、虎林、密山、东宁、安达、呼玛，吉林省九台、镇赉、双辽，辽宁省沈阳、法库、西丰、昌图、清原、本溪、桓仁、辽阳、丹东、凤城、宽甸、大连、瓦房店、庄河、长海、营口、盘锦、黑山、义县，内蒙古海拉尔、满洲里、根河、新巴尔虎右旗、科尔沁左翼后旗、克什克腾旗。
　　分布：中国（全国各地），朝鲜半岛，俄罗斯（东部西伯利亚、远东地区）。

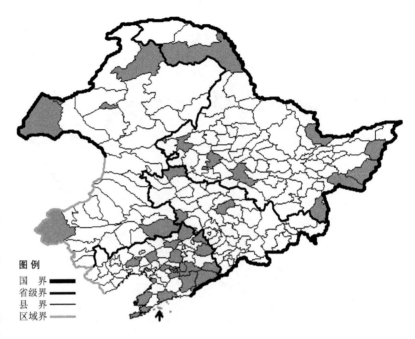

碱蛇床

Cnidium salinum Turcz.

　　生境：碱性草原，湿润沙质草地。
　　产地：内蒙古根河、新巴尔虎右旗、新巴尔虎左旗、科尔沁右翼前旗、克什克腾旗。
　　分布：中国（内蒙古、宁夏、甘肃、青海），蒙古，俄罗斯（东部西伯利亚）。

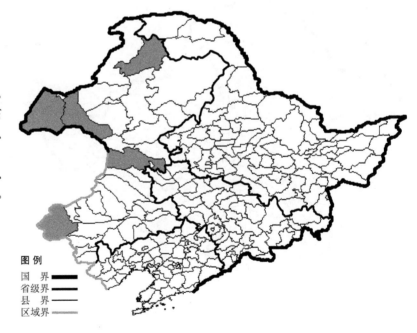

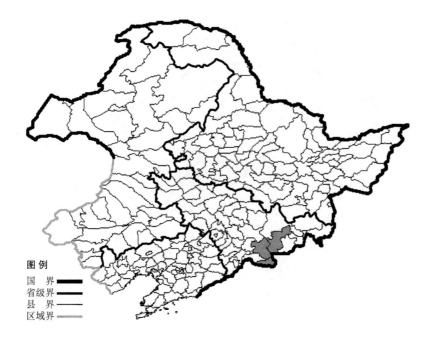

图例
国　界 ▬▬▬
省级界 ▬▬
县　界 ▬
区域界 ▬▬

长白高山芹

Coelopleurum nakaianum (Kitag.) Kitag.

生境：高山冻原，海拔2100-2500米。

产地：吉林省抚松、长白、安图。

分布：中国（吉林），朝鲜半岛。

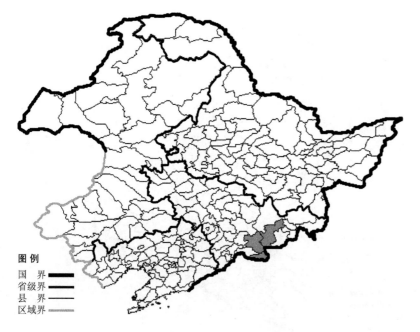

图例
国　界 ▬▬▬
省级界 ▬▬
县　界 ▬
区域界 ▬▬

高山芹

Coelopleurum saxatile (Turcz.) Drude

生境：高山冻原，较阴湿的岩石缝间，林下，海拔1800-2200米。

产地：吉林省抚松、长白、安图。

分布：中国（吉林），朝鲜半岛。

鸭儿芹

Cryptotaenia japonica Hasskarl

生境：溪流旁，沙质地。

产地：辽宁省抚顺、本溪。

分布：中国（辽宁、河北、山西、陕西、甘肃、江苏、安徽、浙江、福建、湖北、江西、湖南、广东、广西、四川、贵州、云南），朝鲜半岛，日本，俄罗斯（远东地区）。

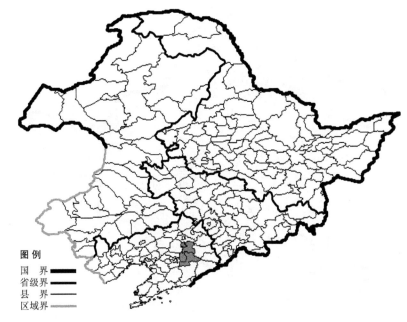

大叶绒果芹

Eriocycla albescens (Franch.) Wolff
var. **latifolia** Shan et Yuan

生境：石灰岩山坡，海拔约600 米。

产地：辽宁省朝阳。

分布：中国（辽宁、河北）。

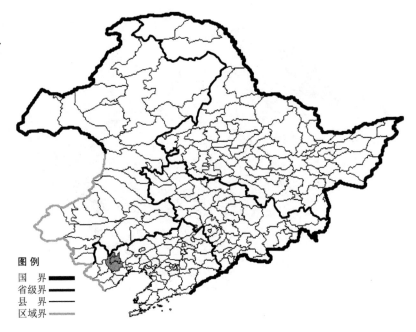

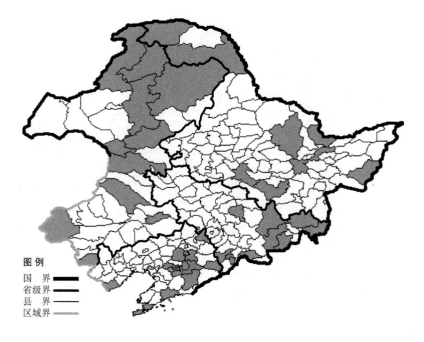

柳叶芹

Czernaevia laevigata Turcz.

　　生境：灌丛，阔叶林下，林缘，草甸，海拔 900 米以下。

　　产地：黑龙江省哈尔滨、尚志、依兰、伊春、萝北、桦川、虎林、呼玛、漠河，吉林省吉林、通化、临江、敦化、珲春、和龙、汪清、安图，辽宁省沈阳、西丰、抚顺、本溪、桓仁、辽阳、鞍山、凤城、大连、庄河、绥中，内蒙古扎兰屯、牙克石、根河、额尔古纳、鄂伦春旗、阿尔山、科尔沁右翼前旗、通辽、扎鲁特旗、宁城、克什克腾旗。

　　分布：中国（黑龙江、吉林、辽宁、内蒙古、河北），朝鲜半岛，俄罗斯（东部西伯利亚、远东地区）。

无翼柳叶芹 Czernaevia laevigata Turcz. var. **exalatocarpa** Chu 生 于 草地、柞林下、水湿地，产于黑龙江省萝北，内蒙古额尔古纳、霍林郭勒，分布于中国（黑龙江、内蒙古、河北）。

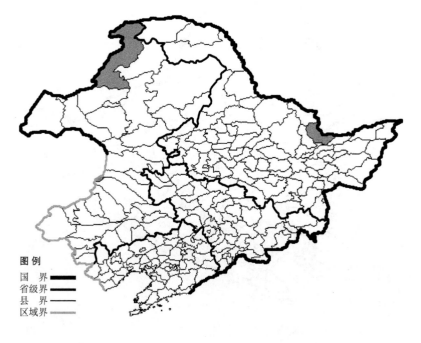

宽叶柳叶芹 **Czernaevia laevigata**
Turcz. f. **latipinna** Chu 生于阔叶林下，
灌丛，产于吉林省珲春，辽宁省本溪、
凤城、庄河，分布于中国（吉林、辽宁）。

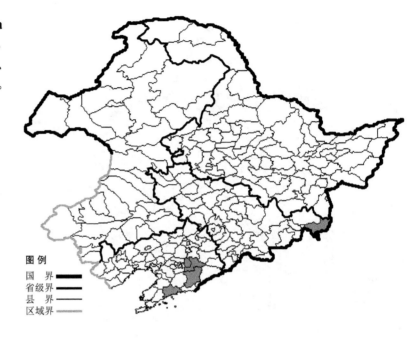

扁叶刺芹

Eryngium planum L.

    生境：耕地旁，路旁。
    产地：辽宁省大连。
    分布：原产欧洲，现我国辽宁、
新疆有分布。

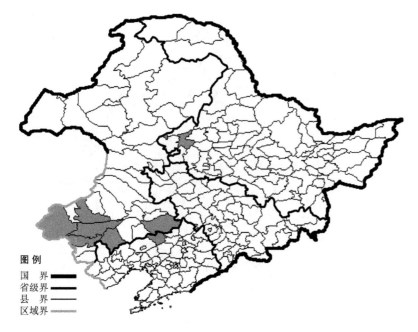

图例
国　界 ▬▬▬
省级界 ▬▬
县　界 ▬▬
区域界 ▬▬

硬阿魏

Ferula bungeana Kitag.

　　生境：固定沙丘，沙质地，海拔约 300 米。

　　产地：黑龙江省齐齐哈尔，辽宁省彰武，内蒙古科尔沁左翼后旗、赤峰、巴林右旗、克什克腾旗、翁牛特旗、敖汉旗。

　　分布：中国（黑龙江、辽宁、内蒙古、河北、山西、陕西、甘肃、宁夏、河南），蒙古。

图例
国　界 ▬▬▬
省级界 ▬▬
县　界 ▬▬
区域界 ▬▬

珊瑚菜

Glehnia littoralis(A. Gray) Fr. Schmidt ex Miq.

　　生境：海边沙地。

　　产地：辽宁省凌海、葫芦岛、兴城、绥中、盖州、瓦房店、普兰店、长海、大连。

　　分布：中国（辽宁、河北、山东、江苏、浙江、福建、台湾、广东），朝鲜半岛，日本，俄罗斯（远东地区）。

兴安牛防风

Heracleum dissectum Ledeb.

　　生境：河边湿草地，草甸，林下，林缘，海拔 600 米以下。

　　产地：黑龙江省伊春、密山、虎林、黑河、嫩江、呼玛，吉林省汪清、珲春，内蒙古额尔古纳、海拉尔、牙克石、科尔沁右翼中旗、宁城。

　　分布：中国（黑龙江、吉林、内蒙古、新疆），朝鲜半岛，蒙古，俄罗斯（西伯利亚、远东地区），中亚。

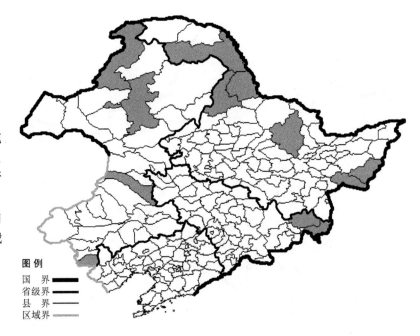

东北牛防风

Heracleum moellendorffii Hance

　　生境：林下，林缘，溪流旁，草甸，山坡灌丛及草丛，海拔 1900 米以下。

　　产地：黑龙江省哈尔滨、尚志、伊春，吉林省抚松、靖宇、长白、敦化、汪清、安图，辽宁省朝阳、凌源、铁岭、开原、西丰、新宾、清原、本溪、桓仁、鞍山、海城、岫岩、凤城、东港、宽甸、大连、瓦房店、庄河、营口、盖州、北镇、义县、绥中、建昌，内蒙古阿尔山、扎鲁特旗、宁城。

　　分布：中国（黑龙江、吉林、辽宁、内蒙古、河北、陕西、山东、江苏、安徽、浙江、湖北、江西、湖南、云南），朝鲜半岛。

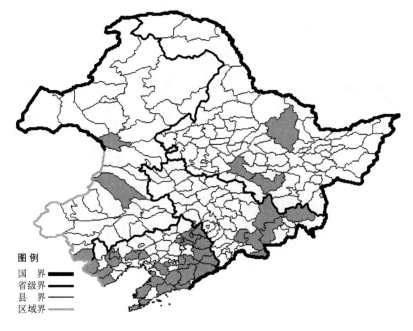

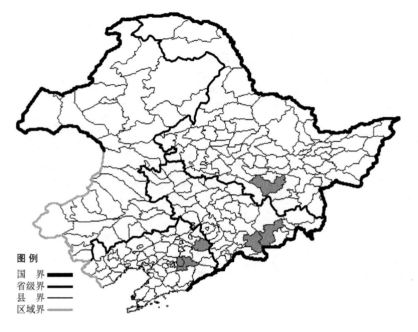

狭叶东北牛防风 Heracleum moellendorffii Hance var. **subbipinnatum** (Franch.) Kitag. 生于高山草地、林缘，海拔600-1700米，产于黑龙江省尚志，吉林省抚松、安图，辽宁省清原、本溪，分布于中国（黑龙江、吉林、辽宁、河北），朝鲜半岛。

图例
国　界
省级界
县　界
区域界

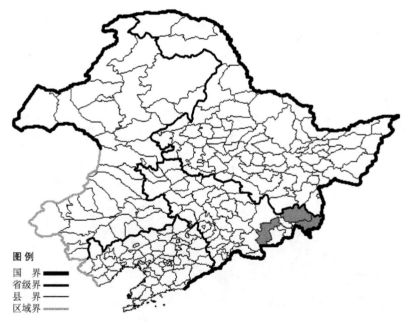

山香芹

Libanotis amurensis Schischk.

生境：江边，草甸，灌丛，林缘。
产地：吉林省珲春、汪清、安图。
分布：中国（吉林），俄罗斯（远东地区）。

图例
国　界
省级界
县　界
区域界

密花香芹

Libanotis condensata (L.) Crantz

　　生境：山坡草地，路旁，林下，踏头甸子，海拔 1000 米以上。
　　产地：内蒙古阿尔山、科尔沁右翼前旗、克什克腾旗。
　　分布：中国（内蒙古、河北、山西、新疆），俄罗斯（北极带、西伯利亚、远东地区），中亚。

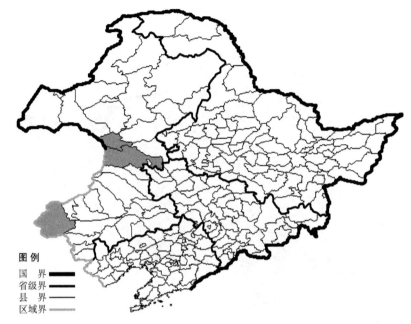

香芹

Libanotis seseloides Turcz.

　　生境：草甸，灌丛，山坡草地，林缘，海拔 900 米以下。
　　产地：黑龙江省依兰、黑河、嫩江、伊春、虎林、密山、宁安、呼玛，吉林省珲春、汪清、安图，辽宁省沈阳、阜新、大连，内蒙古海拉尔、扎兰屯、牙克石、额尔古纳、鄂伦春旗、乌兰浩特、科尔沁右翼前旗、扎赉特旗、科尔沁左翼后旗。
　　分布：中国（黑龙江、吉林、辽宁、内蒙古、山东、江苏、河南），朝鲜半岛，俄罗斯（东部西伯利亚、远东地区）。

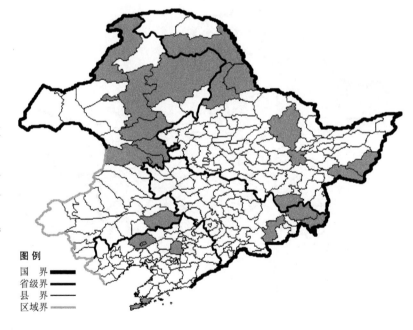

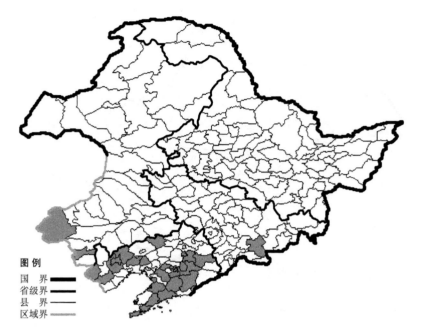

图 例
国　界 ━━━
省级界 ━━━
县　界 ──
区域界 ━━━

辽藁本

Ligusticum jeholense (Nakai et Kitag.) Nakai et Kitag.

生境：林缘，林下，阴湿石砾质山坡，海拔 1000 米以下。

产地：吉林省抚松，辽宁省朝阳、北票、凌源、彰武、抚顺、新宾、本溪、辽阳、海城、岫岩、丹东、凤城、大连、普兰店、庄河、营口、盖州、北镇、义县、建昌，内蒙古克什克腾旗、喀喇沁旗。

分布：中国（吉林、辽宁、内蒙古、河北、山西、山东）。

图 例
国　界 ━━━
省级界 ━━━
县　界 ──
区域界 ━━━

细叶辽藁本 Ligusticum jeholense (Nakai et Kitag.) Nakai et Kitag. var. **tenuisectum** Chu 生于山顶疏林下，山顶草地，海拔 500 米以下，产于辽宁省凌源、本溪、桓仁、长海，分布于中国（辽宁）。

细叶藁本

Ligusticum tenuisectum (Nakai) Kitag.

生境：石砾质山坡，柞木林或杂木林下。

产地：辽宁省本溪、岫岩、凤城、瓦房店、庄河。

分布：中国（辽宁），朝鲜半岛。

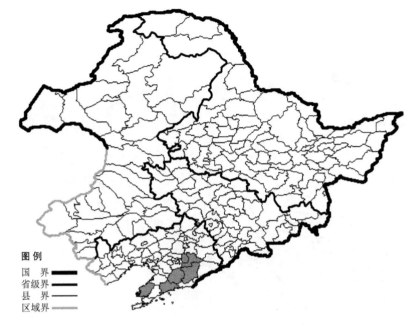

水芹

Oenanthe javanica（Blume）DC.

生境：池沼边，沟旁，水田，河边水湿地，海拔 500 米以下。

产地：黑龙江省哈尔滨、双城、尚志、依兰，吉林省长春、九台、长白、珲春、汪清，辽宁省沈阳、法库、铁岭、开原、西丰、新宾、本溪、桓仁、台安、丹东、大连、营口，内蒙古乌兰浩特、突泉、科尔沁右翼前旗、科尔沁左翼后旗。

分布：中国（全国各地），朝鲜半岛，日本，俄罗斯（远东地区），印度，缅甸，马来西亚，印度尼西亚，菲律宾。

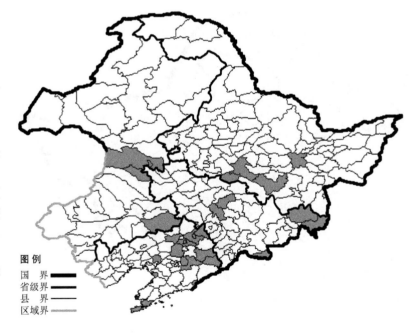

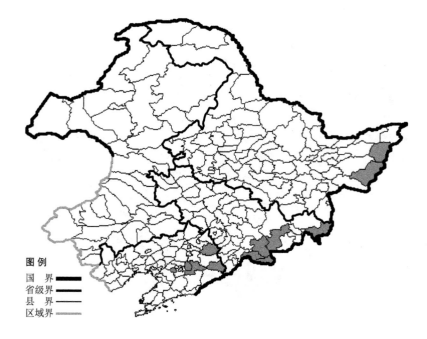

香根芹

Osmorhiza aristata (Thunb.) Makino et Yabe

　生境：林下，林缘，灌丛及草丛，海拔 900 米以下。
　产地：黑龙江省饶河、虎林，吉林省临江、抚松、长白、珲春、安图，辽宁省清原、本溪、桓仁、鞍山。
　分布：中国（黑龙江、吉林、辽宁、河北、陕西、江苏、安徽、浙江、江西、四川），朝鲜半岛，日本，俄罗斯（高加索、西部西伯利亚、远东地区）。

图例
国　界 ▬▬▬
省级界 ━━━
县　界 ───
区域界 ───

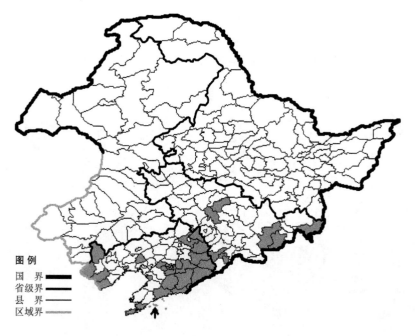

碎叶山芹

Ostericum grosseserratum (Maxim.) Kitag.

　生境：林下，林缘，山坡草地，沟谷，溪流旁，灌丛，海拔 800 米以下。
　产地：吉林省长春、九台、通化、珲春、和龙、安图，辽宁省凌源、建平、开原、西丰、新宾、清原、本溪、桓仁、辽阳、鞍山、岫岩、丹东、凤城、东港、宽甸、大连、庄河、长海、营口、锦州、北镇、绥中、建昌。
　分布：中国（吉林、辽宁、河北、山西、陕西、江苏、安徽、浙江、福建、河南、四川），朝鲜半岛，俄罗斯（远东地区）。

图例
国　界 ▬▬▬
省级界 ━━━
县　界 ───
区域界 ───

全叶山芹

Ostericum maximowiczii (Fr. Schmidt ex Maxim.) Kitag.

　　生境：林缘，林下，山坡湿草地，海拔 1000 米以下。
　　产地：黑龙江省尚志、黑河、伊春、虎林、穆棱、呼玛，吉林省蛟河、抚松、长白、敦化、安图，内蒙古满洲里、牙克石、根河。
　　分布：中国（黑龙江、吉林、内蒙古），朝鲜半岛，俄罗斯（远东地区）。

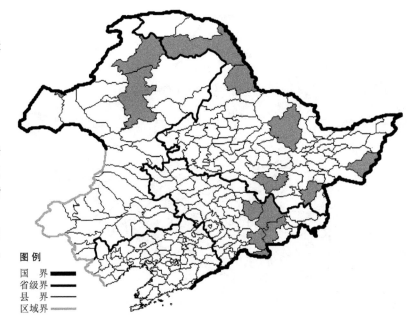

　　大全叶山芹 Ostericum maximowiczii (Fr. Schmidt ex Maxim.) Kitag. var. **australe** (Kom.) Kitag. 生于林缘、林下，山坡湿草地，产于黑龙江省伊春，吉林省蛟河、抚松、长白、敦化、珲春、和龙、汪清、安图，辽宁省本溪，分布于中国（黑龙江、吉林、辽宁），朝鲜半岛。

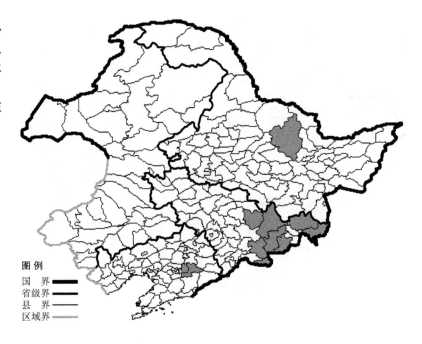

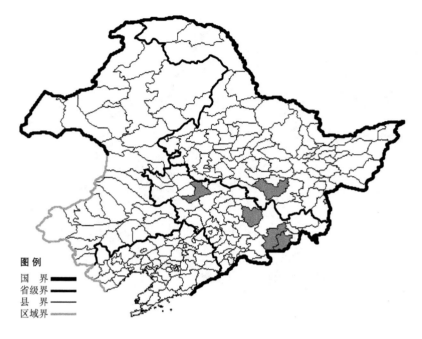

狭叶山芹

Ostericum praeteritum Kitag.

生境：林下，林缘。

产地：黑龙江省尚志，吉林省前郭尔罗斯、蛟河、和龙、安图。

分布：中国（黑龙江、吉林），朝鲜半岛，俄罗斯（远东地区）。

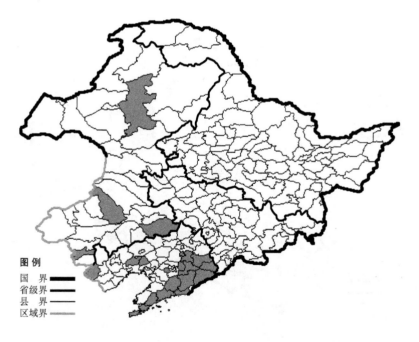

山芹

Ostericum sieboldi (Miq.) Nakai

生境：林下，林缘，沟谷，草甸。

产地：辽宁省凌源、抚顺、新宾、本溪、桓仁、鞍山、岫岩、凤城、东港、宽甸、大连、普兰店、庄河、北镇、义县，内蒙古牙克石、科尔沁左翼后旗、阿鲁科尔沁旗、喀喇沁旗。

分布：中国（辽宁、内蒙古、山东、江苏、安徽、浙江、福建、江西），朝鲜半岛，日本。

毛山芹 **Ostericum sieboldi** (Miq.) Nakai. f. **hirtulum** (Hiyama) Hara 生于林下、沟谷、溪沟旁,产于辽宁省岫岩、凤城、庄河,分布于中国(辽宁、河北),日本。

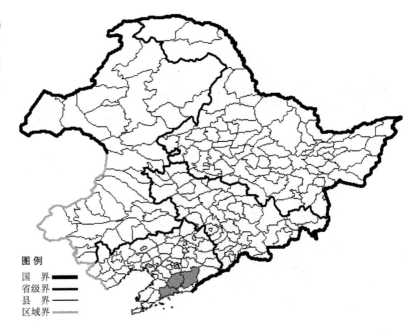

丝叶山芹

Ostericum tenuifolia (Pall. ex Spreng.) Y. C. Chu

生境:落叶松林下,河边草甸,海拔 400-700 米。
产地:内蒙古额尔古纳。
分布:中国(内蒙古)。

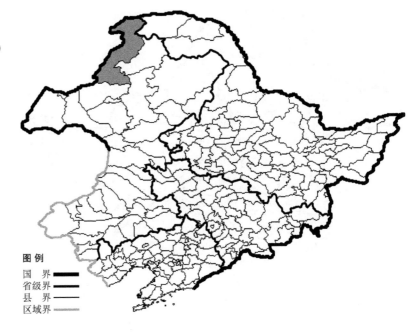

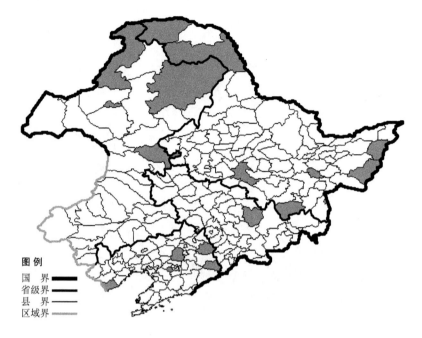

绿花山芹

Ostericum viridiflorum (Turcz.) Kitag.

　　生境：河边湿草地，沟谷，溪流旁，海拔 700 米以下。

　　产地：黑龙江省哈尔滨、饶河、勃利、虎林、宁安、呼玛、漠河，吉林省蛟河，辽宁省沈阳、清原、桓仁、鞍山、绥中，内蒙古海拉尔、额尔古纳、鄂伦春旗、扎赉特旗。

　　分布：中国（黑龙江、吉林、辽宁、内蒙古），俄罗斯（东部西伯利亚、远东地区）。

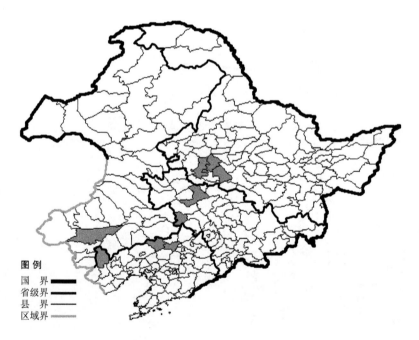

兴安石防风

Peucedanum baicalense (Redow.) Koch

　　生境：石砾质或沙质山坡，樟子松林下，草原。

　　产地：黑龙江省大庆、安达、肇东，吉林省前郭尔罗斯、双辽，辽宁省法库、建平、彰武，内蒙古翁牛特旗。

　　分布：中国（黑龙江、吉林、辽宁、内蒙古），蒙古，俄罗斯（西伯利亚）。

刺尖石防风

Peucedanum elegans Kom.

生境：林下碎石地，山顶岩石间，海拔约 300 米。

产地：黑龙江省尚志、伊春，吉林省长白、珲春、安图，辽宁省桓仁。

分布：中国（黑龙江、吉林、辽宁），朝鲜半岛，俄罗斯（远东地区）。

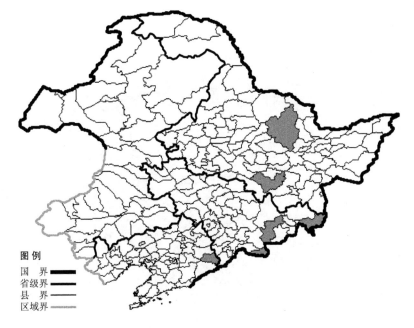

图例
国　界
省级界
县　界
区域界

石防风

Peucedanum terebinthaceum (Fisch.) Fisch. ex Turcz.

生境：路旁，林下，林缘，山坡草地，海拔 800 米以下。

产地：黑龙江省哈尔滨、五常、黑河、伊春、密山、宁安、呼玛，吉林省长春、九台、蛟河、临江、珲春、和龙、安图，辽宁省沈阳、辽中、康平、法库、凌源、建平、阜新、西丰、抚顺、新宾、本溪、桓仁、鞍山、岫岩、丹东、凤城、大连、普兰店、庄河、长海、盖州、锦州、凌海、北镇、黑山、葫芦岛、绥中、建昌，内蒙古牙克石、根河、额尔古纳、鄂伦春旗、科尔沁右翼前旗、科尔沁左翼后旗、宁城、喀喇沁旗。

分布：中国（黑龙江、吉林、辽宁、内蒙古、河北），朝鲜半岛，日本，俄罗斯（东部西伯利亚、远东地区）。

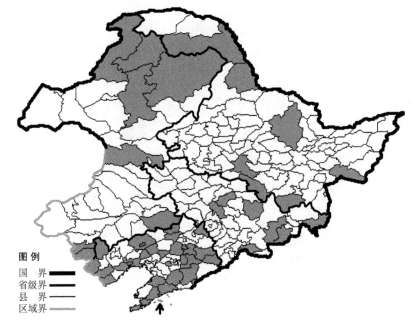

图例
国　界
省级界
县　界
区域界

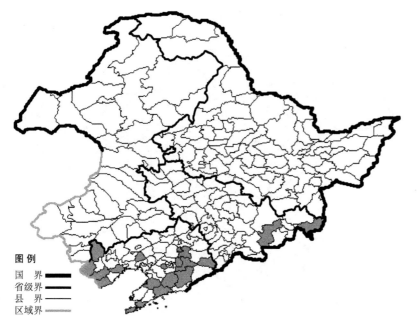

宽叶石防风 Peucedanum terebin-
thaceum (Fisch.) Fisch. ex Turcz. var.
deltoideum (Makino) Makino 生于干
燥石砾质山坡草地、林缘、林下，产
于吉林省珲春、安图，辽宁省凌源、
建平、抚顺、本溪、桓仁、鞍山、岫
岩、凤城、大连、庄河、盖州、北镇、
葫芦岛、绥中、建昌，分布于中国（吉
林、辽宁、河北），朝鲜半岛，日本，
俄罗斯（远东地区）。

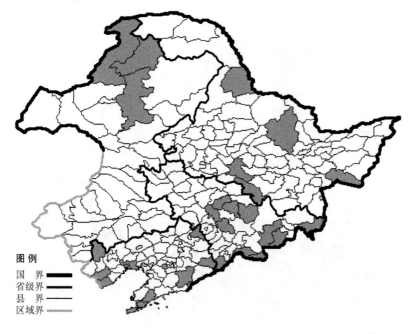

白山石防风 Peucedanum terebin-
thaceum (Fisch.) Fisch. ex Turcz. var.
paishanense (Nakai) Huang 生于林下、
林缘、山坡灌丛及草丛，产于黑龙江
省哈尔滨、五常、黑河、伊春、密山，
吉林省长春、九台、吉林、磐石、蛟
河、集安、临江、长白、珲春、和龙、
安图、建平，辽宁省西丰、桓仁、鞍
山、丹东、凤城、大连、普兰店、锦
州、凌海、绥中、建昌，内蒙古牙克石、
根河、额尔古纳，分布于中国（黑龙
江、吉林、辽宁、内蒙古），朝鲜半岛，
俄罗斯（远东地区）。

燥芹

Phlojodicarpus sibiricus (Fisch. ex Spreng.) K.-Pol.

生境：向阳石砾质山坡，山顶，海拔 600-900 米。
产地：内蒙古满洲里、额尔古纳。
分布：中国（内蒙古），俄罗斯（东部西伯利亚、远东地区）。

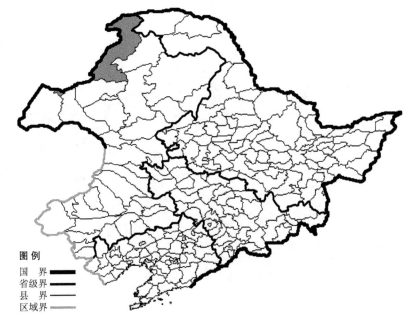

毛序燥芹 Phlojodicarpus sibiricus (Fisch. ex Spreng.) K.-Pol. var. **villosus** (Turcz. ex Fisch. et C. A. Mey.) Chu 生于石质山坡，海拔 800-900 米，产于内蒙古满洲里、额尔古纳、扎鲁特旗，分布于中国（内蒙古），蒙古，俄罗斯（北极带、西伯利亚）。

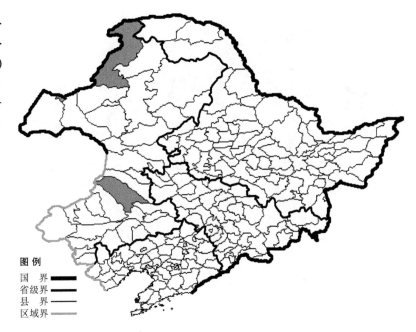

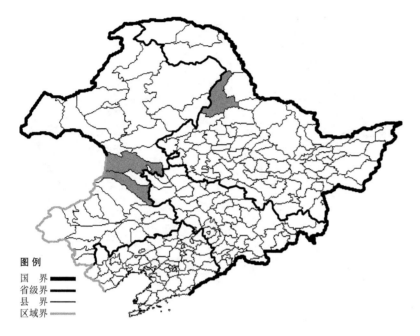

蛇床茴芹

Pimpinella cnidioides Pearson ex Wolff

生境：山坡草地。

产地：黑龙江省嫩江，内蒙古科尔沁右翼前旗、科尔沁右翼中旗。

分布：中国（黑龙江、内蒙古、河北）。

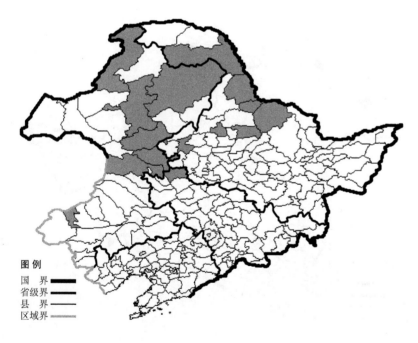

东北茴芹

Pimpinella thellungiana Wolff

生境：山坡草地，草甸，河边沙质草地，海拔 800 米以下。

产地：黑龙江省齐齐哈尔、克山、黑河、北安、逊克、孙吴、呼玛，吉林省镇赉，内蒙古海拉尔、扎兰屯、牙克石、额尔古纳、鄂伦春旗、科尔沁右翼前旗、扎赉特旗、林西。

分布：中国（黑龙江、吉林、内蒙古、河北、山西、陕西、山东），俄罗斯（东部西伯利亚、远东地区）。

棱子芹

Pleurospermum uralense Hoffm.

生境：林下，林缘，林间草地，溪流旁，海拔 1700 米以下。

产地：黑龙江省尚志，吉林省临江、抚松、长白、敦化、珲春、汪清、安图，辽宁省辽中、新宾、清原、本溪、桓仁、凤城。

分布：中国（黑龙江、吉林、辽宁、河北、山西），朝鲜半岛，日本，蒙古，俄罗斯（欧洲部分、西伯利亚）。

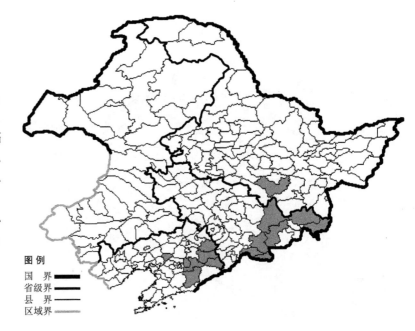

前胡

Porphyroscias decursiva Miq.

生境：林下溪流旁，林缘湿草地，灌丛。

产地：吉林省安图，辽宁省凤城、庄河。

分布：中国（吉林、辽宁、河北、陕西、江苏、安徽、浙江、河南、湖北、江西、广东、广西、四川、台湾），朝鲜半岛，日本，俄罗斯（远东地区）。

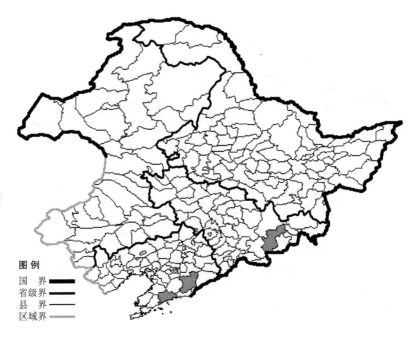

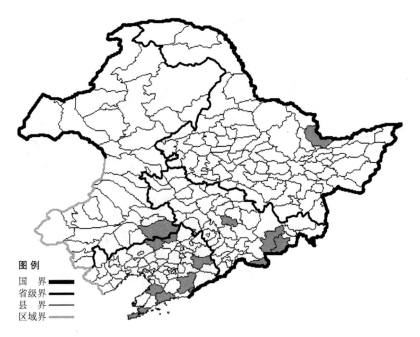

鸭巴前胡 Porphyroscias decursiva Miq. f. **albiflora** (Maxim.) Nakai 生于湿草地，产于黑龙江省萝北，吉林省永吉、长白、和龙、安图，辽宁省康平、彰武、新宾、丹东、凤城、大连、庄河、盖州，内蒙古科尔沁左翼后旗，分布于中国（黑龙江、吉林、辽宁、内蒙古），朝鲜半岛，日本，俄罗斯（远东地区）。

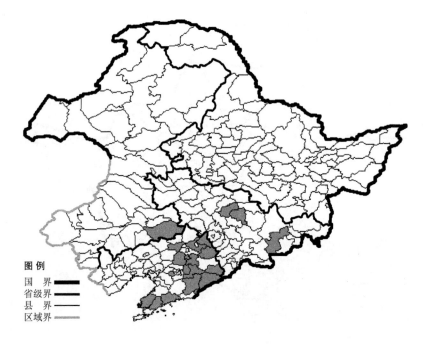

变豆菜

Sanicula chinensis Bunge

　生境：沟谷，溪流旁，路旁，林缘，灌丛，稀疏的杂木林下。

　产地：吉林省九台、吉林、安图，辽宁省沈阳、法库、开原、西丰、抚顺、清原、本溪、桓仁、鞍山、丹东、凤城、宽甸、瓦房店、普兰店、庄河，内蒙古科尔沁左翼后旗。

　分布：中国（全国各地），朝鲜半岛，日本，俄罗斯（远东地区）。

紫花变豆菜

Sanicula rubriflora Fr. Schmidt

　　生境：杂木林下，林缘，灌丛，山坡草地，溪流旁，林缘湿草地，海拔 1200 米以下。

　　产地：黑龙江省哈尔滨、尚志、伊春、嘉荫、宝清，吉林省九台、吉林、蛟河、桦甸、通化、柳河、临江、抚松、珲春、安图，辽宁省开原、西丰、抚顺、本溪、桓仁、鞍山、岫岩、凤城、东港、庄河。

　　分布：中国（黑龙江、吉林、辽宁），朝鲜半岛，日本，俄罗斯（远东地区）。

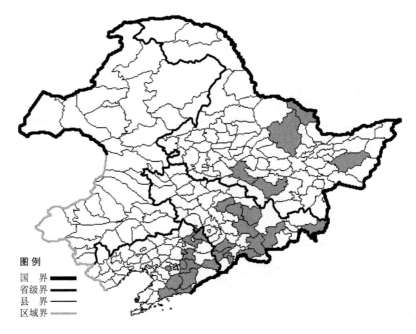

防风

Saposhnikovia divaricata (Turcz.) Schischk.

　　生境：草原干草甸，石砾质山坡，沙质地，海拔 800 米以下。

　　产地：黑龙江省哈尔滨、齐齐哈尔、富裕、黑河、嫩江、大庆、密山、宁安、安达、呼玛，吉林省九台、镇赉、前郭尔罗斯、通化、靖宇、汪清，辽宁省沈阳、新民、辽中、康平、法库、朝阳、凌源、建平、阜新、彰武、铁岭、开原、西丰、抚顺、新宾、本溪、辽阳、鞍山、海城、台安、岫岩、大连、瓦房店、普兰店、庄河、营口、北镇、黑山、义县、葫芦岛、建昌，内蒙古海拉尔、满洲里、牙克石、额尔古纳、

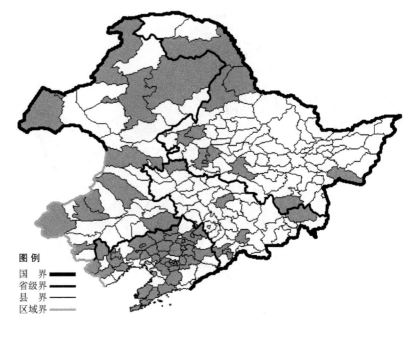

新巴尔虎右旗、鄂伦春旗、科尔沁右翼前旗、扎鲁特旗、科尔沁左翼后旗、巴林右旗、巴林左旗、克什克腾旗、喀喇沁旗。

　　分布：中国（黑龙江、吉林、辽宁、内蒙古、河北、山西、陕西、甘肃、宁夏、山东），朝鲜半岛，蒙古，俄罗斯（东部西伯利亚、远东地区）。

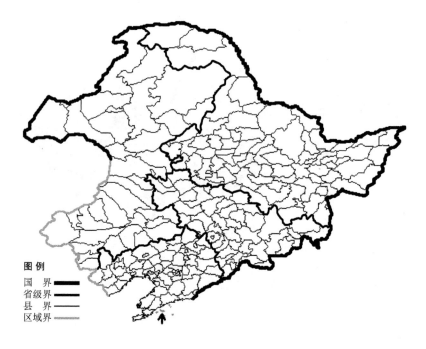

图例
国　界 ▬▬▬
省级界 ▬▬
县　界 ▬▬
区域界 ▬▬

山东邪蒿

Seseli wawrae Wolff

　　生境：山坡疏林下，林缘，路旁。
　　产地：辽宁省长海。
　　分布：中国（辽宁、山东、江苏、安徽）。

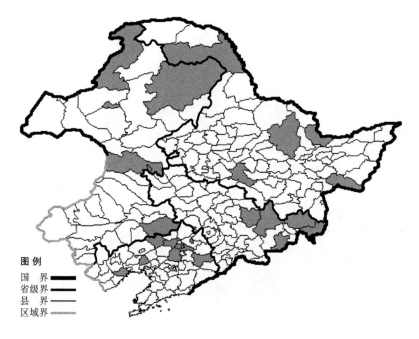

图例
国　界 ▬▬▬
省级界 ▬▬
县　界 ▬▬
区域界 ▬▬

泽芹

Sium suave Walt.

　　生境：沼泽，湿草甸，池沼旁，河边水湿地，海拔 700 米以下。
　　产地：黑龙江省哈尔滨、伊春、萝北、密山、呼玛，吉林省蛟河、敦化、珲春、和龙、汪清，辽宁省沈阳、法库、彰武、铁岭、新宾、北镇、葫芦岛，内蒙古海拉尔、额尔古纳、鄂伦春旗、乌兰浩特、科尔沁右翼前旗、科尔沁左翼后旗。
　　分布：中国（黑龙江、吉林、辽宁、内蒙古、河北、山西、陕西、安徽），朝鲜半岛，日本，俄罗斯（东部西伯利亚、远东地区），北美洲。

日本泽芹 Sium suave Walt. var. **nipponicum** (Maxim.) Hara 生于河边及湖边水湿地，产于黑龙江省尚志、密山、东宁，分布于中国（黑龙江），朝鲜半岛，日本。

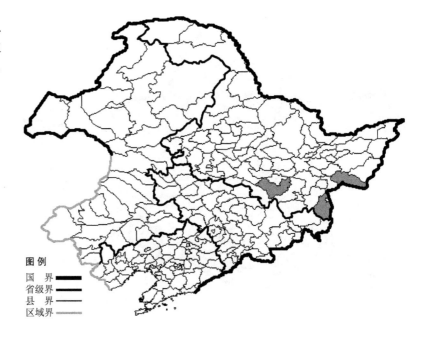

乌苏里泽芹

Sium tenue Kom.

生境：湿草甸。

产地：吉林省汪清，辽宁省丹东。

分布：中国（吉林、辽宁），朝鲜半岛，俄罗斯（远东地区）。

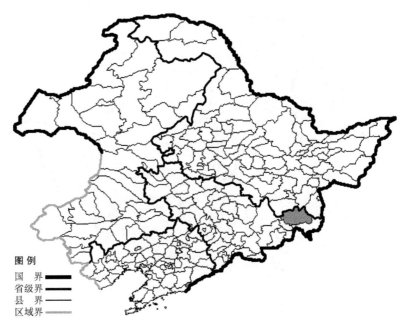

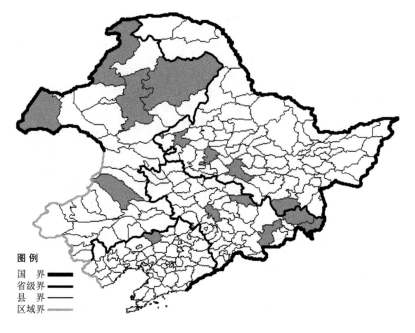

迷果芹

Sphallerocarpus gracilis (Bess.) K.-Pol.

生境：草甸，河边，湖边，林缘，田间，路旁，人家附近，海拔 800 米以下。

产地：黑龙江省哈尔滨、齐齐哈尔、宁安、安达，吉林省长春、舒兰、珲春、汪清、安图，辽宁省彰武，内蒙古牙克石、额尔古纳、新巴尔虎右旗、鄂伦春旗、扎鲁特旗。

分布：中国（黑龙江、吉林、辽宁、内蒙古、河北、山西、甘肃、青海、新疆），朝鲜半岛，蒙古，俄罗斯（东部西伯利亚、远东地区）。

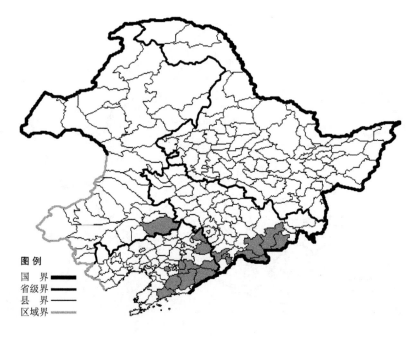

大叶芹

Spuriopimpinella brachycarpa (Kom.) Kitag.

生境：针阔混交林或杂木林下，海拔 1200 米以下。

产地：吉林省通化、临江、抚松、长白、和龙、安图，辽宁省西丰、清原、本溪、桓仁、鞍山、岫岩、凤城、宽甸、庄河，内蒙古科尔沁左翼后旗。

分布：中国（吉林、辽宁、内蒙古、河北），朝鲜半岛，俄罗斯（远东地区）。

短柱大叶芹

Spuriopimpinella brachystyla (Hand.-Mazz.) Kitag.

　　生境：沟谷。
　　产地：吉林省抚松、安图，辽宁省清原、本溪、桓仁、鞍山、岫岩、凤城、宽甸、庄河。
　　分布：中国（吉林、辽宁、河北），俄罗斯（远东地区）。

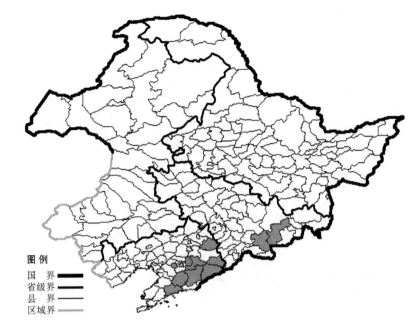

黑水岩茴香

Tilingia ajanensis Regel

　　生境：高山石砾质地，海拔约1400米。
　　产地：黑龙江省呼玛。
　　分布：中国（黑龙江），日本，俄罗斯（北极带、东部西伯利亚、远东地区）。

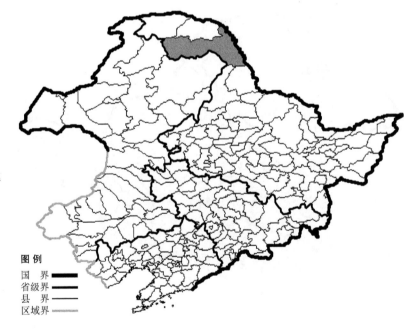

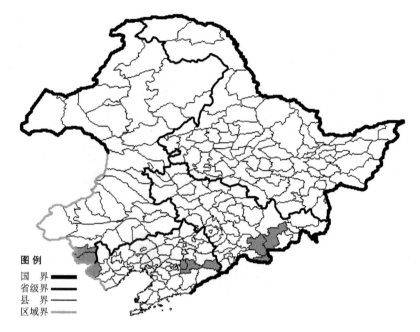

岩茴香

Tilingia tachiroei (Franch. et Sav.) Kitag.

　　生境：高山冻原，高山草地，山顶岩石缝间，高山河边湿草地，林下岩石上，海拔 1100-2400 米（长白山）。
　　产地：吉林省抚松、长白、安图，辽宁省凌源、本溪、桓仁，内蒙古宁城、喀喇沁旗。
　　分布：中国（吉林、辽宁、内蒙古、河北、山西、河南），朝鲜半岛，日本。

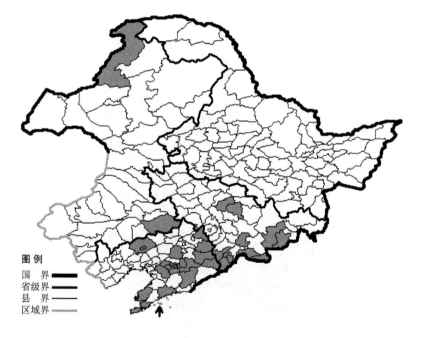

窃衣

Torilis japonica (Houtt.) DC.

　　生境：山坡草地，路旁，林缘，杂木林下，海拔 1200 米以下。
　　产地：吉林省九台、吉林、集安、通化、临江、靖宇、长白、和龙、安图，辽宁省沈阳、阜新、西丰、新宾、清原、本溪、桓仁、辽阳、鞍山、海城、凤城、大连、瓦房店、庄河、长海，内蒙古额尔古纳、科尔沁左翼后旗。
　　分布：中国（全国各地），朝鲜半岛，日本，俄罗斯（欧洲部分、高加索、远东地区），土耳其，欧洲。